U0186998

混沌电路工程

张新国　刘冀钊　熊　丽　马义德　著

本书介绍混沌电路工程中的技术问题，包括两个基本内容：第一，介绍了约130种混沌电路，包括经典电子、经典蔡氏、CNN、纯运算放大器、Jerk、交叉项非线性、忆阻、滞回非线性、非自治、自然界混沌系统模拟、多涡旋、同步及控制、保密通信混沌电路，以及静态非线性函数电路单元；第二，混沌电路研究方法专题，包括几个实用动态非线性电路与混沌电路特殊研究方法的实用技巧。本书收集了国内外众多混沌电路资料，也融汇了作者多年来的科学研究成果。本书适合相关专业学生及科技工作者、科普工作者阅读，也可以作为相关实验工作者的参考读物。

图书在版编目（CIP）数据

混沌电路工程 / 张新国等著 .—北京：机械工业出版社，2020.12（2022.1重印）
ISBN 978-7-111-67284-5

Ⅰ.①混… Ⅱ.①张… Ⅲ.①混沌理论–应用–电路–研究
Ⅳ.① TM13

中国版本图书馆 CIP 数据核字（2021）第 015121 号

机械工业出版社（北京市百万庄大街 22 号　邮政编码 100037）
策划编辑：吕　潇　责任编辑：吕　潇
责任校对：张　薇　封面设计：马精明
责任印制：单爱军
北京虎彩文化传播有限公司印刷
2022 年 1 月第 1 版第 2 次印刷
184mm × 260mm · 21.5 印张 · 2 插页 · 544 千字
标准书号：ISBN 978-7-111-67284-5
定价：188.00 元

电话服务　网络服务
客服电话：010-88361066　机 工 官 网：www.cmpbook.com
010-88379833　机 工 官 博：weibo.com/cmp1952
010-68326294　金 书 网：www.golden-book.com
封底无防伪标均为盗版　机工教育服务网：www.cmpedu.com

前 言

20 世纪是人类历史上的伟大世纪。1900 年，希尔伯特在巴黎召开的第二届世界数学家大会上的著名演讲中提出了 23 个数学难题，这是牛顿 - 欧几里得经典体系的最后的历史宣战。20 世纪的开端迎来了世界物理学新体系的黎明，爱因斯坦于 1905 年和 1916 年提出来的相对论，以及波尔等人在 20 世纪 30 年代完成的量子力学证明，让人类对宇宙的认知进入了新的时期；1931 年哥德尔提出了以他的名字命名的哥德尔定理，这是人类认识自然世界的历程中伟大的里程碑。之后电子计算机、DNA 等人类历史上的重大发明和发现逐一出现，并且多数发生在 20 世纪上半叶，20 世纪下半叶虽然成就辉煌，但是逊色于 20 世纪上半叶，因为 20 世纪上半叶的成就是生根破土，下半叶的成就是开花结果。相信人类已经进入的 21 世纪也必定硕果累累。也许，基础成就可能略逊一筹，但是历史成果将惊天动地。

笔者从事电子科学与技术，态度忠诚、勤奋、执着、坚守、不为他动乃至终生，最终发现电子科学技术的最高境界就是非线性电子技术，电子科学技术中模拟电子科学技术发展到非线性阶段，完成了一个多世纪发展的完整周期，电子科学技术不会停步，但是它的生命周期已经完整，就像完工的航船，它的发展不是航船的建设而是航船的航行问题，因为它已经驶入深海。从电子科学技术课程体系来看，模拟电子技术的主干是电磁学——电路基础（电路分析）——基础模拟电子学——通信电子学（曾用名为高频电子学、非线性电子学等）——非线性电子学。至此，电子学的发展画上了句号。这里要说明的是，混沌电子学的范畴应该包括数字混沌电子学内容，笔者对此并不持有反对态度，但是作为学科范畴的划分，这一部分不在混沌电子学的主干线上。

本课题组非线性研究先以科学前沿研究为出发点，之后才开设研究生课程，包括硕士研究生与博士研究生的课程，并扩展到本科生的毕业论文与毕业设计指导。近年来，随着非线性科学内容介绍到中学课本（见参考文献 [1]）中，已经出现了中学生了解非线性科学成果的需求。在高职高专学校，也有部分专业的教师与学生介入到了混沌电路的科技创新中。截至目前，科学技术领域发表了大量的、类型繁多的混沌电路论文与技术报告，同时许多初涉本领域的科技工作者迫切需要一本比较全面介绍混沌电路汇编的书。笔者认为，出版一本资料型混沌电路书的时机已经到来，本书就是在这样的背景下编写出来的。

本书的写作目的，是向读者提供一本手册式的混沌电路汇编书籍，不奢求阐述深刻，但追求核心内容丰富与讲解深入浅出，使读者不必具有较深的专业基础就能得到颇为意外的收获，将深奥的混沌电路知识在相对轻松的阅读过程中得以掌握。要求读者具有理工科基础电工学知识即可，甚至有些高中生也能够读懂本书的所有内容。对于专业工作者，本书提供手册式的混沌电路汇编，特别适合混沌电路实验工作者使用。本书内容还试图向高职高专学校渗透，提供一本适合高职高专教师专用的书籍。

本书内容主要包含国内外混沌电路设计的成果，在国内与国外成果选取中，国内所占比例较大，在国内成果选取中本书作者所在团队成果选取比例较大，突出了三个团队科研人员的研究成果，分别是鲁南经贸学院（原山东外国语职业学院）信息工程学院、兰州大学信息科学与工程学院电路与系统研究所、西北师范大学物理与电子科学学院及其毕业后继承这一方向的科研人员，另外，为了使得本书内容更加具有广泛性，适当收集了国内外学者的一些重要成果，对于他们的工作，我们表示深深的谢意。

参加本书中所介绍的项目研究工作的人员有兰州大学教师杜桂芳、李守亮、林宇等，研究生徐冬亮、朱雪峰、舒秀发、齐春亮、王兆滨（博士）、陈昱莅（博士）等，本科生李生华、王绍伟、张志强、邓玉华等；西北师范大学教师杨志民（教授）、马胜前（教授），研究生张洁、闫绍辉、吕恩胜、裴东、张媛等；山东外国语职业技术大学的杜琳（副教授）、许崇芳（副教授）、孙洪涛（博士）、高岩、秦玉娇等。

本书基于的本课题组成果有专著 3 部，SCI、EI、CSCD、CSSCI 等论文 30 余篇，发明与实用新型专利 50 余项，省级科研立项 2 项，省市级科学技术成果及奖励多项，“非线性（混沌）电路试验箱”产品已经开始推广使用，指导十余项硕士与博士学位论文及约二百项本科生毕业论文与毕业设计报告，指导数名高中生的社会实践活动。这些成果是构成本书结构的砖瓦与基石。

笔者在决定编写本书时已经七十多岁了。从事混沌电路教学、科研、科普工作的十八年，正是国际政治风云变幻、科学技术波澜壮阔的时代，笔者直接接触或深度接受本领域国际国内一流科学家的思想与方法，职业生涯涉及指导博士生、硕士生、本科生、专科生到中小学生的各种学生与相关人员，深知他们的思想状况，也认真地观察过欧美国家的本领域核心人物的思想方法，结合笔者终生从事的电子学电路的教学、科研、工程、科普等专业，虽一开始无意于将本书编写成高大上的著作，也仅仅是编写一本资料性的混沌电路工程工具书，但是，越编写越是觉得有必要基于非主流混沌电路编写一本混沌著作，笔者的良心使命感紧紧地联系这一观点，投入的精力与心血超过了本书的题目《混沌电路工程》。笔者目睹人类历史上最为壮丽的画卷，在这样的背景下偶然地被“卷入”到混沌电路的教学、科研、科普工作中，自我感觉非常幸运，愿意与读者共享这一特殊的成果。

本书由兰州大学张新国、刘冀钊，河西学院熊丽、兰州大学马义德撰稿。刘冀钊执笔第 2 章 2.2 节、2.3 节、2.5 节、2.9 ~ 2.11 节与第 5 章；熊丽执笔第 2 章 2.4 节、2.6 节、2.7 节、2.8 节、2.12 节、2.13 节与第 3 章；马义德执笔第 2 章 2.1 节、第 4 章与附录；其余部分由张新国执笔。本书受到兰州大学科研启动金、复旦大学专用集成电路与系统国家重点实验室开放课题（the Open Project of State Key Laboratory of ASIC & System）（课题编号：2018KF001）和国家自然科学基金（编号：62061014）的鼎力资助与支持。

张新国

2020 年 12 月

目　录

第 1 章

绪论：非线性科学与混沌电路

本章将给读者提供一些学习混沌电路必备的背景知识，以使读者能够更好地了解后续章节混沌科学、混沌系统、混沌电路的知识，从而提高混沌科学与技术的观念。

1.1 从经典线性科学到现代非线性科学

非线性科学是相对于线性科学而言的新科学领域[2-17]，开始于 20 世纪 60 年代，之后得到迅速发展。其重要性得到了广泛认可，福德（J. Ford）认为混沌学与相对论及量子力学一样冲破了牛顿力学的教规："相对论消除了关于绝对空间与时间的幻想；量子力学消除了关于可控测量过程的牛顿式的梦想；而混沌学则消除了拉普拉斯关于决定论式可预测性的幻想"。混沌学的倡导者之一施莱辛格（M. Shlesinger）也说过："20 世纪的科学将被人们永远铭记的只有三件事，那就是相对论、量子力学和混沌学"。

在传统学科划分中，混沌学很难划归到某一学科中去，是跨学科的新学科。比如，混沌学很难划分到数学中，数学学科的特征是逻辑因果关系清晰且唯一，混沌学的因果关系与数学风格不一致，经过半个世纪的考察，现在数学领域的传统范围不再接受混沌学了。物理学的范畴包括动力学，混沌学具有动力学的典型特征，因此现代物理学收编了混沌学，在国际物理学四位十进制分类编号前两位 00 到编号 99 的 100 个分类中，混沌学编号第一、二位为 05，划分于统计物理学与热力学，第三、四位编号中的 45 是混沌系统的理论和模型，47 是动力学系统和分岔。中国图书馆分类法（简称中图法）分类号 N 是自然科学总论，N93 是非线性科学，N94 是系统科学，N947 是混沌系统，英文字母 O 是数学与物理学，将混沌相关的国际分类号数字 0 改为英文字母 O 后的中图法分类号与国际分类号对应。

中国人的思维习惯很适合于研究非线性科学问题，因为非线性是综合性的思维逻辑，是自上而下的思考方法，是宏观的思考方法。线性科学是微观性的思维逻辑，是自下而上的思考方法，是微观的思考方法。自从几千年前的启蒙科学实践开始，特别是四百年来的近代科学发展历史表明，西方人的思考更接近于线性科学思维，对于非线性问题使用线性逼近的方法。以中国、印度为典型的东方人的思维方式则反之。目前人类的科学技术成果主要是线性科学技术，非线性科学技术的研究处于早期阶段，但这是人类科学技术发展的大势。

非线性科学取得的成果是线性科学研究远远没有预料到的，这些成果在线性科学中是不可能存在的，具有惊人的奇异性。这些奇异性给线性科学带来苦恼，例如，线性科学的结论符合数学、物理学的逻辑，但是与生物学和思维科学的理论与实际相差甚远，非线性的结果与生物学和思维科学的实际具有高度的相似性。非线性科学范畴内的宏观形象与线性科学范畴内的宏观形象反差巨大。

1.2 混沌电路研究的特殊地位

非线性科学技术是20世纪形成的跨学科的交叉学科，广泛存在于社会生活的各个领域，本质属于系统科学技术范畴。目前，非线性科学与技术的研究机构与研究人员主要分布在数学、物理学、电子信息学三大学科。数学涉及微分方程、代数、拓扑等分支；物理学涉及动力学系统；电子信息学只能归于新出现的非线性电路了。

传统数学研究方法主要是理论研究方法，物理学是观察性较强的研究方法，电子信息学是理论与实验并举的研究方法。由于电子信息学实验方法使用的是市场上的通用电子元器件，成本低廉、实验方便、调试简单、灵活性强，一般仅需几台简单的仪器就能够完成多数混沌系统的实验验证，所以电子信息学方法具有特殊的、广泛的意义。对于物理实验，物理混沌系统实验验证成本很高。数学研究主要是理论研究，一般不需要实验，要实验也只是计算机仿真实验。计算机的混沌数值计算与模拟计算机被认为是计算机应用科学中的最伟大的成果之一。

例如，本书提供的100多个混沌系统多数能够在一个（115×168）mm^2 的印制电路板上实现，若使用（168×230）mm^2 的印制电路板则能够完全实现本书的所有电路。进行混沌电路科研开发工作都可以在实验板上进行，甚至一般的个人都可以装备这样的一套系统，这在庞大的现代科学实验中简直是不可思议的事情。

1.3 本书主要内容与阅读方法

电路元件的非线性特性是非线性电路的关键概念，非线性电路元件包括非线性电阻、非线性电感、非线性电容、非线性忆阻、二极管、晶体（此处专指晶体三极管）管、电源限幅放大器、各种钳位电路、乘法器、绝对值器、符号器等。所谓非线性特性，指的是一个物理变量对于另一个物理变量的非线性函数关系。例如非线性电阻是对于线性电阻而言的，线性电阻是指电阻两端的电压 u 是流过电阻的电流 i 的线性函数，用公式表示就是欧姆定律 $u=Ri$，非线性电阻是如 $u=Ai+Bi^3$ 的电阻。上述公式的 R、A、Bi^3 的量纲都是电阻，单位是欧姆，其他非线性电路元件的量纲可能是电导、电容、电感、忆阻等，也可能是无量纲的物理量，例如电压放大倍数、电流放大倍数、电阻放大倍数等，这些都是需要读者理解的内容。

非线性电路中的非线性按特性曲线形状分类有二次型、三次型、符号型、分段线性、指数型（由二极管实现）、双曲正弦型（双二极管实现）、反双曲正弦型等。

本书读者对象是大学理工科相关专业学生、有关实验室专业人员、混沌科学技术专业工作者。可以泛读、精读、研读，可以用于实验、研究、科普。对于条件允许的读者，要进行验证性试验，需要配置的仪器有示波器、函数信号发生器，以及与本书配套的实验板。对于从事研究工作的读者，要配备的实验板必须是研究性的实验板。

第2章

混沌电路系统

本章向读者提供了约120多个重要的混沌电路实例，并分成了13个单元。每个电路的叙述沿着混沌电路的背景、电路数学模型、电路原理图、电路仿真、电路物理实验、电路输出与测量结果的脉络展开。

2.1 经典电子电路中的混沌现象

本节是经典电子电路中的混沌现象的历史叙述，有两个侧重点：一是历史上电子学家的发现与困惑；二是对于经典电子电路与非线性电子电路承前启后的详细叙述。其中2.1.1节还讲到电路输出美态，是本章中特殊的一节，其余电路尽管都具有美学的特性，但是本章都不再论及美学，将其留给读者自行研究。

2.1.1 放大器—杜芬方程电路

经典电子电路在某种意义上分为放大器电路与振荡器电路，这是人类信息学的发展历史赋予电子学的光荣使命。20世纪20年代，范德波尔、杜芬、李纳德三人进行了电子学基础理论开创性的研究[12]，目标是进行电子学基础的数学严格性证明，并以R、L、C线性电路元件作为基础元件建立数学模型。当时出现的真空电子管非线性电路元件能够解决电子学的技术基础问题，但是当务之急是从理论上证明极限环存在定理问题，所以三人的研究工作都涉及三次型非线性的数学问题，因此混沌问题的涉及无论是理论上还是技术上都是不可避免的事情了。本节将讨论杜芬方程的混沌问题，主要是杜芬混沌电路的实现[18]，还附带讨论杜芬方程中的美学问题。

实现杜芬方程的电路原理图，如图2.1所示。杜芬方程的电子学历史背景是电子管，集成电路是20世纪60年代的事情，这里直接给出由集成电路运算放大器构成的杜芬方程电路。

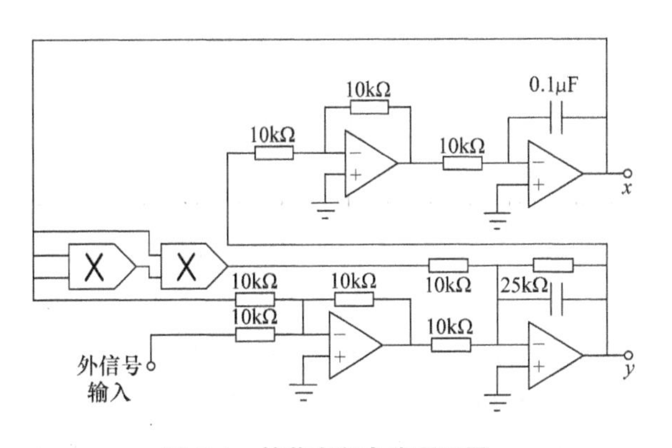

图2.1 杜芬方程电路原理图

首先进行电路设计软件EWB电路仿

真，按照图 2.1 搭建电路并设定参数，然后按照图 2.2 连接仿真测试电路，得到的 EWB 软件仿真相图如图 2.3 所示。其中仿真信号源的信号是正弦波，频率为 314Hz，振幅为 2.2V。

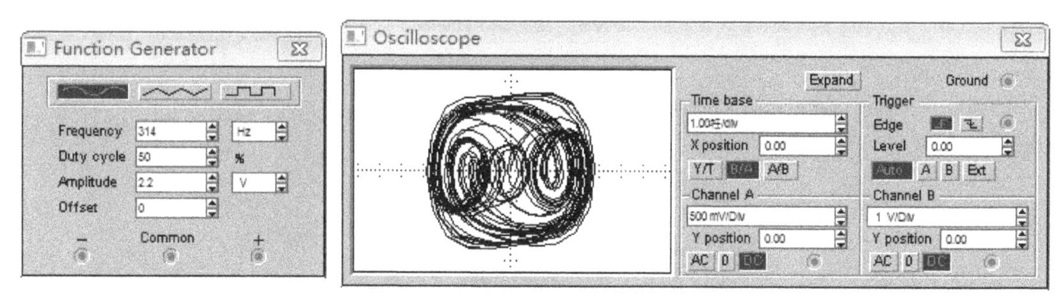

图 2.2　杜芬方程电路 EWB 软件仿真结果

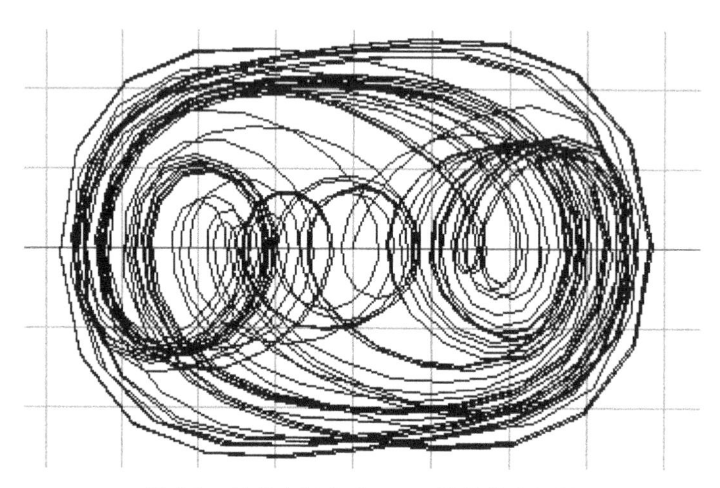

图 2.3　杜芬方程电路 EWB 软件仿真相图

杜芬方程动态电路状态方程的一元二次与二元一次形式分别为

$$\ddot{x}+2\mu\dot{x}-bx+ax^3=f\cos t \tag{2.1}$$

$$\begin{cases}\dot{x}=y\\ \dot{y}=-2\mu y+bx-ax^3+f\cos t\end{cases} \tag{2.2}$$

式（2.1）的表述风格不是电子学中常用的表述风格，而是典型的数学表述风格，称为归一化微分方程。由于没有物理量单位与物理量量纲，电子学技术工作者不太喜欢这种风格，喜欢带物理量纲的风格。

从电子学的角度来看，式（2.1）的等号右端是正弦波电压信号源的电压变化物理量，与放大器的输入端连接，等号左端的 x 是放大器输出端放大后的电压变化物理量。在电子学设计者看来，这个放大电路在等号左边应该只有一项 $-bx$，但却多出来了 ax^3，说明这个电路是非线性的。多出来 x 的一阶微分与二阶微分，说明这个放大器有一次响应与二次响应，形成放大器输出的相位改变与应激振荡。这些问题正是电子学初创时期面临的重要问题。

本章内容以电路设计为主，也给出简单的电路分析。电路设计以 EWB 软件电路仿真与物理电路实验为基础，电路分析用 VB 数值仿真作为工具。

VB 仿真是对于式（2.2）的仿真，具体程序编写的过程参见第 5 章 5.1 节。仿真输出相图如图 2.4 所示，其中横坐标是电压物理量 x，纵坐标是电压量 y。由图 2.4 可见该电路是混沌的，图 2.4 是常见的混沌图形。

VB 仿真波形输出如图 2.5 所示，三条对应的曲线分别是电压 x、电压 y 与外加正弦信号源电压 $A\cos t$。

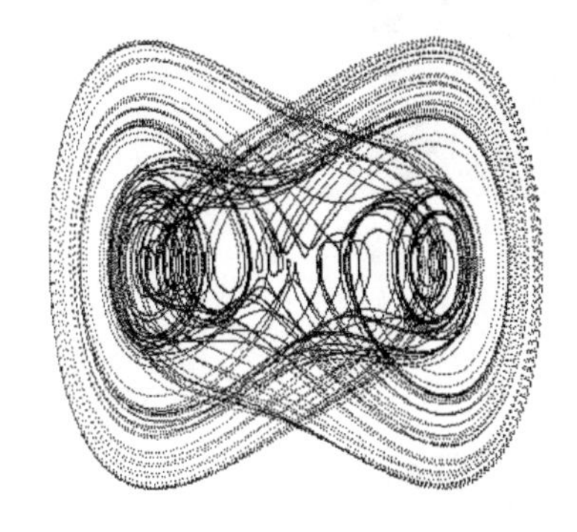

图 2.4 杜芬方程 *x-y* 相图

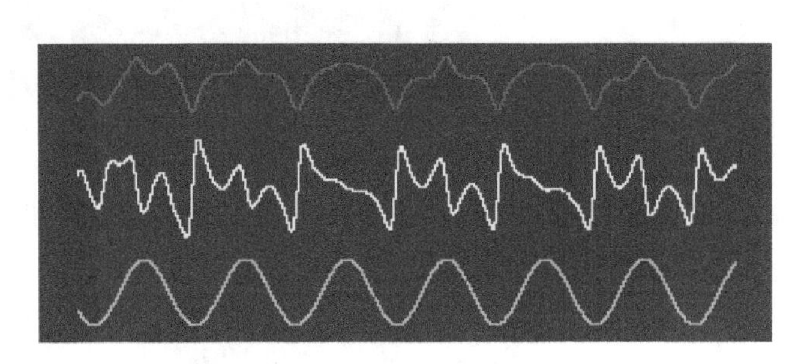

图 2.5 杜芬方程 *x-y-A*cos*t* 波形图

本章不深入讨论美学问题，但是这一节是本章的一个特例，介绍杜芬方程的美学形态。

电路其他输出形式包括相图、波形与相图混合图形、庞加莱截面图等。电路输出波形图 2.5 还没有艺术性，但下面要从本图开始进行艺术分析。选取图 2.5 中的 y 波形图，展开成很长的单曲线，将这条很长的单曲线按一定的长度剪开并叠放，如图 2.6 和图 2.7 所示，已经具有优美的艺术图形特点了。

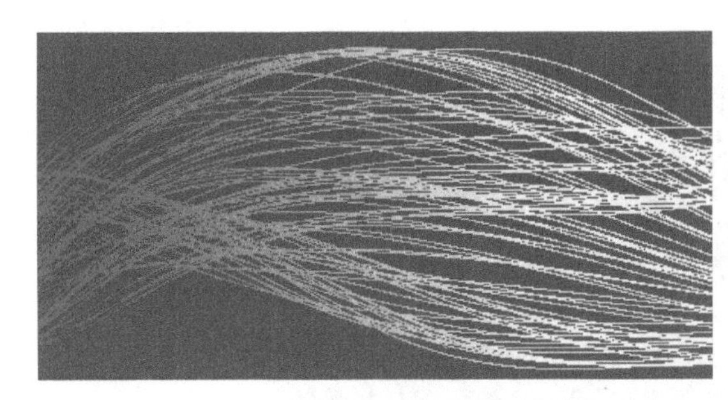

图 2.6 杜芬方程 *y* 波形图小局部

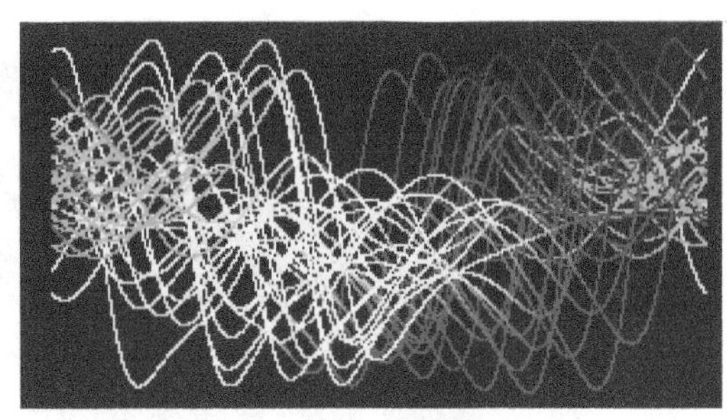

图 2.7 杜芬方程 *y* 波形图

杜芬方程解的相图如图 2.8 所示，这是经过局部加工的，产生图 2.8 的公式是

$$\begin{cases} \dot{x} = y \\ f(t) = 7.6\cos t \\ \dot{y} = -(x^3 + 0.1y - 0.05x) + f(t) \\ g(y,t) = 7.6\sin(t + 0.78) + 0.1y \end{cases} \tag{2.3}$$

图 2.8 中的横坐标是 $\cos t$，纵坐标是 y。

图 2.8　杜芬方程 cos$t$ - y 相图

波形图与相图混合后如图 2.9 所示，将其倾斜后如图 2.10 所示，这是西方美术界波普艺术家赛•托姆布雷的美术作品的风格与来源。

图 2.9　杜芬方程波形图与相图混合图形

图 2.10　杜芬方程波形图与相图混合图形（倾斜后）

图 2.11 所示为杜芬方程庞加莱截面图，图 2.12 是图 2.11 的 12 个截面 [具体做法是将式（2.3）的余弦周期 360° 分成 12 份分别作庞加莱截面]，它们具有爱歇尔的美术风格并且有所超越。图 2.12 产生了一个艺术造型，好像一个滑稽小动物翻筋斗，经过 360° 的翻筋斗，图形旋转 360°，相图旋转 720°。请读者细心看，因为这是艺术欣赏，不再详细说明。

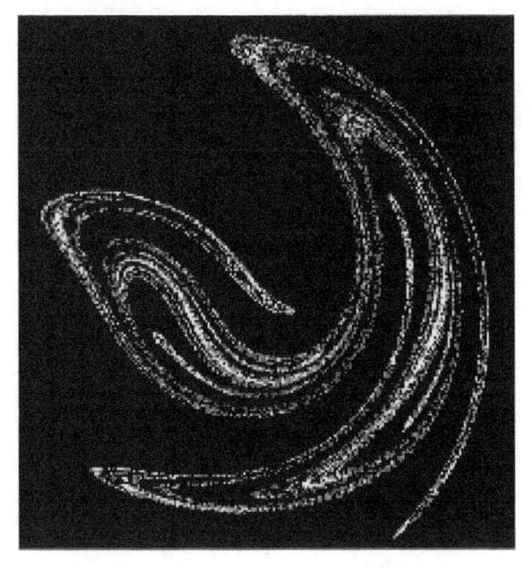

图 2.11　杜芬方程庞加莱截面图

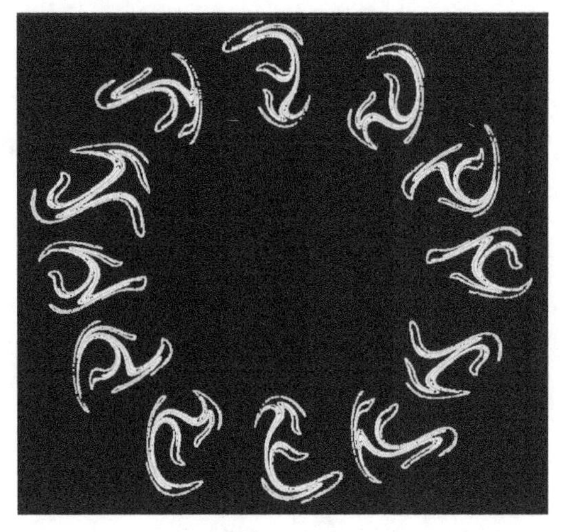

图 2.12　杜芬方程庞加莱截面图的 12 个截面

2.1.2　振荡器—范德波尔方程电路

振荡是自然界普遍存在的一种运动形式，力学、声学、电工学、光学、微观粒子学中普遍存在着各种各样的振荡，对其深入研究具有理论意义与应用价值。范德波尔方程电路研究非线性电路的极限环，它对应电子学中的各种自激振荡电路，并以二阶电路为例进行研究。从电子学一个世纪的发展历史来看，范德波尔方程电路是最早遇到的能够产生混沌的电路，范德波尔是第一个遇到混沌电路问题的科学家。当时范德波尔研究的是三相复振荡器，并且进行振荡电路实验研究。当他更换振荡频率时，在耳机中听到不规则的振荡声音，这正是混沌声音。当时的范德波尔把电路中的混沌现象理解为噪声，暂时没有消除的电路设计缺陷。正如 19 世纪与 20 世纪之交的混沌研究鼻祖庞加莱最早发现混沌并且写出了混沌的公式，却因为没有混沌意识而丧失了获得一个重要诺贝尔奖的机会一样，范德波尔再一次制造了这样的一个遗憾。

描述振荡电路的微分方程是范德波尔方程，它是非线性微分方程，在 21 世纪 20 年代研究电子管 *RLC* 电路时得到。与线性微分方程相比，非线性微分方程的解有两个新结果：一是能够产生稳定性极限环；二是能够产生混沌。本节将讨论稳定性极限环，提及如何由稳定性极限环演变成混沌。由 *RLC* 的电压电流关系容易导出所需微分方程，只要考虑到放大电路的限幅非线性，就能得到范德波尔非线性微分电路方程 [4,6,11,12,18]。现在教科书中的多数振荡器电路都是这样的非线性电路，其本质就是放大器的限幅非线性。

现在的范德波尔方程是用晶体管为模型推导出来的。范德波尔方程最早提出于 1926 年前后，那还是电子管时代的初期。电子管栅极电压 - 板极电流关系曲线与晶体管基极电压 - 集电极电流关系曲线相似，栅极电压 - 板极电流关系用公式 [12] 表示如下

$$I_{\mathrm{p}}=\sigma\left(E_{\mathrm{g}}-\frac{E_{\mathrm{g}}^{2}}{3E_{\mathrm{s}}^{2}}\right) \qquad (2.4)$$

电子管范德波尔电路如图 2.13 所示。

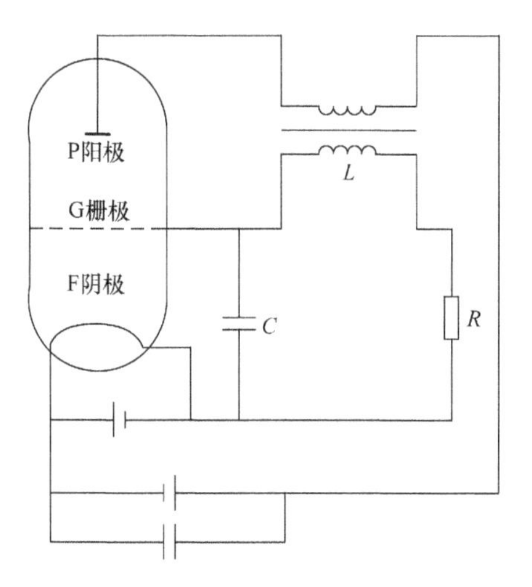

图 2.13 电子管范德波尔电路

作为对比，晶体管基极电压 - 集电极电流关系曲线如下：

$$i_{\mathrm{E}}=I_{\mathrm{S}}\left(\mathrm{e}^{\frac{qv_{\mathrm{BE}}}{kT}}-1\right) \tag{2.5}$$

式中，i_{E} 表示发射极电流；I_{S} 表示饱和电流；$k=1.38\times10^{-28}\mathrm{J/K}$；$q=1.60\times10^{-19}\mathrm{C}$，常温下 $T\approx300\mathrm{K}$，$\dfrac{kT}{q}\approx26\mathrm{mV}$，它形成非线性放大器 S 形放大曲线截止区附近的弯曲部分。与晶体管电路相同，当 i_{E} 电流继续增加时，受极板电源电压限制，曲线渐趋平缓，形成非线性放大器 S 形放大曲线饱和区附近的弯曲部分，进而可以用三次多项式代替，最终得到范德波尔方程，这正是历史上范德波尔方程的产生背景。同样分析场效应晶体管非线性放大器的 S 形放大特性曲线，也能得到范德波尔方程。

一元二次微分形式的范德波尔方程形式是

$$\ddot{x}+\mu(x^2-1)\dot{x}+x=0 \tag{2.6}$$

二元一次微分形式的范德波尔方程形式是

$$\begin{cases}\dot{x}_1=x_2+\mu\left(x_1-\dfrac{x_1^3}{3}\right)\\ \dot{x}_2=-x_1\end{cases} \tag{2.7}$$

一元二次微分形式与二元一次微分形式的范德波尔方程电路分别如图 2.14 和图 2.15 所示。

一元二次微分形式与二元一次微分形式的范德波尔方程电路 EWB 软件仿真结果分别如图 2.16 和图 2.17 所示。

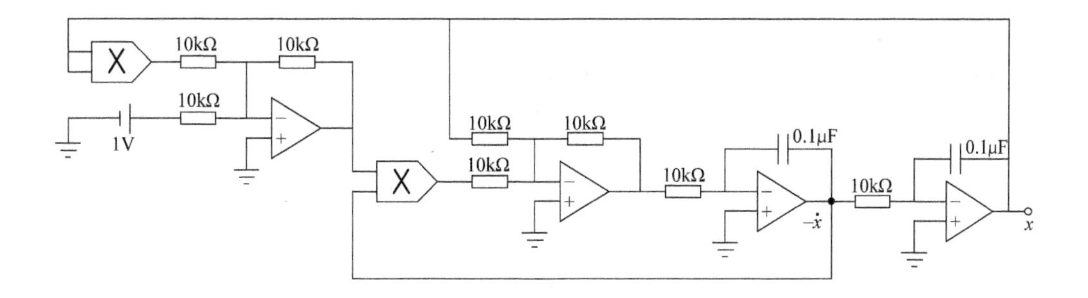

图 2.14　一元二次微分形式范德波尔方程电路原理图

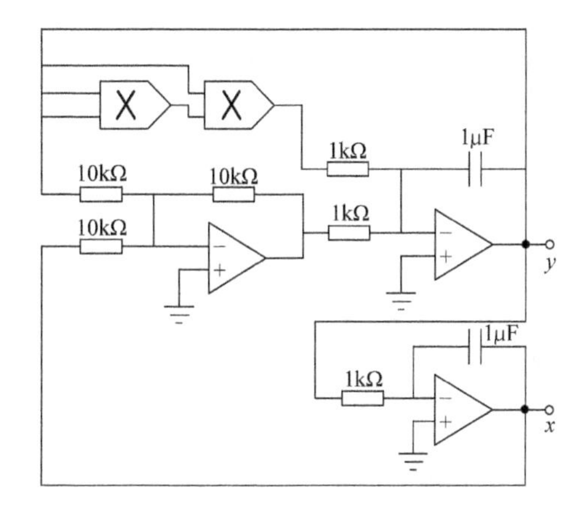

图 2.15　二元一次微分形式范德波尔方程电路原理图

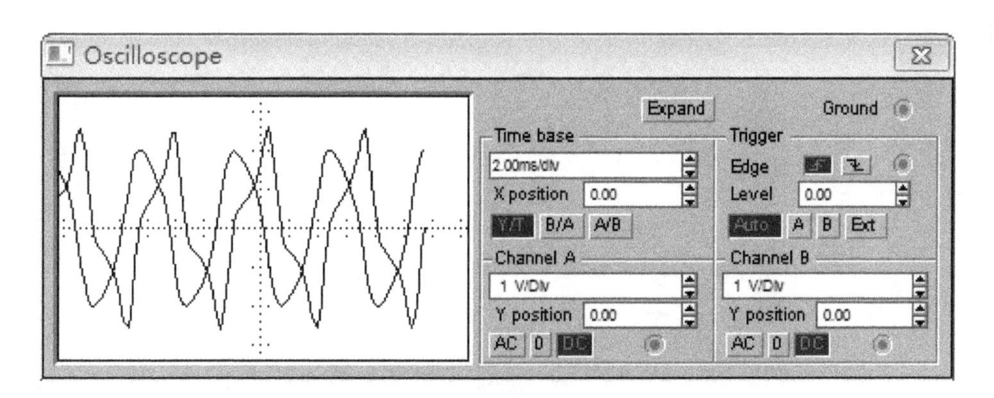

图 2.16　一元二次微分形式的范德波尔方程电路 EWB 软件仿真结果

范德波尔方程具有很多奇特的结果，研究成果颇多，例如受迫范德波尔方程

$$\ddot{x}+\mu(x^2-1)\dot{x}+x=F\sin\omega_0 t \tag{2.8}$$

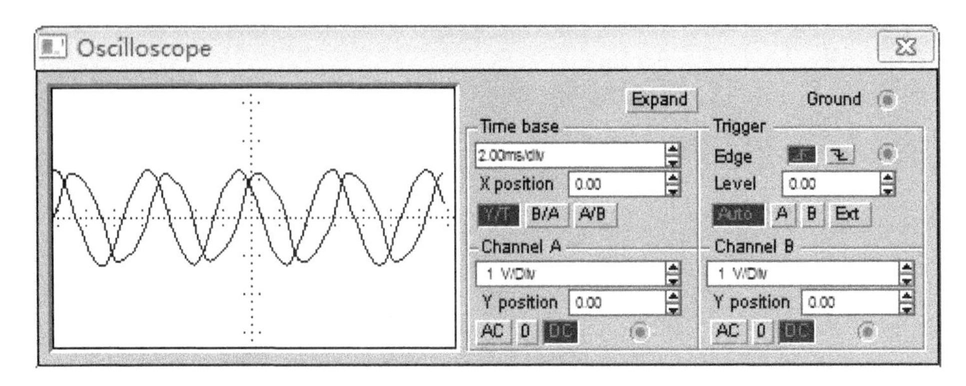

图 2.17　二元一次微分形式的范德波尔方程电路 EWB 软件仿真结果

能够产生混沌，设计电路与运行结果如图 2.18 和图 2.19 所示，其中图 2.18 是相图，图 2.19 是波形图。

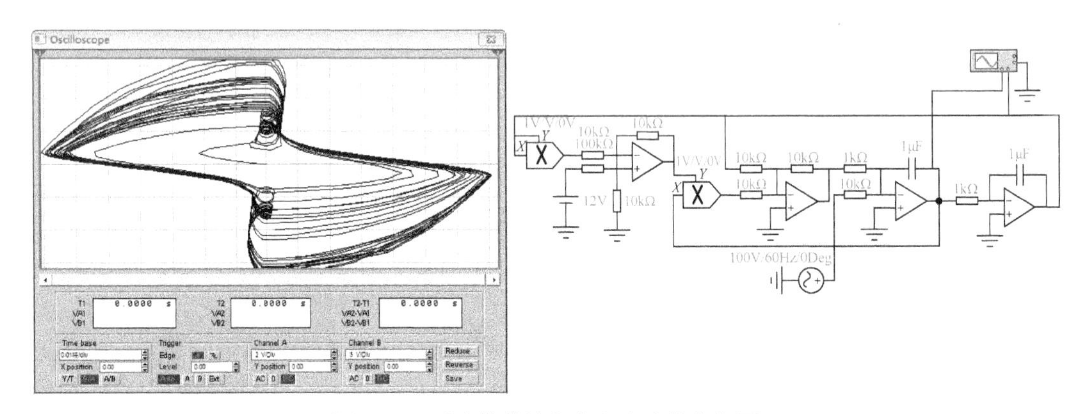

图 2.18　受迫范德波尔方程电路输出相图

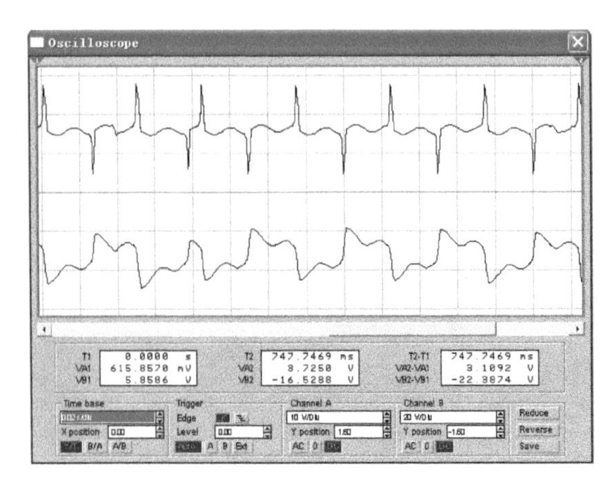

图 2.19　受迫范德波尔方程电路输出波形图

2.1.3　正交正弦波振荡器混沌

上面两节内容都涉及电子学的基础内容，出于历史原因又都涉及 *RLC* 电路。为了进一步理解前两节的内容，本节将介绍正交正弦波振荡器，并且从最基础的 *RLC* 串联回路讲起。

假设 *RLC* 串联回路两端连接的外加信号源电压为零，则有 [19,20]

$$\frac{\mathrm{d}^2 v_c(t)}{\mathrm{d}t^2}+2\alpha\frac{\mathrm{d}v_c(t)}{\mathrm{d}t}+\omega_0^2 v_c(t)=0 \tag{2.9}$$

其中 α 是与电阻有关系的量，若 $\alpha>0$，这时方程的解是衰减函数（进一步分析有过阻尼衰减、阻尼衰减、振荡衰减），若 $\alpha<0$ 则相对于电阻为负值，这样的电阻不是耗能元件而是储能元件。式（2.9）微分方程的解是下式所表示的增幅正弦波振荡，即

$$v(t)=A\mathrm{e}^{-\alpha t}\sin(\omega t+\phi) \tag{2.10}$$

进行两次积分，可得

$$v(t)+2\alpha\int v(t)\mathrm{d}t+\omega_0^2\iint v(t)\mathrm{d}t\mathrm{d}t=0 \tag{2.11}$$

这样一来，耗能性质的 *RLC* 串联电路模型成了提供能量性质的 *RLC* 串联电路模型，可以使用运算放大器、积分器来实现，这就是正交正弦波振荡器。

运算放大器二阶积分式正交正弦波振荡器电路原理图如图 2.20 所示，其中的稳幅功能由双二极管钳位实现。

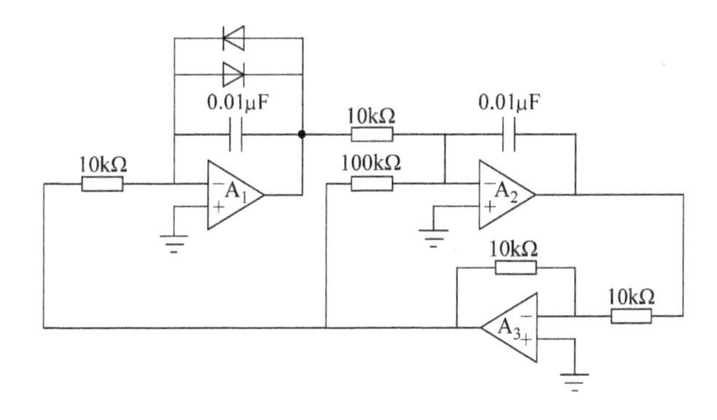

图 2.20　运算放大器二阶积分式正交正弦波振荡器电路原理图

该电路是二阶电路，输出两个正交的正弦波，相图为正圆形，EWB 软件仿真相图如图 2.21 所示。

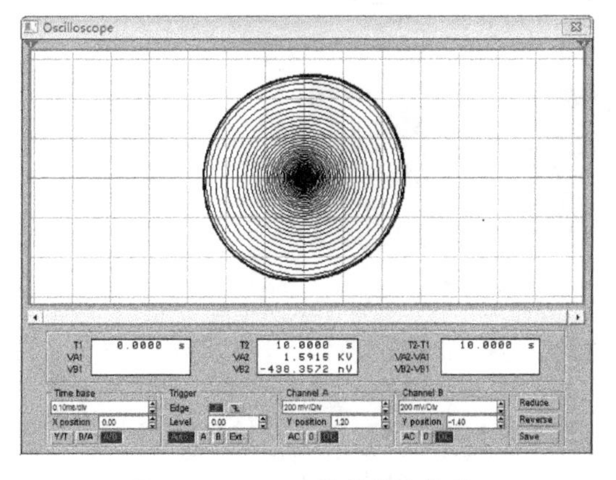

图 2.21　EWB 软件仿真相图

图 2.22 和图 2.23 所示为非自治正交正弦波振荡器电路，区别在于非自治信号输入的位置不同。

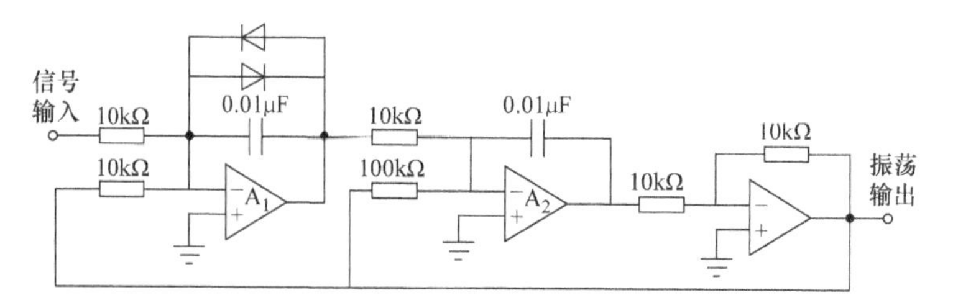

图 2.22 非自治正交正弦波振荡器，非自治信号由 A_1 输入

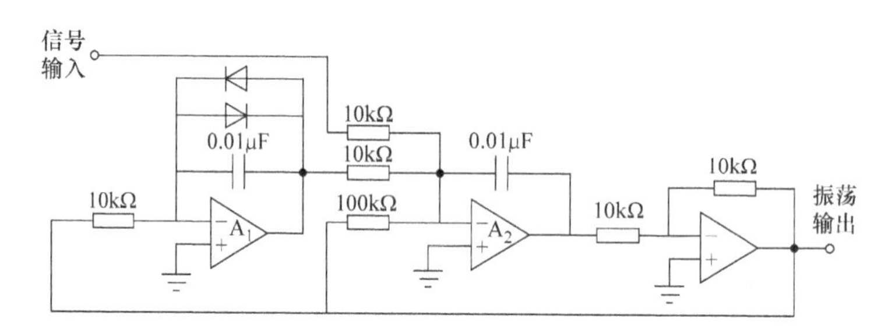

图 2.23 非自治正交正弦波振荡器，非自治信号由 A_2 输入

图 2.24 所示为非自治正交正弦波振荡器电路输出相图。由图可见，保持非自治（外加）信号幅度不变，随着非自治信号频率的增加，输出出现混沌。改变非自治信号频率也能导致混沌。

图 2.25 所示为非自治文氏桥正弦波振荡器电路原理图，随着外加输入信号振幅与频率的改变，输出也会出现混沌。

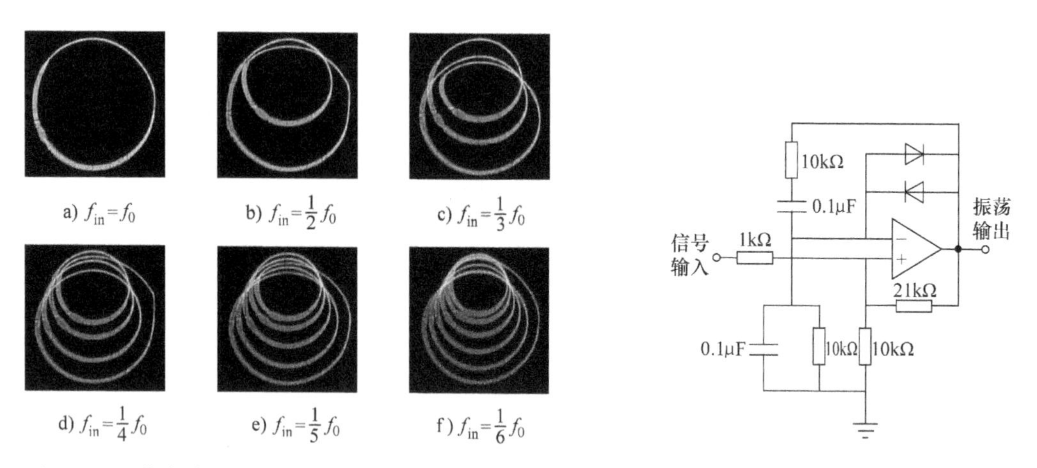

图 2.24 非自治正交正弦波振荡器电路输出相图

图 2.25 非自治文氏桥正弦波振荡器电路原理图

图 2.26 所示为非自治文氏桥正弦波振荡器电路输出相图。由图可见，保持非自治信号幅度不变，随着信号频率的增加，输出出现混沌。这一实验是频率导致混沌的操作方法，还有改变

非自治信号幅度导致混沌的方法。

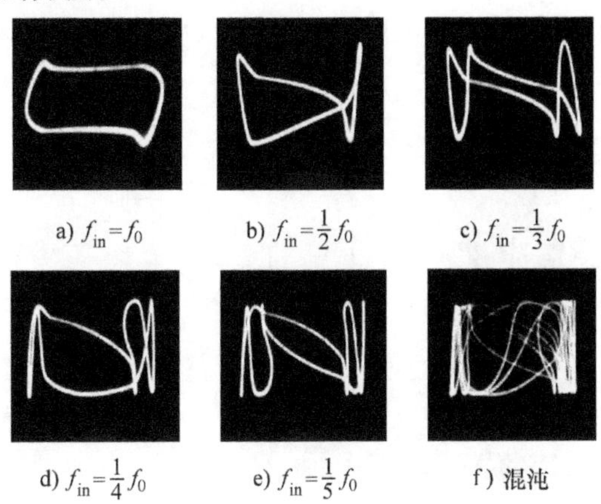

图 2.26　非自治文氏桥正弦波振荡器电路输出相图

2.1.4　桥式电路中的混沌现象

自从电学的知识系统建立以来，特别是自由电子发现以来，电学按照两个方向发展：第一个方向是传输能量，对应专业是电力工业，又称强电；第二个方向是传送信息，对应专业是电子学专业，又称弱电。本章主要讨论弱电而不讨论强电，这一节涉及强电，仍然按照弱电的思想予以叙述，核心是强电中的混沌问题且用弱电的方法予以验证。

电力传输工业的发展历经一个多世纪，是第二次工业革命的核心，对于人类的科技发展至关重要，但是完备的理论体系建立至今只有二十几年的历史，并且还没有得到很好的普及。

电力传输的理论与实践侧重于两个方面：一个方面是全局的电网运行稳定性；另一个方面是局域的电力供应稳定性。后者的典型案例是交直流变换中不同类型的负载影响了整体电路的稳定性，例如整流器件导致系统的不稳定。整流设备的核心器件（如二极管、晶闸管等）将线性系统改变成了非线性系统，这是问题的关键。

1980 年，林森在做二极管电路的非线性实验时发现了其中的混沌行为 [21]，他是最早有意识地发现电路中的混沌问题的科学家。

供电混沌电路之一是半波整流电感负载电路。半波整流电感负载电路只有两个线性电路元件，驱动系统是正弦交流电压，电路独立物理量有三个：二极管两端电压、电感器两端电压与回路电流。在电子测量技术中最常用的是示波器，示波器只能测量电压而不能测量电流，因此本电路电流测量方法是在回路中串联一个阻值很小的电阻（称为取样电阻），将流过的其电流变成电压供示波器测量，这个电压首先使用两个电压跟随器取出电压，再经过放大送到示波器，如图 2.27 所示。

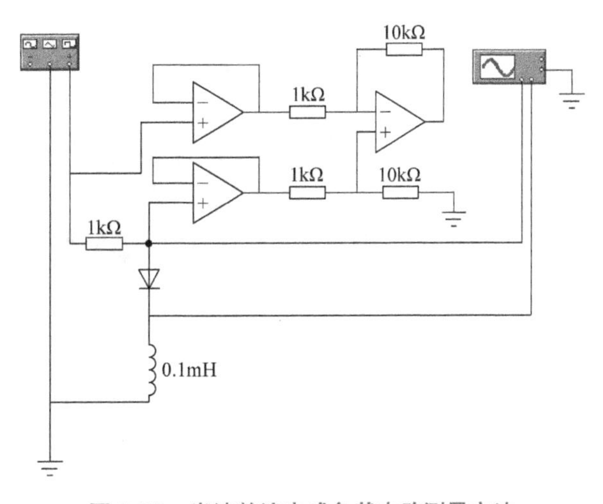

图 2.27　半波整流电感负载电路测量方法

半波整流电感负载电路 EWB 软件仿真结果如图 2.28 所示。图中所示的是相图，横坐标电压是信号源正弦波电压，纵坐标电压是电感器上的电压。由图可见，该电路呈现混沌状态。

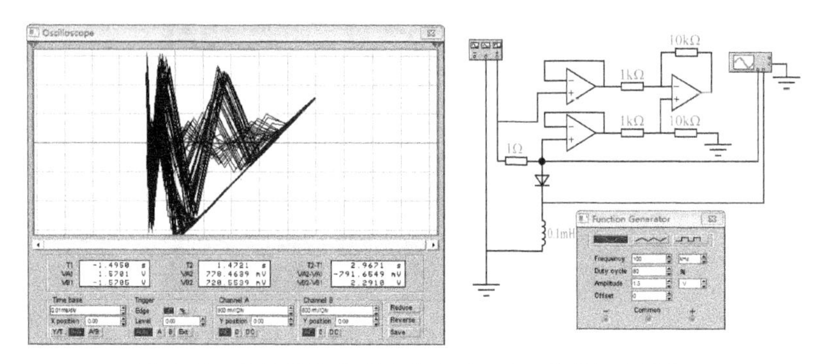

图 2.28　半波整流电感负载电路 EWB 软件仿真结果

供电混沌电路之二是半波整流 *RLC* 负载电路。将上面的负载电感器替换为电感、电阻、电容串联的电路，则 EWB 软件仿真结果如图 2.29 所示。

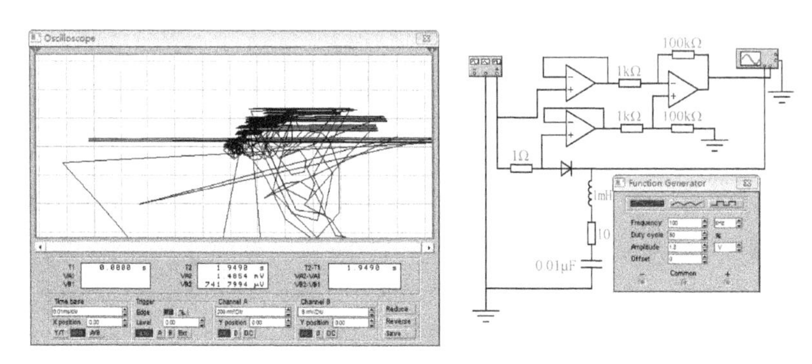

图 2.29　半波整流 *RLC* 负载电路 EWB 软件仿真结果

供电混沌电路之三是桥式整流电路混沌，电路结构是正弦交流供电 - 桥式二极管传输 - 电阻负载，EWB 软件仿真结果如图 2.30 所示。

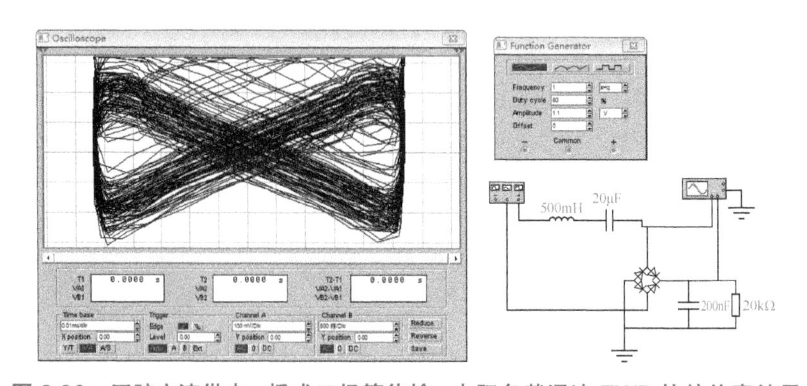

图 2.30　正弦交流供电 - 桥式二极管传输 - 电阻负载混沌 EWB 软件仿真结果

从正弦交流供电到桥式二极管传输再到电感负载混沌的 EWB 软件仿真如图 2.31 和图 2.32

所示，分别是非自治电压 - 负载电流相图与非自治电压 - 负载电压相图。

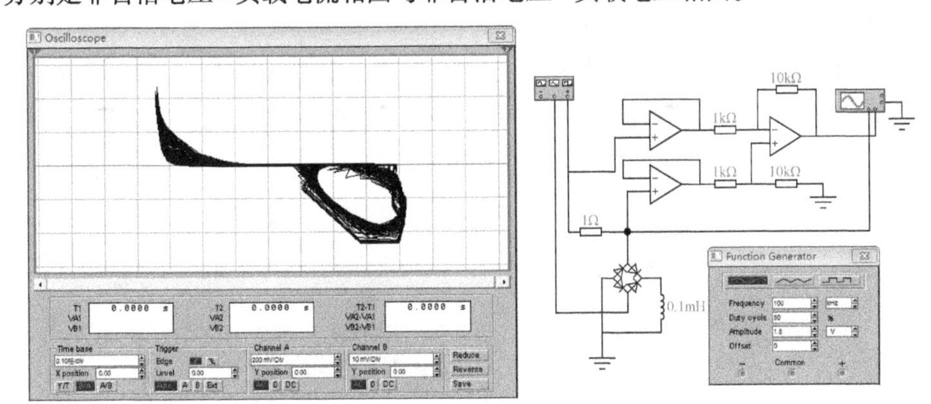

图 2.31　交流供电 - 无耗传输 - 电感性传输的电压 - 负载电流相图

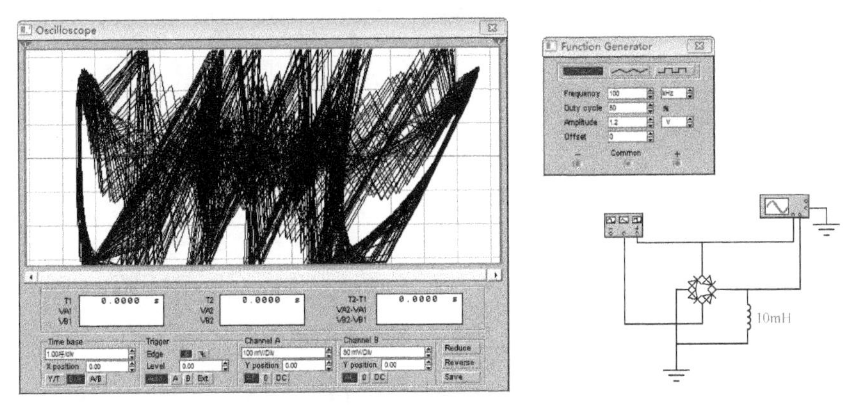

图 2.32　交流供电 - 无耗传输 - 电感性传输的电压 - 负载电压相图

2.2　经典蔡氏电路

1983 年，美国加利福尼亚州大学伯克利分校蔡少棠发明的蔡氏电路是混沌技术发展的里程碑，电子技术从此开始了混沌电路的时代，众多的电子学工作者进行了广泛且深入的研究，这一技术使从事于电子科学技术人员的认识产生了飞跃。

蔡少棠发明的原始混沌电路是极为特殊的电路，本章将这个原始电路称为经典蔡氏电路。由于技术上的特殊原因，现在人们已经很少使用这个电路了，但是原始蔡氏电路结构别致、理论奇特，从电路结构方面来说有很多内容值得我们研究，为此本书专门开辟这一节讨论这个问题，读者可以将本节当作电路历史来阅读，不必考虑它的实际应用，后面的章节中将讨论其非常简单的实际应用电路。

2.2.1　双运放三折线负阻非线性蔡氏电路

蔡氏电路原理图非常简单，然而电路动态特性却极其复杂，成为现代非线性电路的典范。之后，电子学工作者设计了一大批混沌电路。现在的混沌电路现已经形成一个庞大的家族，使得非线性电子学电路现成为非线性科学领域中引人瞩目的一个学科分支。蔡氏电路因其简洁性和代表性而成为研究非线性电路中混沌现象的典范。

蔡氏电路的结构有多种，其变形电路更是数目众多。本小节介绍的电路称为经典蔡氏电路，是双运放三折线负阻非线性蔡氏电路。该电路由一个非线性单元（蔡氏二极管）、一个线性电阻、一个线性电感和两个线性电容组成。常用 V_{C_1}、V_{C_2} 和 i_L 表示电容元件 C_1、C_2 的两端电压及通过电感 L 的电流，G 表示电阻器的电导，这三个变量不显示时间，系统状态由 V_{C_1}、V_{C_2}、i_L 三个状态变量描述，三个状态变量构成三维相空间。其电路原理图如图 2.33 所示。

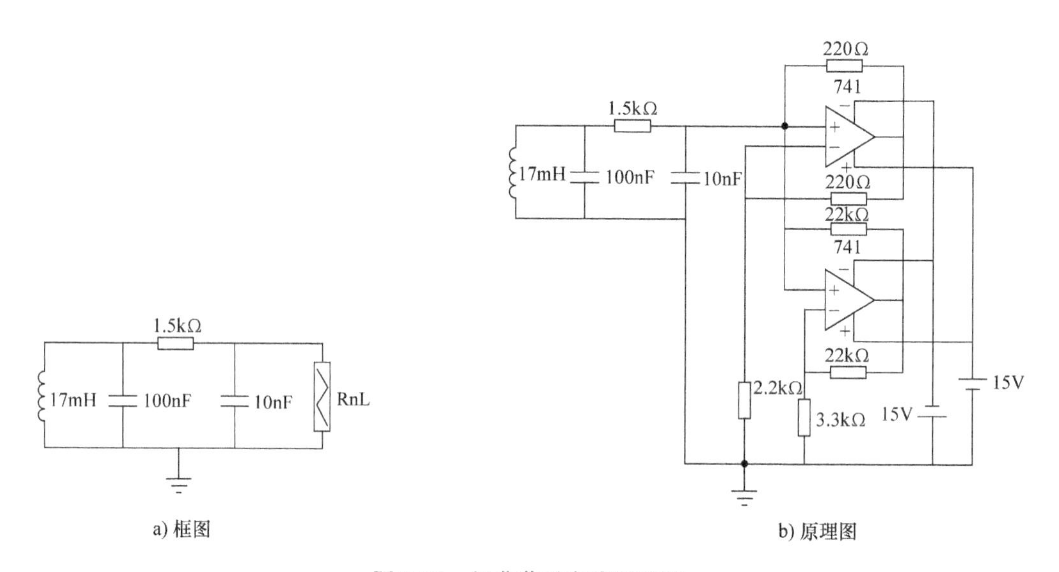

图 2.33　经典蔡氏电路原理图

经典蔡氏电路的结构分为两部分，即线性部分与非线性部分。线性部分包含一个电阻、一个电感与两个电容，用它们构成电路数学模型的微分方程动态部分；非线性部分是由两个运算放大器构成的电路，是“两端器件”，是静态电压 - 电流型非线性器件，伏安特性曲线呈三折线形状，称为“蔡氏二极管”。非线性电路的伏安特性曲线分布在第二、四象限，是负电阻，像电池一样对外供电，是供能元件。两部分电路的能量传送关系是“蔡氏二极管”向线性耗能部分电路传送能量（有时也吸收能量），深入地看，这符合物理学中的耗散结构理论的数学模型。

蔡氏电路满足的微分方程是

$$\begin{cases} \dfrac{\mathrm{d}V_{\mathrm{C_1}}}{\mathrm{d}t} = \dfrac{G}{C_1}(V_{\mathrm{C_2}} - V_{\mathrm{C_1}}) - \dfrac{1}{C_1}G(V_{\mathrm{C_1}}) \\ \dfrac{\mathrm{d}V_{\mathrm{C_2}}}{\mathrm{d}t} = \dfrac{1}{C_2}i_L + \dfrac{G}{C_2}(V_{\mathrm{C_1}} - V_{\mathrm{C_2}}) \\ \dfrac{\mathrm{d}i_L}{\mathrm{d}t} = -\dfrac{1}{L}V_{\mathrm{C_2}} \end{cases} \tag{2.12}$$

式中

$$G(V_{\mathrm{C_1}}) = \begin{cases} G_{\mathrm{b}}V + (G_{\mathrm{b}} - G_{\mathrm{a}})E & V < -E \\ G_{\mathrm{a}}V & -E < V < E \\ G_{\mathrm{b}}V + (G_{\mathrm{a}} - G_{\mathrm{b}})E & V > E \end{cases} \tag{2.13}$$

或

$$G\left(V_{C_1}\right)=G_bV+\frac{1}{2}(G_a-G_b)\left(|V+E|-|V-E|\right) \tag{2.14}$$

以上电路状态方程是根据电路原理图直接写出来的，从数学的角度来看没有“数学化”，也不便于使用计算机进行数值仿真。为便于研究，将上面的公式进行数学变量代换处理，成为无量纲的归一化公式 [18]，即

$$\begin{cases}\dot{x}=\alpha\left[y-h(x)\right]\\ \dot{y}=x-y+z\\ \dot{z}=-\beta y\end{cases} \tag{2.15}$$

式中

$$h(x)=m_bx+\frac{1}{2}(m_a-m_b)(|x+1|-|x-1|) \tag{2.16}$$

代入一组具体电路参数，归一化公式成为

$$\begin{cases}\dot{x}=10\left[y-h(x)\right]\\ \dot{y}=x-y+z\\ \dot{z}=-13.24y\end{cases} \tag{2.17}$$

式中

$$h(x)=-0.6135x+(-1.136+0.6135)\times\frac{1}{2}\times(|x+1|-|x-1|) \tag{2.17A}$$

以后还要遇到标度化公式（2.24），这里暂时不列出。用EWB软件仿真的结果如图 2.34 所示。

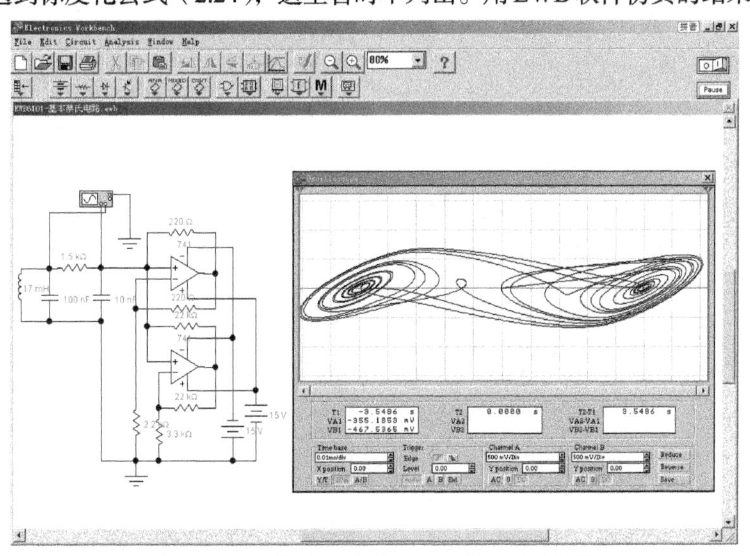

图 2.34　原始蔡氏电路 EWB 软件仿真结果

对于经典蔡氏电路，使用示波器测量能够得到两个波形图与一个相图，仿真图与其中的仿真参数清晰图分别如图 2.35 和图 2.36 所示。

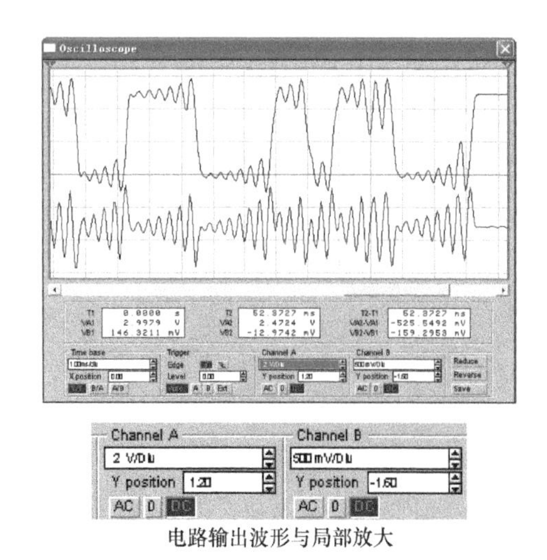

电路输出波形与局部放大

图 2.35　经典蔡氏电路 EWB 仿真图

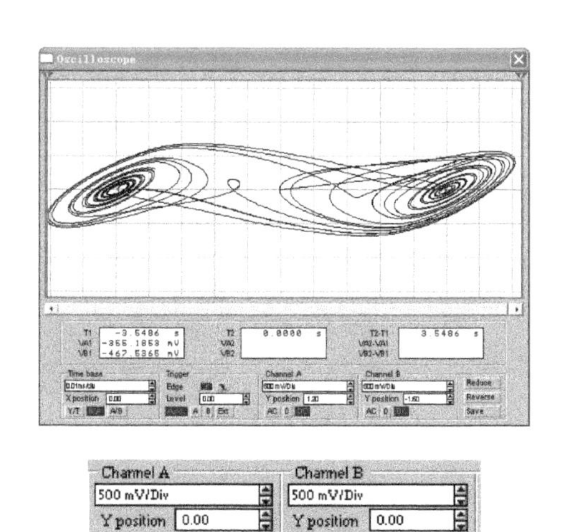

电路输出相图与局部放大

图 2.36　经典蔡氏电路 EWB 仿真参数清晰图

改变经典蔡氏电路中的线性电阻 R 值，电路输出相图的形态出现复杂的、差别很大的图形，蔡氏电路的混沌演变如图 2.37 所示，在专业术语中分别称为稳态不动点——稳定焦点，经典周期 - 周期 1、周期 2、周期 4、周期 8 等倍分岔，第一次进入单涡旋混沌，周期 3，周期 6 等第二次进入单涡旋混沌……双涡旋混沌、双涡旋周期、双涡旋混沌与周期……发散单叶周期（单叶周期实际是集成电路稳压电源限幅振荡，不是蔡氏电路的理论推导结果）。这个过程称为混沌演变，是混沌科学中的重要概念。

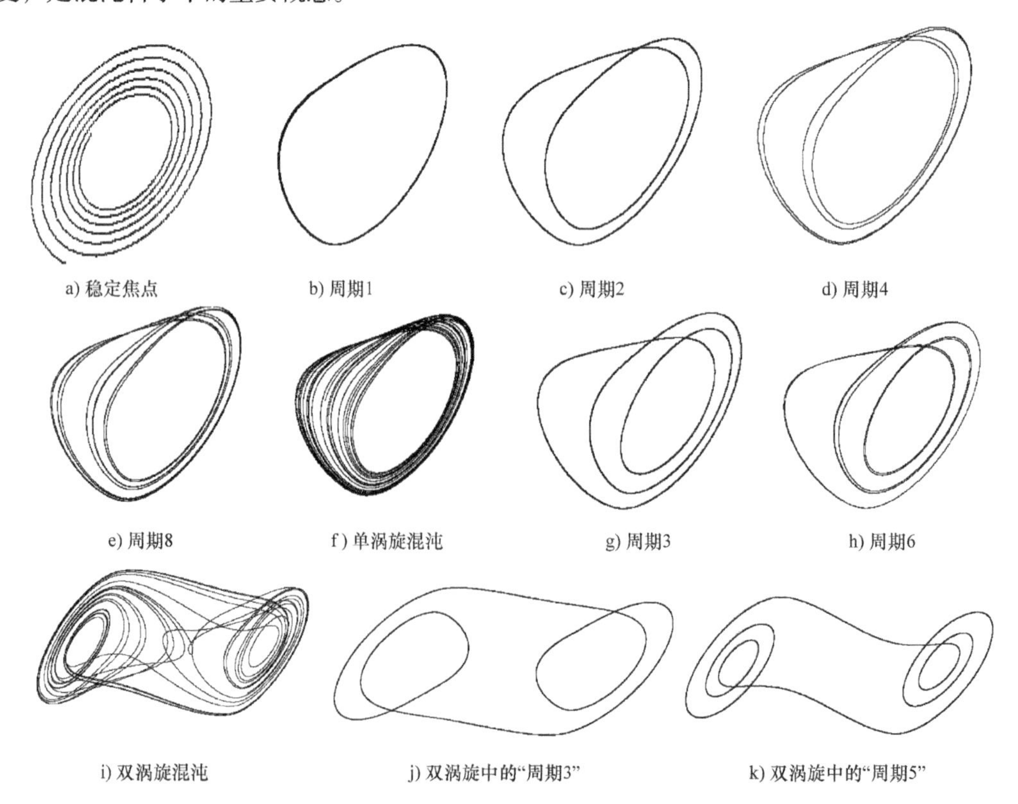

图 2.37　蔡氏电路的混沌演变

2.2.2 基本量纲双运放三折线负阻非线性蔡氏电路

本小节所述的电路是将上一个电路的电路参数数量级都放到基本物理量（如伏特、欧姆、法拉第、亨利）数量级上，称为基本量纲双运放三折线负阻非线性蔡氏电路。这样一来，时间常数的单位就是秒了。这个电路看起来不能实现，但是使用仿真电感与仿真电容，这个电路也是可以实现的，尽管没有实际电路意义，却有物理电路意义。

该电路原理图与上一节电路完全相同，只是电路参数不同，如图 2.38 所示。电路中电阻的单位为 Ω，电容的单位为 F，电感的单位为 H，电压的单位为 V，电流的单位为 A，时间的单位为 s。这个“电路”的原理没有任何问题，可供物理专业人士学习使用，具有演示性与观赏性。注意在实验中要使用慢扫描示波器，这样的实验仪器在现时代已经淘汰，只好使用指针式电压表观测，也很具有现实意义。

基本量纲双运放三折线负阻非线性蔡氏电路 EWB 软件仿真结果如图 2.39 所示。

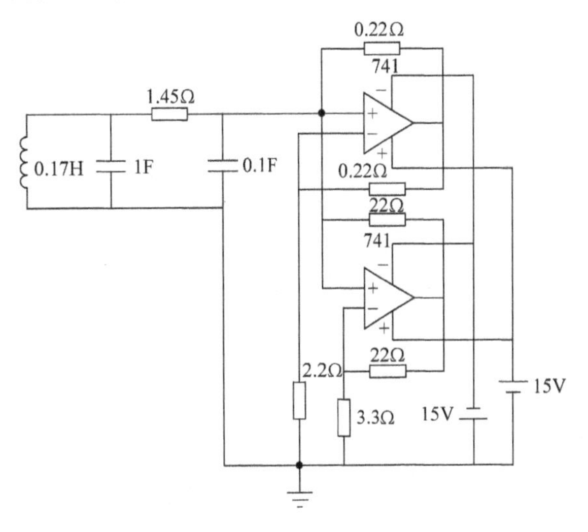

图 2.38 基本量纲双运放三折线负阻非线性蔡氏电路原理图

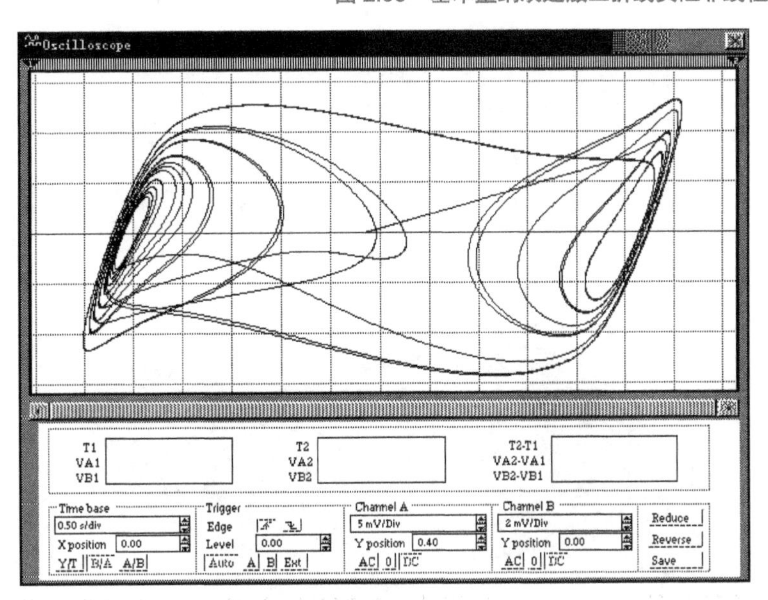

图 2.39 基本量纲双运放三折线负阻非线性蔡氏电路 EWB 软件仿真结果

2.2.3 单运放负阻二极管钳位非线性蔡氏电路

这个电路也是蔡少棠教授团队设计的具体蔡氏电路，与 2.2.1 节图 2.33 所示的电路功能完全相同，输出相同的波形图与相图，电路微分方程也完全相同。单运放负阻二极管钳位非线性蔡氏电路原理图如图 2.40 所示。

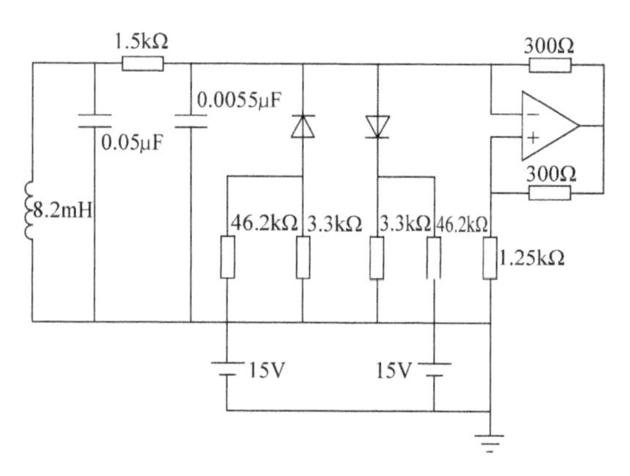

图 2.40　单运放负阻二极管钳位非线性蔡氏电路原理图

这个电路中的三折线非线性由二极管钳位原理产生，其工作原理参见第 3 章 3.13 节。EWB 软件仿真结果如图 2.41 所示，EWB 仿真与放大数据显示如图 2.42 所示。

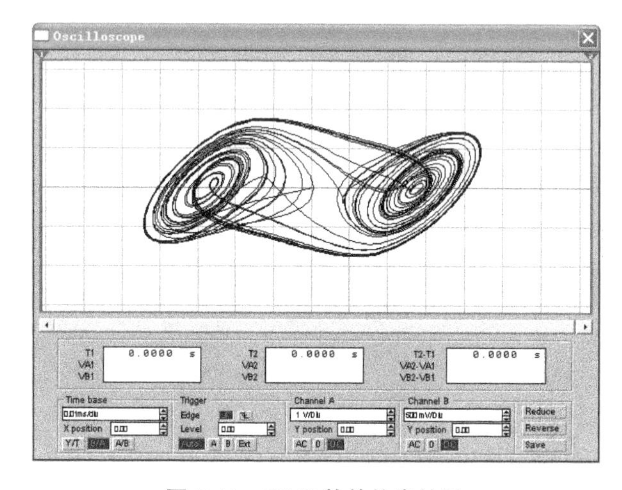

图 2.41　EWB 软件仿真结果

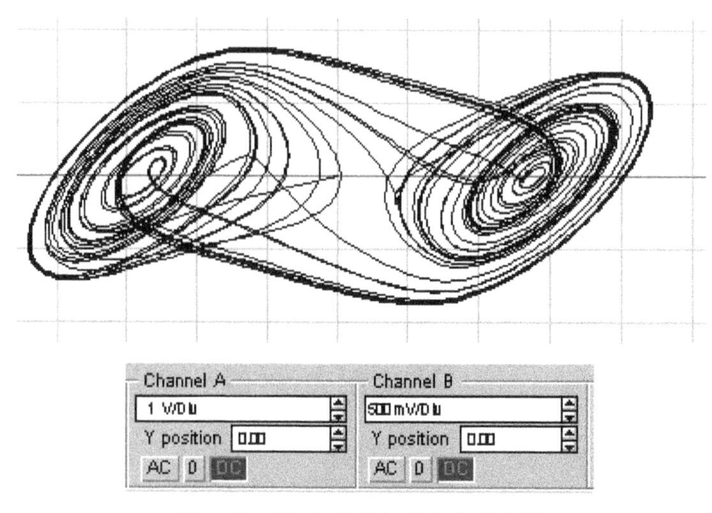

图 2.42　EWB 仿真与放大数据显示

2.2.4　单运放负阻双二极管串接非线性蔡氏电路

2.2.1 节和 2.2.3 节的蔡氏电路中负电阻的非线性，前者是使用两个负电阻的电流叠加，后者是使用负电阻的二极管钳位，都要利用双路直流稳压电源的限幅性质，其稳定性受电源影响，并且设计都很困难。第三种电路设计方法使用二极管相对于地电平钳位，脱离对于电源电压的依赖[31,32]。

单运放负阻双二极管串接非线性蔡氏电路原理图如图 2.43 所示。

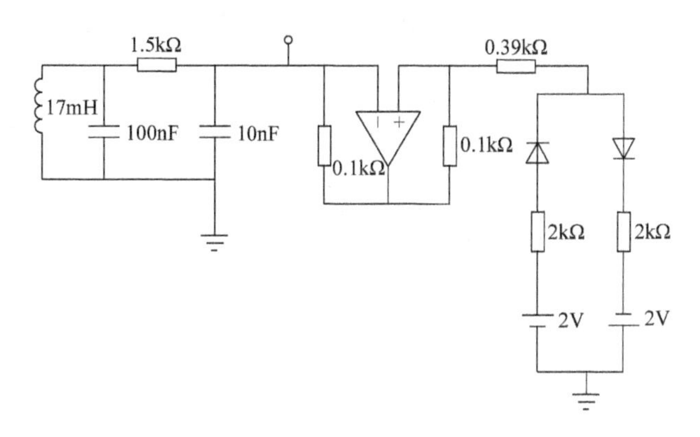

图 2.43　单运放负阻双二极管串接非线性蔡氏电路原理图

从电路的非线性部分入口处（图中运算放大器的反相输入端）看进去，电路呈负电阻，负电阻的绝对值等于 0.39kΩ。当输入端电压在 0.39kΩ 电阻两端产生的电压绝对值小于两个二极管的导通电压时，整个负电阻绝对值等于 0.39kΩ；当两个二极管导通电压时，整个负电阻绝对值等于 0.39kΩ 与 2kΩ 的串联。三折线与前面介绍的蔡氏二极管曲线相同。单运放负阻双二极管串接非线性蔡氏电路 EWB 软件仿真结果如图 2.44 所示。

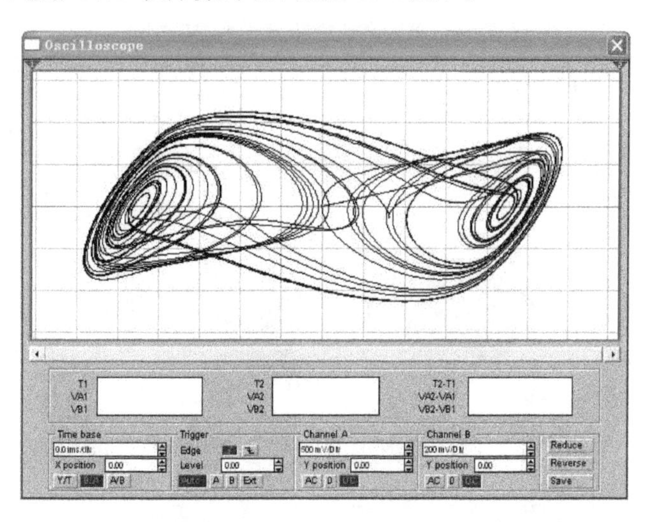

图 2.44　单运放负阻双二极管串接非线性蔡氏电路 EWB 软件仿真结果

上述电路需要提供两组特殊电源，很不方便，因此可进行改进使用通用电源，如图 2.45 所示。

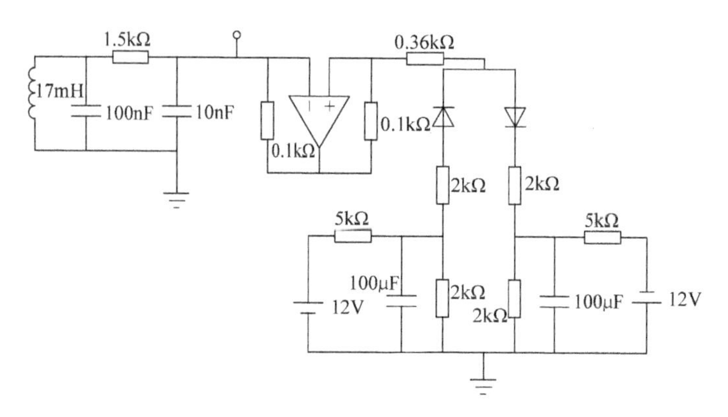

图 2.45　改进的单运放负阻双二极管串接非线性蔡氏电路原理图

图 2.45 所示电路的二极管电路利用了二极管及两个电阻与 0.36kΩ 串联的关系，也可以使用并联关系，如图 2.46a 所示，其改进电路如图 2.46b 所示，这是第四种具有蔡氏二极管功能且完全相同的静态非线性函数电路。

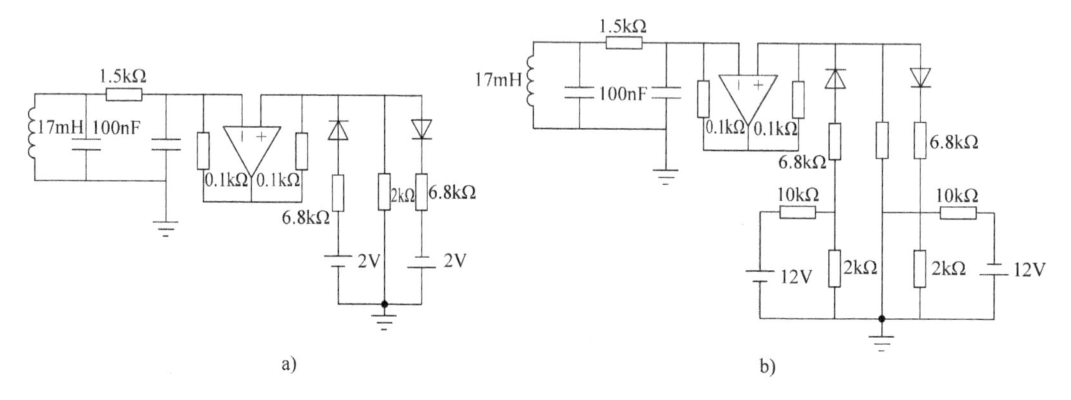

图 2.46　第四种负电阻蔡氏电路原理图

第四种负电阻蔡氏电路 EWB 软件仿真结果如图 2.47 所示。

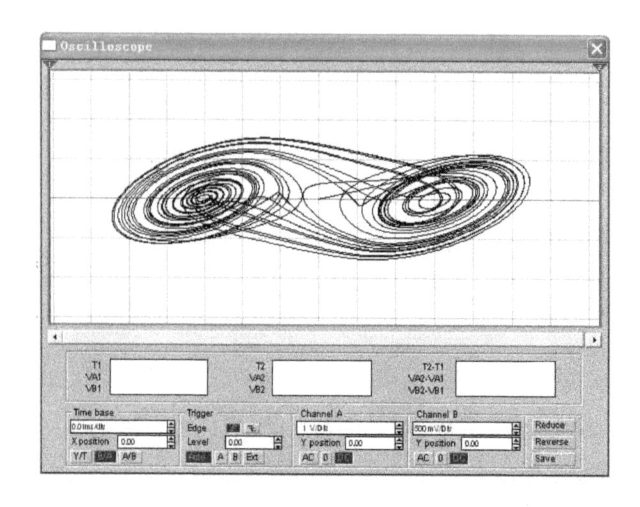

图 2.47　第四种负电阻蔡氏电路 EWB 软件仿真结果

2.2.5　有源电感双运放三折线负阻非线性蔡氏电路

上述蔡氏电路是由电感元件组成的混沌电路。电感元件有很多缺点：体积大安装不方便、精度低、寄生电阻大、成本高、调试不方便、参数精度低，与理论值有较大的差别。仿真电感能够解决这一问题，由仿真电感组成的蔡氏电路称为有源电感双运放三折线负阻非线性蔡氏电路。其电路原理图如图 2.48 所示 [18,30,33,34]，仿真电感工作原理见第 4 章第 4.5 节。

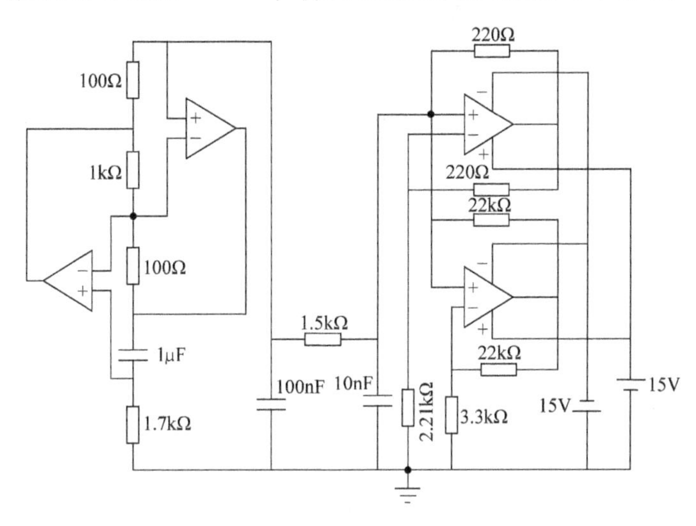

图 2.48　有源电感双运放三折线负阻非线性蔡氏电路原理图

有源电感双运放三折线负阻非线性蔡氏电路 EWB 软件仿真结果与前面的所有蔡氏电路输出结果完全相同，如图 2.49 所示，不再分析，感兴趣的读者请参见参考文献 [18]。

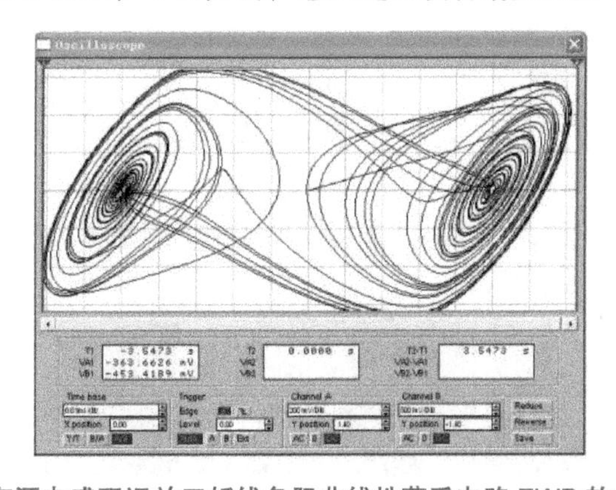

图 2.49　有源电感双运放三折线负阻非线性蔡氏电路 EWB 软件仿真结果

2.2.6　蔡氏电路电感电流显示电路

蔡氏电路中有三个变化的物理量，分别是电压 V_{C_1}、电压 V_{C_2} 与电流 I_L，电压 V_{C_1} 与电压 V_{C_2} 可以示波器显示观测，而电流 I_L 不能够使用示波器观测。这样一来，示波器只能显示蔡氏电路三个波形中的两个波形与三个相图中的一个相图，这是蔡氏电路示波器观测方法的缺陷。解决这个问题所采用的技术方案是：将蔡氏电路电感器 L 的电流 I_L 在电感器 L 的臂上反映出来的电压量，通过转换电路的电压跟随器传递到反相积分器，输出与电感器电流 I_L 成正比的电压变量，

实现电流 - 电压转换，并通过示波器显示出来。

蔡氏电路电感电流显示电路原理图如图 2.50 所示[35,36]。

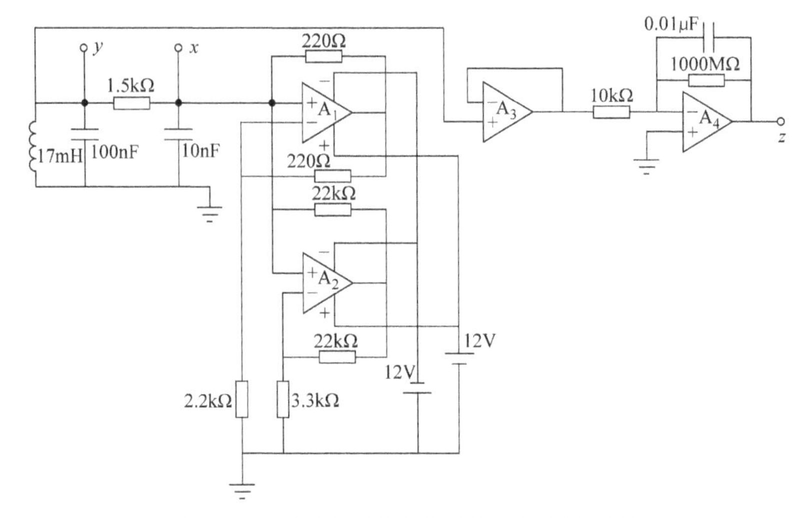

图 2.50　蔡氏电路电感电流显示电路原理图

蔡氏电路公式中，描述电感器电路关系的公式是

$$V_{C_2}=-L\frac{\mathrm{d}I_L}{\mathrm{d}t} \tag{2.18}$$

电感器电压 V_{C_2} 连接电压跟随器 A_3，A_3 输入阻抗很高，用于减轻测量电路 A_4 对于蔡氏电路的负载。积分器电路 A_4 输出 - 输入关系为

$$V_{\mathrm{OUT}}=-\frac{1}{C_3}\int i_{C_3}\mathrm{d}t=-\frac{1}{C_3}\int\frac{1}{R_1}V_{\mathrm{in}}\mathrm{d}t=-\frac{1}{R_1C_3}\int -L\frac{\mathrm{d}i_L}{\mathrm{d}t}\mathrm{d}t=\frac{L}{R_1C_3}\int\frac{\mathrm{d}i_L}{\mathrm{d}t}\mathrm{d}t=\frac{L}{R_1C_3}i_L \tag{2.19}$$

即图 2.50 电路中与示波器连接的电压 z 与通过电感器 L 的电流成正比，实现了电感器 L 的电流转换成电路输出 z 的电压变换。

对于图 2.50 搭建物理电路进行实验，实验结果证明了理论分析的正确性，蔡氏电路电感电流显示波形图和相图如图 2.51 所示。

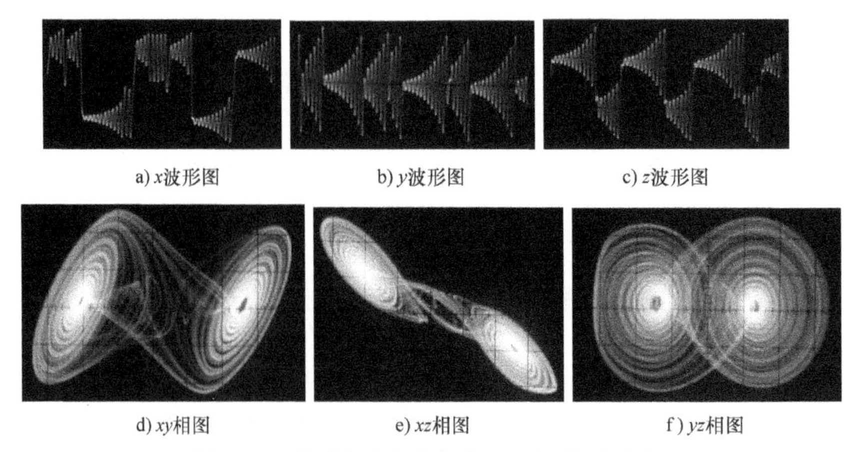

图 2.51　蔡氏电路电感电流显示波形图和相图

2.3　细胞神经网络混沌电路

1988 年，美国加州大学伯克利分校蔡少棠、杨林提出细胞神经网络（Cellular Neural Networks，CNN）电路数学模型；1999 年，何振亚、张毅峰、卢洪涛给出了几种能够产生混沌的具体 CNN 电路，由此 CNN 混沌电路研究广泛开展起来。

目前的神经网络主流电路是二进制数字化研究，但是真实的神经网络是连续性的模拟信号，这正是模拟神经网络电路研究的真正意义。本节的细胞神经网络电路都是连续性的模拟细胞神经网络电路。

2.3.1　CNN 中的 Sigmoid 函数曲线

蔡氏电路与细胞神经网络电路数学模型[36-42]，尽管两者差别很大，但是有着深刻的内在联系，实质上前者电路的数学模型是后者的一个特例。这一说法有一点“误差”，即前者的静态非线性函数是三折线非线性曲线，后者是 Sigmoid 非线性曲线，但是两者“误差”很小，几乎可以任意代替，如图 2.52 所示。图中蓝色曲线是三折线非线性曲线，红色曲线是 Sigmoid 非线性曲线，详细说明见第 3 章第 3.5 节。

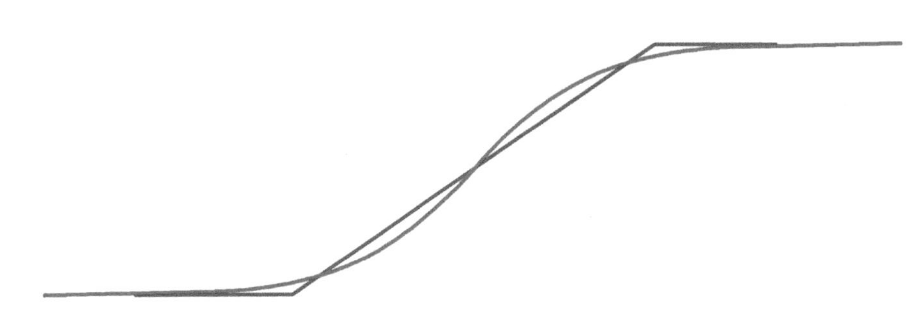

图 2.52　三折线非线性曲线与 Sigmoid 非线性曲线的比较

何振亚对于这一工作进行了深入研究[38,42]，证明用 Sigmoid 函数代替三折线非线性函数后蔡氏电路也就成了细胞神经网络电路，系统的拓扑性质并没有改变。这样一来，CNN 电路的实现就很容易了，因为三折线非线性曲线实现容易，并且还有多种拓扑等效非线性电路方案可取，例如限幅运算放大器、双向二极管钳位、三次幂电路（两级乘法器）、双曲正弦电路、反双曲正弦电路等，具体请参见第 3 章有关内容。

理想化的 Sigmoid 函数是归一化函数 sgm(x)，其公式为

$$\mathrm{sgm}(x)=\frac{1}{1+\mathrm{e}^{-x}} \tag{2.20}$$

真实的生物细胞神经的电信号的传递从电学的角度来看是单向的，就像血液被心脏按压的情况一样，虽然是周期“脉动”的，但却是单向的。尽管在电子电路技术中，完全模拟这一过程是能够实现的，但是没有必要，因为这只会增加电路设计难度与工程复杂度。运算放大器的能量供应是双路直流稳压电源，“零电平”是电路地线电平，所以本节中的细胞神经网络电路使用双向正负电压系统就是根据这个道理设计的。

Sigmoid 函数的形状与标准限幅函数 $f(x)$ 的形状很相似，标准限幅函数 $f(x)$ 为

$$f(x)=\frac{1}{2}\left(|x+1|-|x-1|\right) \tag{2.21}$$

Sigmoid 函数是光滑函数，$f(x)$ 不是光滑函数而是三折线函数，两者相互逼近公式为

$$f(x)=2sgn(x)-1 \tag{2.22}$$

与

$$sgn(x)=\frac{f(x)+1}{2} \tag{2.23}$$

实际的非线性动态电路使用标准限幅电路 $f(x)$ 就能够实现与 Sigmoid 函数电路相同的动态特性输出，理论上满足 Sigmoid 函数能够实现的几乎全部功能。

由限幅非线性公式（2.21）与 Sigmoid 非线性公式（2.23）构成的蔡氏电路输出的相图如图 2.53a 和图 2.53b 所示。由图 2.53 可见，限幅非线性公式完全可以替代 Sigmoid 非线性公式。

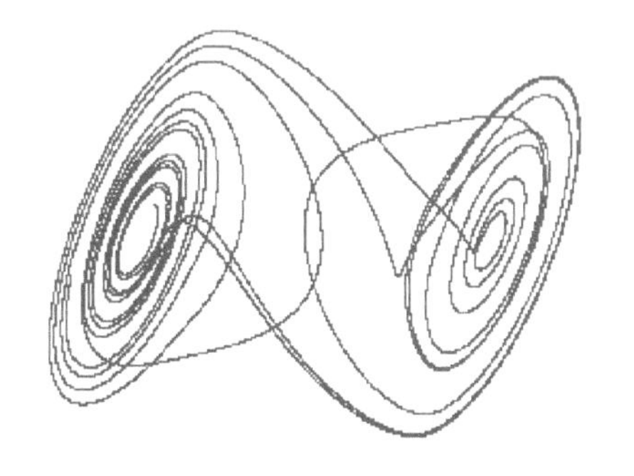

a) 限幅非线性蔡氏电路相图

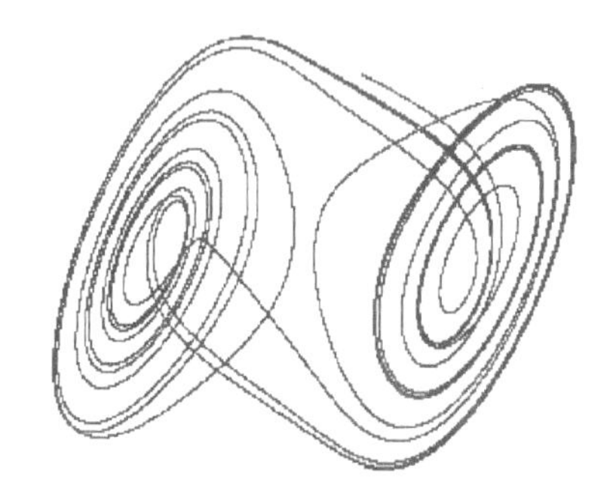

b) Sigmoid非线性蔡氏电路相图

图 2.53　限幅非线性与 Sigmoid 非线性蔡氏电路相图比较

2.3.2　三阶三折线蔡氏电路

为了借鉴上一节的成果，这一节的细胞神经网络电路数学模型取用上一节的蔡氏电路数学模型。细胞神经网络是由多个“细胞神经元”组成的，每一个细胞神经元是一个积分电路，细胞神经网络的各个非线性单元都是各自细胞单元的自身反馈而不是向其他细胞单元的馈送，蔡氏电路符合细胞神经网络的定义。

经典蔡氏电路由线性电阻、线性电容、线性电感、蔡氏二极管构成，本节中的蔡氏电路全部由运算放大器构成 [42-45]，偶尔也有二极管等元器件。其数学模型为

$$\begin{cases}\dot{x}=1.33x+1.57y-3.7f(x)\\ \dot{y}=5.75x-y+8z\\ \dot{z}=-1.768y\end{cases} \tag{2.24}$$

$$f(x)=x-\frac{1}{2}(|x+1|-|x-1|) \tag{2.24A}$$

这两个公式对应的函数变量是电压变量，三个电压变量的变化范围都在 ± 5V，称为标度化微分方程。

由五个运算放大器构成的三阶蔡氏电路[42]的静态非线性函数模型是三折线，实现这一模型的电路原理图有三个，分别如图 2.54 ~ 图 2.56 所示。图 2.54 所示电路是限幅运算放大器三折线非线性电路，图 2.55 和图 2.56 电路是两种反向并联二极管钳位三折线非线性电路。

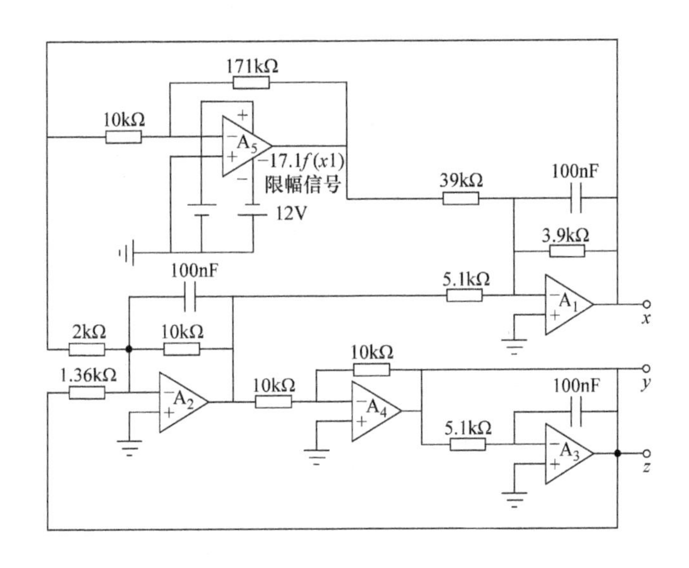

图 2.54　限幅运算放大器三折线非线性电路原理图

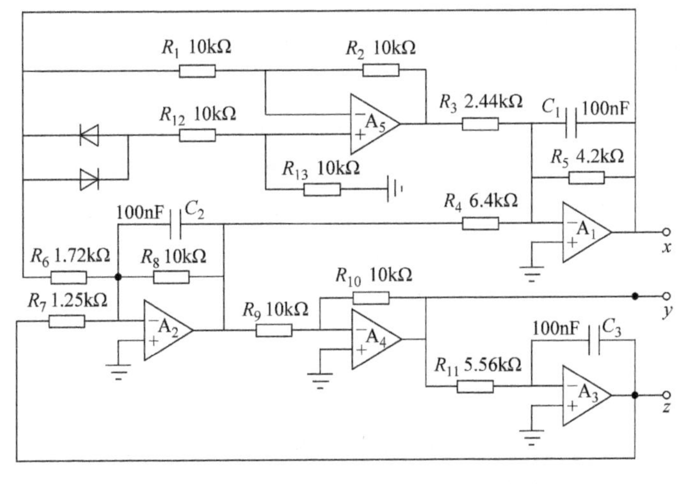

图 2.55　反向并联二极管钳位三折线非线性电路 -1 原理图

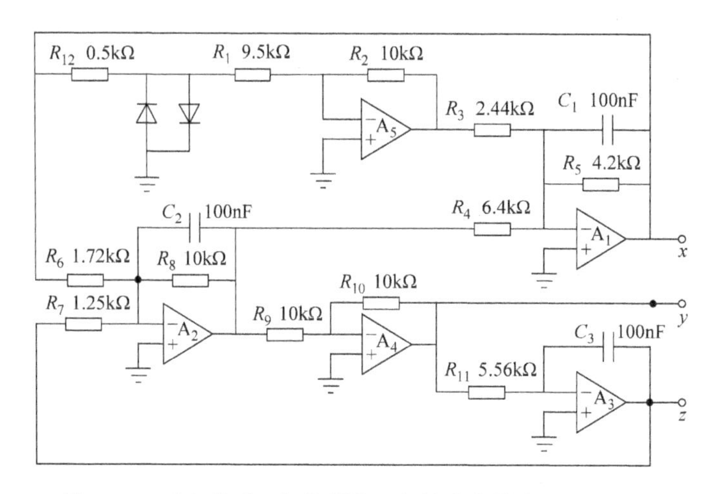

图 2.56 反向并联二极管钳位三折线非线性电路 -2 原理图

以上三种电路的线性电路的结构都是相同的，线性积分器 $A_1 \sim A_3$ 与线性放大器 A_4 电路中，A_4 输出端输出电压信号与蔡氏电路公式中的 y 变量完全相同，A_2 输出端输出电压信号与 y 变量方向相反，是 $-y$。若 A_1 输出分别与 A_2 及 A_4 的输出端配合，将分别输出左倾双涡旋相图与右倾双涡旋相图。

限幅运算放大器三折线非线性电路 EWB 软件仿真结果如图 2.57 所示。这个仿真与上一节讲到的含有电感与电容构成的蔡氏电路具有完全相同的数学模型公式，且输出结果完全相同，所有变量都是电压变量方便示波器直接测量。

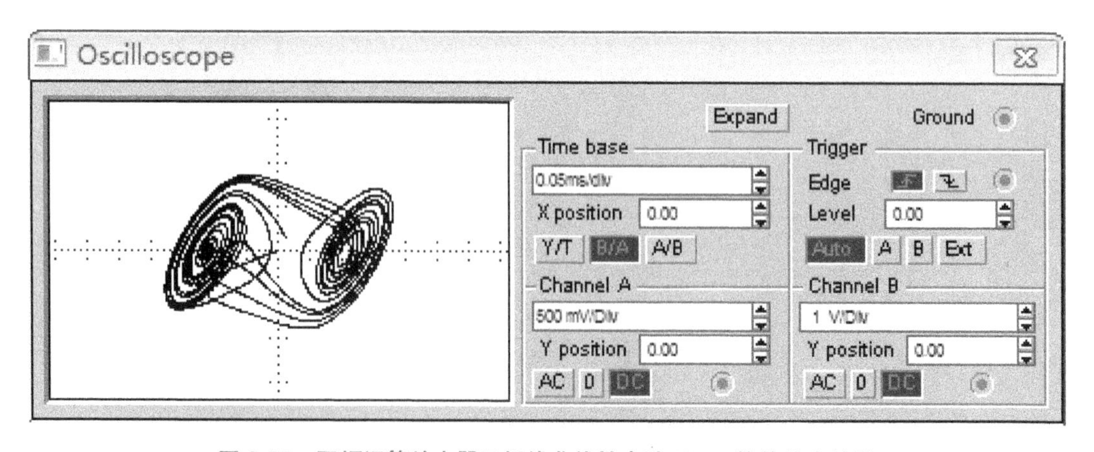

图 2.57 限幅运算放大器三折线非线性电路 EWB 软件仿真结果

另外两个电路的仿真与此相同，不再赘述。

物理实验电路如图 2.58 所示。该电路是在一种万能混沌电路实验板上通过十几根连接线连接的，该电路板是由本书作者所在课题组研制的专用混沌电路印制电路板，型号为 8002-1111，详细内容见第 5 章第 5.5 节。

物理电路实验输出相图与非线性曲线分别如图 2.59 和图 2.60 所示。

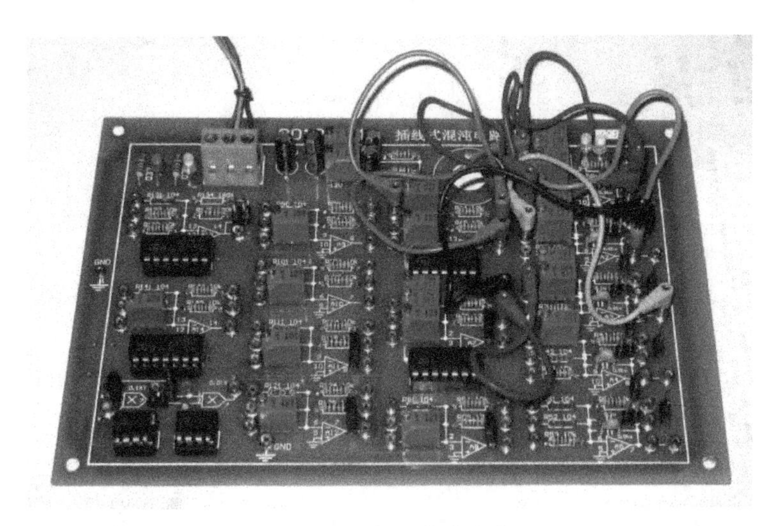

图 2.58　物理实验电路

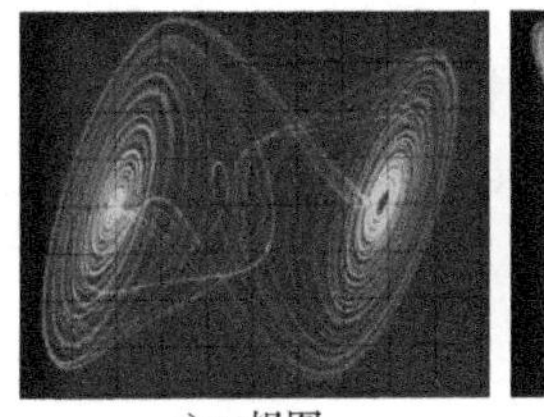

a) *xy*相图

b) *xz*相图

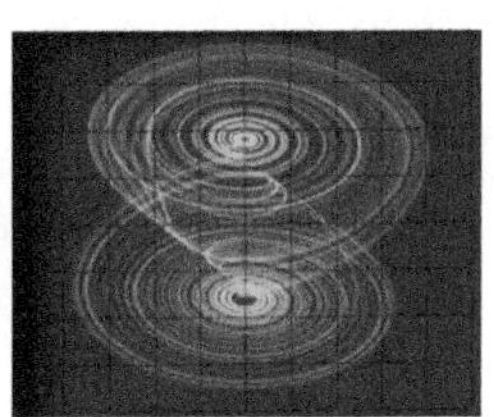

c) *zy*相图

图 2.59　物理电路实验输出相图

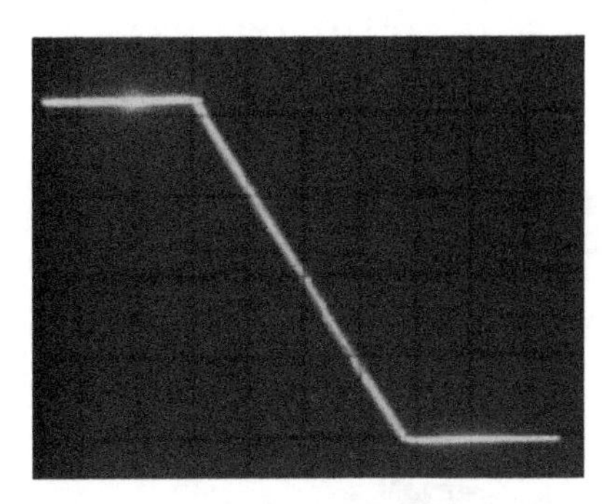

图 2.60　非线性曲线

2.3.3　四阶限幅蔡氏电路

在上一小节三阶蔡氏电路的基础上增加一阶积分器电路就成了四阶限幅蔡氏电路（也叫作四阶单非线性双涡旋混沌细胞神经网络电路）。蔡氏电路的增阶是很容易的事情，如果处理得好，应该是超混沌，具有两个正的李雅普诺夫指数。这个新的蔡氏电路输出相图很美，是很好的四阶电路 [46]。其电路原理图如图 2.61 所示。

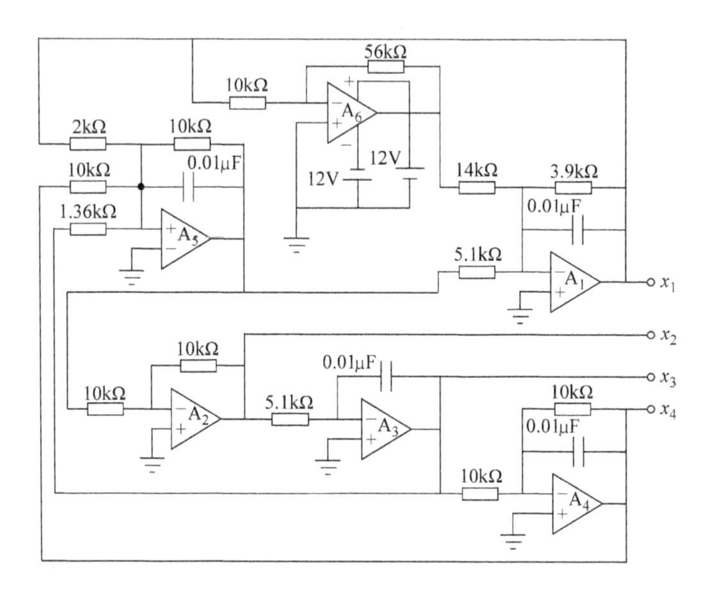

图 2.61　四阶限幅蔡氏电路原理图

电路中的 x_2 输出有两个，x_2 和 $-x_2$，从 A_2 输出端的输出是 x_2，从 A_5 输出端的输出是 $-x_2$，x_2 和 $-x_2$ 与 x_1 配合分别输出左倾双涡旋相图与右倾双涡旋相图。

该电路数学模型公式表示为式（2.25），这是标度化的电路公式，不是归一化的电路公式。

$$\begin{cases}\dot{x}_1 = -2.37x_1 + 1.57x_2 + 3.7f(x_1) \\ \dot{x}_2 = 5.9x_1 - x_2 + 7.7x_3 \\ \dot{x}_3 = -1.8x_2 - 0.4x_4 \\ \dot{x}_4 = -0.26x_3\end{cases} \tag{2.25}$$

$$f(x_1) = \frac{1}{2}(|x_1 + 1| - |x_1 - 1|) \tag{2.25A}$$

四阶限幅蔡氏电路 EWB 软件仿真结果如图 2.62 所示。

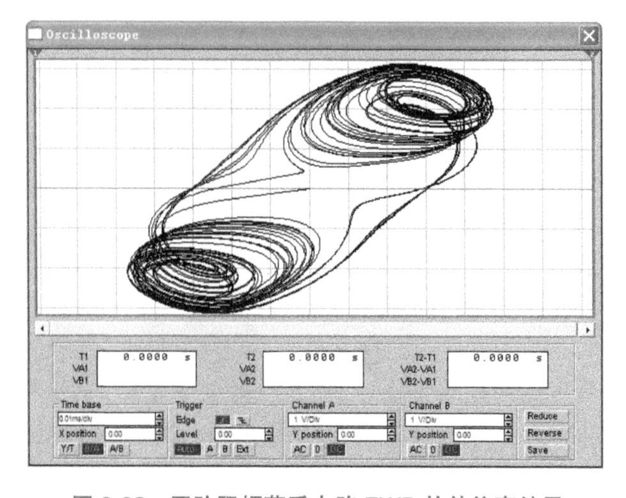

图 2.62　四阶限幅蔡氏电路 EWB 软件仿真结果

搭建物理电路并进行实验，四阶限幅蔡氏电路输出相图如图 2.63 所示，非线性曲线如图 2.64 所示。

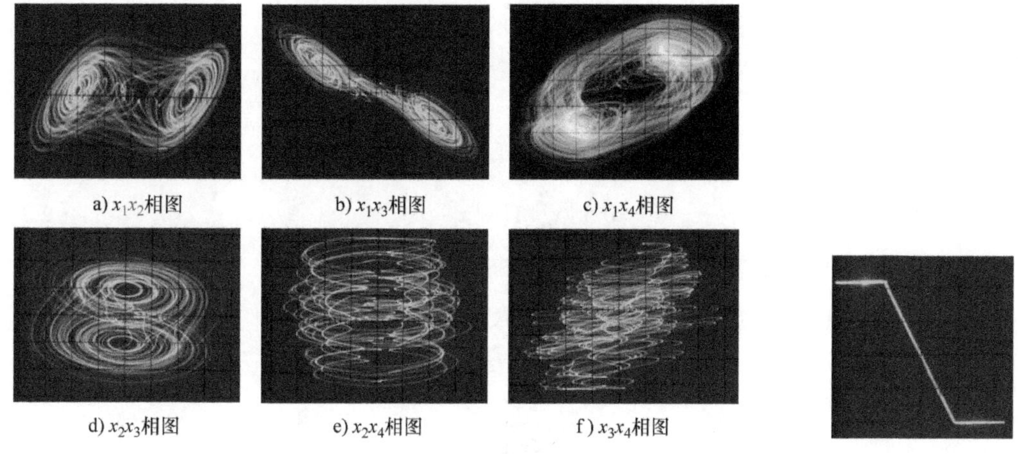

a) x_1x_2相图　b) x_1x_3相图　c) x_1x_4相图

d) x_2x_3相图　e) x_2x_4相图　f) x_3x_4相图

图 2.63　四阶限幅蔡氏电路输出相图

图 2.64　非线性曲线

对于二极管钳位三折线非线性电路效果相同，不再赘述。

2.3.4　五阶限幅蔡氏电路

本小节介绍的电路是三阶蔡氏电路的再次增阶至五阶 [47,48]，输出 10 个相图，并且相图很美。其电路原理图如图 2.65 所示。

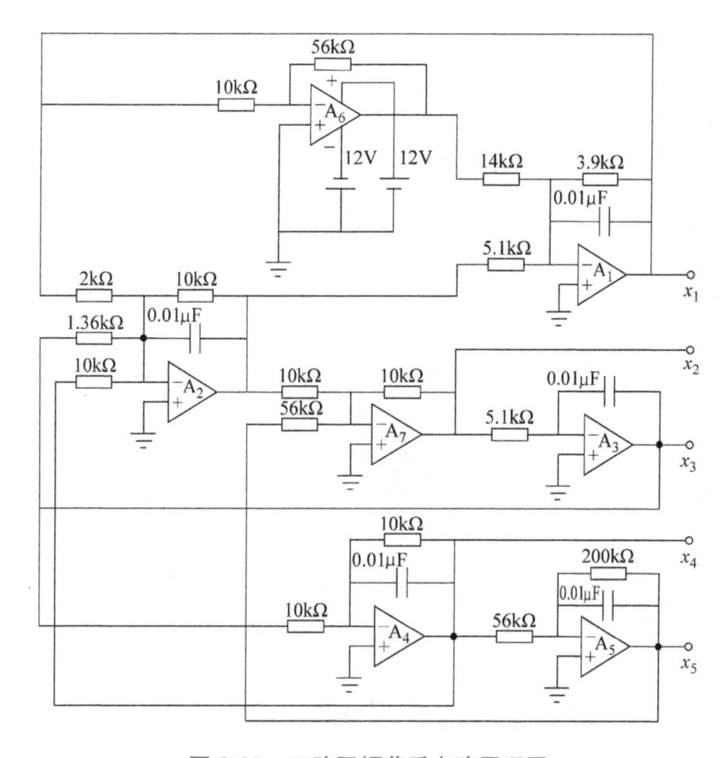

图 2.65　五阶限幅蔡氏电路原理图

动态方程状态方程为

$$\begin{cases}\dot{x}_1 = -2.4x_1 + 1.57x_2 + 3.7f(x_1) \\ \dot{x}_2 = 5.9x_1 - 1.2x_2 + 7.7x_3 + 0.25x_5 \\ \dot{x}_3 = -1.8x_2 - 0.4x_4 - 0.025x_5 \\ \dot{x}_4 = -0.26x_3 \\ \dot{x}_5 = 1.2x_2 - 0.4x_5\end{cases} \tag{2.26}$$

$$\dot{x}_2 = 0.5(|x_1+1| - |x_1-1|) \tag{2.27}$$

五阶限幅蔡氏电路 EWB 软件仿真结果如图 2.66 所示。

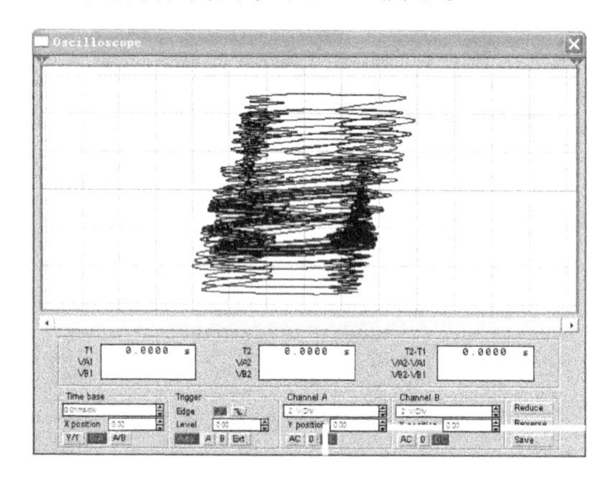

图 2.66　五阶限幅蔡氏电路 EWB 软件仿真结果

对于二极管钳位三折线非线性电路效果相同，不再赘述。

搭建物理电路并实验，五阶限幅蔡氏电路输出相图与非线性曲线如图 2.67 所示。

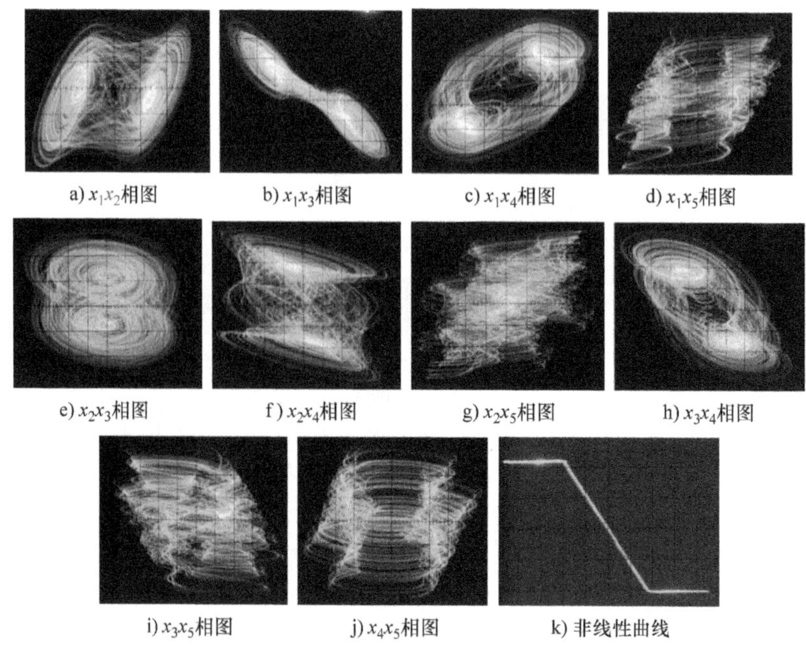

a) x_1x_2相图　b) x_1x_3相图　c) x_1x_4相图　d) x_1x_5相图

e) x_2x_3相图　f) x_2x_4相图　g) x_2x_5相图　h) x_3x_4相图

i) x_3x_5相图　j) x_4x_5相图　k) 非线性曲线

图 2.67　五阶限幅蔡氏电路输出相图与非线性曲线

2.3.5　三阶限幅默比乌斯带混沌电路

三阶限幅默比乌斯带混沌电路[49]是单涡旋三阶单一非线性混沌电路，输出的相图原则上讲是马蹄类型相图，但是与“马蹄”形状差别很大，倒是与默比乌斯带形状接近，所以就取了这么一个名字。

三阶限幅默比乌斯带混沌电路原理图如图 2.68 所示。

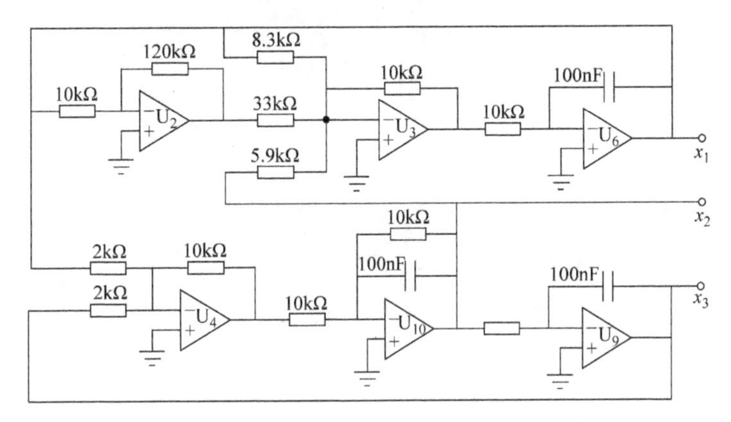

图 2.68　三阶限幅默比乌斯带混沌电路原理图

电路数学模型为

$$\begin{cases}\dot{x}_1 = 1.2x_1 - 3.6y_1 + 1.7x_2 \\ \dot{x}_2 = 5x_1 - x_2 + 5x_3 \\ \dot{x}_3 = -2.4x_2\end{cases} \tag{2.28}$$

$$y_1 = 0.5(|x_1 + 1| - |x_1 - 1|) \tag{2.29}$$

三阶限幅默比乌斯带混沌电路 EWB 软件仿真结果如图 2.69 所示。

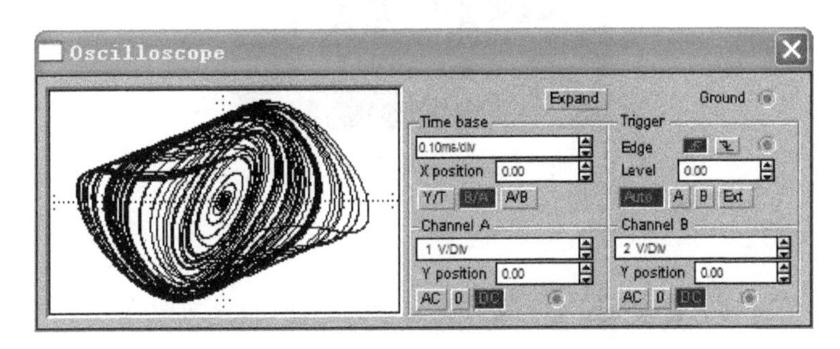

图 2.69　三阶限幅默比乌斯带混沌电路 EWB 软件仿真结果

图 2.69 中相图中心附近很大空间内的螺旋线表示初值不稳态。稳态吸引子的特点是分布在三维空间中的立体环状空间内，这个三维环比较“瘦”，且呈现默比乌斯带型。以前常说的默比乌斯带是三维空间中的弯曲“纸带”状，这个默比乌斯带是“体”状，可以称为“三维默比乌斯环”。

使用专用电路实验板 8002-1111 搭建的物理实验电路板如图 2.70 所示，输出相图与非线性曲线分别如图 2.71 和图 2.72 所示。

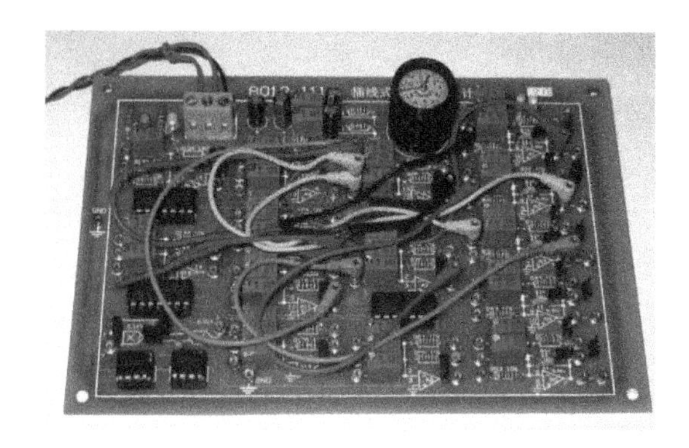

图 2.70　三阶限幅默比乌斯带混沌电路物理实验电路板

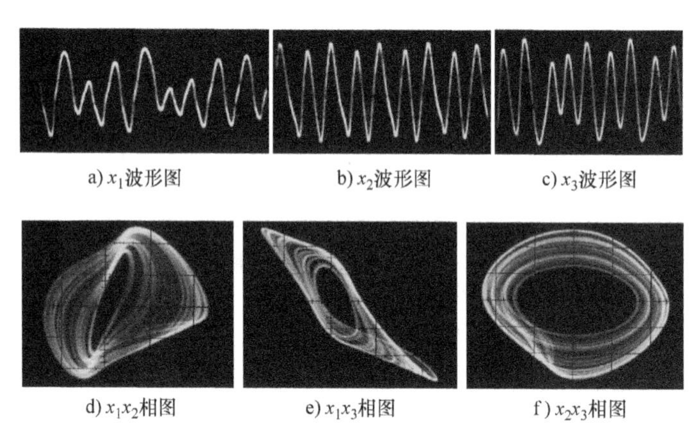

a) x_1波形图　　b) x_2波形图　　c) x_3波形图

d) x_1x_2相图　　e) x_1x_3相图　　f) x_2x_3相图

图 2.71　三阶限幅默比乌斯带混沌电路输出相图与波形图

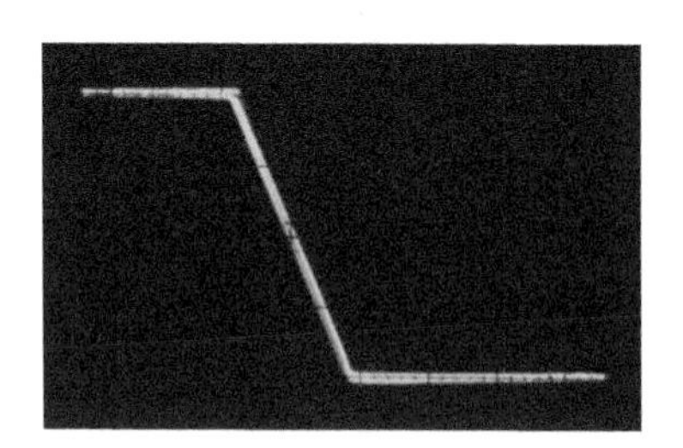

图 2.72　三阶限幅默比乌斯带混沌电路非线性曲线

2.3.6　四阶限幅默比乌斯带混沌电路

四阶限幅默比乌斯带混沌电路[51]是将上一个电路增阶后成为四阶电路，电路原理图如图 2.73 所示。

电路数学模型的公式标度化后为

$$\begin{cases} \dot{x}_1 = 1.2x_1 - 3.6y_1 + 1.7x_2 \\ \dot{x}_2 = 5x_1 - x_2 + 5x_3 - 0.1x_4 \\ \dot{x}_3 = -2.4x_2 \\ \dot{x}_4 = -x_3 - x_4 \end{cases} \tag{2.30}$$

及

$$y_1 = 0.5(|x_1+1|-|x_1-1|) \tag{2.31}$$

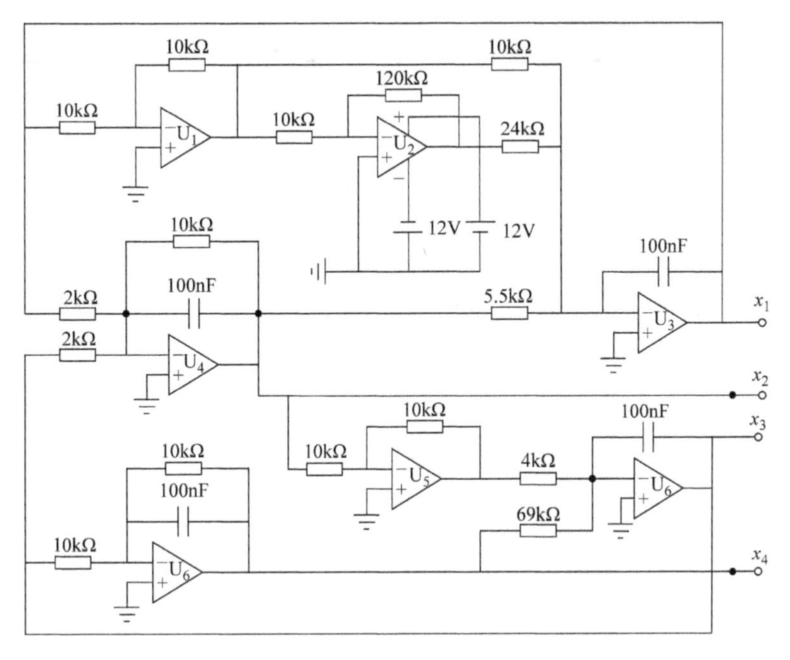

图 2.73　四阶限幅默比乌斯带混沌电路原理图

电路模型数值仿真使用 VB 环境仿真，其电路输出相图如图 2.74 所示。

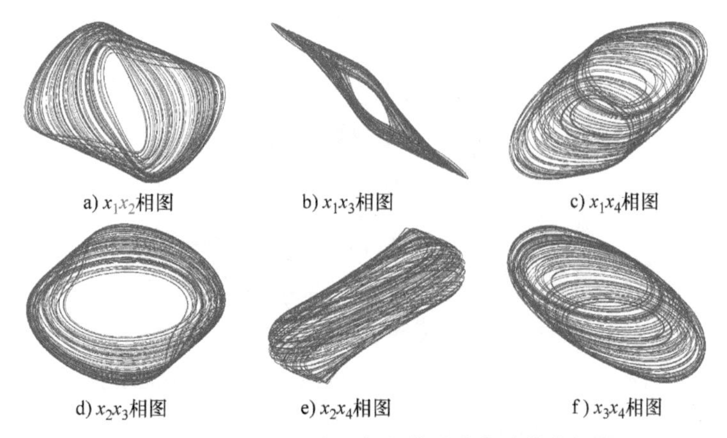

图 2.74　四阶限幅默比乌斯带混沌电路输出相图

四维混沌吸引子呈现出四个三维混沌吸引子，这四个三维混沌吸引子基本都是三维“默比乌斯环”的形状，但是更加混乱，默比乌斯环变胖，中间空间缩小。

2.3.7　三阶限幅双螺圈混沌电路

何振亚等人还提出另外一种三阶限幅双螺圈 [51] 混沌电路，也呈现双涡旋相图。该三阶限幅双螺圈混沌电路原理图如图 2.75 所示。

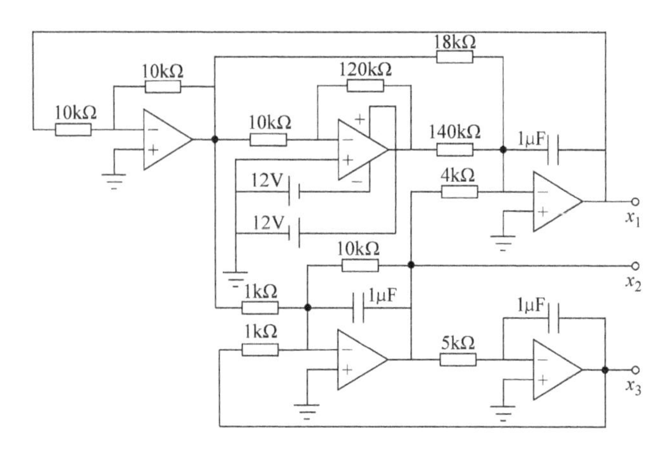

图 2.75　三阶限幅双螺圈混沌电路原理图

三阶限幅双螺圈混沌电路状态方程为

$$\begin{cases}\dot{x}_1 = 0.56x_1 - 0.86f(x_1) - 2.5x_2 \\ \dot{x}_2 = 10x_1 - x_2 - 10x_3 \\ \dot{x}_3 = -2x_2\end{cases} \tag{2.32}$$

$$y_1 = 0.5(|x_1 + 1| - |x_1 - 1|) \tag{2.33}$$

三阶限幅双螺圈混沌电路 EWB 软件仿真结果如图 2.76 所示。

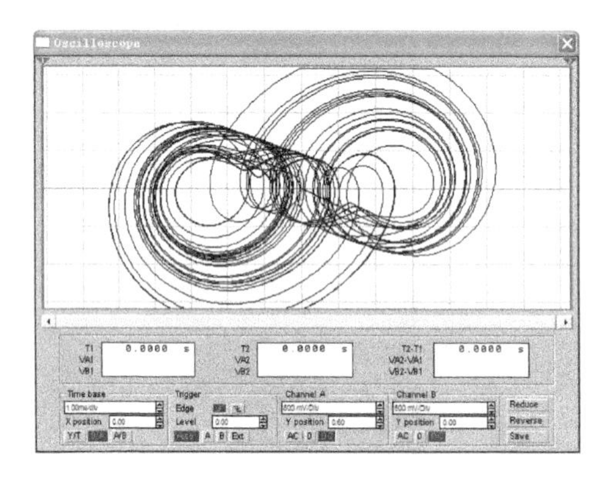

图 2.76　三阶限幅双螺圈混沌电路 EWB 软件仿真结果

搭建物理电路并实验，输出相图如图 2.77 所示。

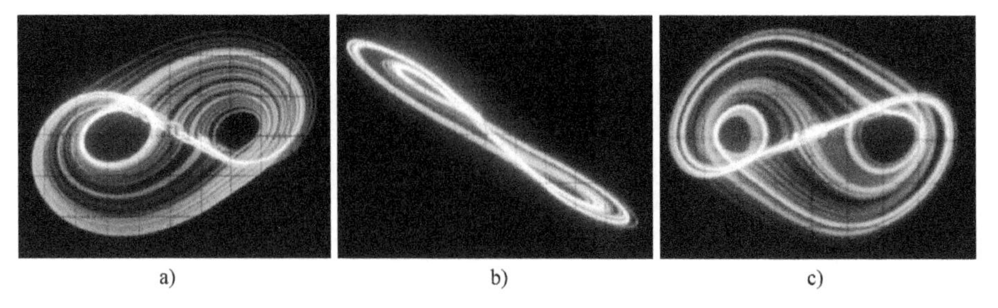

a)　　b)　　c)

图 2.77　三阶限幅双螺圈混沌电路物理实验的输出相图

2.3.8　四阶限幅双螺圈混沌电路

由上一小节三阶限幅双螺圈混沌电路经过扩阶构成四阶限幅双螺圈混沌电路[52]，也呈现双涡旋相图，不是超混沌，没有两个正的李雅普诺夫指数，但是正的李雅普诺夫指数绝对值增加了，并且相图很优美。这种四阶限幅双螺圈混沌电路原理图如图 2.78 所示。

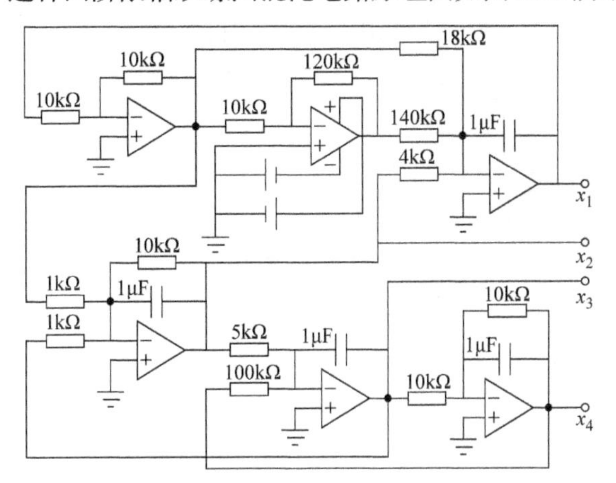

图 2.78　四阶限幅双螺圈混沌电路原理图

四阶限幅双螺圈混沌电路状态方程是

$$\begin{cases}\dot{x}_1 = 0.56x_1 - 0.86f(x_1) - 2.5x_2 \\ \dot{x}_2 = 10x_1 - x_2 - 10x_3 \\ \dot{x}_3 = -2x_2 - 0.1x_4 \\ \dot{x}_4 = -x_3 - x_4\end{cases} \tag{2.34}$$

$$y_1 = 0.5(|x_1+1| - |x_1-1|) \tag{2.35}$$

四阶限幅双螺圈混沌电路 EWB 软件仿真结果如图 2.79 所示。

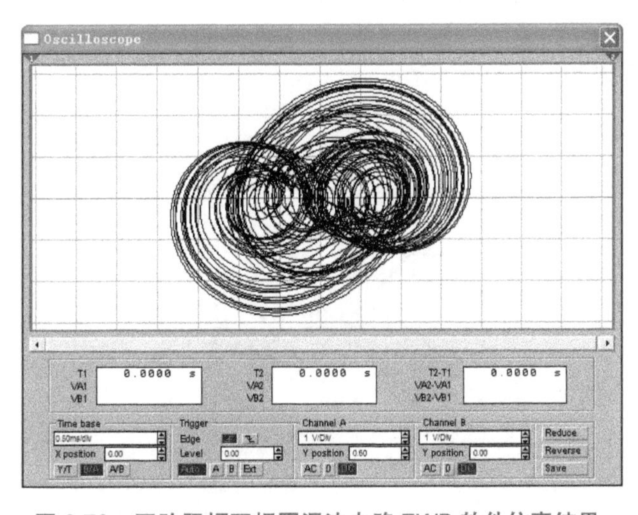

图 2.79　四阶限幅双螺圈混沌电路 EWB 软件仿真结果

2.3.9 三阶三次幂非线性混沌电路

前面几小节混沌神经网络的三折线非线性拓扑关系也可以由三次幂型电路代替，尽管误差大一些，但拓扑关系仍然接近，根本原因是它们都是三次型。三阶三次幂非线性混沌电路由两级模拟乘法器级联而成，电路的缺点是电路成本高，优点是方程简单，数学处理容易，多应用于电路分析中。三阶三次幂非线性混沌电路原理图如图 2.80 所示。

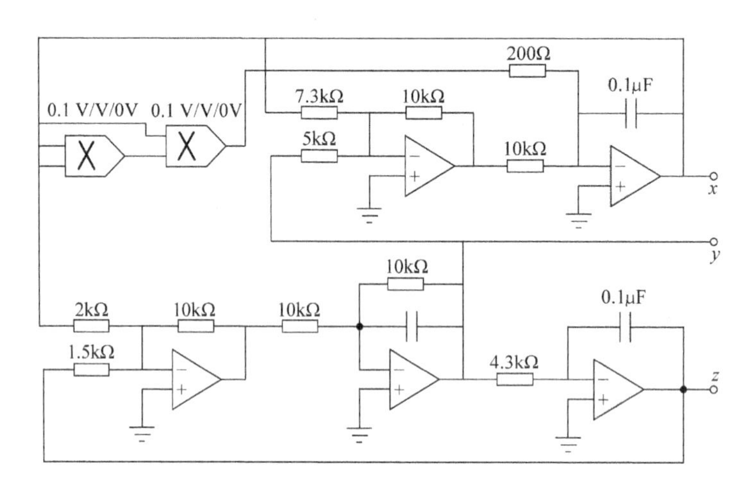

图 2.80 三阶三次幂非线性混沌电路原理图

三次幂非线性函数的公式为

$$\exp(3)=k_1x+k_2x^3 \tag{2.36}$$

公式分析如图 2.81 所示，分布在二、四象限中的三折线曲线是“蔡氏二极管”曲线形状，是标准限幅非线性的负函数曲线形状，它与分布在一、三象限中的直线相加，即可得到式（2.36）表示的曲线。现在具体设计三次幂非线性函数，逼近三折线，三折线在 ±1.5V 之间，斜率为 0，±1.5V 之外斜率为 1/5，得到式（2.36）的参数是 K_1=0.1，K_2=0.2，以此数据设计的静态三次幂非线性函数电路如图 2.82 所示。

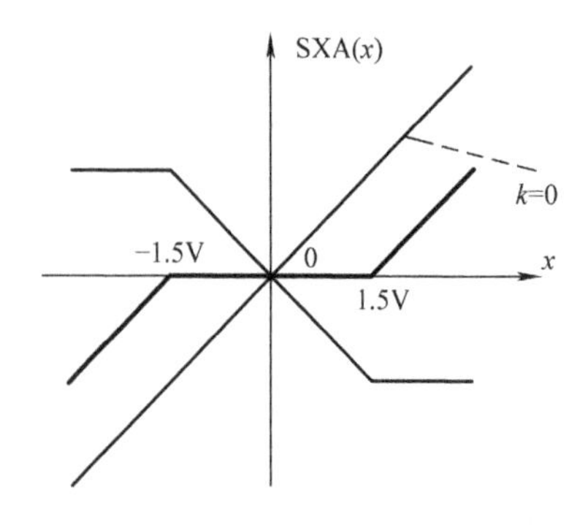

图 2.81 三次幂非线性函数

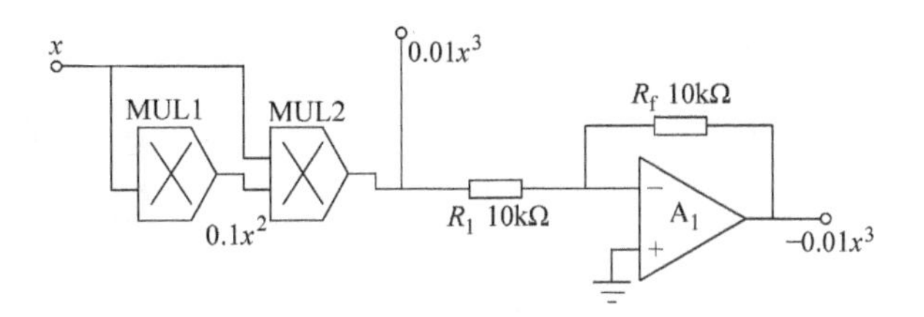

图 2.82　静态三次幂非线性函数电路

三次幂非线性函数电路原理图的状态方程是

$$\begin{cases}\dot{x}=\alpha y+\alpha_1 x-\alpha_2 x^3\\ \dot{y}=x-y+z\\ \dot{z}=-\beta y\end{cases} \tag{2.37}$$

例如，具体参数取如下值时，该系统是混沌的。

$$\begin{cases}\dot{x}=1.57y+1.8x-0.74x^3\\ \dot{y}=8.2x-y+9.1z\\ \dot{z}=-2.33y\end{cases} \tag{2.38}$$

式（2.38）描述的电路 EWB 软件仿真结果如图 2.83 所示。

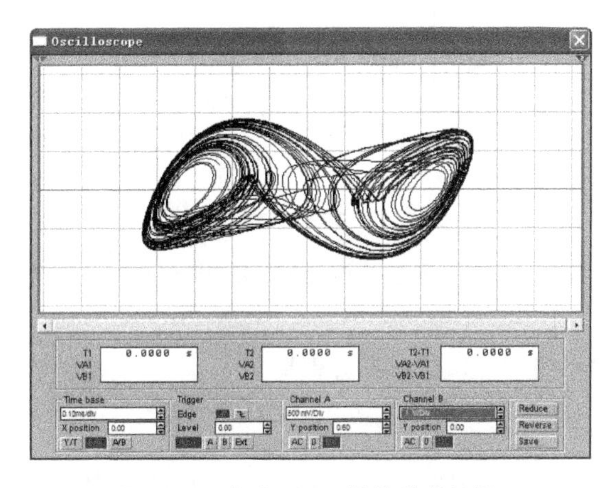

图 2.83　电路 EWB 软件仿真结果

物理电路实验结果如图 2.84 所示。

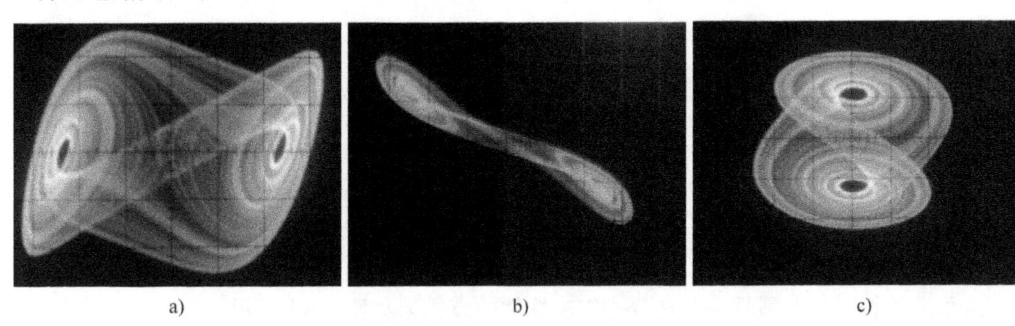

a)　　　　b)　　　　c)

图 2.84　物理电路实验结果

设计三次幂非线性函数电路时，实际三次幂曲线如图 2.85 所示。

2.3.10 三阶阶跃（符号）非线性混沌电路

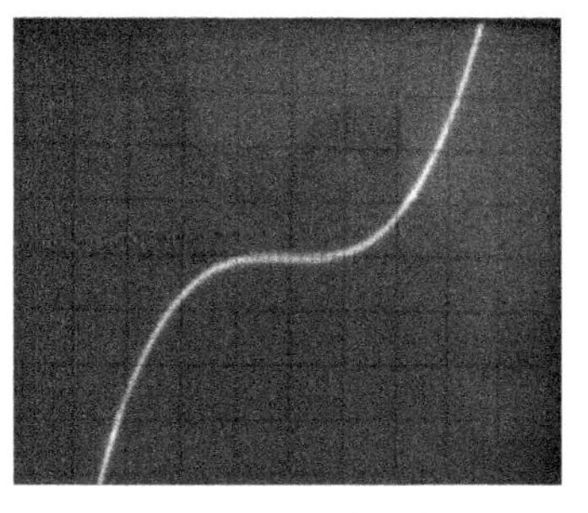

图 2.85 三次幂非线性函数电路输出

2.3.2 小节的三阶三折线蔡氏电路完全等效于经典蔡氏电路，其非线性伏安特性由限幅非线性函数电路产生，非线性数学模型是三折线非线性。当限幅非线性电路的反馈电阻开路时，限幅非线性电路就成了阶跃非线性电路，又称符号非线性电路。对应的混沌电路称为阶跃（符号）非线性三阶神经网络混沌电路。三阶阶跃（符号）非线性混沌电路原理图如图 2.86 所示。

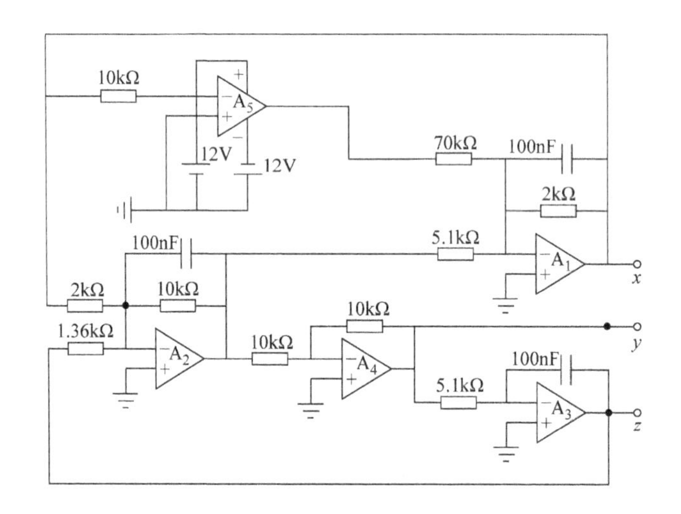

图 2.86 三阶阶跃（符号）非线性混沌电路原理图

三阶阶跃（符号）非线性混沌电路状态方程是

$$\begin{cases} \dot{x}_1 = -5x_1 + 1.8x_2 + 1.7f(x_1) \\ \dot{x}_2 = 5x_1 - x_2 + 7.4x_3 \\ \dot{x}_3 = -1.8x_2 \end{cases} \tag{2.39}$$

$$f(x_1) = \begin{cases} -1 & x_1 < 0 \\ 0 & x_1 = 0 \\ 1 & x_1 > 0 \end{cases} \tag{2.40}$$

三阶阶跃（符号）非线性混沌电路 EWB 软件仿真结果如图 2.87 所示。

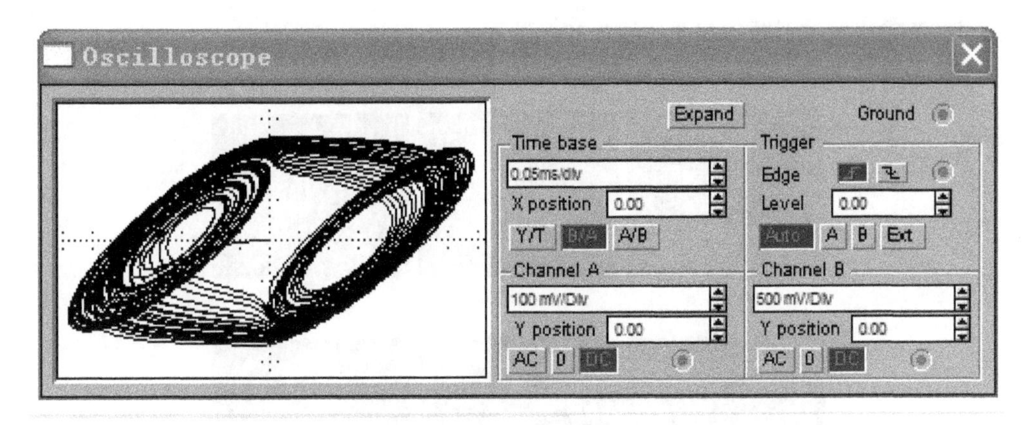

图 2.87　三阶阶跃（符号）非线性混沌电路 EWB 软件仿真结果

2.3.11　三阶双曲正弦仿蔡氏电路

二极管的伏安特性曲线是指数曲线，两个二极管反向并联后的伏安特性曲线是双曲正弦曲线。注意，这里所说的函数概念中，自变量是电压，函数是电流，量纲不一样，这是双二极管电路的独有特点。通常非线性量纲都是电压对电压，电路转移特性是电压到电压，转移系数量纲都是零。

三阶双曲正弦仿蔡氏电路原理图如图 2.88 所示。

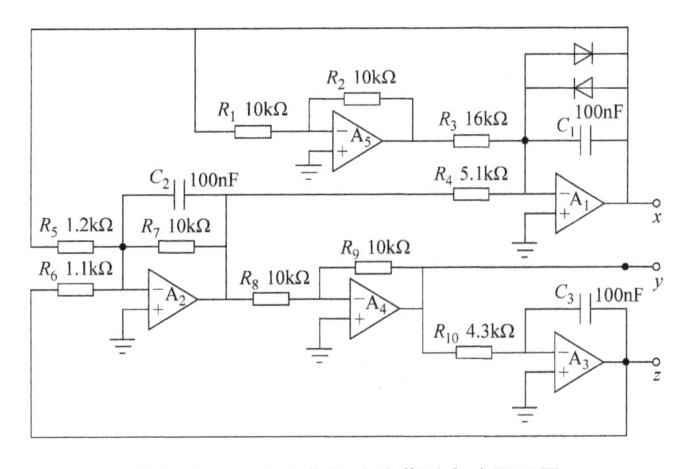

图 2.88　三阶双曲正弦仿蔡氏电路原理图

三阶双曲正弦仿蔡氏电路数学模型为

$$
\begin{cases}
\dot{x} = 0.6x - 0.04\sin h(x) + 1.96y \\
\dot{y} = 8.2x - y + 9.1z \\
\dot{z} = -2.33y
\end{cases}
\tag{2.41}
$$

物理电路输出的波形图与相图如图 2.89 所示。

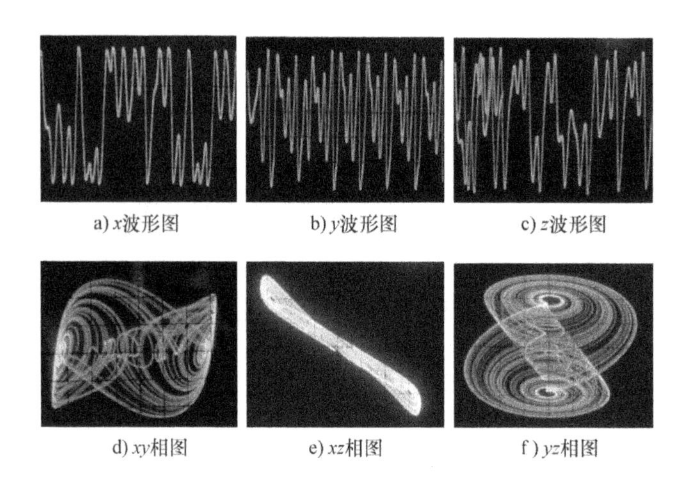

图 2.89　三阶双曲正弦仿蔡氏电路实验输出波形图与相图

接下来是三阶双曲正弦仿蔡氏电路混沌演变过程。对控制变量 α 进行分析得到系统的分岔图如图 2.90 所示。为了更清楚地表示分岔图结构，将其中典型的 α 对应的波形图与相图列于图中上侧以供比较、分析。由分岔图可见混沌演变过程分布分为 5 个区间。

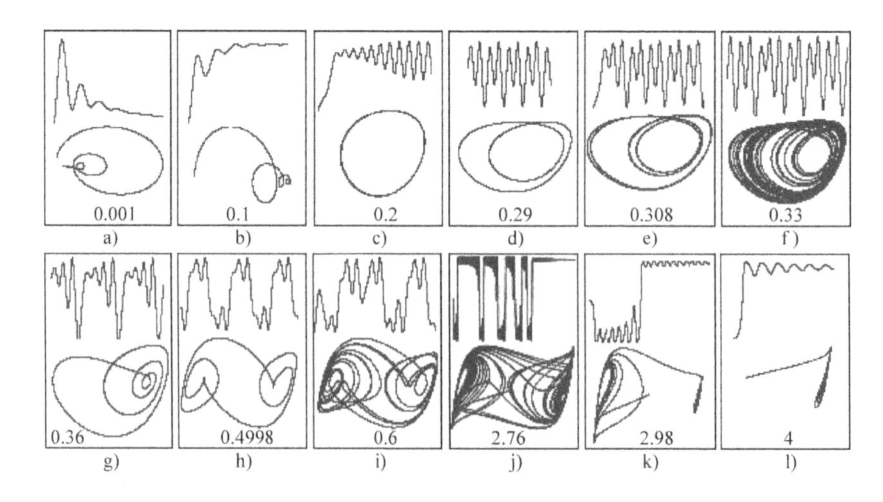

图 2.90　分岔图中的波形图与相图表现出来的分岔图

1）α：0~0.1554，趋于平衡点，如标注 0.001、0.1 的图 2.90a 和图 2.90b 所示；

2）α：0.1554~0.3153，二倍分岔周期，如标注 0.2、0.29 的图 2.90c 和图 2.90d 所示；

3）α：0.3153~0.4051，倍分岔形成的单涡旋混沌，如标注 0.33 的图 2.90f 所示；

4）α：0.4051~2.6473，双涡旋混沌，如标注 0.4998 和 0.6 的图 2.90h 和图 2.90i 所示；

5）α：2.6473 以上，趋于平衡点，如标注 2.76 和 4 的图 2.90j 和图 2.90l 所示；

α=2.76 处于平衡点位置，对应波形图 2.90j 中的混沌是暂态混沌。

2.3.12　四阶双曲正弦仿蔡氏电路

三阶双曲正弦仿蔡氏电路可以升阶，成为四阶双曲正弦仿蔡氏电路，原理图如图 2.91 所示。

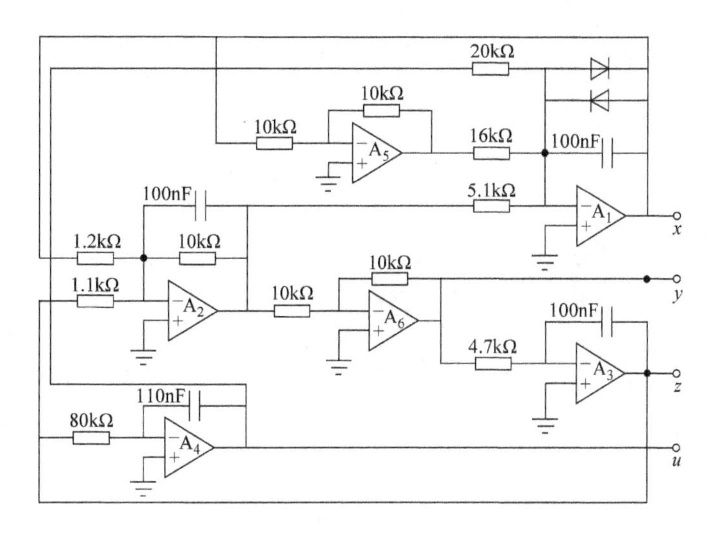

图 2.91　四阶双曲正弦仿蔡氏混沌电路原理图

四阶双曲正弦仿蔡氏电路数学模型是

$$
\begin{cases}
\dot{x}_1 = 0.6x_1 + 1.96x_2 - 0.25x_4 - 0.00000004\sin h(x_1) \\
\dot{x}_2 = 8.2x_1 - x_2 + 9.1x_3 \\
\dot{x}_3 = -2.33x_2 \\
\dot{x}_4 = -0.25x_3
\end{cases}
\tag{2.42}
$$

$$
\sin h(x_1) = \frac{e^{x_1} - e^{-x_1}}{2}
\tag{2.43}
$$

EWB 软件仿真结果如图 2.92 所示。

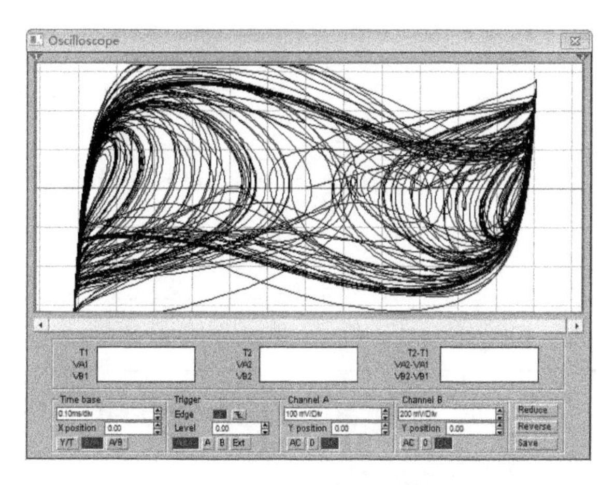

图 2.92　EWB 软件仿真结果

EWB 软件仿真输出相图如图 2.93 所示。

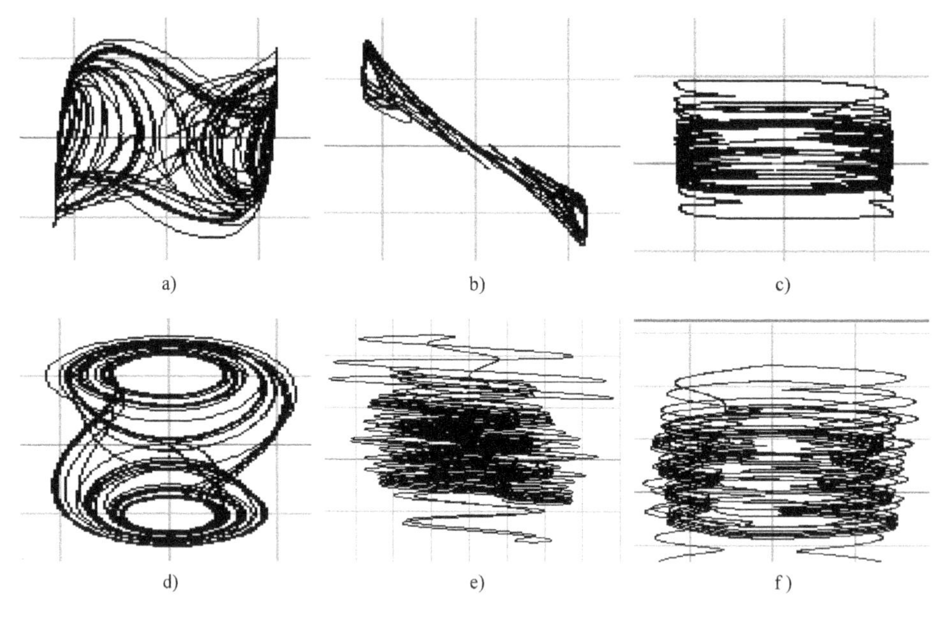

图 2.93　EWB 软件仿真输出相图

2.3.13　五阶双曲正弦仿蔡氏电路

通过继续升阶，四阶双曲正弦仿蔡氏电路升阶为五阶双曲正弦仿蔡氏电路。原理图如图 2.94 所示。

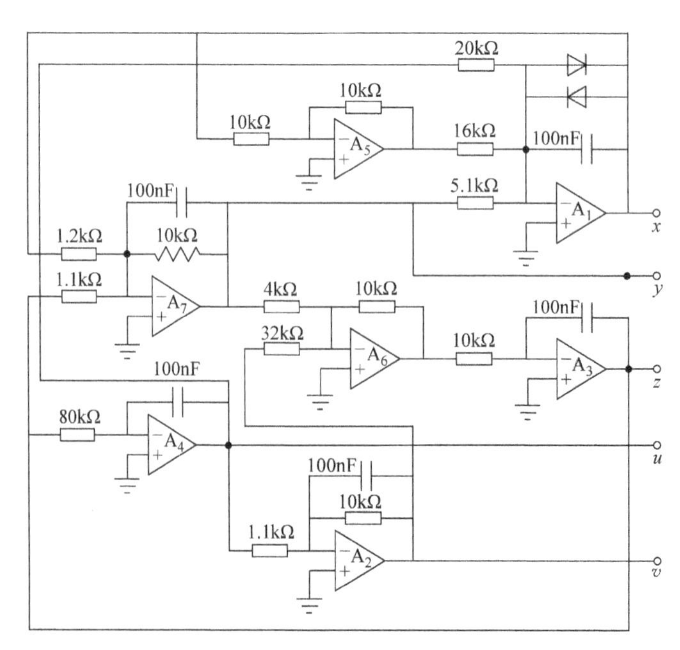

图 2.94　五阶双曲正弦仿蔡氏电路原理图

五阶双曲正弦仿蔡氏电路数学模型是

$$
\begin{cases}
\dot{x}_1 = 0.6x_1 - 1.96x_2 - 0.5x_4 - 0.00000004\sin h(x_1) \\
\dot{x}_2 = 8.3x_1 - x_2 + 9.1x_3 \\
\dot{x}_3 = 2.5x_2 + 0.31x_5 \\
\dot{x}_4 = -0.125x_3 \\
\dot{x}_5 = -9.9x_4 - x_5
\end{cases}
\tag{2.44}
$$

$$
\sin h(x_1) = \frac{e^{x_1} - e^{-x_1}}{2}
\tag{2.45}
$$

EWB 软件仿真结果如图 2.95 所示。

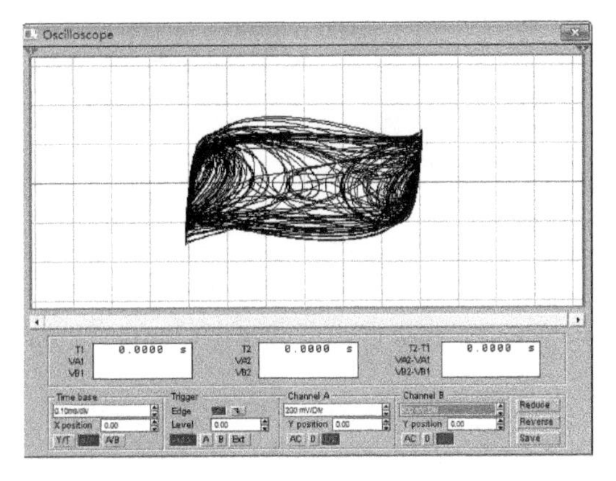

图 2.95 EWB 软件仿真结果

电路输出相图如图 2.96 所示。

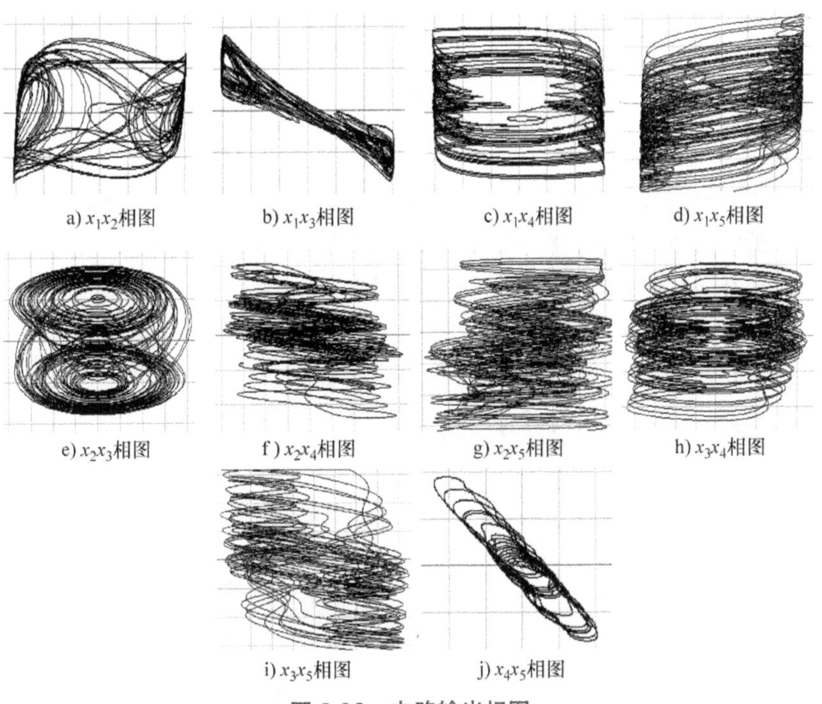

图 2.96 电路输出相图

2.3.14 三阶反双曲正弦仿蔡氏电路

反双曲正弦仿蔡氏电路的线性及动态部分仍然使用蔡氏电路的拓扑结构，非线性静态部分使用反双曲正弦函数，依此构成混沌电路，首先从三阶电路开始。

三阶反双曲正弦仿蔡氏电路原理图如图 2.97 所示。

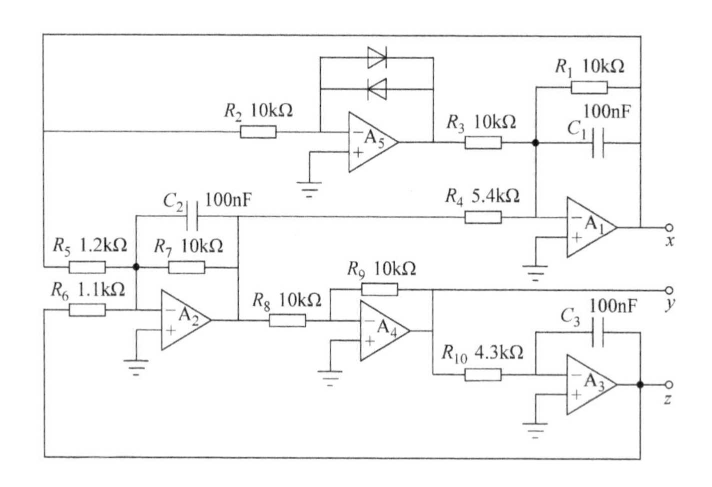

图 2.97 三阶反双曲正弦仿蔡氏电路原理图

数学中有两个互为反函数的曲线即双曲正弦与反双曲正弦，其表达式分别为

$$\sin h(x)=\frac{\mathrm{e}^{x}-\mathrm{e}^{-x}}{2} \tag{2.46}$$

$$\operatorname{arcsin} h(x)=\ln(x+\sqrt{x^{2}+1}) \tag{2.47}$$

这两个函数的曲线形状与三次幂曲线都有共同的弯曲特性，属于三次型曲线。蔡氏电路的非线性曲线是三折线曲线，也是三次型曲线，蔡少棠的论文中用 $h(x)$[22,23] 表示。应用于蔡氏电路的具体复合非线性反双曲正弦非线性函数 $f(x)$ 为

$$f(x)=-3x+4\operatorname{arcsin} h(x) \tag{2.48}$$

三阶反双曲正弦仿蔡氏电路的数学模型为

$$\begin{cases}\dot{x}=-3x+4\operatorname{arcsin} h(x)+1.96y\\ \dot{y}=8.2x-y+9.1z\\ \dot{z}=-2.33y\end{cases} \tag{2.49}$$

EWB 软件仿真结果如图 2.98 所示。

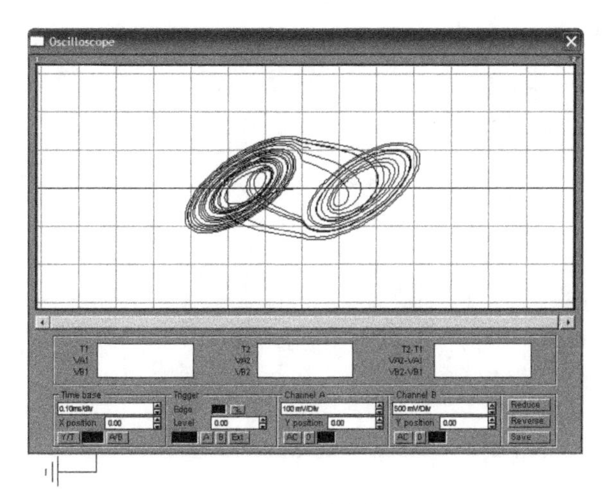

图 2.98　EWB 软件仿真结果

使用专用电路实验板 8002-1111 搭建的物理实验电路如图 2.99a 所示，从示波器测量得到电路的非线性曲线如图 2.99b 所示，电路的波形图如图 2.99c~ 图 2.99e 所示，电路的相图如图 2.99f~ 图 2.99h 所示。

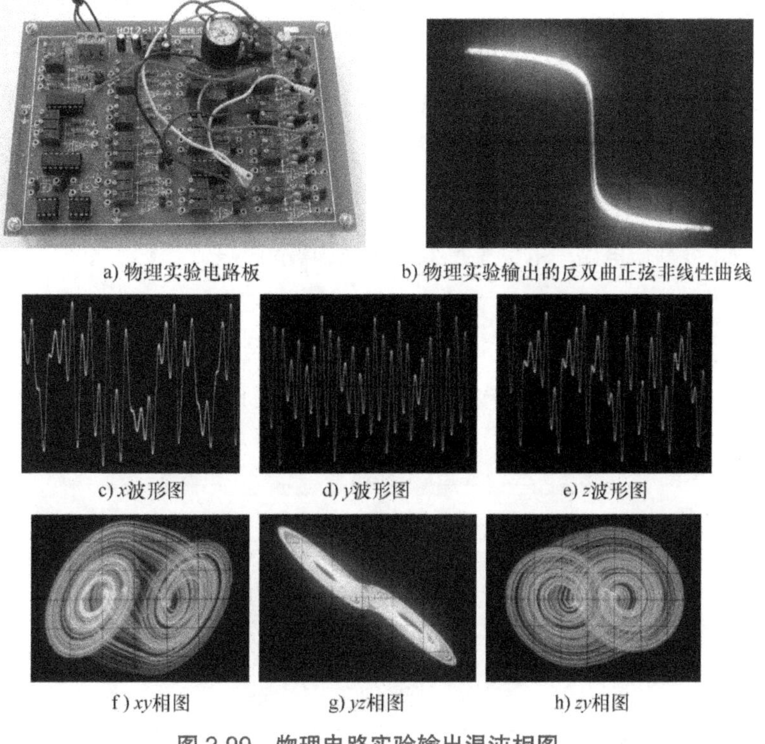

a) 物理实验电路板　　b) 物理实验输出的反双曲正弦非线性曲线

c) x波形图　　d) y波形图　　e) z波形图

f) xy相图　　g) yz相图　　h) zy相图

图 2.99　物理电路实验输出混沌相图

2.3.15　四阶反双曲正弦仿蔡氏电路

将三阶反双曲正弦仿蔡氏电路升阶，即可得到四阶反双曲正弦仿蔡氏电路，其电路原理图如图 2.100 所示。

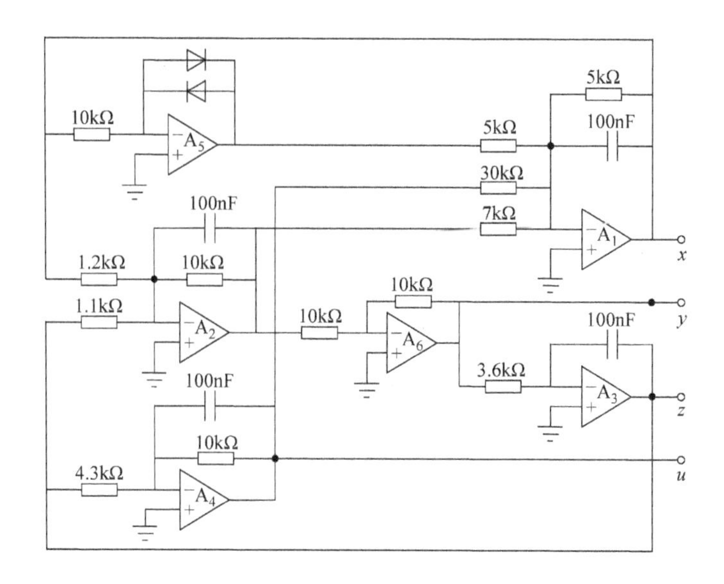

图 2.100　四阶反双曲正弦仿蔡氏电路原理图

四阶反双曲正弦仿蔡氏电路的数学模型为

$$
\begin{cases}
\dot{x}_1 = 0.6x_1 + 1.96x_2 - 0.25x_4 - 0.00000004\arcsin h(x_1) \\
\dot{x}_2 = 8.2x_1 - x_2 + 9.1x_3 \\
\dot{x}_3 = -2.33x_2 \\
\dot{x}_4 = -0.25x_3
\end{cases}
\tag{2.50}
$$

可见反双曲正弦蔡氏电路中的完整反双曲正弦函数相当于

$$
f(\arcsin x_1) = 0.6x_1 - 0.00000004\arcsin h\left(x_1\right) \tag{2.51}
$$

EWB 软件仿真结果如图 2.101 所示，输出相图如图 2.102 所示。

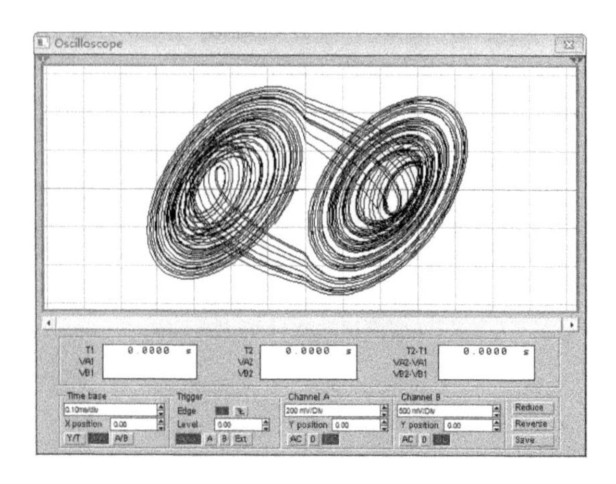

图 2.101　EWB 软件仿真结果

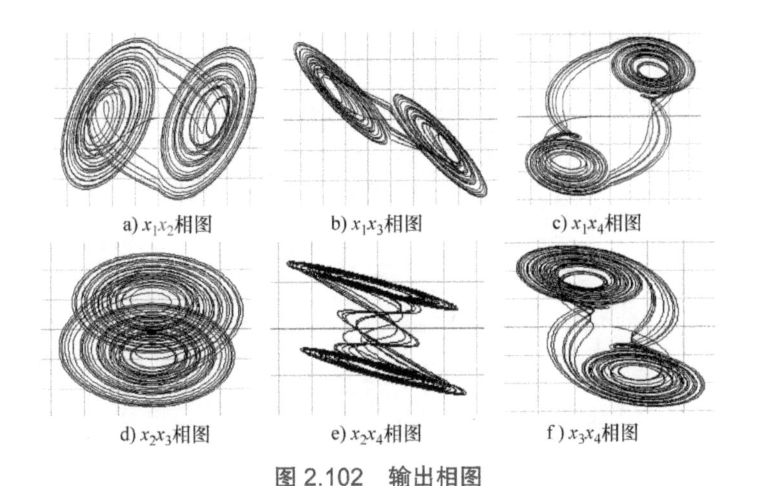

图 2.102　输出相图

2.3.16　五阶反双曲正弦仿蔡氏电路

继续升阶，可得到五阶反双曲正弦仿蔡氏电路，原理图如图 2.103 所示。

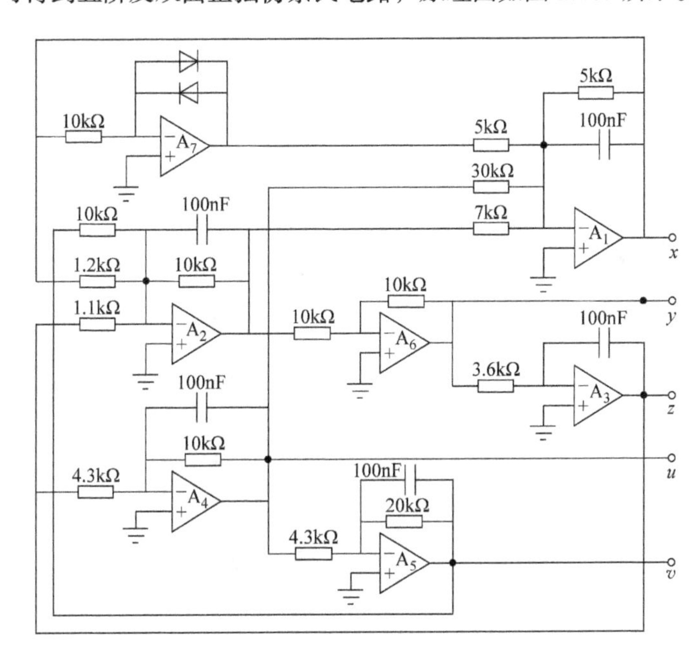

图 2.103　五阶反双曲正弦仿蔡氏电路原理图

五阶反双曲正弦仿蔡氏电路的数学模型为

$$
\begin{cases}
\dot{x}_1 = -3x_1 + 1.96x_2 + 0.12x_4 + 4\text{arcsin}h(x_1) \\
\dot{x}_2 = 8.2x_1 - x_2 + 9.1x_3 - 0.3x_4 + 0.03x_5 \\
\dot{x}_3 = -2.33x_2 \\
\dot{x}_4 = -2.33x_3 - 1.5x_4 \\
\dot{x}_5 = -0.45x_4 - 0.5x_5
\end{cases}
\tag{2.52}
$$

EWB 软件仿真结果如图 2.104 所示。

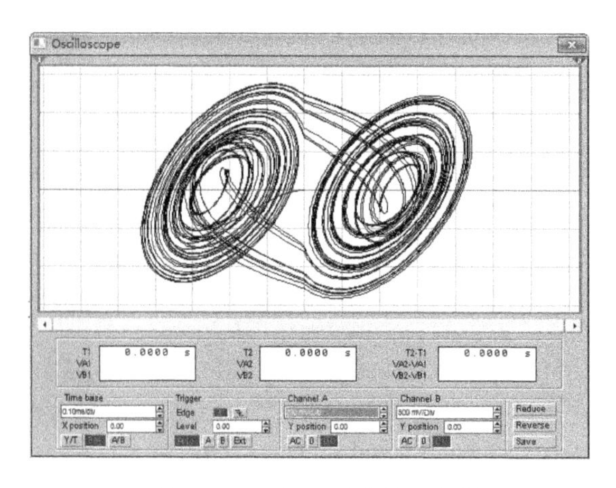

图 2.104　EWB 软件仿真结果

电路输出相图如图 2.105 所示。

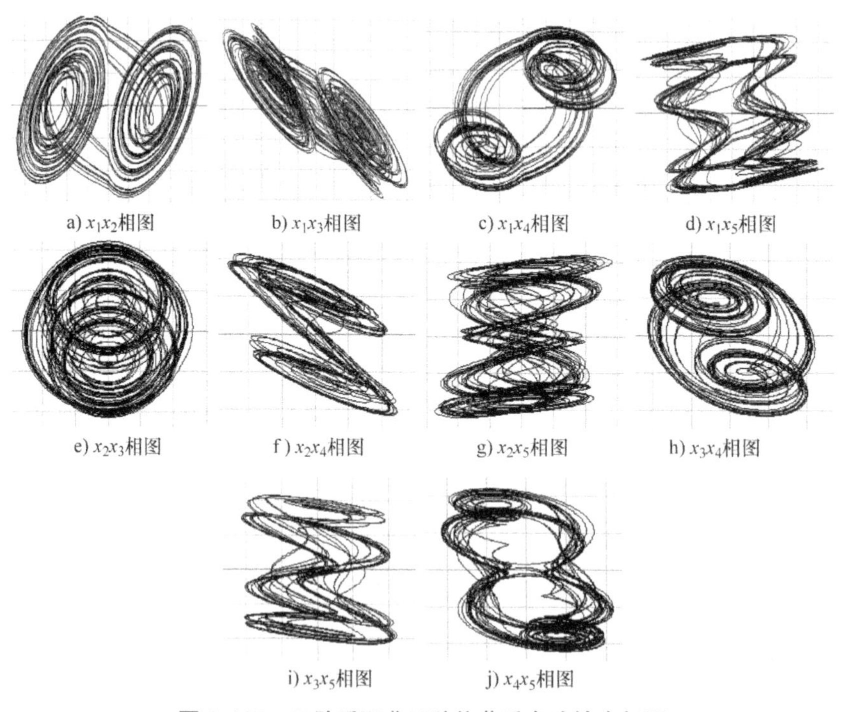

图 2.105　五阶反双曲正弦仿蔡氏电路输出相图

2.3.17　四阶细胞神经网络电路

何振亚等人还提出一种四阶细胞神经网络电路[53]，其状态方程可写为

$$\begin{cases}\dot{x}_1 = -x_3 - x_4 \\ \dot{x}_2 = 2x_2 + x_3 \\ \dot{x}_3 = 14x_1 - 14x_2 \\ \dot{x}_4 = 100x_1 - 100x_4 + 100(|x_4 + 1| + |x_4 - 1|)\end{cases} \tag{2.53}$$

其中的非线性项只有一个，在微分方程组的第四个方程中。四阶细胞神经网络电路原理图如图 2.106 所示。

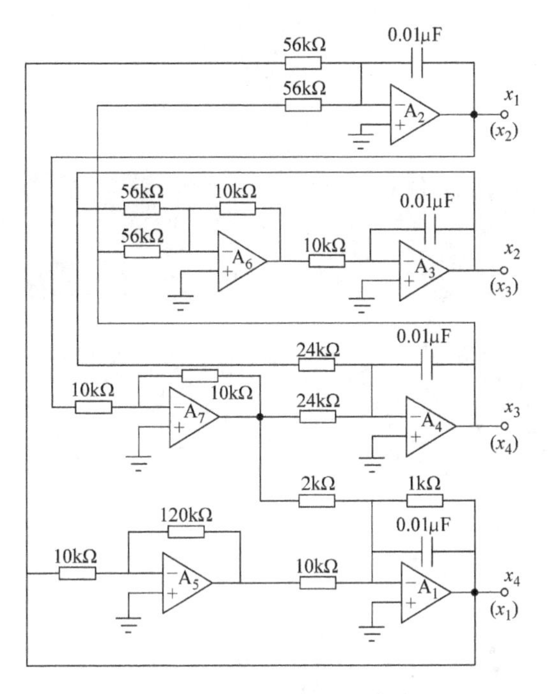

图 2.106　四阶细胞神经网络电路原理图

EWB 软件仿真结果如图 2.107 所示。

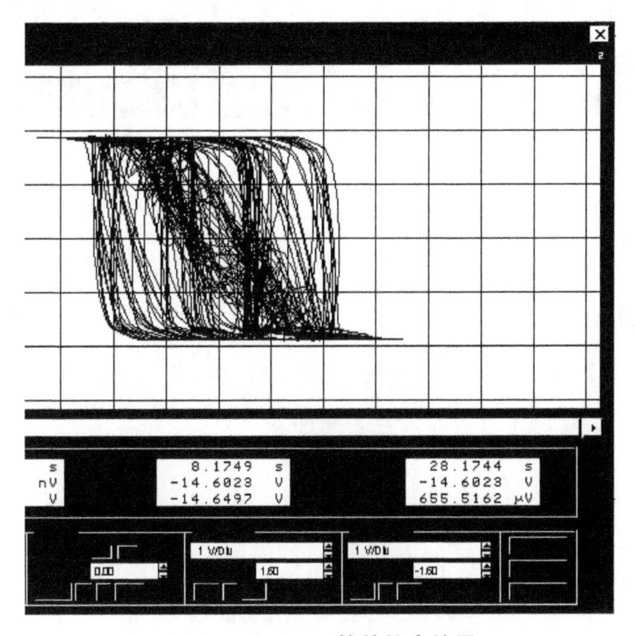

图 2.107　EWB 软件仿真结果

使用专用电路实验板 8002-1111 搭建的物理实验电路如图 2.108a 所示，物理电路实验测量的波形图如图 2.108b～图 2.108e 所示，相图如图 2.108f～图 2.108k 所示。

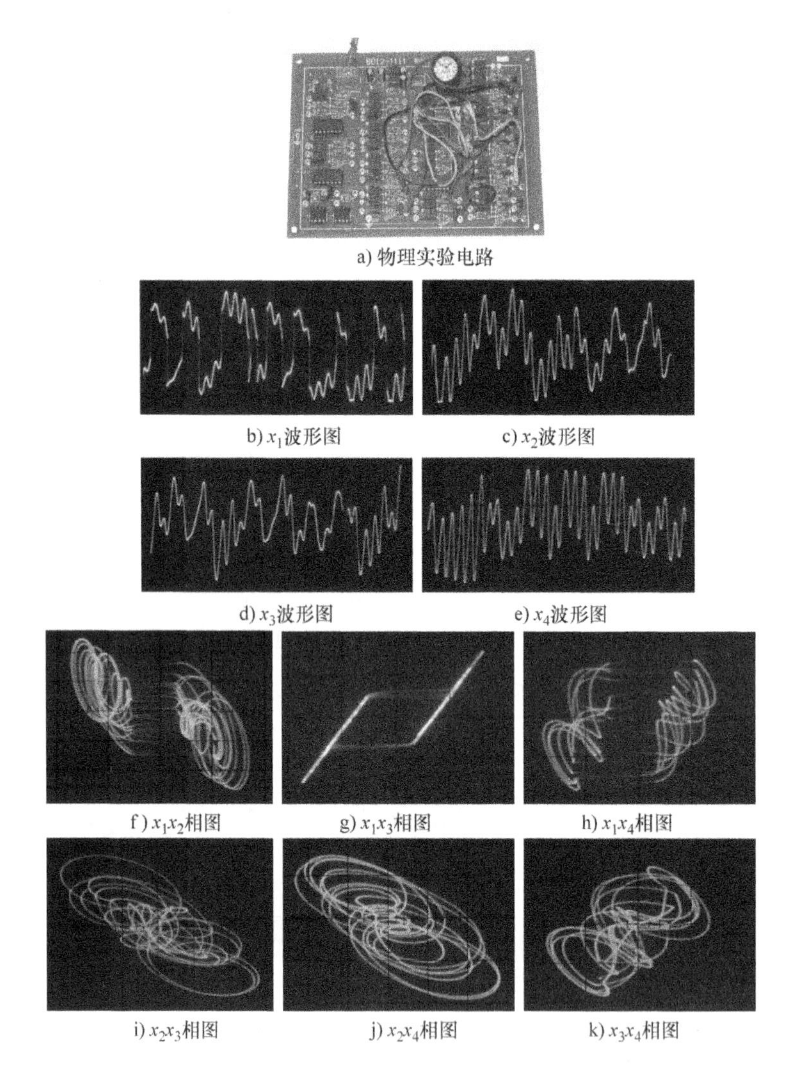

图 2.108　四阶细胞神经网络电路输出波形图与相图

2.3.18　五阶细胞神经网络电路

2013 年董虎胜等人提出了一种五阶细胞神经网络电路[56]，具有（ + + 0 − − ）李雅普诺夫指数。其原始公式是归一化的微分方程公式，具体如下：

$$\begin{cases} \dot{x} = -3z - u \\ \dot{y} = 2y + z \\ \dot{z} = 11x - 12y \\ \dot{u} = 92x - 95u - v + 101(|u+1| - |u-1|) \\ \dot{v} = 15z - 2v \end{cases} \tag{2.54}$$

标度化后的公式为

$$
\begin{cases}
\dot{x}=-3.84z-1.9u \\
\dot{y}=2y+3.8z \\
\dot{z}=2.9x-3.1y \\
\dot{u}=40x-79u-5.6v+84(|u+1|-|u-1|) \\
\dot{v}=3.6z-2v
\end{cases}
\tag{2.55}
$$

标度化公式 VB 数字仿真结果如图 2.109 所示。

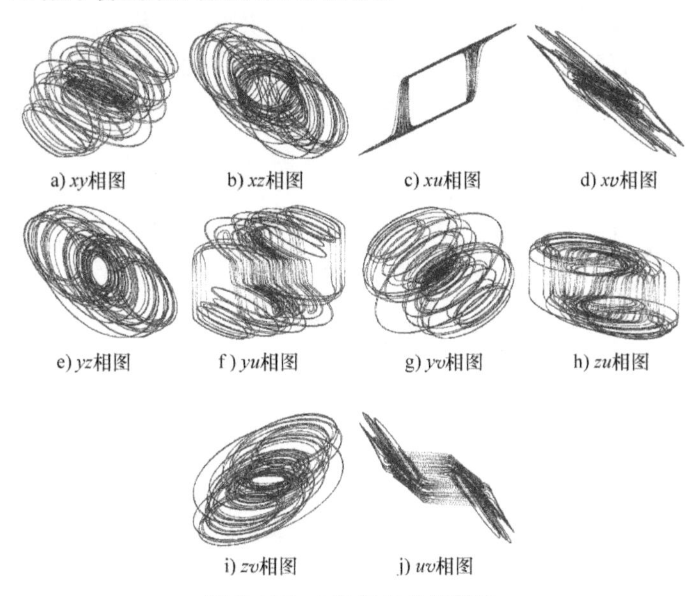

a) xy相图　b) xz相图　c) xu相图　d) xv相图

e) yz相图　f) yu相图　g) yv相图　h) zu相图

i) zv相图　j) uv相图

图 2.109　VB 数字仿真结果

五阶细胞神经网络电路原理图如图 2.110a 所示，电路 EWB 软件仿真结果如图 2.110b 所示。

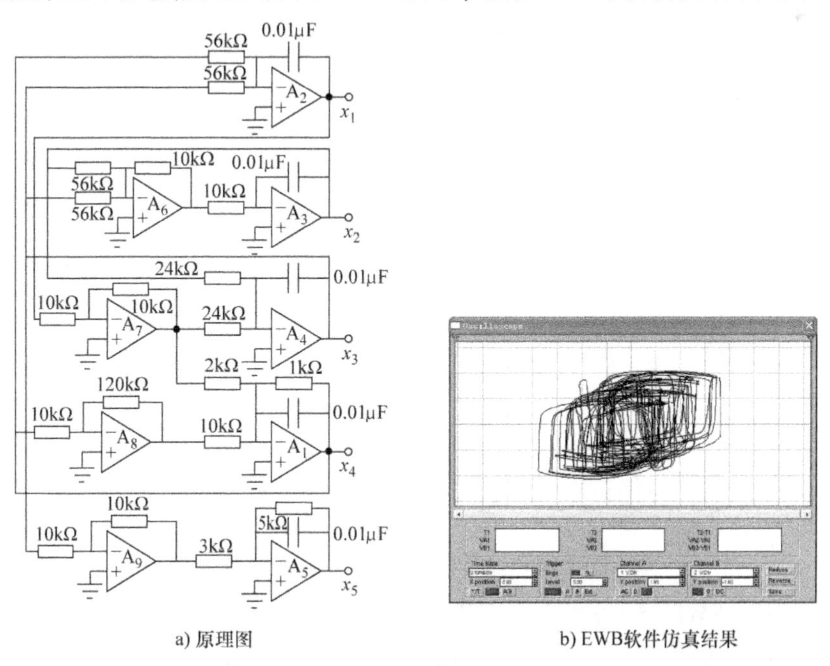

a) 原理图　b) EWB软件仿真结果

图 2.110　五阶细胞神经网络电路原理图和 EWB 软件仿真结果

2.3.19 三阶拓扑等效七合一蔡氏电路

在诸如混沌电路教学、教学演示、科普活动中，需要在一块实验板上显示多种混沌图像，为了简化重复的电路需要设计组合混沌电路。组合电路的设计思想是将多个有着共同电路部分的混沌电路，以共同部分为基础，通过多个电子开关元件与多个不同的部分分别连接，通过电子开关的切换实现多个混沌电路图像的输出。

例如三阶拓扑等效蔡氏电路细胞神经网络电路，共同部分是线性积分器，不同部分是各个静态非线性函数电路如双二极管钳位（又分为串联型与并联型两种）三折线非线性、限幅运算放大器三折线非线性、忆阻非线性、双曲正弦非线性、反双曲正弦非线性、阶跃（又称符号）非线性、三次方非线性等。将这些非线性电路通过电子开关连接起来，在应用现场就可以很容易地实现相关电路图像的输出。如图 2.111 所示。

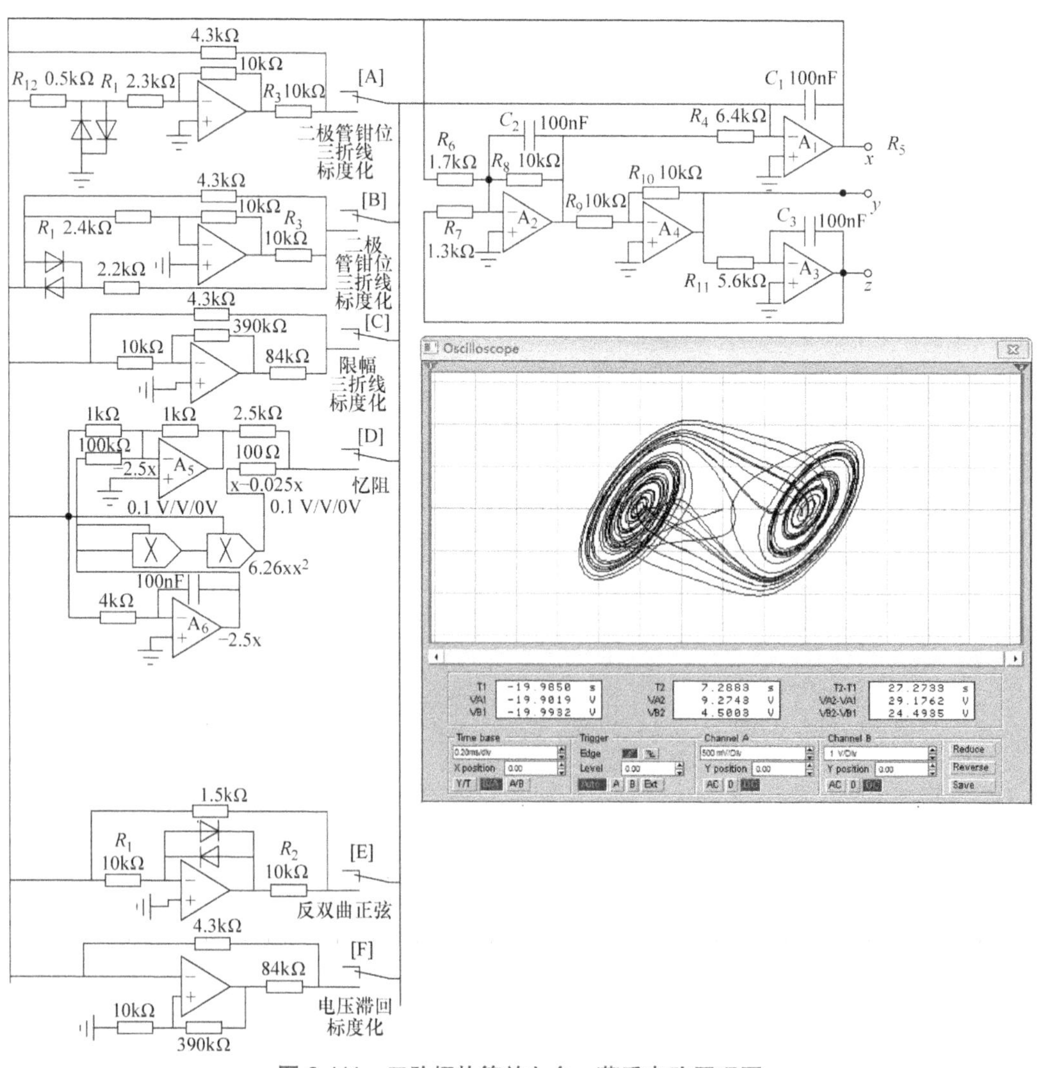

图 2.111　三阶拓扑等效七合一蔡氏电路原理图

图 2.111 是使用 EWB 画出来的电路原理图，使用七个开关元件实现，这七个开关是单刀七掷开关，也可以使用跳线器实现，只让一个电路接通另外六个开关断开。当其中只有一个开关

接通时，分别实现第 2.3.2、2.3.9、2.3.10、2.3.11、2.3.14 等小节的电路。当开关 [A]、[B] 接通时的电路是两种开关双二极管三折线非线性电路，与 [C] 接通时的限幅三折线的伏安特性曲线完全相同，是全同电路。

图 2.111 画出来的电路原理图不是真正的 EWB 软件仿真电路，因为 EWB 软件对仿真电路元件有数量限制，该电路仿真会显示元件数量超量出错信息。所以图 2.111 是原理正确但是由于元件超量而不能运行的示意画法。

2.3.20　三、四、五阶组合限幅非线性蔡氏电路

第 2.3.2、2.3.3、2.3.4 小节的三个电路分别是三、四、五阶限幅蔡氏电路，其中的三阶三折线蔡氏电路就是经典蔡氏电路，后面的四、五阶电路都是在这个电路基础上经过简单的增阶构成的。因此可以将这三个电路组合成一个电路，使用上一节组合电路的方法予以实现，如图 2.112 所示。

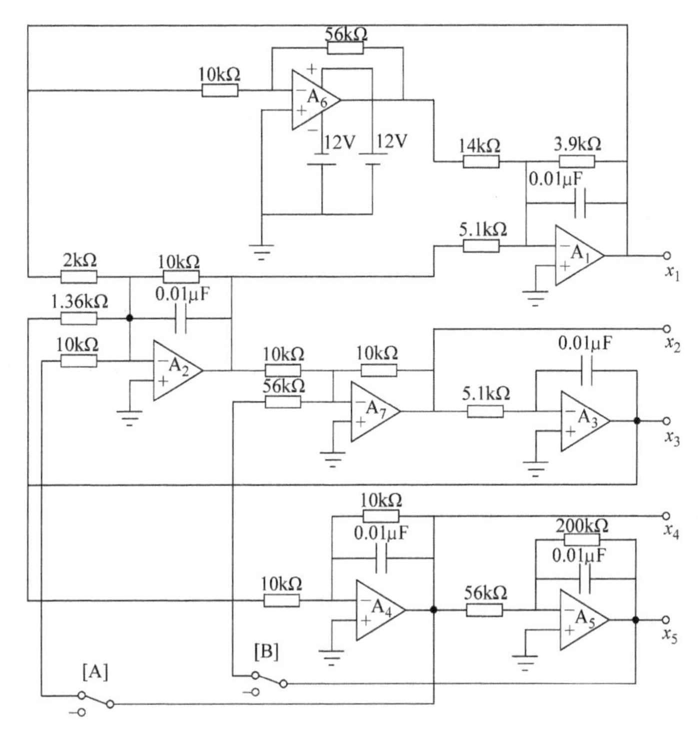

图 2.112　三、四、五阶组合限幅非线性蔡氏电路原理图

当开关 [A]、[B] 都开路时，电路构成三阶限幅非线性蔡氏电路，与蔡氏电路完全相同；当开关 [A] 接通而 [B] 开路时，电路构成四阶限幅非线性蔡氏电路；当开关 [A]、[B] 都接通时，电路构成五阶限幅非线性蔡氏电路，这正是 2.3.16 小节的电路。

实验验证如下：先断开开关 [A]、[B]，仔细观察三阶混沌电路的相图；接着接通 [A] 而断开 [B]，仔细观察四阶混沌电路的相图，发现相图呈现比较复杂的混沌吸引子；最后将 [A]、[B] 都接通，发现五阶混沌电路的相图呈现的混沌吸引子更加复杂了，理论分析表明，对应的李雅普诺夫指数谱中正的李雅普诺夫指数的绝对值增加了。

如果认真做出这个电路的实验，会给我们引出一个前沿问题：现在学术界认为超混沌系统

的抗破译能力高于非超混沌电路，但在这里受到了怀疑。超混沌是多于一个正的李雅普诺夫指数的混沌系统，现在这里仅只有一个正的李雅普诺夫指数，但是这个正的李雅普诺夫指数的绝对值很高。比较两个系统，一个系统有多个正的李雅普诺夫指数，但是正的李雅普诺夫指数绝对值的和小，另一个系统只有一个正的李雅普诺夫指数，但是李雅普诺夫指数绝对值很大，问题的焦点是：第二个混沌保密系统的抗破译能力确定比第一个系统小吗？本实验结果在直观上呈现出该命题是一个未经严格论证的命题，值得学术界深入研究。

CNN 电路的提出是蔡少棠教授对于电子科学技术的贡献，来源于大脑细胞网络的背景，是混沌电路领域的一个组成部分，需要进一步开发。CNN 研究尚属初级阶段，前景宽广无限，与人工智能方向相关，是 21 世纪科学发展的主流。

2.4 非 CNN 纯运算放大器混沌电路

使用运算放大器构建混沌电路是混沌电路设计者最常用的方法，也是混沌电路设计的主流。上一节中的 CNN 电路都是纯运算放大器混沌电路，其特征是都是本级内部反馈且均为负反馈。本单元混沌电路是不符合 CNN 电路上述两个定义的其他类型的纯运算放大器混沌电路。

2.4.1 四阶加和限幅非线性混沌电路

一般非线性的输入输出关系是有一个输入和一个输出，输出是输入的函数，例如蔡氏电路、细胞神经网络电路等。但是也有特殊的情况，非线性单元电路输入有两个变量，输出是两个输入变量的函数，本节电路就是这样的电路，输出变量是两个输入变量之和的函数[57]，所以称为加和限幅非线性混沌电路。

四阶加和限幅非线性混沌电路原理图如图 2.113 所示。

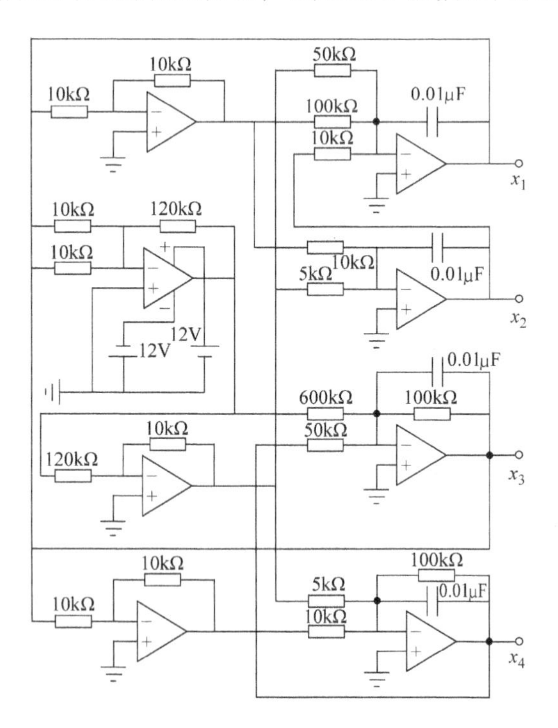

图 2.113 四阶加和限幅非线性混沌电路原理图

其状态方程为

$$\begin{cases}\dot{x}_1 = 0.1x_1 - x_2 - 0.2f(x_1,x_3)\\ \dot{x}_2 = x_1 - 0.01x_2 - 2f(x_1,x_3)\\ \dot{x}_3 = -0.1x_3 - x_4 + 0.2f(x_1,x_3)\\ \dot{x}_4 = x_3 - 0.1x_4 - 2f(x_1,x_3)\end{cases} \tag{2.56}$$

$$f(x_1,x_3) = \frac{1}{2}(|x_1 + x_3 + 1| - |x_1 + x_3 - 1|) \tag{2.57}$$

EWB 软件仿真结果如图 2.114 所示。

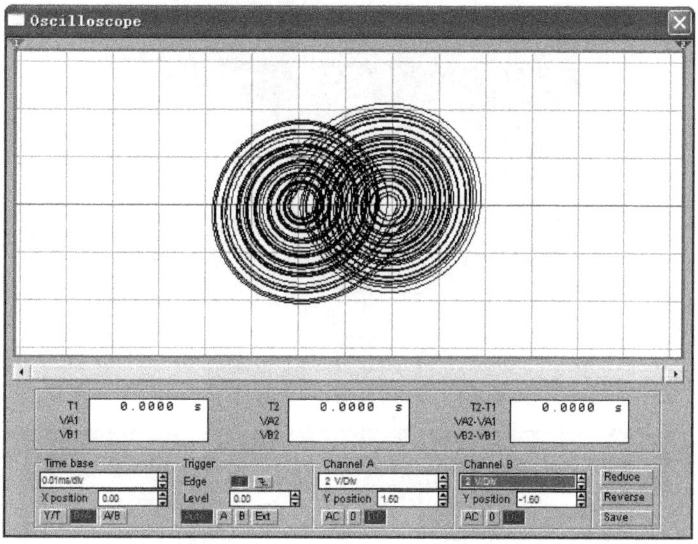

图 2.114 EWB 软件仿真结果

电路仿真实验与物理电路实验表明，在非线性电路支路中增加两个反向并联的发光二极管（钳位电压为 1V）时，二维相图 x_1–x_3、x_1–x_4 将呈现“菊花”状的优美曲线。电路原理图如图 2.115 所示。

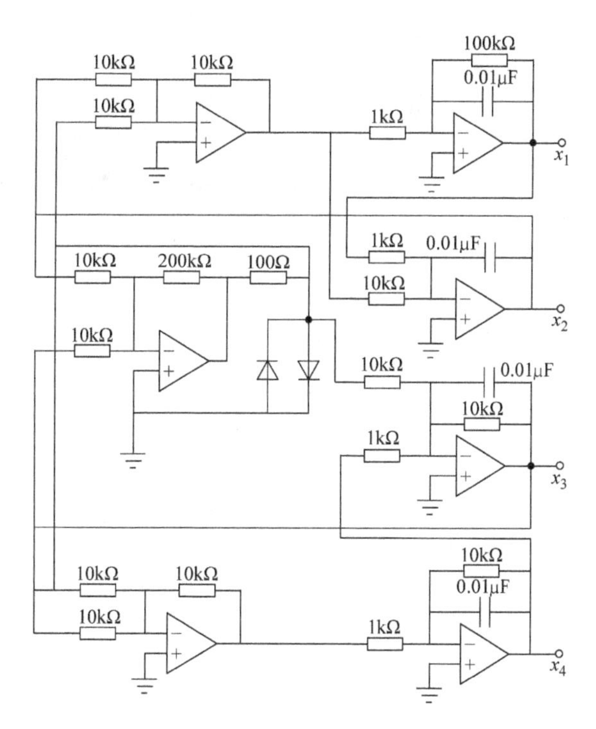

图 2.115 增加二极管钳位的四阶加和限幅非线性混沌电路原理图

在专用混沌电路实验板 8012-1111 上连线构成本电路并进行物理实验，如图 2.116 所示。

图 2.116　物理电路实验板

在 8012-1111 混沌电路设计实验板上的实验结果如图 2.117 所示。

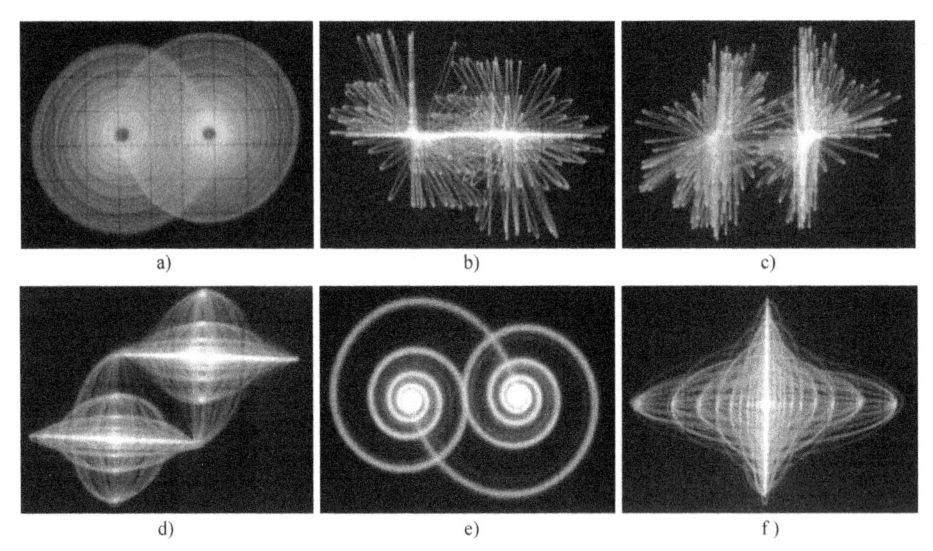

图 2.117　增加二极管钳位的四阶加和限幅非线性混沌电路物理实验输出

按照图 2.113 原理图搭建的物理电路实验得到的结果也不错，具有独特的美学风格，输出的相图表面上看与图 2.117 有些差别，细致研究发现这两个四维混沌吸引子形状是相同的，差别是两个吸引子的二维投影相位有些差别，如果对于某个吸引子稍微旋转一下投影就相同了，这个观点可以通过红蓝眼镜 3D 立体显示中看出来。

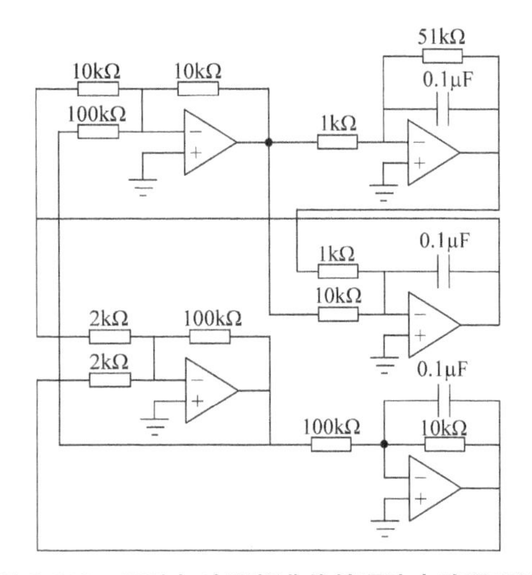

图 2.118　三阶加法限幅非线性混沌电路原理图

2.4.2　三阶加法限幅非线性混沌电路

上面的电路调试过程中，第四级积分器偶然开路照旧混沌，这就启发我们将上面电路第四级去掉从而设计出本电路。实际上本电路是在上一个电路的调试过程中偶然发现的混沌电路。三阶加法限幅非线性混沌电路原理图如图 2.118 所示。

电路状态方程是

$$\begin{cases}\dot{x}_1=-0.1x_1+10x_2+10f(x_2+x_3)\\ \dot{x}_2=-10x_1+x_2+f(x_2+x_3)\\ \dot{x}_3=-x_3-f(x_2+x_3)\end{cases} \tag{2.58}$$

$$f(x_1+x_3)=-\frac{1}{2}(|x_1+x_3+0.12|-|x_1+x_3-0.12|) \tag{2.59}$$

EWB 软件仿真输出波形图如图 2.119 所示，EWB 软件仿真输出相图如图 2.120 所示。

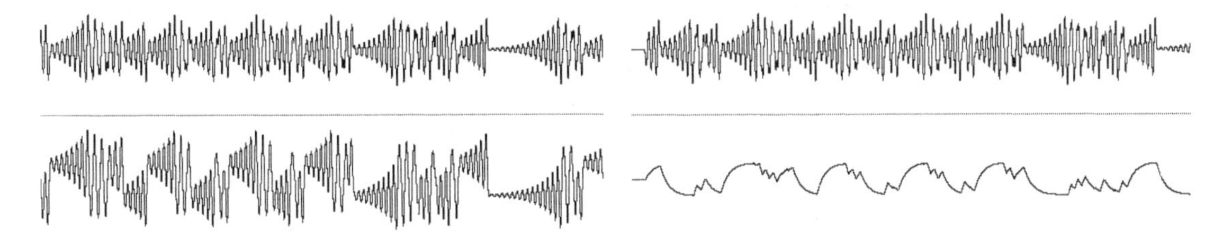

图 2.119　EWB 软件仿真输出波形图

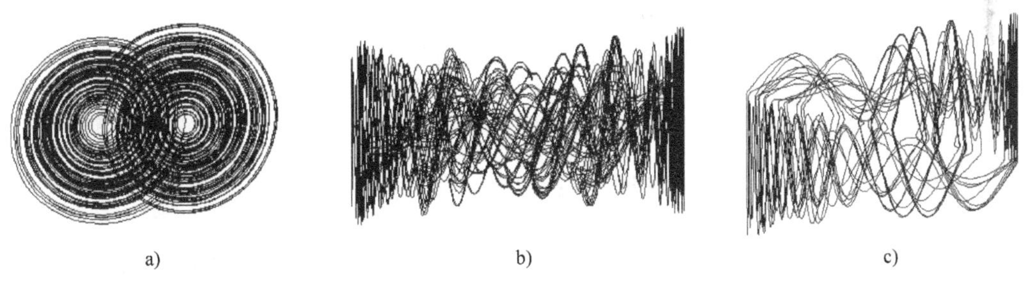

a)　　b)　　c)

图 2.120　EWB 软件仿真输出相图

三阶加法限幅非线性混沌电路物理实验电路输出结果如图 2.121 所示。

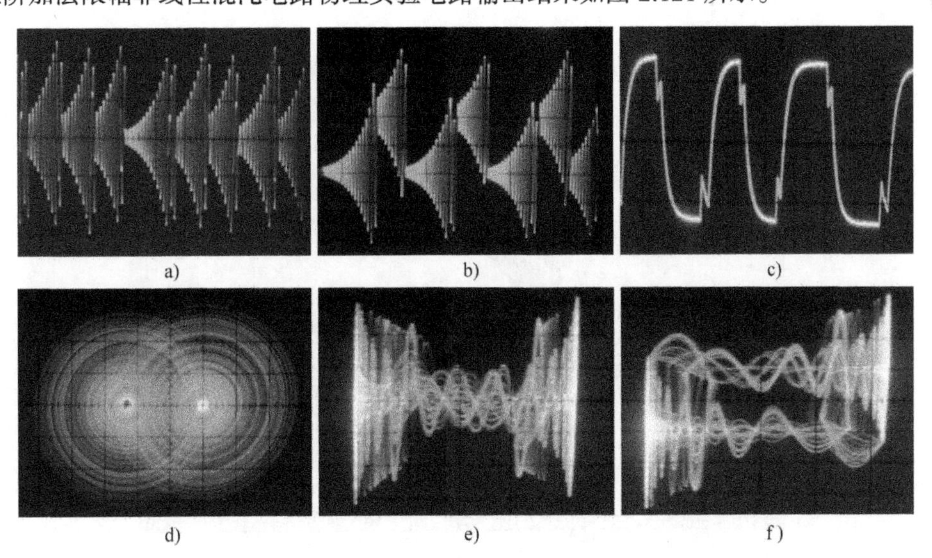

a)　　b)　　c)

d)　　e)　　f)

图 2.121　三阶加法限幅非线性混沌电路物理实验电路输出结果

2.4.3 一种三阶限幅非线性混沌的最简基因电路

从本节开始的五个电路是一个系列，构成一个混沌电路族，并用混沌基因的概念将它们联系起来，找出它们之间电路结构的来龙去脉。本节电路是这个系列的最简混沌电路，称为三阶限幅非线性混沌的最简基因电路，之后是四阶与五阶非线性混沌电路。

该电路的电路原理图如图 2.122 所示。

三阶限幅非线性混沌的最简基因电路状态方程是

$$\begin{cases}\dot{x}_1=-x_2+x_3\\ \dot{x}_2=4g(x_1)-x_2\\ \dot{x}_3=-x_1+0.6x_3\end{cases}\tag{2.60}$$

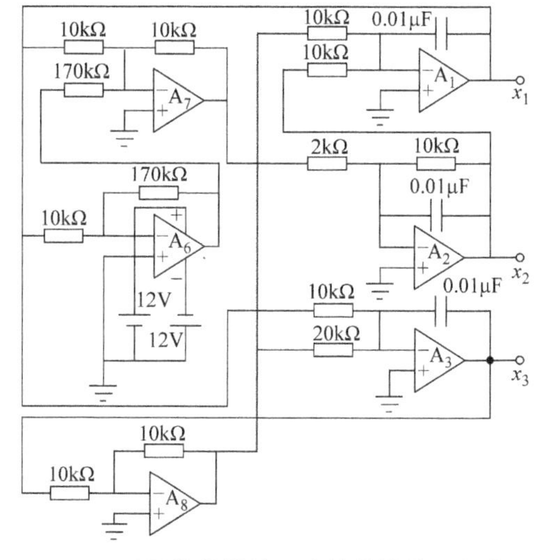

图 2.122 三阶限幅非线性混沌的最简基因电路原理图

图 2.122 中，电路元件编号不连续，是为了和后面的电路元件序号相统一而为之。图中非线性部分由运算放大器 A_6 完成，是限幅非线性电路，输入电压是变量 x_1，电路放大倍数为 17 倍，稳压电源供电 ±12V，当 x_1 绝对值超过 0.7V 时，输出电压限制在 ±12V 上，因此，当 x_1 绝对值不足 0.7V 时，A_6 的输出电压是 $-17g(x_1)$，$g(x_1)$ 表达式是

$$g(x_1)=\frac{1}{2}(|x_1+0.7|-|x_1-0.7|)\tag{2.61}$$

式（2.61）中的 0.7V 设计是考虑到该部分可以与硅材料二极管导通电压一致，便于由硅二极管电路实现。

三阶限幅非线性混沌的最简基因电路 EWB 软件仿真结果如图 2.123 所示。

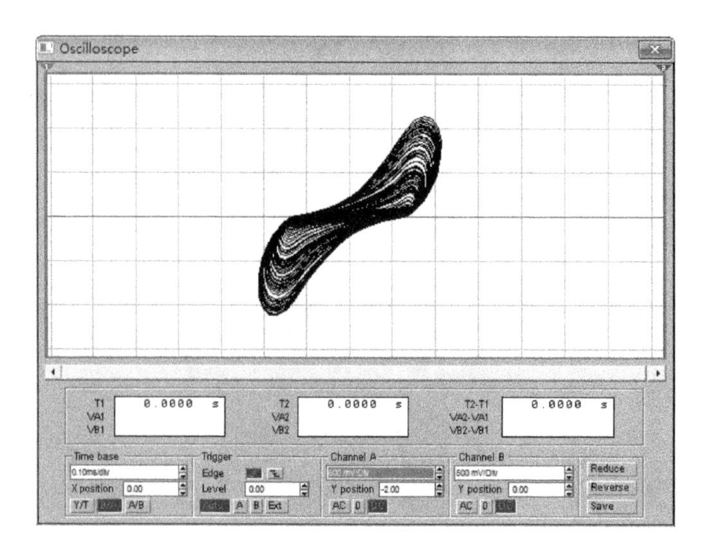

图 2.123 三阶限幅非线性混沌的最简基因电路 EWB 软件仿真结果

三阶限幅非线性混沌的最简基因电路 EWB 软件仿真的三个相图如图 2.124 所示。

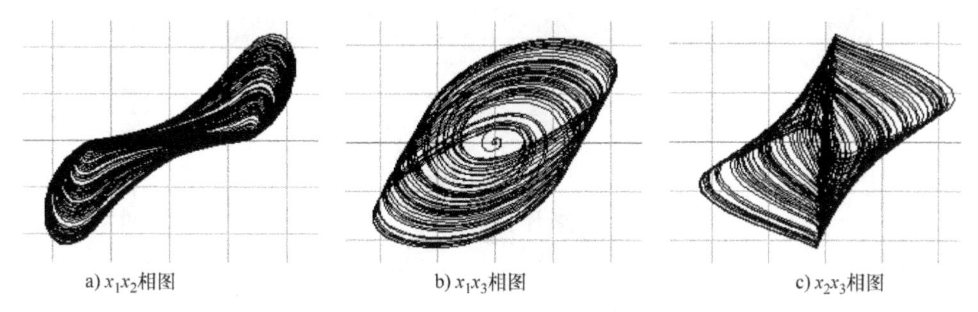

图 2.124　三阶限幅非线性混沌的最简基因电路 EWB 软件仿真输出相图

图 2.123 的电路 EWB 仿真不需要附加电源电路，因为电路中有电池，具有自起动功能。

2.4.4　四阶限幅非线性混沌进化基因电路

上一个电路经过扩阶可以成为四阶电路。三阶混沌电路扩阶的四阶电路不止一种，这个四阶电路仅仅是其中的一个扩阶四阶电路。四阶限幅非线性混沌进化基因电路原理图如图 2.125 所示。

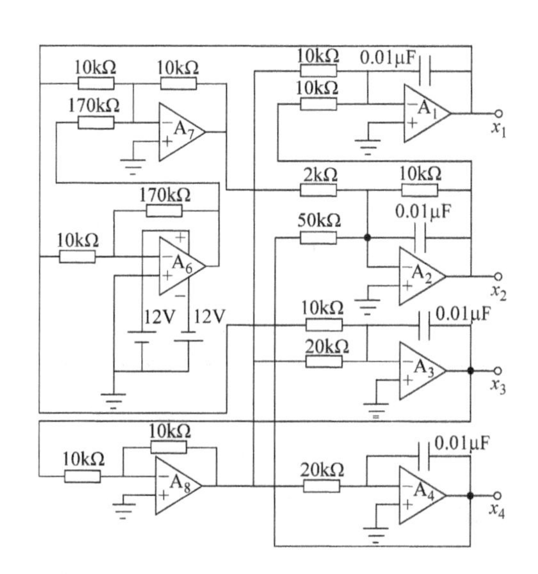

图 2.125　四阶限幅非线性混沌进化基因电路原理图

电路方程是

$$\begin{cases}\dot{x}_1=-x_2+x_3\\\dot{x}_2=4g(x_1)-x_2-0.2x_4\\\dot{x}_3=-x_1+0.6x_3\\\dot{x}_4=0.5x_3\end{cases}\tag{2.62}$$

非线性部分与上一节电路方程相同。四阶限幅非线性混沌进化基因电路 EWB 软件仿真结果如图 2.126 所示。

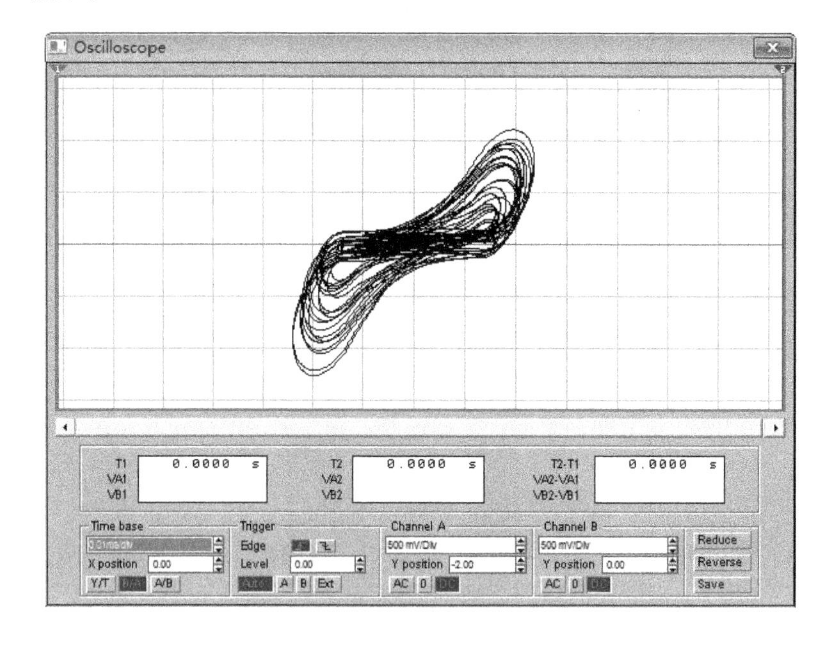

图 2.126　四阶限幅非线性混沌进化基因电路 EWB 软件仿真结果

四阶限幅非线性混沌进化基因电路 EWB 软件仿真的六个相图如图 2.127 所示。

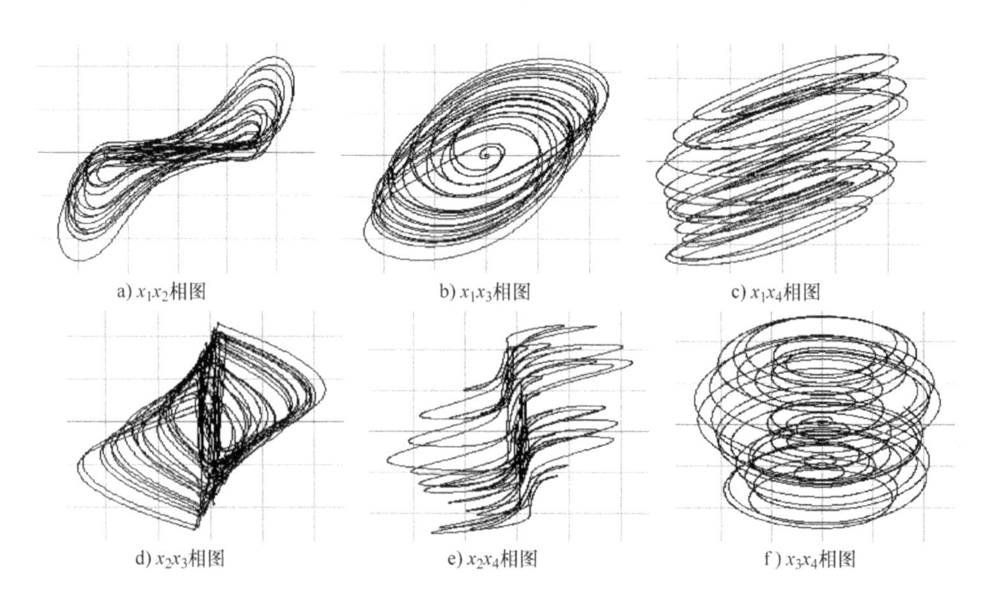

图 2.127　四阶限幅非线性混沌进化基因电路 EWB 软件仿真输出相图

2.4.5　基于八运放的五阶限幅非线性混沌再进化电路

紧接上面继续扩阶，构成五阶混沌电路 [58,59]，是八运放电路，输出端相图很美。基于八运放的五阶限幅非线性混沌再进化电路原理图如图 2.128 所示。

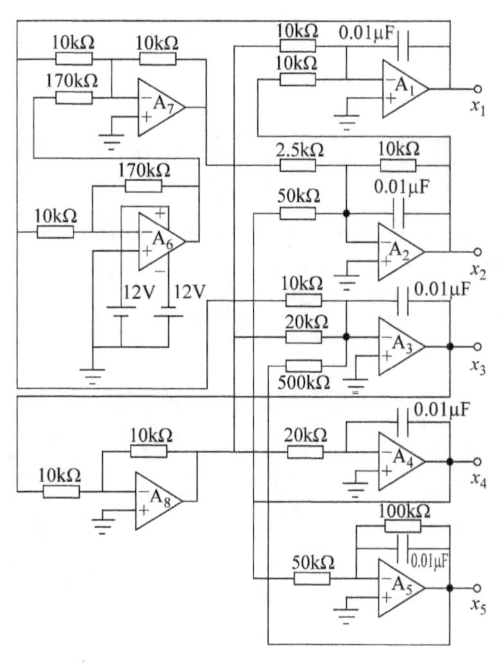

图 2.128 基于八运放的五阶限幅非线性混沌再进化电路原理图

电路方程描写的公式是

$$
\begin{cases}
\dot{x}_1 = -x_2 + x_3 \\
\dot{x}_2 = 4g(x_1) - 0.85x_2 - 0.2x_4 \\
\dot{x}_3 = -x_1 + 0.6x_3 - 0.02x_5 \\
\dot{x}_4 = 0.5x_3 \\
\dot{x}_5 = -0.2x_4 - 0.1x_5
\end{cases}
\tag{2.63}
$$

式中，

$$
g(x_1) = x_1 - \frac{1}{2}(|x_1 + 1| - |x_1 - 1|) \tag{2.64}
$$

基于八运放的五阶限幅非线性混沌再进化电路 EWB 软件仿真结果如图 2.129 所示。

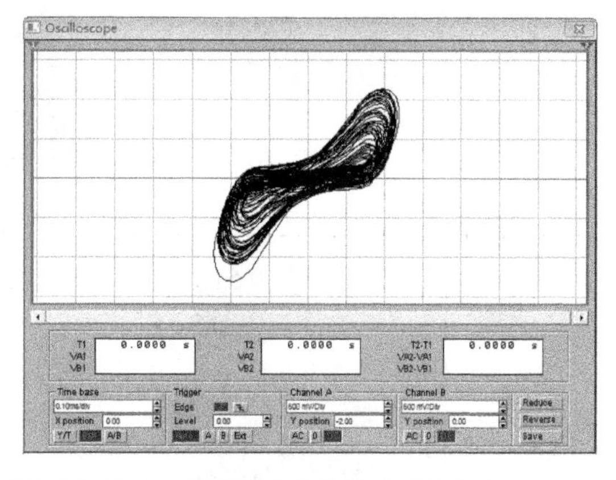

图 2.129 基于八运放的五阶限幅非线性混沌再进化电路 EWB 软件仿真结果

使用专用电路实验板 8002-1111 搭建的物理实验电路并实验，输出相图如图 2.130 所示，非线性曲线如图 2.131 所示。

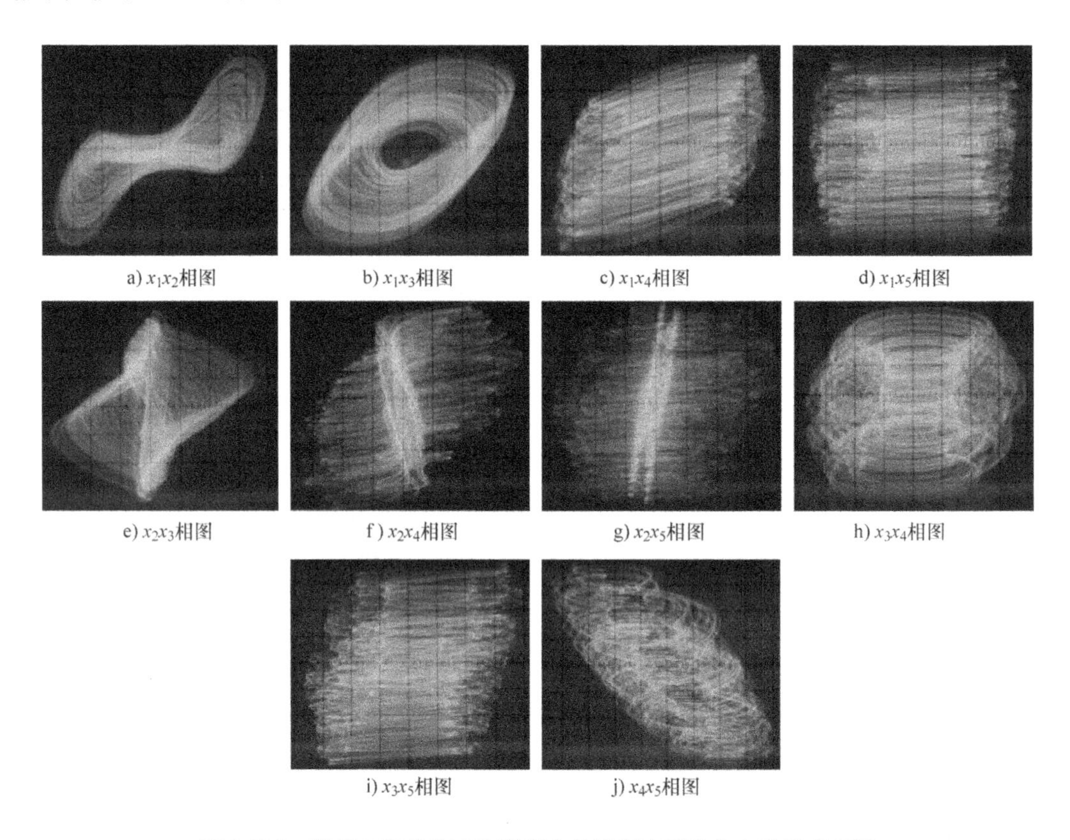

图 2.130　基于八运放的五阶限幅非线性混沌再进化电路输出相图

2.4.6　基于九运放的五阶限幅非线性混沌再进化电路

文献 [60] 提出了一种五阶超混沌电路（2.4.12 小节叙述），输出单涡旋相图，并且电路没有优化；文献 [59] 提出的五阶超混沌电路实现了电路优化且能够输出双涡旋相图，输出的相图不够优美；文献 [60] 输出优美的双涡旋相图，是九运放电路，电路原理图如图 2.132 所示。

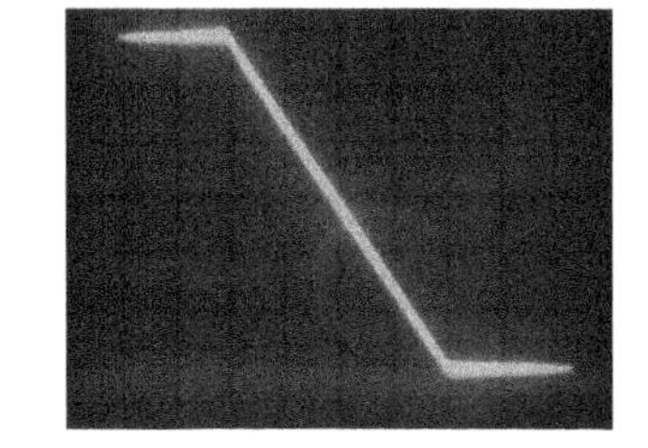

图 2.131　非线性曲线

电路状态方程是

$$\begin{cases} \dot{x}_1 = -x_2 + x_3 - 0.5x_5 \\ \dot{x}_2 = 4g(x_1) - x_2 - 0.2x_4 \\ \dot{x}_3 = -x_1 + 0.6x_3 \\ \dot{x}_4 = 0.5x_3 \\ \dot{x}_5 = -x_4 - 0.7x_5 \end{cases} \tag{2.65}$$

其中

$$g(x_1)=x_1-\frac{1}{2}(|x_1+0.7|-|x_1-0.7|) \tag{2.66}$$

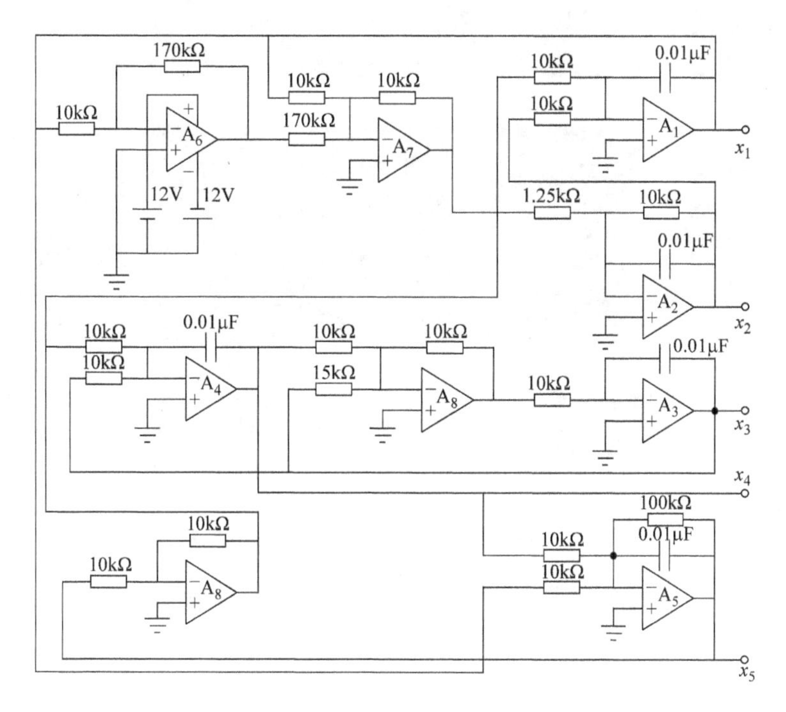

图 2.132　基于九运放的五阶限幅非线性混沌再进化电路原理图

基于九运放的五阶限幅非线性混沌再进化电路 EWB 软件仿真结果如图 2.133 所示。

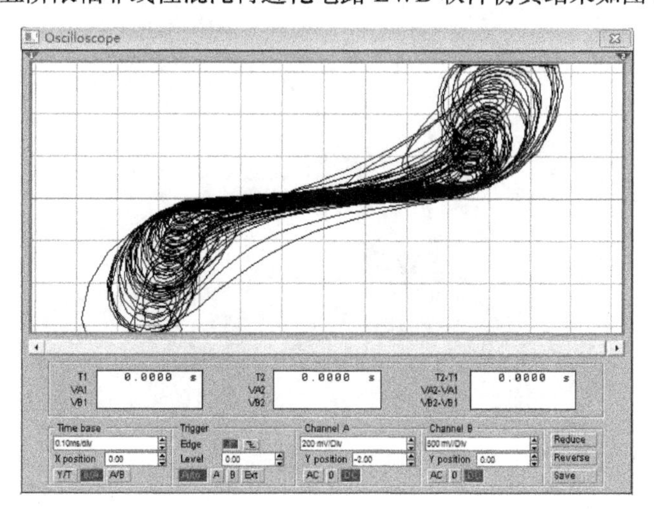

图 2.133　基于九运放的五阶限幅非线性混沌再进化电路 EWB 软件仿真结果

使用专用电路实验板 8002-1111 搭建的物理实验电路，基于九运放的五阶限幅非线性混沌再进化电路输出相图如图 2.134 所示，物理实验电路是在专用研究型 PCB 上实现的，如图 2.135 所示。

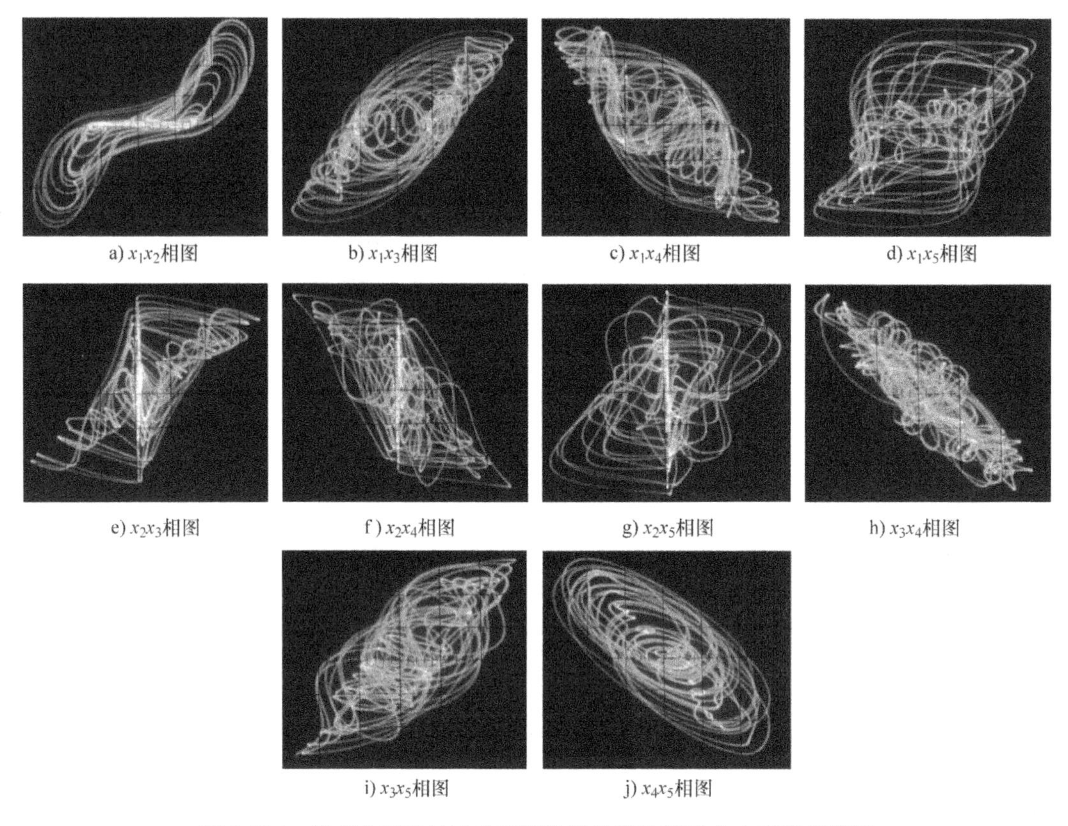

a) x_1x_2相图　b) x_1x_3相图　c) x_1x_4相图　d) x_1x_5相图

e) x_2x_3相图　f) x_2x_4相图　g) x_2x_5相图　h) x_3x_4相图

i) x_3x_5相图　j) x_4x_5相图

图 2.134　基于九运放的五阶限幅非线性混沌再进化电路输出相图

图 2.135　物理实验电路板

2.4.7　三、四、五阶组合混沌电路

以上三小节（2.4.4、2.4.5、2.4.6 小节）的三个电路可以组合到一个电路中，通过电子开关控制，用于在同一环境中观察与测量三个电路并测量三者之间的关系。

三、四、五阶组合混沌电路原理图如图 2.136 所示，是前面三、四、五阶三个电路的“组合”，是五阶电路增加了两个电子开关 [4] 和开关 [5]。通过控制这两个开关的闭合实现三、四、五阶三个电路的切换。

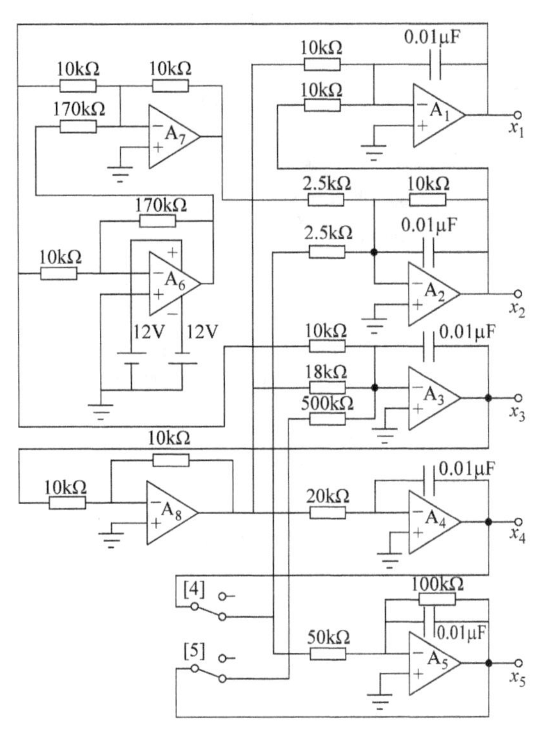

图 2.136　三、四、五阶组合混沌电路原理图

当开关 [4] 与开关 [5] 都开路时，该电路是三阶混沌电路；当开关 [4] 闭合与开关 [5] 开路时，该电路是四阶混沌电路；当开关 [4] 与开关 [5] 都闭合时，该电路是五阶混沌电路。

三、四、五阶组合混沌电路 EWB 软件仿真结果如图 2.137 所示。

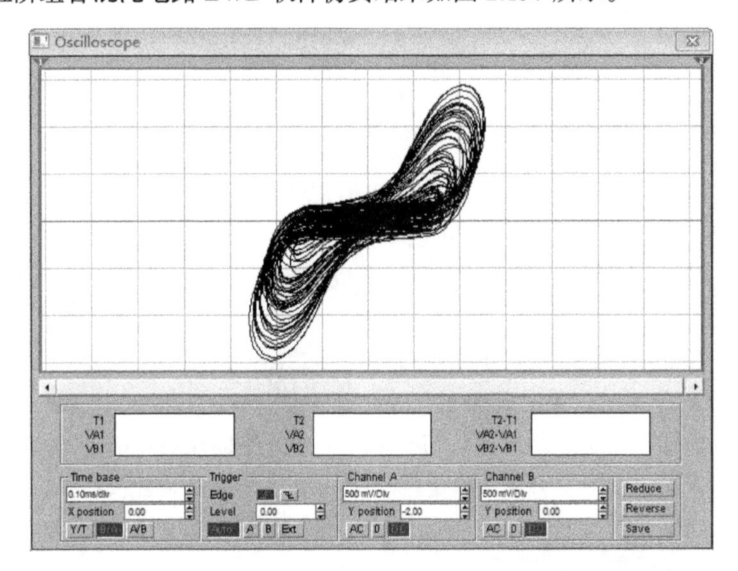

图 2.137　三、四、五阶组合混沌电路 EWB 软件仿真结果

EWB 仿真时，使用计算机键盘上的按键 [4] 与 [5] 进行控制，完成三、四、五阶组合混沌电路输出比较实验项目。图 2.138 所示为 *x-y* 相图比较，为了看得清楚些，将 *x-y* 相图的坐标交换，*x* 作纵坐标，*y* 作横坐标。

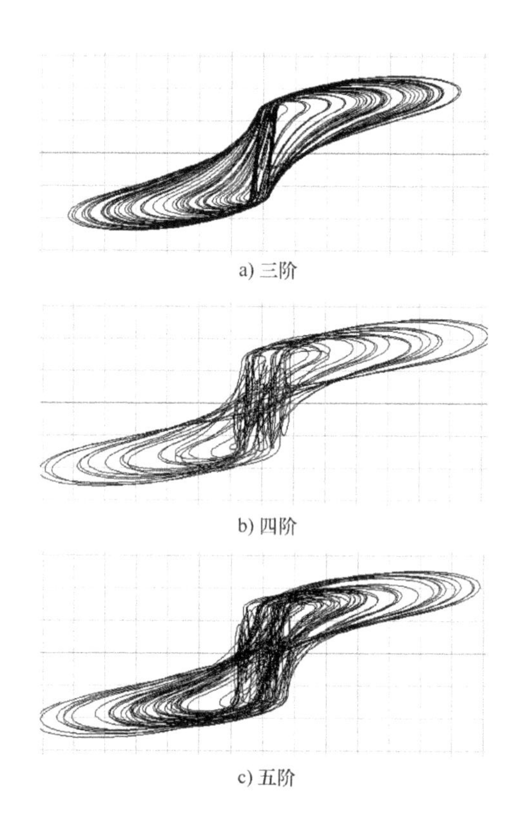

a) 三阶

b) 四阶

c) 五阶

图 2.138　三、四、五阶组合混沌电路输出相图比较

由图 2.138 可见，随着阶数的增加，相图越来越“混乱”。

2.4.8　三阶三种三次型非线性组合混沌电路

上一节的电路是一个电路族，是三、四、五阶混沌电路的组合，控制的是扩阶的阶数，或者说控制的是电路的线性部分。这一节还是同一个电路族，控制的是非线性部分。由于这个电路规模比较大，EWB 仿真超过范围限制，所以分成两节完成，这是第一节，是三阶电路族，下一节是五阶电路族。

三阶三种三次型非线性组合混沌电路原理图如图 2.139 所示。

整个电路由五部分组成，第一部分是三个电子开关 [A]、[B]、[C]；第二部分是由运算放大器 A_1 到 A_6 构成的线性动态电路部分，与三个电子开关连接；第三部分是由运算放大器 A_7 构成的限幅非线性放大器，与电子开关 [A] 连接；第四部分是由二极管及运算放大器 A_7 构成的限幅非线性放大器，与电子开关 [B] 连接；第五部分是由二极管及运算放大器 A_7、A_8 构成的限幅非线性放大器，与电子开关 [C] 连接。

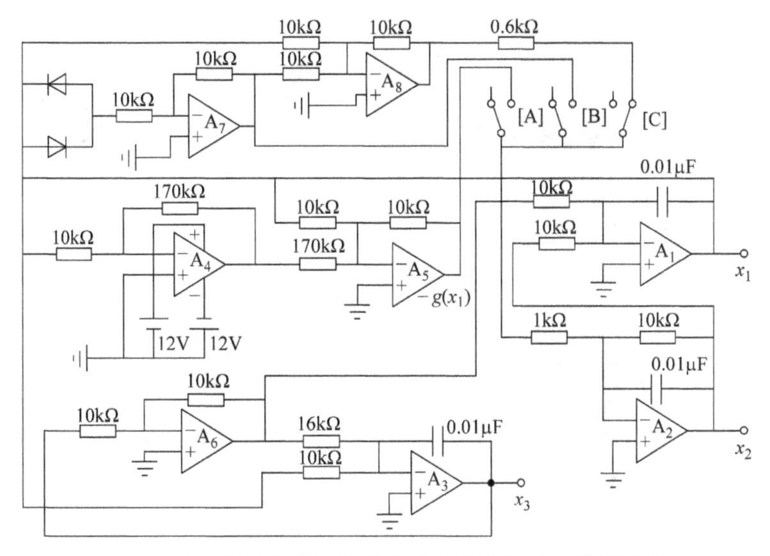

图 2.139　三阶三种三次型非线性组合混沌电路原理图

EWB 软件仿真结果如图 2.140 所示。

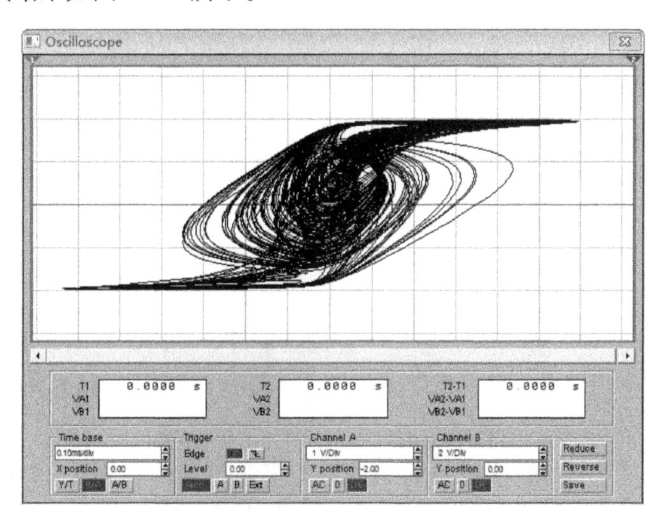

图 2.140　EWB 软件仿真结果

三阶三种三次型非线性组合混沌电路输出相图和非线性曲线如图 2.141 所示，其中图 2.141a～图 2.141c 分别是将电子开关 [A]、[B]、[C] 接通时的电路输出结果，图 2.141 中左图是输出相图，右图是对应的非线性曲线。

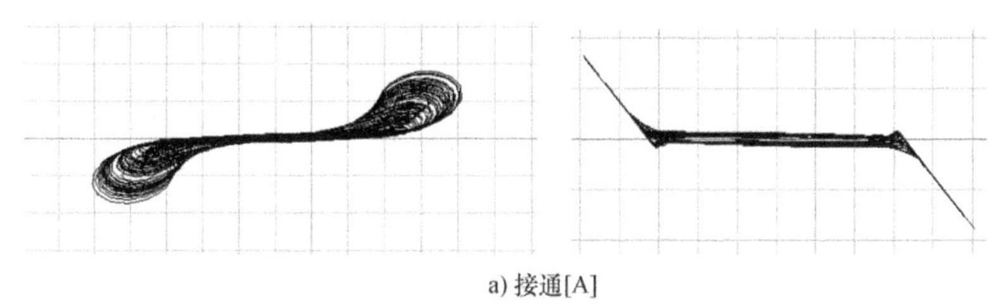

a) 接通[A]

图 2.141　三阶三种三次型非线性组合混沌电路输出相图和非线性曲线

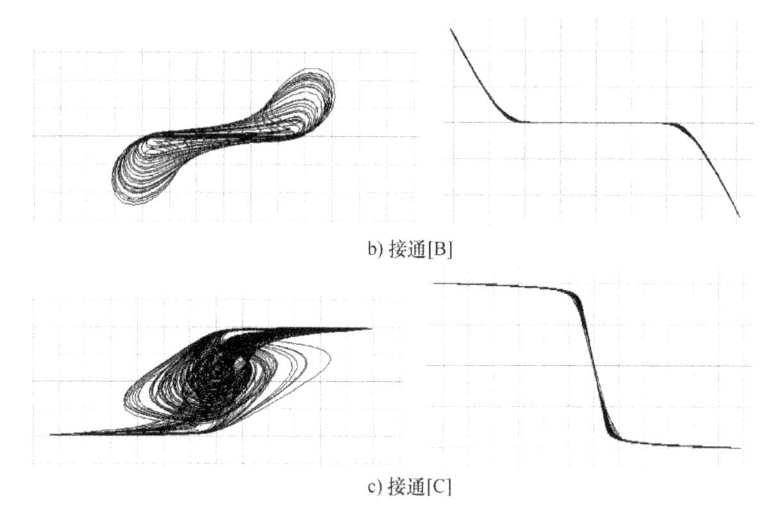

b) 接通[B]

c) 接通[C]

图 2.141　三阶三种三次型非线性组合混沌电路输出相图和非线性曲线（续）

2.4.9　五阶三种三次型非线性组合混沌电路

上一节的电路是三阶电路族，这一节是五阶电路族，都是可控制的非线性电路；这两个电路可以认为是更大电路族的两个部分，更大电路族中还包含四阶电路族。

五阶三种三次型非线性组合混沌电路原理图如图 2.142 所示。图中有三个电子开关 [A]、[B]、[C]，分别控制三个静态非线性函数电路连接，[A] 连接 A_6、A_7 电路，[B] 连接 A_{10} 电路，[C] 连接 A_{10}、A_{11} 电路。

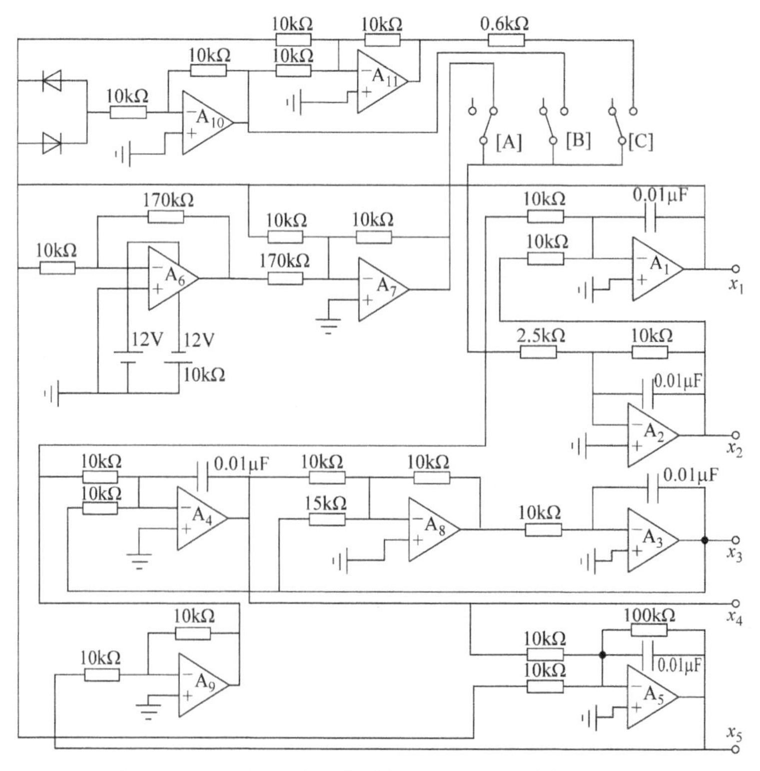

图 2.142　五阶三种三次型非线性组合混沌电路原理图

三个电路连接的方程是

$$\begin{cases} \dot{x}_1 = -x_2 + x_3 - 0.5x_5 \\ \dot{x}_2 = 4g(x_1) - x_2 - 0.2x_4 \\ \dot{x}_3 = -x_1 + 0.6x_3 \\ \dot{x}_4 = 0.5x_3 \\ \dot{x}_5 = -x_4 - 0.7x_5 \end{cases} \tag{2.67}$$

式中，

当接通 [A] 时，

$$g(x_1) = x_1 - 0.5(|x_1 + 0.7| - |x_1 - 0.7|) \tag{2.68}$$

当接通 [B] 时，

$$g(x_1) = x_1 - 0.5(|x_1 + 1| - |x_1 - 1|) \tag{2.69}$$

当接通 [C] 时，

$$g(x_1) = 0.5(|x_1 + 1| - |x_1 - 1|) \tag{2.70}$$

EWB 软件仿真结果如图 2.143 所示。

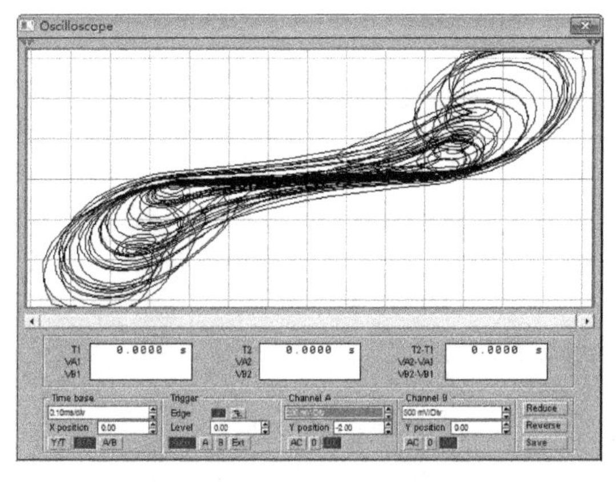

图 2.143　EWB 软件仿真结果

五阶三种三次型非线性组合混沌电路输出相图和非线性曲线如图 2.144 所示，其中图 2.144a 是接通 [A] 的结果，分别是 x-y 相图与非线性曲线，非线性部分的标度都是每格为 500mV，其余类推。

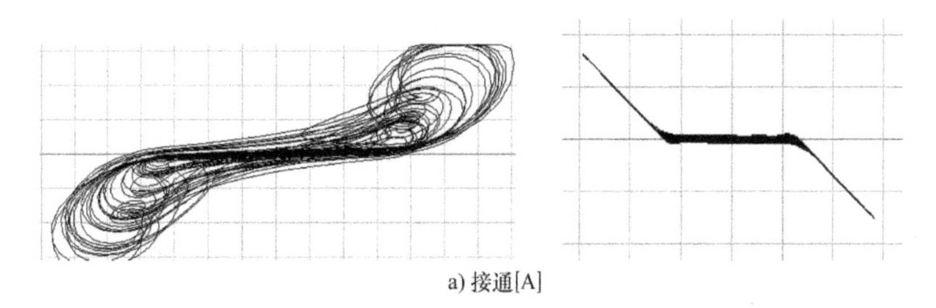

a) 接通[A]

图 2.144　五阶三种三次型非线性组合混沌电路输出相图和非线性曲线

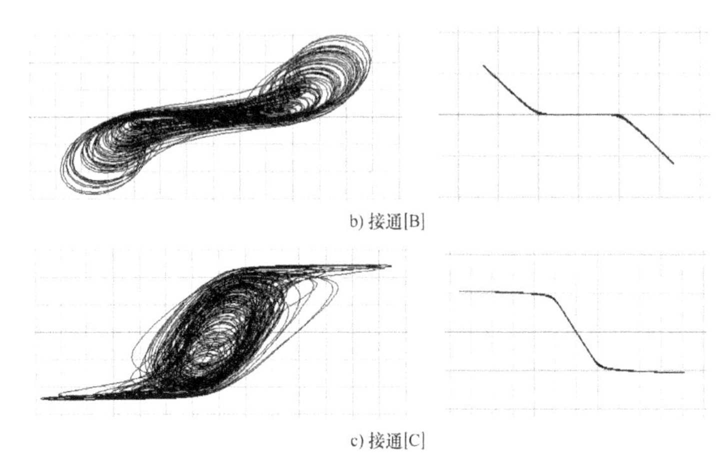

b) 接通[B]

c) 接通[C]

图 2.144 五阶三种三次型非线性组合混沌电路输出相图和非线性曲线（续）

由图 2.144 可见，三种非线性都是三折线，由于三折线关系不同，所以相图不相同。

2.4.10 五阶微分同胚非线性组合混沌电路

这个电路紧接上一个电路，可以认为是大电路的第二个部分，其中的线性动态部分是完全相同的电路。五阶微分同胚非线性组合混沌电路原理图如图 2.145 所示。

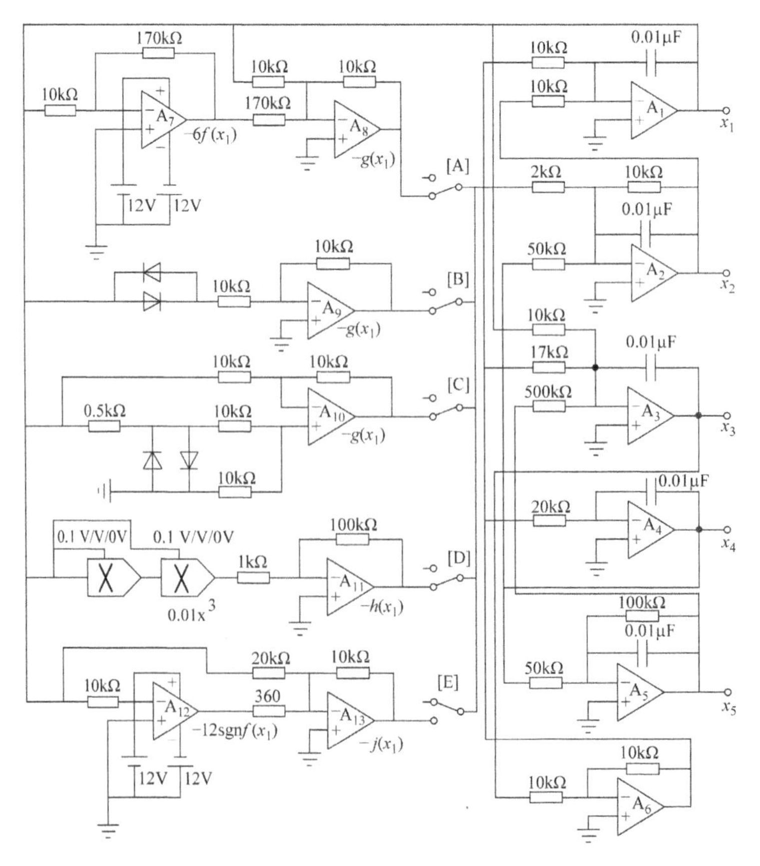

图 2.145 五阶微分同胚非线性组合混沌电路原理图

电路中 A_1 到 A_6 是线性动态部分，A_7 到 A_{13} 是非线性静态部分，[A] 到 [E] 是电子开关，控制五个非线性部分中的某一个被接通，因此本电路是五合一组合电路。

电路比较复杂，公式表示为

$$\begin{cases}\dot{x}_1 = -x_2 + x_3 - 0.5x_5 \\ \dot{x}_2 = 4g(x_1) - x_2 - 0.2x_4 \\ \dot{x}_3 = -x_1 + 0.6x_3 \\ \dot{x}_4 = 0.5x_3 \\ \dot{x}_5 = -x_4 - 0.7x_5\end{cases} \tag{2.71}$$

当接通 [A]、[B]、[C] 时，

$$g(x_1) = x_1 - 0.5(|x_1 + 0.7| - |x_1 - 0.7|) \tag{2.72}$$

当接通 [D] 时，

$$h(x_1) = 0.1x_1^3 \tag{2.73}$$

当接通 [E] 时，

$$i(x_1) = 0.5x_1 - 0.33\mathrm{sgn}(x_1) \tag{2.74}$$

EWB 软件仿真结果如图 2.146 所示。

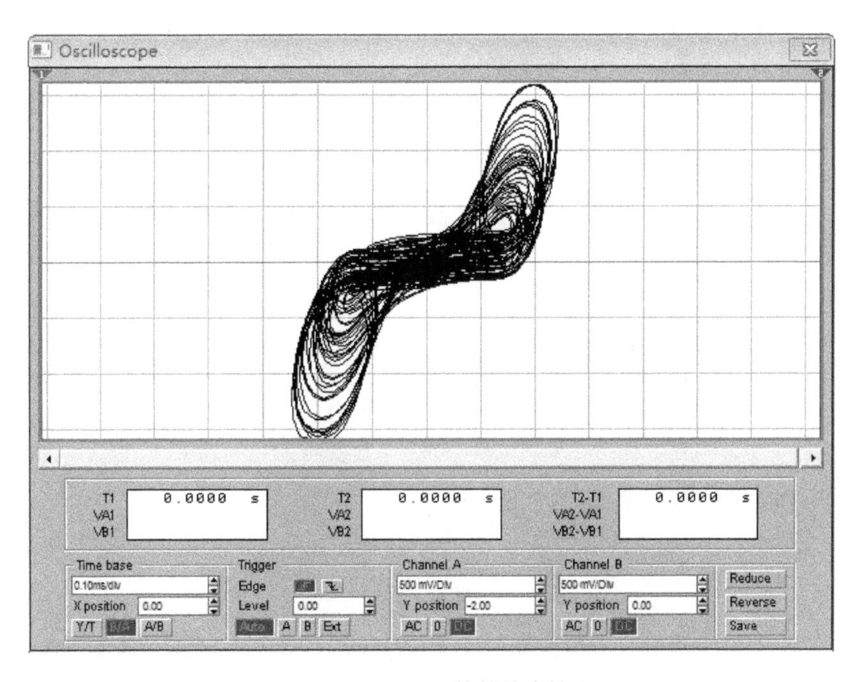

图 2.146　EWB 软件仿真结果

电路输出相图如图 2.147 所示，当接通 [A]、[B]、[C] 时，电路输出 *x-y* 相图如图 2.147a 所示；当接通 [D] 时，电路输出 *x-y* 相图如图 2.147b 所示；当接通 [E] 时，电路输出 *x-y* 相图如图 2.147c 所示。

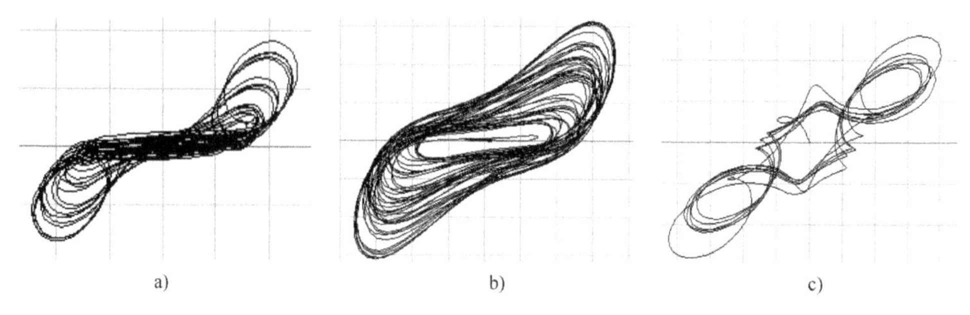

图 2.147　电路输出相图

实验证明，图 2.145 电路中的限幅三折线 [A]、双二极管串行接入三折线 [B]、双二极管并行接入三折线 [C] 产生的相图完全相同，说明这三个非线性电路确实是等效的。仔细观察图 2.147 的三个相图可以发现，同样都是三次型，三折线非线性由于连续而不光滑，相图明显打弯；三次幂非线性由于连续而且光滑，相图没有打弯并且“肥胖”；符号（阶跃）非线性由于不连续，相图不光滑。

2.4.11　二折线与三折线非线性的影响

纵观混沌动力学系统，一次型直线线性系统没有混沌，二次型二折线非线性系统有单涡旋混沌，三次型三折线非线性系统有单双涡旋混沌。若将二折线与三折线统一考虑，这两者的关系是什么。例如，在三折线非线性混沌电路中，将三折线中外侧的一段去掉，而将中间一段延伸代替，这时候还是不是混沌？如果是，是不是就是单涡旋混沌？研究表明，这种想法是有一定的道理的，但是情况要复杂一些，本小节讨论其中最简单的一种情况。

这一节内容是不成熟的内容，仅供专业人员研究使用，建议非研究型读者忽略这一部分。

首先从一个具体的电路模型开始，电路数学模型公式是

$$\begin{cases}\dot{x}_1 = -x_2 + x_3 \\ \dot{x}_2 = \beta g(x_1) - x_2 \\ \dot{x}_3 = -x_1 + \alpha(x_3)\end{cases} \tag{2.75}$$

其中的非线性函数二折线 $g(x_1)$ 在第三象限的非线性特性是

$$g(x_1) = \begin{cases}8(x_1 + 2) & x_1 < -2 \\ 0 & x_1 \geqslant -2\end{cases} \tag{2.76}$$

在第一象限的非线性特性是

$$g(x_1) = \begin{cases}0 & x_1 < 2 \\ 8(x_1 - 2) & x_1 \geqslant 2\end{cases} \tag{2.77}$$

将第一、第三象限的两个二折线构成三折线的非线性特性是上面两个函数的叠加

$$g(x_1) = \begin{cases}8(x_1 + 2) & x_1 < -2 \\ 0 & -2 \leqslant x_1 \leqslant 2 \\ 8(x_1 - 2) & x_1 > 2\end{cases} \tag{2.78}$$

使用 VB 软件对该系统进行数值仿真，x_1x_3 相图如图 2.148 中的蓝色图形所示，非线性曲线如图 2.148 中的洋红色图形所示。

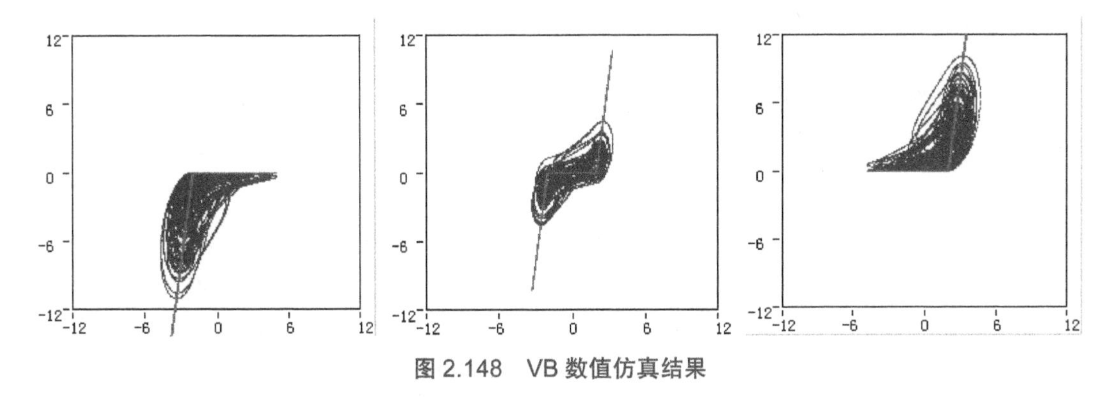

图 2.148　VB 数值仿真结果

图 2.148 清楚地显示出相图与非线性的几何关系。

与上述系统相近的三阶单限幅非线性组合混沌电路最简基因电路原理图如图 2.149 所示。这个电路系统是组合系统，为三阶电路，非线性函数电路部分给出了共五个电路，由电子开关 [A] 至 [E] 控制。注意开关 [C] 中二极管左面的电阻是 8.6kΩ，其余都是 10kΩ，说明这几个分系统的吸引盆并没有完全统一起来，是这一节电路设计的遗憾，希望读者能够完成统一这个组合系统的设计。

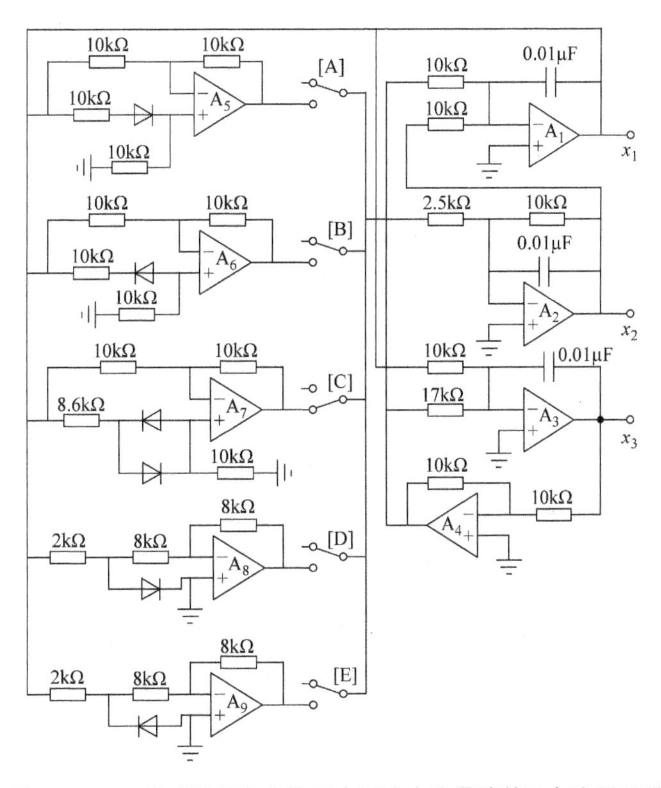

图 2.149　三阶单限幅非线性组合混沌电路最简基因电路原理图

这个 EWB 系统的仿真电路数学模型公式是

$$\begin{cases}\dot{x}_1 = -x_2 + x_3 \\ \dot{x}_2 = 4g(x_1) - x_2 \\ \dot{x}_3 = -x_1 + 0.59x_3\end{cases} \tag{2.79}$$

其中在第三象限的二折线非线性是

$$g(x_1) = \begin{cases} x_1 + 0.7 & x_1 < -0.7 \\ 0 & x_1 \geqslant -0.7 \end{cases} \tag{2.80}$$

在第一象限的二折线非线性是

$$g(x_1) = \begin{cases} 0 & x_1 < 0.7 \\ x_1 - 0.7 & x_1 \geqslant 0.7 \end{cases} \tag{2.81}$$

将第一、第三象限的两个二折线构成三折线的非线性是

$$g(x_1) = \begin{cases} x_1 + 0.7 & x_1 < -0.7 \\ 0 & -0.7 \leqslant x_1 \leqslant 0.7 \\ x_1 - 0.7 & x_1 > 0.7 \end{cases} \tag{2.82}$$

注意 x_1–x_2 相图与非线性曲线的关系，可以比较明显地看出这一系统的混沌机理。EWB 软件仿真结果如图 2.150 所示。

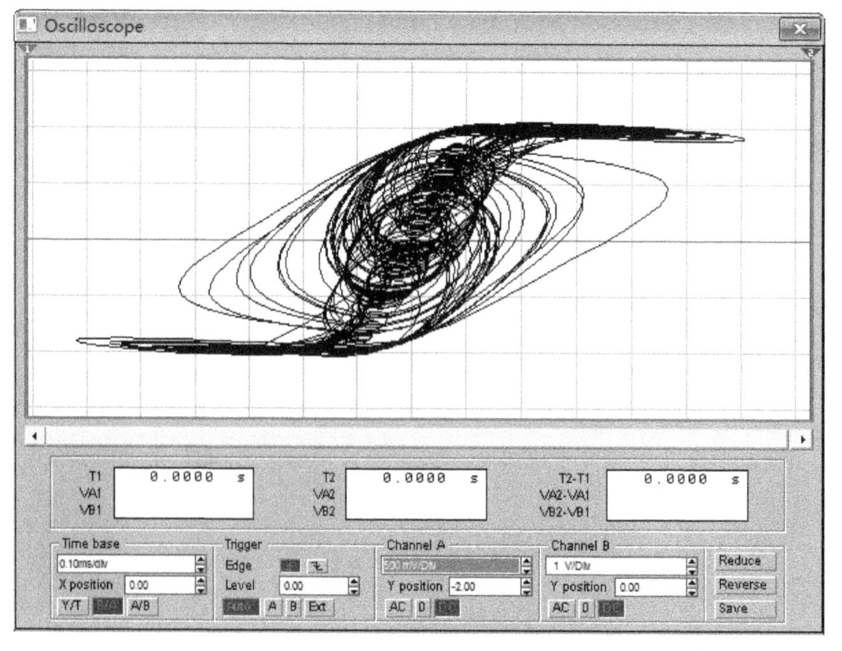

图 2.150　EWB 软件仿真结果

由于 EWB 仿真的主要目的是对几种非线性曲线特性的混沌特性进行比较，因此只给出 x_1–x_2 相图的比较。接着提供对应的非线性曲线，对应的输出相图与非线性曲线如图 2.151 所示，分别是二折线曲线与三折线曲线，为了形象起见，非线性曲线做了翻转处理，特此说明。

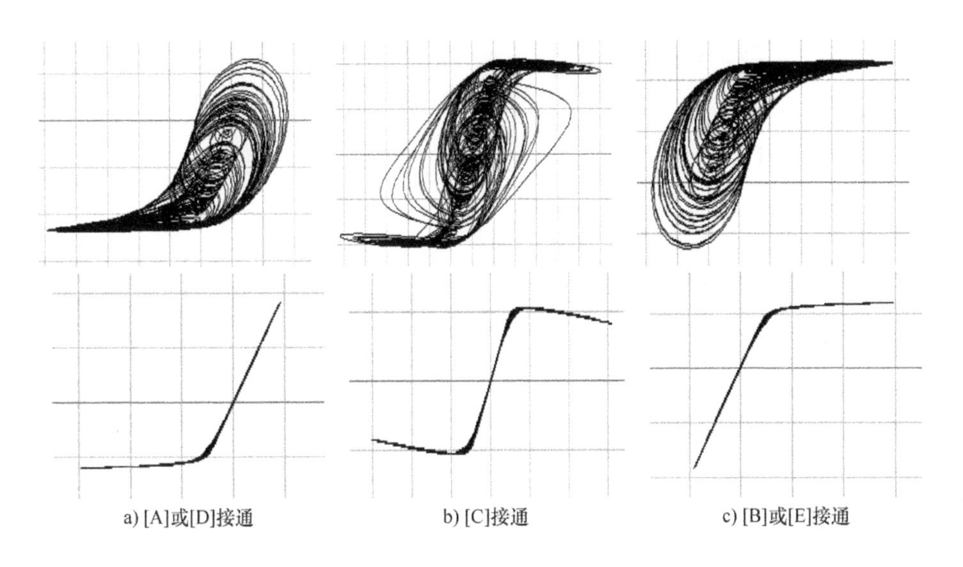

图 2.151　仿真 x_1-x_2 输出相图与非线性曲线

2.4.12　五阶单向限幅非线性混沌电路

这是一种单向传递非线性混沌电路，相图是单涡旋，单向传递非线性函数由二极管电路元件产生。这个电路是上一节中将式（2.80）或者式（2.81）单独摘出来的电路，原始资料来源于文献 [59]。五阶单向限幅非线性混沌电路原理图如图 2.152 所示，是原始资料中的原图。

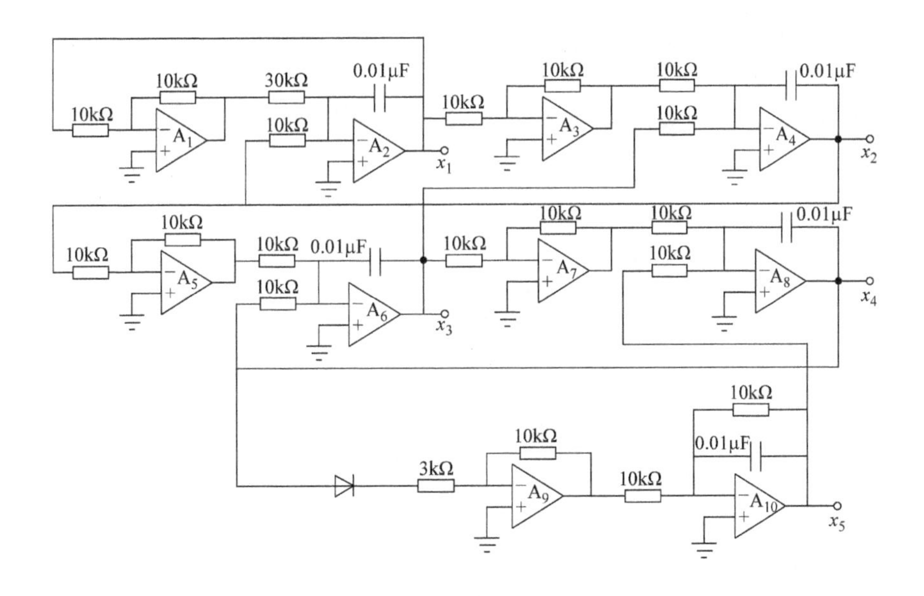

图 2.152　五阶单向限幅非线性混沌电路原理图

电路数学模型是

$$\begin{cases} \dot{x}_1 = 0.33x_1 - x_2 \\ \dot{x}_2 = x_1 - x_3 \\ \dot{x}_3 = x_2 - x_4 \\ \dot{x}_4 = x_3 - x_5 \\ \dot{x}_5 = g(x_4) - x_5 \end{cases} \quad (2.83)$$

式中，

$$g(x_4) = \begin{cases} 0 & x \leqslant 0.7 \\ 8x_4 - 0.7 & x > 0.7 \end{cases} \quad (2.84)$$

VB 数值仿真，得到的结果中的二维相图如图 2.153 所示。

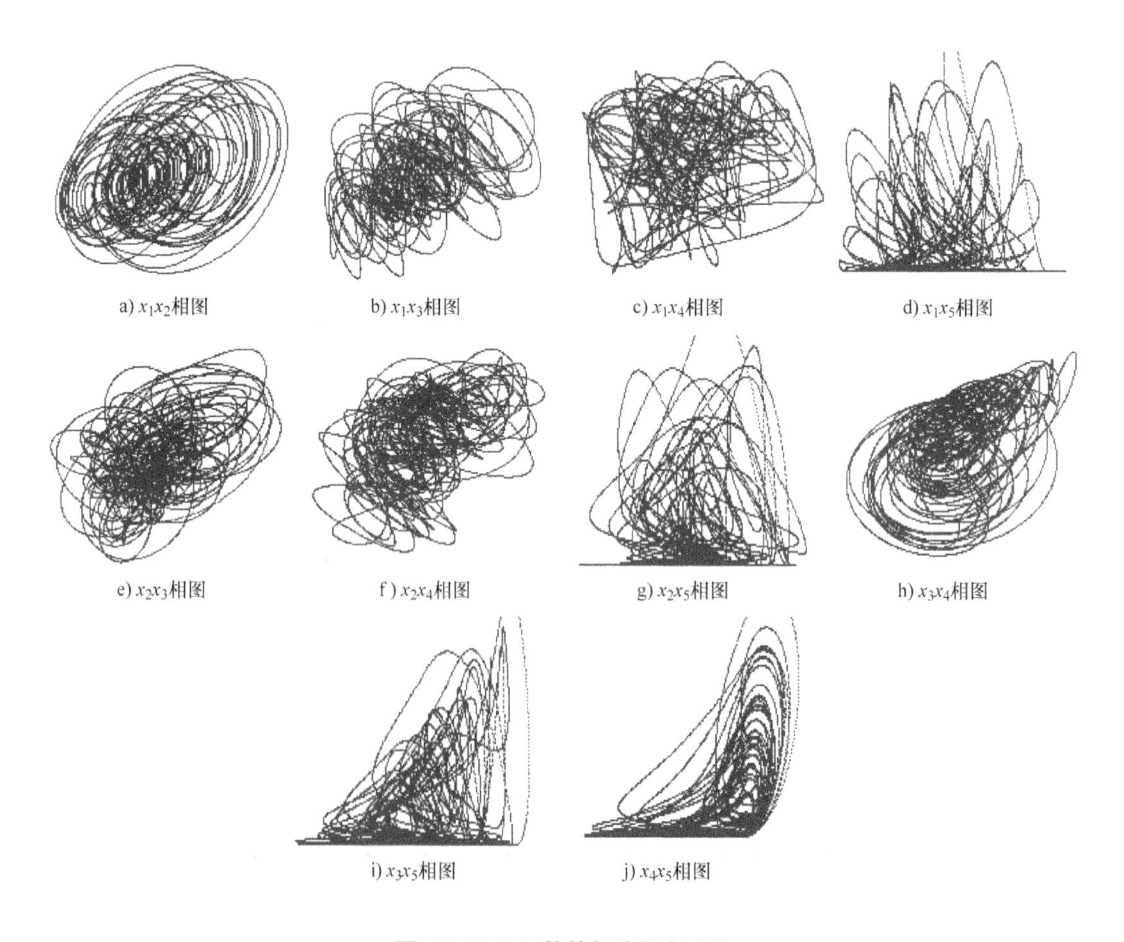

图 2.153　VB 软件数值仿真结果

五阶单向限幅非线性混沌电路 EWB 软件仿真结果如图 2.154 所示。

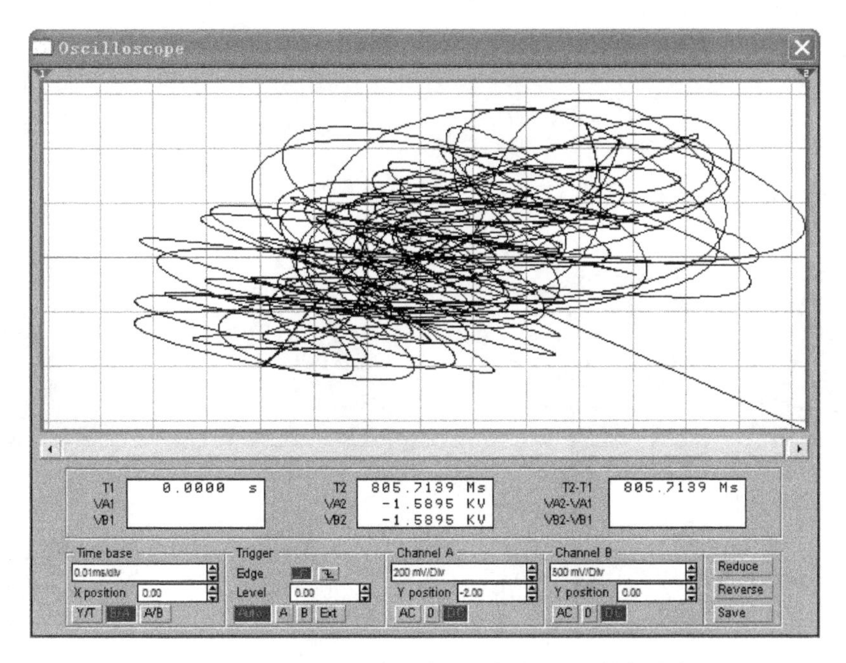

图 2.154　五阶单向限幅非线性混沌电路 EWB 软件仿真结果

2.4.13　五阶单向限幅非线性优化混沌电路

上一个混沌电路优化并且标度化后的五阶单向限幅非线性优化混沌电路原理图如图 2.155 所示。

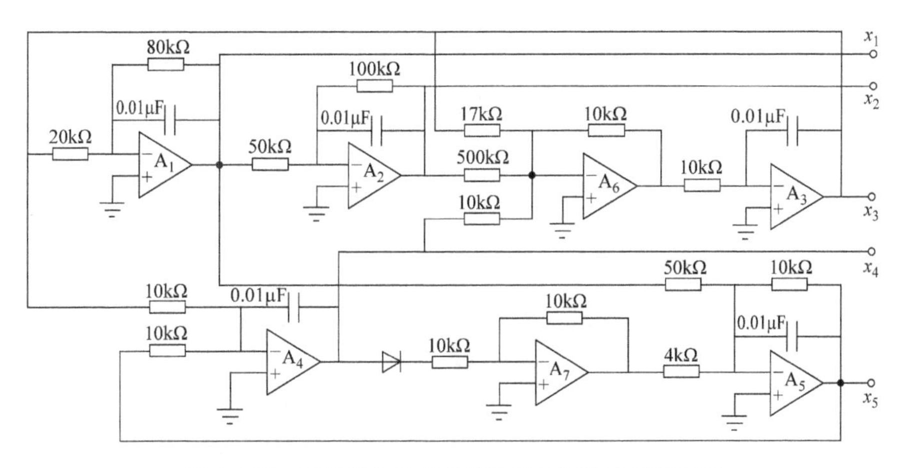

图 2.155　五阶单向限幅非线性优化混沌电路原理图

电路数学模型是

$$
\begin{cases}
\dot{x}_1 = -0.125x_1 - 0.5x_3 \\
\dot{x}_2 = -0.2x_1 - 0.1x_2 \\
\dot{x}_3 = 0.02x_2 + 0.59x_3 + x_4 \\
\dot{x}_4 = -x_3 - x_5 \\
\dot{x}_5 = -0.2x_1 + 2.5g(x_4)
\end{cases}
\tag{2.85}
$$

式中，

$$g(x_4)=\begin{cases}0 & x\leqslant 0.7\\ 8x_4-0.7 & x>0.7\end{cases} \tag{2.86}$$

EWB 软件仿真输出相图如图 2.156 所示。

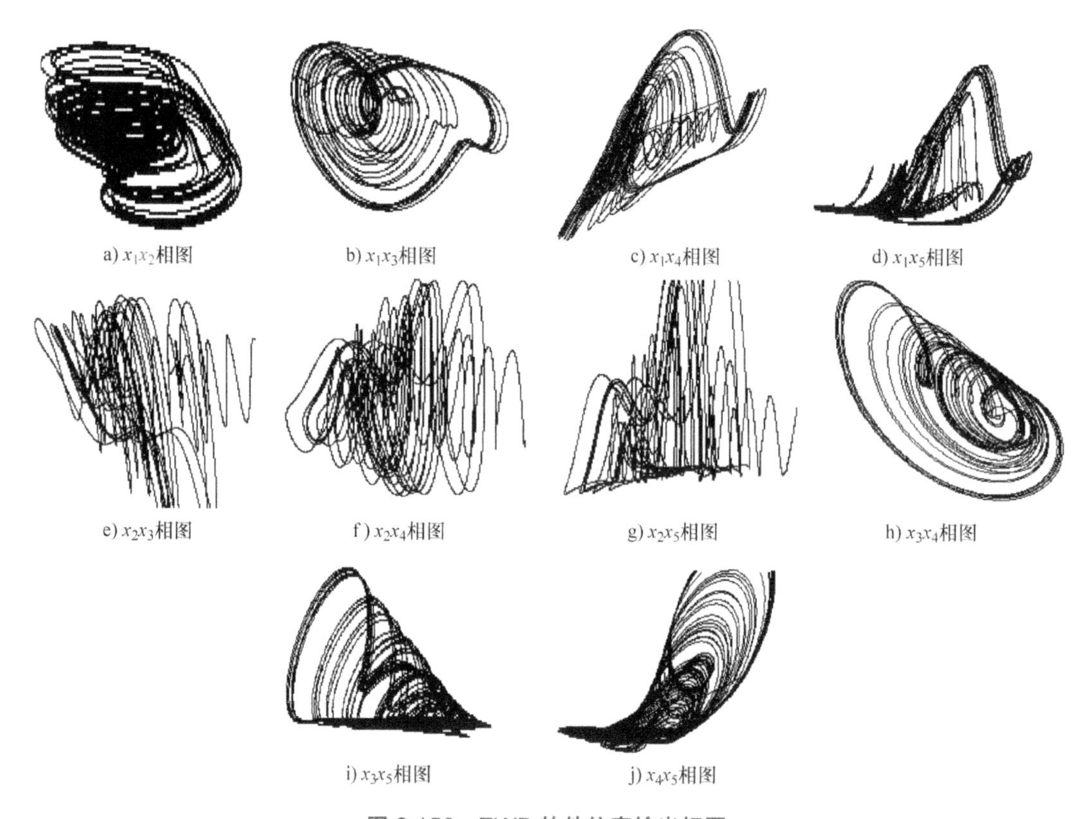

a) x_1x_2相图　b) x_1x_3相图　c) x_1x_4相图　d) x_1x_5相图

e) x_2x_3相图　f) x_2x_4相图　g) x_2x_5相图　h) x_3x_4相图

i) x_3x_5相图　j) x_4x_5相图

图 2.156　EWB 软件仿真输出相图

EWB 软件仿真结果如图 2.157 所示。

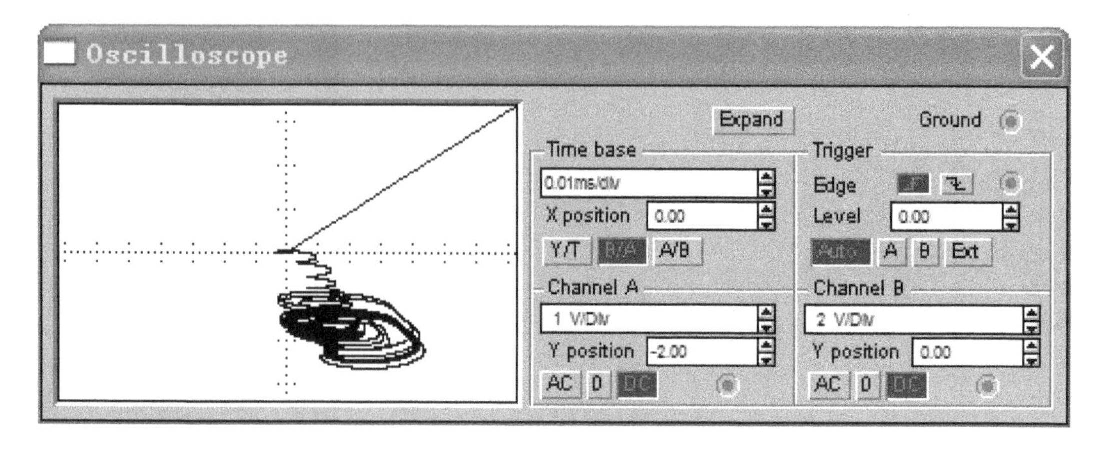

图 2.157　EWB 软件仿真结果

2.5　Jerk 混沌电路

2000 年，J. C. Sprott 等人创建了一个新的混沌系列，是通过对于一元变量的依次微分产生多个新的变量，称为 Jerk 电路，是借鉴力学中把独立于时间的位移称为长度、时间的一次微分称为速度、时间的二次微分称为加速度、时间的三次微分称为 Jerk，汉语中至今没有对应 Jerk 的词汇。

Jerk 电路的实现是由积分器实现的微分运算，是多级串接的级联反相积分器，这不影响微分方程的有关性质，并且优化了电路设计。

Jerk 电路从阶数上分为三阶、四阶、高阶等；从非线性上分为二次型、三次型、高次型、交叉项等；从非线性引入位置上分为 y 反馈、z 反馈等；从电路元件来看有二极管、模拟乘法器等；从电路系统上分为单元电路、保密通信电路等。本节将选取其中的部分内容提供给读者，希望读者能够灵活应用本节的知识。

2.5.1　二次幂非线性三阶 Jerk 电路

各种阶别的 Jerk 电路 [11,14,18,61-70] 中的二次型元件有二极管、模拟乘法器等，典型电路是三阶二次幂非线性 Jerk 电路。为了减少篇幅，将其中的电路都放到一个标题之下。这类电路的分析与试验方法具有普遍性，本书只在这一小节使用这一方式的叙述方法，专门为电子精英精心编写。

先从第一个典型电路开始。二次幂非线性三阶 Jerk 电路原理图如图 2.158 所示，按照通常习惯，变量 x、y、z 顺序从后面一级开始。

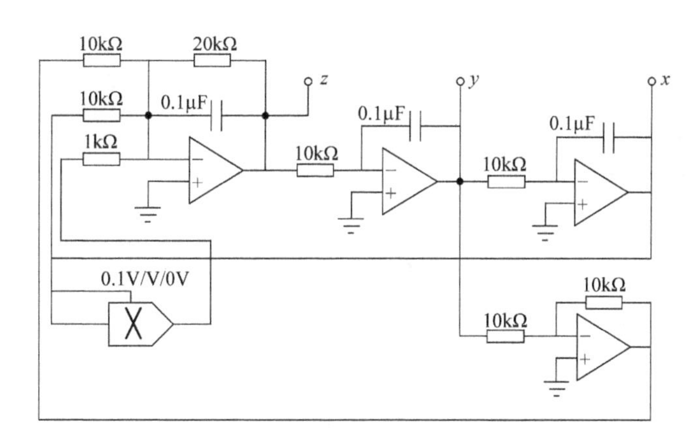

图 2.158　二次幂非线性三阶 Jerk 电路原理图

电路数学模型是

$$\begin{cases}\dot{x}=-y\\ \dot{y}=-z\\ \dot{z}=-0.5z+y-x-x^2\end{cases}\qquad(2.87)$$

这是三元一阶形式的微分方程，写成一元三阶形式的微分方程是

$$\dddot{x} = -0.5\ddot{x} - \dot{x} - x - x^2 \tag{2.88}$$

二次幂非线性三阶 Jerk 电路 EWB 软件仿真结果如图 2.159 所示。

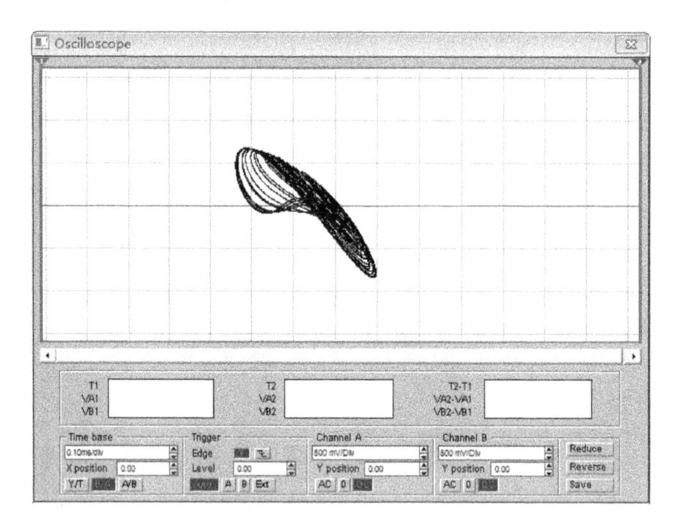

图 2.159　二次幂非线性三阶 Jerk 电路 EWB 软件仿真结果

二次幂非线性三阶 Jerk 电路 EWB 软件仿真输出相图如图 2.160 所示，非线性曲线如图 2.161 所示。

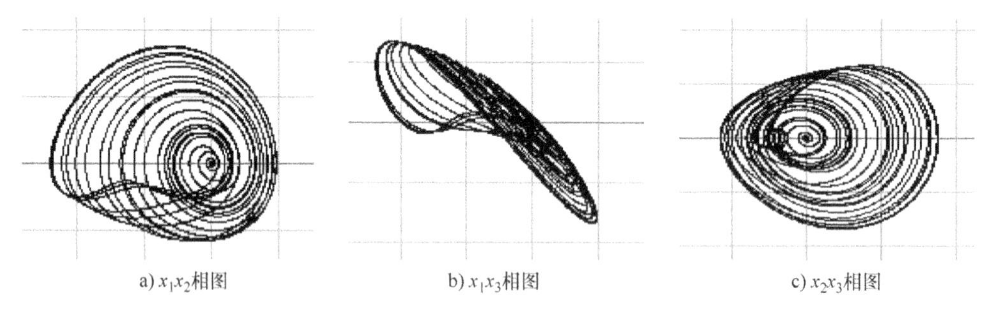

a) x_1x_2相图　　b) x_1x_3相图　　c) x_2x_3相图

图 2.160　二次幂非线性三阶 Jerk 电路 EWB 软件仿真输出相图

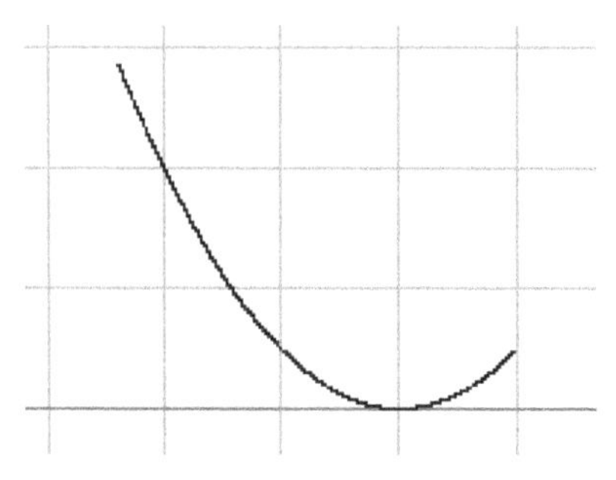

图 2.161　二次幂非线性三阶 Jerk 电路 EWB 软件仿真输出非线性曲线

物理电路实验结果如图 2.162 所示，其中最后一条曲线（见图 2.163）是模拟乘法器的输入输出曲线。

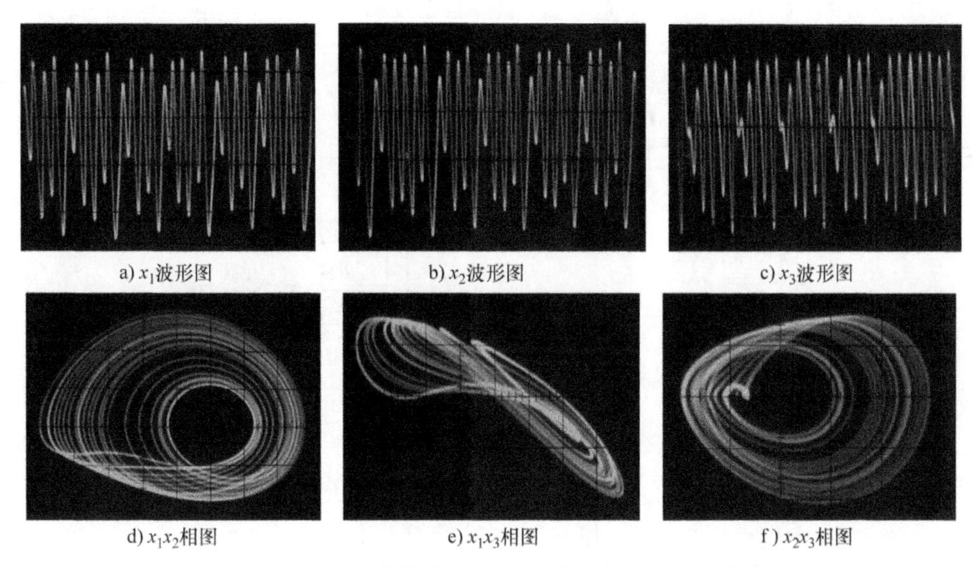

a) x_1波形图　b) x_2波形图　c) x_3波形图

d) x_1x_2相图　e) x_1x_3相图　f) x_2x_3相图

图 2.162　二次幂非线性三阶 Jerk 电路物理电路实验结果

图形中二次幂左右不对称是由单涡旋系统数学模型的左右不对称造成的，是共性问题。

在物理实验中做混沌演变的实验，通过改变 z 变量级的反馈电阻值实现，实验结果如图 2.164 所示。

仔细分析式（2.87）、式（2.88）与图 2.158，其中非线性项前面的符号的改变不影响混沌系统的特性，它应该是对称的代数项，实验结果证明这一猜想是正确的，这就是第二种二次幂非线性三阶 Jerk 电路，是将非线性电压经过反相器后再接入 z 积分器输入端，为了电路优化，反相器与原反相器合并，第二种二次幂非线性三阶 Jerk 电路原理图如图 2.165 所示。

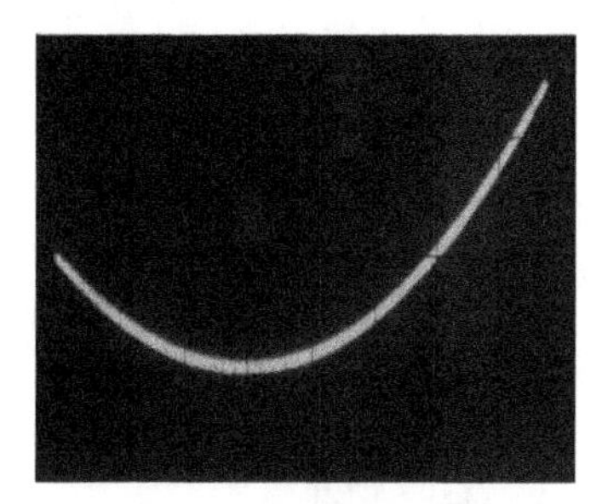

图 2.163　模拟乘法器的输入输出曲线

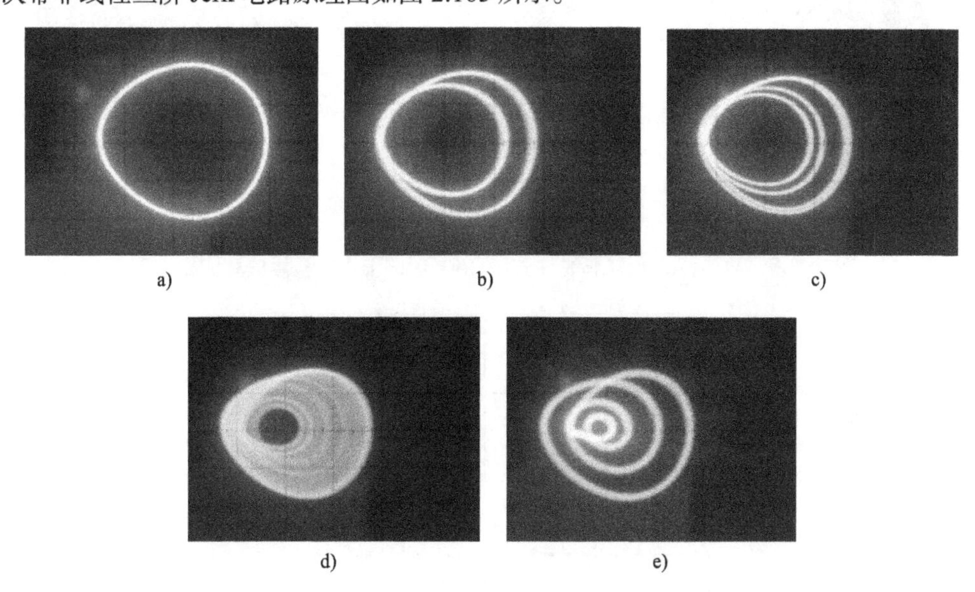

a)　b)　c)　d)　e)

图 2.164　二次幂非线性三阶 Jerk 电路混沌演变实验结果

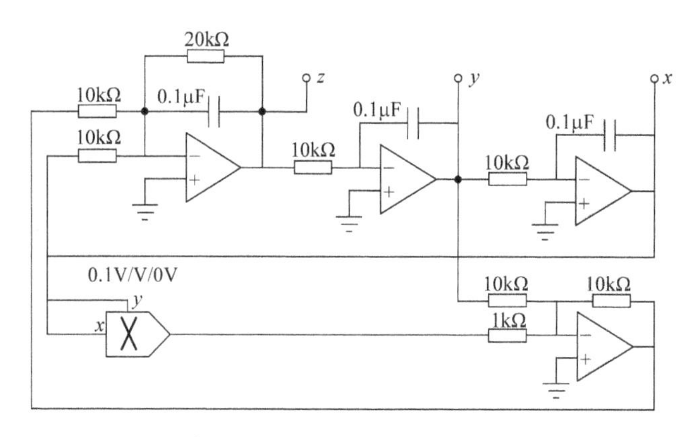

图 2.165　第二种二次幂非线性三阶 Jerk 电路原理图

数学模型就是将式（2.87）中的二次项符号改变，公式如下

$$\begin{cases}\dot{x}=-y\\ \dot{y}=-z\\ \dot{z}=-0.5z+y-x+x^2\end{cases} \tag{2.89}$$

这是三元一阶形式的微分方程，写成一元三阶形式的微分方程是

$$\dddot{x}=-0.5\ddot{x}-\dot{x}-x+x^2 \tag{2.90}$$

式（2.88）与式（2.90）可以合并为

$$\dddot{x}=-0.5\ddot{x}-\dot{x}-x\pm x^2 \tag{2.91}$$

第二种二次幂非线性三阶 Jerk 电路 EWB 软件仿真输出相图如图 2.166 所示，非线性曲线如图 2.167 所示。

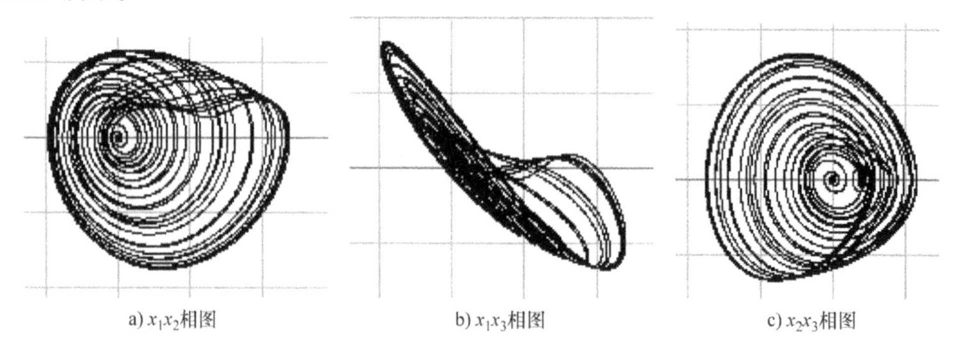

a) x_1x_2相图　b) x_1x_3相图　c) x_2x_3相图

图 2.166　第二种二次幂非线性三阶 Jerk 电路 EWB 软件仿真输出相图

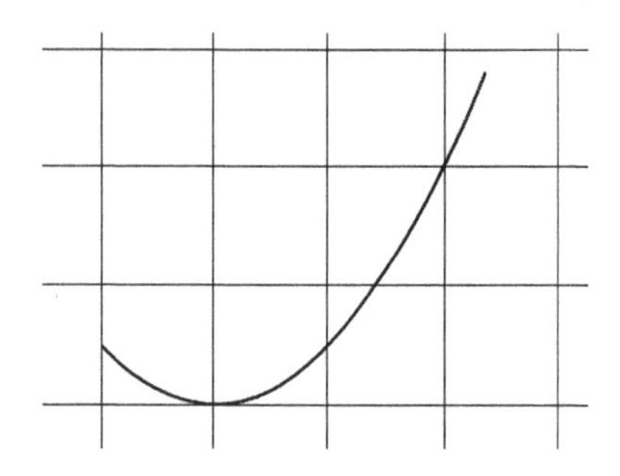

图 2.167　第二种二次幂非线性三阶 Jerk 电路 EWB 软件仿真输出非线性曲线

上面两个电路的非线性反馈部分是 $-x \pm x^2$，它的拓扑结构与 $-1 \pm x^2$ 相同，可以用来构成混沌电路，这是第三种二次幂非线性三阶 Jerk 电路，电路原理图如图 2.168 所示。

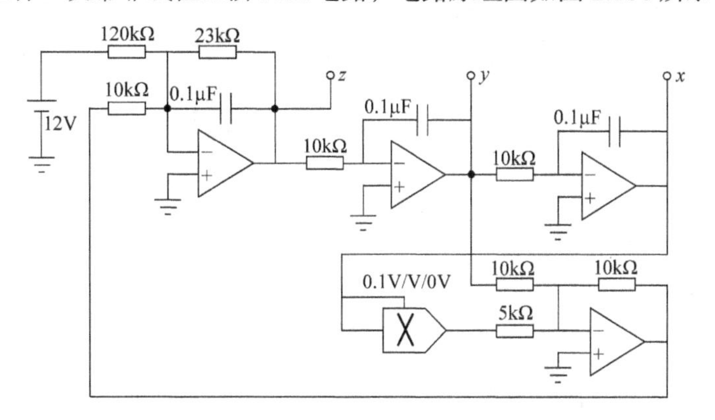

图 2.168　第三种二次幂非线性三阶 Jerk 电路原理图

数学模型公式如下

$$\begin{cases} \dot{x} = -y \\ \dot{y} = -z \\ \dot{z} = -0.43z + y + 0.2x^2 - 1 \end{cases} \tag{2.92}$$

写成一元三阶形式的微分方程是

$$\dddot{x} = -0.43\ddot{x} - \dot{x} + 0.2x^2 - 1 \tag{2.93}$$

第三种二次幂非线性三阶 Jerk 电路 EWB 软件仿真输出相图如图 2.169 所示，非线性曲线如图 2.170 所示。

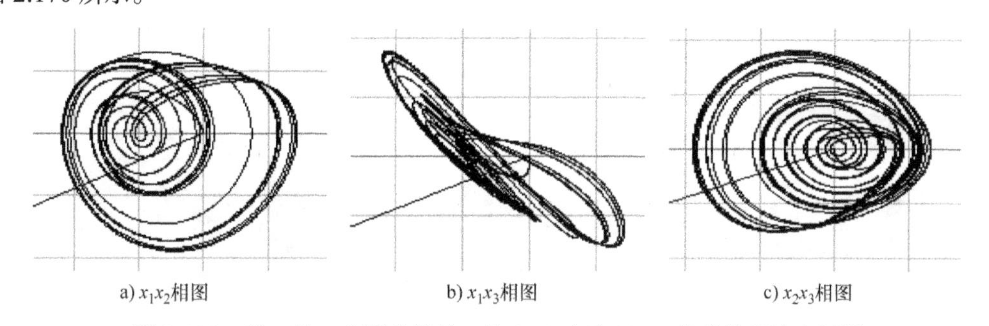

图 2.169　第三种二次幂非线性三阶 Jerk 电路 EWB 软件仿真输出相图

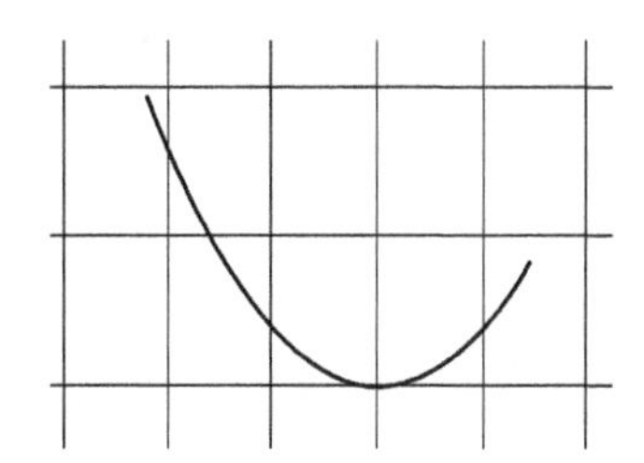

图 2.170　第三种二次幂非线性三阶 Jerk 电路 EWB 软件仿真输出非线性曲线

类似于前面的处理，将非线性特性反向处理，构成第四种二次幂非线性三阶 Jerk 电路，电路原理图如图 2.171 所示。

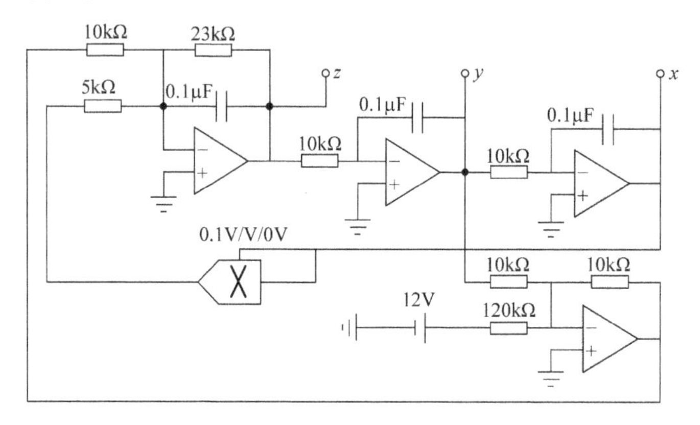

图 2.171　第四种二次幂非线性三阶 Jerk 电路原理图

数学模型公式是

$$\begin{cases}\dot{x}=-y\\ \dot{y}=-z\\ \dot{z}=-0.43z+y-0.2x^2+1\end{cases} \tag{2.94}$$

这是三元一阶形式的微分方程，写成一元三阶形式的微分方程是

$$\dddot{x}=-0.43\ddot{x}-\dot{x}-0.2x^2+1 \tag{2.95}$$

式（2.93）与式（2.95）合并为

$$\dddot{x}=-0.43\ddot{x}-\dot{x}\pm(0.2x^2-1) \tag{2.96}$$

第四种二次幂非线性三阶 Jerk 电路 EWB 软件仿真输出相图如图 2.172 所示，非线性曲线如图 2.173 所示。

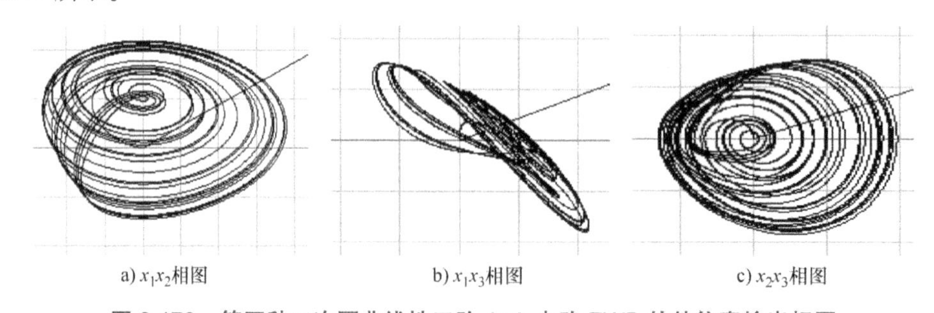

图 2.172　第四种二次幂非线性三阶 Jerk 电路 EWB 软件仿真输出相图

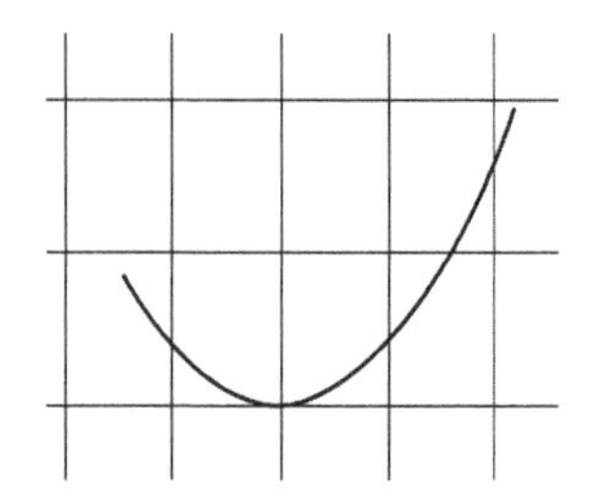

图 2.173　第四种二次幂非线性三阶 Jerk 电路 EWB 软件仿真输出非线性曲线

2.5.2　二次幂第三阶反馈的三阶 Jerk 电路组合

上一节叙述的四个二次幂中的 Jerk 电路有较多的共同部分，可以将这四个电路组合到一个电路中，使用电子开关、跳线器之类的电子元器件控制电路结构。

二次幂第三阶反馈的三阶 Jerk 电路组合原理图如图 2.174 所示。其中的开关元件分别用 [A]、[B]、[C]、[D] 表示，EWB 仿真中用键盘上的按键控制。

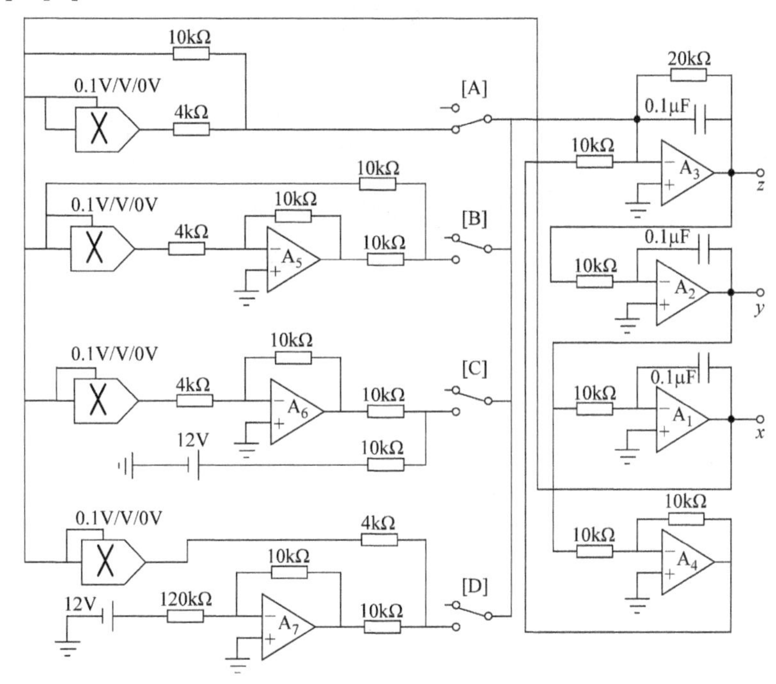

图 2.174　二次幂第三阶反馈的三阶 Jerk 电路组合原理图

图 2.174 的电路状态方程是

$$\begin{cases} \dot{x} = -y \\ \dot{y} = -z \\ \dot{z} = -0.5z + y - f(x) \end{cases} \tag{2.97}$$

其中的非线性方程 $f(x)$ 是

$$f(x) = \begin{cases} x + 0.25x^2 & \text{当仅接通开关[A]} \\ x - 0.25x^2 & \text{当仅接通开关[B]} \\ 1 - 0.25x^2 & \text{当仅接通开关[C]} \\ -1 + 0.25x^2 & \text{当仅接通开关[D]} \end{cases} \tag{2.98}$$

二次幂第三阶反馈的三阶 Jerk 电路组合 EWB 软件仿真结果如图 2.175 所示，仅接通开关 [A]，其他开关断开。

从图 2.174 所示的电路原理图中看出，四个非线性函数电路中就有三个电路含有反相运算放大器，这是本组合电路付出的代价。当仅仅需要其中的一个非线性函数电路时可以优化，方法是：1）将开关断开的多余部分去掉；2）将开关去掉；3）要将这个反相运算放大器与原来的反相运算放大器 A_4 合并，实现优化设计。上一节的其中三个相关电路就是经过优化设计的电路。

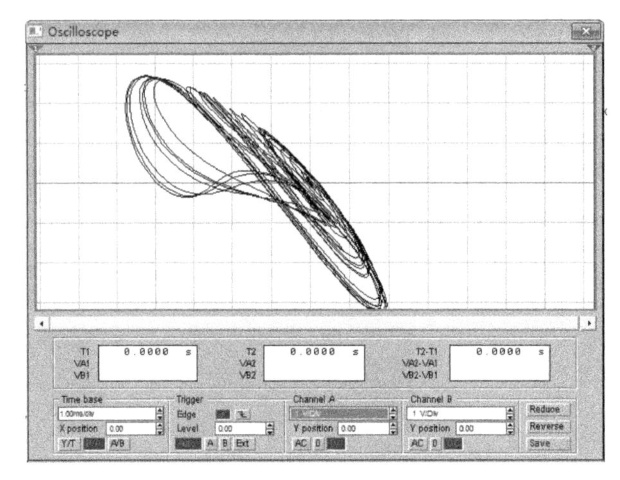

图 2.175　二次幂第三阶反馈的三阶 Jerk 电路组合 EWB 软件仿真结果

2.5.3　绝对值非线性函数三阶级联混沌电路

二次型非线性包括绝对值电路，可由绝对值电路实现，由此构成的绝对值非线性函数三阶级联混沌电路原理图如图 2.176 所示。

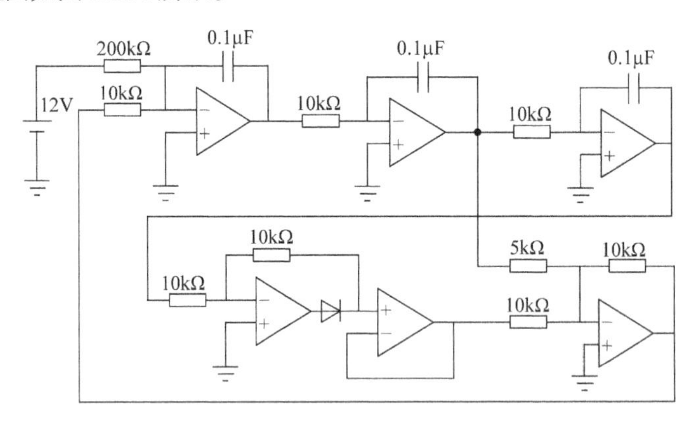

图 2.176　绝对值非线性函数三阶级联混沌电路原理图

绝对值非线性函数三阶级联混沌公式如下。

$$\dddot{x}=-2\dot{x}+(|x|-1) \tag{2.99}$$

绝对值非线性函数三阶级联混沌电路 EWB 软件仿真输出相图如图 2.177 所示。

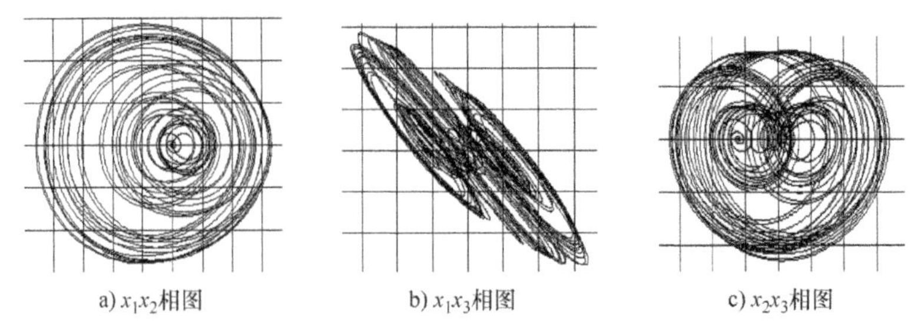

a) x_1x_2相图　b) x_1x_3相图　c) x_2x_3相图

图 2.177　绝对值非线性函数三阶级联混沌电路 EWB 软件仿真输出相图

绝对值非线性函数三阶级联混沌电路公式是

$$\dddot{x} = -0.58\ddot{x} - \dot{x} + (|x| - 1) \qquad (2.100)$$

2.5.4　正向传递非线性函数三阶级联混沌电路

这一小节的二次型非线性特性由二极管实现。二极管的非线性有两种数学模型，一种模型是利用二极管的伏安特性曲线性质，电路特点是由二极管单独实现；另一种模型是利用二极管的开关特性性质，电路特点是由二极管与电阻串联实现。本小节混沌电路利用了二极管的开关特性。本小节的二极管将按照正向连接与反向连接构成两个方向的混沌特性，电路是正向连接。

正向传递非线性函数三阶级联混沌电路原理图如图 2.178 所示。

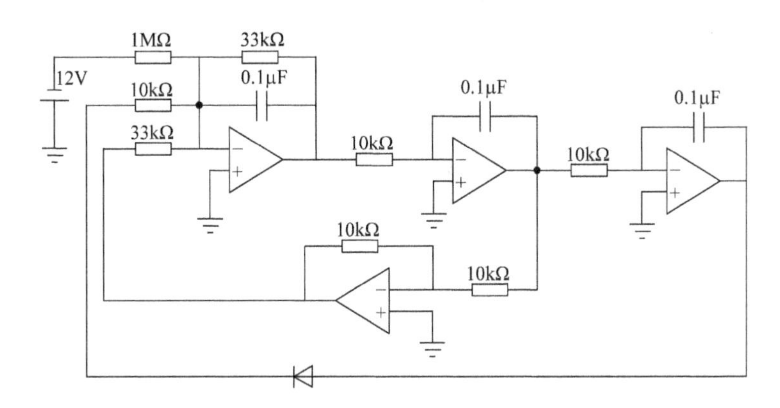

图 2.178　正向传递非线性函数三阶级联混沌电路原理图

正向传递函数的数学模型是

$$D(x) = \begin{cases} 0 & x < 0 \\ x & x \geqslant 0 \end{cases} \qquad (2.101)$$

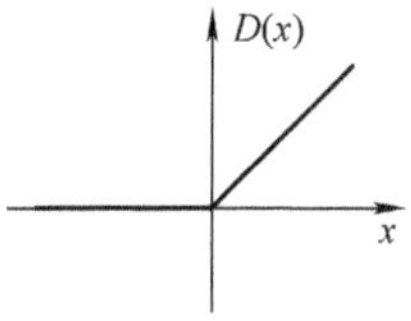

正向传递函数的非线性曲线如图 2.179 所示。

图 2.179　正向传递函数的非线性曲线

正向传递非线性函数三阶级联混沌电路公式为

$$\dddot{x} = -0.3\ddot{x} - 0.3\dot{x} - D(x) + 1 \qquad (2.102)$$

由于式（2.102）正向传送函数的系数是 1，并且还有一个常数 1，因此称为归一化的微分方程，VB 仿真成功，但是仿真显示数据数值超出物理电路稳压电源的供电范围，都在数十伏数量级，必须进行标度变换。令$u = \dfrac{y}{10}$、$v = \dfrac{y}{10}$、$w = \dfrac{z}{10}$，$D(x)$ 标度变换后仍然为 $D(x)$，常数 1 标度变换后成为常数 0.1，标度变换后的方程为

$$\dddot{x} = -0.3\ddot{x} - 0.3\dot{x} - D(x) + 0.1 \qquad (2.103)$$

与式（2.102）相比，只有常数项一项改变，各个变量的值域都小于 10。

正向传递非线性函数三阶级联混沌电路 EWB 软件仿真输出相图如图 2.180 所示。

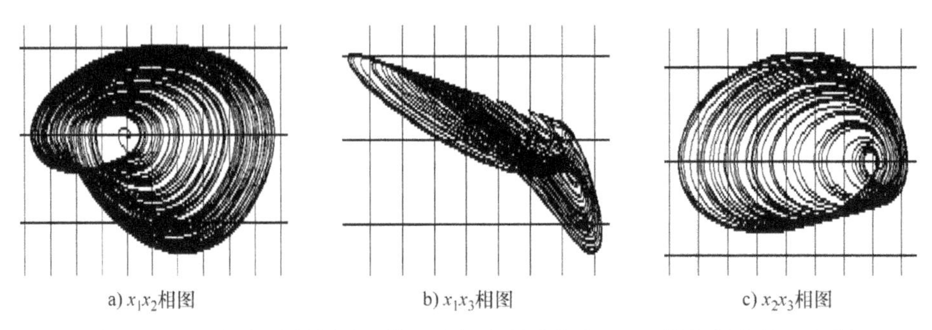

a) x_1x_2相图　　b) x_1x_3相图　　c) x_2x_3相图

图 2.180　正向传递非线性函数三阶级联混沌电路 EWB 软件仿真输出相图

2.5.5　反向非线性函数三阶级联混沌电路

反向传递函数的数学模型与对应的混沌系统方程是

$$D(x)=\begin{cases}0 & x>0\\ x & x\leqslant 0\end{cases} \tag{2.104}$$

$$\dddot{x}=-2.9\dot{x}+\left[0.7x-R(x)+1\right] \tag{2.105}$$

VB 仿真显示数据数值超范围，必须进行标度变换，标度变换后的方程为

$$\dddot{x}=-2.9\dot{x}+\left[0.7x-R(x)+0.1\right] \tag{2.106}$$

反向非线性函数三阶级联混沌电路原理图如图 2.181 所示。

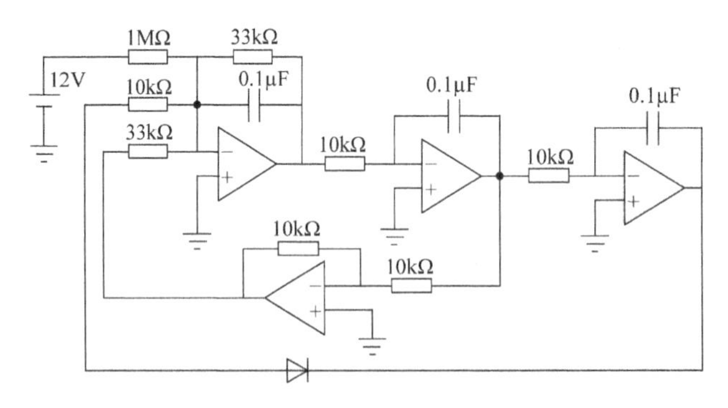

图 2.181　反向非线性函数三阶级联混沌电路原理图

EWB 软件仿真输出相图如图 2.182 所示。

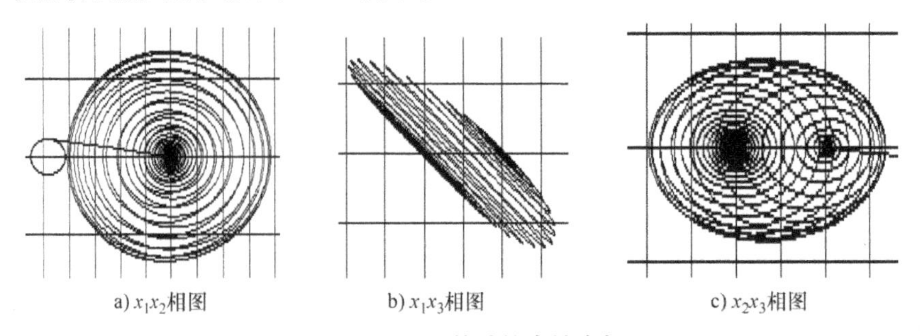

a) x_1x_2相图　　b) x_1x_3相图　　c) x_2x_3相图

图 2.182　EWB 软件仿真输出相图

2.5.6 反向非线性函数三阶级联混沌电路组合

将上面的两个电路组合在一起，使用两个开关切换，并将测量非线性特性曲线的附加电路也连接上，形成的反向非线性函数三阶级联混沌电路组合 EWB 软件仿真结果如图 2.183 所示。

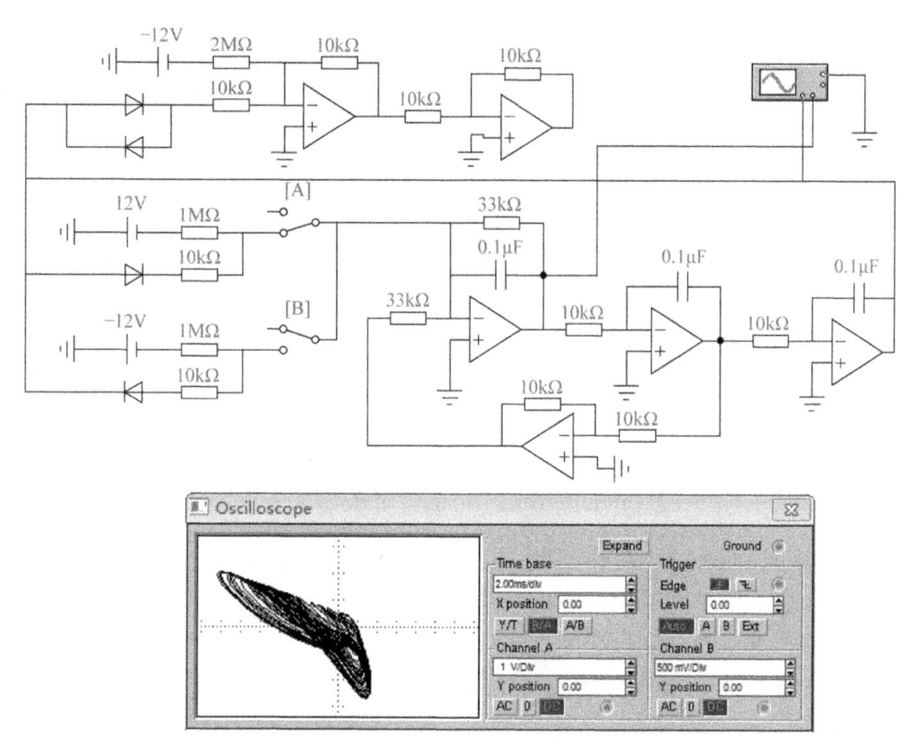

图 2.183 反向非线性函数三阶级联混沌电路组合 EWB 软件仿真结果

双向非线性函数三阶级联混沌电路组合输出相图与非线性曲线如图 2.184 所示。

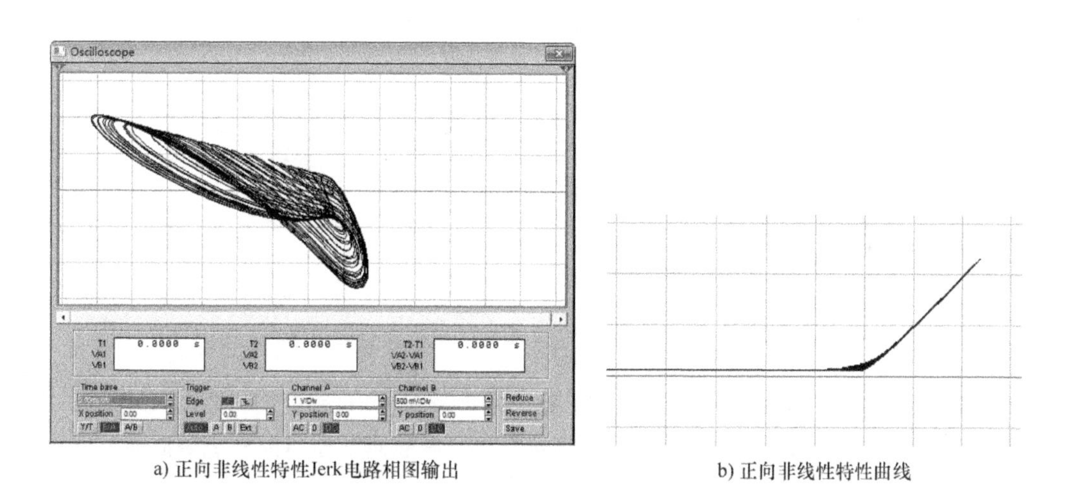

a) 正向非线性特性Jerk电路相图输出

b) 正向非线性特性曲线

图 2.184 双向非线性函数三阶级联混沌电路组合输出相图与非线性曲线

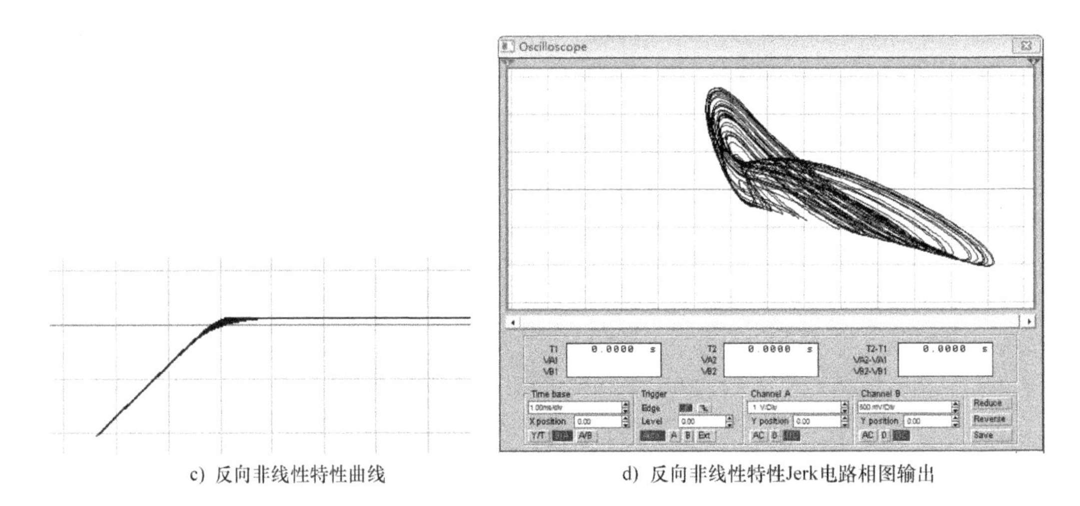

c）反向非线性特性曲线　　d）反向非线性特性Jerk电路相图输出

图 2.184　双向非线性函数三阶级联混沌电路组合输出相图与非线性曲线（续）

2.5.7　限幅非线性三阶 Jerk 双涡圈电路

现在介绍双涡圈 Jerk 电路并从三阶 Jerk 电路开始，且反馈从第三级引入。三阶 Jerk 电路从第三级引入反馈的典型电路是限幅非线性三阶 Jerk 电路，是三次型 Jerk 电路，三次型主要有限幅性三折线、三次幂、符号（阶跃）、双曲正弦、反双曲正弦等。

限幅非线性三阶 Jerk 双涡圈电路原理图如图 2.185 所示。

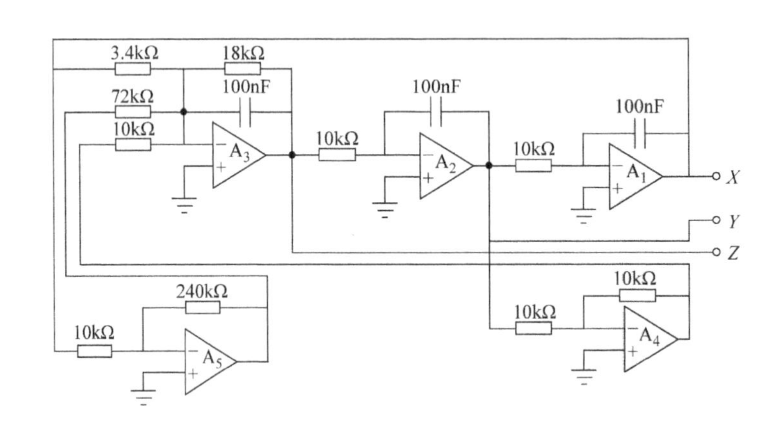

图 2.185　限幅非线性三阶 Jerk 双涡圈电路原理图

物理实验电路使用 8002-1111 专用混沌电路印制电路板，电路连接如图 2.186 所示，非线性曲线输出如图 2.187 所示，输出相图如图 2.188 所示，在物理实验电路板上做混沌演变实验，如图 2.189 所示。

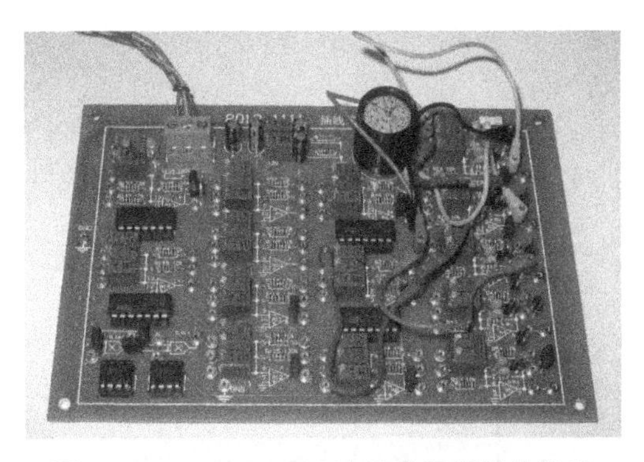

图 2.186 8002-1111 连接的限幅性非线性三阶 Jerk 双涡圈物理电路

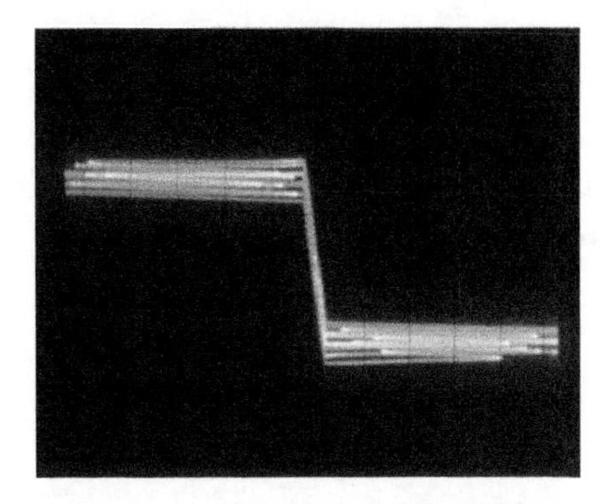

图 2.187 物理电路实验的非线性曲线输出

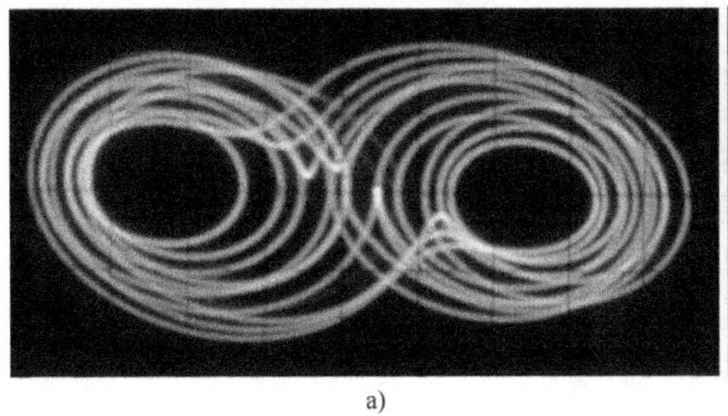

a) b)

图 2.188 输出相图

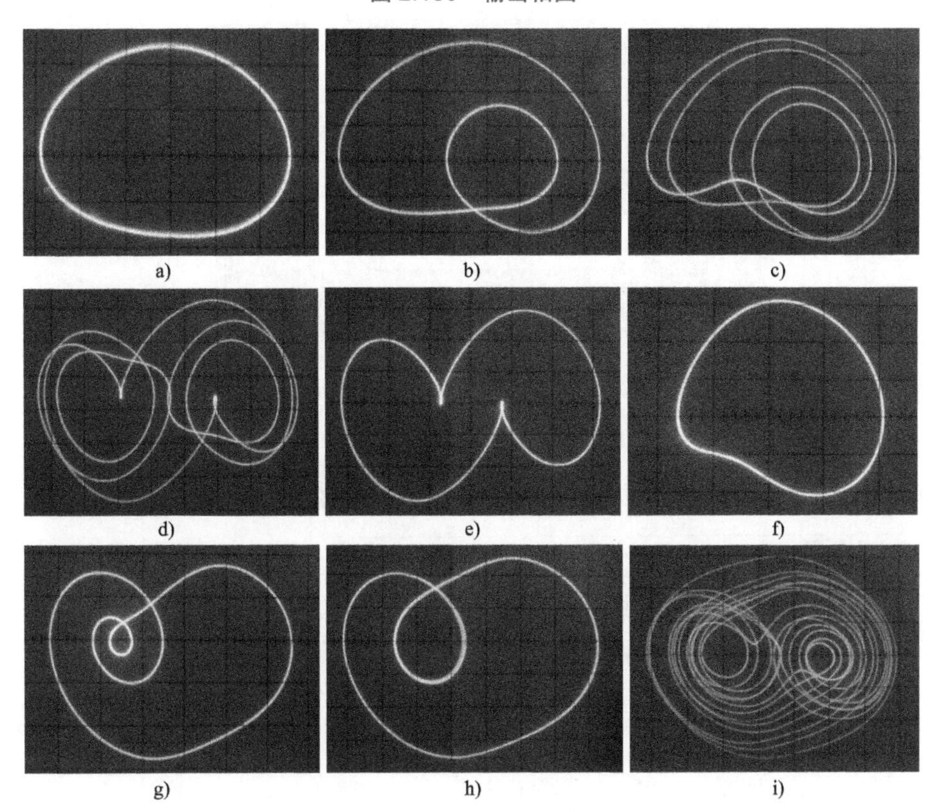

a) b) c) d) e) f) g) h) i)

图 2.189 限幅非线性三阶 Jerk 双涡圈电路混沌演变实验结果

2.5.8 三次幂非线性三阶 Jerk 电路

上一节 Jerk 电路中的限幅非线性是三次型非线性，换成同是三次型非线性的三次幂函数构成的也是混沌电路。这个混沌电路输出端相图具有优雅艺术的风度与气质。三次幂非线性三阶 Jerk 电路原理图如图 2.190 所示。

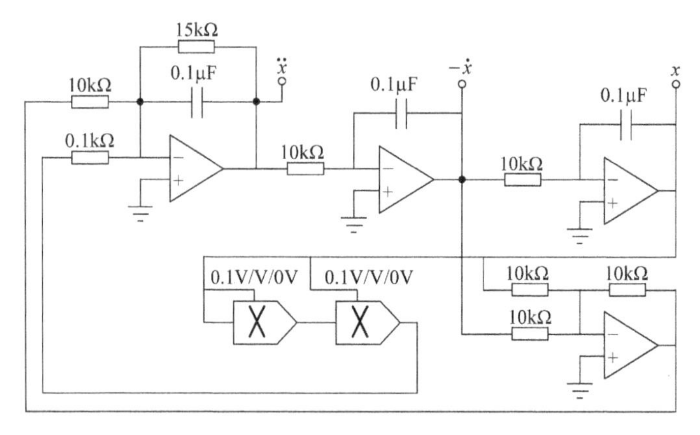

图 2.190　三次幂非线性三阶 Jerk 电路原理图

电路状态方程为

$$\dddot{x} = -0.7\ddot{x} - \dot{x} + x - x^3 \tag{2.107}$$

EWB 软件仿真结果如图 2.191 所示。

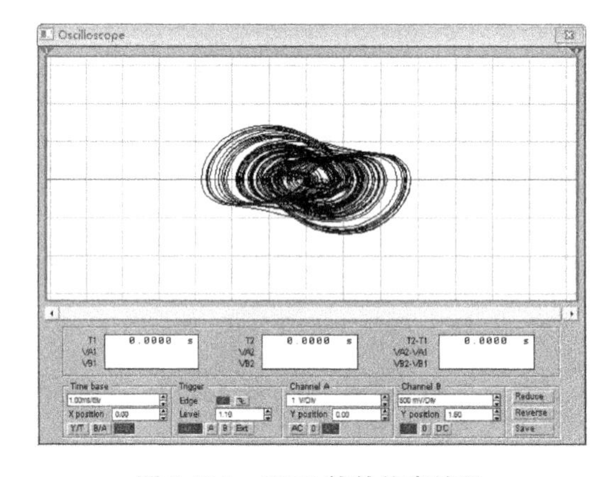

图 2.191　EWB 软件仿真结果

三次幂非线性三阶 Jerk 电路 EWB 软件仿真输出相图如图 2.192 所示。

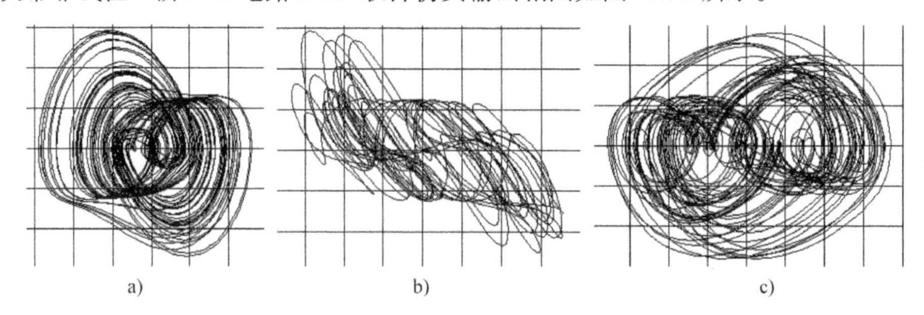

图 2.192　三次幂非线性三阶 Jerk 电路 EWB 软件仿真输出相图

在 8012-1111 混沌电路试验板上做实验，三次幂非线性三阶 Jerk 电路物理实验装置如图 2.193 所示，动态测量的三次幂非线性静态曲线如图 2.194 所示。

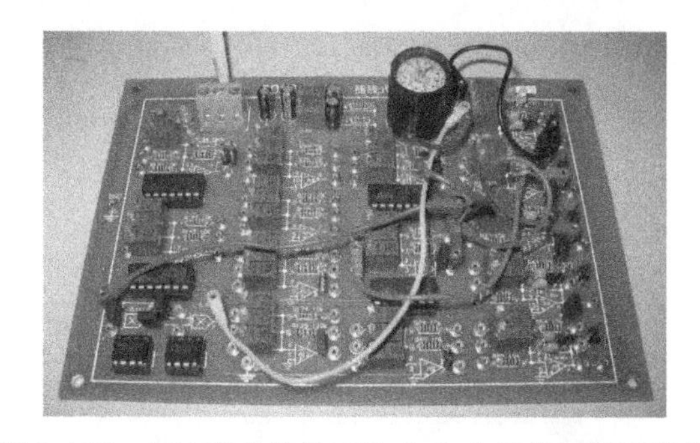

图 2.193　三次幂非线性三阶 Jerk 电路物理实验装置

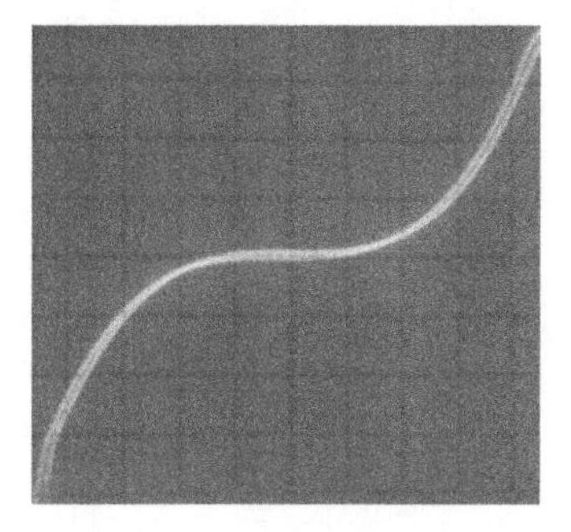

图 2.194　三次幂非线性静态曲线

输出波形图与输出相图分别如图 2.195 和图 2.196 所示。

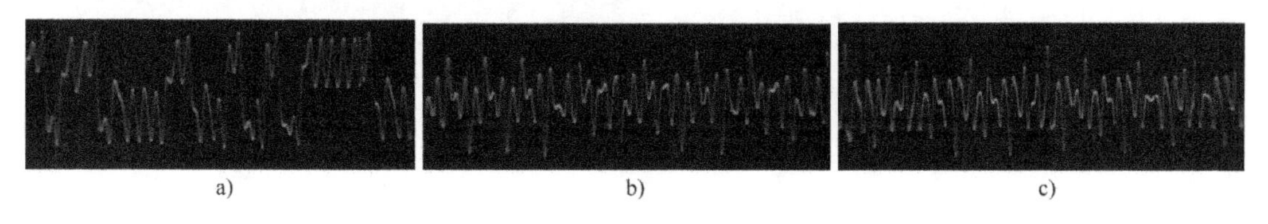

a)　b)　c)

图 2.195　输出波形图

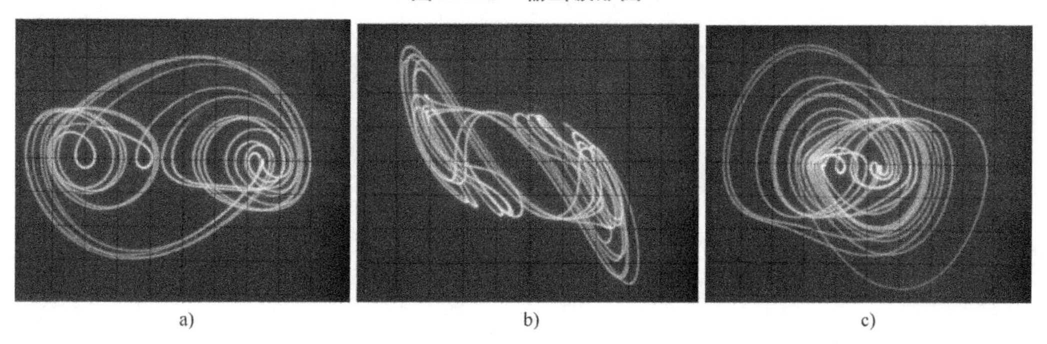

a)　b)　c)

图 2.196　输出相图

2.5.9　阶跃（符号）非线性三阶双涡圈电路

前面两个小节的电路——限幅非线性三阶 Jerk 双涡圈电路与三次幂非线性三阶 Jerk 电路，差别仅仅是静态非线性函数电路。再补充阶跃（符号）非线性三阶 Jerk 电路，这三个电路是微分同胚混沌电路关系。

符号函数的电路是放大倍数趋于无穷大的限幅反相运算放大器，输出电压幅度与稳压电源电压相同，例如，稳压电源输出电压是 12V 时，输出电压是 $-12\mathrm{sgn}(x)$。阶跃（符号）非线性三阶双涡圈电路原理图如图 2.197 所示。

图 2.197 所示的电路数学模型为

$$\dddot{x} = -0.5\ddot{x} - \dot{x} - Bx + \mathrm{jmp}(x) \qquad (2.108)$$

式中，B 是控制参数，对应于电路图中的 R_4，表达式为 R_4=10kΩ/B；jmp（x）为阶跃符号，也可以使用符号函数 sgn（x）代替，表达式为

$$\text{jmp}(x)=\begin{cases}1 & x>0\\0 & x=0\\-1 & x<0\end{cases} \tag{2.109}$$

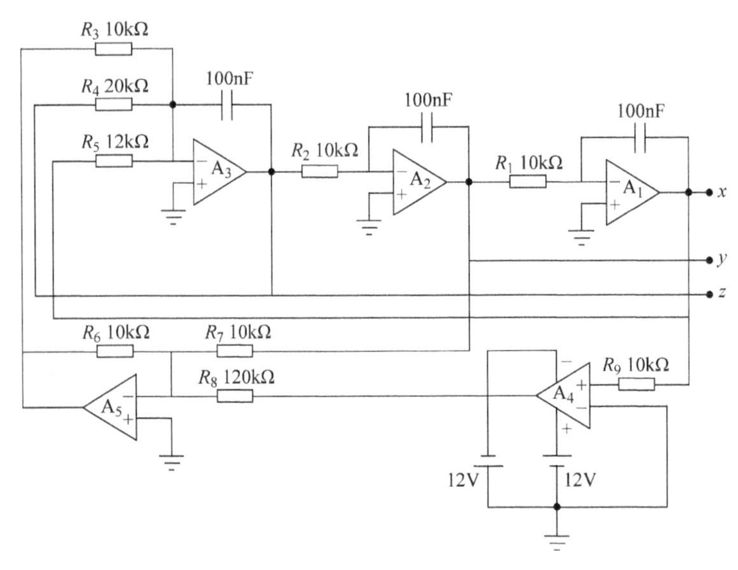

图 2.197　阶跃（符号）非线性三阶双涡圈电路原理图

电路的非线性由运算放大器 A_5 产生，利用 A_5 的限幅特性，限幅电压为 ±12V，经过 R_8、A_4、R_6 与 R_3 产生输出电压叠加分量为

$$V_{5\text{out}}=-\frac{R_6}{R_8}V_{4\text{out}}=-\frac{10\text{k}\Omega}{120\text{k}\Omega}\times 12\text{V}=-1\text{V} \tag{2.110}$$

结果为负值。

阶跃（符号）非线性三阶双涡圈电路 EWB 软件仿真结果如图 2.198 所示。

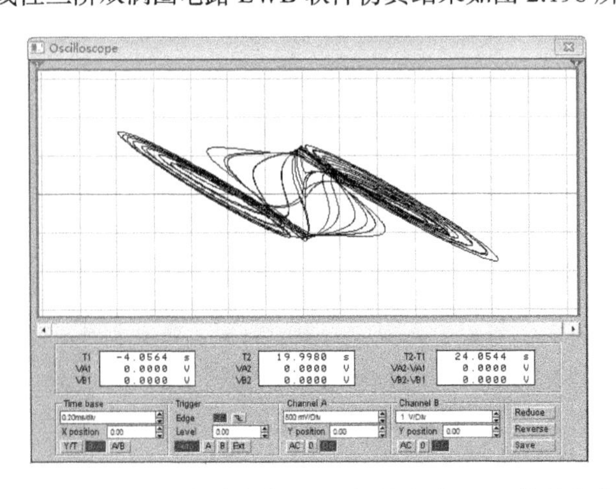

图 2.198　阶跃（符号）非线性三阶双涡圈电路 EWB 软件仿真结果

阶跃（符号）非线性三阶双涡圈电路 EWB 软件仿真输出相图如图 2.199 所示。

做物理电路实验，阶跃（符号）非线性三阶双涡圈电路物理实验结果如图 2.200 所示。

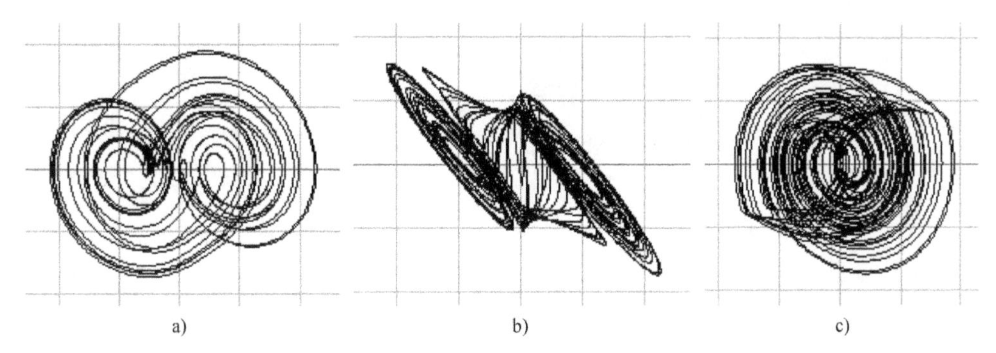

图 2.199　阶跃（符号）非线性三阶双涡圈电路输出相图

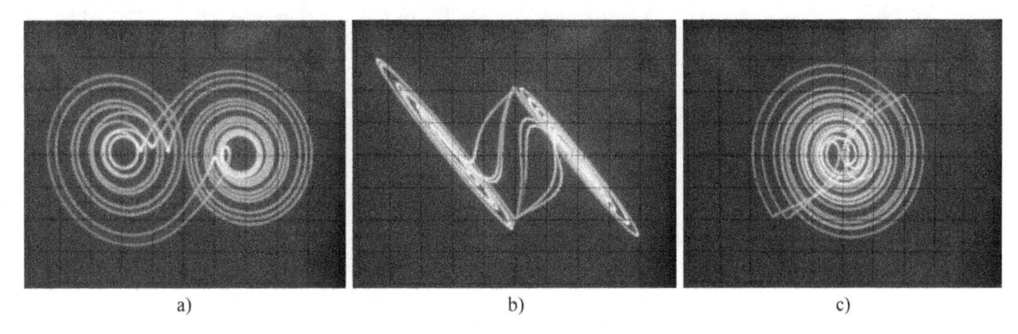

图 2.200　阶跃（符号）非线性三阶双涡圈电路物理实验结果

2.5.10　三个三阶 Jerk 混沌电路的组合电路

前面有些内容涉及在混沌电路的某些应用中需要将几种混沌电路组合起来，能够进行切换。本节组合电路是将前面的三个微分同胚 Jerk 电路组合起来并通过开关进行切换。这三个 Jerk 混沌电路是三阶 Jerk- 限幅非线性混沌电路、三阶 Jerk- 符号非线性混沌电路与三阶 Jerk- 三次幂非线性混沌电路。电路结构是：1）将三个电路的三级级联反相积分器共用一组电路；2）将三个非线性函数电路独立设计；3）通过三个开关将三个非线性函数电路分别与三级级联反相积分器连接，从而分别实现三种混沌电路；4）设计两级运放实现电流 - 电压转换器，使用示波器观察与测量三个非线性函数电路的非线性曲线。三个三阶 Jerk 混沌电路的组合电路原理图如图 2.201 所示。

三个三阶 Jerk 混沌电路的实现由三个并联单刀单掷开关 K_2、K_3、K_4 实现。当 K_2 接通且 K_3、K_4 断开时，组合电路输出三阶 Jerk- 限幅型非线性混沌电路；当 K_3 接通且 K_2、K_4 断开时，组合电路输出三阶 Jerk- 符号型非线性混沌电路；当 K_4 接通且 K_2、K_3 断开时，组合电路输出三阶 Jerk- 三次幂型非线性混沌电路。其原理图分别如图 2.202、图 2.203 和图 2.204 所示。

图 2.201 所示的电路中的电子开关使用三个独立的电子开关元件 K_2、K_3、K_4，具体电路使用跳线器，用来控制三种非线性的接入。电路中设计双刀双掷开关 K_{1a} 和 K_{1b}，K_{1a} 和 K_{1b} 与静态非线性函数显示电路串联并且开关联动，当双刀双掷开关 K_{1a} 和 K_{1b} 将三个静态非线性电路中的一个与三级级联反相积分器直接连接时，组合电路构成普通 Jerk 电路；当双刀双掷开关 K_{1a} 和 K_{1b} 将电流 - 电压转换器电路串联连接到电路中时，组合电路在构成普通 Jerk 电路的同时还能够使用示波器测量静态非线性特性曲线。实验中可以得到九个波形图、九个相图与三个非线性曲线图，图 2.205 所示为三个混沌电路的 xz 相图输出。

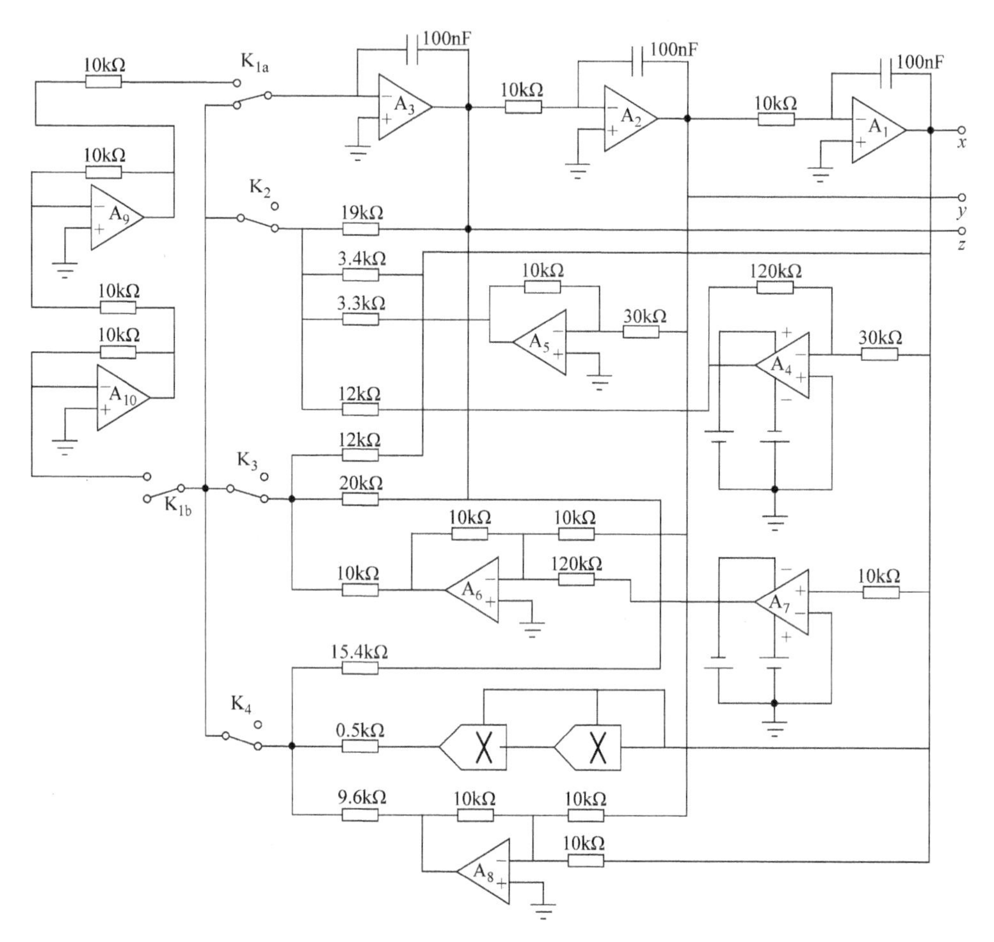

图 2.201　三个三阶 Jerk 混沌电路的组合电路原理图

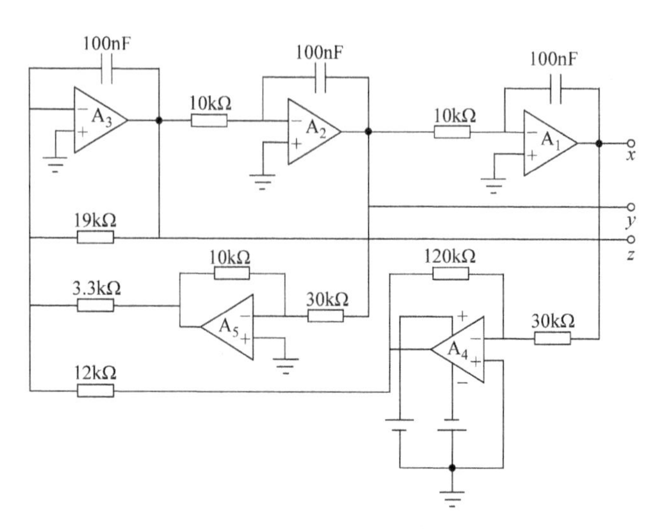

图 2.202　三阶 Jerk- 限幅型非线性混沌电路原理图

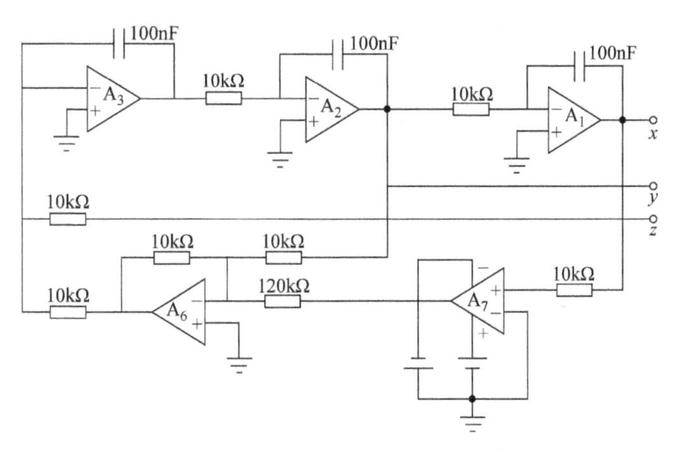

图 2.203　三阶 Jerk- 符号型非线性混沌电路原理图

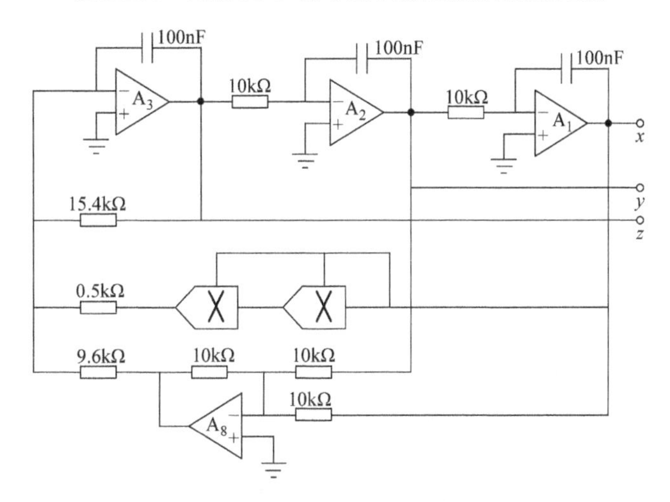

图 2.204　三阶 Jerk- 三次幂型非线性混沌电路原理图

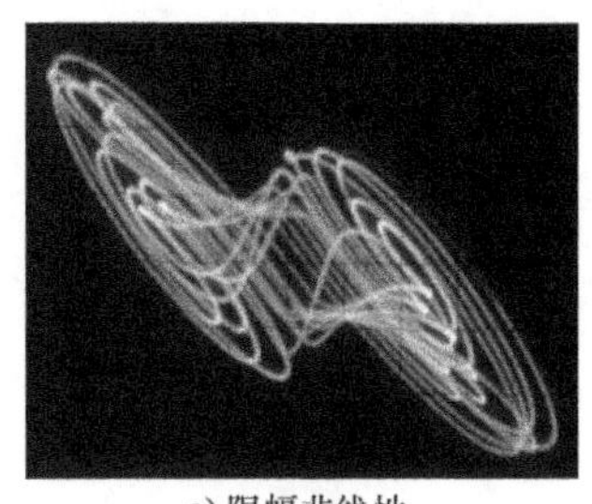
a) 限幅非线性

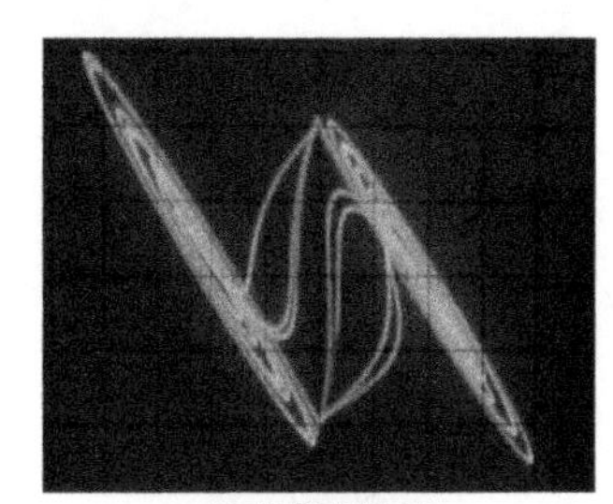
b) 符号非线性

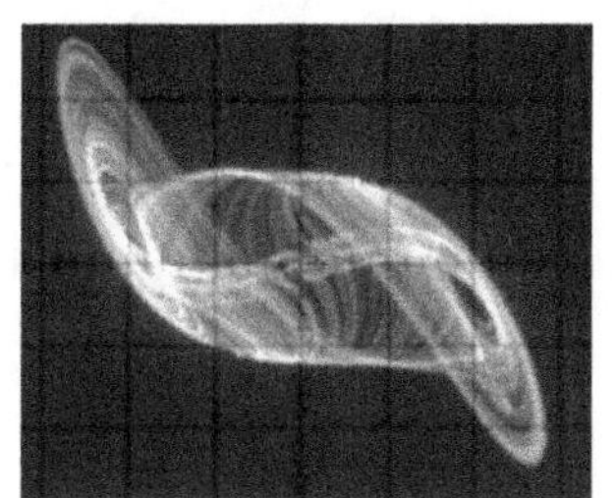
c) 三次幂非线性

图 2.205　三个混沌电路的 *xz* 相图输出

2.5.11　变形限幅非线性四阶变形 Jerk 双涡圈电路

第 2.5.7 小节叙述的限幅非线性三阶 Jerk 双涡圈电路，可以很容易地扩阶构成新的混沌电路，但是还不是超混沌（多于一个正的李雅普诺夫指数），希望读者能够完成这一任务。这个四阶电路已经不是严格意义上的 Jerk 电路了，称为变形 Jerk 电路 [71]。

由于进入四阶电路，从此处改变电路变量符号常用习惯，第一个改变由 x、y、z 改变成 x_1、

x_2、x_3、x_4，第二个改变是字母顺序从由右向左改变为由左向右。这样一来，变形限幅非线性四阶变形 Jerk 双涡圈电路公式表示为

$$
\begin{cases}
\dot{x}_1 = -0.48x_1 + x_2 - 3x_3 + 3.3f(x_3) \\
\dot{x}_2 = -x_1 - 0.56x_4 \\
\dot{x}_3 = -x_2 \\
\dot{x}_4 = -0.25x_3
\end{cases}
\tag{2.111}
$$

其中第二阶有两项，不符合标准 Jerk 定义，如果精心设计，可以设计出完全符合 Jerk 标准的电路，留待后来者完成。

$$
f(x_3) = \frac{1}{2}\left(|x_3 + 1| - |x_3 - 1|\right) \tag{2.112}
$$

变形限幅非线性四阶变形 Jerk 双涡圈电路原理图如图 2.206a 所示，电路输出相图如图 2.206b 所示。

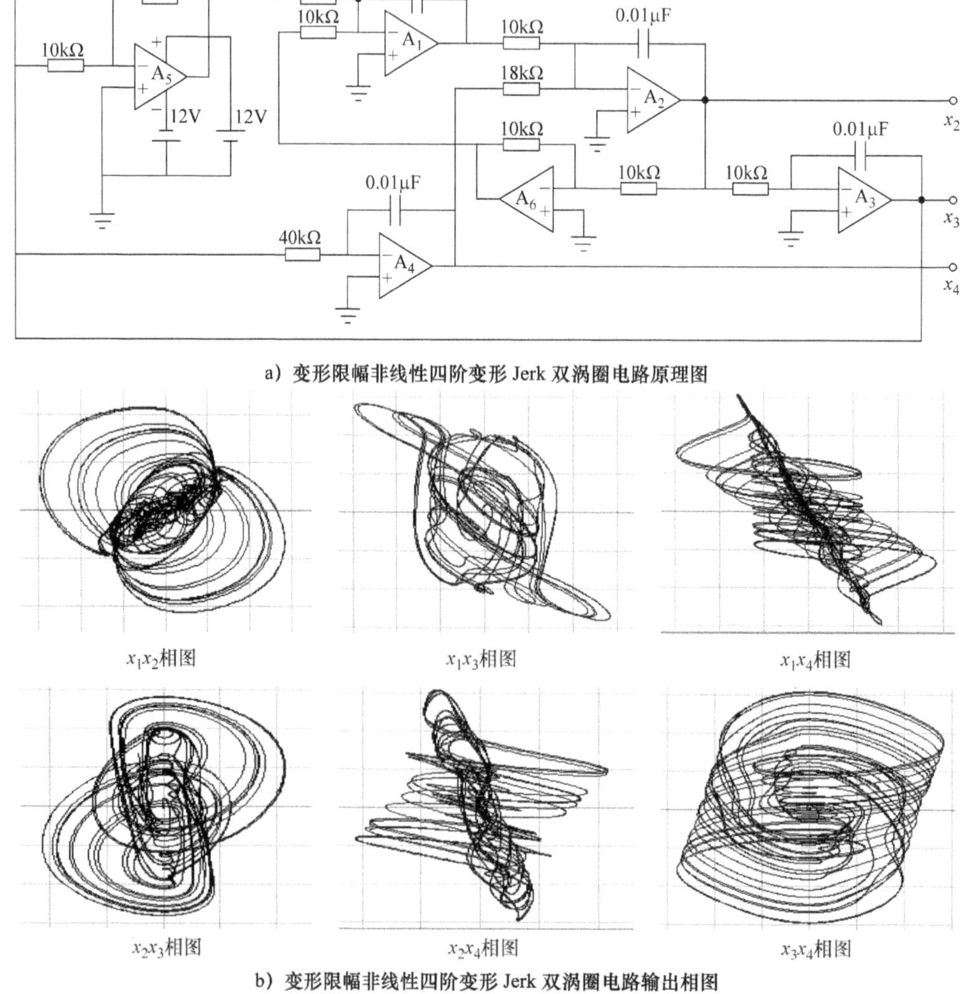

a）变形限幅非线性四阶变形 Jerk 双涡圈电路原理图

b）变形限幅非线性四阶变形 Jerk 双涡圈电路输出相图

图 2.206　变形限幅非线性四阶变形 Jerk 双涡圈电路原理图和输出相图

由图 2.206 看出，这些相图很美。

混沌电路增阶具有深刻意义。第一，发现了超混沌，超混沌有更多的正的与零的李雅普诺夫指数，用于混沌保密通信使之提高了抗破译能力；第二，增加了混沌系统的混乱性，也能通过增加混沌系统的混乱性从而应用于混沌保密通信，对此学术界的观点还不一致；第三，增加了相图种类与形态，具有美学意义；第四，用于教育、实验演示、科普等。

2.5.12 变形限幅非线性五阶 Jerk 双涡圈电路

在上一节的基础上继续扩阶，成为变形限幅非线性五阶 Jerk 双涡圈电路[72]。电路公式表示为

$$\begin{cases}\dot{x}_1=-0.48x_1+x_2-3x_3+3.3f(x_3)\\ \dot{x}_2=-x_1-0.14x_4\\ \dot{x}_3=-x_2\\ \dot{x}_4=-x_1+0.35x_5\\ \dot{x}_5=-0.43x_4-0.17x_5\end{cases} \tag{2.113}$$

式中

$$f(x_3)=\frac{1}{2}\left(|x_3+1|-|x_3-1|\right) \tag{2.114}$$

由式（2.113）可见，这已经完全不是 Jerk 系统了，只能称之为由 Jerk 系统演变而来的系统，变形限幅非线性五阶 Jerk 双涡圈电路原理图如图 2.207 所示。

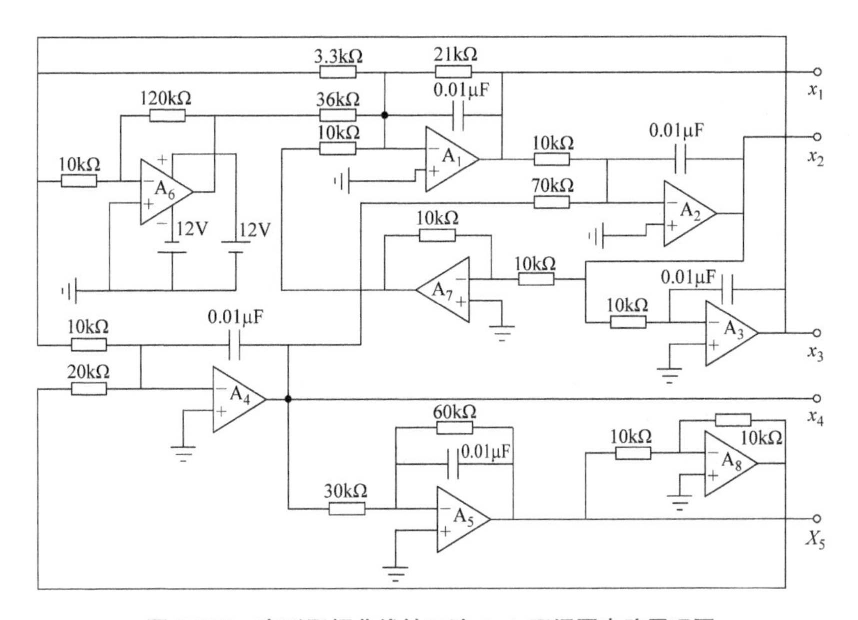

图 2.207 变形限幅非线性五阶 Jerk 双涡圈电路原理图

变形限幅非线性五阶 Jerk 双涡圈电路输出相图如图 2.208 所示。

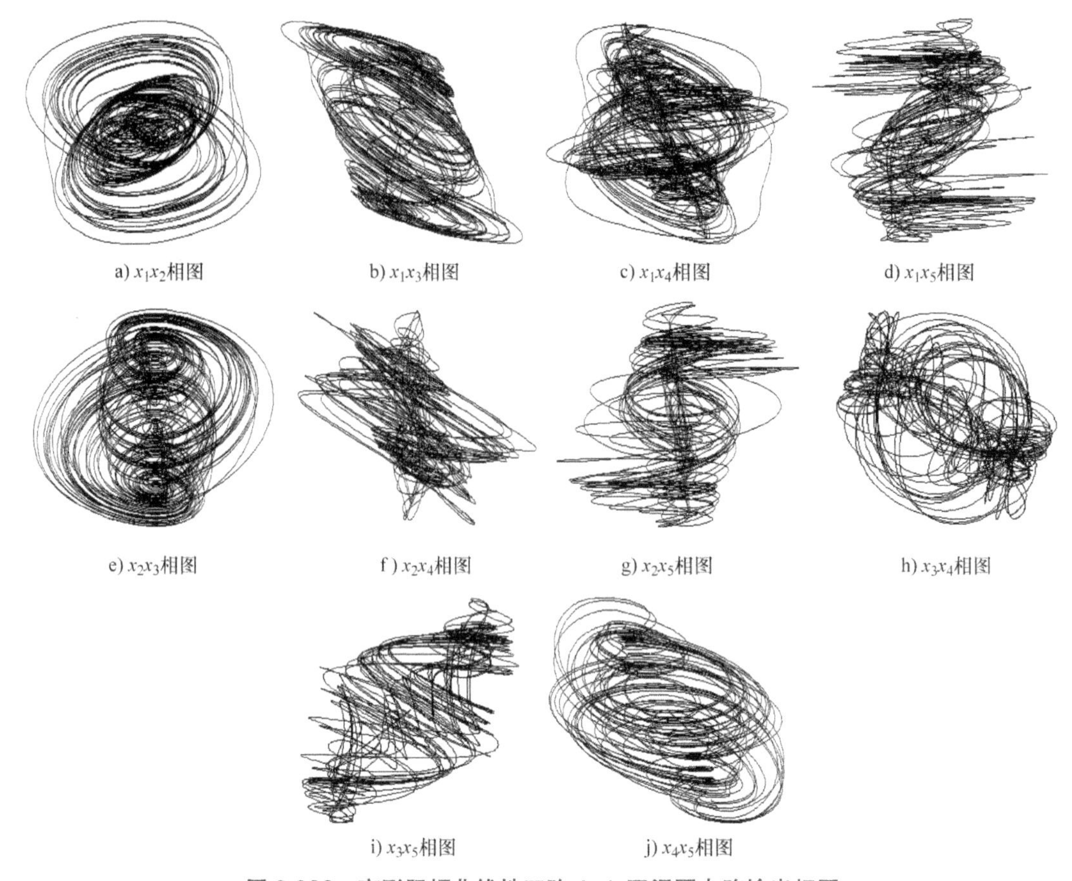

图 2.208 变形限幅非线性五阶 Jerk 双涡圈电路输出相图

由图 2.208 可见，已经出现了比较漂亮的相图，实际上，物理实验中的动态混沌相图更漂亮，是很好的科普项目并具有很好的科普成果。

2.5.13 二次幂非线性五阶 Jerk 单涡圈电路

Jerk 电路研究热火朝天，很多人对此乐不思疲，最早的二次幂非线性五阶 Jerk 单涡圈电路就是一个硕士研究生刘明华的研究题目[73]，是标准的五阶 Jerk 系统。

二次幂非线性五阶 Jerk 单涡圈电路的具体数学表达式为

$$\frac{d^5x}{d\tau^5}+\frac{d^4x}{d\tau^4}+7.068\frac{d^3x}{d\tau^3}+3.94\frac{d^2x}{d\tau^2}+9.17\frac{dx}{d\tau}=3.9(x^2-1) \tag{2.115}$$

这是一元五阶微分方程形式，对应的五元一阶微分方程形式是

$$\begin{cases} dx/d\tau=y \\ dy/d\tau=z \\ dz/d\tau=u \\ du/d\tau=v \\ dv/d\tau=3.9x^2-9.17y-3.94z-7.068u-3.9 \end{cases} \tag{2.116}$$

二次幂非线性五阶 Jerk 单涡圈电路原理图如图 2.209 所示。

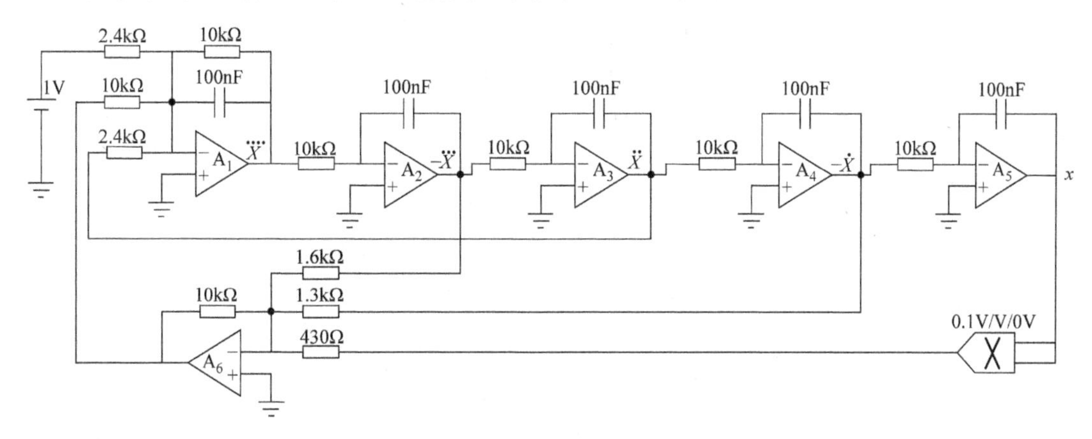

图 2.209　二次幂非线性五阶 Jerk 单涡圈电路原理图

二次幂非线性五阶 Jerk 单涡圈电路输出相图如图 2.210 所示。

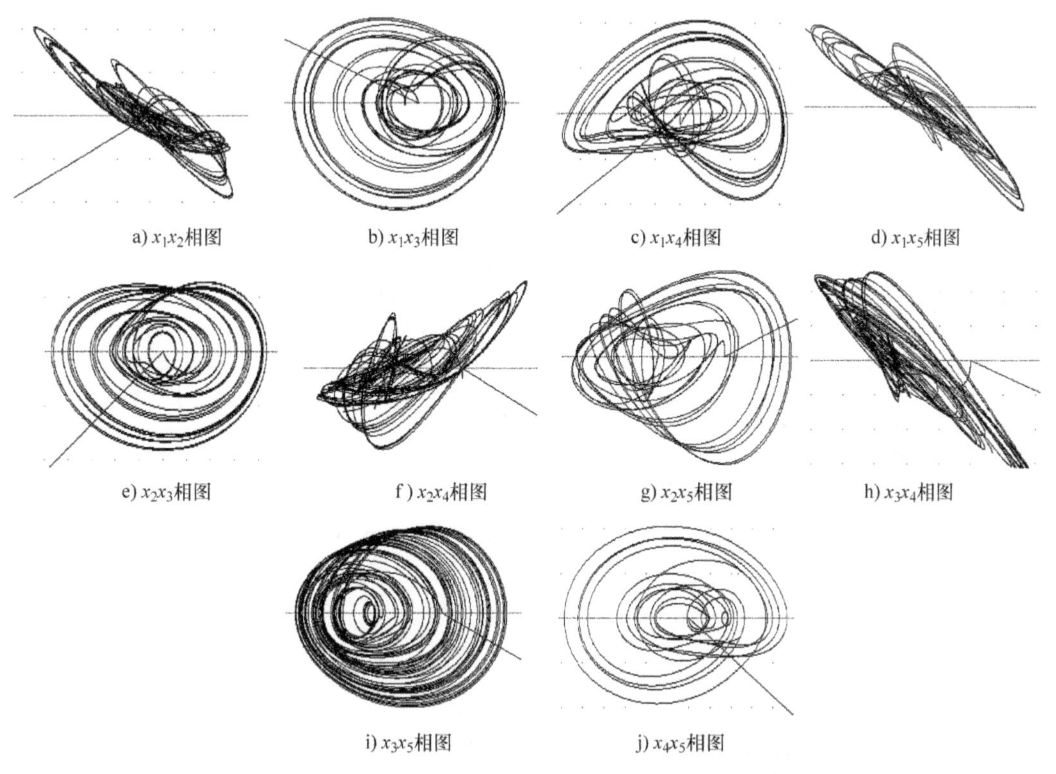

图 2.210　二次幂非线性五阶 Jerk 单涡圈电路输出相图

技术资料见参考文献 [70，73]。

2.5.14　三阶单二极管 y 反馈 Jerk 电路

2000 年，J.C.Sprott 等人创建了 Jerk 电路系列，其特点之一是将非线性变量从第三级引入第一级。2011 年，J.C.Sprott 发表了一篇论文 [74]，提出新的三阶电路，将非线性变量从第二级引入第一级，非线性使用二极管元器件。由于第二级电压变量符号是 y，因此将这个电路称为三阶单二极管 y 反馈 Jerk 电路。电路原理图如图 2.211 所示。

电路中的二极管电流导通方向是自右向左，反之亦然，二极管改变方向后电路形态不变。

三阶单二极管 y 反馈 Jerk 电路公式是

$$\begin{cases} \dot{x} = y \\ \dot{y} = z \\ \dot{z} = -\beta x - z - f(y) \end{cases} \tag{2.117}$$

$$f(y) = 10^{-9}\left(e^{\frac{y}{0.026}} - 1\right) \tag{2.118}$$

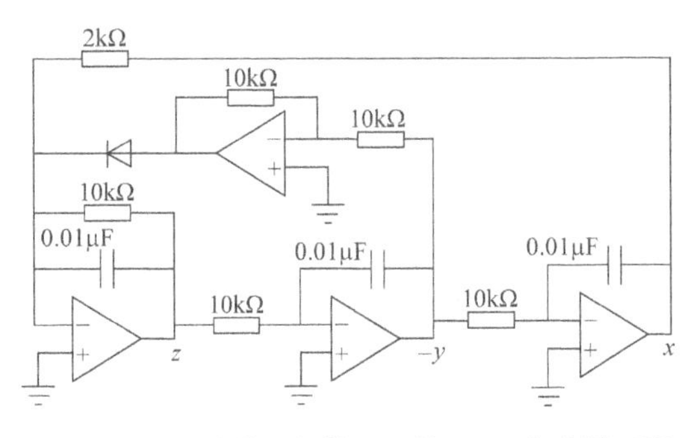

图 2.211　三阶单二极管 y 反馈 Jerk 电路原理图

三阶单二极管 y 反馈 Jerk 电路 EWB 软件仿真结果如图 2.212 所示。

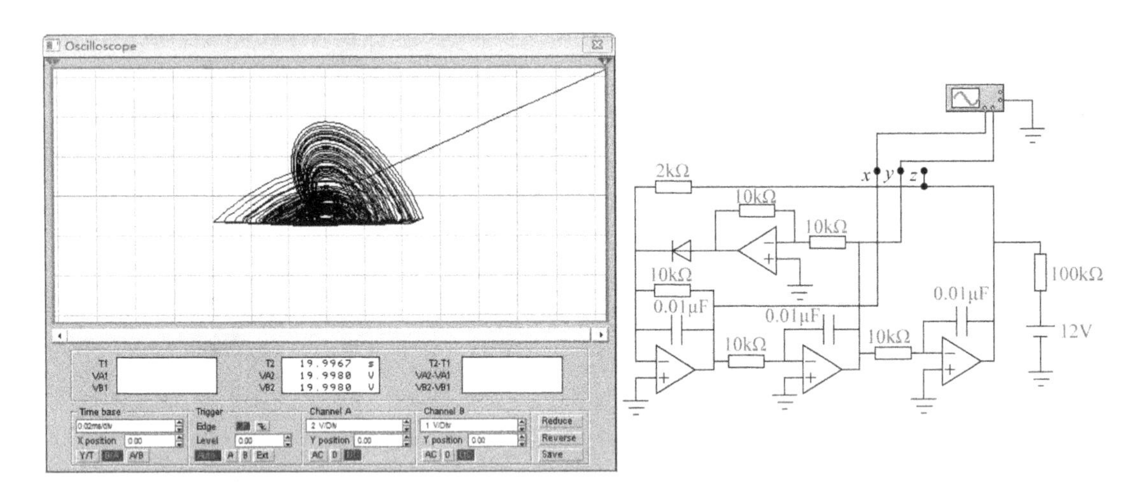

图 2.212　三阶单二极管 y 反馈 Jerk 电路 EWB 软件仿真结果

二极管正极性输出相图如图 2.213 所示，二极管反极性输出相图如图 2.214 所示。

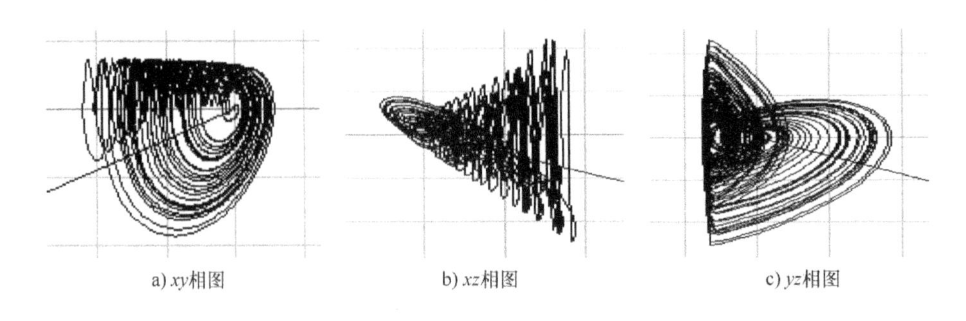

a) xy相图　　b) xz相图　　c) yz相图

图 2.213　二极管正极性输出相图

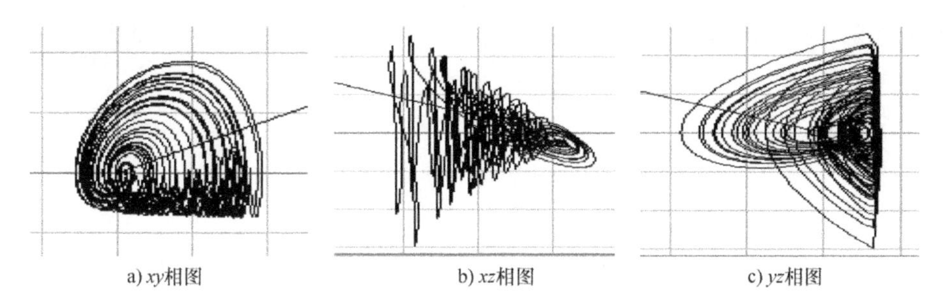

图 2.214　二极管反极性输出相图

电路的非线性特性不能在该电路中直接测量，非线性测量需要增加电路，仿真结果如图 2.215 所示。

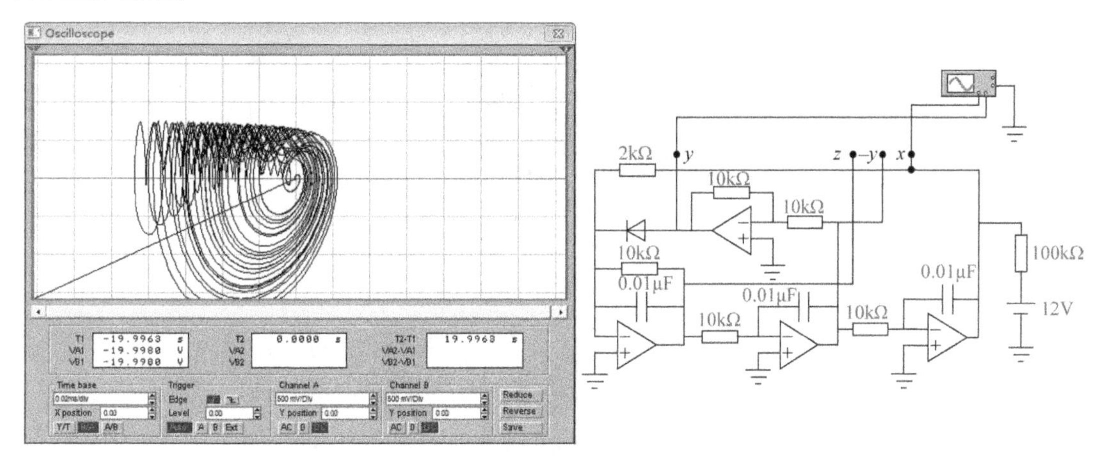

图 2.215　单二极管非线性测量仿真

2.5.15　三阶 *y* 反馈双曲正弦 Jerk 电路

在 J.C.Sprott 教授三阶单二极管 *y* 反馈 Jerk 电路的基础上，硕士生刘冀钊与其导师张新国将单二极管非线性改变为双二极管反向并联非线性，Sprott 混沌电路的单涡旋混沌相图改变成了双涡旋混沌相图 [75]，其非线性项称为双曲正弦非线性，本电路称为三阶 *y* 反馈双曲正弦 Jerk 电路。电路原理图如图 2.216 所示。

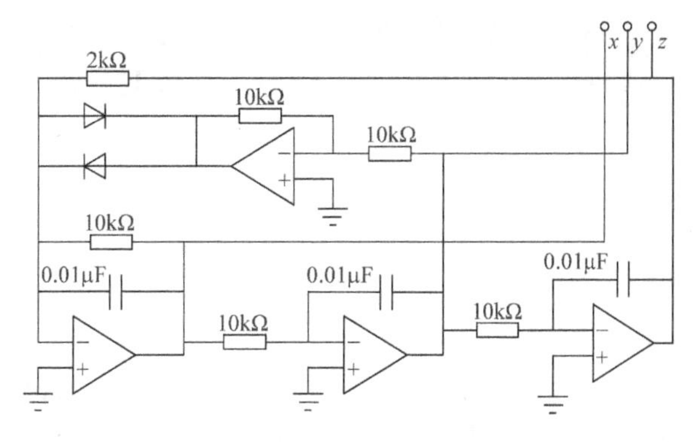

图 2.216　三阶 *y* 反馈双曲正弦 Jerk 电路原理图

三阶 y 反馈双曲正弦 Jerk 电路公式，如果直接根据图 2.216 电路写出电路状态方程则为

$$\begin{cases}\dot{x}=-y\\ \dot{y}=-z\\ \dot{z}=-\beta x-z+f(y)\end{cases} \tag{2.119}$$

$$f(y)=10^{-9}\left(\mathrm{e}^{\frac{y}{0.026}}-\mathrm{e}^{-\frac{y}{0.026}}\right) \tag{2.120}$$

三阶 y 反馈双曲正弦 Jerk 电路 EWB 软件仿真结果如图 2.217 所示。

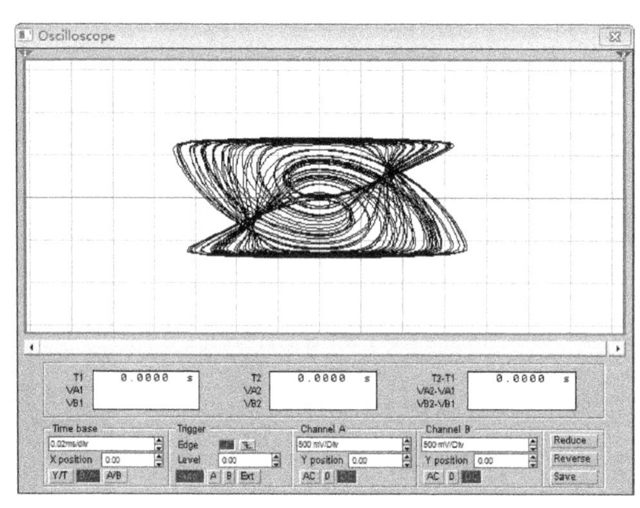

图 2.217　三阶 y 反馈双曲正弦 Jerk 电路 EWB 软件仿真结果

搭建物理电路，输出相图如图 2.218 所示。

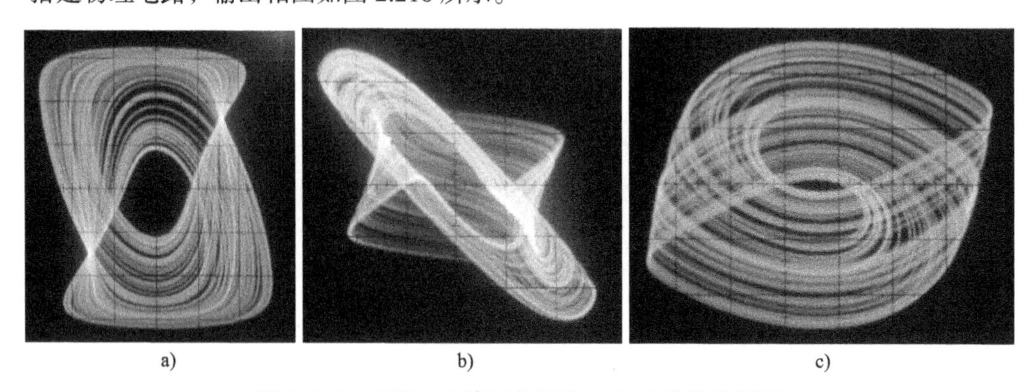

a)　　b)　　c)

图 2.218　三阶 y 反馈双曲正弦 Jerk 电路输出相图

2.5.16　三阶 y 反馈单 - 双二极管组合 Jerk 电路

前面两个关于二极管 y 反馈的 Jerk 电路（即三阶单二极管 y 反馈 Jerk 电路和三阶 y 反馈双曲正弦 Jerk 电路），其中的二极管有左向单二极管、右向单二极管、双二极管三种非线性反馈情况，现将这三种情况放到一起对比测量，观测三种情况的相图演变。电路原理图如图 2.219 所示。

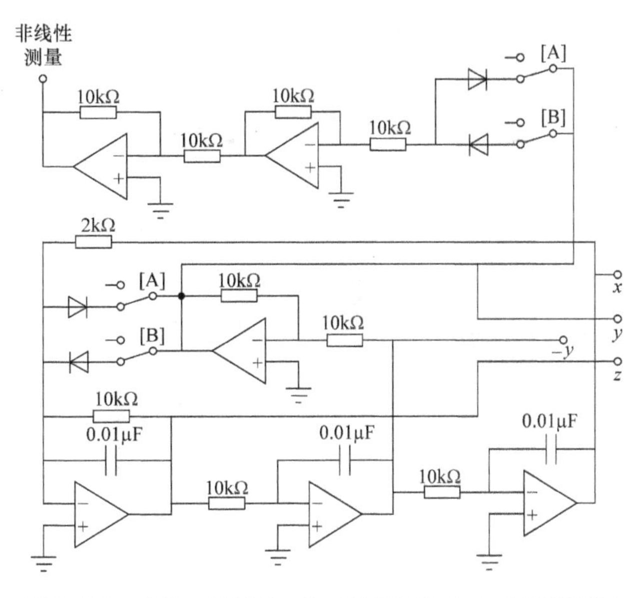

图 2.219　三阶 y 反馈单 - 双二极管组合 Jerk 电路原理图

三阶 y 反馈单 - 双二极管组合 Jerk 电路 EWB 软件仿真结果如图 2.220 所示。

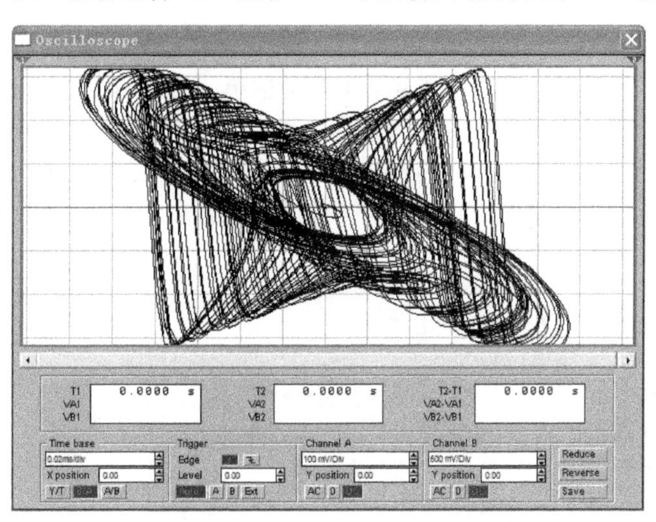

图 2.220　三阶 y 反馈单 - 双二极管组合 Jerk 电路 EWB 软件仿真结果

电路设计有如下三个特点。

第一，设计非线性曲线测量附加电路，这个附加电路是正向电压 - 电压转换器（有关内容参见 4.7 节有源短路线），注意电压方向问题，因为所谓“二极管的指数模型”指的是二极管的“电压 - 电流传输指数模型”，这个电路的实质是将这个“电压 - 电流传输指数模型”省略成“电压 - 电压传输指数模型”。

第二，在主电路的二极管支路串接可变电阻，电阻值有几十 kΩ。当可变电阻调整到零时，电阻短路，整体电路成为双二极管电路；当可变电阻调整到最大时，相当于二极管开路，整体电路成为单二极管电路。

第三，将可变电阻移动到另外二极管上，结果同上，只是方向反向。

正向二极管、反向二极管、双二极管对比仿真实验结果如图 2.221 所示。

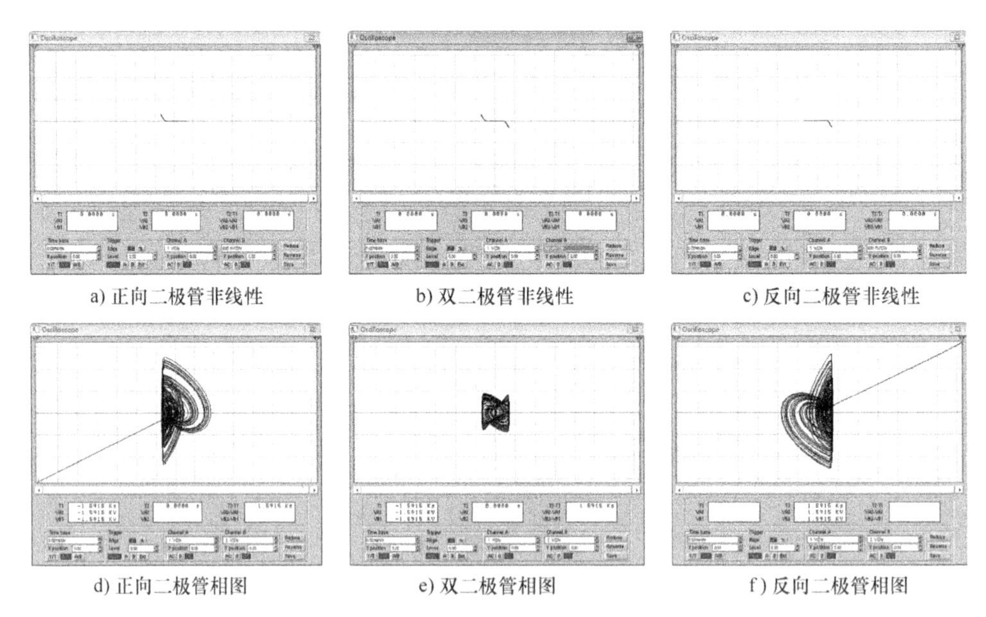

a) 正向二极管非线性　b) 双二极管非线性　c) 反向二极管非线性

d) 正向二极管相图　e) 双二极管相图　f) 反向二极管相图

图 2.221　正向二极管、反向二极管、双二极管对比仿真实验结果

为了连续地测量正、反、双二极管连续变化的输出，先将一个二极管支路串接电阻另一个二极管电阻短路，将这个可变电阻由大到小连续变化，测量到电阻值分别是 10kΩ、2kΩ、500Ω、100Ω、1Ω（代替电阻零）时的相图记录，再将第二个二极管的可变电阻接入，按电阻值由小到大的顺序重复以上实验，二极管串联控制电阻实验测量结果如图 2.222 所示。

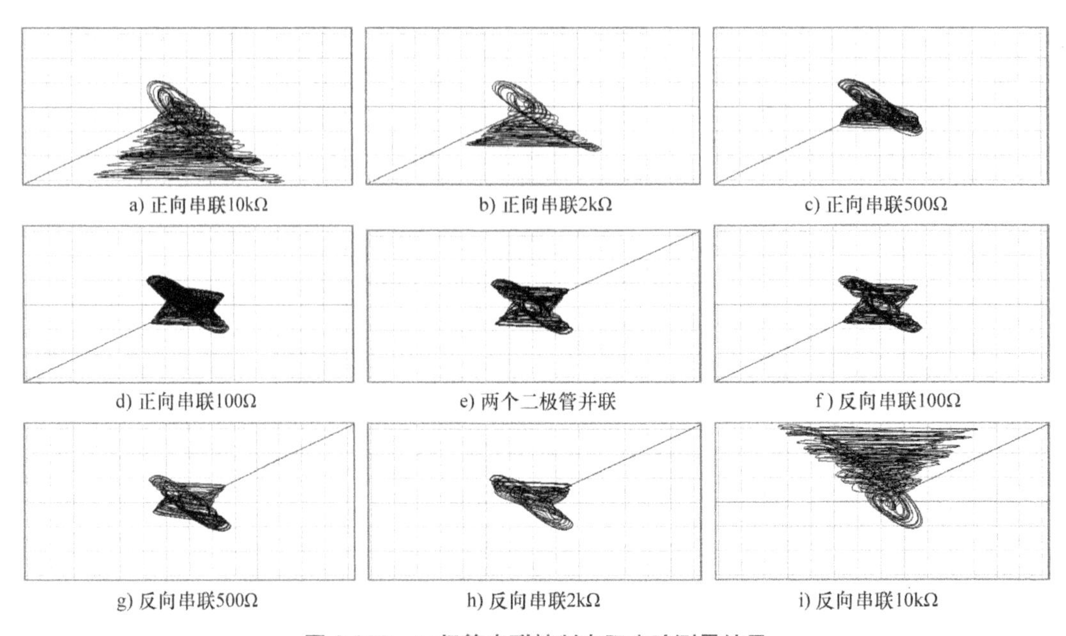

a) 正向串联10kΩ　b) 正向串联2kΩ　c) 正向串联500Ω

d) 正向串联100Ω　e) 两个二极管并联　f) 反向串联100Ω

g) 反向串联500Ω　h) 反向串联2kΩ　i) 反向串联10kΩ

图 2.222　二极管串联控制电阻实验测量结果

2.5.17　三阶 y 反馈限幅 Jerk 电路

本电路是三阶 Jerk 电路，限幅非线性，反馈信号取自第二级，公式是

$$\begin{cases}\dot{x}=y\\ \dot{y}=z\\ \dot{z}=-3.3x-z-100f(y)\end{cases} \tag{2.121}$$

$$f(y)=y-0.5(|y+0.52|-|y-0.52|) \tag{2.122}$$

三阶 y 反馈限幅 Jerk 电路原理图如图 2.223 所示。

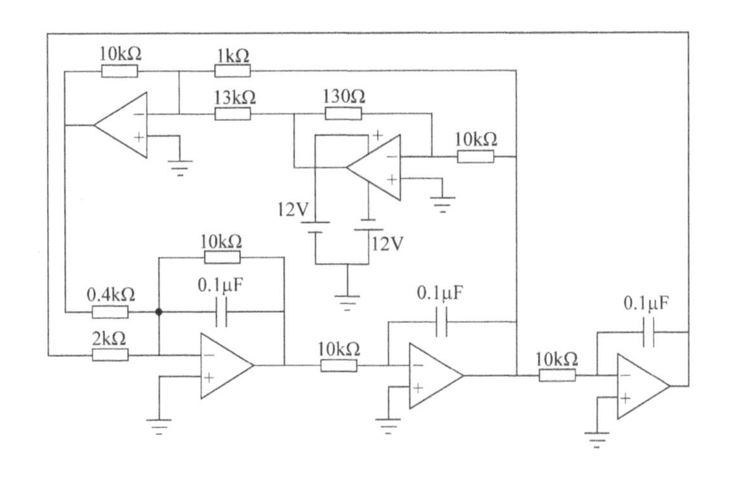

图 2.223　三阶 y 反馈限幅 Jerk 电路原理图

三阶 y 反馈限幅 Jerk 电路 EWB 软件仿真结果如图 2.224 所示。

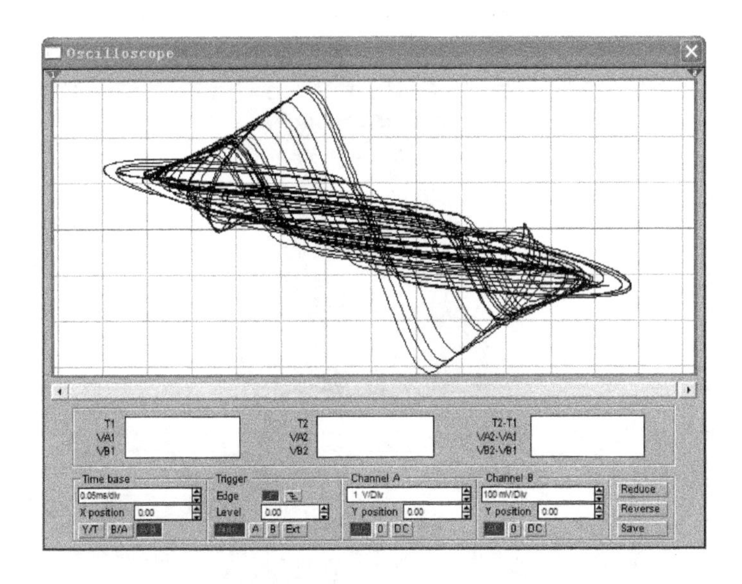

图 2.224　三阶 y 反馈限幅 Jerk 电路 EWB 软件仿真结果

2.5.18 四阶双曲正弦 y 反馈 Jerk 电路

三阶双曲正弦 y 反馈 Jerk 电路的增阶就是四阶双曲正弦 y 反馈 Jerk 电路，电路原理图如图 2.225 所示。

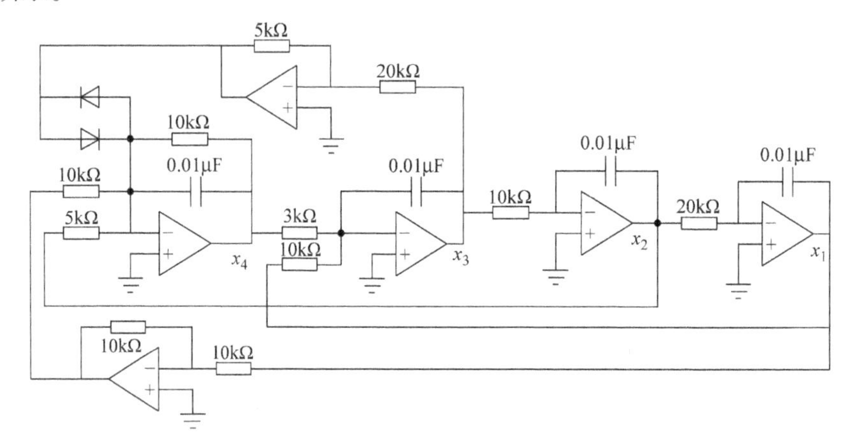

图 2.225 四阶双曲正弦 y 反馈 Jerk 电路原理图

电路状态的数学模型是

$$\begin{cases}\dot{x}=-y\\ \dot{y}=-z\\ \dot{z}=-u\\ \dot{u}=-\beta x-z+f(y)\end{cases} \tag{2.123}$$

$$f(y)=10^{-9}\left(\mathrm{e}^{\frac{y}{0.026}}-\mathrm{e}^{-\frac{y}{0.026}}\right) \tag{2.124}$$

四阶双曲正弦 y 反馈 Jerk 电路 EWB 软件仿真结果如图 2.226 所示。

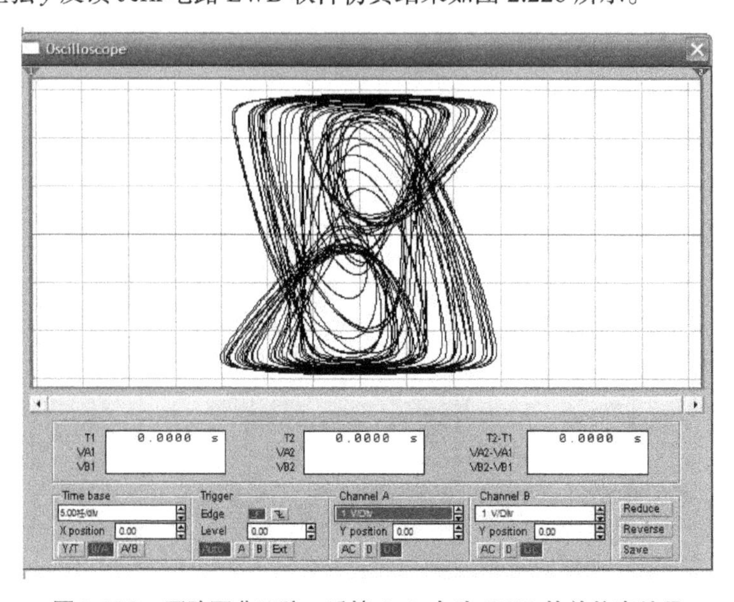

图 2.226 四阶双曲正弦 y 反馈 Jerk 电路 EWB 软件仿真结果

EWB 软件仿真输出相图如图 2.227 所示。

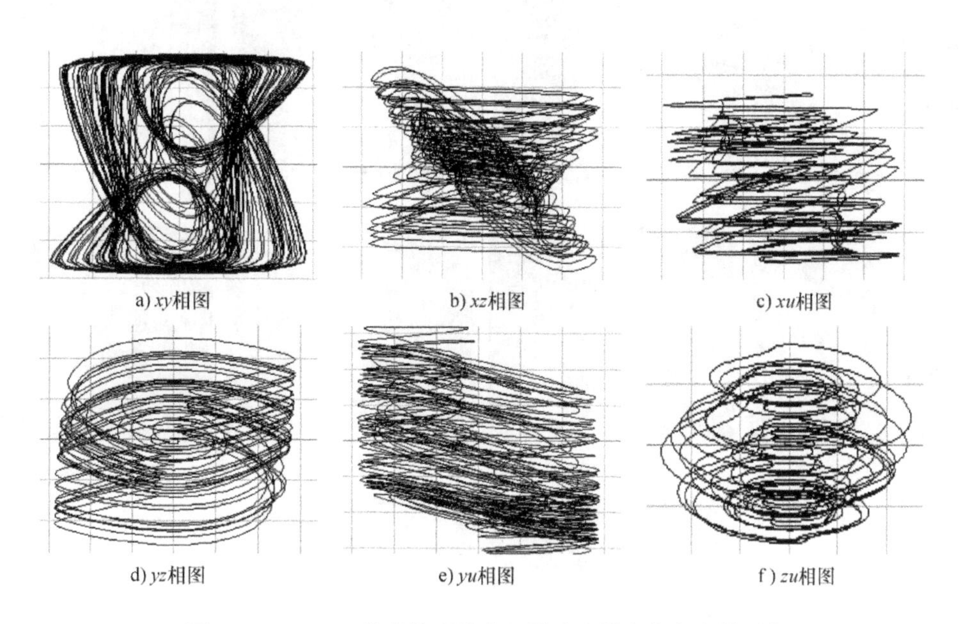

图 2.227　EWB 软件仿真输出相图（变量自左向右排列）

2.5.19　五阶双曲正弦 y 反馈 Jerk 电路

继续增阶是五阶双曲正弦 y 反馈 Jerk 电路，电路原理图如图 2.228 所示。

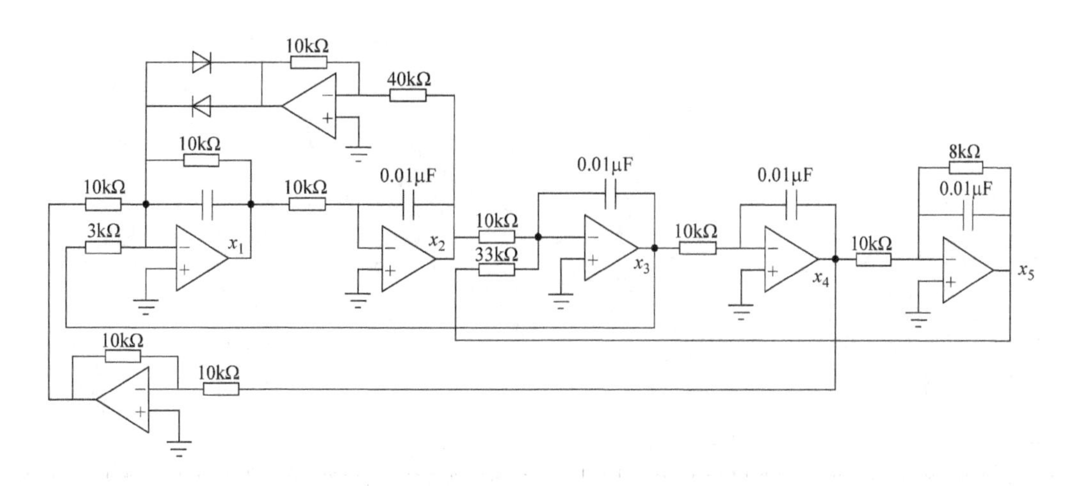

图 2.228　五阶双曲正弦 y 反馈 Jerk 电路原理图

搭建物理实验电路，电路输出相图如图 2.229 所示，混沌演变如图 2.230 所示。

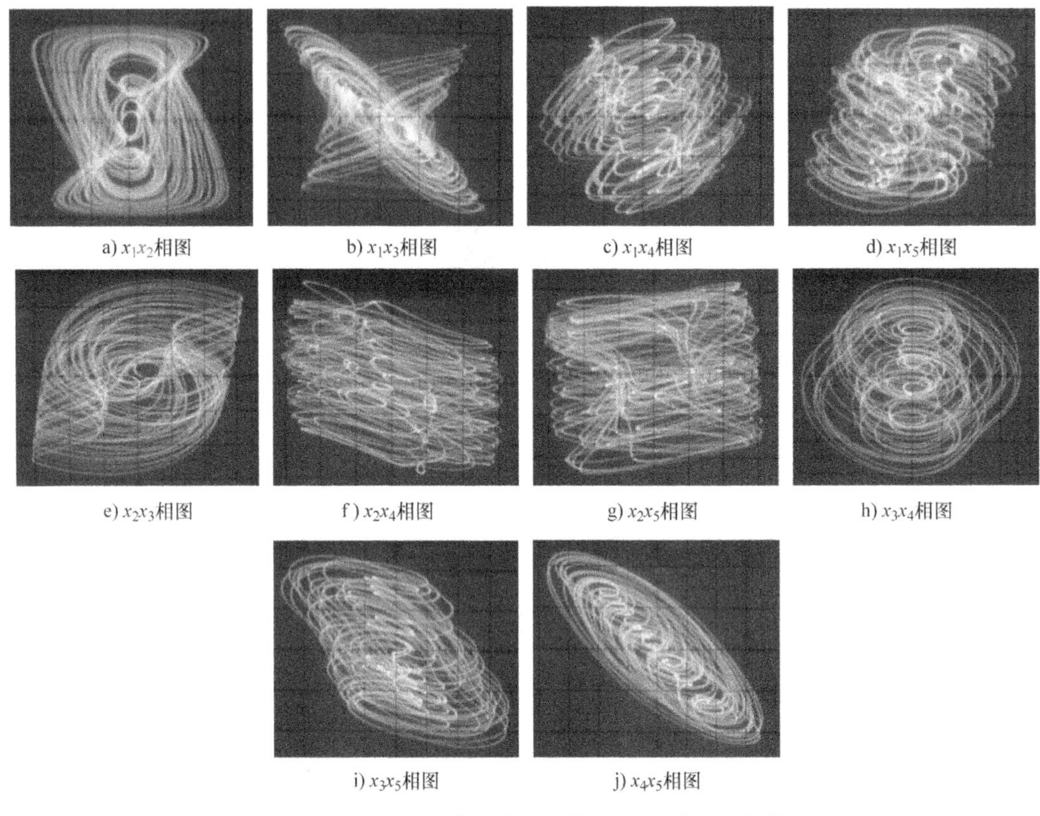

a) x_1x_2相图　b) x_1x_3相图　c) x_1x_4相图　d) x_1x_5相图

e) x_2x_3相图　f) x_2x_4相图　g) x_2x_5相图　h) x_3x_4相图

i) x_3x_5相图　j) x_4x_5相图

图 2.229　五阶双曲正弦 y 反馈 Jerk 电路输出相图

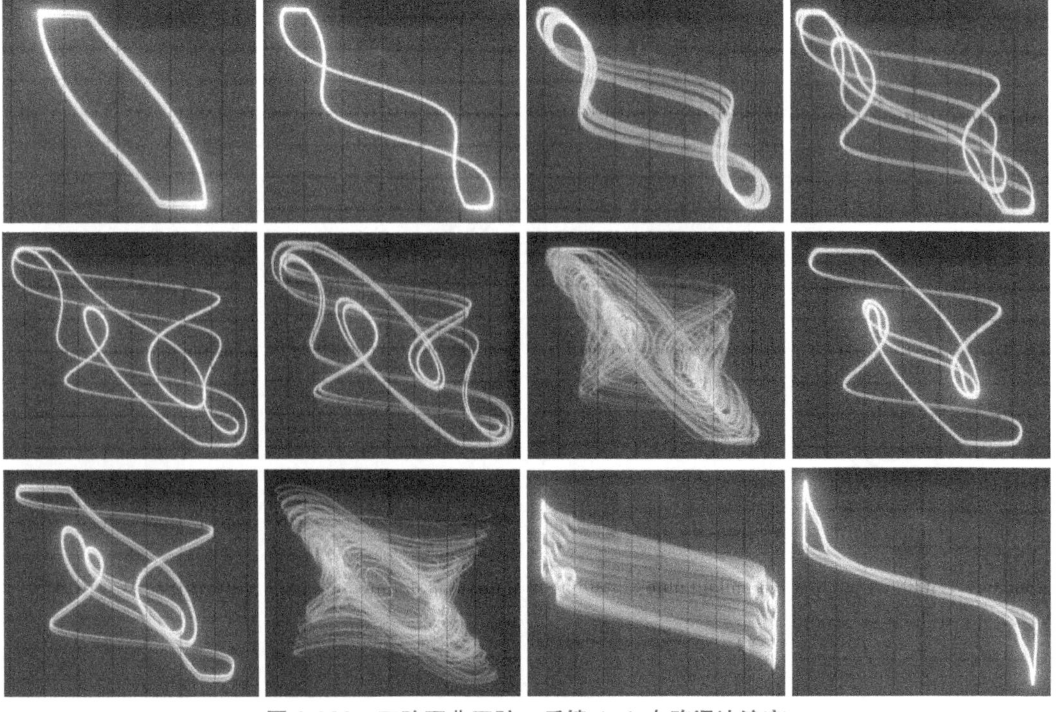

图 2.230　五阶双曲正弦 y 反馈 Jerk 电路混沌演变

这一章的重点是运算放大器混沌电路。现代人们熟悉数字计算机而不熟悉模拟计算机，在大自然的综合大课堂里数字计算机是“雕虫小技”而模拟计算机是大众品牌，本节从一个侧面向读者介绍了模拟计算机，其深刻背景则仍然没有涉及。

2.6　交叉项非线性混沌电路

混沌动力学系统的非线性类型很多，其中的一个典型类型是交叉非线性，著名的洛伦兹混沌系统就是典型的交叉非线性混沌系统。如果混沌系统是交叉非线性系统，它的基本类型非常接近于洛斯勒与洛伦兹两个混沌系统，前者是马蹄混沌，后者是蝴蝶翅膀混沌，这是很有趣的现象。

2.6.1　洛斯勒混沌电路

1976 年，洛斯勒（Rossler）在研究电子高速运动时发现了含有交叉项的非线性动力学系统 [1, 4, 12-18]，呈现混沌形态。含有一个交叉项的系统是非线性混沌中的最简单系统，二维相图呈现单涡旋形状，三维相图呈现马蹄形状。洛斯勒方程是

$$\begin{cases}\dot{x}=-(y+z)\\ \dot{y}=x+ay\\ \dot{z}=b+z(x-c)\end{cases}\tag{2.125}$$

一个给出具体参数的方程是

$$\begin{cases}\dot{x}=-(y+z)\\ \dot{y}=x+0.2y\\ \dot{z}=0.2+z(x-5.7)\end{cases}\tag{2.126}$$

使用数值仿真方法例如 VB 方法仿真，将洛斯勒混沌系统输出的三个二维相图显示出来如图 2.231 所示。

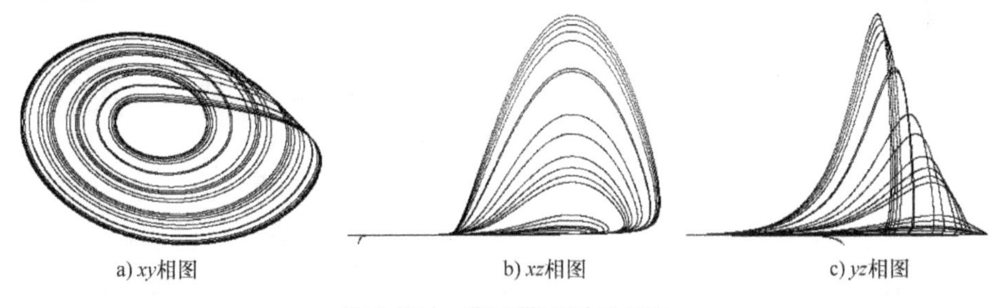

图 2.231　洛斯勒吸引子相图

二维相图给人的印象不明晰，在 VB 中稍作技术处理输出的一个三维相图投影如图 2.232 所示。图中显示的吸引子坐标是（x，$y+4z$）。

根据式（2.126）设计出来的洛斯勒混沌电路原理图如图 2.233 所示。

洛斯勒混沌电路 EWB 软件仿真结果如图 2.234 所示。由于洛斯勒混沌系统的三个二维正投影立体感

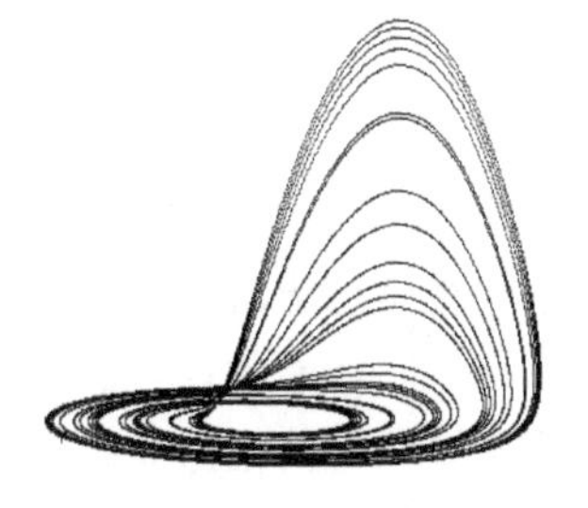

图 2.232　洛斯勒混沌电路输出的三维相图

不强，本电路的 EWB 仿真在模拟示波器的输入端增加了两个电阻将三维变量显示在示波器中，从而增加了三维混沌吸引子形状的立体感。该电路的设计思想与图 2.232 的生成条件一致，即坐标是（x，y+4z），见第 5 章第 5.3 节。

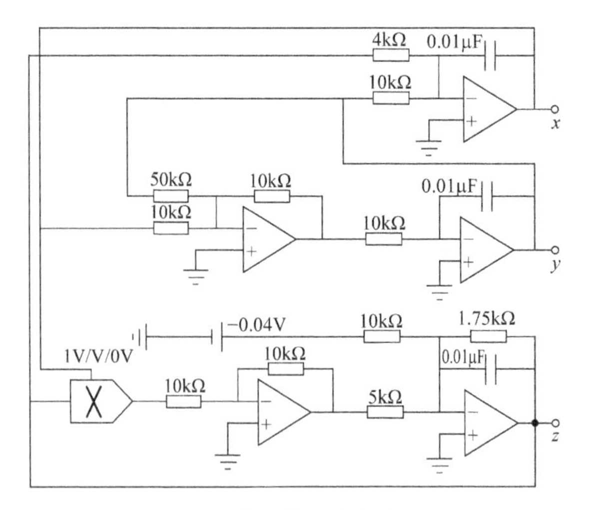

图 2.233　洛斯勒混沌电路原理图

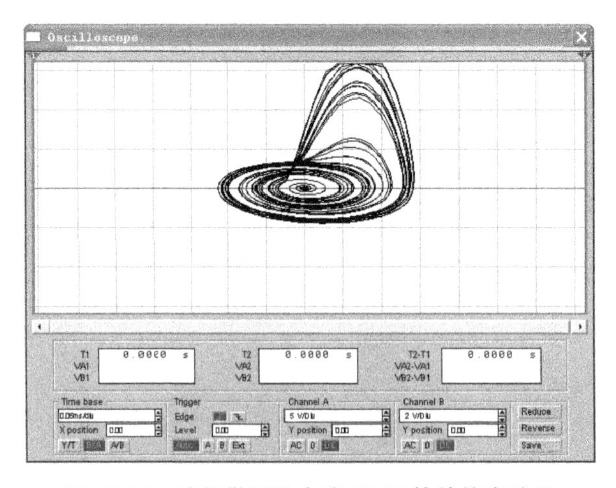

图 2.234　洛斯勒混沌电路 EWB 软件仿真结果

虽然这个显示电路的显示效果很好，但是仿真电路复杂，因此本章其他所有混沌电路的示波器显示中都不使用这个方法，如果读者喜欢这样的方法，自己按照这个仿真电路图自行修改 EWB 仿真，一定会得到不一样的感受。

2.6.2　洛伦兹方程电路

1963 年，有着扎实数学功底的气象学家洛伦兹在研究大气运动中提出了气象运动的数学模型称为洛伦兹微分方程组 [5-18，76-79]，这个方程组中有两个非线性项，洛伦兹利用当时先进的电子管计算机（其功能比现代的计算器强不了多少）解出来了方程的数值解，这个解呈现奇怪的特性，思想敏感的洛伦兹立即感觉到了这个方程的重要意义，意识到这就是困扰数学界多年的混沌问题。洛伦兹将他的论文发表到美国的《大气科学学报》上，当时信息传递远远没有现在这样好，数学物理学家很少阅读大气科学方面的杂志，一直到 1970 年，正在混沌现象研究中摸索着的科学家才发现洛伦兹的重要论文，这样洛伦兹的这篇重要论文奠定了洛伦兹方程在混沌科学技术领域的重要地位。

标准洛伦兹方程是

$$\begin{cases}\dot{x}=\sigma(y-x)\\ \dot{y}=\rho x-y-xz\\ \dot{z}=xy-\beta z\end{cases} \tag{2.127}$$

这是没有给出参数的通用方程，给出一组具体参数的洛伦兹方程是

$$\begin{cases}\dot{x}=10(y-x)\\ \dot{y}=28x-y-xz\\ \dot{z}=xy-(8/3)z\end{cases} \tag{2.128}$$

式（2.128）描述的洛伦兹方程的变量系数是 1，称为归一化方程，理论与计算指出，三个变量 x、y、z 的变化范围是 ±18、±25、3~45，交叉项的范围 ±60，电子电路的一般稳压电源的电压为十几伏，必须对式（2.128）进行变量变换，将这三个变量的变化范围都变换成为 x：±4.5V、y：±4.25V、z：0.3~4.5V，放大系数分别是 1/4，1/6，1/10，标度化的方程是

$$\begin{cases}\dot{x}=-10x+15y\\ \dot{y}=18.7x-y-6.67xz\\ \dot{z}=2.4xy-2.67z\end{cases} \tag{2.129}$$

电路设计的基本方法是根据式（2.129）确定电路结构。方程中有 3 个微分项，需要 3 个反相积分器实现，这需要 3 个运算放大器；方程中共有 7 项代数式，其中的 4 项是负项可以直接由 3 个反相积分器实现，其中的 3 项 $15y$、$18.7x$ 及 $2.4xy$ 是正项，需要 3 个反相放大器实现；有 2 个交叉项，需要 2 个模拟乘法器实现。整体设计需要 6 个运算放大器与 2 个模拟乘法器实现，称为六加二洛伦兹方程电路。电路原理图如图 2.235 所示。提醒：图中 R_{12} 参数 41.7kΩ 对于混沌吸引子的大小控制很敏感，应用中要充分利用这一特点；其电路设计，在 4.2 节、4.3 节、4.4 节还有更深入的说明。

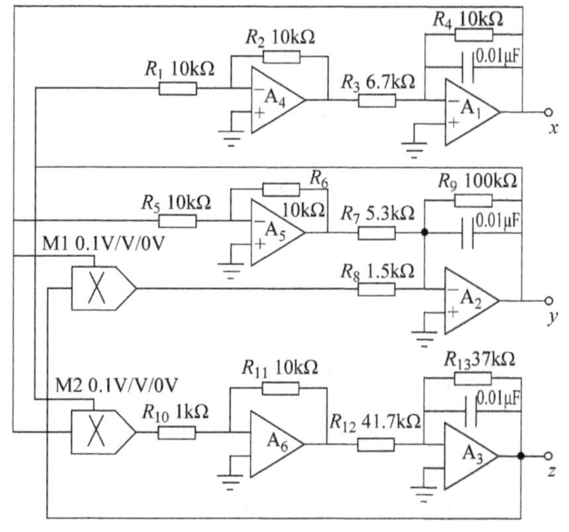

图 2.235　六加二洛伦兹方程电路

使用专用电路实验板 8002-1111 搭建的物理实验电路进行实验，如图 2.236 所示。

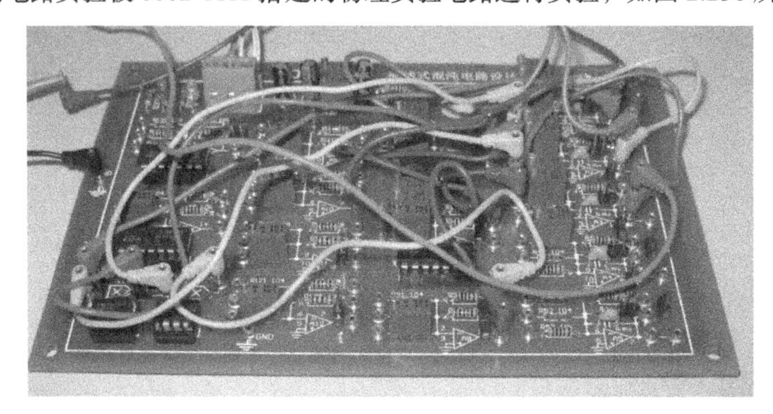

图 2.236　六加二洛伦兹方程混沌模拟电路实验板

洛伦兹方程模拟电路实验输出相图如图 2.237 所示。

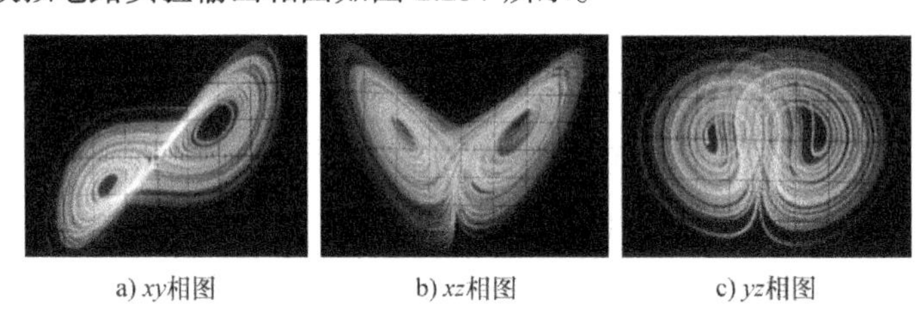

a) xy相图　　b) xz相图　　c) yz相图

图 2.237　洛伦兹方程模拟电路实验输出相图

本节所述的数值仿真方法内容在 5.1 节有详细讨论，请参阅。

洛伦兹方程是一个伟大方程，它的伟大之处是开辟了一个庞大的混沌系统，称为洛伦兹方程族，其研究硕果累累，本章只是涉及其中一小部分。涉及的第一种是对于洛伦兹混沌方程（2.127）中第二方程中 y 项的处理：若将 y 项前面的负号改为正号，该方程仍然是混沌方程，称为陈关荣方程；若将 y 项去掉，该方程也是混沌方程，称为吕金虎方程，分别在 2.6.4 节与 2.6.5 节论述。涉及的第二种是对于方程（2.127）中第二方程中 y 项或者 z 项的处理：若将式（2.127）中所有的 y 变量的符号（包括等号左边的微分变量）都同时改变，得到 x-z 坐标平面的对称相轨迹线，称为 y 对称洛伦兹方程；对于 z 变量做类似处理，得到 z 对称洛伦兹方程，这种对称性在混沌电路优化设计中具有重要的实际意义。涉及的第三种是扩阶，产生超混沌，将在第 2.6.9 节至第 2.6.20 节论述。涉及的洛伦兹混沌控制与洛伦兹混沌保密通信等，由于本单元篇幅有限故分别放到 2.12 节和 2.13 节中叙述。另外，洛伦兹混沌的奇异吸引子具有美学特征，本章没有涉及，读者可以自己学习与研究，这些都是很重要的研究题目。

2.6.3　y 对称洛伦兹方程电路

注意上述图 2.237 中变量 y 的方向，如果将 y 换成 $-y$，xy 相图上下翻转，yz 相图左右翻转，xz 相图不变。将 y 代换的洛伦兹方程称为 y 对称洛伦兹方程 [80, 81]。一般来说，因为 y 对称洛伦兹方程中 xy 相图上下翻转后变化明显，但是一般不太注意；yz 相图左右翻转后的区别看不出来；xz 相图是人们最为注意的，本系统的 xz 相图不变。由此可以利用这一点构造新的洛伦兹混沌系统，按照这个系统设计出来的电路是四加二洛伦兹混沌电路，结构简单。混沌公式是

$$\begin{cases}\dot{x}=-10x-10y\\ \dot{y}=-28x-y+xz\\ \dot{z}=-xy-(8/3)z\end{cases}\tag{2.130}$$

标度化公式是

$$\begin{cases}\dot{x}=-10x-15y\\ \dot{y}=-18.7x-y+6.7xz\\ \dot{z}=-2.4xy-2.7z\end{cases}\tag{2.131}$$

实现这一公式的动力学方程要求的电路原理图如图 2.238 所示。该电路由四个运算放大器与两个模拟乘法器组成，称为四加二洛伦兹混沌电路。

四加二洛伦兹方程电路还可以优化。现有市场中的模拟乘法器 AD633 的输入端的极性可以是反相输入，将图 2.238 电路中的 A_4 级反相器和模拟乘法器 M_2 优化，省去 A_4 级，M_2 输入端接反相端，如图 2.239 所示，即三加二洛伦兹混沌电路。

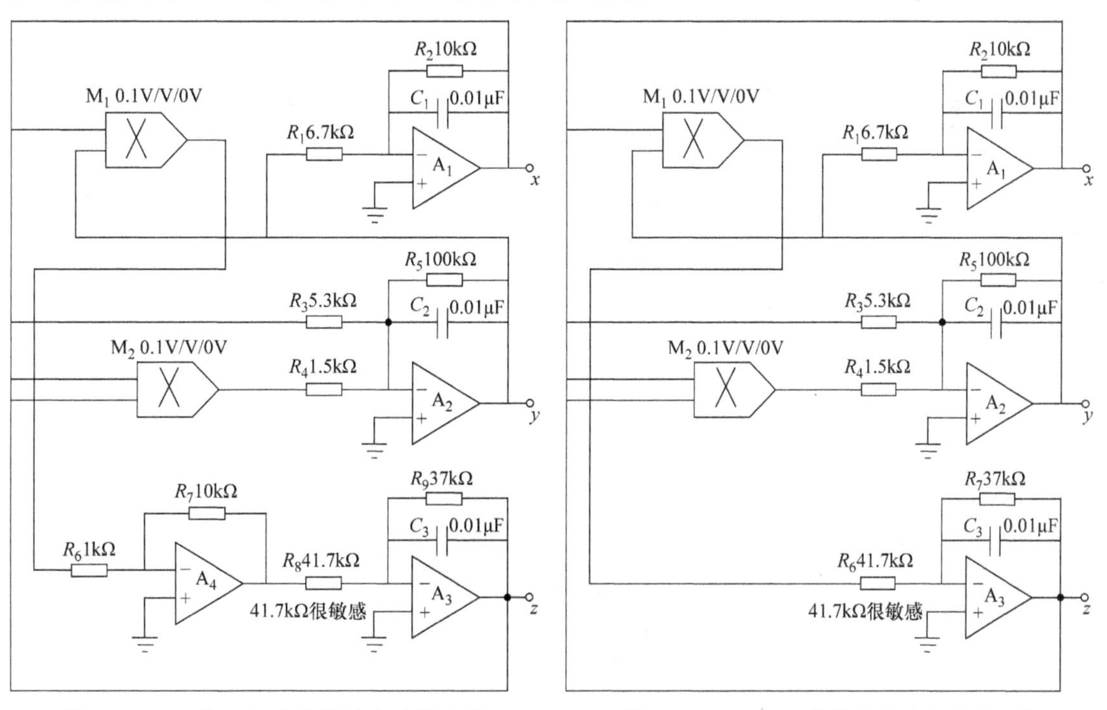

图 2.238　四加二洛伦兹混沌电路原理图　　图 2.239　三加二洛伦兹混沌电路原理图

2.6.4　陈关荣方程电路

在洛伦兹方程研究的背景下，1999 年，陈关荣提出了一个新的混沌系统 [82]，是三阶混沌系统，有两个交叉项非线性，输出双涡旋混沌，但是与洛伦兹方程拓扑不等价，是一个新的混沌系统，陈关荣的研究开始了洛伦兹混沌族的研究新领域。陈关荣方程是

$$\begin{cases}\dot{x}=a(y-x)\\ \dot{y}=(c-a)x+cy-xz\\ \dot{z}=xy-bz\end{cases}\tag{2.132}$$

带参数的并且标度化的一个具体方程是

$$\begin{cases}\dot{x}=-10x+15y\\ \dot{y}=-18.67x+y-6.67xz\\ \dot{z}=2.4xy-2.67z\end{cases} \tag{2.133}$$

根据式（2.133）设计的陈关荣方程电路原理图如图 2.240 所示。

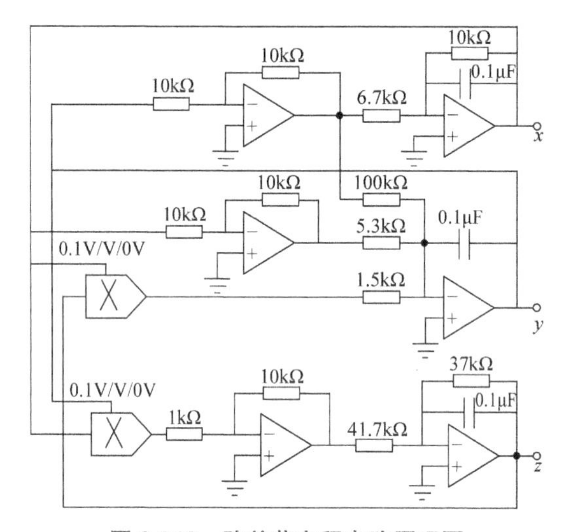

图 2.240　陈关荣方程电路原理图

陈关荣方程电路 EWB 软件仿真结果如图 2.241 所示。

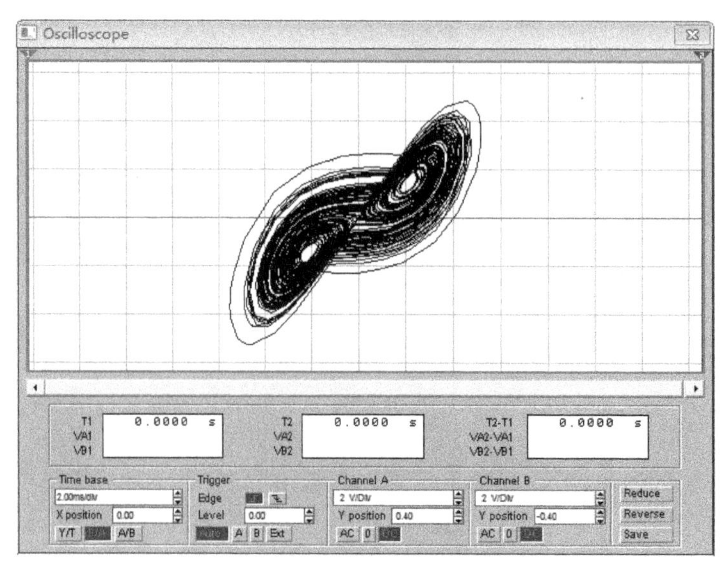

图 2.241　陈关荣方程电路 EWB 软件仿真结果

使用专用电路实验板 8002-1111 搭建的物理实验电路，实验输出的波形图与相图如图 2.242 所示。

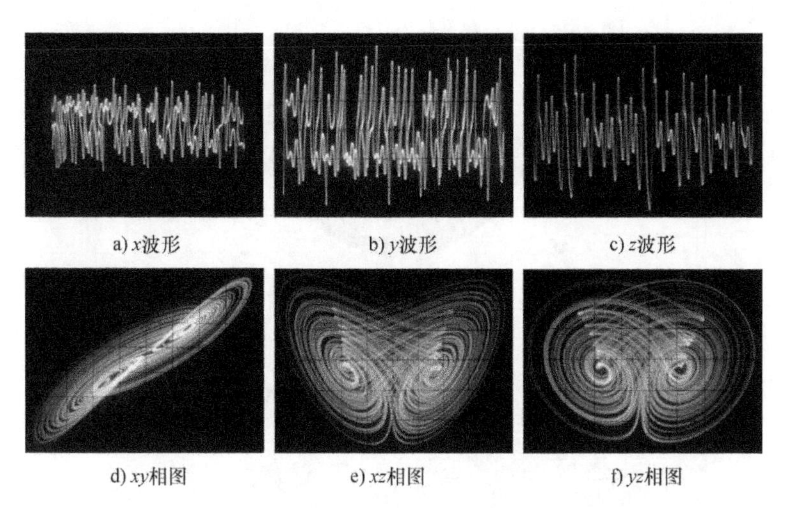

a) x波形　b) y波形　c) z波形

d) xy相图　e) xz相图　f) yz相图

图 2.242 陈关荣方程物理实验电路输出的波形图与相图

2.6.5 吕金虎方程电路

在陈关荣提出陈氏混沌系统的同时，吕金虎也提出一种类似的新的混沌系统，称为吕金虎系统[83]。洛伦兹系统、陈关荣系统与吕金虎系统是相互关联的三个并列混沌系统，构成洛伦兹混沌族。吕金虎混沌系统方程是

$$\begin{cases}\dot{x}=a(y-x)\\ \dot{y}=cy-xz\\ \dot{z}=xy-bz\end{cases} \tag{2.134}$$

吕金虎提出来的带参数的一个方程是

$$\begin{cases}\dot{x}=-36x+36y\\ \dot{y}=28y-xz\\ \dot{z}=xy-(8/3)z\end{cases} \tag{2.135}$$

标度化的一个具体吕金虎方程是

$$\begin{cases}\dot{x}=-10x+10y\\ \dot{y}=5.6y-1.4xz\\ \dot{z}=5.6xy-0.83z\end{cases} \tag{2.136}$$

吕金虎方程电路原理图如图 2.243 所示。

吕金虎方程电路 EWB 软件仿真结果如图 2.244 所示。

吕金虎方程物理实验电路输出的波形图与相图如图 2.245 所示。

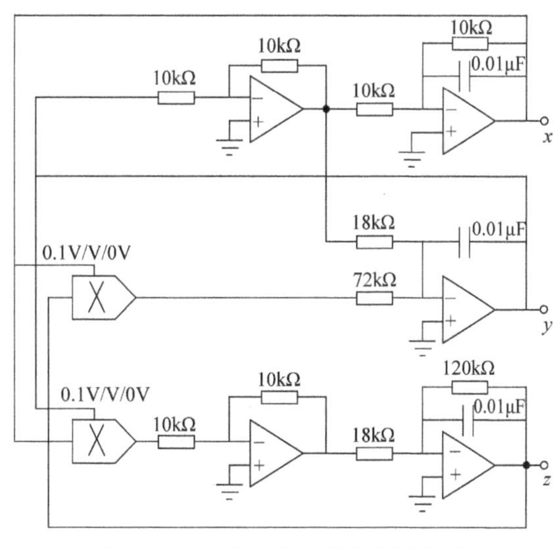

图 2.243 吕金虎方程电路原理图

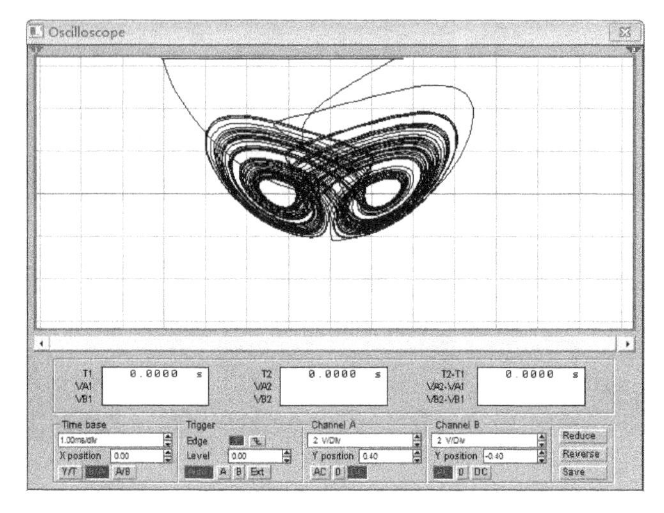

图 2.244　吕金虎方程电路 EWB 软件仿真结果

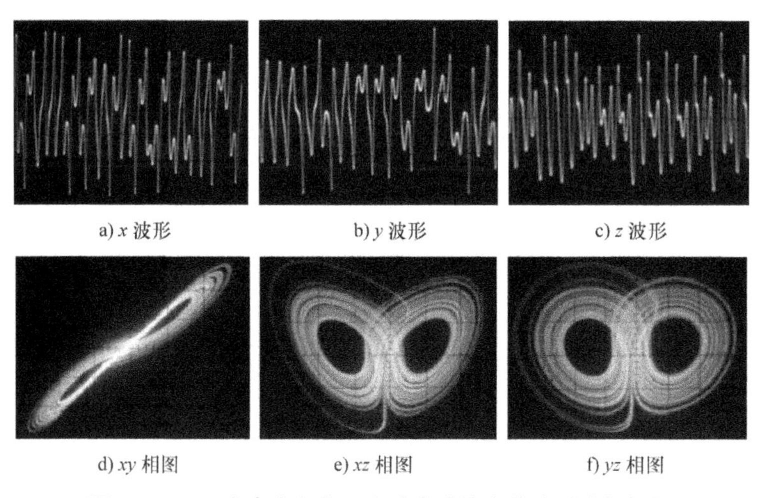

a) x 波形　　b) y 波形　　c) z 波形

d) xy 相图　　e) xz 相图　　f) yz 相图

图 2.245　吕金虎方程物理实验电路输出的波形图与相图

2.6.6　洛伦兹方程电路的 z 对称电路

2002 年，温孝东设计出洛伦兹方程电路并申请专利《洛伦兹方程实验仪》[84]，该电路使用两个四象限模拟乘法器 AD534 与六个运算放大器 LF351 而实现，是一种六加二电路，电路输出与洛伦兹方程解的相图，实质上是洛伦兹方程变量的 x、y、$-z$ 的相图。

洛伦兹方程的 x–z 相图是向上飞行蝴蝶的图形，而拓扑对称方程 x–z 相图是向下飞行蝴蝶的图形，如果将原始洛伦兹方程称为上飞蝴蝶洛伦兹方程，那么将温孝东的下飞蝴蝶相图的电路称为温孝东方程电路，如图 2.246 所示。

温孝东电路的带参数的状态方程是

$$\begin{cases}\dot{x}=-10x+10y\\ \dot{y}=-2x+8y+1.43xz\\ \dot{z}=-0.57xy-0.86z\end{cases}\tag{2.137}$$

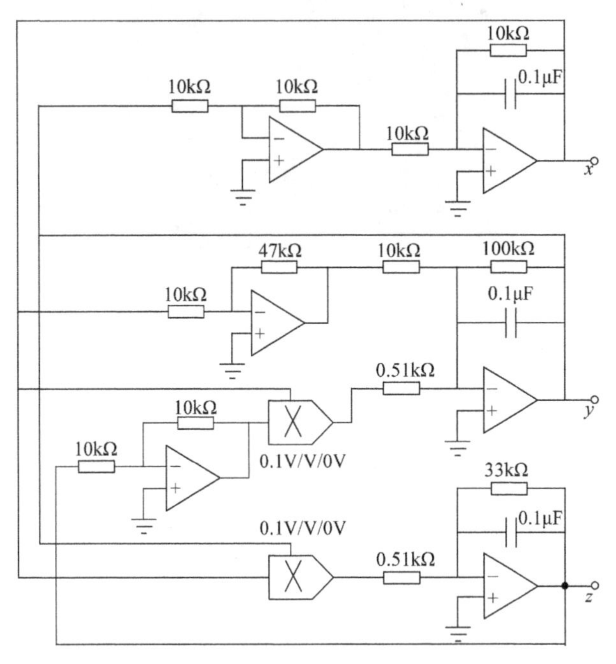

图 2.246 温孝东电路原理图

通用方程是

$$
\begin{cases}
\dot{x} = \sigma(y - x) \\
\dot{y} = \rho x - y + xz \\
\dot{z} = -xy - \beta z
\end{cases}
\tag{2.138}
$$

温孝东电路 EWB 软件仿真结果如图 2.247 所示。

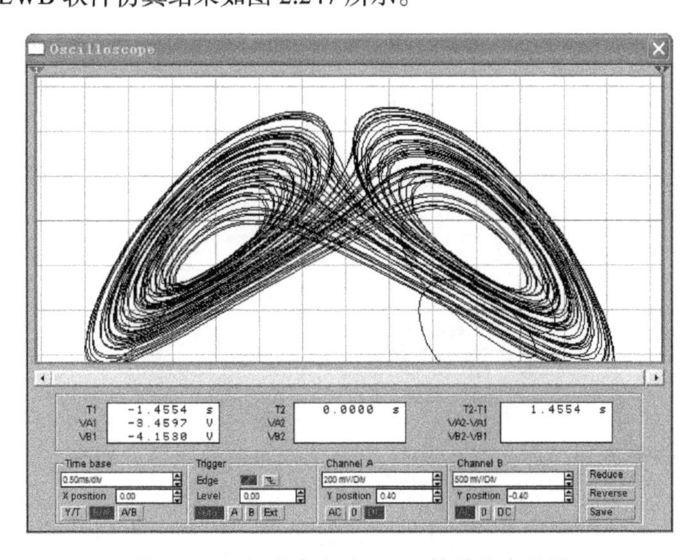

图 2.247 温孝东电路 EWB 软件仿真结果

温孝东电路输出结果如图 2.248 所示。

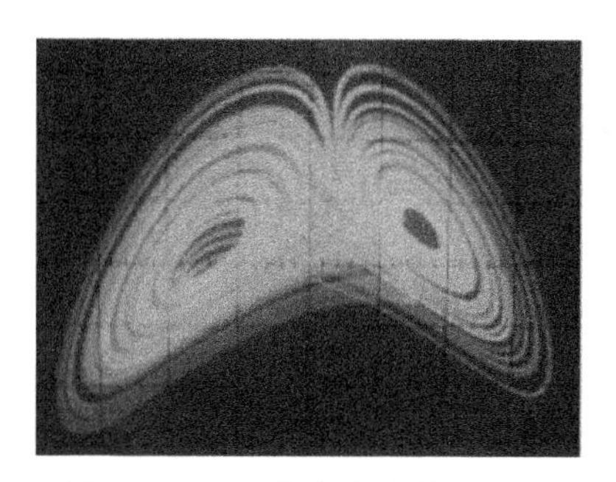

图 2.248　温孝东电路输出结果

2.6.7　一种下飞蝴蝶混沌电路

一种下飞蝴蝶混沌电路是一种与洛伦兹系统接近的混沌系统[6, 7, 87]，其特点是有一个常数项 b。这是一名硕士研究生（徐东亮）的论文内容。系统模型如下

$$\begin{cases}\dot{x}=a(y-x)\\ \dot{y}=xz-y\\ \dot{z}=b-xy-cz\end{cases} \tag{2.139}$$

当系统参数（a；b；c；d）等于（a；b；-1；d）、（a；b；c；$c-a$）和（a；b；c；0），上述系统分别对应 Lorenz，Chen 和 Lü 系统。

一个带参数的具体方程是

$$\begin{cases}\dot{x}=5(y-x)\\ \dot{y}=xz-y\\ \dot{z}=16-xy-z\end{cases} \tag{2.140}$$

一种下飞蝴蝶混沌电路原理图如图 2.249 所示。

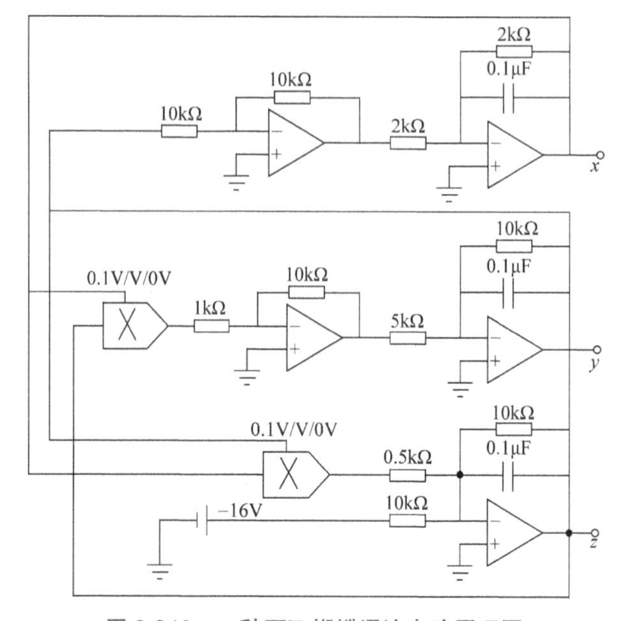

图 2.249　一种下飞蝴蝶混沌电路原理图

物理电路输出的混沌吸引子如图 2.250 所示。

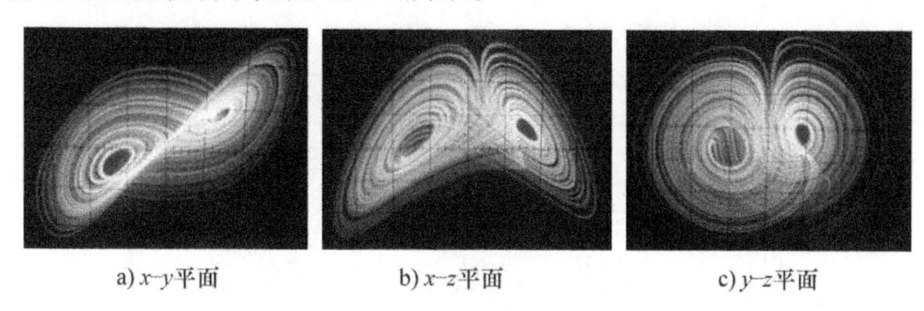

a) x–y 平面　　b) x–z 平面　　c) y–z 平面

图 2.250　一种下飞蝴蝶混沌电路产生的吸引子图

2.6.8　四阶洛斯勒混沌吸引子电路

将三阶洛斯勒混沌吸引子增阶的一种四阶洛斯勒混沌吸引子[84]的归一化方程是

$$\begin{cases}\dot{x}_1 = -x_2 - x_3 \\ \dot{x}_2 = x_1 + 0.2x_2 - 0.1x_4 \\ \dot{x}_3 = 0.2 - 5.7x_3 + 3x_1x_3 \\ \dot{x}_4 = -x_1 - x_3\end{cases} \tag{2.141}$$

VB 仿真的四阶洛斯勒混沌吸引子电路二维相图如图 2.251 所示。

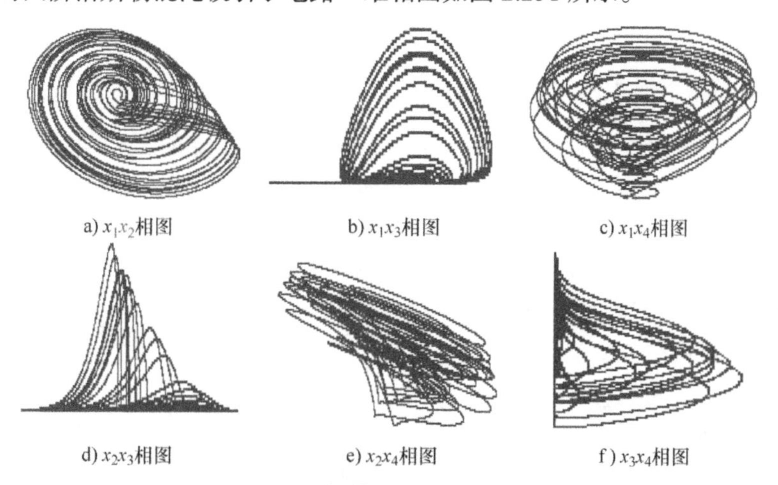

a) x_1x_2 相图　　b) x_1x_3 相图　　c) x_1x_4 相图

d) x_2x_3 相图　　e) x_2x_4 相图　　f) x_3x_4 相图

图 2.251　四阶洛斯勒混沌吸引子电路二维相图

进行标度化，将 x_3 缩小 2.5 倍，将 x_4 缩小 2 倍，得到标度化方程是

$$\begin{cases}\dot{x}_1 = -x_2 - 2.5x_3 \\ \dot{x}_2 = x_1 + 0.2x_2 - 0.1x_4 \\ \dot{x}_3 = 0.08 - 5.7x_3 + 3x_1x_3 \\ \dot{x}_4 = -0.5x_1 - 1.25x_3\end{cases} \tag{2.142}$$

设计电路，四阶洛斯勒混沌吸引子电路原理图如图 2.252 所示。

EWB 仿真单涡旋，失败概率很大。这是因为，软件 EWB 对于电路状态方程的数字处理精度不够，对于一般电路状态方程还能够处理，对于单涡旋混沌吸引子的处理精度有时候就不能够满足需要，例如本系统。

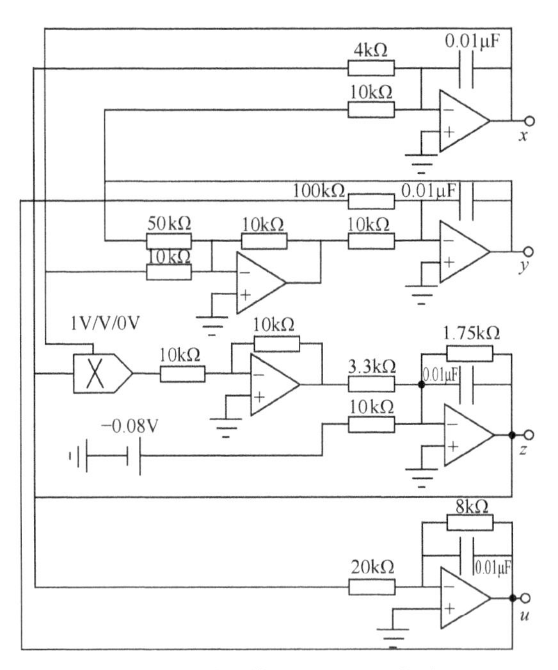

图 2.252　四阶洛斯勒混沌吸引子电路原理图

2.6.9　*yux* 增阶洛伦兹四阶混沌电路

三阶混沌系统要升阶为四阶系统一般不止一种方法，洛伦兹混沌系统也不例外，这一节提出的方法仅仅是升阶的一种方法。这是一个四阶混沌电路[86, 87]，输出相图很优美，收集于此，供读者使用。

张新国与熊丽认为，在保密通信中的保密可靠度，超混沌是有效的，但是在数量上还值得深入研究，所谓超混沌是指有多个正的李雅普诺夫指数，是布尔数字量而不是连续数字量，两个正的李雅普诺夫指数的代数和若是小于一个正的李雅普诺夫指数，那么后者混沌保密可靠度可能更高。这是作者坚持将下面三个电路收入本章的原因。

在四加二洛伦兹混沌电路的基础上，从 y 变量输出连接一级反相积分器 u，u 的输出与 x 反相积分器的输入端连接，形成四阶五加二混沌电路，如图 2.253 所示。由于第四阶变量 u 来源于 y，反馈至 x，故称 *yux* 增阶洛伦兹四阶混沌电路。

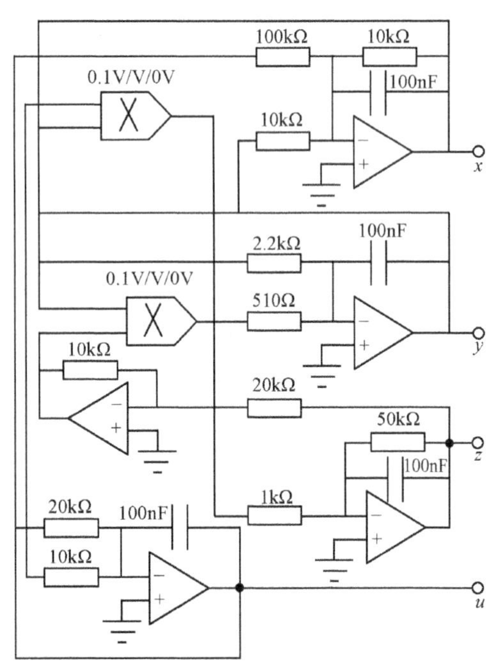

图 2.253　*yux* 增阶洛伦兹四阶混沌电路原理图

该四阶电路是五加二设计，非常精炼。电路数学模型公式是

$$
\begin{cases}
\dot{x}=-10x-10y-u \\
\dot{y}=-45x+9.8xz \\
\dot{z}=-10xy-2z \\
\dot{u}=-10y-5u
\end{cases}
\tag{2.143}
$$

yux 增阶洛伦兹四阶混沌电路 EWB 软件仿真结果如图 2.254 所示。

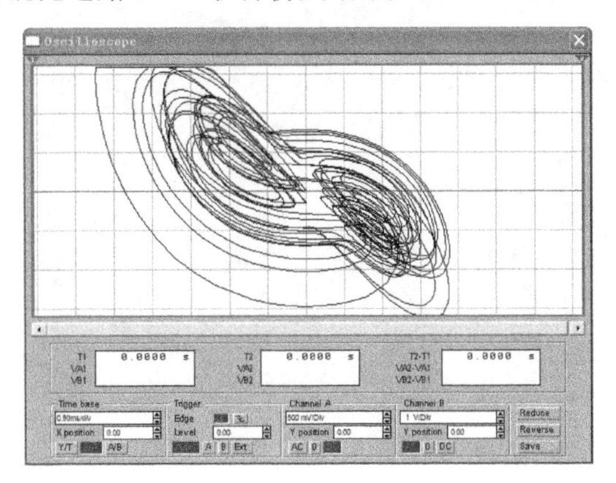

图 2.254　*yux* 增阶洛伦兹四阶混沌电路 EWB 软件仿真结果

使用专用电路实验板 8002-1111 搭建 *yux* 增阶洛伦兹四阶混沌物理实验电路，电路输出波形图如图 2.255 所示，输出相图如图 2.256 所示。

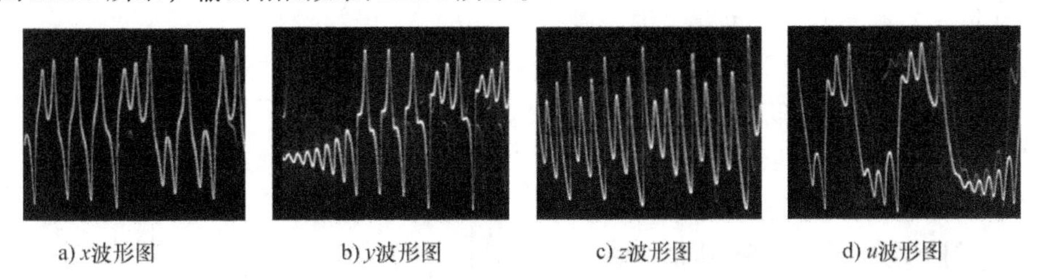

a) x波形图　b) y波形图　c) z波形图　d) u波形图

图 2.255　*yux* 增阶洛伦兹四阶混沌电路输出波形图

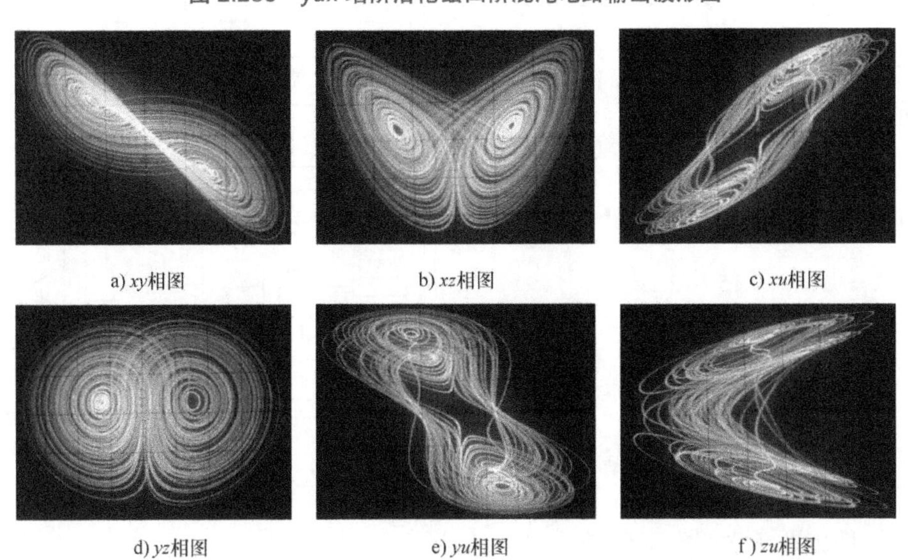

a) xy相图　b) xz相图　c) xu相图

d) yz相图　e) yu相图　f) zu相图

图 2.256　*yux* 增阶洛伦兹四阶混沌电路输出相图

物理实验电路板如图 2.257 所示，在 8012-1111 型插线式混沌电路实验板上用了 14 根插线与 2 个跳线器连接电路，用小螺钉旋具调节了 6 个可变电阻，实现了全部的电路连接，之后连接双路直流稳压电源，连接示波器信号输入，进行试验并完成达到发表水平的照相，整个实验量有效时间不足一天。

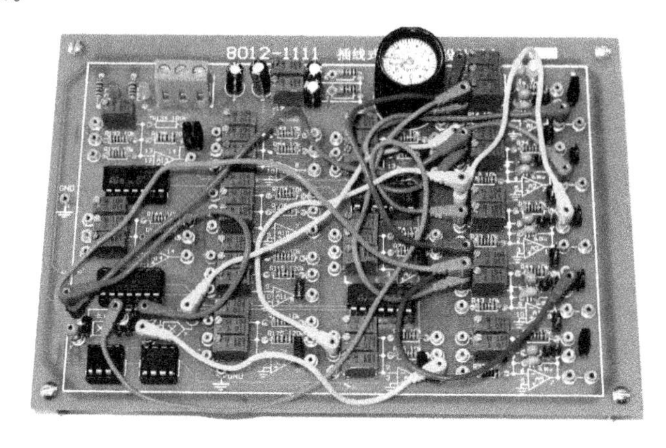

图 2.257　物理实验电路板

2.6.10　*yux* 增阶改变参数洛伦兹四阶混沌电路

对上一个电路改变参数进行 VB 仿真，得到一组相图，这些相图描述的混沌吸引子的形状拓扑结构与上一个系统不同，也就是说，混沌电路拓扑结构相同然而吸引子形状拓扑结构不同。这也说明了，在低维混沌吸引子中，吸引盆内所有吸引子的形态比较一致，系统参数对于吸引子形态的影响不太大，但是随着吸引子阶数的增加，吸引盆内吸引子参数的变化对于吸引子形态的影响越来越大。

yux 增阶改变参数洛伦兹四阶混沌电路原理图如图 2.258 所示。

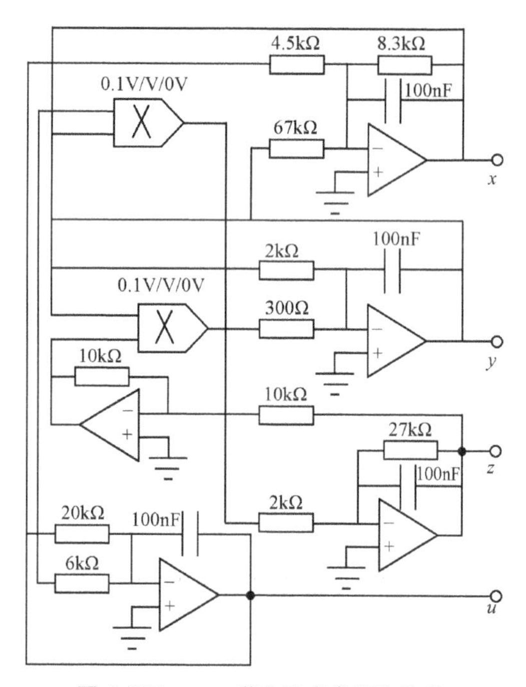

图 2.258　*yux* 增阶改变参数洛伦兹四阶混沌电路原理图

电路状态方程是

$$\begin{cases}\dot{x}=-1.2x-0.15y-2.2u\\ \dot{y}=-10x+3.3xz\\ \dot{z}=-0.5xy-0.37z\\ \dot{u}=-1.67\mathrm{y}-0.5u\end{cases}\qquad(2.144)$$

电路状态方程的 VB 仿真输出相图如图 2.259 所示。

EWB 软件仿真结果如图 2.260 所示。

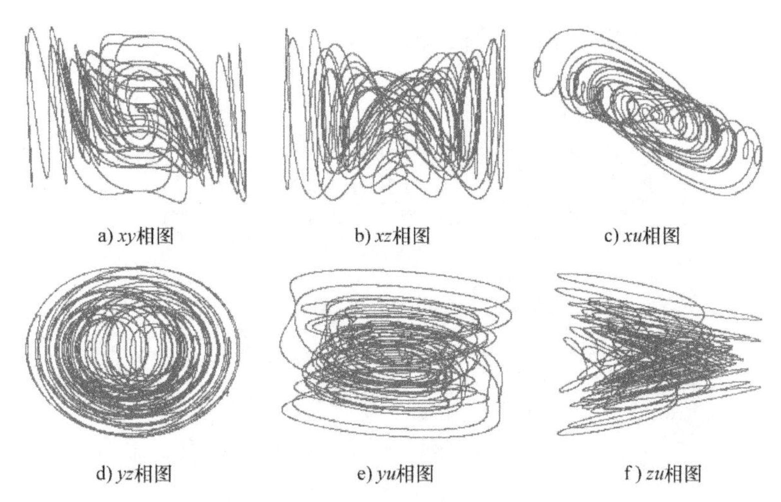

a) xy相图　b) xz相图　c) xu相图

d) yz相图　e) yu相图　f) zu相图

图 2.259　*yux* 增阶改变参数洛伦兹四阶混沌电路 VB 仿真输出相图

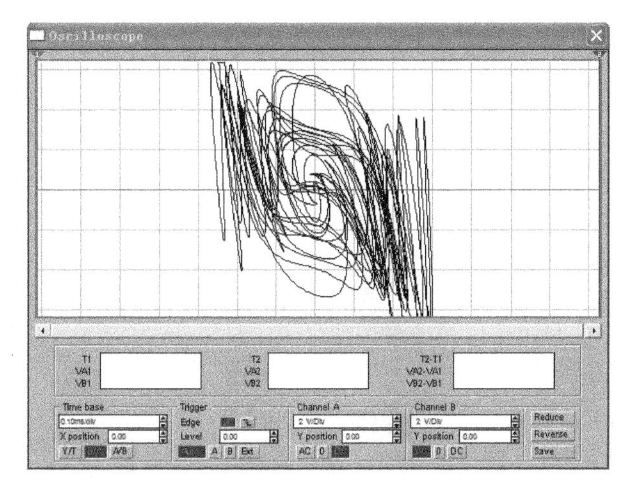

图 2.260　*yux* 增阶改变参数洛伦兹四阶混沌电路 EWB 软件仿真结果

搭建物理实验电路，输出相图如图 2.261 所示。

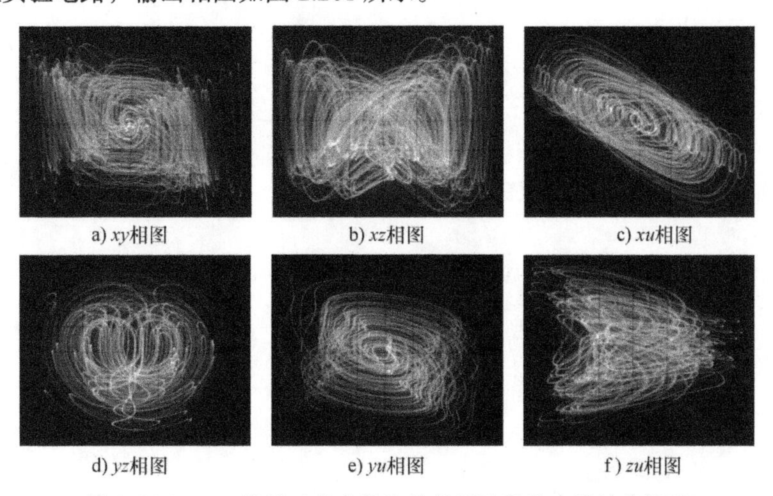

a) xy相图　b) xz相图　c) xu相图

d) yz相图　e) yu相图　f) zu相图

图 2.261　*yux* 增阶改变参数洛伦兹四阶混沌电路输出相图

搭建的 8012-1111 物理实验电路实验板如图 2.262 所示。

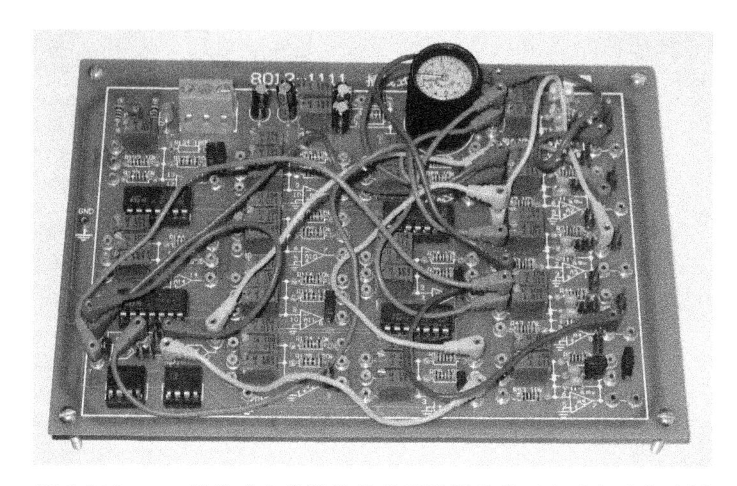

图 2.262　*yux* 增阶改变参数洛伦兹四阶混沌物理实验电路实验板

2.6.11　（*y*+*z*）*ux* 洛伦兹四阶混沌电路

将上述电路的 u 级的输入，改为从 y 与 z 两路输入构成 u 输入，输出与 x 输入端连接，构成（y+z）ux 洛伦兹四阶混沌电路。电路数学模型公式是

$$\begin{cases}\dot{x}=-10x-10y-0.1u\\ \dot{y}=-50x+4.2xz\\ \dot{z}=-3.7z-5xy\\ \dot{u}=-y-z-0.5u\end{cases}\qquad(2.145)$$

标度化

$$\begin{cases}\dot{x}=-x-y-0.1u\\ \dot{y}=-5x+4.2xz\\ \dot{z}=-0.37z-0.5xy\\ \dot{u}=-y-z-0.5u\end{cases}\qquad(2.146)$$

（y+z）ux 洛伦兹四阶混沌电路原理图如图 2.263 所示。

（y+z）ux 洛伦兹四阶混沌电路 EWB 软件仿真结果如图 2.264 所示。

电路输出相图如图 2.265 所示。

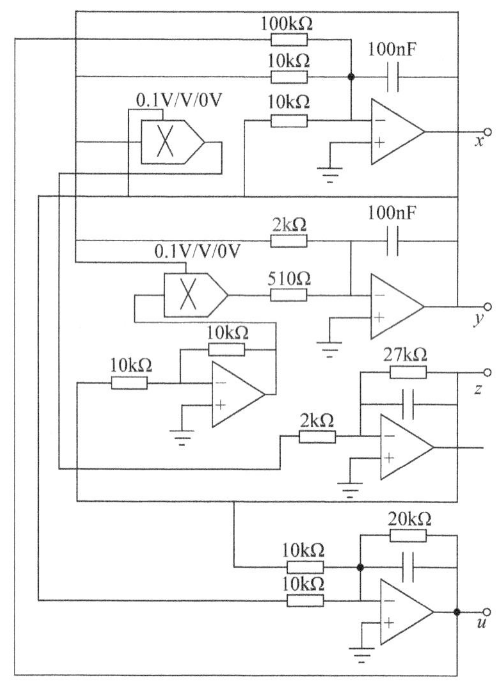

图 2.263　（*y*+*z*）*ux* 洛伦兹四阶混沌电路原理图

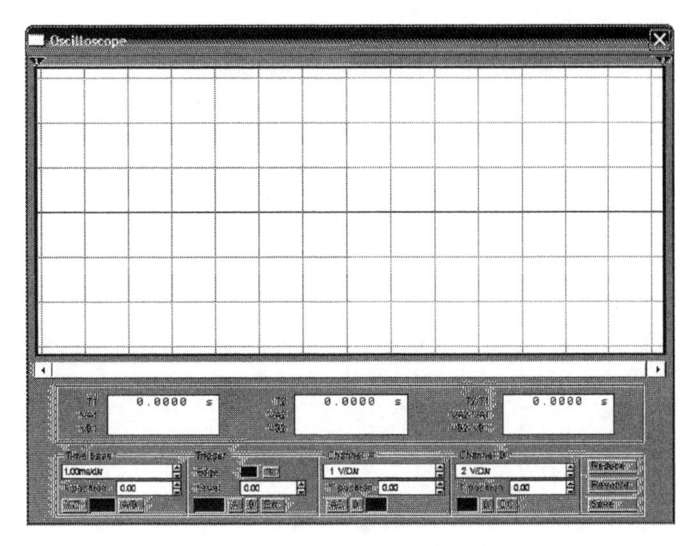

图 2.264　(y+z) ux 洛伦兹四阶混沌电路 EWB 软件仿真结果

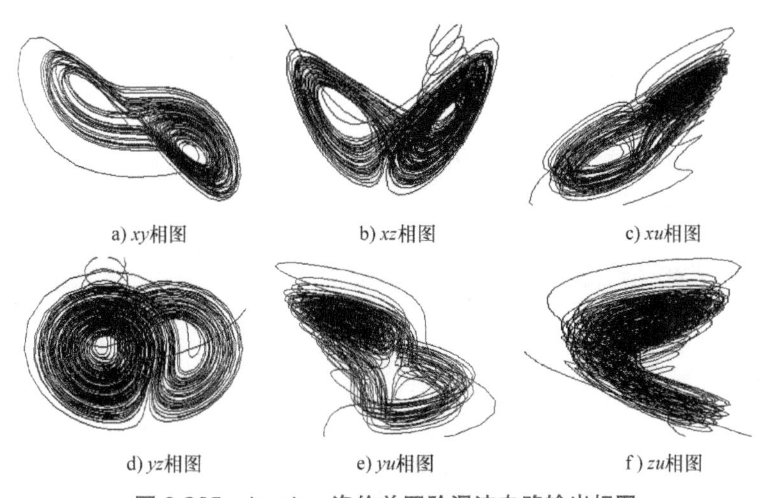

a) xy相图　b) xz相图　c) xu相图

d) yz相图　e) yu相图　f) zu相图

图 2.265　(y+z)ux 洛伦兹四阶混沌电路输出相图

2.6.12　*zuy* 增阶洛伦兹四阶混沌电路

本节电路是洛伦兹混沌系统另外一种增阶产生的四阶混沌电路，增阶变量 u 的输入来自 z 变量，输出送至 x 变量输入端，所以称为 *zuy* 增阶洛伦兹四阶混沌电路。

zuy 增阶洛伦兹四阶混沌电路原理图如图 2.266 所示。

电路数学模型公式是

$$\begin{cases}\dot{x}=-x-y\\ \dot{y}=-4.5x+1.96xz-0.1u\\ \dot{z}=-0.5xy-0.37z\\ \dot{u}=-z-0.5u\end{cases}\tag{2.147}$$

zuy 增阶洛伦兹四阶混沌电路 EWB 软件仿真结果如图 2.267 所示。

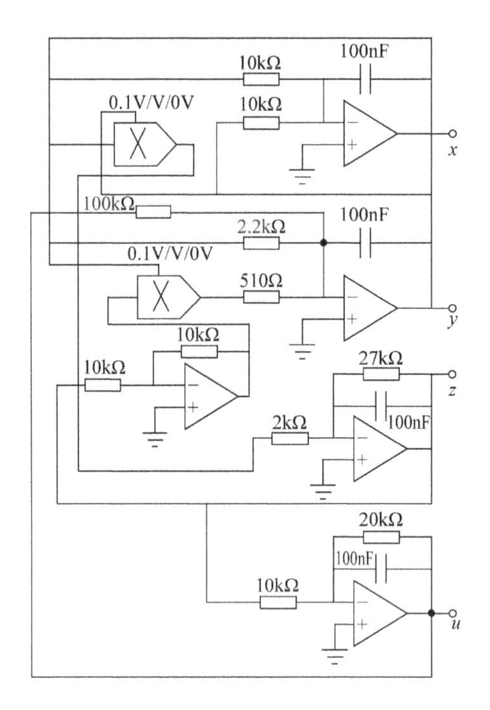

图 2.266　*zuy* 增阶洛伦兹四阶混沌电路原理图

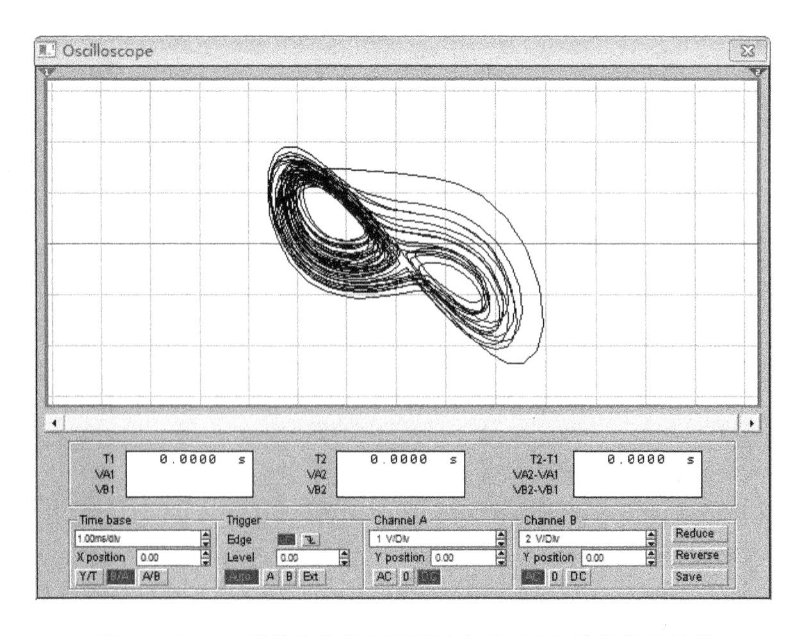

图 2.267　*zuy* 增阶洛伦兹四阶混沌电路 EWB 软件仿真结果

zuy 增阶洛伦兹四阶混沌电路输出相图如图 2.268 所示。

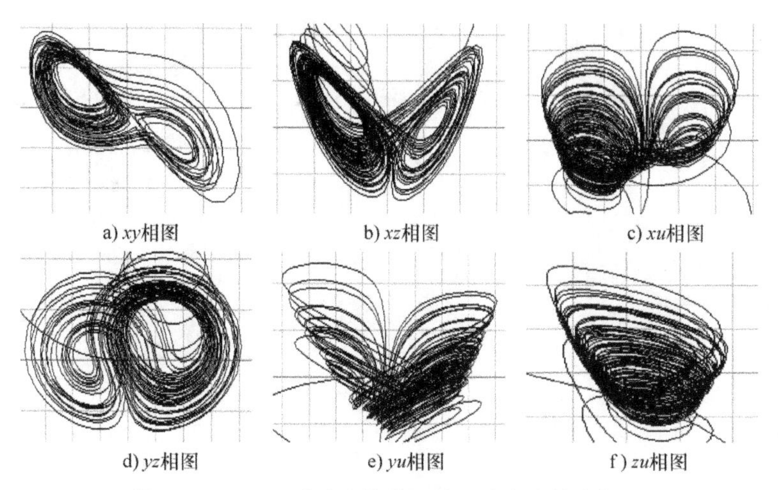

图 2.268　*zuy* 增阶洛伦兹四阶混沌电路输出相图

2.6.13　*ywy* 增阶洛伦兹四阶超混沌电路

包伯成等人于 2010 年提出一种超混沌系统 [92]，该系统具有（+，+，0，–）的李雅普诺夫指数谱。

这个系统的数学模型是

$$\begin{cases}\dot{x}=\alpha(y-x)\\ \dot{y}=-xz+cy+w\\ \dot{z}=xy-bz\\ \dot{w}=-dy\end{cases}\tag{2.148}$$

一组代入参数的归一化的微分方程是

$$\begin{cases}\dot{x}=36(y-x)\\ \dot{y}=-xz+20y+w\\ \dot{z}=xy-3z\\ \dot{w}=-10y\end{cases}\tag{2.149}$$

该方程是超混沌方程。从电路构成来看，是 *ywy* 增阶方程。

VB 数值仿真结果以相图形式显示，如图 2.269 所示。

式（2.149）的数学模型表示是归一化公式，数值计算表明，变量的数值变化范围是 x：±22V，y：±22V，z：5~40V，w：±40V，因此电路标度指标是将 x、y、z、w 分别缩小 5、5、10、10 倍，使得四个变量的变化范围都在 ±4V 附近，标度化公式是

$$\begin{cases}\dot{x}=-36x-36y\\ \dot{y}=-10xz+20y+0.8w\\ \dot{z}=2.5xy-3z\\ \dot{w}=-y\end{cases}\tag{2.150}$$

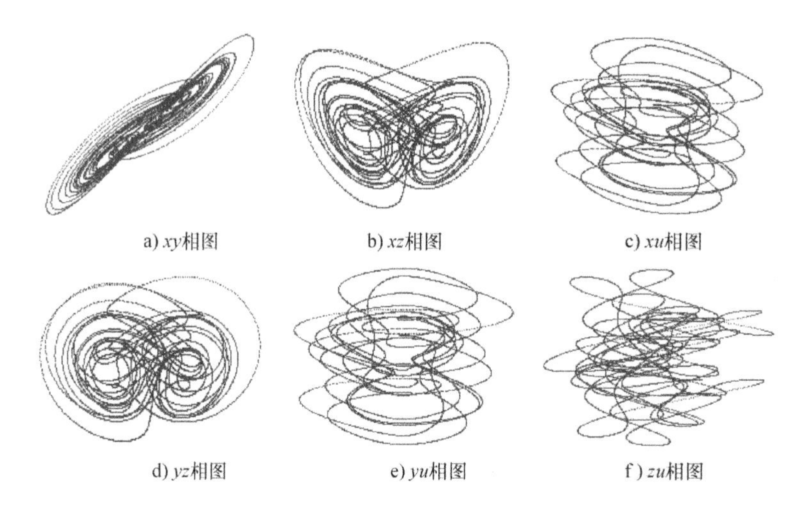

图 2.269 *ywy* 增阶洛伦兹四阶超混沌电路输出相图

根据式（2.150）设计电路，设归一化电阻 R 为 100kΩ，归一化电容 C 为 0.01μF，则归一化时间 τ 为 1ms，设计的电路如图 2.270 所示。

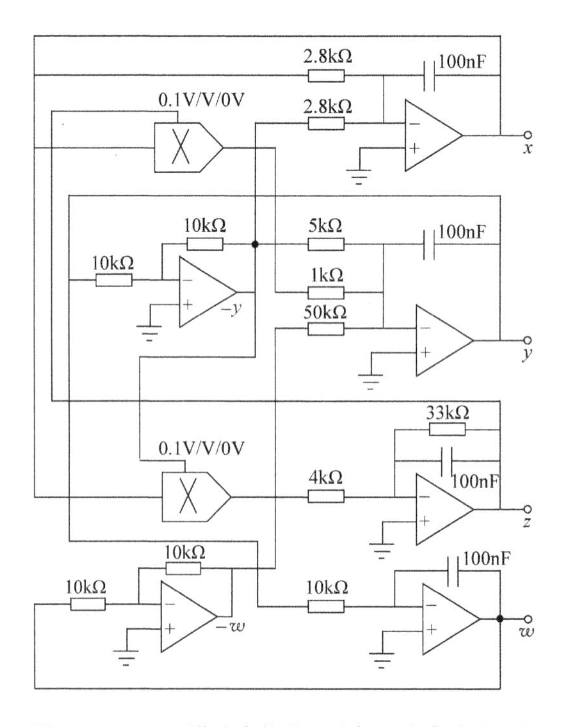

图 2.270 *ywy* 增阶洛伦兹四阶超混沌电路原理图

ywy 增阶洛伦兹四阶超混沌电路 EWB 软件仿真结果如图 2.271 所示。

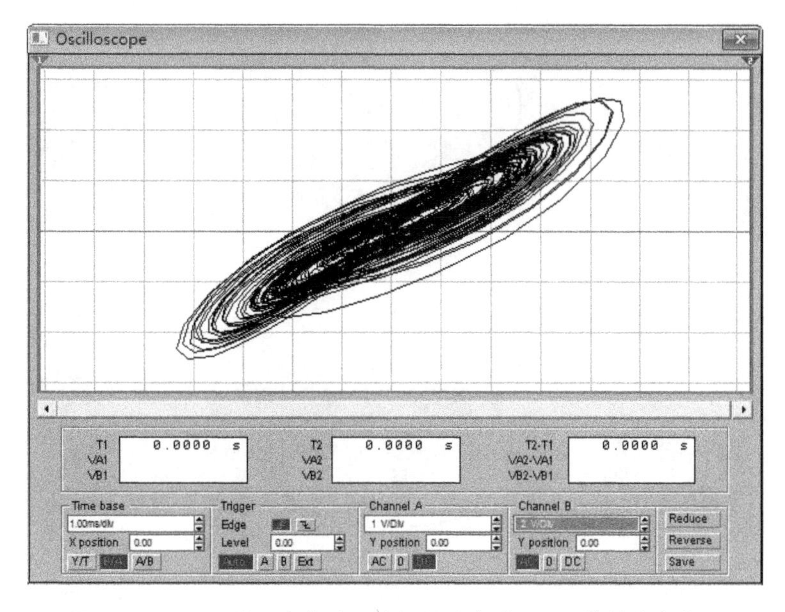

图 2.271　*ywy* 增阶洛伦兹四阶超混沌电路 EWB 软件仿真结果

2.6.14　*xwy* 增阶洛伦兹四阶超混沌电路

包伯成等人论文 [92] 的第二个超混沌系统是 *xwy* 结构的超混沌，混沌系统模型的微分方程表示是

$$\begin{cases}\dot{x}=\alpha(y-x)\\ \dot{y}=-xz+cy+w\\ \dot{z}=xy-bz\\ \dot{w}=-dx\end{cases} \tag{2.151}$$

代入一组参数的方程是

$$\begin{cases}\dot{x}=36(y-x)\\ \dot{y}=-xz+20y+w\\ \dot{z}=xy-3z\\ \dot{w}=-20x\end{cases} \tag{2.152}$$

VB 软件数值仿真电路输出相图如图 2.272 所示。

VB 数值仿真得到的各个变量的变化范围是 x：±20V，y：±20V，z：5~40V，w：±80V。标度指标是将 x、y、z、w 分别缩小 4、4、8、16 倍，使得四个变量的变化范围都在 ±6V 附近，得到的标度化公式是

$$\begin{cases}\dot{x}=-36x+36y\\ \dot{y}=-8xz+20y+4w\\ \dot{z}=2xy-3z\\ \dot{w}=-5x\end{cases} \tag{2.153}$$

归一化电阻取 100kΩ，得到 *xwy* 增阶洛伦兹四阶超混沌电路原理图如图 2.273 所示。

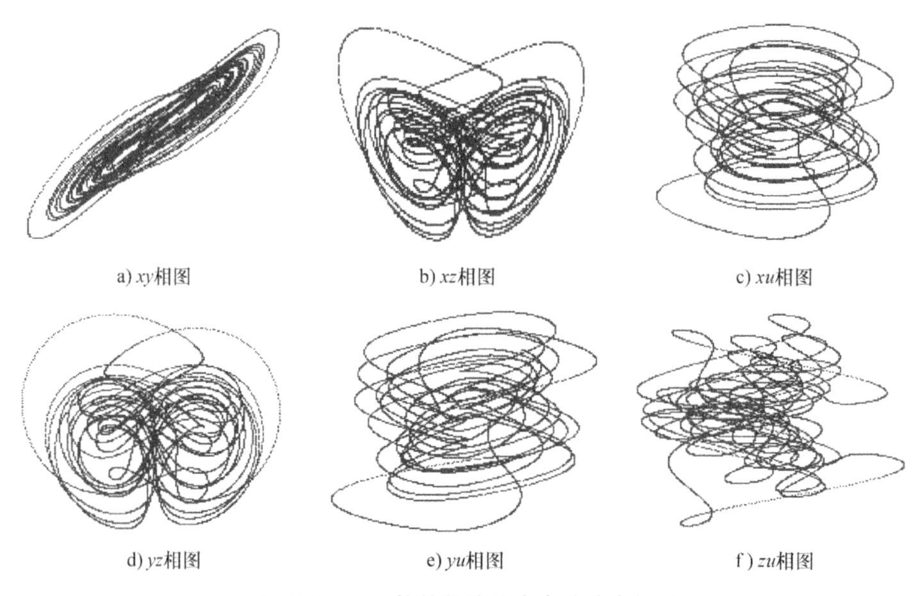

图 2.272　VB 软件数值仿真电路输出相图

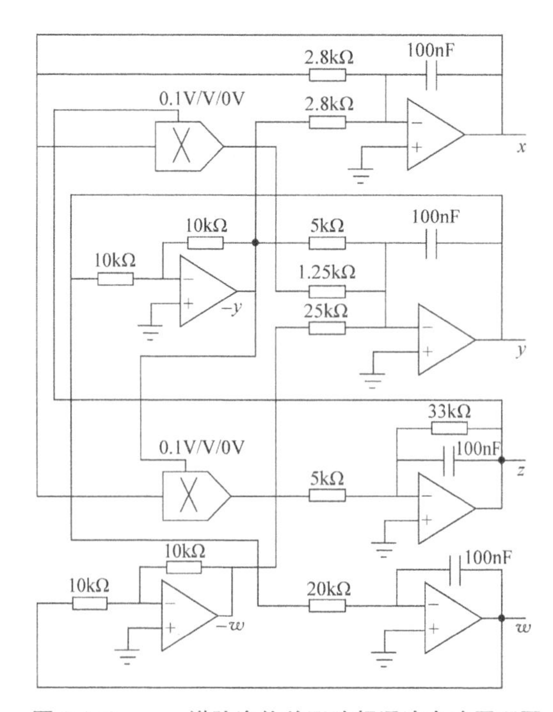

图 2.273　*xwy* 增阶洛伦兹四阶超混沌电路原理图

xwy 增阶洛伦兹四阶超混沌电路 EWB 软件仿真结果如图 2.274 所示。

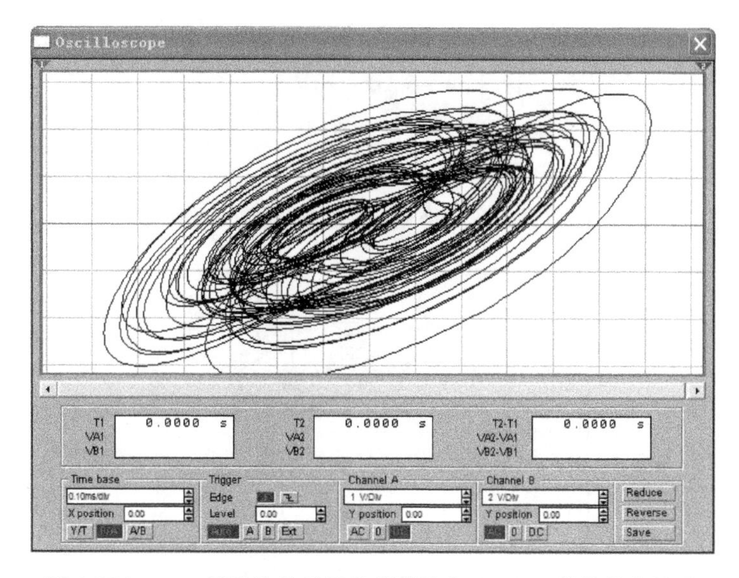

图 2.274　*xwy* 增阶洛伦兹四阶超混沌电路 EWB 软件仿真结果

2.6.15　*xwx* 增阶洛伦兹四阶超混沌电路

包伯成等人论文的第三个超混沌[92]是 *xwx* 结构的超混沌，系统模型的微分方程表示是

$$\begin{cases} \dot{x} = -36x + 36y + w \\ \dot{y} = -xz + 20y \\ \dot{z} = xy - 3z \\ \dot{w} = x \end{cases} \tag{2.154}$$

VB 软件仿真电路输出相图如图 2.275 所示。

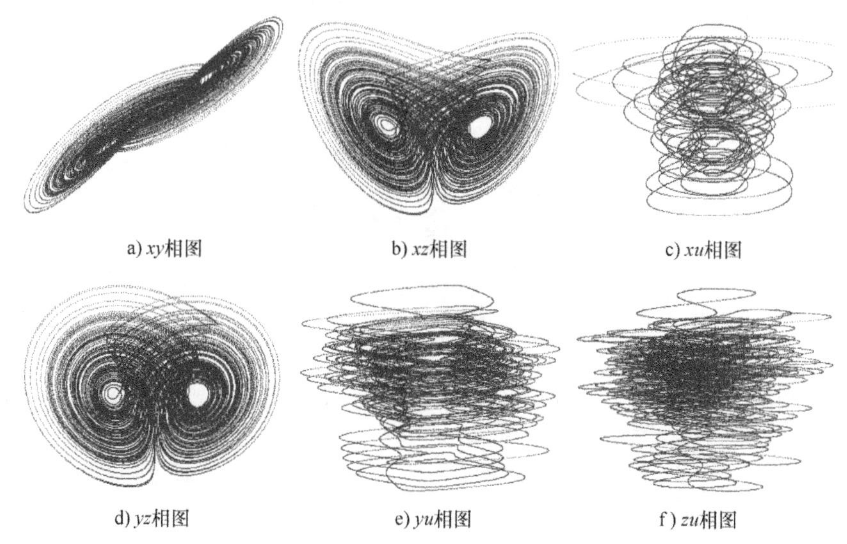

a) *xy*相图　b) *xz*相图　c) *xu*相图

d) *yz*相图　e) *yu*相图　f) *zu*相图

图 2.275　VB 软件仿真电路输出相图

标度化公式是

$$\begin{cases}\dot{x}=-36x+45y-0.5w\\ \dot{y}=-6.2xz+20y\\ \dot{z}=2.5xy-3z\\ \dot{w}=-2x\end{cases} \tag{2.155}$$

根据标度化公式设计出来的 *xwx* 增阶洛伦兹四阶超混沌电路原理图如图 2.276 所示。

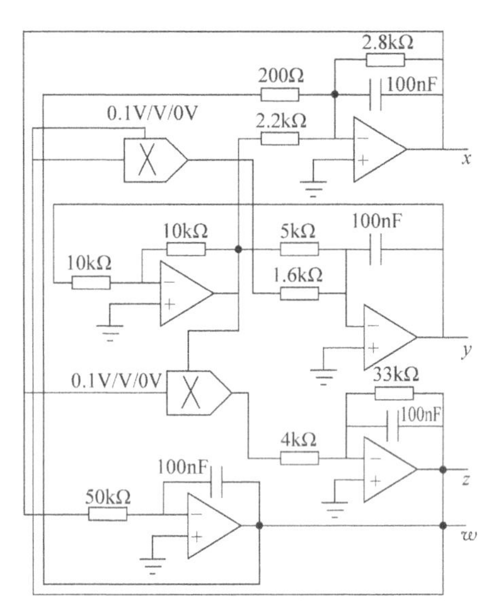

图 2.276　*xwx* 增阶洛伦兹四阶超混沌电路原理图

xwx 增阶洛伦兹四阶超混沌电路 EWB 软件仿真结果如图 2.277 所示。

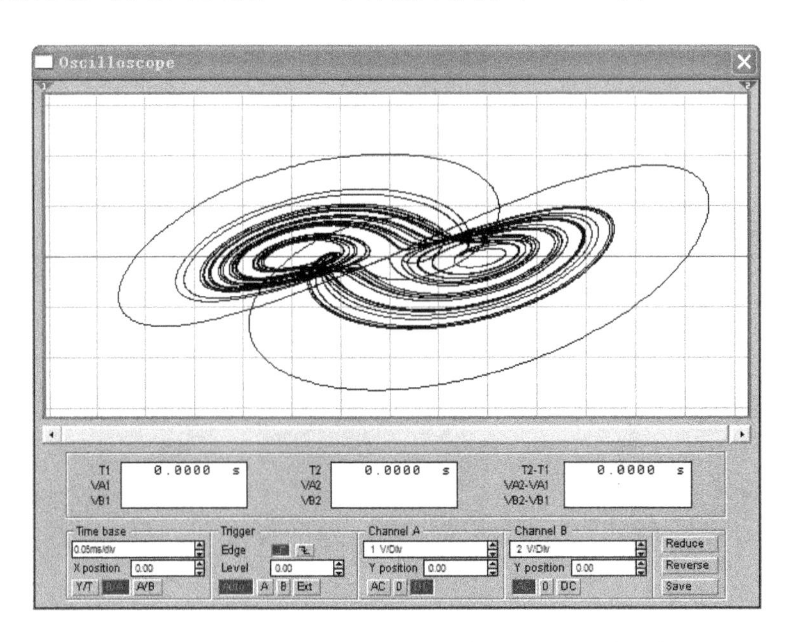

图 2.277　*xwx* 增阶洛伦兹四阶超混沌电路 EWB 软件仿真结果

VB 电路仿真结果如图 2.278 所示。

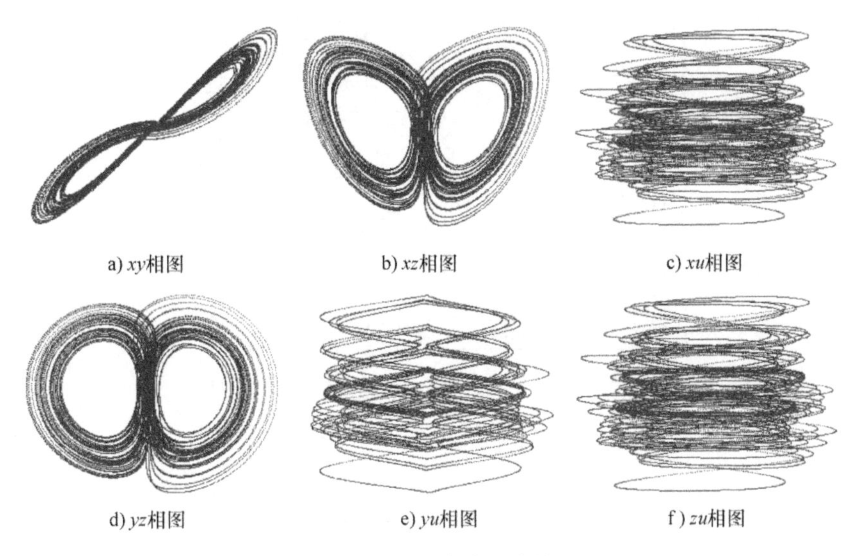

图 2.278　VB 电路仿真结果

2.6.16　xu(xyz)增阶洛伦兹四阶超混沌电路

2011 年，李春来、禹思敏等人在 Yang.Q.G 于 2008 年发表的三阶混沌系统的基础上建立了一个四阶超混沌系统[93]并进行了系统研究，这是一个超混沌，李雅普诺夫指数谱是 λ_1=0.5512，λ_2=0.1935，λ_3=0，λ_4=–38.7440，误差为 0.00076。文献 [93] 提出的原始方程是

$$\begin{cases}\dot{x}=-35x+35y+u\\ \dot{y}=35x-xz+0.2u\\ \dot{z}=xy-3z+0.3u\\ \dot{u}=-5x\end{cases} \tag{2.156}$$

原始公式是归一化方程，变量值域范围是 x：±30V，y：±30V，z：±60V，u：0～40V，拟将 x、y、z、u 分别缩小 5、5、10、7 倍，标度后再稍微调整参数；另外，为了进一步优化电路设计，可以将变量 u 的符号改变，原公式的相应电路就可以有 7+2 优化成 6+2，公式如下所示

$$\begin{cases}\dot{x}=-35x+36y+0.2u\\ \dot{y}=35x-10xz+0.12u\\ \dot{z}=2.5xy-3z+0.1u\\ \dot{u}=-1.7x\end{cases} \tag{2.157}$$

并进一步进行了电路优化设计与标度化设计。电路结构是 xu(xyz)型，电路原理图如图 2.279 所示。

EWB 软件仿真结果如图 2.280 所示。

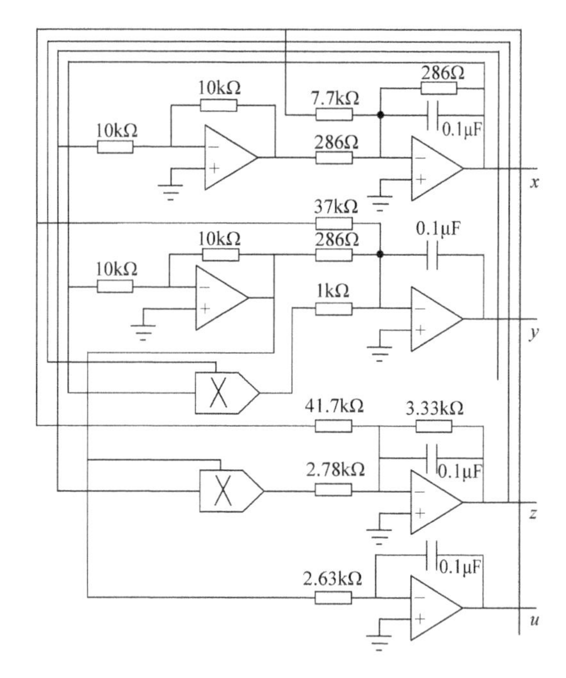

图 2.279　*xu*（*xyz*）增阶洛伦兹四阶超混沌电路原理图

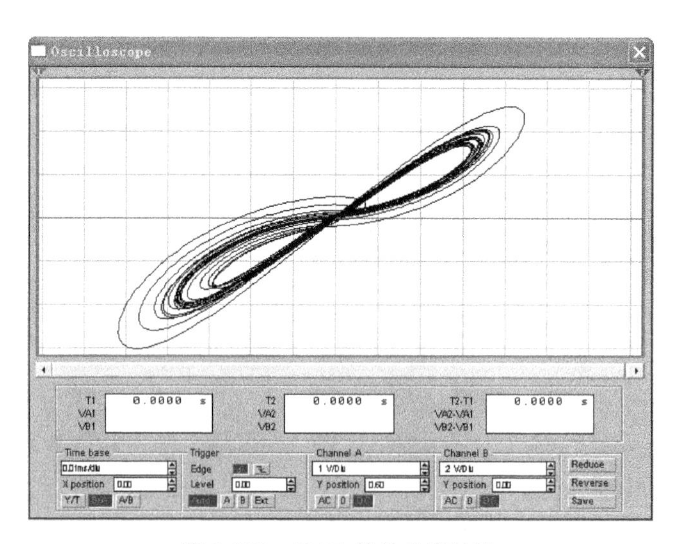

图 2.280　EWB 软件仿真结果

2.6.17　七加三类洛伦兹四阶超混沌电路

2014 年徐家宝等人提出一个超混沌系统[94]，具有两个正的李雅普诺夫指数，该系统公式是

$$\begin{cases}\dot{x} = -5x + 5y \\ \dot{y} = -xz - u \\ \dot{z} = -90 + xy + x^2 \\ \dot{u} = 5y\end{cases} \tag{2.158}$$

电路输出相图如图 2.281 所示。

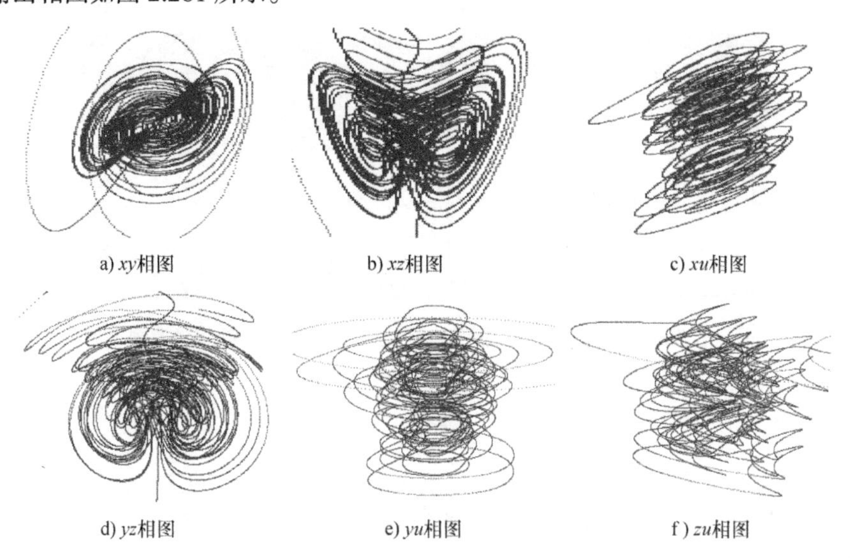

图 2.281　电路输出相图

标度化后的公式是

$$
\begin{cases}
\dot{x} = -5x + 13y \\
\dot{y} = -6xz - u \\
\dot{z} = -5.6 + 6xy + 2.3x^2 \\
\dot{u} = 5y
\end{cases}
\tag{2.159}
$$

经过电路设计，构造了七加三类洛伦兹四阶超混沌电路，电路原理图如图 2.282 所示。

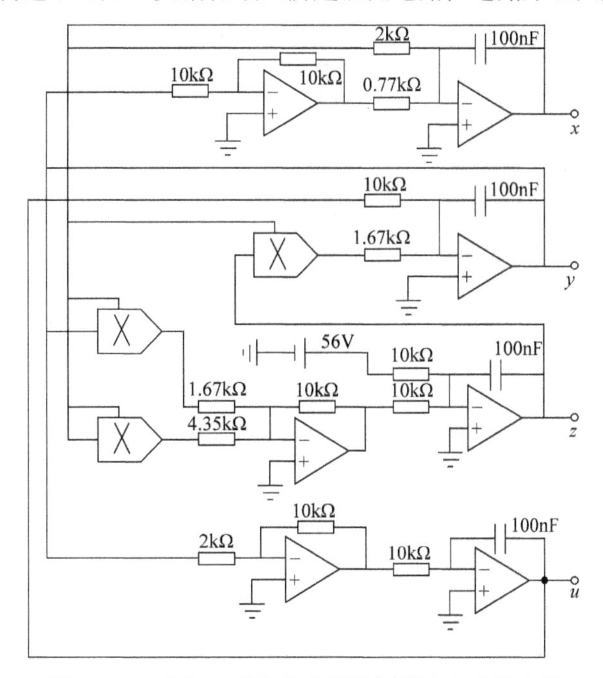

图 2.282　七加三类洛伦兹四阶超混沌电路原理图

根据标度化公式设计的电路进行 EWB 软件仿真，结果如图 2.283 所示。

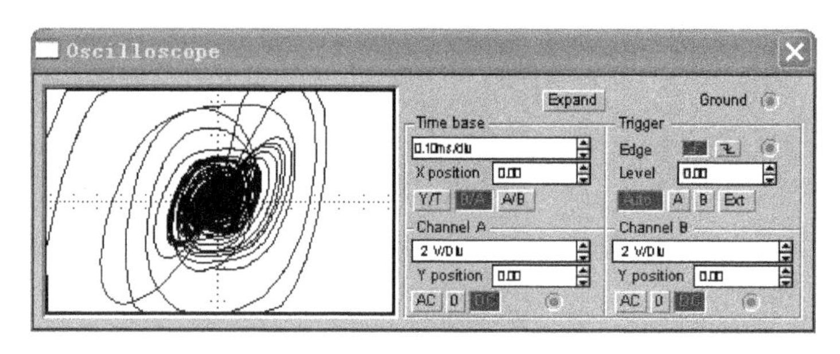

图 2.283　七加三类洛伦兹四阶超混沌电路 EWB 软件仿真结果

2.6.18　二次幂四阶类洛伦兹超混沌电路

2014 年张秀君提出的超混沌系统[95]，对于洛伦兹系统做了较大改变，增加了二次幂非线性，共有三个交叉项。该二次幂四阶类洛伦兹超混沌电路输出相图如图 2.284 所示。二次幂类洛伦兹超混沌数学模型是

$$\begin{cases}\dot{x}=-10x+10y+w\\ \dot{y}=28x-y-2xz\\ \dot{z}=-(8/3)z+2x^2\\ \dot{w}=yz-w\end{cases}\tag{2.160}$$

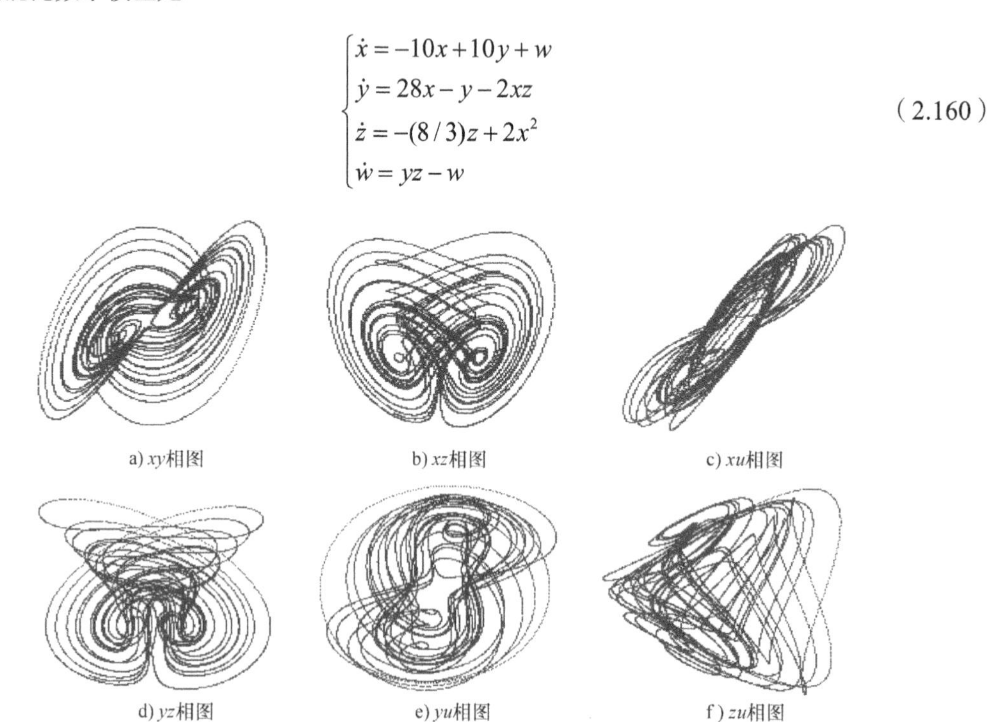

图 2.284　二次幂四阶类洛伦兹超混沌电路输出相图

标度化公式是

$$\begin{cases}\dot{x}=-10x+17y+0.1w\\ \dot{y}=17x-y-9xz\\ \dot{z}=-2.7z+2.4x^2\\ \dot{w}=3.6yz-2w\end{cases}\tag{2.161}$$

二次幂四阶类洛伦兹超混沌电路原理图如图 2.285 所示，电路 EWB 软件仿真结果如图 2.286 所示。

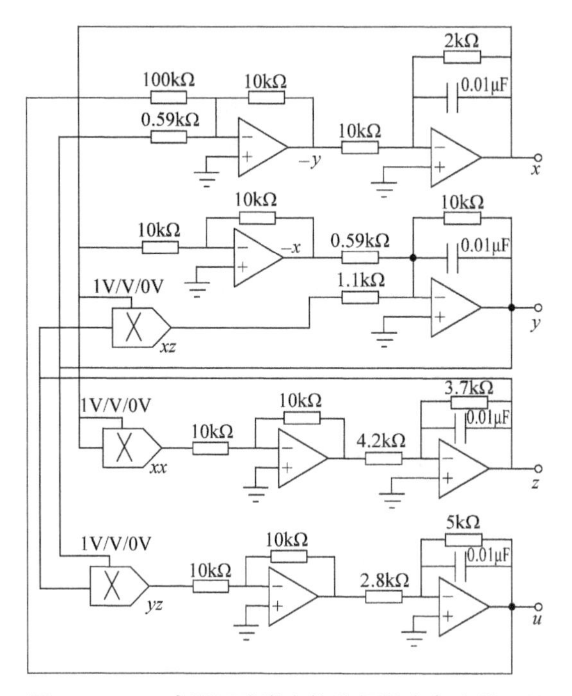

图 2.285　二次幂四阶类洛伦兹超混沌电路原理图

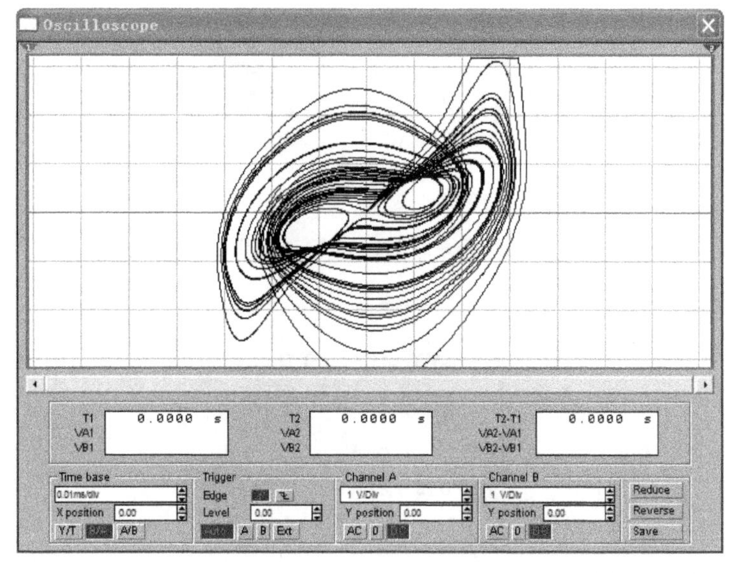

图 2.286　二次幂四阶类洛伦兹超混沌电路 EWB 软件仿真结果

2.6.19 二次幂五阶类洛伦兹超混沌电路

张秀君还提出了五阶超混沌系统[95]，这个系统又增加了一个交叉项非线性，共有四个交叉项。二次幂类洛伦兹五阶超混沌数学模型是

$$\begin{cases}\dot{x}=-10x+10y+w+u\\ \dot{y}=28x-y-2xz\\ \dot{z}=-(8/3)z+2x^2\\ \dot{w}=yz-2w\\ \dot{u}=xy+yz\end{cases} \tag{2.162}$$

二次幂五阶类洛伦兹超混沌电路 VB 数字仿真输出相图如图 2.287 所示。

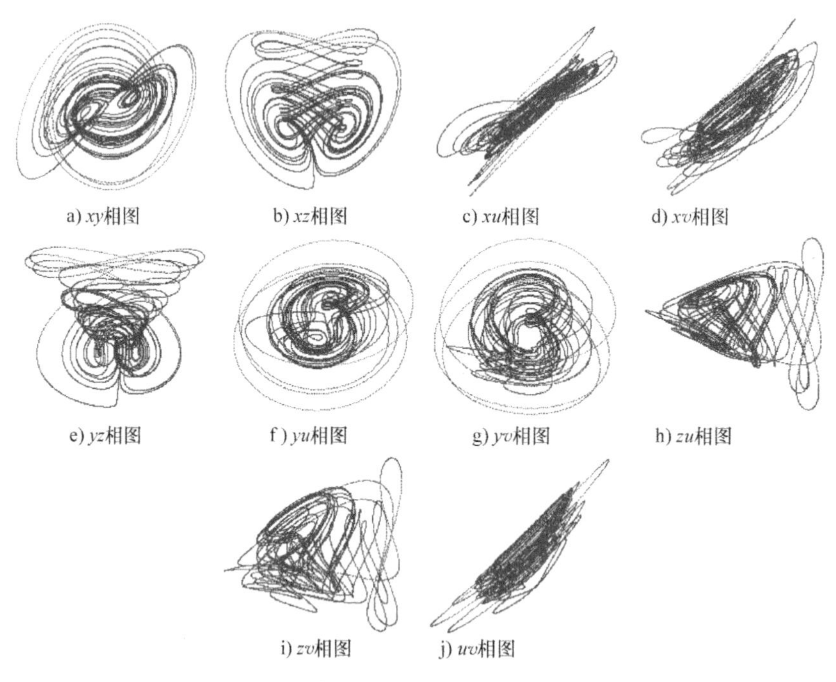

图 2.287　二次幂五阶类洛伦兹超混沌电路 VB 数字仿真输出相图

标度化的电路方程是

$$\begin{cases}\dot{x}=-10x+17y+0.5w+3u\\ \dot{y}=17x-y-11xz\\ \dot{z}=-2.7z+2x^2\\ \dot{w}=6yz-2w\\ \dot{u}=1.5xy+4.5yz\end{cases} \tag{2.163}$$

对应的混沌电路原理图如图 2.288 所示。

二次幂五阶类洛伦兹超混沌电路 EWB 软件仿真结果如图 2.289 所示。

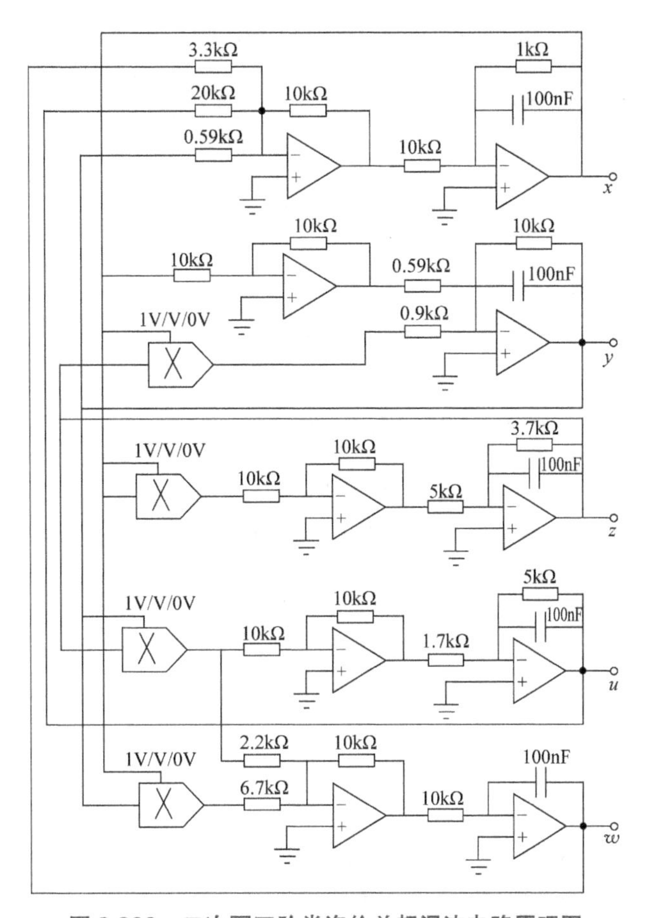

图 2.288　二次幂五阶类洛伦兹超混沌电路原理图

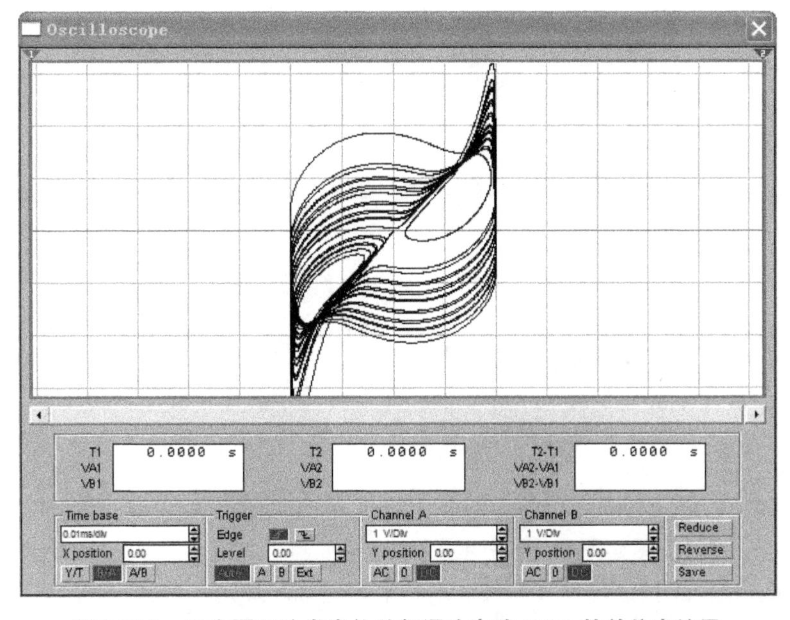

图 2.289　二次幂五阶类洛伦兹超混沌电路 EWB 软件仿真结果

2.6.20 一种五阶类洛伦兹超混沌电路

魏亚东于2012年提出一种五阶类洛伦兹超混沌电路[96]，有三个交叉项。动力学系统微分方程是

$$\begin{cases}\dot{x}_1=-10x_1+10x_2+x_4-x_5\\ \dot{x}_2=x_1-x_2-x_1x_3\\ \dot{x}_3=-(8/3)x_3+x_1x_2\\ \dot{x}_4=-x_2x_3-x_4\\ \dot{x}_5=5x_1\end{cases} \tag{2.164}$$

五阶类洛伦兹超混沌电路VB仿真输出相图如图2.290所示。

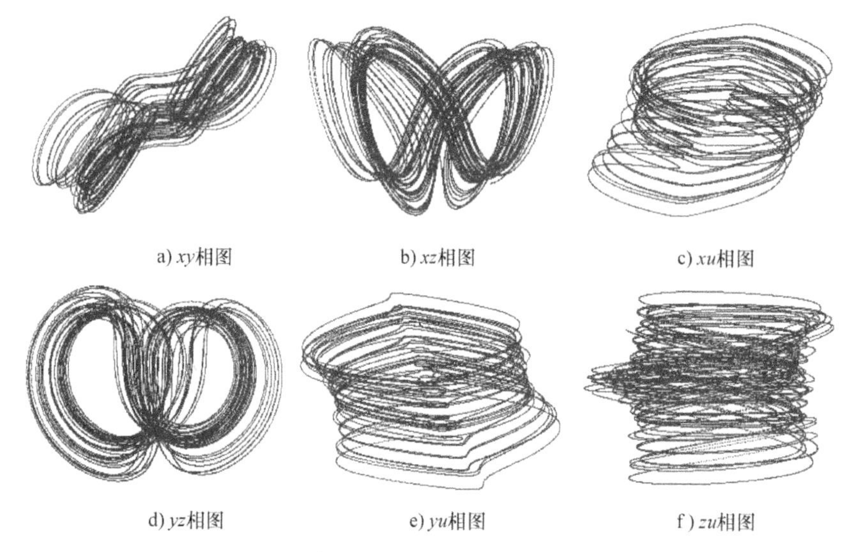

a) *xy*相图　b) *xz*相图　c) *xu*相图

d) *yz*相图　e) *yu*相图　f) *zu*相图

图2.290　五阶类洛伦兹超混沌电路VB仿真输出相图

式（2.164）是归一化的微分方程，五个变量的动态变化范围是x: ±22，y: ±22，z:0～50，u：±100，v：±50。标度化后的公式是

$$\begin{cases}\dot{x}_1=-10x_1+8x_2+6.4x_4-1.6x_5\\ \dot{x}_2=35x_1-x_2-10x_1x_3\\ \dot{x}_3=-(8/3)x_3+2.5x_1x_2\\ \dot{x}_4=-x_2x_3-x_4\\ \dot{x}_5=3x_1\end{cases} \tag{2.165}$$

标度化的微分方程的五个变量的动态变化都是±5V范围，由此可以设计物理电路。五阶类洛伦兹超混沌电路原理图如图2.291所示。

五阶类洛伦兹超混沌电路EWB软件仿真结果如图2.292所示。

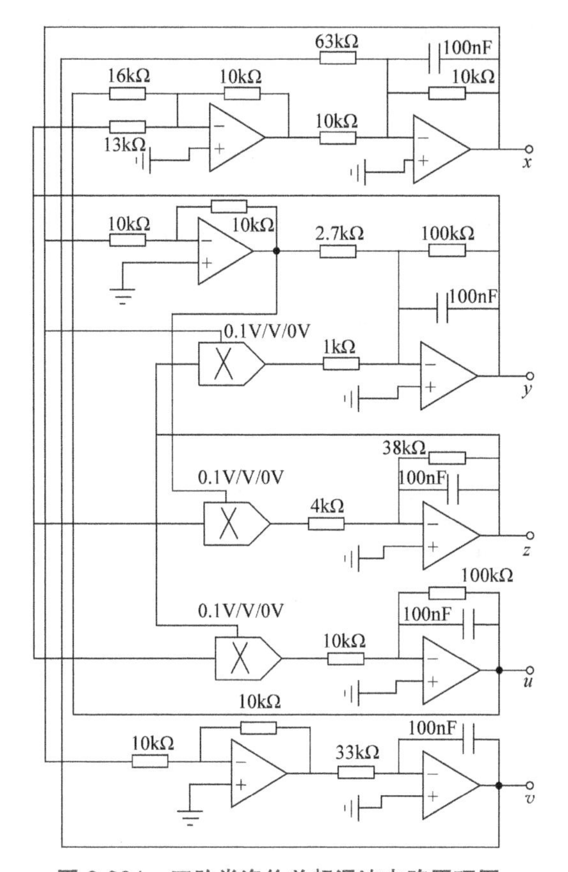

图 2.291　五阶类洛伦兹超混沌电路原理图

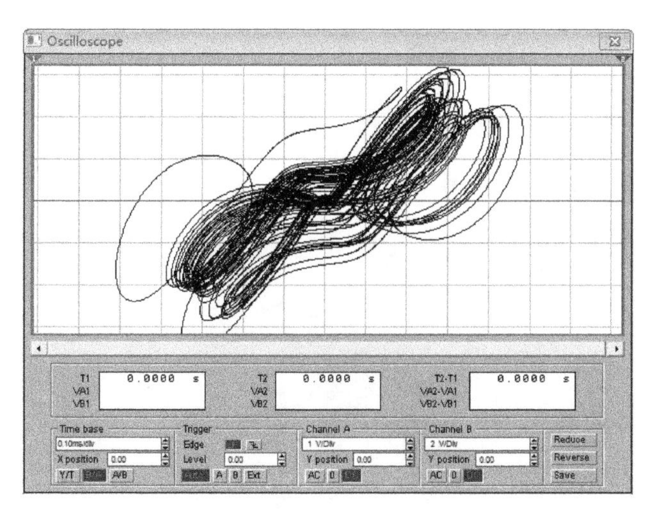

图 2.292　五阶类洛伦兹超混沌电路 EWB 软件仿真结果

2.6.21　三阶四翼混沌电路

在种类繁多的混沌吸引子中，每个吸引子中各个涡旋的相对位置关系不相同，但是也能分成很少的几个类型。其中的一个类型称为多翼，很像搅拌机中几个搅拌翼的相互位置关系。一

种四翼混沌吸引子[97-101]的数学模型是

$$
\begin{cases}
\dot{x} = 3x - 5yz \\
\dot{y} = -8.3y + 20xz \\
\dot{z} = -2z + 5xy
\end{cases}
\tag{2.166}
$$

它是三阶四翼混沌，可以由电路实现，由四个运算放大器与三个模拟乘法器构成，是四加三混沌电路。三阶四翼混沌电路原理图如图 2.293 所示。

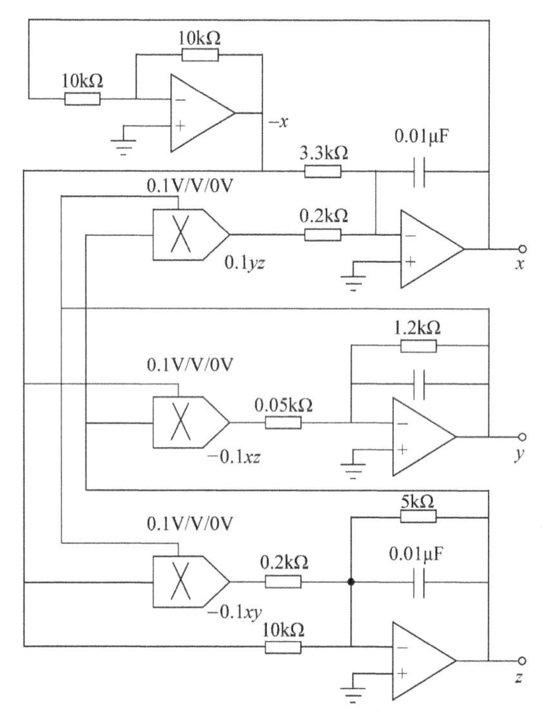

图 2.293　三阶四翼混沌电路原理图

三阶四翼混沌电路 EWB 软件仿真结果如图 2.294 所示。

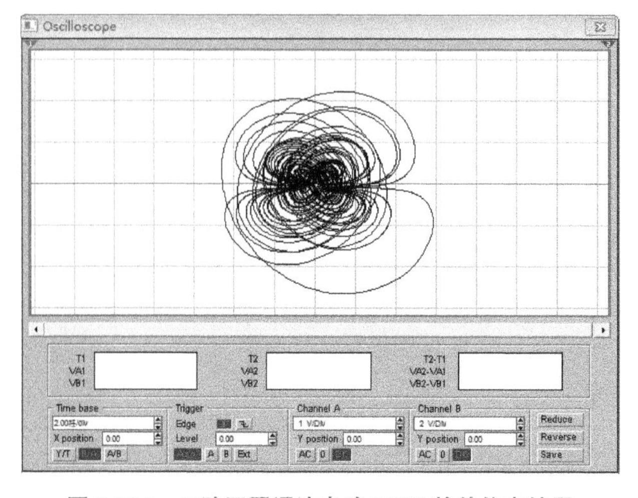

图 2.294　三阶四翼混沌电路 EWB 软件仿真结果

搭建物理电路进行物理实验，得到三阶四翼混沌电路输出相图如图 2.295 所示。

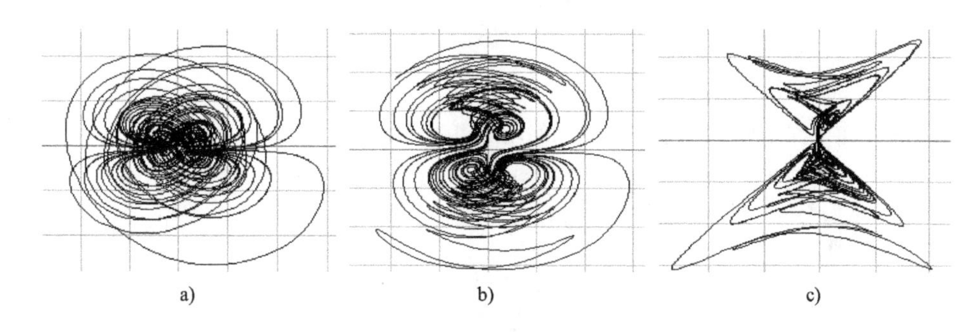

图 2.295 三阶四翼混沌电路输出相图

2.6.22 四阶四翼混沌电路

2014 年，彭再平在《物理学报》发表论文《一种新型的四维多翼超混沌吸引子及其在图像加密中的研究》[99]，根据论文涉及的四阶四翼混沌电路原理图如图 2.296 所示。

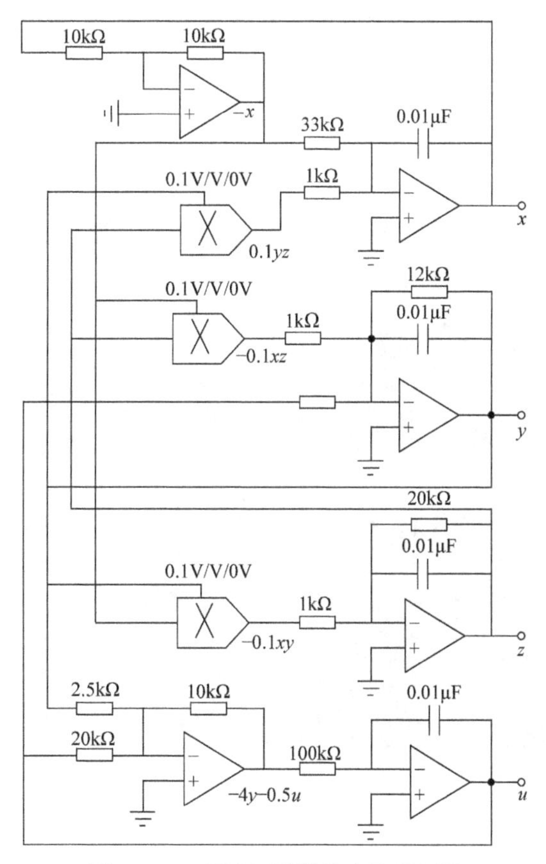

图 2.296 四阶四翼混沌电路原理图

四阶四翼混沌电路数学模型是

$$
\begin{cases}
\dot{x} = 3x - 10yz \\
\dot{y} = -8.3y + 10xz - 1.25u \\
\dot{z} = -5z + 10xy \\
\dot{u} = 4y + 0.5u
\end{cases}
\tag{2.167}
$$

四阶四翼混沌电路 EWB 软件仿真结果如图 2.297 所示。

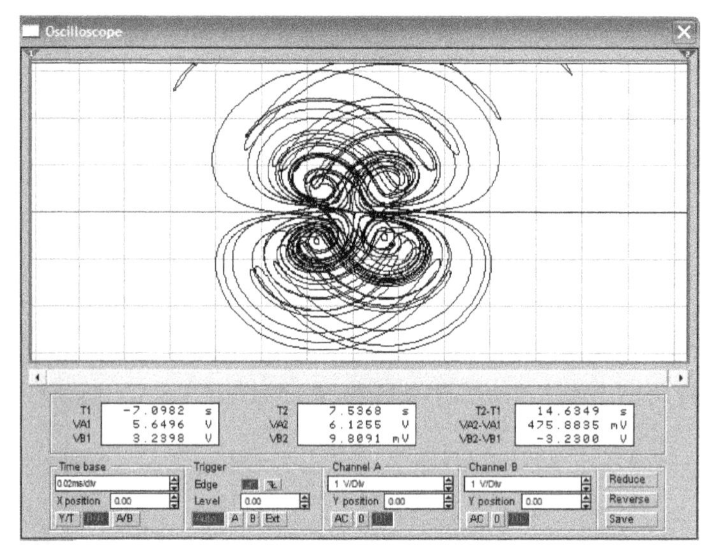

图 2.297　四阶四翼混沌电路 EWB 软件仿真结果

搭建物理电路进行实验验证，得到四阶四翼混沌电路输出相图如图 2.298 所示。

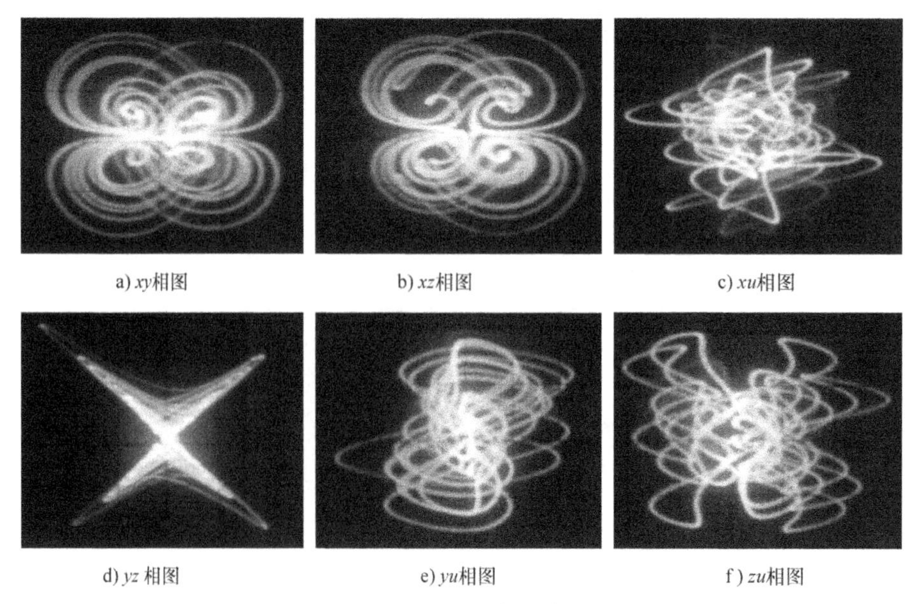

a) xy相图　　b) xz相图　　c) xu相图

d) yz 相图　　e) yu相图　　f) zu相图

图 2.298　四阶四翼混沌电路输出相图

交叉项非线性混沌系统掩盖着许多自然奥秘，深度挖掘必有收获。

2.7　忆阻混沌电路

蔡少棠提出的忆阻概念填补了电磁学理论中的一个空白点。将忆阻概念应用于混沌电路产生了一批特性奇异的混沌电路。忆阻混沌电路的初值条件赋予忆阻混沌电路有不同于其他混沌电路的特点：一般混沌电路的不同初值条件产生的蝴蝶效应只影响混沌吸引子的轨道位置而不影响混沌吸引子的形状，忆阻混沌电路的不同初值条件产生的蝴蝶效应不仅影响混沌吸引子的轨迹位置，还会改变混沌吸引子的几何形状。

忆阻基本概念的叙述见第 4 章 4.6 节。

2.7.1　基于蔡氏电路的忆阻四阶混沌电路

忆阻蔡氏电路[102-105, 139-141]的来源是：经典蔡氏电路中的非线性部分由时不变的非线性负阻（三折线非线性）电路实现，而忆阻蔡氏电路中的非线性部分由时变的非线性忆阻电路实现。由于“忆”阻，“忆”需要一阶积分，所以电路的“阶”增加了一阶，例如所谓的“三阶忆阻蔡氏电路”，实际电路是四阶电路，为了不至于混淆，将这个电路简称为“忆阻三阶（加一）蔡氏电路”，为了不绕口直接称为“基于蔡氏电路的忆阻四阶混沌电路”。以下电路实例引自文献[102]，由包伯成等人提出，本章有所修改。

下面叙述忆阻非线性蔡氏电路，作为对照，给出经典蔡氏电路表达式，为了更清楚地表明两者对应关系，将经典蔡氏电路改变外形写成

$$\begin{cases}\dot{x}=\alpha_1 y-\alpha_2 x-\alpha_3 f(x)\\ \dot{y}=x-y+z\\ \dot{z}=-\beta y\text{-}\gamma z\end{cases} \tag{2.168}$$

公式中的第三式的 $-\gamma z$ 表示电感器的附加电阻，由于阻值很小在蔡少棠原始公式中忽略为零。第一式中包含非线性项 $f(x)$ 是三折线非线性

$$f(x)=\frac{1}{2}(|x+1|-|x-1|) \tag{2.168A}$$

本节介绍的忆导元件构成的蔡氏电路的数学模型是

$$\begin{cases}\dot{x}=\alpha_1 y+\alpha_2 x-\alpha_3 w(x)x\\ \dot{y}=x-y+z\\ \dot{z}=-\beta y-\gamma z\end{cases} \tag{2.169}$$

其中

$$\begin{cases}\dot{u}=x\\ w(x)=a+3bu^2\end{cases} \tag{2.169A}$$

式中，$w(x)$ 是忆阻，伏安特性要满足

$$i=(a+3b\phi^2)u \tag{2.170}$$

或

$$i = au + 3bu(\int u\mathrm{d}t)^2 \tag{2.170A}$$

式（2.169）中第一式最后一项的正负号与式（2.169A）中点 u 式的正负号可以同时改变，这对于优化电路设计很重要，可以用于简化或者优化电路设计。

一组具体参数是 α_1=16.4，α_2=6.56，α_3=16.4，β=15，γ=0.5，a=0.2，b=0.4，代入具体参数的四阶忆阻蔡氏电路公式是

$$\begin{cases} w(x) = 0.2 + 3\times 0.4u^2 \\ \dot{x} = 16.4y + 6.56x - 16.4w(x)x \\ \dot{y} = x - y + z \\ \dot{z} = -15y - 0.5z \\ \dot{u} = x \end{cases} \tag{2.171}$$

这个系统能够进入混沌吸引子的初值是（x，y，z，u）=（0.2，0.1，0.1，0.1），其他初值最终都进入稳定平衡点。从根本上说，这个忆阻混沌吸引子是个暂态混沌，用这个观点也可以解决其他忆阻混沌初值问题的所有问题。我们猜测，由于忆阻的“记忆”使得暂态混沌的时间增加了，造成一些“新的”混沌的出现。

标度化后公式是

$$\begin{cases} w(x) = 0.2 + 3\times 0.1u^2 \\ \dot{x} = 7x + 3.3y - 16w(x)x \\ \dot{y} = 5x - y + 5z \\ \dot{z} = -3y - 0.5z \\ \dot{u} = 2x \end{cases} \tag{2.172}$$

电路实现以经典蔡氏电路原理图设计，如图 2.299 所示。

此图电路设计容易，组装、调试非常困难，实际上是很难实现的方案。纯运算放大器电路设计容易、成本低廉、调试简单。为了设计，进一步简化式（2.172）为

$$\begin{cases} \dot{x} = 3.3x - 16y - 20u^2x \\ \dot{y} = x - y + z \\ \dot{z} = -15y - 0.5z \\ \dot{u} = x \end{cases} \tag{2.173}$$

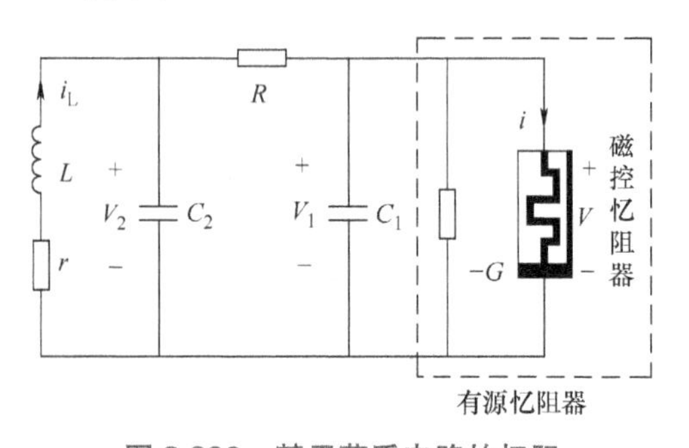

图 2.299　基于蔡氏电路的忆阻四阶混沌电路原理图

基于纯运放蔡氏电路的忆阻混沌电路原理图如图 2.300 所示。

忆阻蔡氏电路 EWB 软件仿真结果如图 2.301 所示。

EWB 软件仿真输出相图如图 2.302 所示。

注意式（2.170），等号左边是忆阻元件的电流，等号右边是忆阻元件的电压，对照图 2.300，图的左边上半部分的一堆电路的输入输出关系恰好满足式（2.170），因此这一部分电路是忆阻元件的数学模型实现，只不过输出的是电流，无法使用示波器直接观测，但是稍微改变

电路就能够用示波器测量出电流来，见 4.7 节“有源短路线”的有关叙述。有源短路线测量方法能够使我们看到忆阻元件真正的“伏安特性曲线”。在时不变电路中，电路元件的伏安特性曲线确实是“线”，这是时不变的概念，但是忆阻元件的“伏安特性曲线”就不是线而是“图”，这体现了忆阻元件是时变电路元件的实质。忆阻动态伏安曲线如图 2.303 所示。

使用专用电路实验板搭建基于蔡氏电路的忆阻非线性物理实验电路板如图 2.304 所示。

忆阻非线性物理实验电路输出相图如图 2.305 所示。

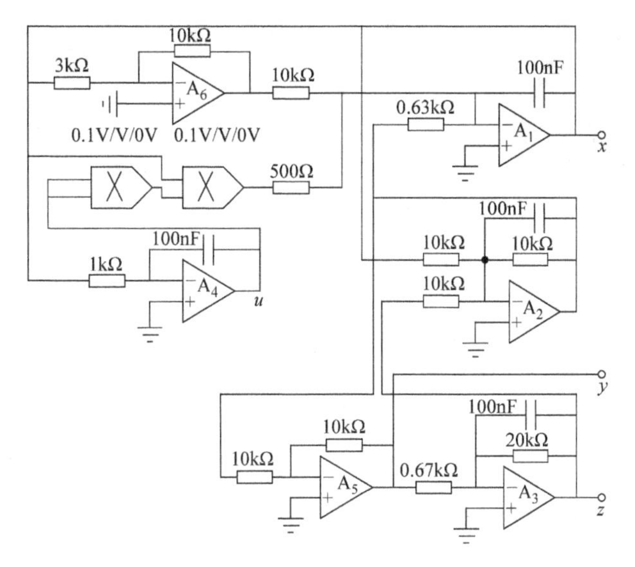

图 2.300　基于纯运放蔡氏电路的忆阻混沌电路原理图

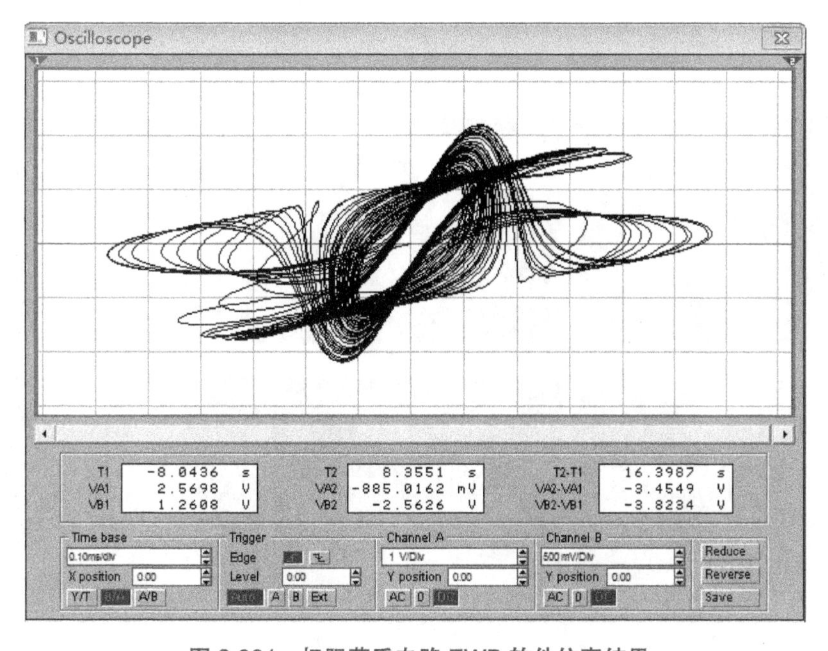

图 2.301　忆阻蔡氏电路 EWB 软件仿真结果

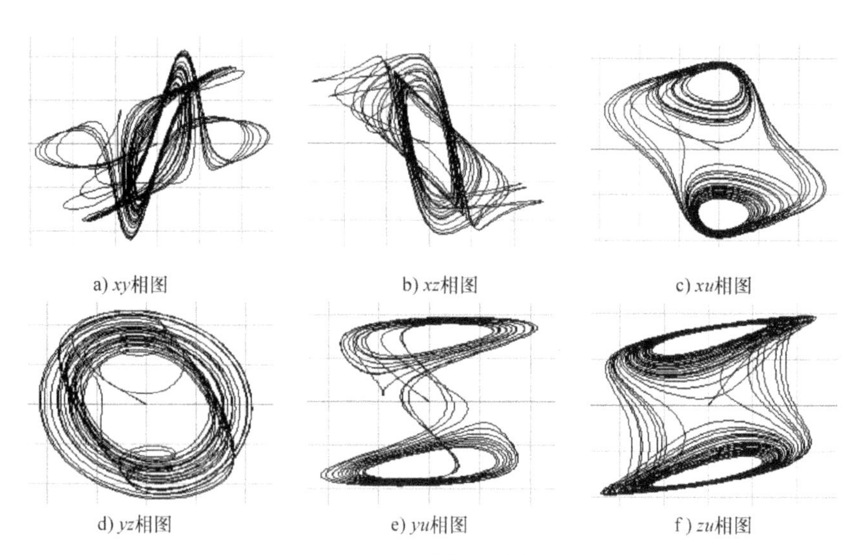

a) xy相图　b) xz相图　c) xu相图

d) yz相图　e) yu相图　f) zu相图

图 2.302　EWB 软件仿真输出相图

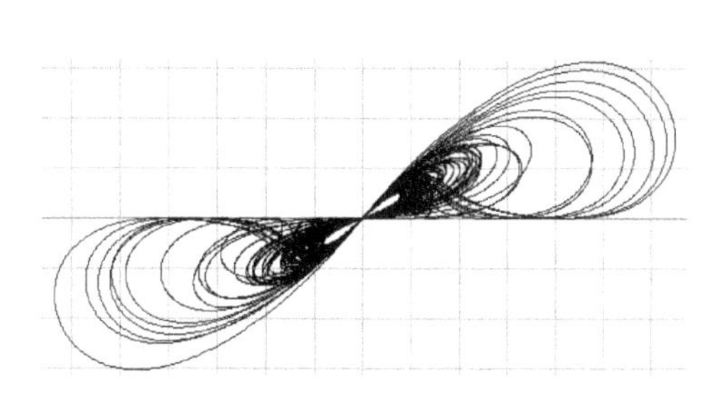

图 2.303　忆阻动态伏安曲线

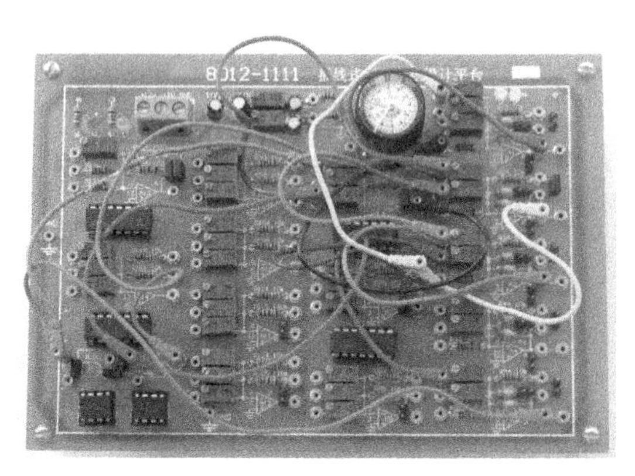

图 2.304　忆阻非线性物理实验电路板

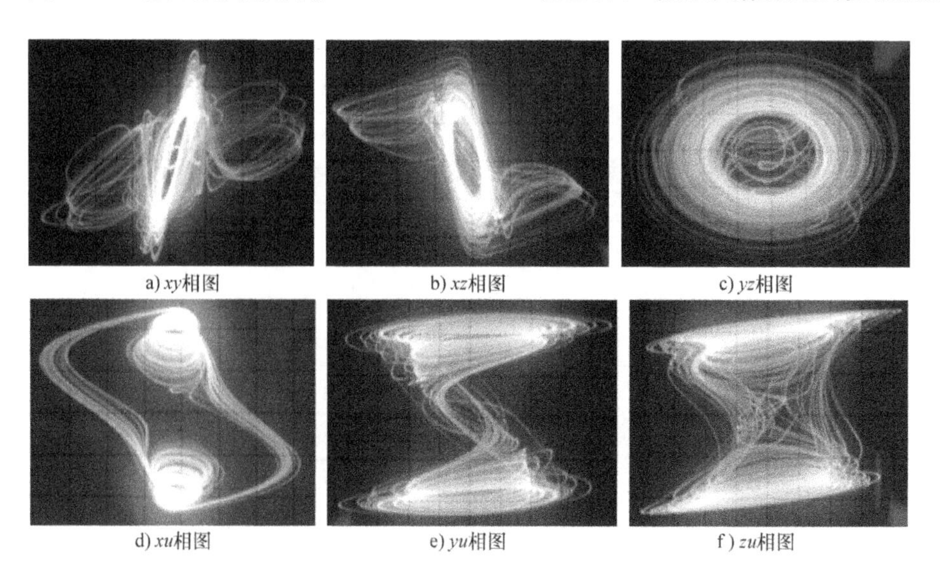

a) xy相图　b) xz相图　c) yz相图

d) xu相图　e) yu相图　f) zu相图

图 2.305　忆阻非线性物理实验电路输出相图

与两端器件忆阻伏安特性有关的几个输出图形如图 2.306 所示，图 2.306a ~ 图 2.306d 是仿真结果，图 2.306e ~ 图 2.306h 是物理电路实验结果。图 2.306 中仿真与实际电路输出对应的 4 个图形都以变量 x 为横坐标，变量分别是，图 2.306a 和图 2.306e 为变量 u，运放 A_4 输出；图 2.306b 和图 2.306f 为变量 u 的 2 次方，相图分布在横坐标轴上第一、二象限，模拟乘法器 1 的输出；图 2.306c 和图 2.306g 为变量 x 与变量 u 的 2 次方的乘积 xu^2，相图分布在第一、三象限，模拟乘法器 2 的输出；图 2.306d 和 2.306h 为上面两个函数的和，即忆阻，所以本图是忆阻“伏安特性关系曲线”，在图 2.300 中，这个图形不能够测量出来，需要附加电路。注意以上各图的物理概念，虽然所有变量都是电压且电路对应单位都是伏特，但是其物理概念好多已经不是伏特了，而是伏特的 2 次方、伏特的 3 次方、电流的概念等，与电压概念不同，如果完全使用伏特概念将导致错误。例如，图 2.306d 和 2.306h 的整体概念是伏安特性曲线，是伏安特性相图，纵坐标在电路中是电压，但是物理概念是“电流”。

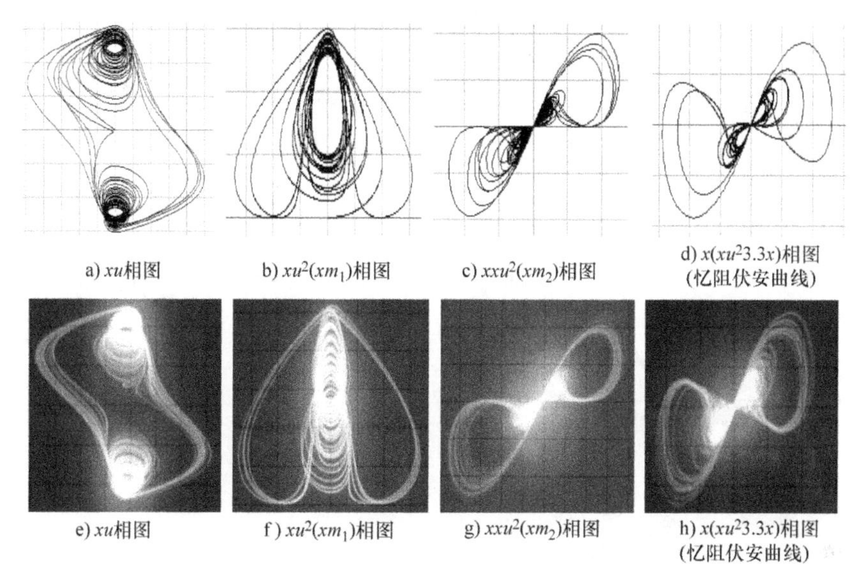

a) xu相图　b) $xu^2(xm_1)$相图　c) $xxu^2(xm_2)$相图　d) $x(xu^23.3x)$相图（忆阻伏安曲线）

e) xu相图　f) $xu^2(xm_1)$相图　g) $xxu^2(xm_2)$相图　h) $x(xu^23.3x)$相图（忆阻伏安曲线）

图 2.306　忆阻部分的各个测量点构成的“相图”，EWB 仿真与实际结果的比较

本节内容较多，在此简述，关于忆阻混沌的资料还可以参见文献 [102-104，139-141]。

2.7.2　基于蔡氏电路的忆阻五阶混沌电路

上面是四阶电路，包伯成等人通过扩阶构成的五阶电路 [105] 称为基于蔡氏电路的忆阻五阶混沌电路。电路数学模型的归一化公式表示是

$$\begin{cases} w(u) = -a + 3bu^2 \\ \dot{x} = \alpha\left[z - w(u)x\right] \\ \dot{y} = -z + w \\ \dot{z} = \beta(-x + y - z) \\ \dot{w} = -\gamma y \\ \dot{u} = x \end{cases} \tag{2.174}$$

当 α=9，β=30，γ=15，a=1.2，b=0.4，且初值（x，y，z，w，u）=（0，0，0.0001，0，0）时，系统有五阶混沌吸引子。

给出具体变量参数，公式是

$$\begin{cases} \dot{x}=10.8x+9z-10.8xu^2 \\ \dot{y}=-z+w \\ \dot{z}=-30x+30y-30z \\ \dot{w}=-15y \\ \dot{u}=x \end{cases} \tag{2.175}$$

基于蔡氏电路的忆阻五阶混沌电路输出相图如图 2.307 所示。

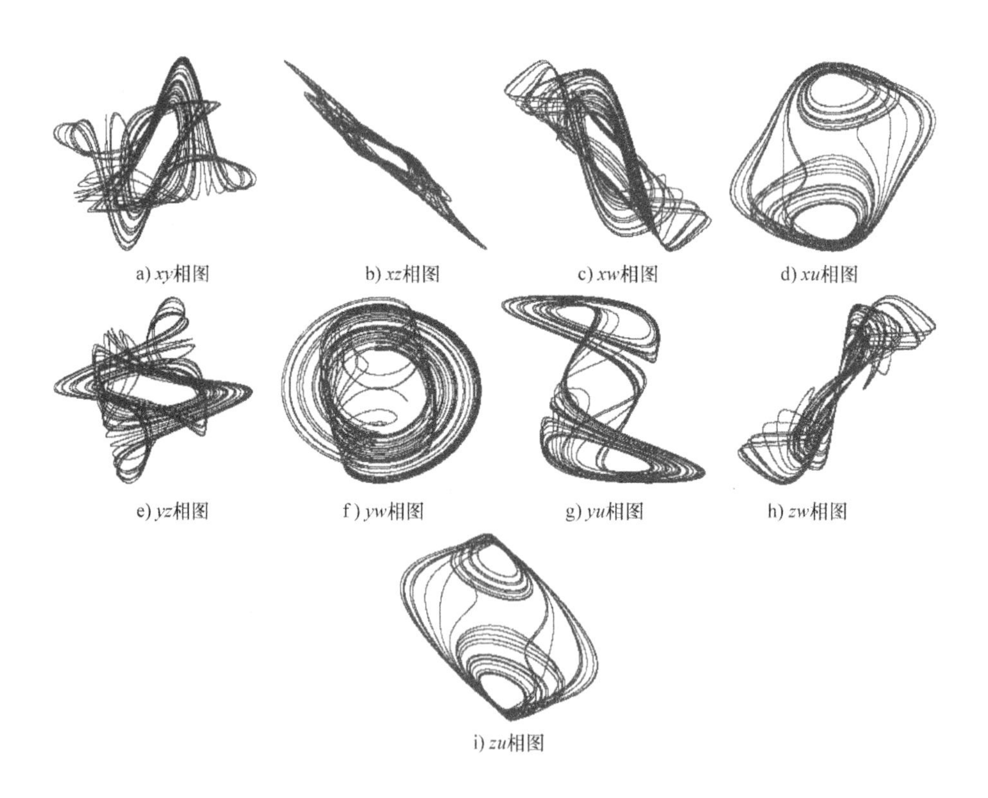

图 2.307　基于蔡氏电路的忆阻五阶混沌电路输出相图

根据式（2.179）设计电路，并进行标度化，进而设计优化，得到五阶忆阻蔡氏电路原理图如图 2.308a 所示。EWB 软件仿真结果如图 2.308b 所示。

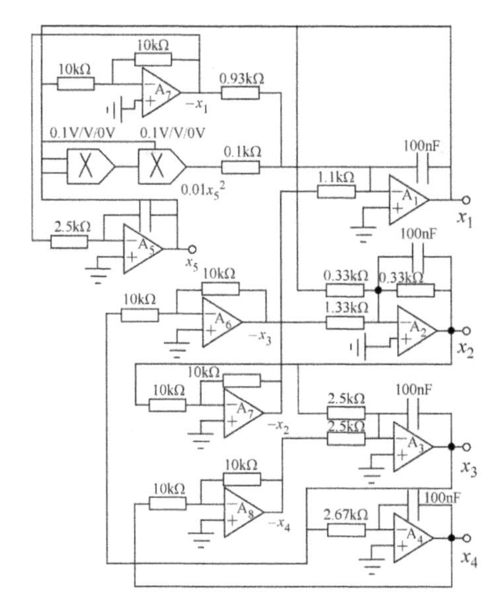

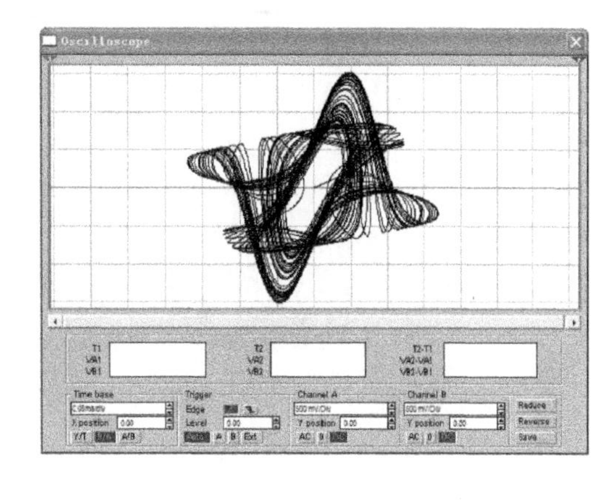

a) 原理图　　　　b) EWB软件仿真结果

图 2.308　基于蔡氏电路的忆阻五阶混沌电路

2.7.3　二极管桥与串联 *RL* 滤波器一阶广义忆阻模拟

最早的忆阻数学建模始自蔡少棠的关于电荷与磁通函数关系的思考，先找电荷与磁通的关系，这个关系是一种新的电路器件满足的约束关系式，之后再找满足这一关系式的电路元件，前面讲到的忆阻元件就是这么来的。后来人们从相反的思路出发从已有电路元件中寻找满足电荷磁通关系的电路元件，发现二极管桥及电阻、电容、电感等储能元件的组合也满足这一关系，本节讨论这样的忆阻元件[106]，由武花干、包伯成等人提出。

一种满足电荷磁通关系的两端口电路如图 2.309a 所示，是两端口电路。该忆阻元件的电压可以由示波器测得，电流测量需要附加电路，图 2.309b 是一种方案，在回路中串联一个小电阻，本方案使用 1Ω 的取样电阻，将此取样电阻的电流经过附加电路转换成电压，供示波器测量。EWB 软件仿真结果如图 2.310 所示。

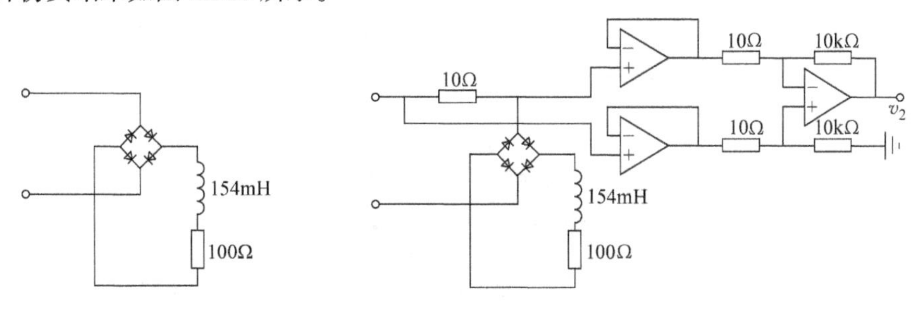

a) 一种忆阻元件模型　　　　b) 两端器件伏安特性曲线示波器测量方法

图 2.309　一种忆阻元件模型及其伏安特性曲线示波器测量方法

电流公式是

$$i=\frac{u_{取样}}{R_{取样}}=\frac{\frac{R_i}{R_f}u_{输出}}{R_{取样}}=\frac{\frac{10\Omega}{10k\Omega}u_{输出}}{1\Omega}=\frac{u_{输出}}{1000\Omega} \tag{2.176}$$

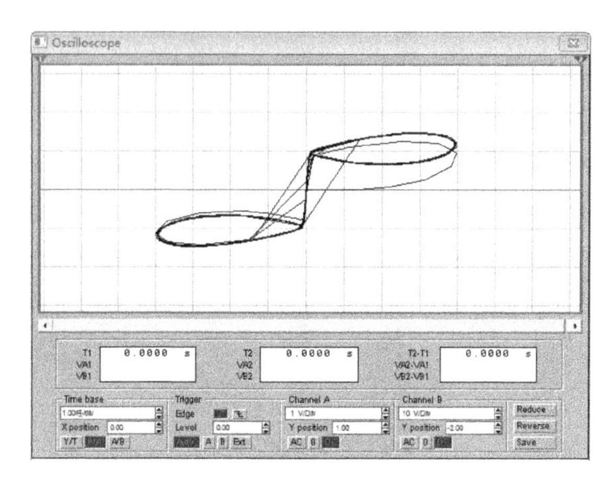

图 2.310　EWB 软件仿真结果

2.7.4　一阶广义忆阻器的文氏桥混沌振荡器

一个电路是否等效实现了或者具备了一个忆阻元件的特征，在于该电路的输入端口能否呈现出忆阻的三个本质特征：1）当施加双极性周期信号时，电路端口伏安关系特性展示出一条原点收缩的紧磁滞回线；2）从临界频率开始，磁滞旁瓣面积随激励频率增大而单调减小；3）当频率趋近于无限大时，紧磁滞回线收缩为一个单值函数。俞清、包伯成等人[107]提出，经典电子学的二极管整流桥电阻电容负载电路的输入端口等效电路具有忆阻元件的特征。

一阶广义忆阻器的文氏桥混沌振荡器电路原理图如图 2.311 所示。

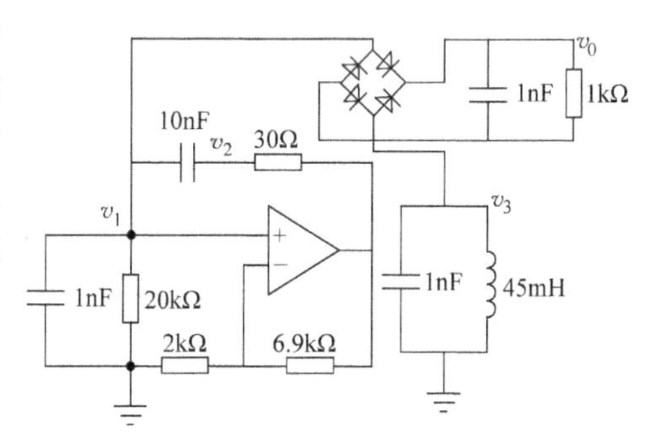

图 2.311　一阶广义忆阻器的文氏桥混沌振荡器电路原理图

其中的二极管桥与负载电阻电容构成忆阻元件，是两端口器件。一阶广义忆阻器的文氏桥混沌振荡器电路 EWB 软件仿真结果如图 2.312 所示。

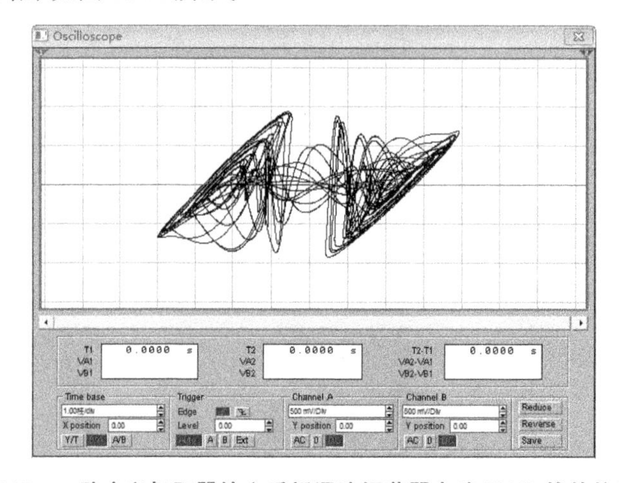

图 2.312　一阶广义忆阻器的文氏桥混沌振荡器电路 EWB 软件仿真结果

电容 C_2、C_0 上的电压是悬浮电压，示波器不能直接测量，需要搭建示波器直接测量附加电路，EWB 软件仿真结果如图 2.313 所示。

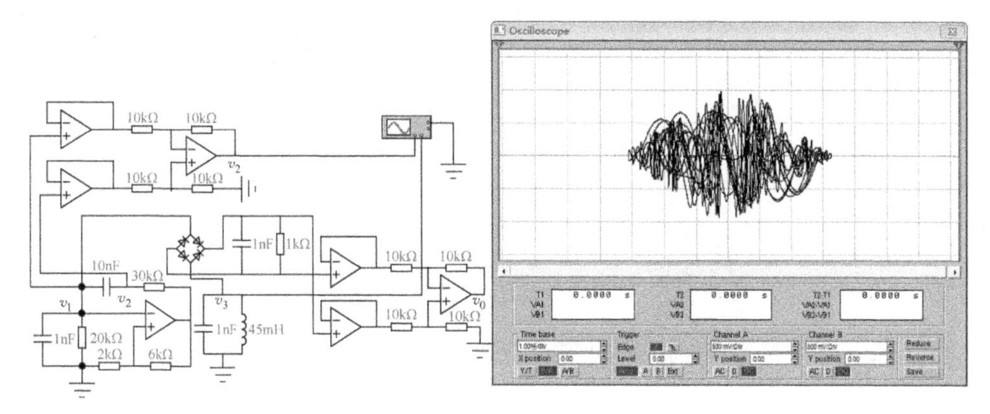

图 2.313　有附加电路的一阶广义忆阻器的文氏桥混沌振荡器电路 EWB 软件仿真结果

一阶广义忆阻器的文氏桥混沌振荡器电路输出相图如图 2.314 所示。

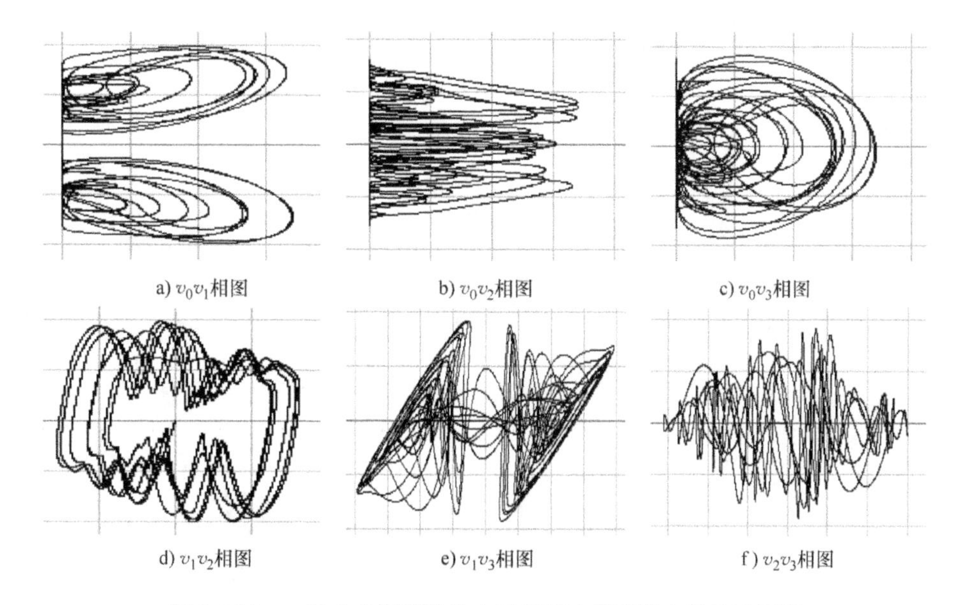

a) v_0v_1相图　b) v_0v_2相图　c) v_0v_3相图

d) v_1v_2相图　e) v_1v_3相图　f) v_2v_3相图

图 2.314　一阶广义忆阻器的文氏桥混沌振荡器电路输出相图

2.7.5　有源广义忆阻的无感混沌电路

俞清、包伯成等人提出的有源忆阻器与有源忆阻电路，无接地限制、易于物理电路实现，系统有共存分岔模式与共存吸引子，有丰富的混沌动力学行为[108]。本章需要引用该电路的研究成果，撰写过程中充实了其中的内容使之更加饱满。本节对于本电路将详细讨论，因此篇幅较长，是给需要详细研究本节内容的读者写的，一般读者可以粗读方式阅读本节内容。有源广义忆阻的无感混沌电路原理图如图 2.315 所示。

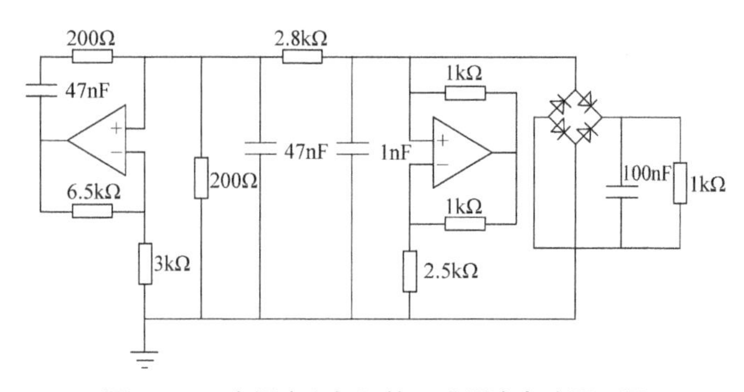

图 2.315 有源广义忆阻的无感混沌电路原理图

有源广义忆阻的无感混沌电路 EWB 软件仿真结果如图 2.316 所示。

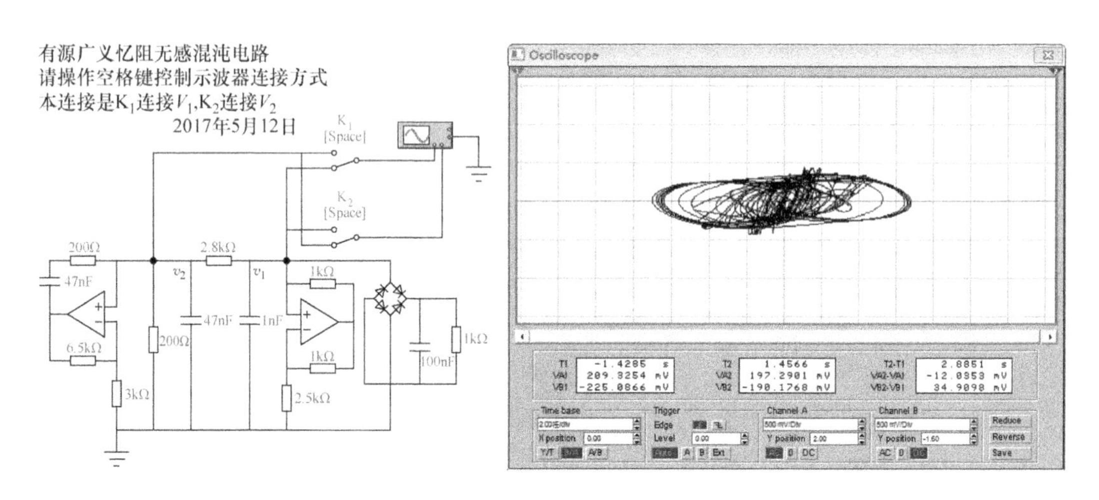

a) K_1连接V_1与K_2连接V_2时的EWB仿真——横躺着的双涡旋

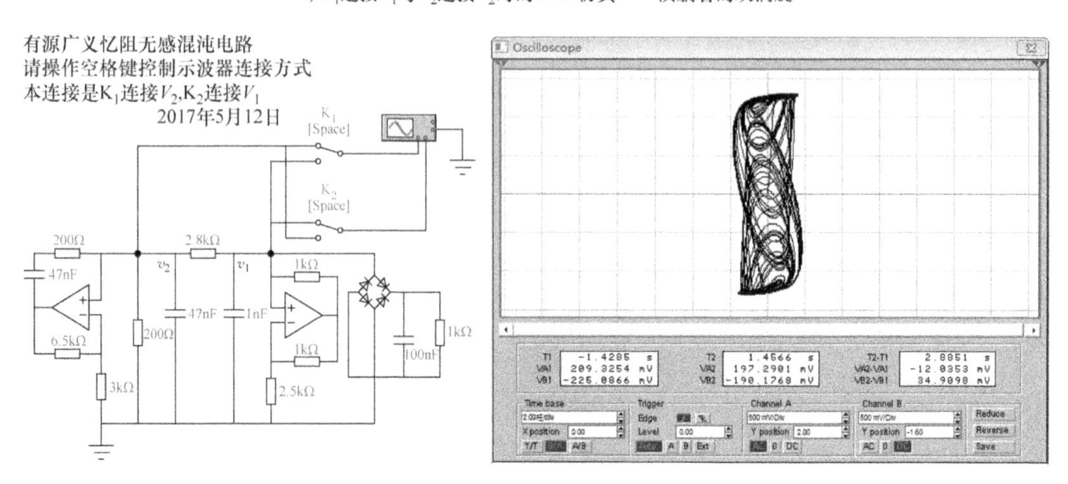

b) K_1连接V_2与K_2连接V_1时的EWB仿真——直立着的双涡旋

图 2.316 有源广义忆阻的无感混沌电路 EWB 软件仿真结果

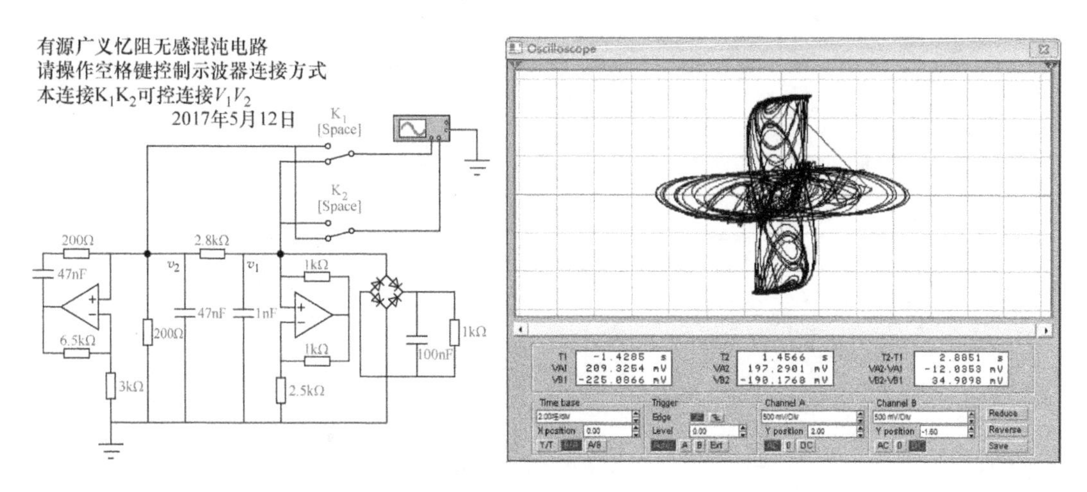

c) K_1、K_2可控连接V_1、V_2时的EWB仿真——横躺的与直立的并存

图 2.316　有源广义忆阻的无感混沌电路 EWB 软件仿真结果（续）

这个 EWB 仿真实验是一个很有趣味的仿真实验。仿真方法是：进入仿真环境，控制空格键，使空格键处于两种状态中的一种，鼠标点击仿真控制按钮，仿真输出图 2.316 中的一种相图，鼠标再次点击仿真控制按钮，仿真结束;类似的方法得到仿真输出图 2.316 中的另一种相图；在仿真中控制空格键，得到两个相图共存，但是不要误认为是两个不同的吸引子，两者都是一种长相，空格键的作用将两个相图的纵、横坐标切换导致了误解。

再看另一次的仿真结果，如图 2.317 所示。

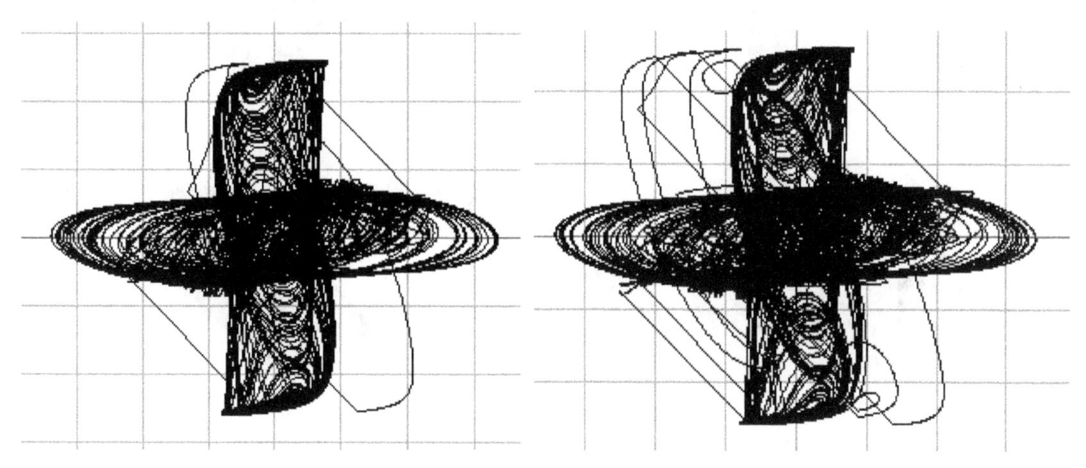

图 2.317　两个吸引子之间的转换实例

由图可见，两个吸引子确实没有交集，在相互切换时走了很弯的路。

示波器有共地地线，集成电路供电电源也有共地地线，本电路完整信号的示波器电路测量需要精心设计，如图 2.318 所示。该电路设计了两处悬浮电压转换成示波器测量的附加电路。

两个不同的混沌吸引子如图 2.319 所示，第一个是矮胖子空心双涡旋，第二个是高瘦子实心双涡旋。

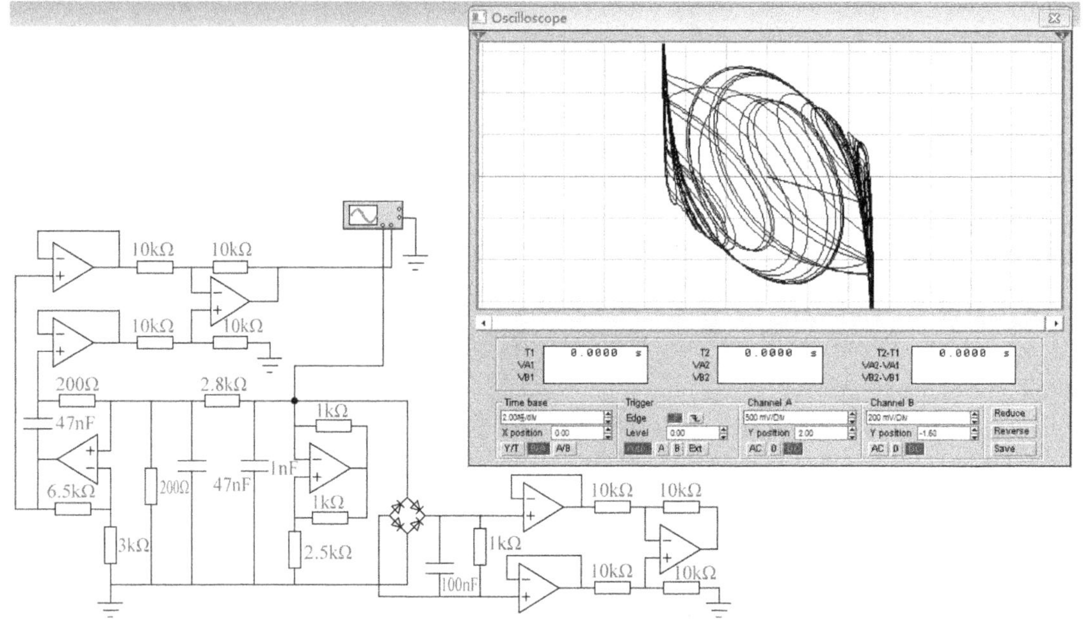

图 2.318　有附加电路的示波器测量电路

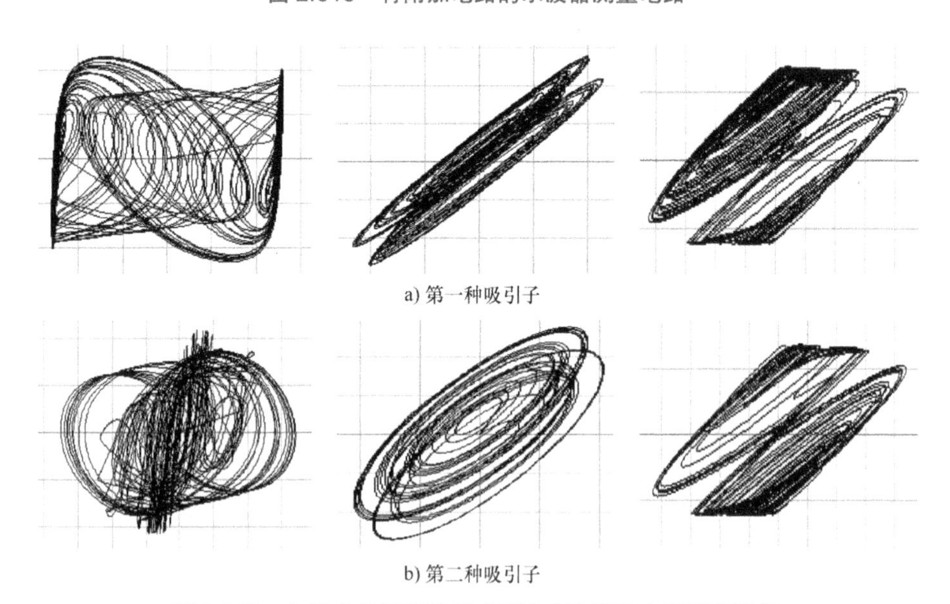

a) 第一种吸引子

b) 第二种吸引子

图 2.319　有源广义忆阻的无感混沌电路的两个不同吸引子

2.7.6　四阶忆阻考毕兹混沌振荡器

2.7.1 节给出了根据忆阻原理设计的忆阻电路单元，2.7.4 节给出了二极管整流桥忆阻电路单元，都是两端电路元件，具有电阻的量纲。这两种忆阻电路结构简单，使用很方便。这就产生了一个奇想：能不能将这个“电阻”串联或者并联到熟悉的普通电路里构成新的混沌电路呢，例如将忆阻电路串接于考毕兹振荡器的晶体管发射极回路中，理论与实践证明，这个电路是混沌电路，称为四阶忆阻考毕兹混沌振荡器[109]，由博士生徐权完成。注意两种忆阻电路的元件价格相差大约十倍，提供读者参考。

四阶忆阻考毕兹混沌振荡器电路原理图如图 2.320 所示。

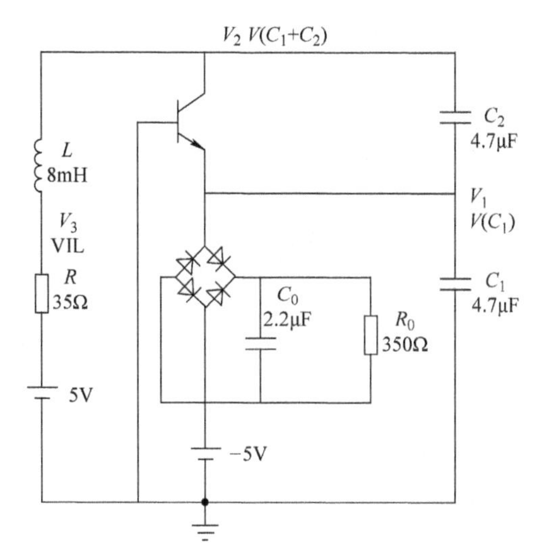

图 2.320 四阶忆阻考毕兹混沌振荡器电路原理图

四阶忆阻考毕兹混沌振荡器电路 EWB 软件仿真结果如图 2.321 所示。

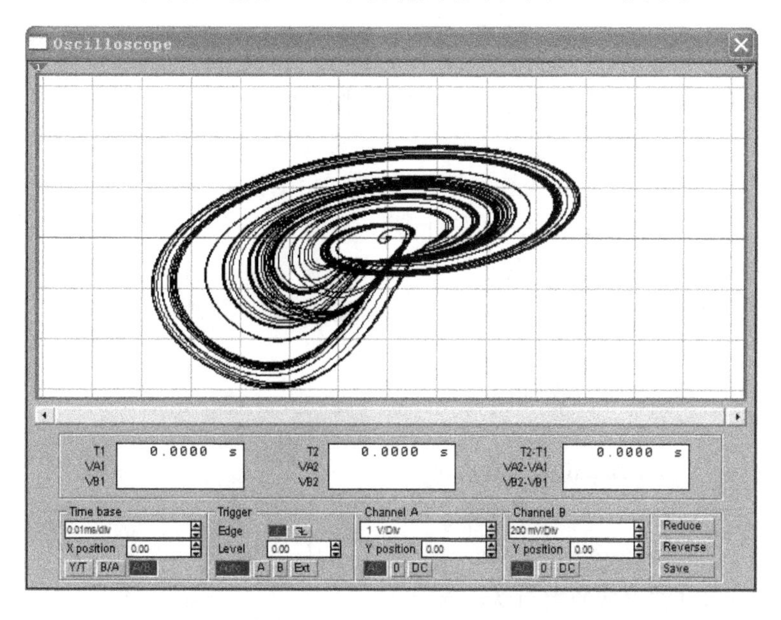

图 2.321 四阶忆阻考毕兹混沌振荡器 EWB 软件仿真结果

忆阻电路示波器测量的问题是电流测量，要尽量利用电路的整体特点深入分析，找到测量技巧。本电路涉及的问题有：第一是电感电流，第二是忆阻内部电容 C_0 上的电压是悬浮电压，第三是电容 C_2 上的电压是悬浮电压。本电路是四阶电路，有四个独立变量，可以考虑不测量 C_2 悬浮电压。本电路直接测量的只有 C_1 上的电压，图 2.320 中标为 V_1；C_2 上端的电压标为 V_2，实际是 V_{1+2}；电感下端的交流电压与电感电流成正比，标为 V_3。因此本仿真可以容易地获得所有相图。

总之，本电路的特色有两点：一是电路简单、成本低廉；二是测量技巧性问题，能够使用最简单的方法测量到最多的混沌信号。

四阶忆阻考毕兹混沌振荡器电路输出相图如图 2.322 所示。

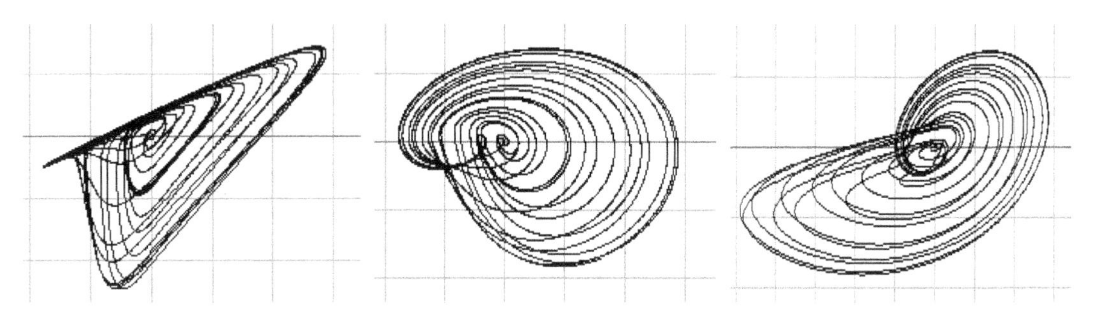

图 2.322 四阶忆阻考毕兹混沌振荡器电路输出相图

技术资料见参考文献 [109]。

2.7.7 文氏桥簇发振荡器电路

稳定振荡是人类信息科学技术的基础性自然需求，振荡器的基础性研究尽管已经成为历史，但是其意义不能被淡忘，文氏桥振荡器也应该受到重视。振荡器的理论问题是电子学基础性问题，振荡器起振问题的深入研究涉及控制理论技术，属于控制理论专业的基本研究范畴。振荡器有稳定振荡器、阻塞（簇发、张弛、多谐）振荡器、短时（暂态、不稳定）振荡器，在这些振荡器中有多个与混沌振荡有关的问题，并且两者有共同的知识范畴，原因是两者有共同的动力学基础问题。本电路是文氏桥簇发振荡器 [110]，由徐权等人提出。该结构电路的参数不同时，蕴含有振荡理论与控制理论的许多深刻问题，该问题的研究有重要理论意义。传统电子学中的文氏桥电路是稳定振荡电路，“稳定非线性”的根源是电源电压有限性。本电路中增加了两个二极管，引入了非线性，也引入了混沌，具有丰富的动力学特性，是传统电子学与混沌电子学的“两栖电路”。

文氏桥簇发振荡器电路原理图如图 2.323 所示。

文氏桥簇发振荡器电路 EWB 软件仿真结果如图 2.324 所示。

对于图 2.324 电路中的电路元件参数的控制可以使得本电路具有丰富的动力学特性，这里控制运算放大器输出端到反相输入端之间的电阻，当电阻分别为 22kΩ、25kΩ 与 50kΩ 时，电路分别处于混沌、簇发与张弛振荡状态，如图 2.325 所示。

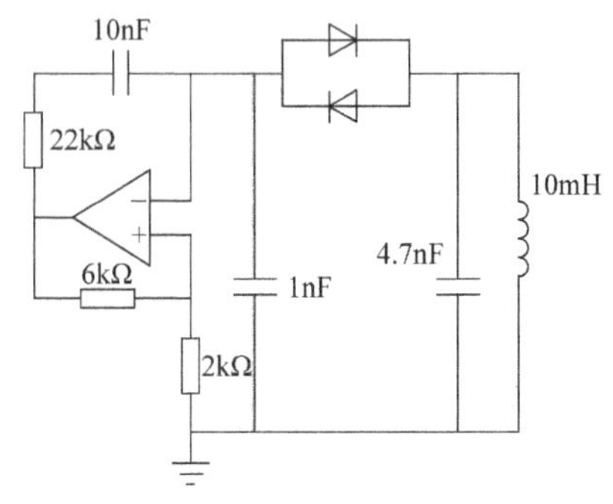

图 2.323 文氏桥簇发振荡器电路原理图

由此看来，振荡器的阻塞与不阻塞之间并没有严格的界限，这是因为两者之间是不稳定过渡区，而这个过渡区是混沌的，人们早就发现了这一现象，却没有重视它，现在研究混沌的过程中又记起了这个现象。

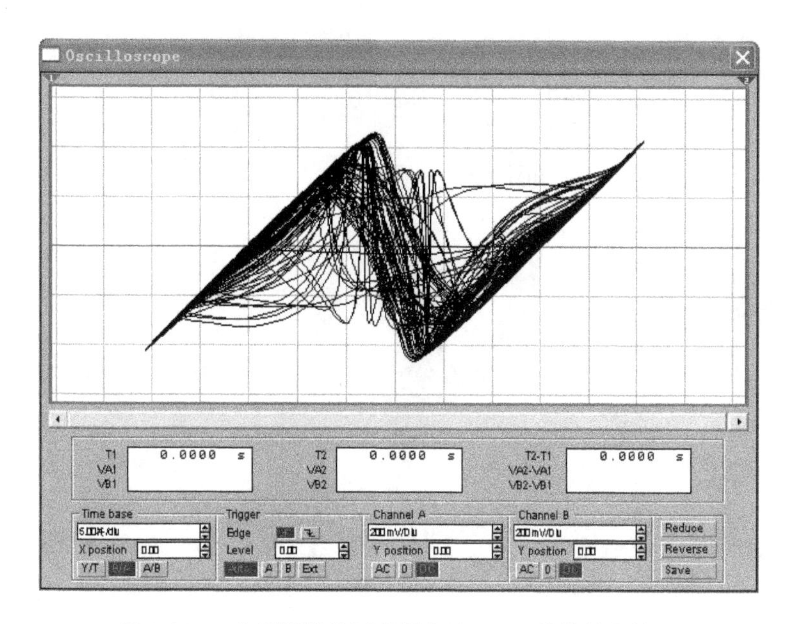

图 2.324　文氏桥簇发振荡器电路 EWB 软件仿真结果

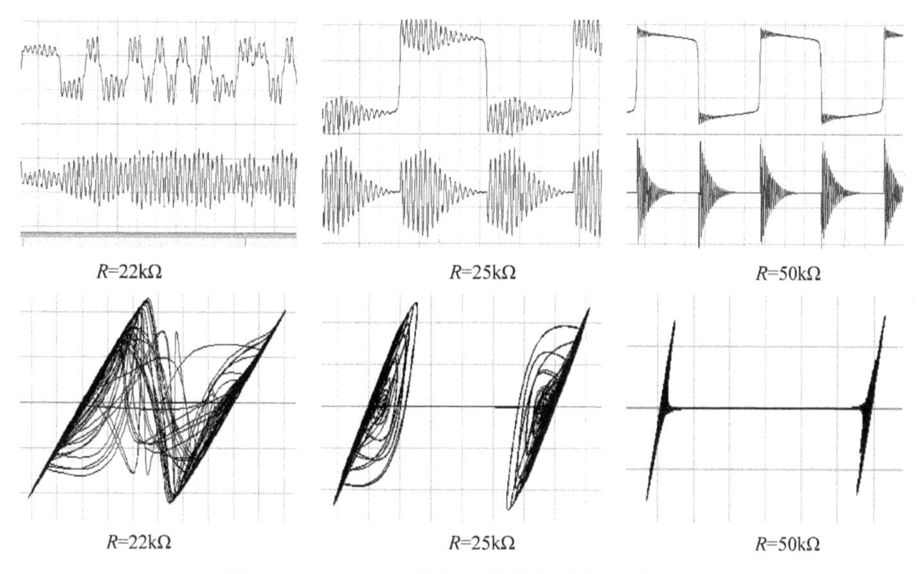

图 2.325　文氏桥簇发振荡器电路的典型状态

2.7.8　一种四维忆阻超混沌电路

再回到一阶忆阻电路，是一种四维忆阻超混沌电路。这个四阶忆阻混沌电路的李雅普诺夫指数谱是（+，+，0，−），该系统是超混沌。这个电路是研究生胡诗沂在导师李清都指导下设计出来的电路[111]，由胡诗沂提出。

这个四维忆阻超混沌电路数学模型是

$$\begin{cases} \dot{x} = -10x - 10y - 5yz \\ \dot{y} = -6x + 6xz + y(0.1 + 0.6w^2) \\ \dot{z} = -z - 6xy \\ \dot{w} = y \end{cases} \tag{2.177}$$

VB 环境数值仿真的输出相图如图 2.326 所示。

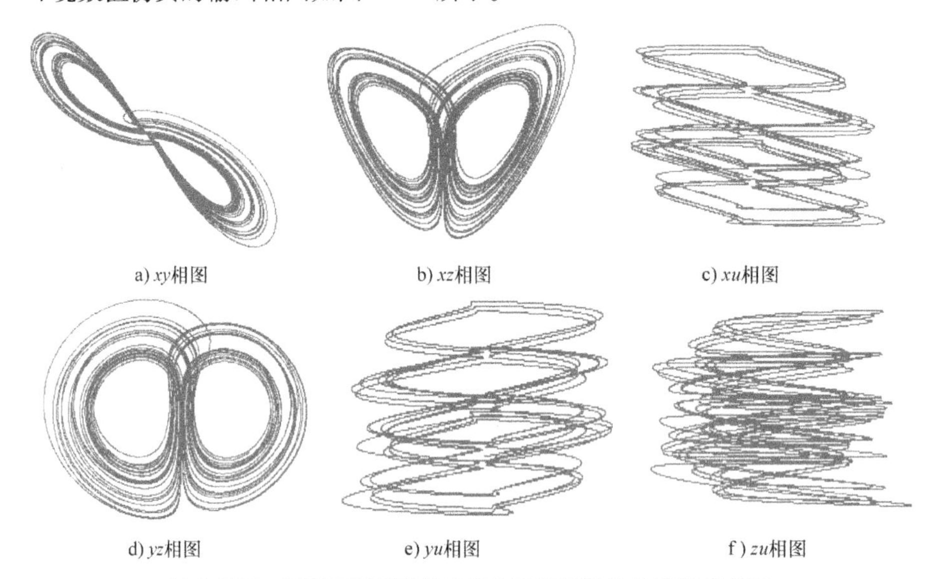

图 2.326　四维忆阻超混沌电路 VB 环境数值仿真输出相图

根据式（2.177）设计的电路原理图如图 2.327 所示。

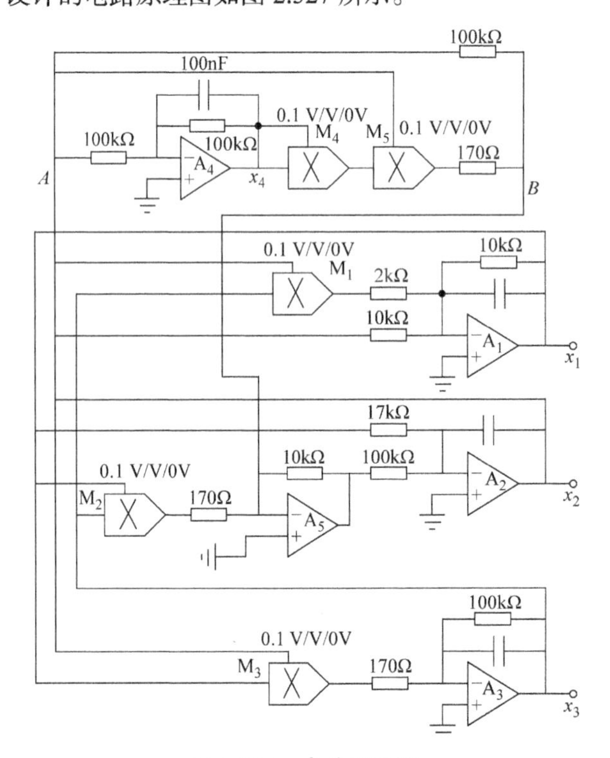

图 2.327　电路原理图

EWB 软件仿真结果如图 2.328 所示。

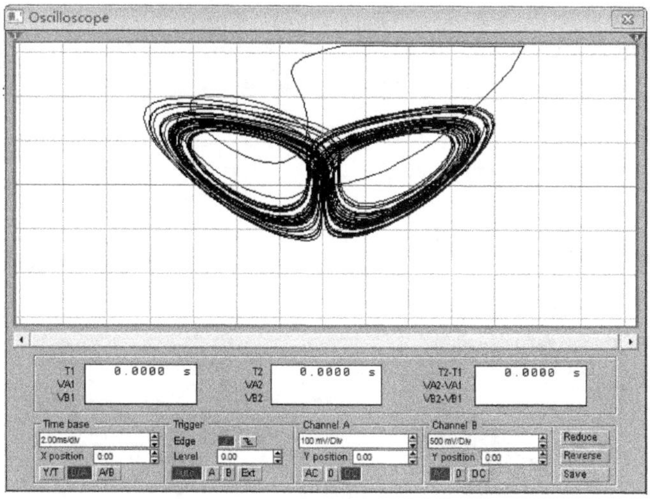

图 2.328　EWB 软件仿真结果

根据图 2.327 的电路原理图，上面的 A、B 之间是等效忆阻电路，输入点 A 的信息是电压信息，输出点 B 的信息是电流信息，该忆阻的特性曲线显示波形的有源短路线测量见第 4 章 4.7 节。

本节向读者提出几个问题：1）本电路有什么特色，简述之。2）电路中忆阻部分的伏安特性能不能使用示波器直接测量？如果不能，说明原因；如果能够，简述方法。3）如何设计本电路的忆阻伏安特性曲线示波器直接测量电路？ 4）本混沌电路是忆阻混沌电路，本电路初值敏感性问题的本质是什么？

忆阻概念的提出是蔡少棠教授的贡献，蔡少棠教授因此成为 2007 年诺贝尔奖提名人。忆阻混沌在混沌系统中具有奇特的特性，都说混沌概念是抽象的概念，忆阻混沌则是抽象中的抽象。

2.8　滞回非线性混沌电路

前面几个章节的静态非线性特性都是时不变非线性系统。本节介绍一种时变系统——滞回非线性系统，是电压 - 电压传递滞回非线性，特性曲线类似于磁滞回线非线性。电压 - 电压传递滞回非线性静态特性介绍见第 3 章第 3.14 节。

2.8.1　文氏桥电压滞回非线性混沌电路

多数三次型非线性混沌电路中的非线性部分由电压滞回非线性电路替换，能够形成新的混沌系统。文氏桥混沌电路 [112, 113] 是其中的一个典型，以下是杨晓松、李清都提出来的电路，这个电路的特点是使用最少的电路元件实现了混沌输出。

该电路有两个电容，产生两个独立电压变量，然而滞回非线性是“时变”非线性，因此滞回非线性具有一阶电路的性质，使得二阶时变电路与一阶滞回电路构成的电路系统能够产生混沌。滞回非线性输入需要一个独立电压变量描述，输出也是独立电压变量，所以滞回非线性有两个独立的电压变量。文氏桥电压滞回非线性混沌电路原理图如图 2.329 所示，四个独立电压变量测量点用 A、B、C、D 标记出来。

图中，A_1 构成文氏桥电路，R_1、R_2、C_1、C_2 是正反馈支路，R_3、R_4 是负反馈支路；A_2、R_5、R_6 构成电压滞回非线性电路，以 R_1 电压作为输入；R_7 是耦合电阻，将滞回输出电压耦合到 A_1 反相输入端，依此构成混沌电路。注意 B 点与 C 点的电压不是虚设短路，B 点与 C 点的电压不同。

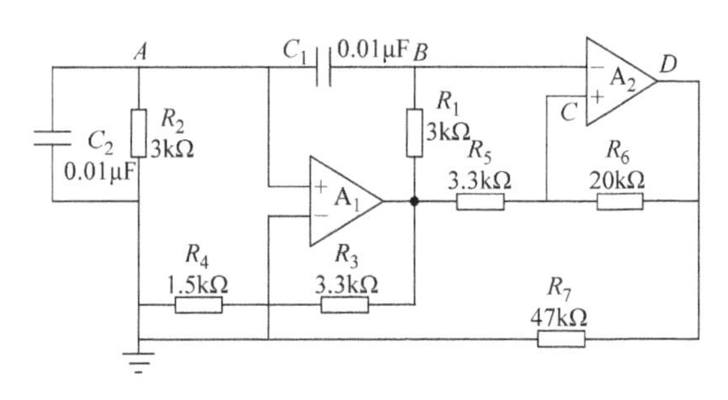

图 2.329　文氏桥电压滞回非线性混沌电路原理图

文氏桥电压滞回非线性混沌电路 EWB 软件仿真结果如图 2.330 所示。

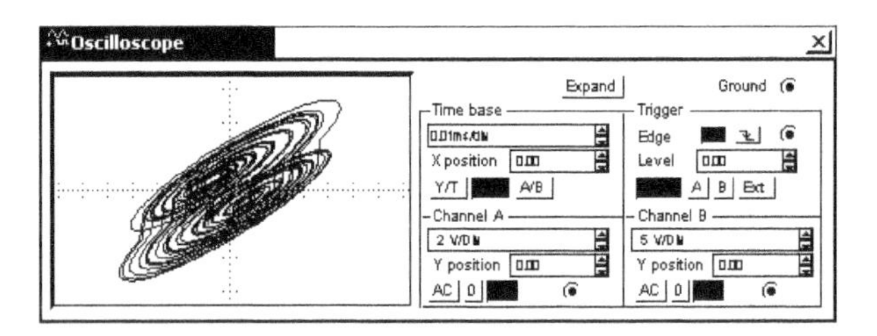

图 2.330　文氏桥电压滞回非线性混沌电路 EWB 软件仿真结果

EWB 软件仿真输出相图如图 2.331 所示。

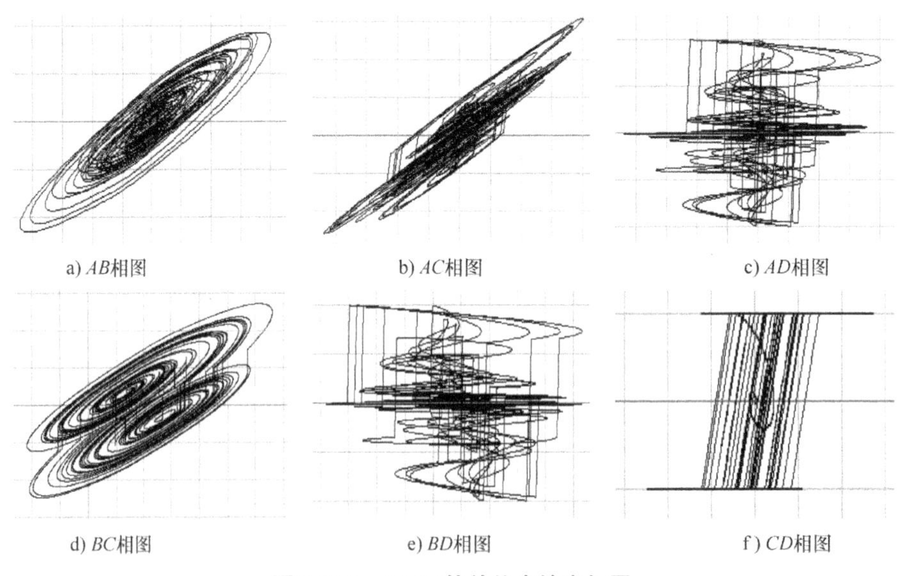

图 2.331　EWB 软件仿真输出相图

2.8.2　两阶积分滞回非线性混沌电路

李清都、杨晓松在上一个混沌电路的基础上，设计出了两阶积分滞回非线性混沌电路[113]，数学模型归一化方程是

$$\begin{cases}\dot{x}=0.33x+3.3y-6zhy\\ \dot{y}=-x-0.1y\end{cases} \tag{2.178}$$

$$zhy=\begin{cases}-1 & y<-1\\ \text{不变} & -1\leqslant y\leqslant 1\\ 1 & y>1\end{cases} \tag{2.179}$$

由数学模型公式设计响应电路，原理图如图 2.332 所示，该电路属于结构简单的混沌电路。其中滞回电路 A_4 同相输入端与分压器连接，分压器由电阻 1kΩ 与 11kΩ 对 12V 分压，分压点分得 1V 电压，因此滞回电路拐点电压在 ±1V 处拐弯，实现式（2.179），此时 A_4 输出电压为 ±12V，公式表示为

$$zhy=\begin{cases}12 & y<-1\\ \text{不变} & -1\leqslant y\leqslant 1\\ -12 & y>1\end{cases} \tag{2.180}$$

A_4 输出与 20kΩ 电阻连接，考虑到式（2.178）的归一化电阻是 10kΩ，是式（2.178）中“6*zhy*”的来源。还要注意式（2.180）的符号，式（2.179）是“标准滞回非线性”表达式，式（2.179）是图 2.332 中“反相滞回非线性电路”的状态方程公式。

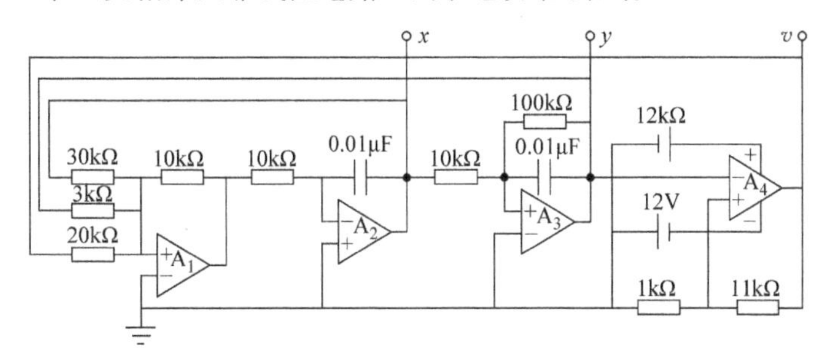

图 2.332　两阶积分滞回非线性混沌电路原理图

两阶积分滞回非线性混沌电路 EWB 软件仿真结果如图 2.333 所示。

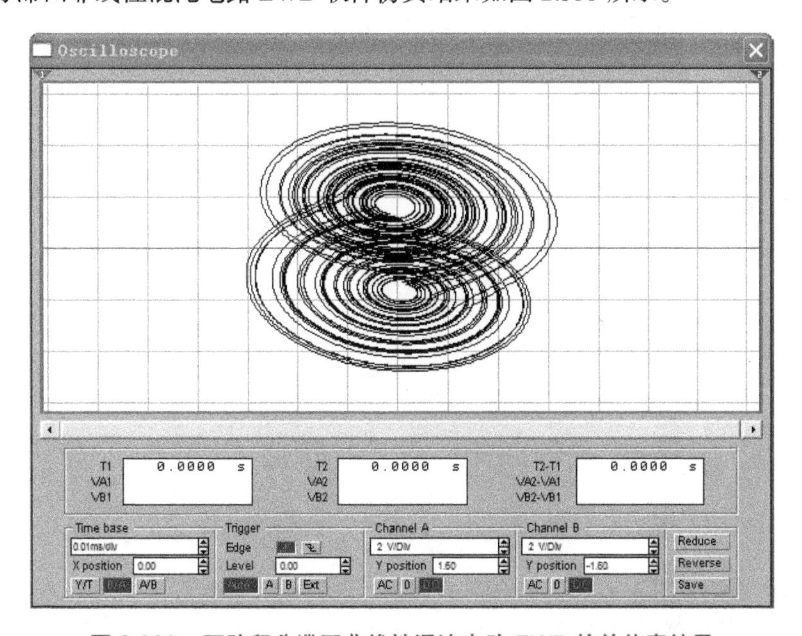

图 2.333　两阶积分滞回非线性混沌电路 EWB 软件仿真结果

两阶积分滞回非线性混沌电路仿真输出波形图与相图如图 2.334 所示，其中图 2.334a 是 *xyv* 波形图，图 2.334b 是 *xy* 波形图局部展宽，图 2.334c 是 *xy* 相图。

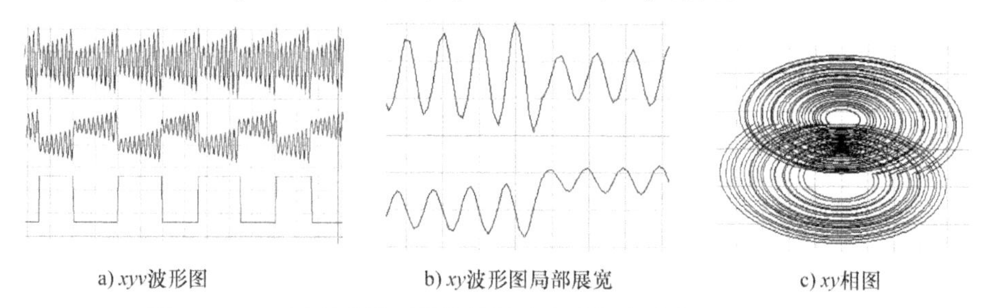

a) *xyv*波形图　　b) *xy*波形图局部展宽　　c) *xy*相图

图 2.334　两阶积分滞回非线性混沌电路仿真输出波形图与相图

2.8.3　两阶两滞回非线性四正交圆混沌电路

2017 年 1 月 17 日，吕恩胜设计出一种新颖的两阶两滞回非线性四正交圆混沌电路 [114]，数学模型标度化后是

$$\begin{cases}\dot{x}=0.33x+5y-10zhy\\ \dot{y}=-6.7x+20zhx\end{cases} \tag{2.181}$$

$$zhx=\begin{cases}-1 & x<-1\\ \text{不变} & -1\leqslant x\leqslant 1\\ 1 & x>1\end{cases} \tag{2.182}$$

$$zhy=\begin{cases}-2 & y<-1\\ \text{不变} & -1\leqslant y\leqslant 1\\ 2 & y>1\end{cases} \tag{2.183}$$

两阶两滞回非线性四正交圆混沌电路原理图如图 2.335 所示。由于是由两级反相积分器构成，所以出现正交圆；由于是两个电压滞回非线性，所以生成四个正交圆。

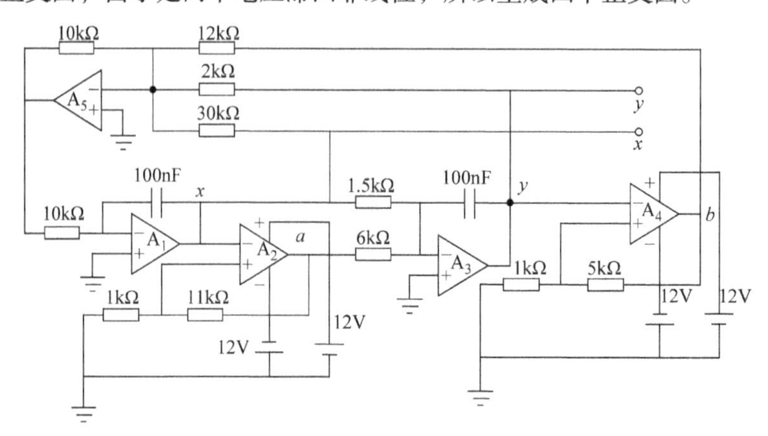

图 2.335　两阶两滞回非线性四正交圆混沌电路原理图

A_1、A_3 是反相积分器，A_2、A_4 是电压滞回器，电路是二维电路，有两个独立变化电压。

两阶两滞回非线性四正交圆混沌电路 EWB 软件仿真结果如图 2.336 所示。

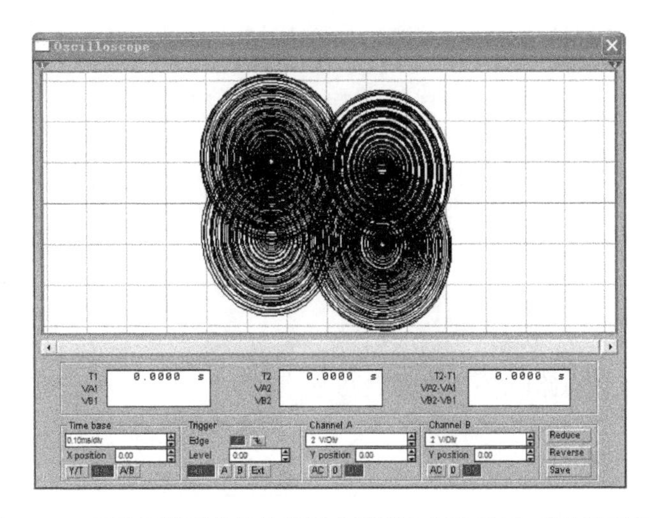

图 2.336　两阶两滞回非线性四正交圆混沌电路 EWB 软件仿真结果

两阶两滞回非线性四正交圆混沌电路输出波形图与相图如图 2.337 所示。其中，图 2.337a 是图 2.336 中 x–y 两点电压构成的相图；图 2.337b 是 x–a 及 y–b 两点电压构成的伏安特性曲线图，实质也是相图；图 2.337c 是 ab 两点电压李萨如曲线，是系统从仿真时间零开始的曲线，实质也是相图；图 2.337d 是图 2.337c 去掉开始不稳定状态后的曲线，呈正方形形状。图中所有方格线都是 1V 每格。

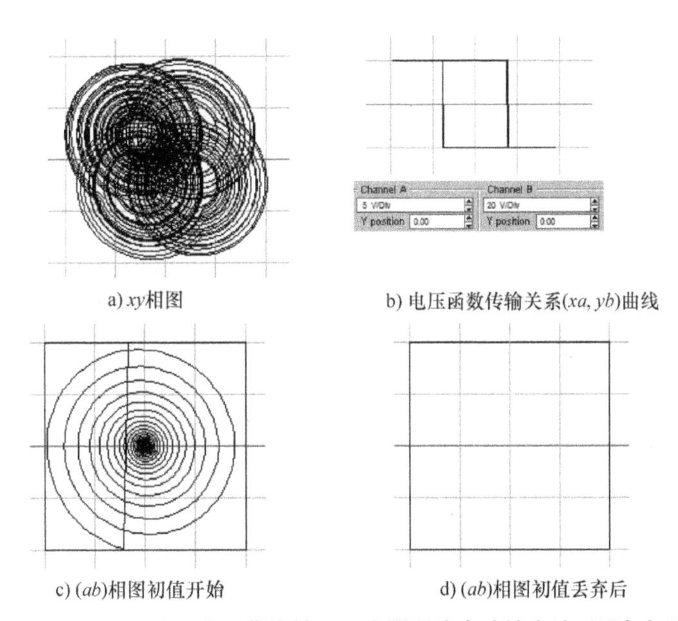

图 2.337　两阶两滞回非线性四正交圆混沌电路输出波形图与相图

2.8.4　滞回函数非线性蔡氏电路

经典蔡氏电路的非线性是三折线非线性，是时不变非线性，有稳定的静态函数曲线。电压滞回非线性也是“时不变函数”，但是与电压变化历史有关。2016 年，吕恩胜等人发明了一种

新的蔡氏电路[115-117]，非线性部分是电压滞回非线性，数学模型标度化后是

$$\begin{cases}\dot{x} = -1.67x + 3.3y - 0.2zhx \\ \dot{y} = 3x - y + 5z \\ \dot{z} = -3.3y\end{cases} \tag{2.184}$$

$$zhx = \begin{cases}-12 & x < -2 \\ \text{不变} & -2 \leqslant x \leqslant 2 \\ 12 & x > 2\end{cases} \tag{2.185}$$

滞回函数非线性蔡氏电路原理图如图 2.338 所示。

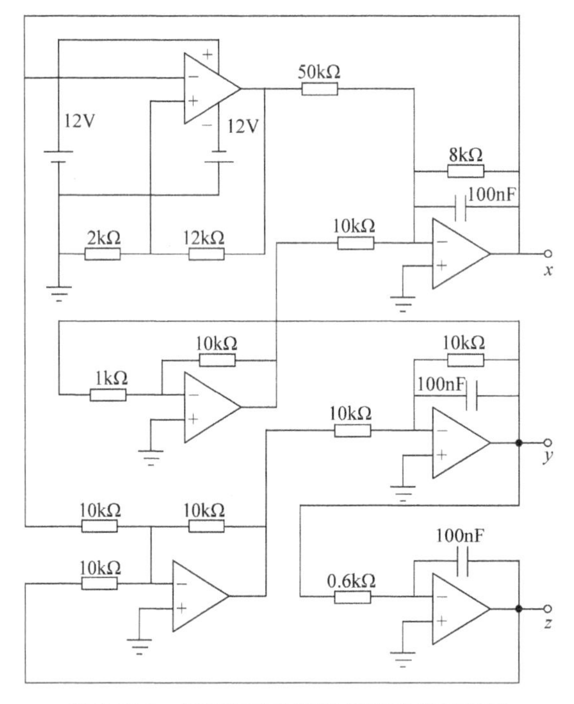

图 2.338 滞回函数非线性蔡氏电路原理图

滞回函数非线性蔡氏电路 EWB 软件仿真结果如图 2.339 所示。

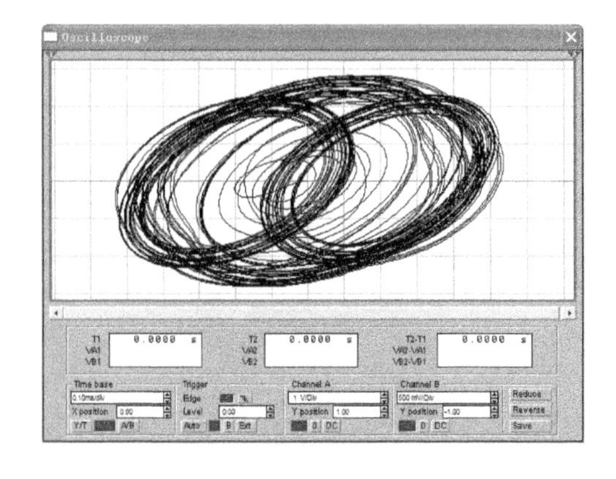

图 2.339 滞回函数非线性蔡氏电路 EWB 软件仿真结果

2.8.5　滞回函数非线性 Jerk 电路

在原来三折线非线性基础上的混沌系统，都可以由滞回非线性代替，Jerk 系统也应该能够代替而产生新的混沌系统。实验证明这个想法是正确的，一种滞回函数非线性 Jerk 混沌模型是

$$\begin{cases}\dot{x}=y\\ \dot{y}=z\\ \dot{z}=-17x-y-8.3z+24zhx\end{cases} \tag{2.186}$$

$$zhx=\begin{cases}-1 & x<-1\\ \text{不变} & -1\leqslant x\leqslant 1\\ 1 & x>1\end{cases} \tag{2.187}$$

滞回函数非线性 Jerk 电路原理图如图 2.340 所示。

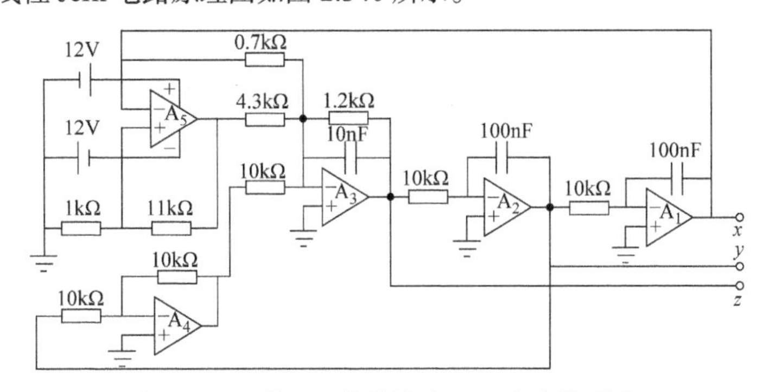

图 2.340　滞回函数非线性 Jerk 电路原理图

滞回函数非线性 Jerk 电路 EWB 软件仿真结果如图 2.341 所示。

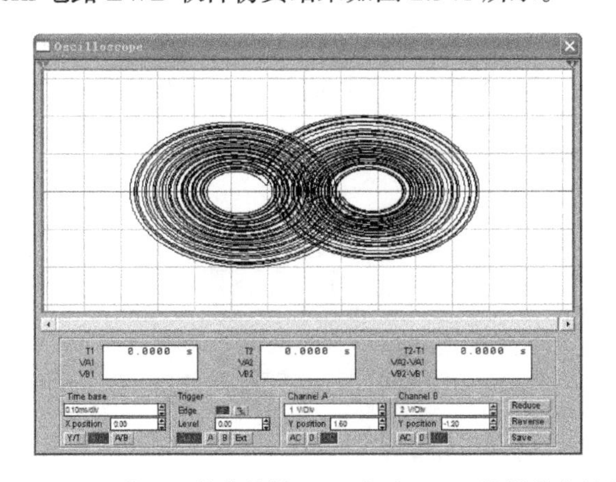

图 2.341　滞回函数非线性 Jerk 电路 EWB 软件仿真结果

具有时变性质的滞回非线性混沌电路与时不变三次型非线性混沌电路有很多共同性质，这两种非线性混沌电路在多数混沌系统中都能相互代替从而设计出新的混沌电路，这样的电路结构简单，电路设计成本很低，具有广泛的应用领域，读者不妨试一试设计出自己的独创混沌电路。

2.9 非自治混沌电路

二阶电路可以构成正弦波振荡电路，这样的电路的振荡不需要外加信号源，称为自治电路。当正弦波振荡电路外加另外一个正弦波信号时会发生很多现象，其中的一个现象是产生混沌，称为非自治混沌。还有一种非正弦波的二阶电路，当有外加信号时产生振荡且混沌，也是非自治混沌。

2.9.1 运算放大器文氏桥振荡器自治混沌电路

文氏桥振荡器是传统电子电路中的基本电路，用途广泛。运算放大器文氏桥振荡器自治混沌电路原理图如图 2.342a 所示，文氏桥振荡器电路 EWB 仿真如图 2.342b 所示。文氏桥振荡器是正弦波振荡电路，没有输入信号，连续输出正弦波。为了与后面的有输入信号的文氏桥振荡器区别，称基本振荡器为自治文氏桥振荡器。图 2.342b 的仿真示波器连接成李萨如图形是为了能够看到波形的起振过程，是从零开始的增幅螺旋形状。

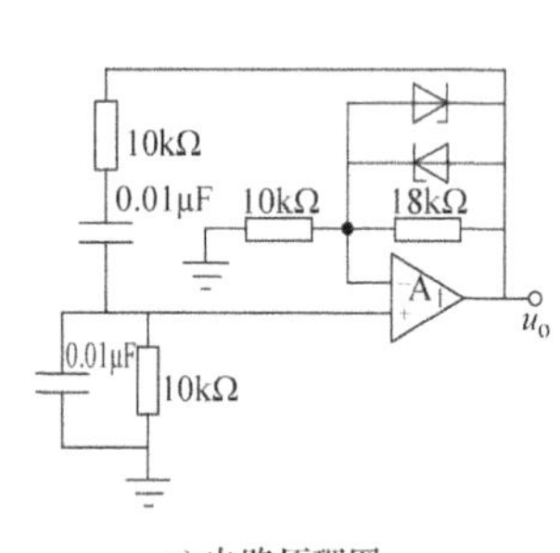

a) 电路原理图

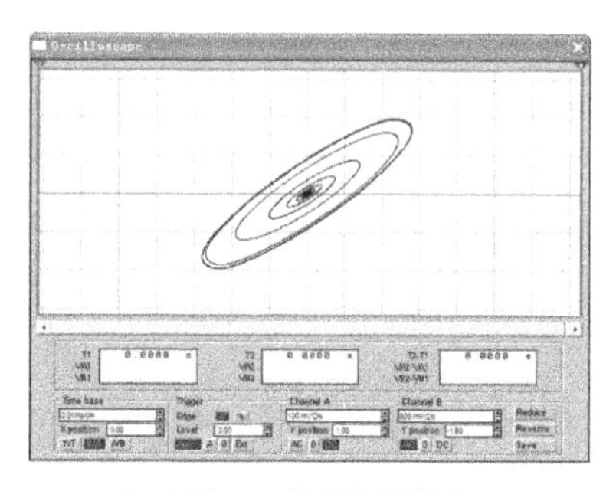

b) 电路EWB软件仿真结果

图 2.342 运算放大器文氏桥振荡器自治混沌电路原理图和 EWB 软件仿真结果

自治电路很容易生成非自治电路。在图 2.342a 中运算放大器反相输入端通过输入电阻外加输入正弦波，自治文氏桥振荡器成为非自治振荡器，运算放大器文氏桥振荡器非自治混沌电路原理图如图 2.343 所示。

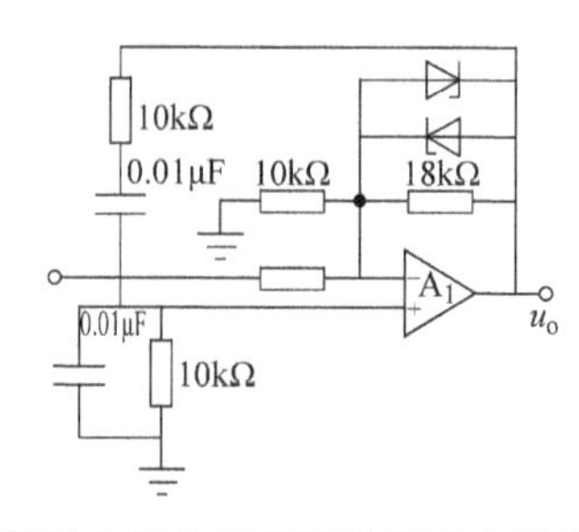

图 2.343 运算放大器文氏桥振荡器非自治混沌电路原理图

运算放大器文氏桥振荡器非自治混沌电路 EWB 软件仿真结果如图 2.344 所示。此时的仿真示波器连接成两路波形形式，一路与外加信号源信号连接，一路与文氏桥振荡器输出端信号连接，显示的两路波形在时间上是同步的。

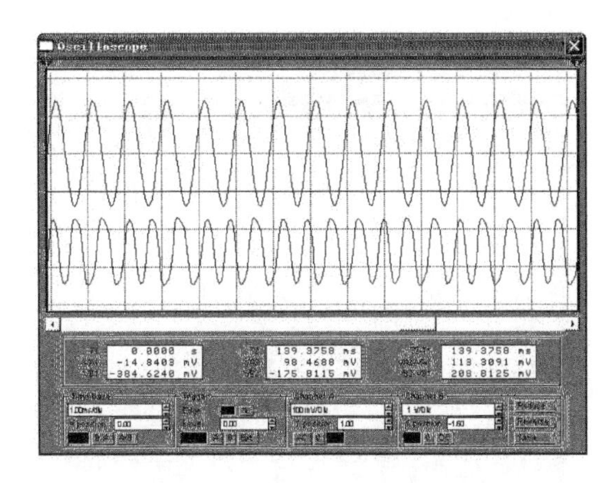

图 2.344　运算放大器文氏桥振荡器非自治混沌电路 EWB 软件仿真结果

观察两个波形，波形放大后如图 2.345a 所示，对应的相图如图 2.345b 所示。

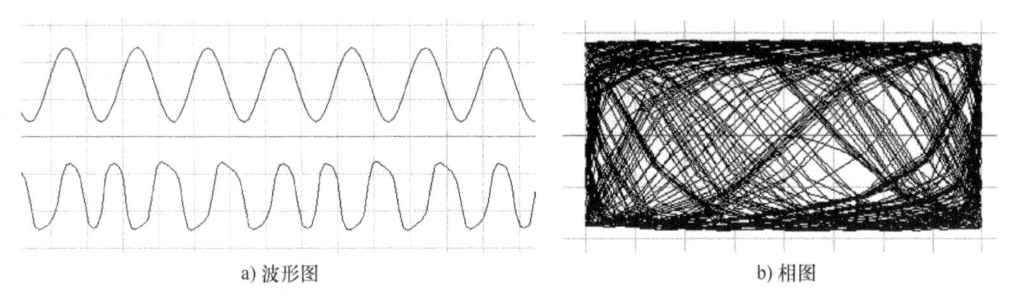

a) 波形图　　　　b) 相图

图 2.345　运算放大器文氏桥振荡器非自治混沌电路输入输出信号波形图与相图

可见它是混沌的。

2.9.2　双文氏桥振荡器耦合混沌电路

上一节非自治文氏桥振荡器中，将非自治信号源用另一个文氏桥代替，构成双文氏桥振荡器耦合混沌电路，电路原理图如图 2.346 所示。

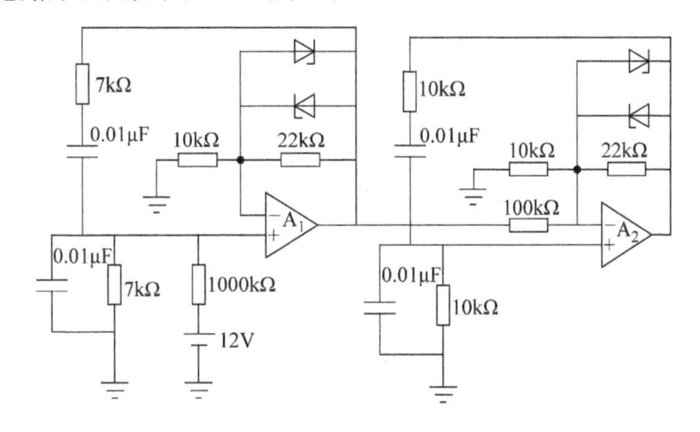

图 2.346　双文氏桥振荡器耦合混沌电路原理图

双文氏桥振荡器耦合混沌电路仿真输出波形如图 2.347 所示，仿真输出相图如图 2.348 所示。两种显示表明，第二个文氏桥振荡器输出的是混沌信号。结论是：二阶电路与另一个非混沌信号耦合可以形成混沌系统。

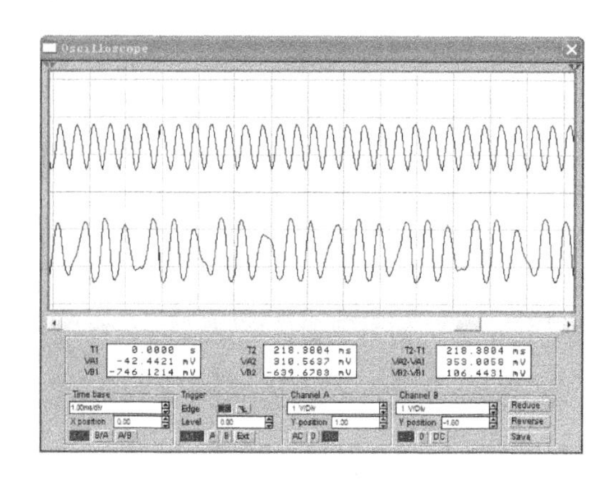

图 2.347　双文氏桥振荡器耦合混沌电路仿真输出波形

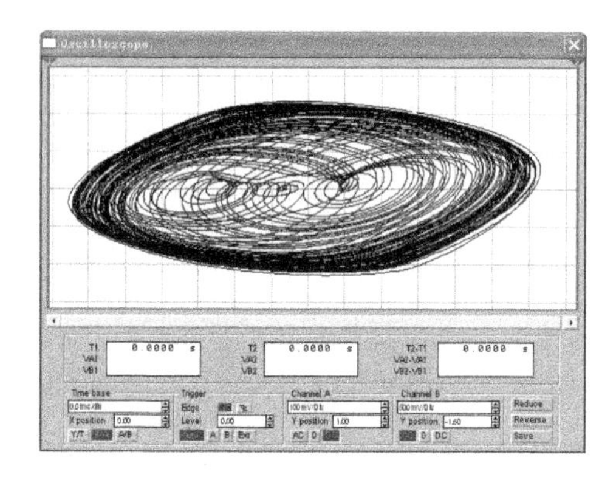

图 2.348　双文氏桥振荡器耦合混沌电路仿真输出相图

2.9.3　正交正弦波振荡器自治混沌电路

2.1.3 节曾引入正交正弦波振荡器电路，这里需要重新画出，基本运算放大器正交正弦波振荡器电路原理图如图 2.349 所示，是自治电路。

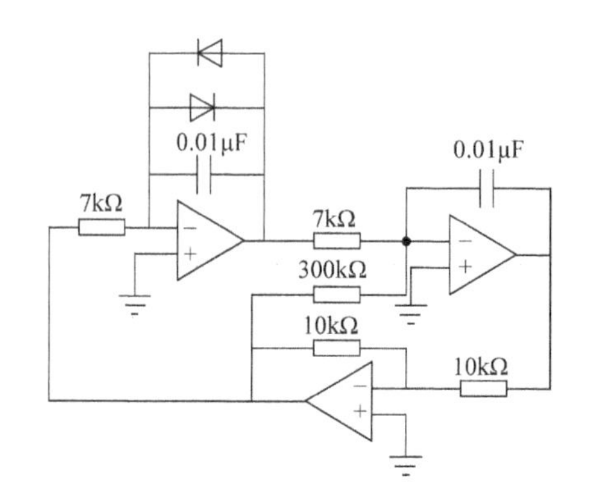

图 2.349　正交正弦波振荡器电路原理图

将两个正交正弦波振荡器电路连接并耦合，如图 2.350 所示，会产生混沌。这实际上与上一节的两个文氏桥振荡器电路耦合产生混沌的本质是相同的，可以通过对比理解这个概念。

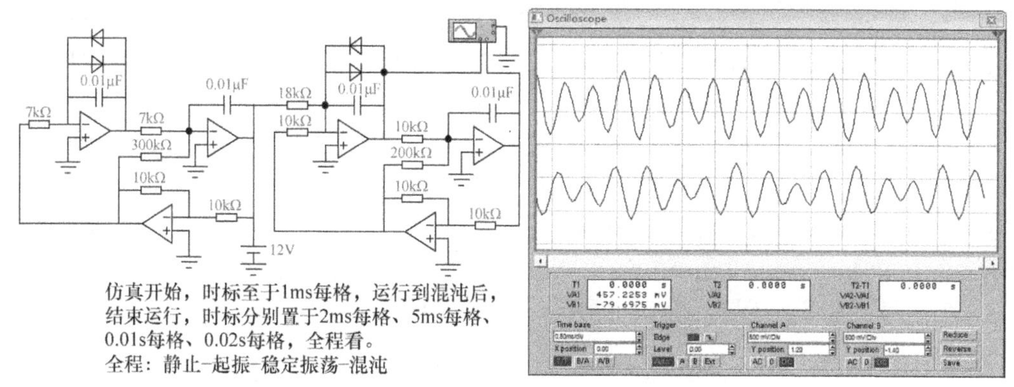

图 2.350　两个正交正弦波振荡器电路耦合

两个正交正弦波振荡器电路耦合混沌如图 2.351 所示。由于图 2.351 电路的混沌动力学内容比较丰富，EWB 仿真过程比较复杂，将图 2.351 分成多个步骤显示。

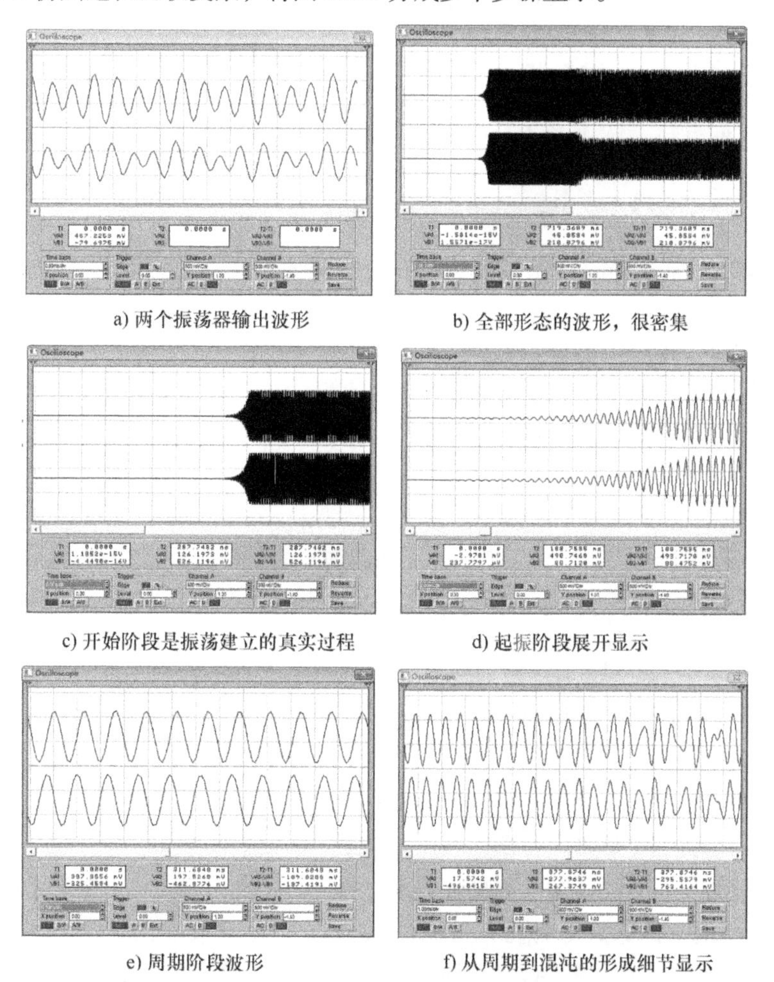

a) 两个振荡器输出波形　b) 全部形态的波形，很密集

c) 开始阶段是振荡建立的真实过程　d) 起振阶段展开显示

e) 周期阶段波形　f) 从周期到混沌的形成细节显示

图 2.351　两个正交正弦波振荡器电路耦合全程波形分析

对图中的仿真技术说明：EWB 示波器的时标置于 1ms/div，等待出现混沌，按下仿真结束按钮，观察混沌波形，如图 2.351a 所示；改变时标为 0.05s/div，观察系统动态整体形态，如图 2.351b 所示；改变时标为 0.01s/div，观察系统由静止到稳定振荡的粗略演变，如图 2.351c 所示；改变时标为 2ms/div，观察系统由静止到稳定振荡的细致演变，如图 2.351d 所示；回到时标 0.05 s/div，观察系统的稳定振荡与混沌振荡，如图 2.351e 和图 2.351f 所示。

上面的演变关系中的各阶段剪切并拼接起来，如图 2.352 所示。图中显示的运动形态表面看来分成四个阶段：静止阶段 - 起振阶段 - 稳定振荡阶段 - 混沌阶段，但是这是一个循序渐进、非常连贯、前后一致、融洽和谐的物理过程，其中充满了自然辩证景象，具有丰富的哲学内涵。从技术的角度来看，这是一个进入混沌比较吃力的动力学系统，从物理学来看，这是缓慢演变的系统：它曾经或者目前还是个稳定的振荡系统，可是说不定在漫长的今后会演变成混沌系统。

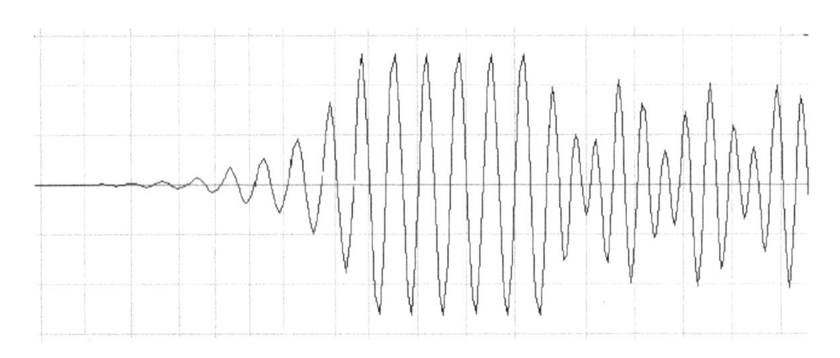

图 2.352　耦合正交正弦波振荡器波形演变关系示意图

现在总结包含混沌系统的常见物理运动系统的类型，这个总结有更广泛的、不限于本章的、涵盖整个动力学范围的意义。

1）不动点（始终静止，要广义理解，下同）；

2）发散（始终发散，用光子运动对照理解）；

3）周期与拟周期，例如经典电子学中的振荡器；

4）噪声；

5）混沌，本章叙述的动力学系统。

以上是几种稳定的基本动力学系统，下面几类的实质是以上运动的组合，由于组合方式很多，仅选代表性的几种。

6）不动点 - 发散（用正负电子对湮灭对照理解）；

7）发散 - 不动点（用上面的反例对照理解）；

8）不动点 - 增幅振荡 - 正弦波振荡，就是经典电子学中的振荡器，是自动控制专业必须掌握的振荡建立的过程；

9）不动点 - 增幅振荡 - 混沌，本章介绍的动力学系统；

10）不动点 - 振荡 - 反复进行，就是经典电子学中的阻塞振荡器；

11）不动点 - 混沌 - 发散，实质上是暂态混沌的一个种类，是经典电子学中的不动点 - 发散的微观过程，这个现象很早就发现但是没有注意；现在可能有些混沌就处于这种状态而人们还没有意识到，作者感觉到本章中的某些混沌可能就是这样的情况，这是个值得研究的问题；暂态混沌在目前研究不成熟；

12）不动点 - 混沌 - 不动点，实质上也是暂态混沌的一个种类，讨论同上；

13）发散 - 混沌 - 不动点，这里的发散包括限幅导致的饱和与截止，这也是经典电子电路中的常见现象。

6）~ 13）仅仅是部分情况，读者可以自行补充，不再赘述。

2.10　自然界混沌系统电路模拟

自然界的混沌现象有很多，这些现象的数学模型多数都可以用微分方程描述。很多微分方程能够用模拟电路模拟，例如第三单元的细胞神经网络电路就是来源于真实的细胞神经网络。再如第六单元的洛伦兹方程电路来源于大气运动的规律认识。由此看出，模拟电子电路能够模拟的自然界现象是很多的。本节对于其中的一些非线性现象做电路模拟，在某些情况下，这些模拟是有实际意义的。本章不详细讨论学科交叉，但是会对一些重要的交叉做一简介，提供给感兴趣的电子学专业工作的读者。

本节内容将对涉及的模拟过程与结果做出对比性评论。

2.10.1　模拟电子计算机

当代数字电子计算机如日中天，但是模拟电子计算机不仅销声匿迹，而且痕迹难寻。现在在各个大型图书馆查阅中图法分类号是模拟电子计算机的书籍，可能一本都没有。模拟电子计算机是很重要的科技设备，本章这一节做一叙述，从实例鸡兔问题说起。

大约在 1500 年前的《孙子算经》中记载了一个有趣的数学问题："今有雉兔同笼，上有三十五头，下有九十四足，问雉兔各几何？"这个问题的解答有下面几种重要方法：

1）猜想法，就是"蒙"的方法，这个方法在传统观念看来基本非法，但是这个却是人的本能，小孩时期第一次遇到类似问题时经常这么想，很淳朴，有时还很灵并且属于悟性驱动，本节将该方法收入并且放在第一位。

2）穷写法，是一种类似数手指头的笨办法，然而方法不笨，也是一种智慧，本节将其列入，如图 2.353 所示。该方法只写出几行规律性的数字就能"看到"是几只鸡，从而得出是几只兔。由于只有几行内容，留给读者自己领悟，不再赘述。

兔	1	2	3	4	5	6	7	8	9	10	11	12	13	14	15
鸡	34	33	32	31	30	29	28	27	26	25	24	23	22	21	20
脚	72	74	76	78	80	82	84	86	88	90	92	94			

图 2.353　鸡兔问题解决方案的实验法

3）算术方法，例如《孙子算经》提出的一种方法（称为"极端法"），以及另外两种常用方法，都是中国古典算法，详细方法查阅网上资料。

4）代数方法，就是一元一次方程方法与二元一次方程方法，是最常用的方法，也是现在的中小学数学讲授的常用方法，请复习初中数学课本。

5）几何方法，代数方法的等效方法，建立 x、y 坐标系，将两个题目条件转换成两条直线，直线交点就是答案，请复习初中数学课本。

6）数字计算机编写程序方法，具体方法很多，例如枚举法，程序是循环结构。

7）模拟计算机计算方法，下面详细介绍。

模拟计算机的其中一个方法是根据代数方法找到的方程解设计模拟电路，先写出代数方程，令鸡有 x 只，兔有 y 只，用 a 代表头，用 b 代表腿，则二元一次代数方程组是

$$\begin{cases} x+y=a \\ 2x+4y=b \end{cases} \tag{2.188}$$

解是

$$\begin{cases} a=2a-\dfrac{b}{2} \\ b=\dfrac{b}{2}-a \end{cases} \tag{2.189}$$

鸡兔问题模拟计算机计算电路设计图如图 2.354 所示。图中，输入端 a 与 b 输入已知题目条件的鸡兔头数与腿数，输出端 x 与 y 输出电压值分别是鸡与兔的只数。

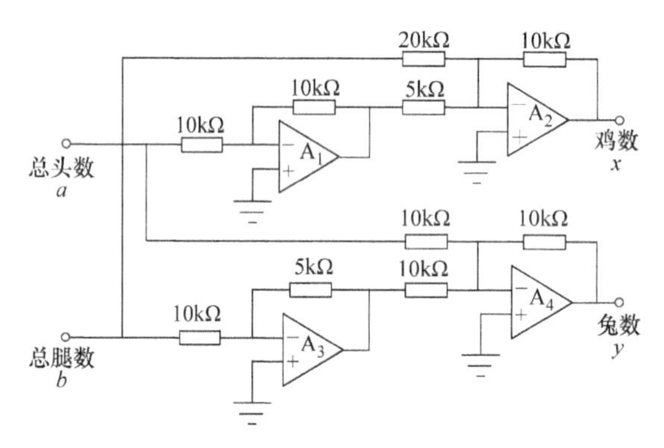

图 2.354　鸡兔问题模拟计算机计算电路设计图

注意，电路供电稳压电源的伏特数是 20V，所有输入输出电压范围都不能超出这个范围。原始题目中鸡兔头数与腿数分别是 35 与 94，这两个数值作为电压伏特数太高了，缩小 10 倍是 3.5V 与 9.4V，分别代表 35 与 94，仿真结果是输出 2.3V 与 1.2V，放大 10 倍则表示为 23 只鸡与 12 只兔，如图 2.355 所示。由于本节内容已经超出了本章写作范围，不再赘述。

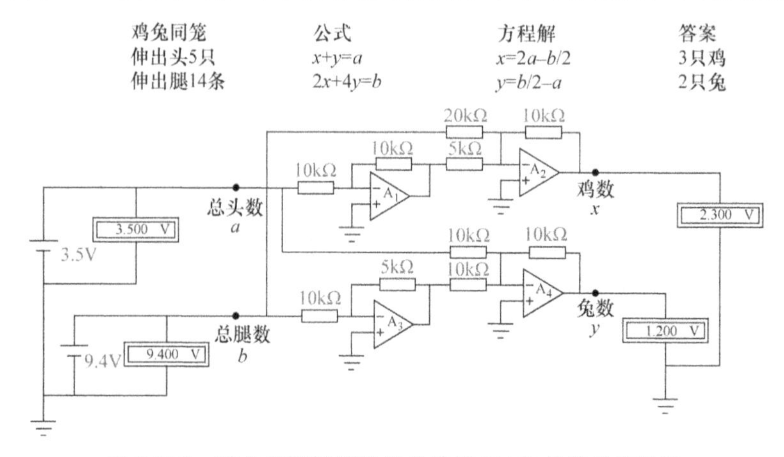

图 2.355　鸡兔问题模拟计算机计算 EWB 软件仿真结果

对照模拟电子计算机方法与数字计算机方法可见，数字计算机方法是“串行”计算方法，

模拟电子计算机方法是“并行”计算方法，计算鸡的电路由 A_1、A_2 执行，计算兔的电路由 A_3、A_4 执行，两路电路相互独立，这是值得思考的问题。

模拟计算机的运算放大器能够解代数方程，模拟计算机的积分器能够解微分方程，代数问题处理静态问题，微分问题处理动态问题。一般微分方程没有解析解，工程上只要求数值解，这样一来就不再考虑解的具体形式，只要求得满足工程需要的解曲线就行了，模拟计算机就是这么处理的。例如二阶常系数线性齐次微分方程初值问题

$$\frac{\mathrm{d}^2x}{\mathrm{d}t^2}+k_1\frac{\mathrm{d}x}{\mathrm{d}t}+k_0x=f(t) \tag{2.190}$$

当初值 $t=t_0$ 及 $\mathrm{d}x/\mathrm{d}t=v_0$ 时，微分方程模拟计算机电路原理图如图 2.356 所示。图 2.356 中使用三联开关设置初值，满足式（2.190）。

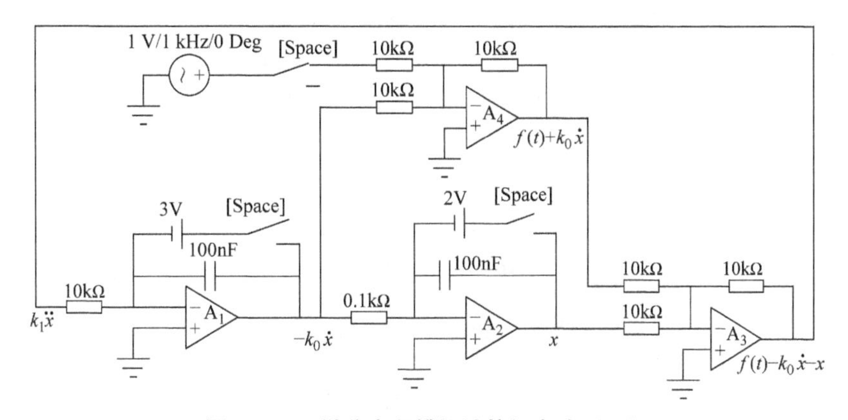

图 2.356　微分方程模拟计算机电路原理图

微分方程模拟计算机电路 EWB 软件仿真结果如图 2.357 所示，输出波形图与相图如图 2.358 所示。

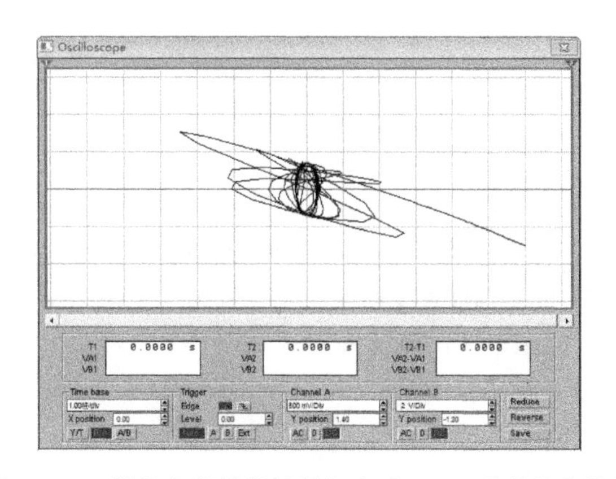

图 2.357　微分方程模拟计算机电路 EWB 软件仿真结果

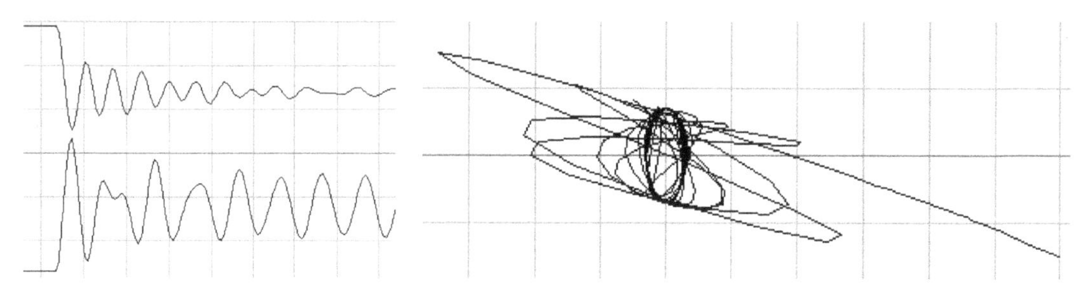

图 2.358　微分方程模拟计算机电路输出波形图与相图

该电路仿真的背景是振荡器的起振过程，具有控制理论的背景，起振过程有很多类型，主要特点是具有混沌特性，即起振过程比较复杂，一般人都很难想象到它的复杂程度。这就是在混沌数据处理中放弃前面不稳定数据的方法。

该电路的正弦波初相在实验操作中是不能控制的，这是本 EWB 仿真的不足之处，但是可以做如下实验：不停地按空格键，则会出现不重复的图形，如图 2.359 所示，请亲手做如图 2.358 所示的 EWB 仿真实验，并请解释这个图形是怎么形成的，有什么意义。

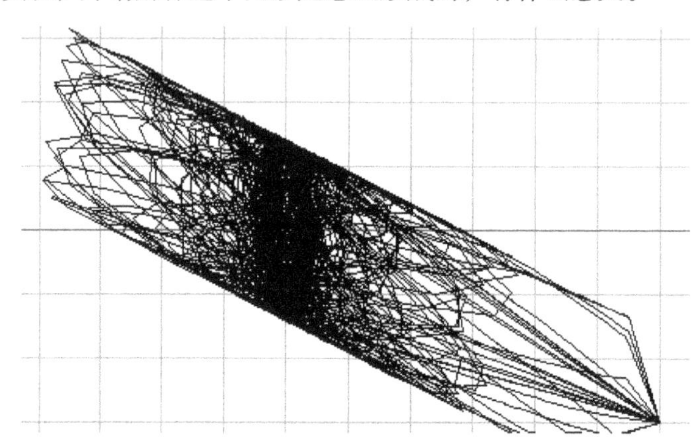

图 2.359　图 2.358 中不停地按空格键的仿真结果

模拟电子计算机用途广泛，只是由于数字电子计算机的超常发展掩盖了模拟电子计算机的研究，模拟电子计算机在人类科学技术史上如同一颗流星，稍纵即逝。但是将来是否会崛起，却无人敢否定。

2.10.2　运动桌面弹跳弹子

机械运动是最基本的物理运动，是人们眼睛见到的最多的运动，是人们最熟悉的、理解最好的运动。运动桌面弹跳弹子是典型案例。一个乒乓球在桌子上弹跳，桌面做简谐运动，简谐运动的参数是桌面振动的振幅 A 与频率 f 两个参数，振动桌面上的小球运动规律是什么？这一典型的物理机械运动可以由模拟电子电路实现[18, 119, 120]。

小球在重力场中的运动方程表达式为

$$\frac{\mathrm{d}^2x}{\mathrm{d}t^2}=-g \tag{2.191}$$

g 为重力加速度。经过一次积分：

$$\frac{\mathrm{d}x}{\mathrm{d}t}=v=-gt+v_0 \tag{2.192}$$

式中，v_0 为初速度，此式说明小球速度随时间线性负增长。再一次积分得到：

$$x=-\frac{1}{2}gt^2+v_0t+x_0 \tag{2.193}$$

得到小球高度，说明小球高度是时间的二次函数。

设小球相邻两次碰撞时的速度分别是 v_n 及 v_{n+1}。之后定义恢复系数 A

$$A=\frac{v_{n+1}}{v_n} \tag{2.194}$$

若 $A=1$，小球与桌面做完全弹性碰撞，则碰撞的轨迹为等幅的抛物线群。若 $A<1$，小球与桌面做非完全弹性碰撞，则碰撞的轨迹为逐次衰减的抛物线群。

再设桌面做简谐振动，振动方程为

$$x_T=x_{\mathrm{OT}}\sin(\omega t+\theta) \tag{2.195}$$

式中，x_{OT} 为桌面振动的振幅；ω 为桌面的振动频率。

在小球与桌面的碰撞过程中，桌面对小球提供能量，或者吸收能量，使小球成为耗散系统。振动桌面的加速度是式（2.192）的二次求导，其幅值为 ω^2x_{OT}。

下面寻找小球相邻两次碰撞的迭代关系。为简化模型，设小球碰撞时间很短，设第 N 次碰撞后，小球的速度为 v_N，桌面的高度为 θ_N，经时间 t_N 后，小球再次与桌面碰撞，由于小球与桌面碰撞时处于同一高度，得

$$x_{\mathrm{OT}}\sin\theta_N+v_Nt_N-\frac{1}{2}gt_N^2=x_{\mathrm{OT}}\sin(\omega t_N+\theta_N) \tag{2.196}$$

在第 $N+1$ 次碰撞后，桌面的高度为 θ_{N+1}，小球的初始速度为 v_{N+1}，则得

$$\begin{cases}\theta_{N+1}=\theta_N+\omega t_N\\ v_{N+1}=A(gt_N-v_N)+x_{\mathrm{OT}}\omega(1+A)\cos\theta_{N+1}\end{cases} \tag{2.197}$$

式（2.197）中的第一式描述碰撞点高度的迭代关系，第二式描述碰撞结束后小球的上抛初速度的迭代关系。式（2.197）中的恢复系数 A 为$\dfrac{v_{n+1}-v_{\mathrm{OT}}}{v_n-v_{\mathrm{OT}}}$，振动桌面加速度与重力加速度之比 B 为$\dfrac{\omega^2x_{\mathrm{OT}}}{g}$，参数 B 与 ω 合并成一个参数，简化了数学模型。

运动桌面弹跳弹子运动电子电路原理图如图 2.360 所示。该电路图有输入端与输出端，输入端输入桌面简谐振动的振幅与频率模拟信号，则电路输出端输出小球混沌运动的模拟信号。

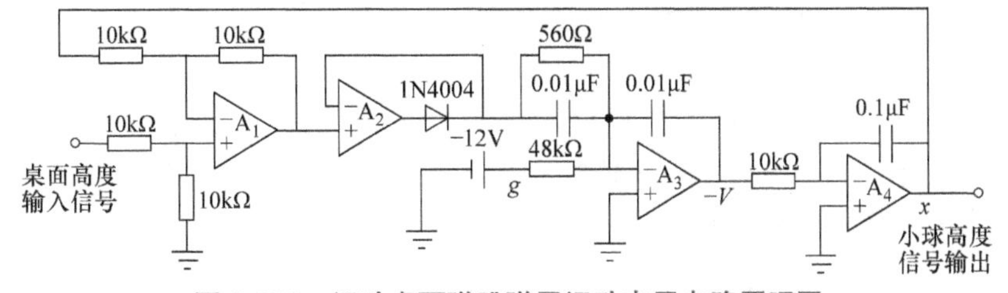

图 2.360 运动桌面弹跳弹子运动电子电路原理图

图 2.360 中，A_1 是减法器，同相输入端输入模拟桌面高度，反向输入端模拟小球高度 x，当小球高于桌面时 A_1 输出正电平，模拟小球做抛物线运动，当小球低于桌面时 A_1 输出负电平，模拟小球与桌面碰撞，做弹射运动。A_2 是正向器，串联一节 RC 延迟器，RC 延迟器用于减弱反馈信号强度。图中的电源 vg 实现重力加速度，用 −12V 电源与 48kΩ 电阻实现，是 0.25mA 电流，模拟重力加速度 g。vg 连接到反相加法积分器 A_3 的一个输入端上，A_3 的另一个输入端与 A_2 的输出端连接，此端信号波形是正脉冲，A_3 的输出模拟速度，注意是反方向。图中 A_4 是反相积分器，输入模拟小球速度，输出模拟小球高度，模拟高度的方向是正方向。电路中的波形图如图 2.361 所示。

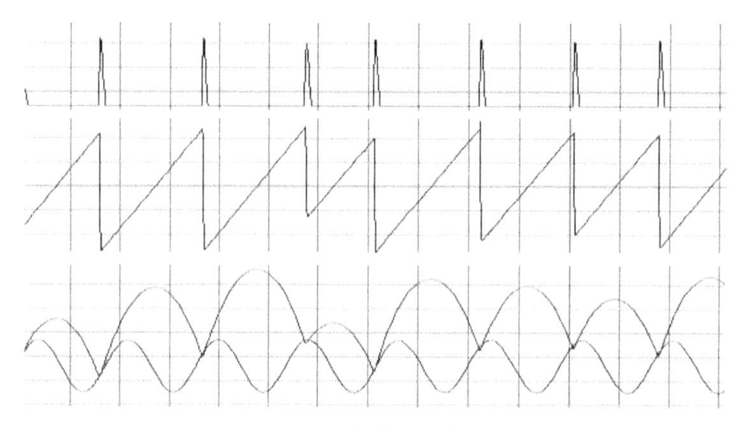

图 2.361　电路中的波形图

运动桌面弹跳弹子运动电子电路 EWB 软件仿真结果如图 2.362 所示。

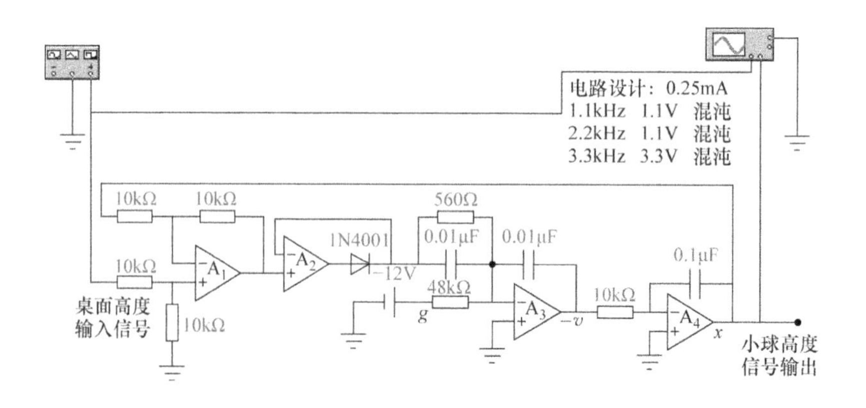

图 2.362　运动桌面弹跳弹子运动电子电路 EWB 软件仿真结果

运动桌面弹跳弹子运动模拟电路输出如图 2.363 所示。图中下面的正弦波是电路仿真中的外部信号源连接到本电路输入端的电压信号，上面是电路输出的电压信号，是弹跳小球的模拟信号。由图可见小球弹跳运动是混沌的。

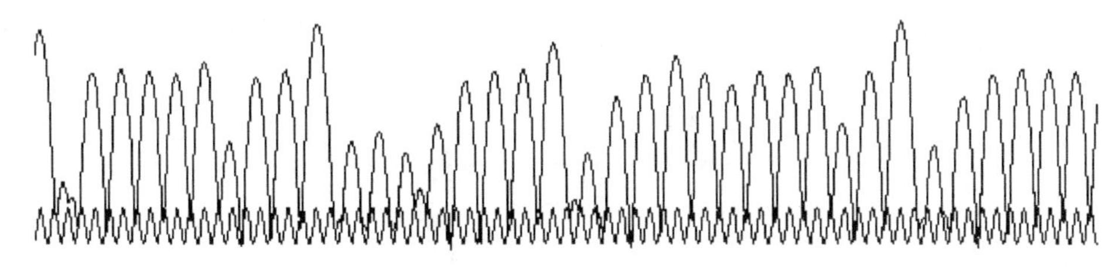

图 2.363　运动桌面弹跳弹子运动模拟电路输出

2.10.3　化学振荡

化学反应中如果有超过三种以上的物质参与反应，三种物质的浓度变化可能出现复杂的情况，这就是 20 世纪 60 年代末化学家发现的化学振荡现象 [4, 12]，这些现象可以通过颜色、温度等物理性质是体现出来。化学动力学是很强的非线性系统。化学振荡的一个数学模型的原始公式是

$$\begin{cases}\dot{x}=x(a_1-k_1x-z-y)+k_2y^2+a_3\\ \dot{y}=y(x-k_2y-a_5)+a_2\\ \dot{z}=z(a_4-x-k_3z)+a_3\end{cases}\tag{2.198}$$

给出具体参数的一个实例是

$$\begin{cases}\dot{x}=x(30-0.25x-z-y)+0.001y^2+0.01\\ \dot{y}=y(x-0.001y-10)+0.01\\ \dot{z}=z(16.5-x-0.5z)+0.01\end{cases}\tag{2.198A}$$

使用 VB 数值仿真，得到式（2.198A）的混沌吸引子相图如图 2.364 所示。

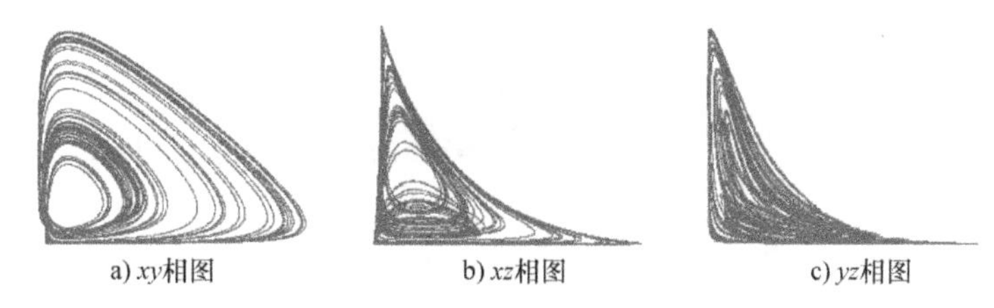

图 2.364　化学振荡混沌吸引子相图

由相图可知，三个混沌变量的值域范围 x、y、z 分别是 0~100、0~100、0~30，设计成电路时必须标度化，并且本系统还能继续简化，式（2.198A）的一种标度化并且经过简化后是

$$\begin{cases}\dot{x}=x(30-5x-20y-5.6z)+0.001\\ \dot{y}=y(20x-10)+0.001\\ \dot{z}=z(16.5-20x-2.78z)+0.001\end{cases}\tag{2.199}$$

根据公式可以设计模拟电路，如图 2.365 所示（归一化电阻为 10kΩ，归一化电容为 100nF）。

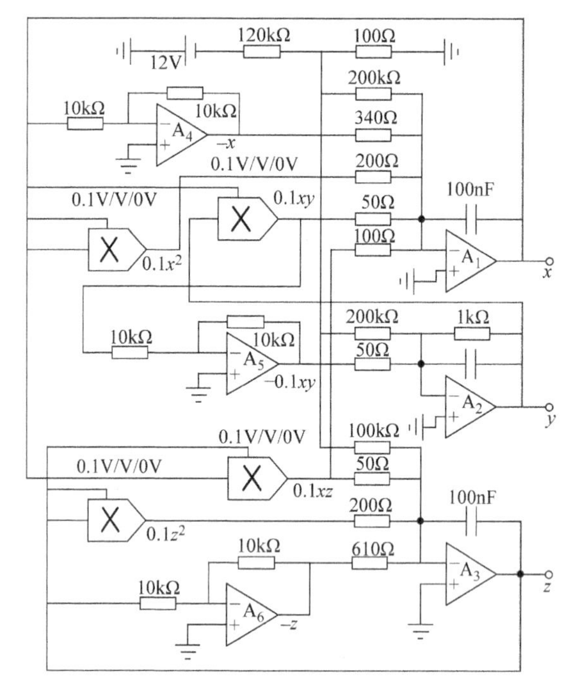

图 2.365　化学振荡电路模拟原理图

图 2.365 电路的 EWB 软件仿真结果如图 2.366 所示。

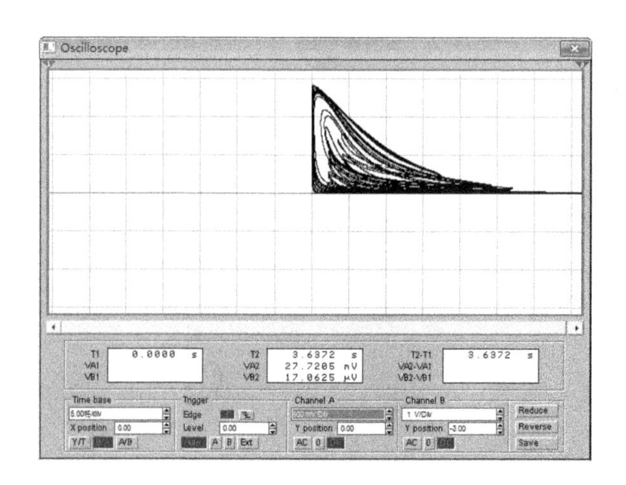

图 2.366　化学振荡电路 EWB 软件仿真结果

化学振荡电路模拟输出相图如图 2.367 所示。

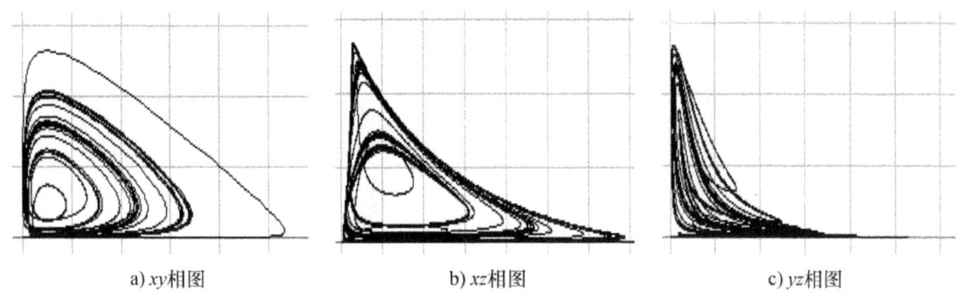

a) xy相图　　b) xz相图　　c) yz相图

图 2.367　化学振荡电路模拟输出相图

化学振荡混沌吸引子的特点是三维吸引子吸引盆位于三维空间八个象限中的第一象限，三个变量值域都是正值，这是因为三种化学物质的浓度都是正值。具有这个特点的混沌系统在本章中是唯一的个例。

该吸引子分布在三维空间的形状是：在“三面垂直的墙角”上，糊了一滩薄薄的泥巴后又挖了个洞，该混沌吸引子就分布在这个“带洞三棱薄泥巴”里。由于该混沌吸引子很“薄”，值域分布范围很窄，使得本电路仿真与实验都很困难。从这个电路模拟实验给化学工作者提供了一个重要的线索：化学振荡在自然界是非常罕见的现象，不像天气问题，天气问题非常混沌，吸引子很厚实，导致“天有不测风云”;而在化学反应中，多数化学反应单向进行并且反应很快，几乎都是瞬态结束。天气运行与化学反应都是一个自然界的事情，动力学特性却大相径庭。

化学振荡数学模型详细资料见参考文献 [4] 中的第 185-187 页与参考文献 [12] 中的第 407-412 页。

2.10.4　DC-DC 开关功率变换器

DC-DC 开关功率变换器 [121-131] 在邮电通信、军事设备、计算机、仪器仪表、工业自动化设备和家用电器等民用电子工业和军工系统中有着极其广泛的应用。这个具有新颖拓扑结构的电路系统被广泛应用很久以后，人们才对它的动力学规律及其各种性能进行较全面深入的研究。

20 世纪前半叶，电力技术的诞生与迅猛发展将人类推入第二次工业革命之中，其来势之凶猛，以至于某个电路拓扑或系统在还没有完全分析清楚之前就已得到了广泛的应用。例如，很简单的开关变换器在 20 世纪前半叶有了广泛的应用，但是直至 20 世纪 70 年代后期才发展出较好的分析模型。在 20 世纪 80 年代末，人们开始发现关于电力电子电路中的分岔与混沌现象；1990 年，Krein 和 Bass 提出了实验中观察到的电力电子电路中的“有界”“振颤”及“混沌”现象；这些早期的文献没有给出严格的理论分析，但是指出了研究电力电子中复杂行为的重要性；1991 年，Hamill 发表了电流控制型的 boost 变换器的迭代映射一文，分析了如何识别分岔与电路结构稳定性的方法；1994 年，Tse 指出了工作在断续运行模式下的简单 DC-DC 转换器中的倍周期分岔；1995 年，Chakrabarty 对 buck 转换器的分岔现象做了进一步研究；1996 年，Fossas 和 Oliver 详细地描述了 buck 变换器的动态特性，确认了混沌吸引子的拓扑结构，研究了不同的系统演化相关的区域。

DC-DC 转换器用于将输入电压转换为实用的输出电压。为了稳定和调节输出电压，电压反馈和电流反馈是常用的两种方法，这两种方法都是用来调整脉冲的占空比。工程中大量采用的是 buck 和 boost 转换器，可以分类为 boost 转换器、buck 转换器、boost-buck（或 buck-boost）

转换器，开关转换器的简单模型如图 2.368 所示。

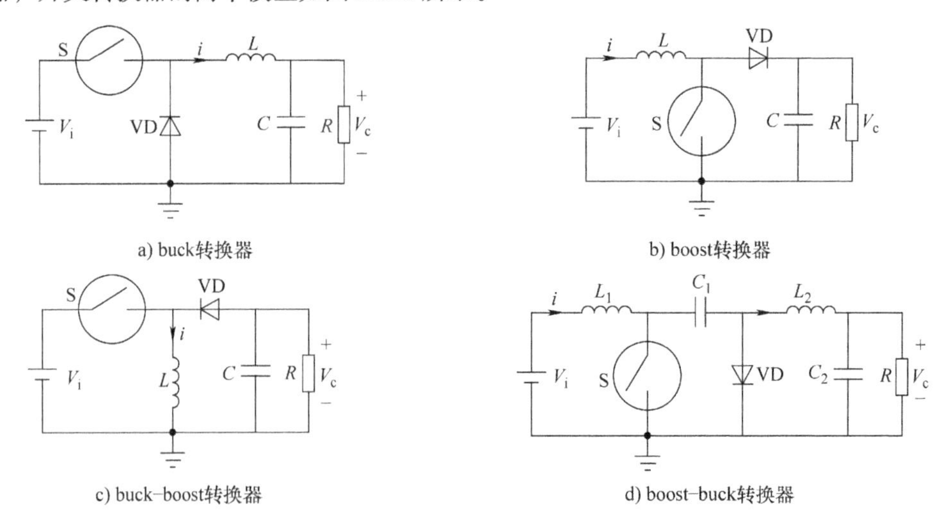

图 2.368 开关转换器的简单模型

buck 转换器工作原理图如图 2.369 所示。

其中，12V 电源模拟功率输入端；二极管模拟负载端的开关器件；后级的电感与电容模拟负载端的寄生等效电路；20Ω 电阻模拟真正的负载；1Ω 电阻模拟负载取样电阻，产生后级的控制需要的反馈信号；后级的电路是控制电路，锯齿波模拟控制信号。该电路在使用图中的电路参数时能够产生混沌。buck 转换器 EWB 软件仿真结果如图 2.370 所示。读者可以运用 EWB 仿真该系统，例如将负载电路由 1Ω 到 100Ω 之间变化，可以看到混沌演变，本章不再赘述。

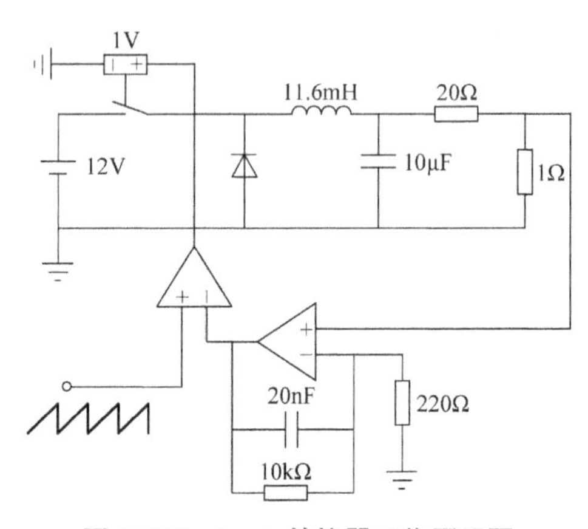

图 2.369 buck 转换器工作原理图

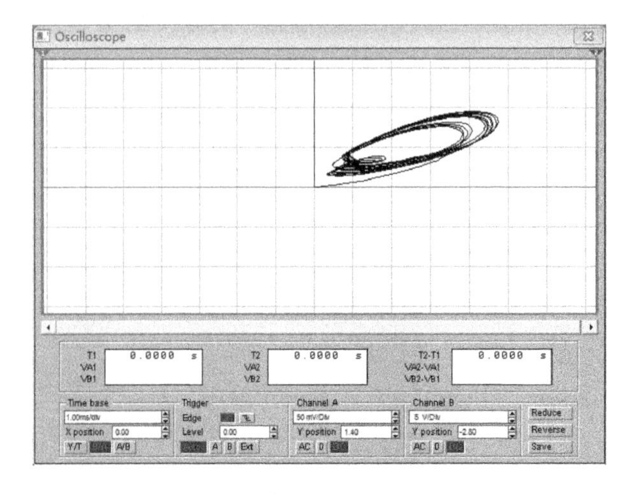

图 2.370 buck 转换器 EWB 软件仿真结果

buck 转换器电路中流过负载（电感）的电流测量原理图如图 2.371 所示。

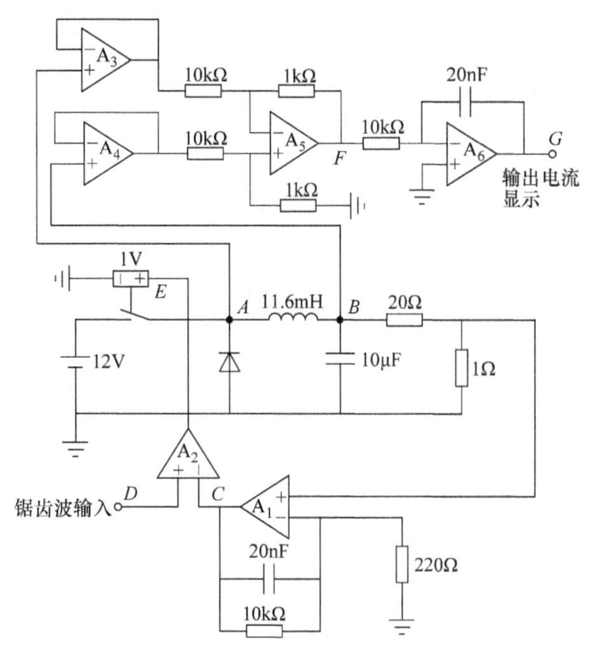

图 2.371　buck 转换器电路中流过负载（电感）的电流测量原理图

其中，与电感器并联的附件电路用于测量流过电感的电流，两个电压跟随器 A_3、A_4 用于取出电感两端的电压，A_5 对于两个电压相减求出电感两端电压，A_6 对于电感两端电压积分，输出与电感电流成正比的电压，实现电感电流信息无耗测量。

buck 转换器电路系统混沌测量 EWB 软件仿真结果如图 2.372 所示。

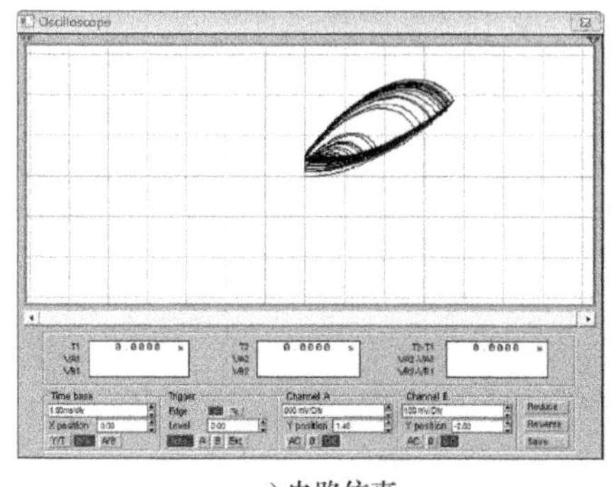

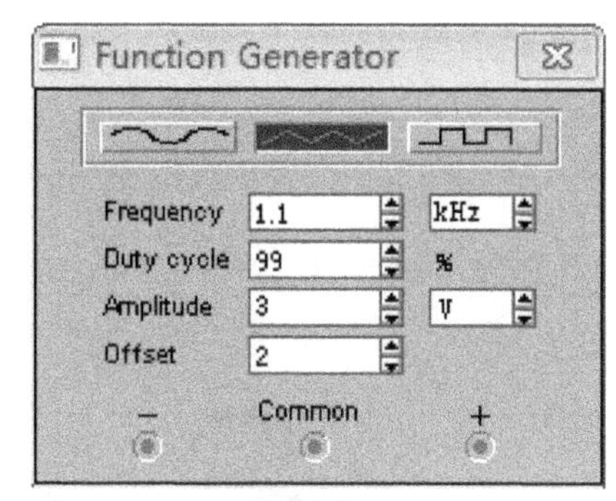

a) 电路仿真　　b) 仿真参数

图 2.372　buck 转换器电路系统混沌测量 EWB 软件仿真结果

测量电路中的 EWB 锯齿波设置是：频率为 1.1kHz，占空比为 99%，电压幅度为 3V，偏置电压为 2V，各点电压波形如图 2.373 所示。

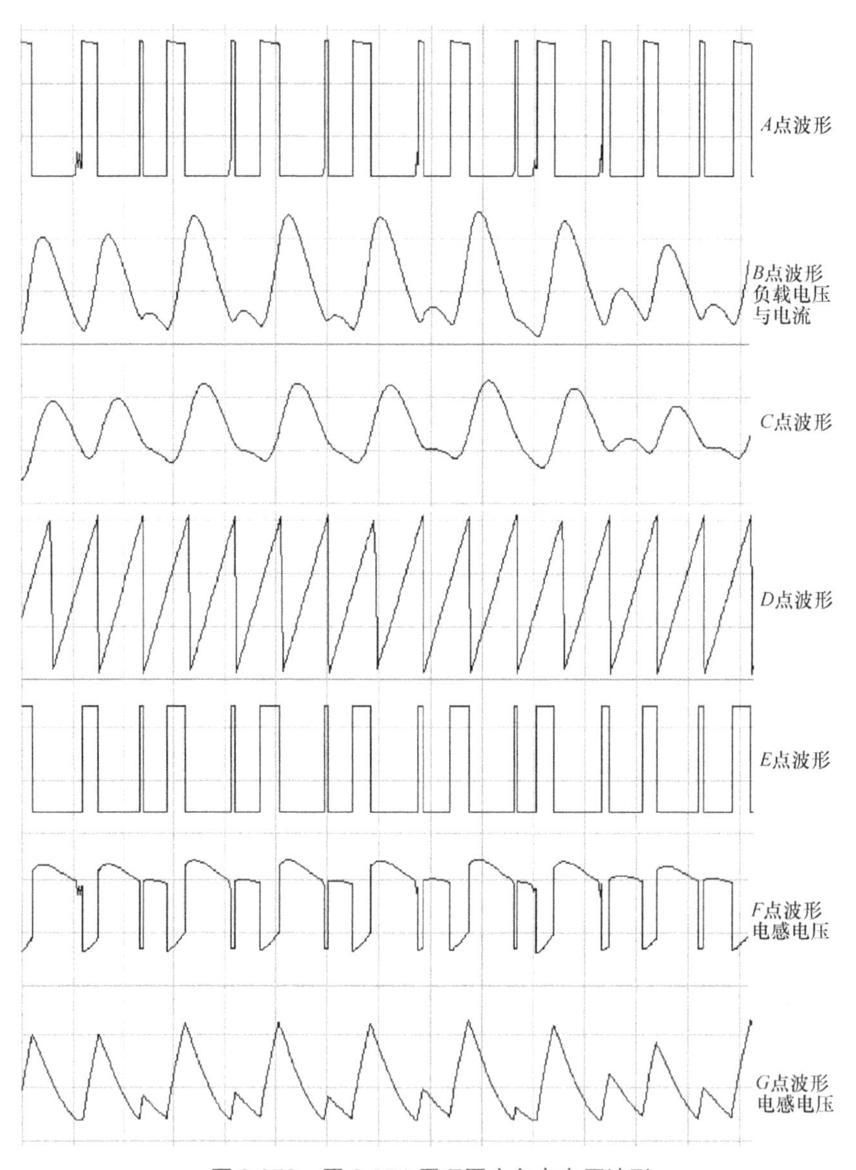

图 2.373　图 2.371 原理图中各点电压波形

图 2.371 原理图中 B、C、G 三个点电压组成的相图如图 2.374 所示。

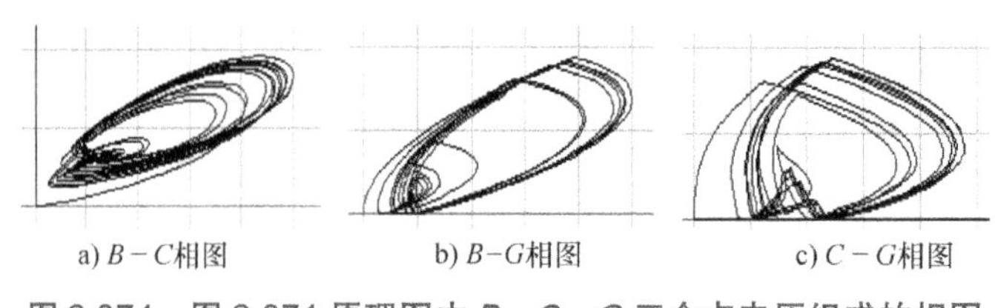

图 2.374　图 2.371 原理图中 B、C、G 三个点电压组成的相图

本电路具有交叉学科的意义，是电力工业技术（主要领域）、电子电路技术、自动控制技

术、混沌电路技术，甚至物理技术工作者都会感兴趣的案例；通过这个案例，可以将这几个领域的有关知识连接起来。

对于本案例，从电力工业技术来看是个比较糟糕的系统，这个工程系统在现实中基本失败；从混沌电路技术来看，这个系统还不错，能够出现预期的混沌，工程系统成功；自动控制、电子电路等技术人员支持电工系统态度，物理技术人员乐见其成。从本系统动力学运动过程来看，自动控制技术人员最关心该动力系统的早期运动形态，因为要对其进行有效控制；混沌技术人员反之，总是将开始的一段“不稳定”运动忽略，只关心动力学系统进入混沌吸引子后的运动形态；其他技术人员则乐见两家之争论。

2.10.5　心电图模拟电路

2.1.2 节范德波尔方程有一个变形形式[1]，其与人的心脏跳动的波形接近，可以作为心脏搏动的模型。心电图技术是远远晚于范德波尔时代的现代电子技术产品，当时的模型显得非常粗糙，但它是能够启发提出真正接近真实心电波形的数学模型。历史上的范德波尔对于此问题有着极大的兴趣，他发表的论文《心脏搏动是张弛振荡及一个心脏的电模型》，含有清晰的用混沌学观点研究生命科学的思想方法。心电图由 P、Q、R、S 和 T 五个波段组成，心跳是一种张弛振荡，心律不齐是包括健康人在内的常见状态，严重心律不齐则是心脏疾病，过度的心律整齐则是植物人的心率，用数学方法或者电路方法模拟心律不齐并分析其规律性涉及生命科学技术问题，具有实际应用价值。

范德波尔心电图的数学模型是

$$\ddot{x}+\left(x^2-\frac{41}{45}\right)\dot{x}+\frac{x}{45}+\frac{4x^3}{135}-\frac{0.467}{9}=A\frac{\sqrt{97}}{45}\sin\left(\frac{t}{5}+\arctan\frac{9}{4}\right) \tag{2.200}$$

一个病态心电图模拟电路原理图如图 2.375 所示。这个电路用于模拟疾病性质的一个模型，电路参数没有严格按照式（2.200）设计。

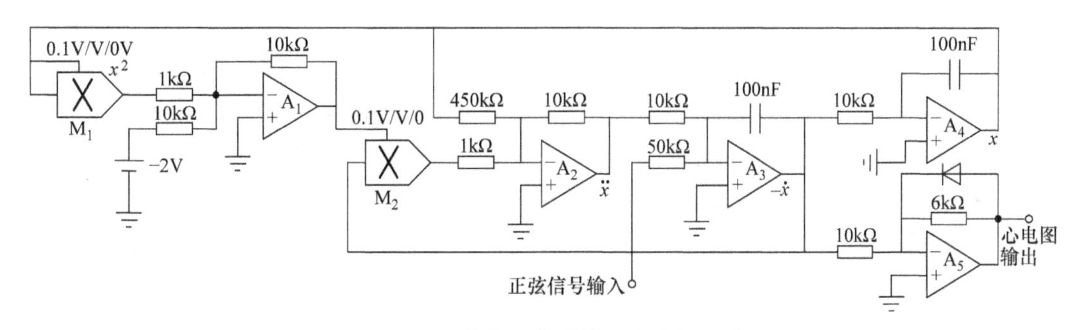

图 2.375　病态心电图模拟电路原理图

图 2.375 中 A_1、A_2、A_3、A_4 四个运算放大器与 M_1、M_2 两个乘法器构成心电脉搏产生主电路，需要外加正弦波信号；A_5 运算放大器是独立电路，用于产生心电图中的一个心电信号。图 2.376 所示为一种病态心电图模拟电路仿真结果，该心电图中出现了一个心电异常（一次停搏），此“人”病矣。

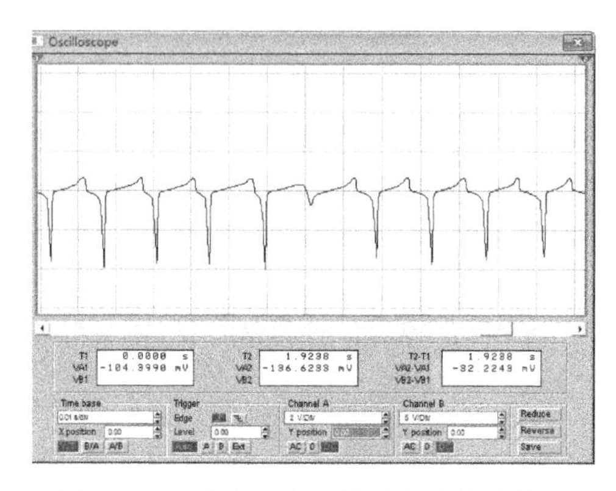

图 2.376 病态心电图模拟电路仿真结果

该电路方案是建立在近一个世纪前的研究工作，模拟的心脏脉搏波形不太逼真，这是受历史条件的限制所致。现在，一些专业级别的心电图软件已经推广使用，是一些结构非常复杂且非常适合专业人士应用的生物学专业软件，是由生物学家和物理学家们设计出来并付诸应用的。作为电子学家，需要借鉴这些成果并应用于电子学领域，创造出更好的电子学电路。

大自然充满混沌，是一个巨大的混沌系统。大自然从整体到局部都被不同层次不同类型的混沌包围着，被淹没在混沌的海洋中，我们研究混沌理论与混沌机制，大自然是最好的课堂，本章节所述的内容是混沌世界中的微不足道的一部分。人类认识自然界混沌尚处于初级阶段，例如生命系统混沌、大脑工作混沌、社会群体混沌等，从根本上讲，混沌研究的主要方向是大自然混沌。

2.11 多涡旋混沌电路

前面几个章节讨论的混沌系统都是单涡旋与双涡旋系统，并且都是一维非线性特性造成的混沌系统。这一节讨论一维多涡旋混沌系统与多维多涡旋系统。

2.11.1 三维 3-3-3 三次型多涡旋混沌电路

本节内容是多维多涡旋混沌电路，本节整体阐述方法不同于前面的各个章节，是整体阐述方式。本小节讲述的是三维三次型非线性混沌电路，具体非线性形式是三个非线性单元，每个非线性单元都连接三次型非线性电路，称为“三维 3-3-3 三次型多涡旋混沌电路”，其中的 3-3-3 代表第一维 3 折线 × 第二维 3 折线 × 第三维 3 折线非线性，照这种说法前面的蔡氏电路只有第一阶有三折线非线性项，就是 3-1-1 非线性电路。

先给出这一单元的 3-3-3 电路方程，是三维 n 次型混沌系统方程。

$$\begin{cases}\dot{x}=y-f(y)\\ \dot{y}=z-f(z)\\ \dot{z}=-x-y-z+\gamma f(x)+\alpha f(y)+\beta f(z)\end{cases} \tag{2.201}$$

其中的 $f(x)$ 是三次型分段非线性特性静态非线性函数[132, 133]：

$$f(x)=0.5(|x+0.5|-|x-0.5|) \tag{2.202}$$

是本小节要研究的具体混沌电路。

三维 3-3-3 三次型多涡旋混沌电路原理图如图 2.377 所示，其中 A_{11}、A_{21}、A_{31} 是非线性限幅电路，注意这些电路元件标号与后面的扩展电路标号一致，要注意由 x、y、z 输出分别产生的非线性标号与式（2.201）一致。

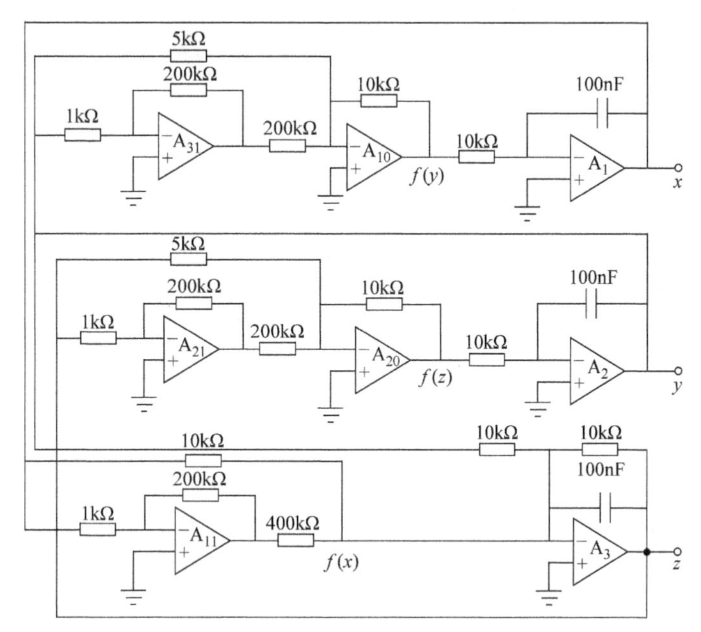

图 2.377　三维 3-3-3 三次型多涡旋混沌电路原理图

三维 3-3-3 三次型多涡旋混沌电路 EWB 软件仿真结果如图 2.378 所示。

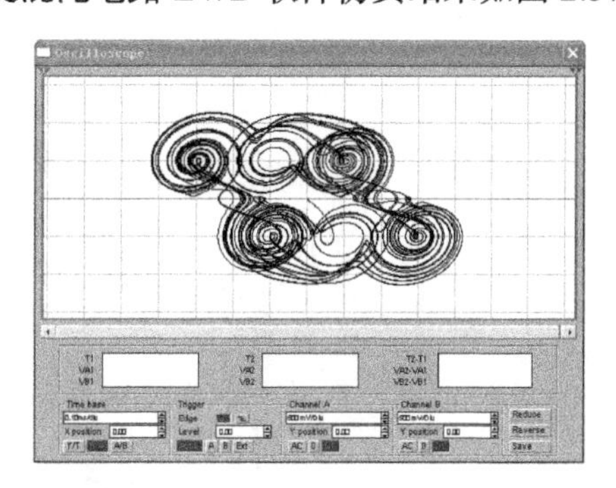

图 2.378　三维 3-3-3 三次型多涡旋混沌电路 EWB 软件仿真结果

三维 3-3-3 三次型多涡旋混沌电路输出的非线性曲线如图 2.379 所示，输出相图如图 2.380 所示。

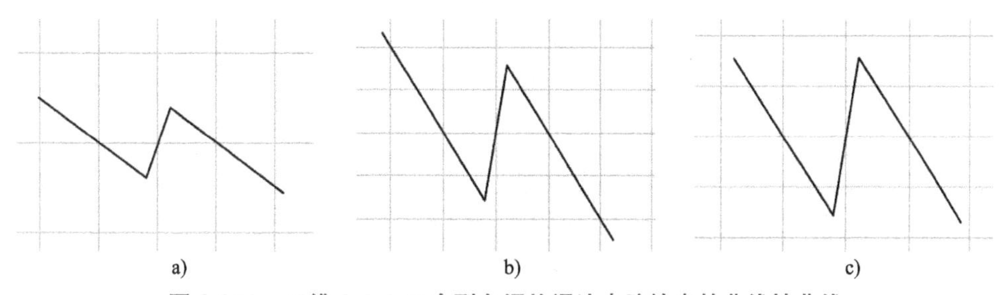

图 2.379　三维 3-3-3 三次型多涡旋混沌电路输出的非线性曲线

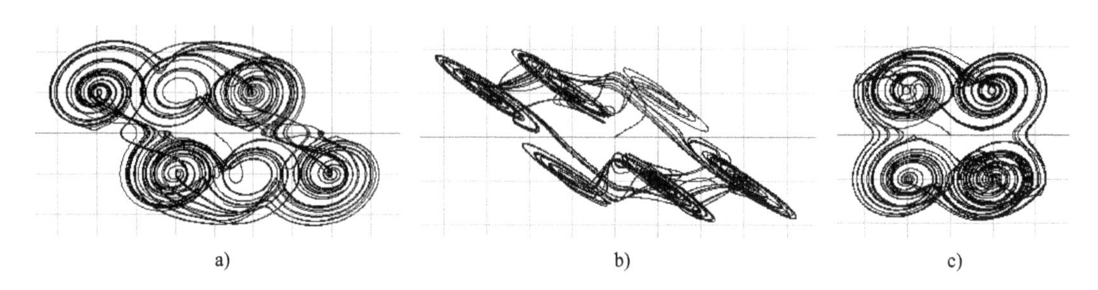

图 2.380　三维 3-3-3 三次型多涡旋混沌电路输出相图

以上两图中的方格都是每格为 0.5V。

从三维相图来看，好像是 3×2×2=12 涡旋混沌系统，实际是 2×2×2=8 涡旋混沌系统，中间多出来的涡旋是寄生涡旋。

2.11.2　三维 3-3-3 型演化成一维 n-1-1 型多涡旋混沌电路

图 2.377 中，将非线性运算放大器 A_{11} 及其三个电阻删除，则 $f(x)$ 由非线性电路退化成线性电路；同样地，将非线性运算放大器 A_{31} 及其三个电阻删除，则 $f(z)$ 也由非线性电路退化成线性电路。这样的电路是一维静态函数非线性电路，如图 2.381 所示。由图，三维 3-3-3 型退化成一维 3-1-1 型二涡旋混沌电路，这种 3-1-1 结构正是前面最多出现的双涡旋混沌电路。

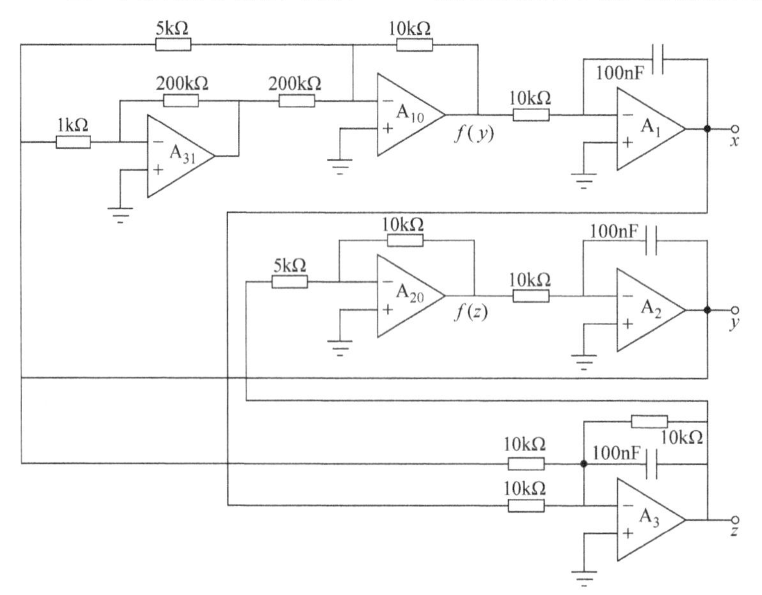

图 2.381　3-1-1 型二涡旋混沌电路原理图

3-1-1 型二涡旋混沌电路仿真结果如图 2.382 所示。

该混沌电路输出波形图如图 2.383 所示，输出相图如图 2.384 所示。

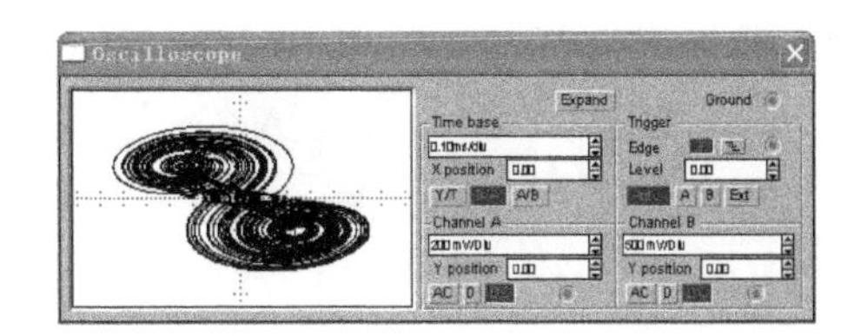

图 2.382　3-1-1 型二涡旋混沌电路仿真结果

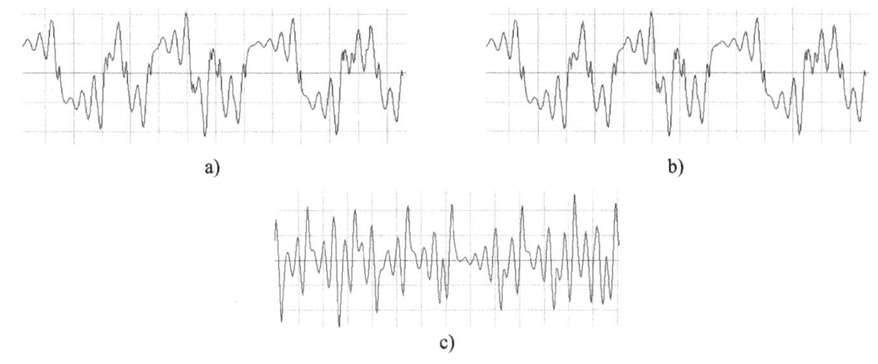

a)　　b)

c)

图 2.383　3-1-1 型二涡旋混沌电路输出波形图

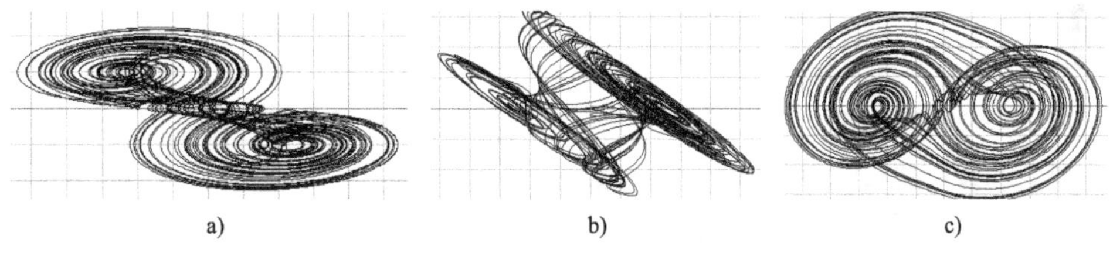

a)　　b)　　c)

图 2.384　3-1-1 型二涡旋混沌电路输出相图

上面是三次型非线性三阶混沌电路，将三次型增加非线性至五次型，该混沌电路成为五次型非线性三阶 5-1-1 混沌电路，电路原理图如图 2.385 所示。与三阶 3-1-1 混沌电路图 2.381 比较，三阶 3-1-1 混沌电路 A_{31} 同相输入端接地，本电路由 A_{21}、A_{22} 两个运算放大器代替，两个运算放大器同相输入端分别连接 +0.5V 与 −0.5V，两个电压间隔 1V，与正负零电压对称。

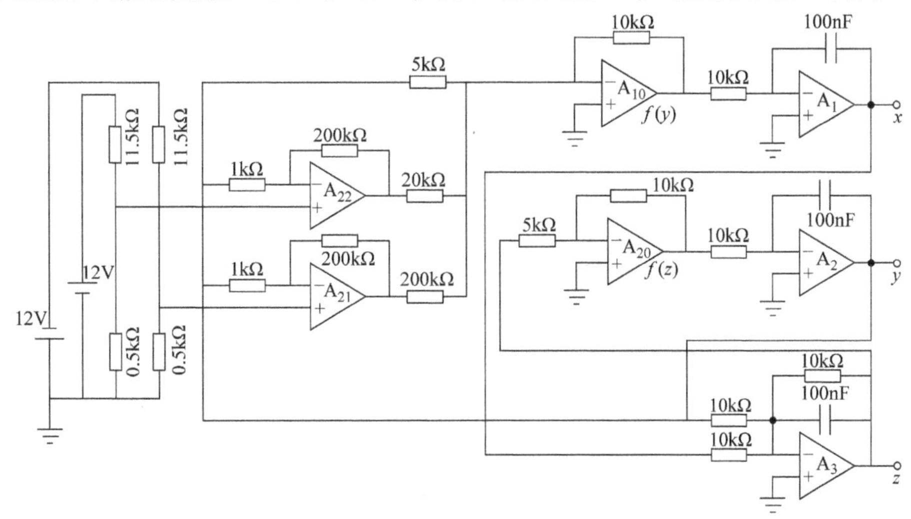

图 2.385　五次型非线性三阶 5-1-1 混沌电路原理图

继续提高非线性曲线的次数为七次型，该混沌电路成为七次型非线性三阶 7-1-1 混沌电路，电路原理图如图 2.386 所示。非线性电路由 A_{21}、A_{22}、A_{23} 三个运算放大器代替，三个运算放大器同相输入端分别连接 0V、+1V、−1V，两个电压间隔 1V。

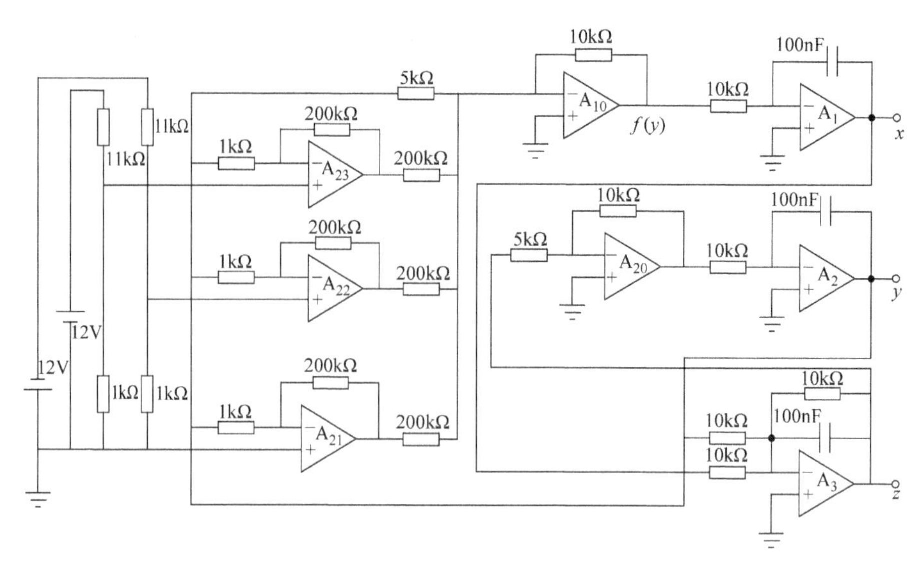

图 2.386　七次型非线性三阶 7-1-1 混沌电路原理图

再次提高非线性曲线的次数为九次型，该混沌电路成为九次型非线性三阶 9-1-1 混沌电路，电路原理图如图 2.387 所示。非线性电路由 A_{21}、A_{22}、A_{23}、A_{24} 四个运算放大器代替，四个运算放大器同相输入端分别连接 +0.5V、−0.5V、+1.5V、−1.5V，两个电压之间间隔 1V。

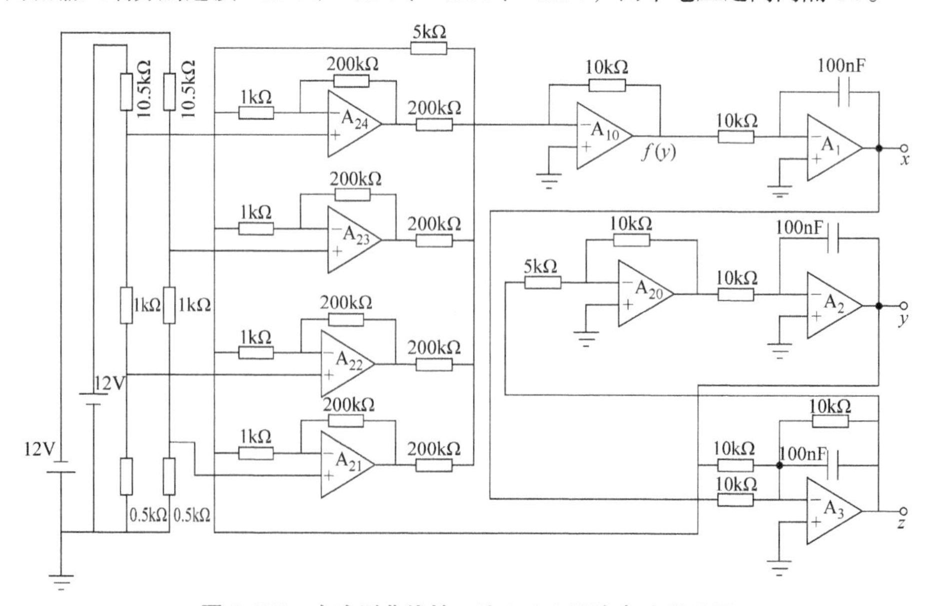

图 2.387　九次型非线性三阶 9-1-1 混沌电路原理图

五次型非线性三阶 5-1-1 混沌电路输出的波形图与相图如图 2.388 所示。

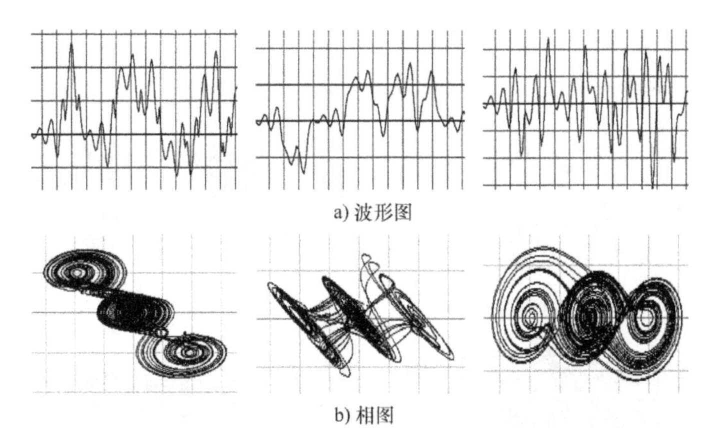

图 2.388　五次型非线性三阶 5-1-1 混沌电路输出的波形图与相图

七次型非线性三阶 7-1-1 混沌电路输出的波形图与相图如图 2.389 所示。

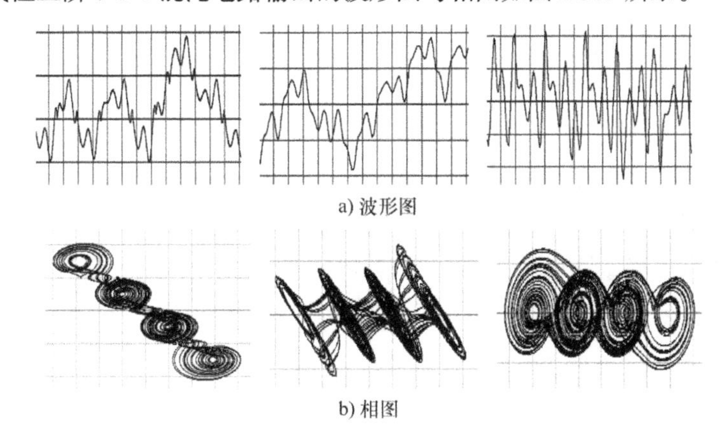

图 2.389　七次型非线性三阶 7-1-1 混沌电路输出的波形图与相图

九次型非线性三阶 9-1-1 混沌电路输出的波形图与相图如图 2.390 所示。

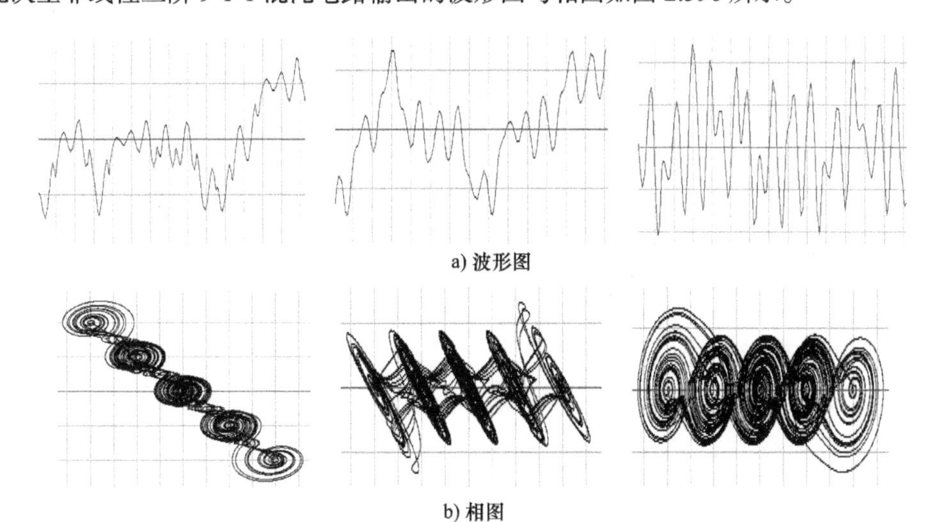

图 2.390　九次型非线性三阶 9-1-1 混沌电路输出的波形图与相图

继续增加非线性的折线数，构成十一次型非线性三阶 11-1-1 混沌电路、十三次型非线性三阶 13-1-1 混沌电路、十五次型非线性三阶 15-1-1 混沌电路、十七次型非线性三阶 17-1-1 混沌电路，输出的相图分别如图 2.391a、b、c、d 所示。

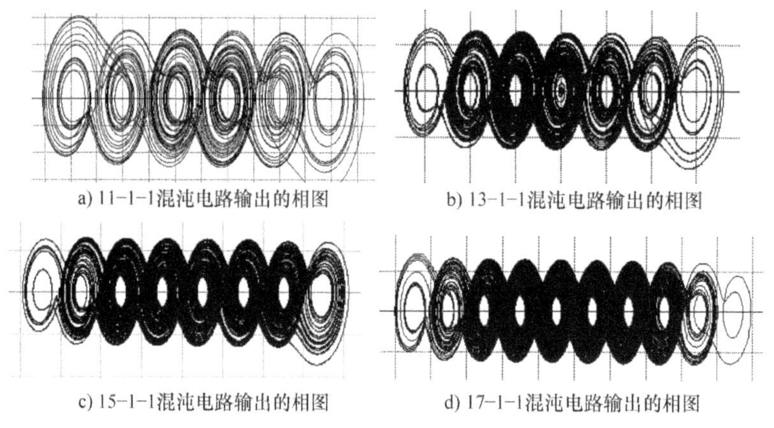

a) 11−1−1混沌电路输出的相图　b) 13−1−1混沌电路输出的相图

c) 15−1−1混沌电路输出的相图　d) 17−1−1混沌电路输出的相图

图 2.391　*n*-1-1 型混沌电路输出的相图

2.11.3　蔡氏电路三涡旋混沌电路

上面多涡旋混沌电路叙述主线由 3-3-3 到 3-1-1，再沿着 *n*-1-1 叙述。现在暂时离开这一叙述主线而介绍 3-1-1 的蔡氏电路。以前的蔡氏电路就是本节的 3-1-1 蔡氏电路，其中的静态非线性电路是三次型函数电路，将其修改为双运放限幅五次型函数电路，则输出蔡氏电路三涡旋混沌信号，称为蔡氏电路三涡旋混沌电路，电路原理图如图 2.392 所示，蔡氏电路三涡旋混沌电路输出相图如图 2.393 所示。

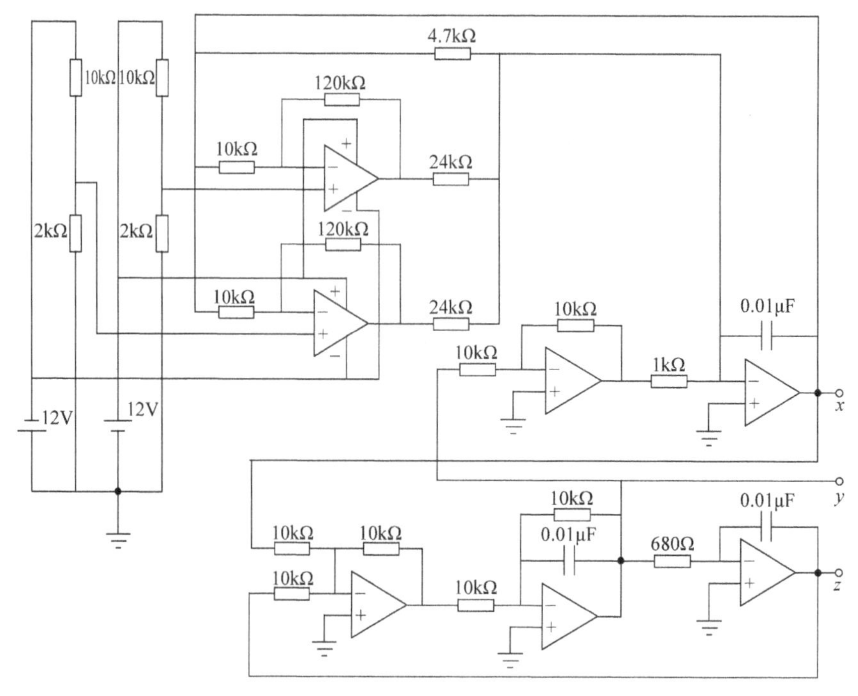

图 2.392　蔡氏电路三涡旋混沌电路原理图

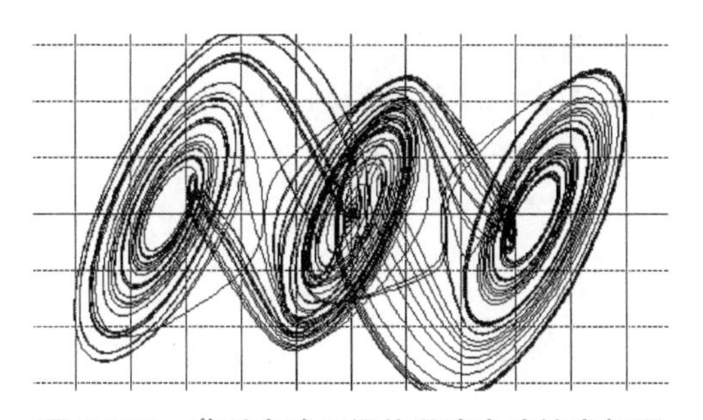

图 2.393　蔡氏电路三涡旋混沌电路输出相图

2.11.4　蔡氏电路二、四、六涡旋混沌电路

至此已经知道三折线非线性蔡氏电路是二涡旋混沌电路，五折线非线性蔡氏电路是三涡旋混沌电路，那么 m 折线非线性蔡氏电路应该是（m+1）/2 涡旋混沌电路，事实正是如此。具体到电路设计，又分成两组，3-7-11…折线非线性是一组电路，5-9-13…折线非线性是另一组电路，本节介绍前一组电路，是 3-1-1、7-1-1、11-1-1 折线，下一节介绍另一组电路。

图 2.394 所示为由 EWB 设计的“蔡氏电路二、四、六涡旋混沌电路实验平台”，用 [A]、[B] 两个键控制运算放大器接入的开关。

电路中 A_1、A_{10}、A_2、A_{20}、A_3 是线性电路，A_{11}、A_{12}、A_{13}、A_{14}、A_{15} 是三折线非线性电路，同相输入端分别与 0V、± 4V、± 8V 连接，通过开关 [A]、[B] 控制，限定三种组合：1）[A]、[B] 断开，A_{11} 构成三折线非线性；2）[A] 断开、[B] 接通，A_{11}、A_{12}、A_{13} 构成七折线非线性；3）[A]、[B] 接通，A_{11}、A_{12}、A_{13}、A_{14}、A_{15} 构成十一折线非线性。

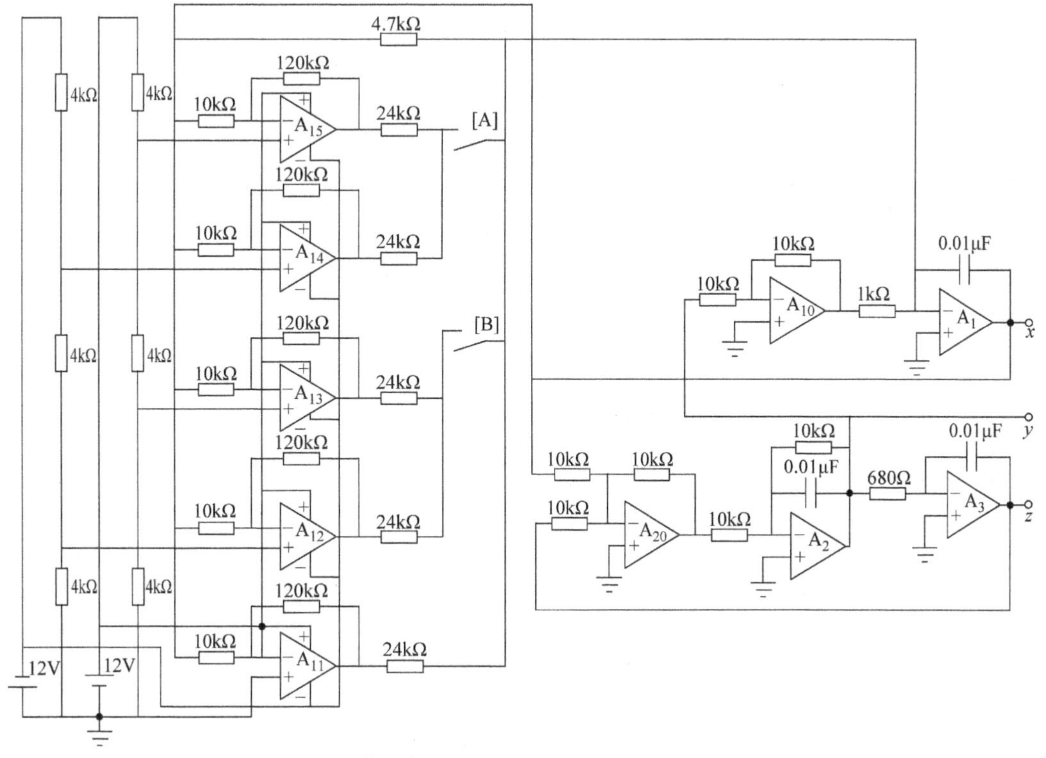

图 2.394　蔡氏电路二、四、六涡旋混沌电路实验平台

图 2.394 中通过开关控制形成的各种蔡氏电路称为“*n*-1-1”蔡氏电路，电路输出相图和非线性折线图如图 2.395 所示。其中，电路相图的横坐标与纵坐标都是 1V/ 格，非线性折线图的横坐标为 1V/ 格，纵坐标为 500mV/ 格。

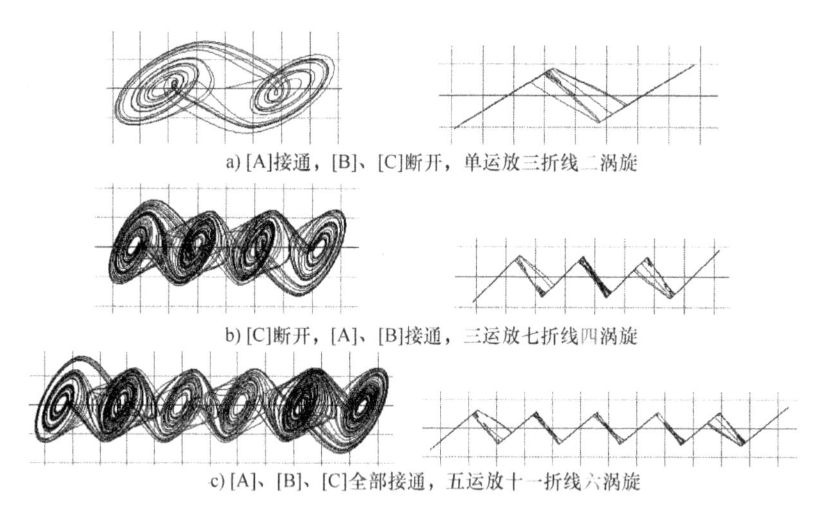

a) [A]接通，[B]、[C]断开，单运放三折线二涡旋

b) [C]断开，[A]、[B]接通，三运放七折线四涡旋

c) [A]、[B]、[C]全部接通，五运放十一折线六涡旋

图 2.395 蔡氏电路二、四、六涡旋混沌电路输出相图和非线性折线图

2.11.5 蔡氏电路组合可控二、三、五涡旋混沌电路

上一节电路是二、四、六涡旋混沌，这一节是二、三、五涡旋混沌，为了和以前的电路衔接，将熟知的二涡旋混沌也插进来。图2.396所示为由EWB设计的“蔡氏电路组合可控二、三、五涡旋混沌电路实验平台”，由于从 −12V 电源到 +12V 电源之间有 6kΩ、4kΩ、2kΩ、2kΩ、4kΩ、6kΩ6 个电阻分压，分到的 4 个等距离电压分别是 −6V、−2V、+2V、+4V，连接到 A_{12}、A_{13}、A_{14}、A_{15} 的同相输入端，产生 9-1-1 九折线非线性，A_{11} 的同相输入端与地线连接，与这四个运放不是一个系统，在这里是插入的独立电路，产生经典的 3-1-1 非线性蔡氏电路，目的是用于比较。本平台的开关控制有三组合，当 [A] 接通，[B]、[C] 断开，电路连接成单运放三折线二涡旋“3-1-1”，如图 2.397a 所示；当 [A]、[C] 断开，[B] 接通，电路连接成二运放五折线三涡旋“5-1-1”，如图 2.397b 所示；当 [A] 断开，[B]、[C] 接通，电路连接成四运放九折线五涡旋“9-1-1”，如图 2.397c 所示。其中，电路相图的横坐标与纵坐标都是 1V/ 格，非线性折线图的横坐标为 1V/ 格，纵坐标为 500mV/ 格。

2.11.6 三维 5-5-5 型多涡旋混沌电路

2.11.1 节讲述的是 3-3-3 非线性混沌。本节沿着 2.11.1 节的设计思路往前走，设计非线性为三个五折线，是 5-5-5 非线性混沌。三维 5-5-5 型多涡旋混沌电路原理图如图 2.398 所示。

图 2.398 是一种画法，电路比较复杂显得有些眼花缭乱，另一种画法如图 2.399 所示。

混沌电路波形图的测量：由此可知，混沌系统构成 45 涡旋。图 2.400 所示为三维 5-5-5 型多涡旋混沌电路输出波形图。

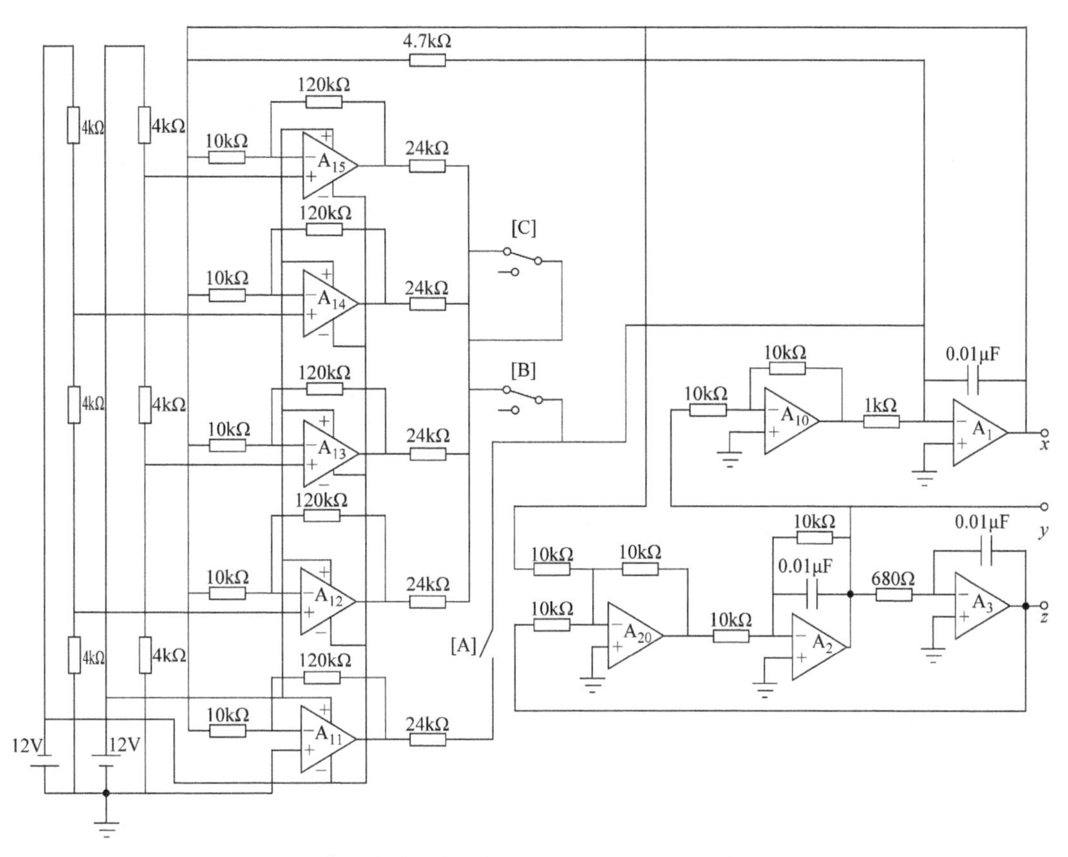

图 2.396　蔡氏电路组合可控二、三、五涡旋混沌电路实验平台

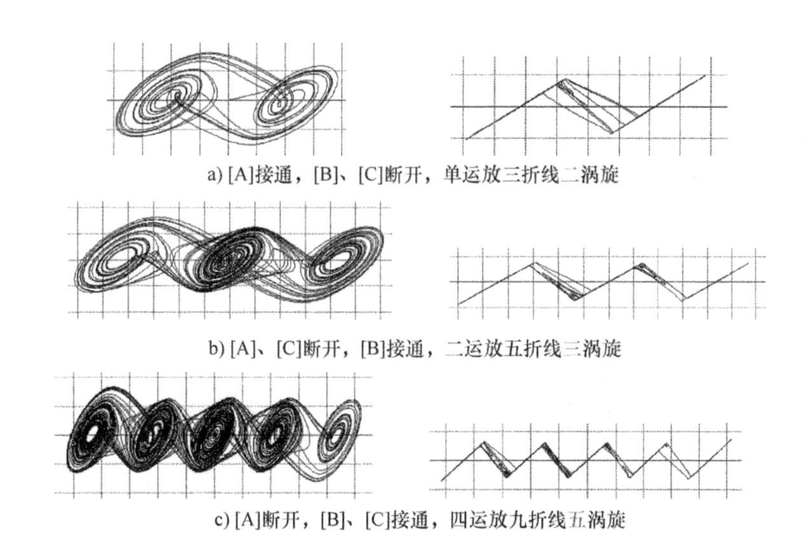

图 2.397　蔡氏电路组合可控二、三、五涡旋混沌电路输出相图和非线性折线图

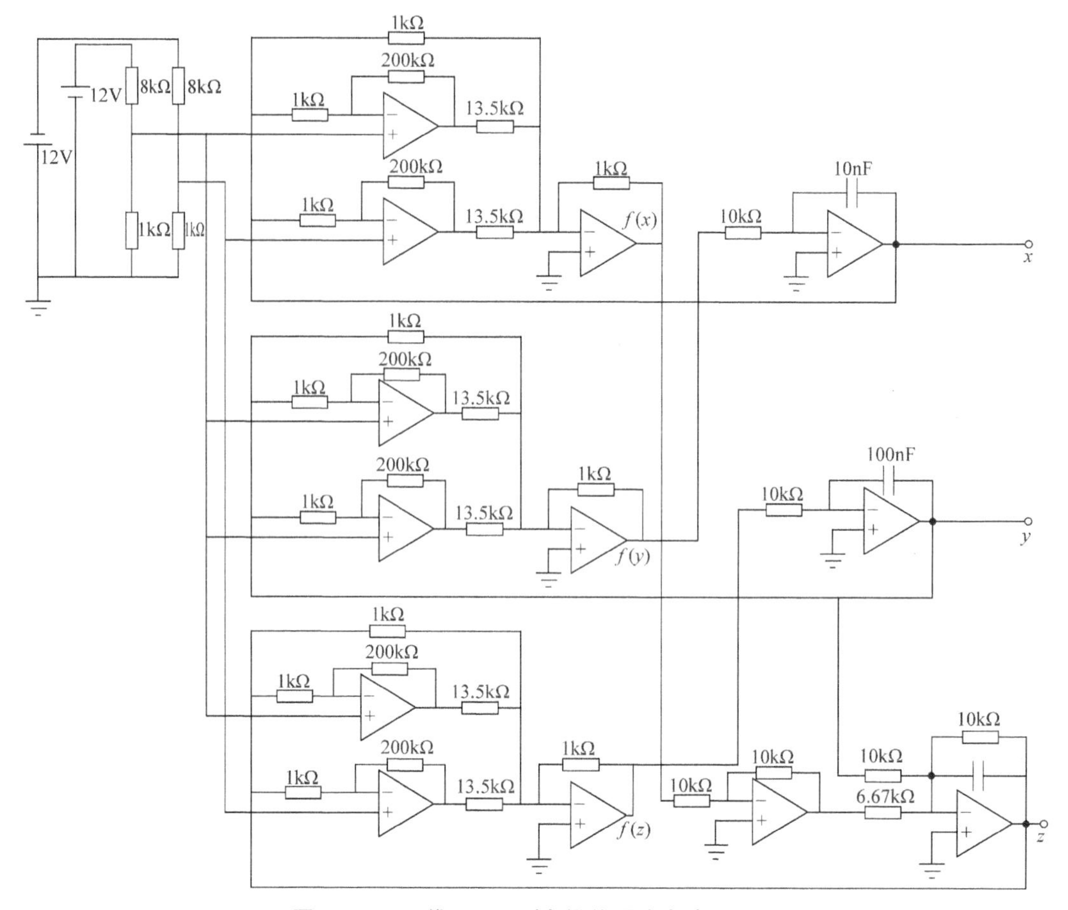

图 2.398　三维 5-5-5 型多涡旋混沌电路原理图

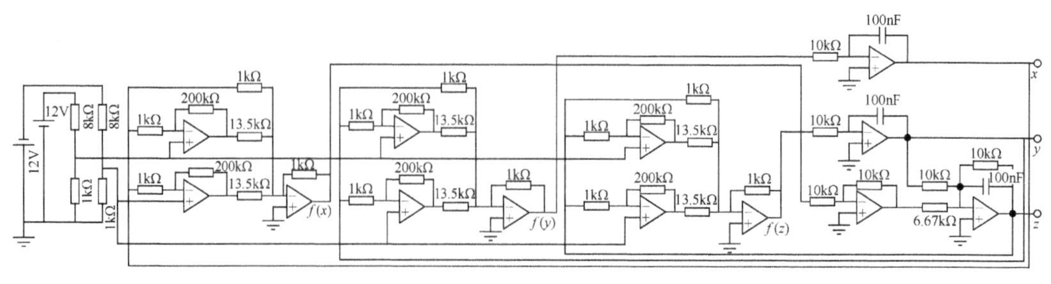

图 2.399　三维 5-5-5 型多涡旋混沌电路原理图

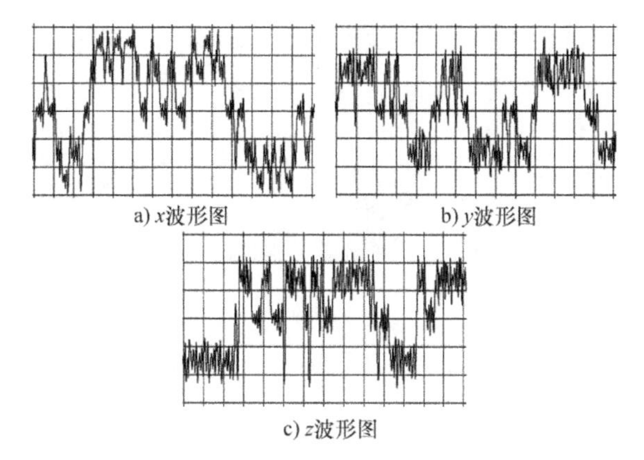
a) x波形图　　b) y波形图
c) z波形图

图 2.400　三维 5-5-5 型多涡旋混沌电路输出波形图

混沌电路相图的具体测量步骤是：将示波器的 A 通道与 B 通道分别与 xy、xz、zy 连接，得到的 xy、xz、zy 相图如图 2.401a~ 图 2.401c 所示。

a) xy相图　　b) xz相图　　c) zy相图

图 2.401　三维 5-5-5 型 45 涡旋混沌电路输出相图

仔细分析图 2.400 所示的波形图，似乎都是三个平衡点的非线性，逻辑推理似乎是，构成的相图的涡旋数似乎是 3 × 3 × 3=27 涡旋混沌，实际测量发现形成 5 × 5 × 3=75 涡旋，有可能是寄生混沌。

2.11.7　三维 9-9-9 型多涡旋混沌电路

继续上一节的设计，将 5-5-5 非线性扩展到 9-9-9 非线性，设计出来的三维 9-9-9 型多涡旋混沌电路原理图如图 2.402 所示。

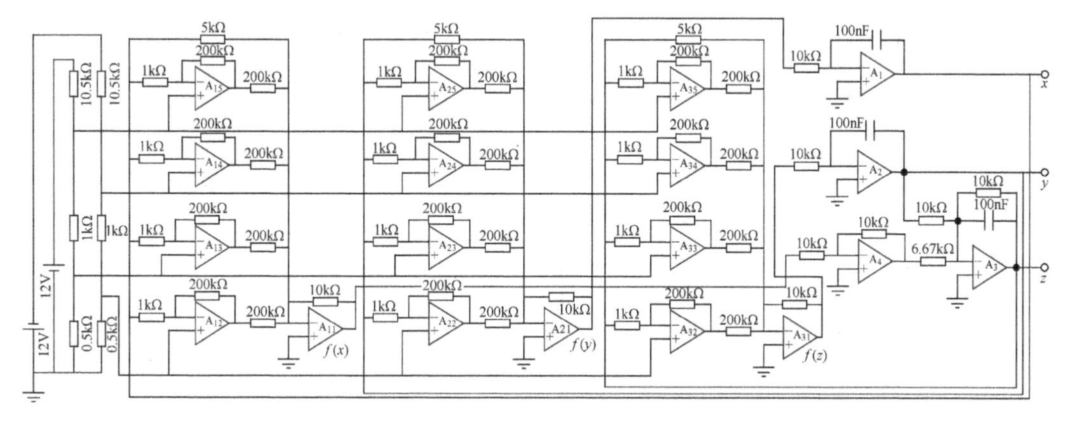

图 2.402　三维 9-9-9 型多涡旋混沌电路原理图

电路仿真，混沌电路相图测量 *xy*、*xz*、*zy*，测得相图如图 2.403a~ 图 2.403c 所示。

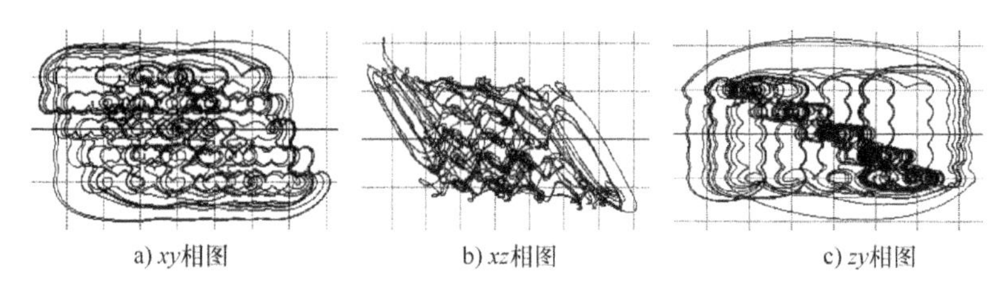

图 2.403　三维 9-9-9 型多涡旋混沌电路输出相图

2.11.8　二维三次型高混沌电路

上面几节基本上是沿着“3-3-3”“5-5-5”“7-7-7”…的序列进行的，现在回过头来设计“3-3-1”非线性，是二维三次型高混沌电路，电路原理图如图 2.404 所示。

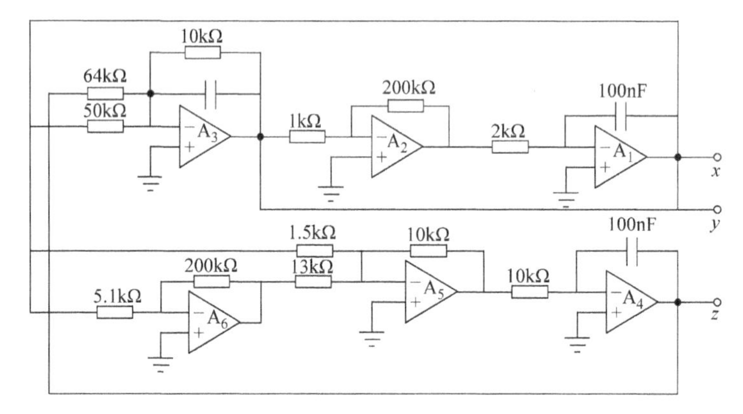

图 2.404　二维三次型高混沌电路原理图

二维三次型高混沌电路非线性特性如图 2.405 所示。

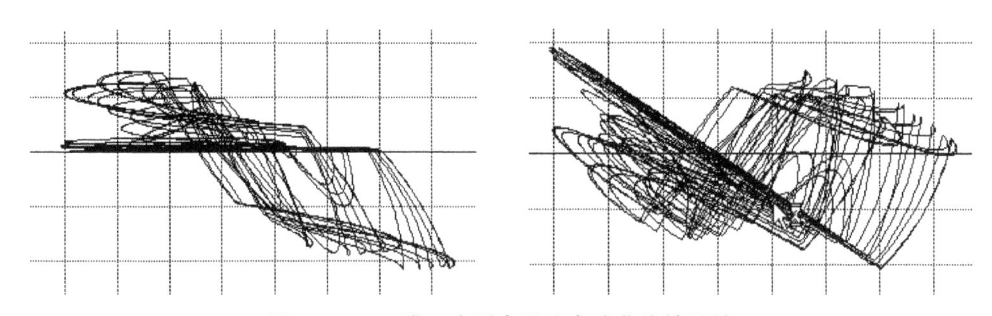

图 2.405　二维三次型高混沌电路非线性特性

EWB 软件仿真输出波形图如图 2.406 所示，其特征是：没有一个变量的波形是上下跳变的。

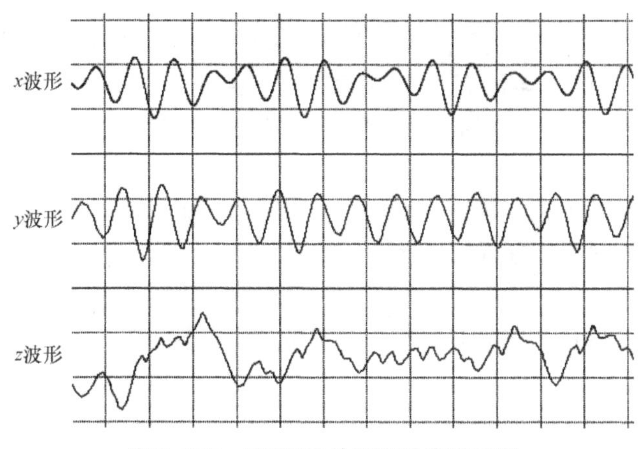

图 2.406　EWB 软件仿真输出波形图

EWB 软件仿真输出相图如图 2.407 所示，与常见的单涡旋形状不太一样，常见的单涡旋形状如同马蹄形。图 2.407a ~ 图 2.407c 三幅图运行时间较短，图 2.407d ~ 图 2.407f 三幅图运行时间较长。

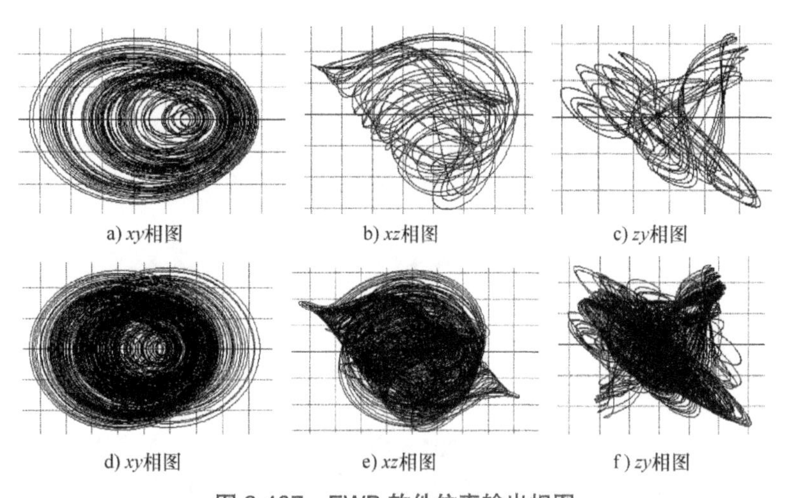

图 2.407　EWB 软件仿真输出相图

本节 3-3-1 型多涡旋电路 EWB 仿真似乎没有预期的结果，可以根据前面的仿真推测电路的可能结果是一个 2×2=4 涡旋混沌。但是，如何证明仍然没有把握，唯有进行数值仿真、电路仿真和物理实验。这一节的最终结果与预期结果接近但还有差别。

2.12　混沌电路的同步及其控制

同步是自然界中的普遍现象，控制是人们改造世界的基本手段，混沌世界中广泛存在着同步与控制现象，人们对于混沌同步与控制现象寄予极大的热情并投入了深入研究，取得了丰硕的成果。混沌同步控制理论对于人类认识客观自然世界具有重要意义，混沌同步控制技术向人们展现了美好的实际应用前景，混沌同步控制电路的研究占有重要的学术地位。

2.12.1 两个蔡氏电路的混沌同步

1990 年，美国马里兰大学奥托（Ott）、格里包革（Grebogi）与约克（York）提出混沌控制方法——OGY 方法。同年，美国海军实验室佩考拉（L. M. Pecora）、卡罗尔（T. L. Carrol）提出一种实际同步方案驱动 - 响应同步方案，并用电子线路实现混沌同步，混沌同步控制电路的研究蓬勃开展起来。

蔡氏电路由于具有丰富的混沌动力学特性从而被广泛地研究，其中蔡氏电路被应用于混沌系统同步原理与控制方法，具有典型的意义 [91]。

对于两个蔡氏电路，如果电路参数有差别，那么，即使初始状态完全相同，两条相轨迹线也要指数分离，而在工程应用中有时需要两者的动力学状态保持一致，这就需要同步。例如两个蔡氏电路系统

$$\begin{cases}\dot{x}_1=-2.37x_1+1.57y_1-3.7f(x_1)\\ \dot{y}_1=5.8x_1-y_1+8z_1\\ \dot{z}_1=-1.8y_1\end{cases} \tag{2.203}$$

$$f(x_1)=x_1-\frac{1}{2}(|x_1+1|-|x_1-1|) \tag{2.203A}$$

及

$$\begin{cases}\dot{x}_2=-2.37x_2+1.57y_2-3.7f(x_2)\\ \dot{y}_2=5.75x_2-y_2+8z_2\\ \dot{z}_2=-1.8y_2\end{cases} \tag{2.204}$$

$$f(x_2)=x_2-\frac{1}{2}(|x_2+1|-|x_2-1|) \tag{2.204A}$$

式（2.203）$\dot{y}_1$中项为 $5.8x_1$，而式（2.204）中$\dot{y}_2$项为 $5.75x_2$，两者误差约为 1%，用以模拟真实物理系统中存在的误差，因此这两个系统的相轨迹线是不同的，做三个相图 x_1x_2、y_1y_2、z_1z_2，如图 2.408 所示。

a) x_1x_2相图

b) y_1y_2相图

c) z_1z_2相图

图 2.408 两个蔡氏电路不同步的相图

为了将式（2.203）作为驱动（主动、控制）系统，将式（2.204）作为响应（被动、被控）系统，观察两个系统的 3 个误差

$$\begin{cases} e_x = x_2 - x_1 \\ e_y = y_2 - y_1 \\ e_z = z_2 - z_1 \end{cases} \tag{2.205}$$

取其中的 3 个误差 e_x、e_y 与 e_z 连接到响应式（2.204）的输入端，则公式为

$$\begin{cases} \dot{x}_2 = -2.37x_2 + 1.57y_2 - 3.7f(x_2) - e_x \\ \dot{y}_2 = 5.75x_2 - y_2 + 8z_2 - e_y \\ \dot{z}_2 = -1.8y_2 - e_z \end{cases} \tag{2.206}$$

式（2.204）与式（2.206）构成的两个混沌系统之间的关系发生了完全不同的变化，仍然做三个相图 x_1x_2、y_1y_2、z_1z_2，如图 2.409 所示。

a) x_1x_2相图　　b) y_1y_2相图　　c) z_1z_2相图

图 2.409　两个蔡氏电路同步的相图

式（2.206）中使用了三路控制信号 e_x、e_y 与 e_z，系统鲁棒性很好，这是因为式（2.206）已经与式（2.204）接近等效了，然而控制结构复杂，使用中工程成本高。能不能简化控制结构呢？下面取其中的两个误差 e_x 与 e_z 连接到响应式（2.204）的输入端，则公式为

$$\begin{cases} \dot{x}_2 = -2.37x_2 + 1.57y_2 - 3.7f(x_2) - e_x \\ \dot{y}_2 = 5.75x_2 - y_2 + 8z_2 \\ \dot{z}_2 = -1.8y_2 - e_z \end{cases} \tag{2.207}$$

进一步实验，取其中的 1 个误差 e_z 连接到响应式（2.204）的输入端，则公式为

$$\begin{cases} \dot{x}_2 = -2.37x_2 + 1.57y_2 - 3.7f(x_2) \\ \dot{y}_2 = 5.75x_2 - y_2 + 8z_2 \\ \dot{z}_2 = -1.8y_2 - e_z \end{cases} \tag{2.208}$$

使用 VB 数值仿真输出结果如图 2.410 所示，三幅图中上下两条曲线分别是控制系统信号曲线与响应系统信号曲线，中间曲线是两者误差曲线。其中，连接三个误差 e_x、e_y 与 e_z 到响应式（2.204）的输入端构成式（2.206），仿真结果如图 2.410a 所示；连接其中的两个误差 e_x 与 e_z 到响应式（2.204）的输入端构成式（2.207），仿真结果如图 2.410b 所示；连接一个误差 e_z 到响

应式（2.204）的输入端构成式（2.208），仿真结果如图 2.410c 所示。比较三个结果，连接三个误差同步过程最快，连接两个误差同步过程次之，连接一个误差同步过程最慢。

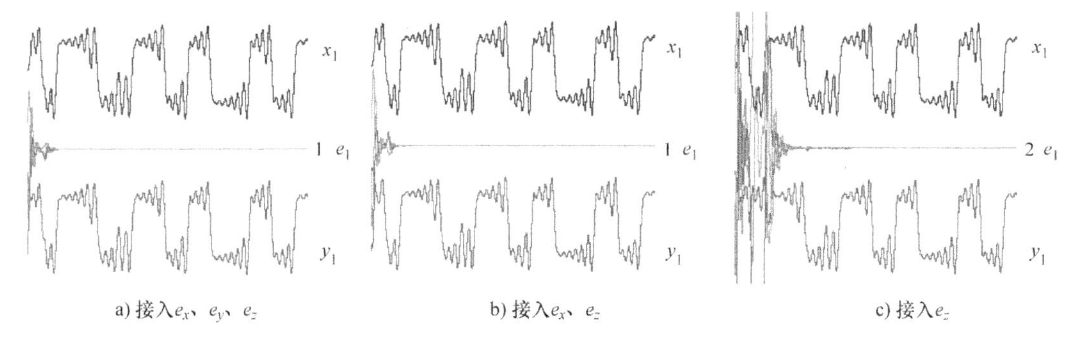

图 2.410　两个蔡氏电路同步的 VB 数值仿真输出结果

由图可见，在三种情况下都是两个系统经过短暂的过程后同步了。尽管图 2.410c 中误差电压趋于零的速度很慢且稳定误差的绝对值也比较大，但是整体效果可以接受，更重要的是这些结果掩盖的本质仍然需要深入探讨。

下面设计电路，对于三路同步控制的两个蔡氏电路混沌同步电路原理图如图 2.411 所示。

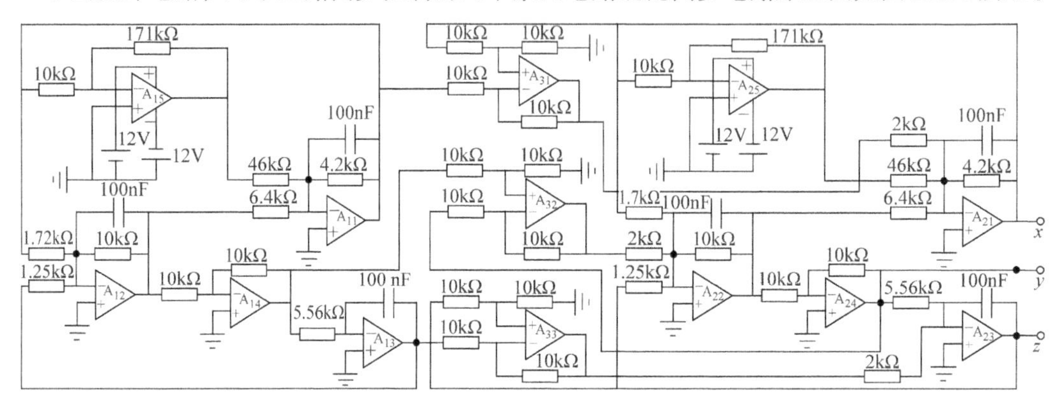

图 2.411　三路同步控制的两个蔡氏电路混沌同步电路原理图

使用 EWB 软件对于两个蔡氏电路同步仿真，连接三个误差 e_x、e_y 与 e_z 到响应系统电路仿真结果如图 2.412 所示。

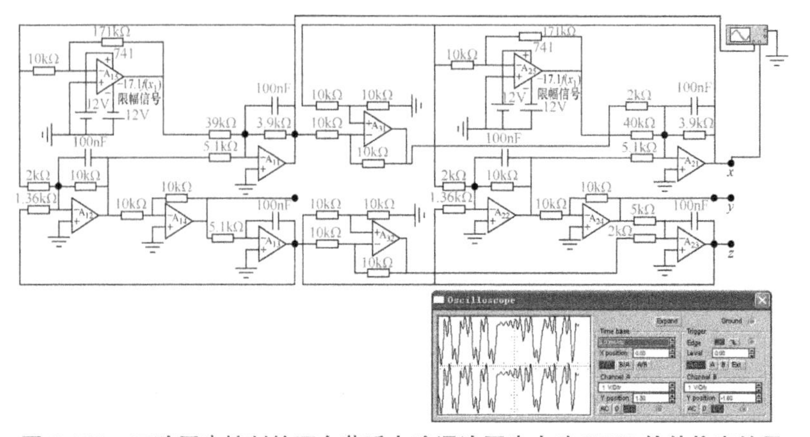

图 2.412　三路同步控制的两个蔡氏电路混沌同步电路 EWB 软件仿真结果

EWB 软件仿真输出波形图与相图如图 2.413 所示。由图可见，两个蔡氏混沌电路确实同步了。

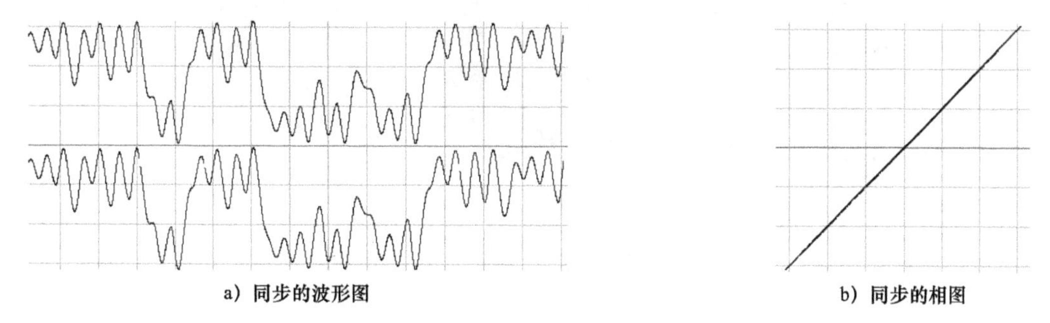

图 2.413　三路同步控制的两个蔡氏电路混沌同步电路 EWB 软件仿真输出波形图与相图

两路同步控制的两个蔡氏电路混沌同步电路原理图如图 2.414 所示，一路同步控制的两个蔡氏电路混沌同步电路原理图如图 2.415 所示。

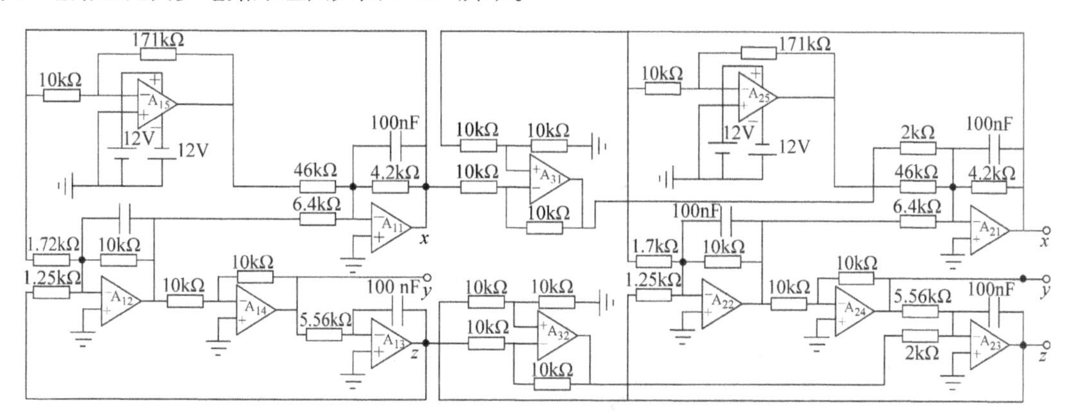

图 2.414　两路同步控制的两个蔡氏电路混沌同步电路原理图

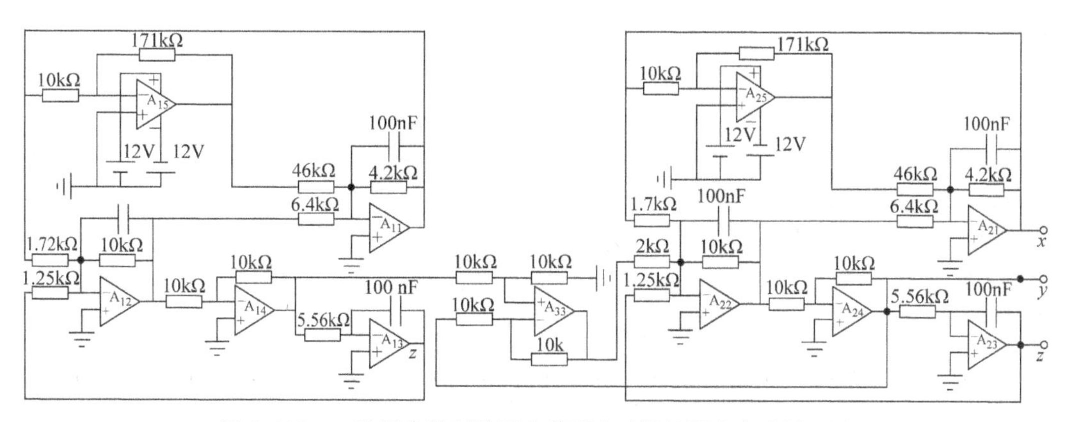

图 2.415　一路同步控制的两个蔡氏电路混沌同步电路原理图

所有 EWB 软件仿真结果都与 VB 仿真结果一致，例如一路控制的两个蔡氏电路不同步仿真的相图如图 2.416 所示，同步仿真的相图如图 2.417 所示。

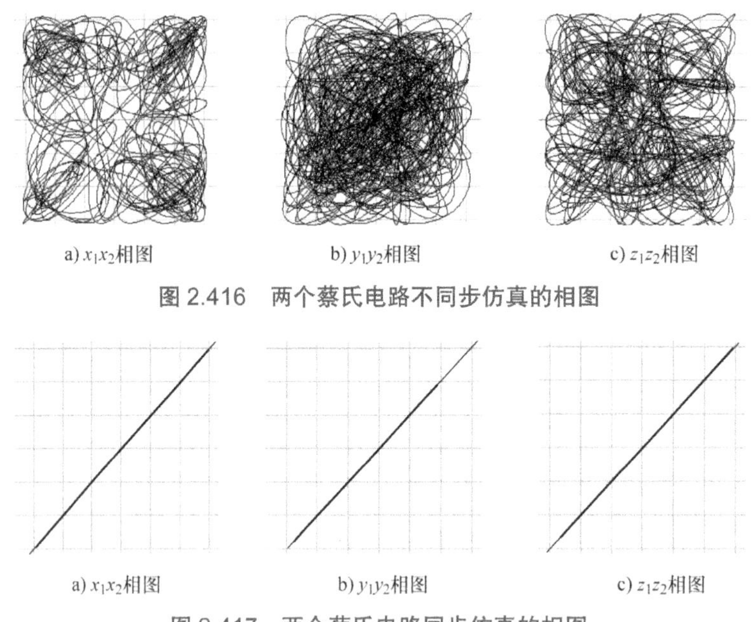

a) x_1x_2相图　　b) y_1y_2相图　　c) z_1z_2相图

图 2.416　两个蔡氏电路不同步仿真的相图

a) x_1x_2相图　　b) y_1y_2相图　　c) z_1z_2相图

图 2.417　两个蔡氏电路同步仿真的相图

上面给出了 3 种控制方案，式（2.206）是三路控制 e_x、e_y 与 e_z，式（2.207）是两路控制 e_x 与 e_z，式（2.208）是一路控制 e_z。与式（2.207）对应的还有两路控制 e_x 与 e_y 及 e_y 与 e_z，与式（2.208）对应的还有一路控制 e_x 及 e_y，共计 $2^3-1=7$ 种方式。大量实验表明，这七种方案的同步控制效果差别很大，有的控制系数很低就能够实现有效控制且鲁棒性好，有的反之；有的在初值差别很小时就能进入控制状态，有的则反之；有的在两个系统之间参数差别较大时能够控制，有的反之。这些控制条件千差万别、内容丰富，囊括了自动控制理论中的多个方面。这些现象的原因与控制 - 响应两个系统的非线性有关，正是因为这种原因，使得混沌系统控制的研究具有重要意义。

2.12.2　二次型非线性混沌驱动符号非线性混沌使之与其同步

上一个控制系统中的控制单元与响应单元都是蔡氏电路，这样的控制系统是同结构混沌同步系统，本节研究异结构混沌系统的同步控制问题。

2008 年，张洁等人发表了一种二次幂非线性混沌电路与三次型非线性混沌电路的异结构混沌同步电路系统 [68, 69]，这两种非线性混沌电路都是 Jerk 电路，分别作为驱动电路与响应电路构成混沌电路同步系统。其中的二次幂 Jerk 一元三阶式为

$$\begin{cases}\dot{x}_1 = x_2\\ \dot{x}_2 = x_3\\ \dot{x}_3 = -0.5x_3 - x_2 - x_1 - x_1^2\end{cases} \tag{2.209}$$

另外一个是三次型 Jerk 一元三阶式为

$$\begin{cases}\dot{y}_1 = y_2 \\ \dot{y}_2 = y_3 \\ \dot{y}_3 = -0.5y_3 - y_2 - y_1 + \text{sgn}(y_1)\end{cases} \tag{2.210}$$

以上两个公式分别是 2.5.2 节与 2.5.9 节的系统公式。现在要实现这两个系统的同步，可以由二次幂非线性系统式（2.209）驱动符号非线性系统式（2.210），也可以反向控制。对于第一种情况由二次幂非线性系统式（2.209）驱动系统式（2.210）的结构是将二次幂非线性系统式（2.209）作为驱动（主动、控制）系统，将系统式（2.210）作为响应（被动、被控）系统。具体实施操作是，分别将二次幂非线性驱动系统式（2.209）与符号非线性响应系统式（2.210）的两个对应信号 y_1 与 x_1 送到控制电路中，比较两者信号产生误差信号 e_1=y_1−x_1，对于误差信号 e_1 分析找出一个控制信号 u_1，将控制信号发送到符号非线性响应系统式（2.210）进行控制，最后使得误差信号趋于零从而使得符号非线性响应系统式（2.210）与二次幂非线性控制系统式（2.209）同步。理论分析与仿真证明，这个控制信号 u_1 是存在的，$u_1 = -x_1^2 - \text{sgn}(x_1 - e_1) - 0.8e_1$，将这个控制信号施加到符号非线性系统式（2.210）后，系统式（2.210）的公式是

$$\begin{cases}\dot{y}_1 = y_2 \\ \dot{y}_2 = y_3 \\ \dot{y}_3 = -0.5y_3 - y_2 - y_1 + \text{sgn}(y_1) - x_1^2 - \text{sgn}(x_1 - e_1) - 0.8e_1\end{cases} \tag{2.211}$$

其中

$$\begin{cases}e_1 = y_1 - x_1 \\ e_2 = y_2 - x_2 \\ e_3 = y_3 - x_3\end{cases} \tag{2.212}$$

VB 数值仿真结果如图 2.418 所示。

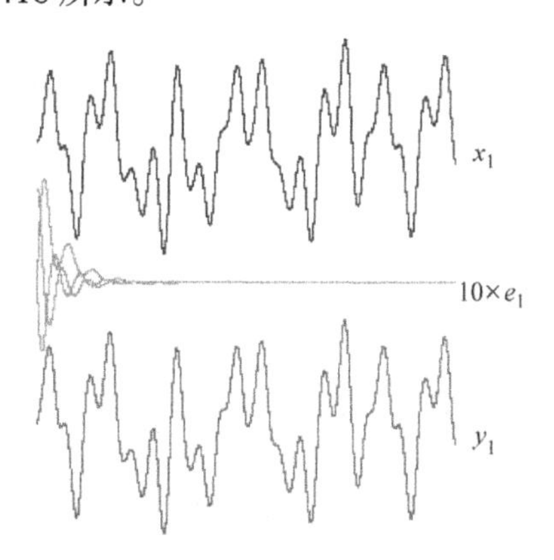

图 2.418　VB 数值仿真结果

图 2.418 中的上下两条曲线分别是控制系统信号曲线与被控制系统信号曲线，中间曲线是两者误差曲线（曲线幅度很小，放大 10 倍显示）。由图可见，两个系统经过短暂的过程后同步了。

二次型非线性混沌驱动符号非线性混沌电路如图 2.419 所示。

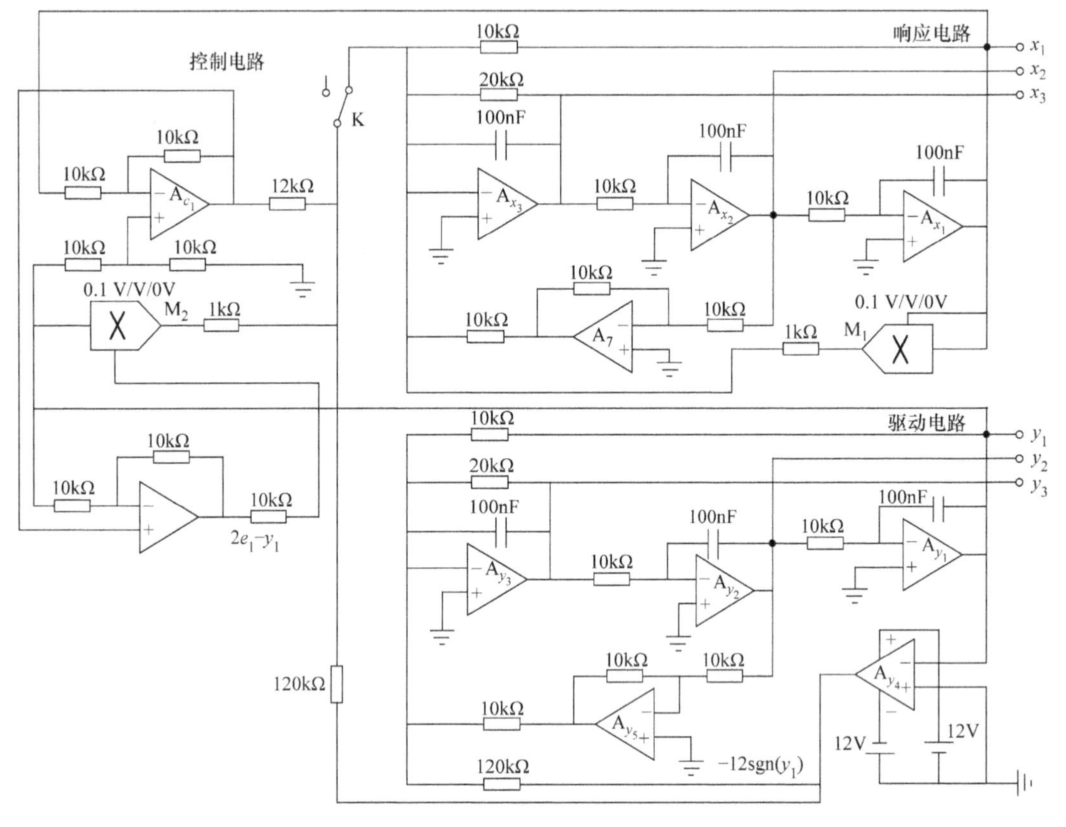

图 2.419 二次型非线性混沌驱动符号非线性混沌电路原理图

二次型非线性混沌驱动符号非线性混沌电路 EWB 软件仿真结果如图 2.420 所示。

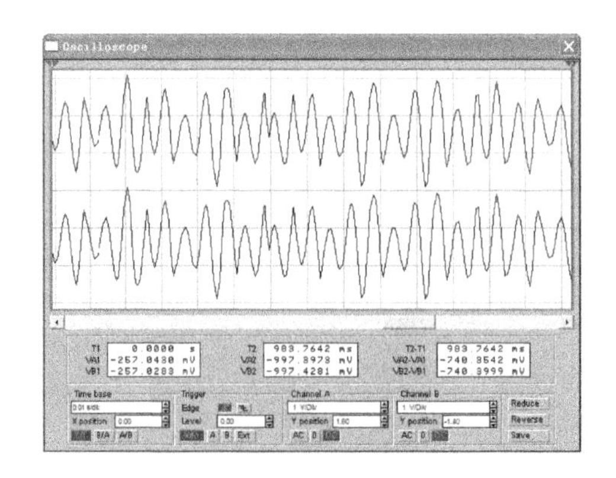

图 2.420 二次型非线性混沌驱动符号非线性混沌电路 EWB 软件仿真结果

EWB 软件仿真输出波形图与相图如图 2.421 所示。由图可见，两个异结构混沌电路确实同步了。

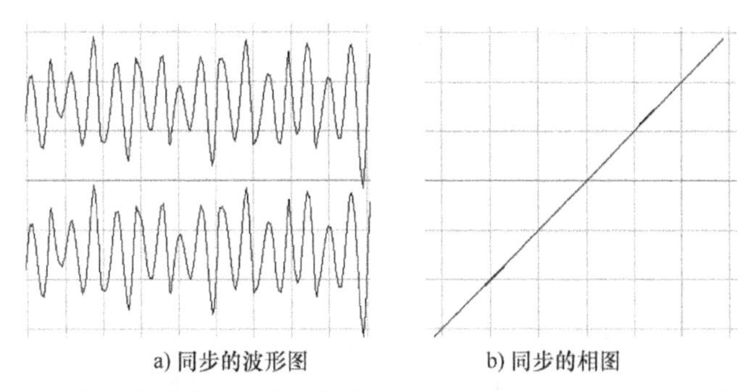

图 2.421　二次型非线性混沌驱动符号非线性混沌电路 EWB 软件仿真输出波形图与相图

2.12.3　符号非线性混沌驱动二次幂非线性混沌使之与其同步

将上一节混沌同步电路系统的驱动电路与响应电路交换，即用符号非线性混沌驱动二次幂非线性混沌使之与其同步电路，公式为

$$\begin{cases}\dot{x}_1 = x_2 \\ \dot{x}_2 = x_3 \\ \dot{x}_3 = -0.5x_3 - x_2 - x_1 - x_1^2 + \mathrm{sgn}(y_1) + (y_1 - 2e_1)y_1 - 0.8e_1\end{cases} \tag{2.213}$$

$$\begin{cases}\dot{y}_1 = y_2 \\ \dot{y}_2 = y_3 \\ \dot{y}_3 = -0.5y_3 - y_2 - y_1 + \mathrm{sgn}(y_1)\end{cases} \tag{2.214}$$

其中

$$\begin{cases}e_1 = x_1 - y_1 \\ e_2 = x_2 - y_2 \\ e_3 = x_3 - y_3\end{cases} \tag{2.215}$$

VB 数值仿真结果如图 2.422 所示。

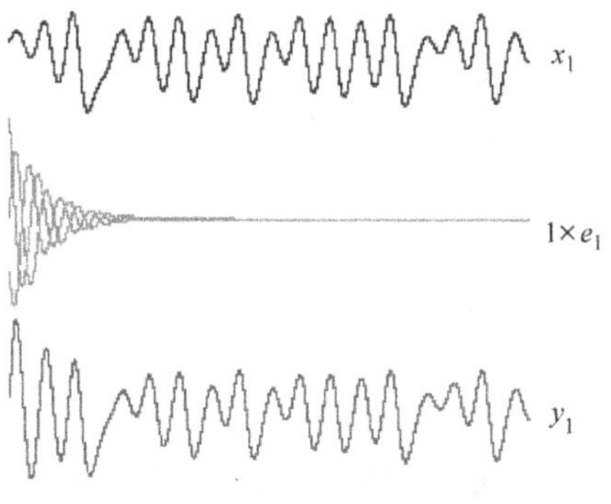

图 2.422　VB 数值仿真结果

符号非线性混沌驱动二次幂非线性混沌电路原理图如图 2.423 所示。

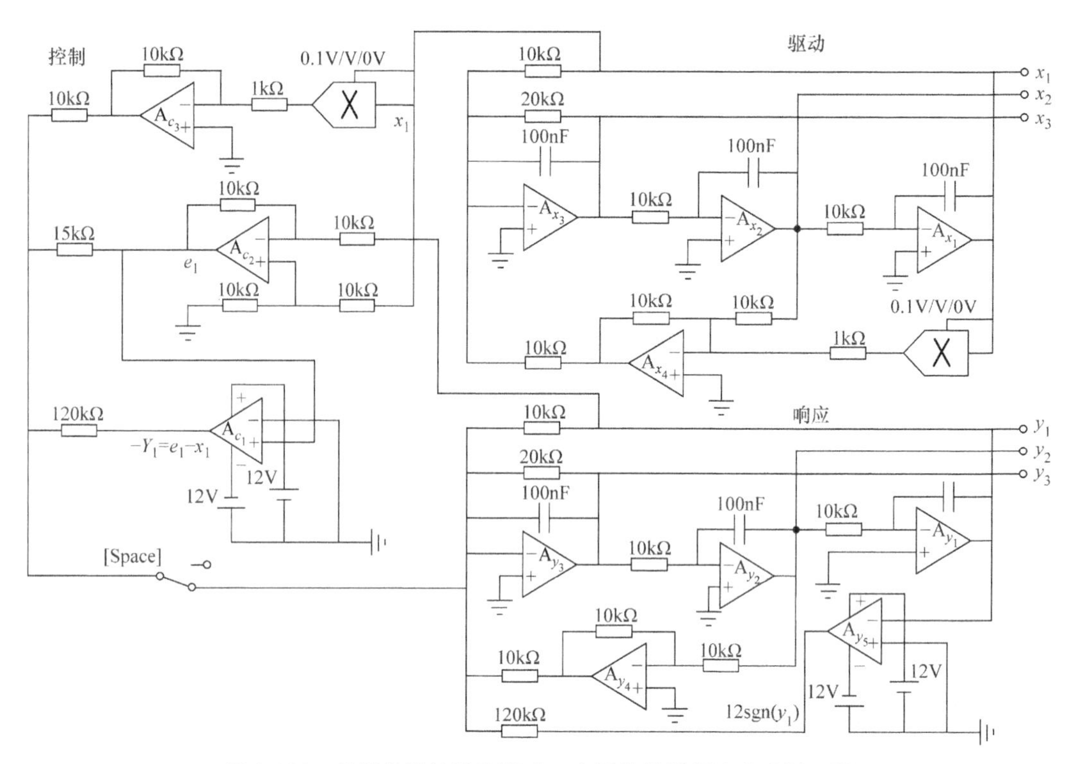

图 2.423　符号非线性混沌驱动二次幂非线性混沌电路原理图

EWB 软件仿真结果如图 2.424 所示。

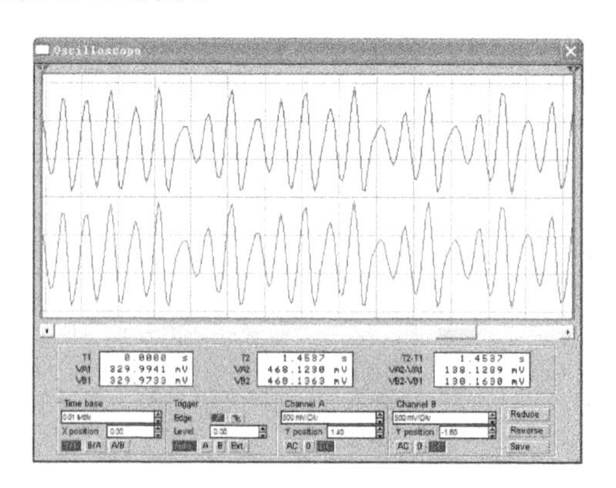

图 2.424　EWB 软件仿真结果

2.12.4　拓扑共轭三次型异结构混沌同步

2006年刘扬正发表了拓扑共轭三次型异结构混沌同步电路[135, 136]，驱动系统是Coullet系统，响应系统是变形 Coullet 系统。两个独立电路的电路状态方程公式是

$$\begin{cases}\begin{cases}\dot{x}_1 = x_2 \\ \dot{x}_2 = x_3 \\ \dot{x}_3 = -0.45x_3 - 1.1x_2 + 0.81x_1 - x_1^3\end{cases} \\ \begin{cases}\dot{y}_1 = y_2 \\ \dot{y}_2 = y_3 \\ \dot{y}_3 = -0.45y_3 - 1.1y_2 + 1.4x_1 - 2y_1|y_1|\end{cases}\end{cases} \tag{2.216}$$

设计同步控制电路，同步控制后公式是

$$\begin{cases}\dot{x}_1 = x_2 \\ \dot{x}_2 = x_3 \\ \dot{x}_3 = -0.45x_3 - 1.1x_2 + 0.81x_1 - x_1^3 \\ \dot{y}_1 = y_2 \\ \dot{y}_2 = y_3 \\ \dot{y}_3 = -0.45y_3 - 1.1y_2 + 1.4x_1 - 2y_1|y_1| + 3(x_1 - y_1)\end{cases} \tag{2.217}$$

对于这个同步电路系统 VB 仿真，结果如图 2.425 所示。

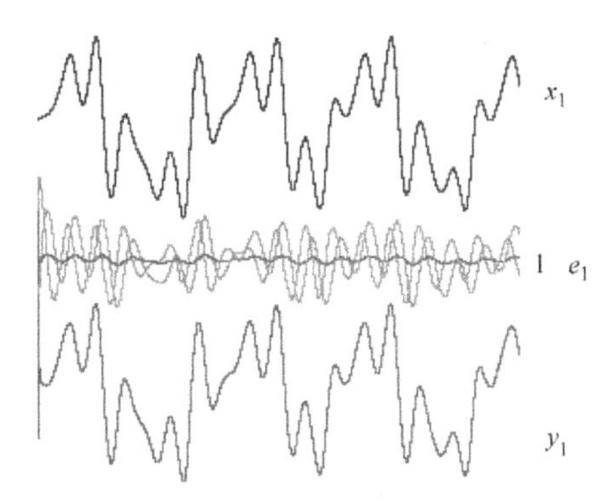

图 2.425　拓扑共轭三次型异结构混沌同步电路 VB 仿真结果

由图能够看出这样一个问题：第三变量 x_1 与 y_1 同步较好，但是 x_2 与 y_2、x_3 与 y_3 同步较差，这样的同步系统在实际应用中受到限制。

根据式（2.217）设计电路，拓扑共轭三次型异结构混沌同步电路原理图如图 2.426 所示。

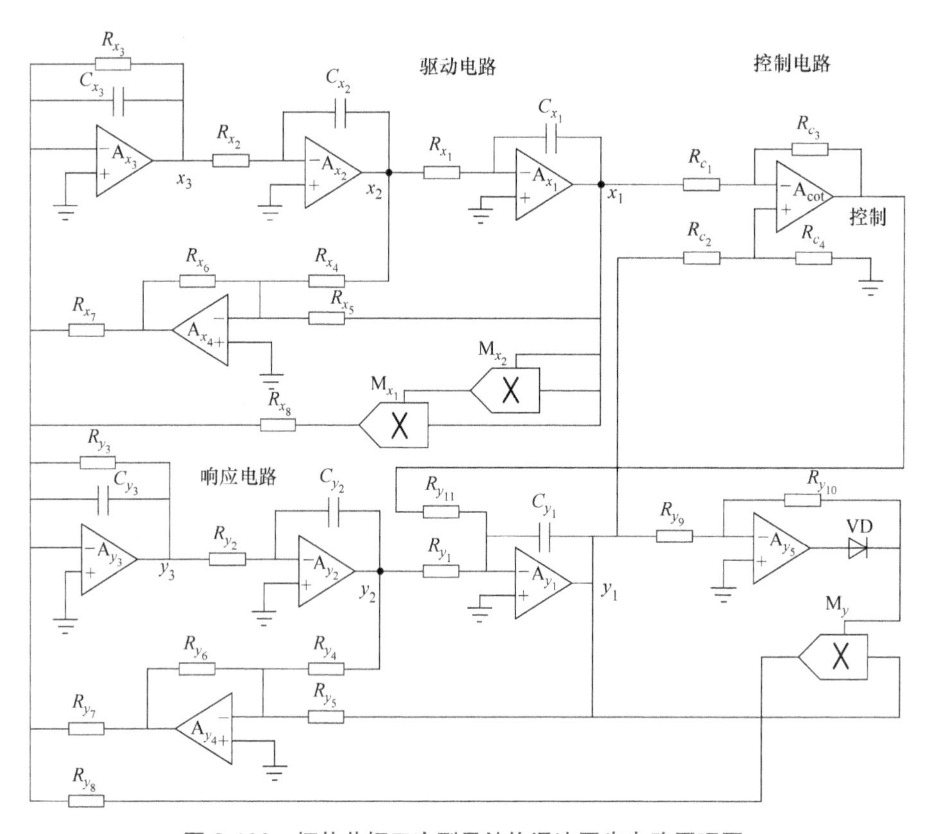

图 2.426　拓扑共轭三次型异结构混沌同步电路原理图

拓扑共轭三次型异结构混沌同步电路 EWB 软件仿真结果如图 2.427 所示。

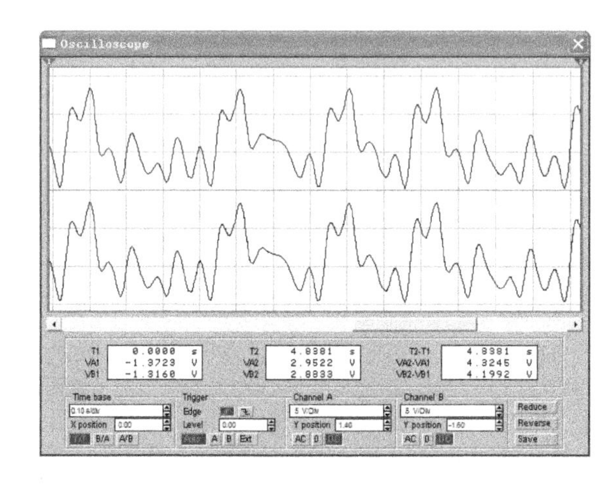

图 2.427　拓扑共轭三次型异结构混沌同步电路 EWB 软件仿真结果

拓扑共轭三次型异结构混沌同步 EWB 软件仿真输出波形图与相图分别如图 2.428 和图 2.429 所示。

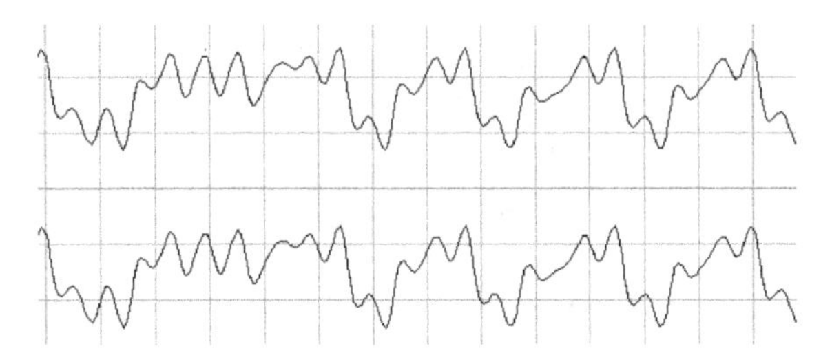

图 2.428　拓扑共轭三次型异结构混沌同步电路 EWB 软件仿真输出波形图

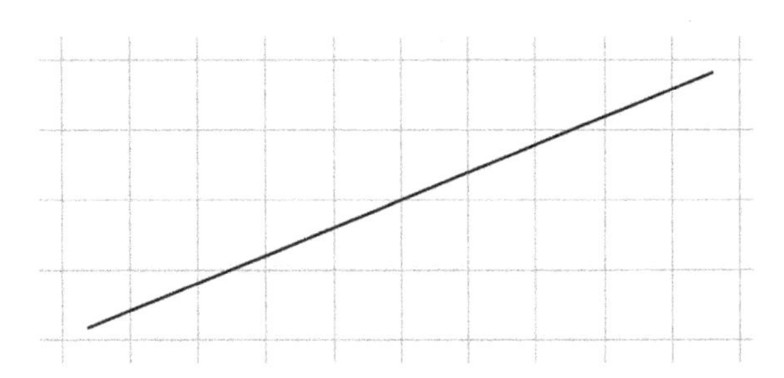

图 2.429　拓扑共轭三次型异结构混沌同步电路 EWB 软件仿真输出相图

自动控制理论是重要理论，归属于信息学科。人类认识控制理论也是初级阶段，混沌控制使得控制理论更加充实。混沌控制的深层次理论仍然高深莫测，向我们展示了深远与神秘的前景。

2.13　混沌保密通信电路

混沌动力学系统具有非常复杂的动力学特性，主要是指他们的初值条件敏感性与参数变化敏感性两个方面，这里面也隐含时间变化的因素。另外还有一个敏感性，是对于外界信号干扰的敏感性。这又包括两个方面：与外部周期信号的同步及与外部混沌信号的同步。混沌信号与外部混沌信号的同步是新的课题，可以应用于混沌保密通信。

混沌保密通信是在混沌同步研究的基础上发展起来的，具有非常奇特的、令人惊讶与赞叹的特性，本节将这些奇特的特性应用于混沌保密通信电路设计中。

2.13.1　经典蔡氏电路混沌调制保密通信

这一节叙述混沌保密通信，从蔡氏电路组成的保密通信开始叙述。蔡氏电路的同步研究侧重与外部周期信号的同步及与外部的混沌信号的同步两个方面，本小节叙述经典蔡氏电路混沌调制保密通信。

为了便于说明，将原始经典蔡氏电路重画于图 2.430 中。注意电路中的，线性电阻 R 在这个电路中的工作原理非常奇特，它连接左边的 C_1、L 电路与右边的 C_2、R_{NL} 电路，实际是两边电压 V_{C_1} 与 V_{C_2} 的耦合通路，在蔡氏电路方程组中，R 两端的信号是互相传送的，是双向传送。现在要将这两个方向信号的传送分开，实现这一电路设计的方法是使用方向相反的两个电压跟随器 A_3 与 A_4 且各自串联一个与原线性电阻 R 相等的电阻，如图 2.431 所示。

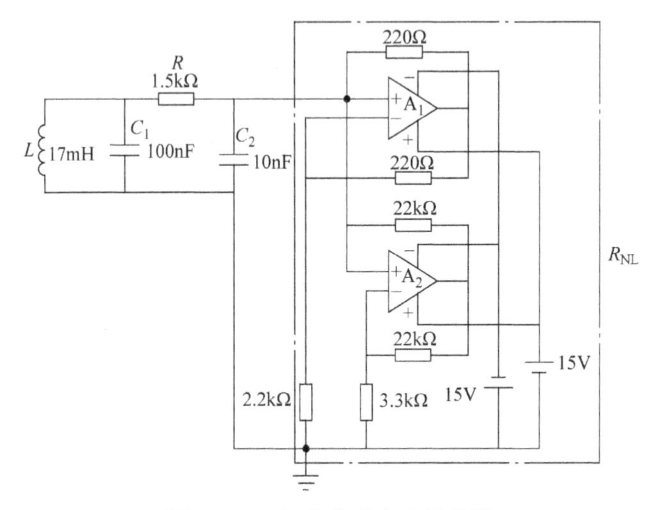

图 2.430　经典蔡氏电路原理图

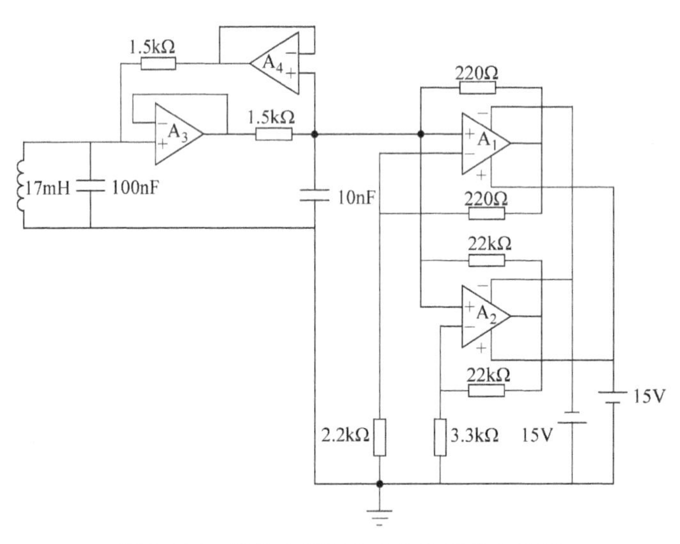

图 2.431　线性电阻两个方向传送信号分开

为了对电路实施控制，对于耦合方向自右向左的电压跟随器 A_4，在其输出后面再串联一级反向加法放大器 A_5，A_5 的另一个输入端施加外部控制信号，从而实现了对蔡氏电路的控制。可控经典蔡氏电路的原理图如图 2.432 所示。

图 2.432 中，如果将 A_5 控制端接地，电路又回到了原始蔡氏电路。

欲将图 2.432 中的电路作为混沌保密通信的发送系统，并设计接收系统，由于需要收发系统的同步，所以接收端也使用同样的蔡氏电路，基本设计电路与图 2.432 电路相同，经过具体设计，得到经典蔡氏电路混沌调制保密通信电路原理图如图 2.433 所示。

其中左边的蔡氏电路是带有调制端 A_{s_5} 的蔡氏电路，右边的蔡氏电路是带有解调端 A_{r_5} 的蔡氏电路，两个蔡氏电路是同步电路。左边蔡氏电路为发送端，右边蔡氏电路为接收端，发送端送到公开信道的信号（也是欲发送的调制信号）具有混沌随机性，窃听者只有将它的接收电路参数与发送端电路参数完全相同时才能与之同步并且窃听到有用信号，这在技术上有一定的难度，这就是经典蔡氏电路混沌调制保密通信的基本原理。EWB 软件仿真如图 2.434 所示。

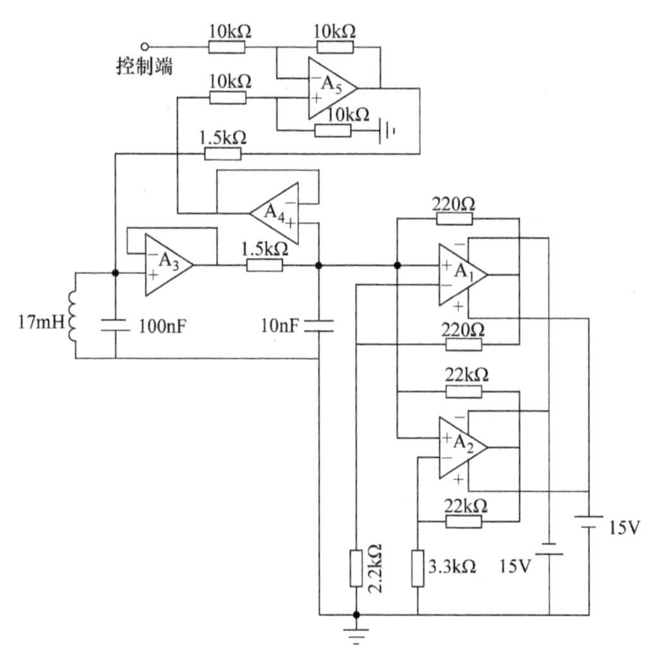

图 2.432　可控经典蔡氏电路的原理图

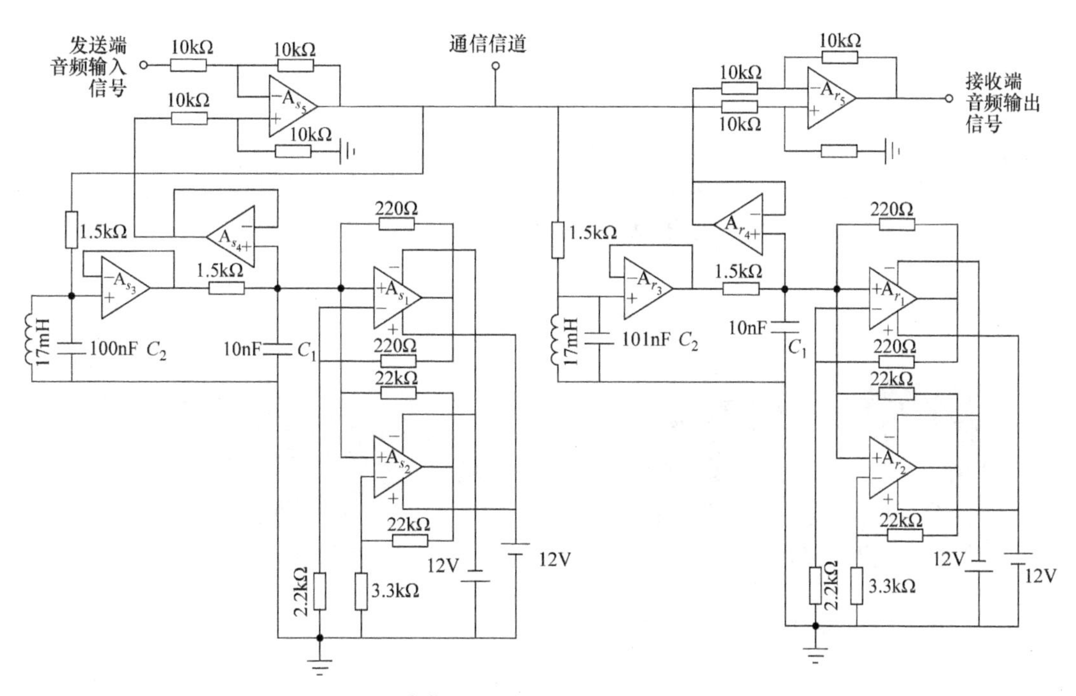

图 2.433　经典蔡氏电路混沌调制保密通信电路原理图

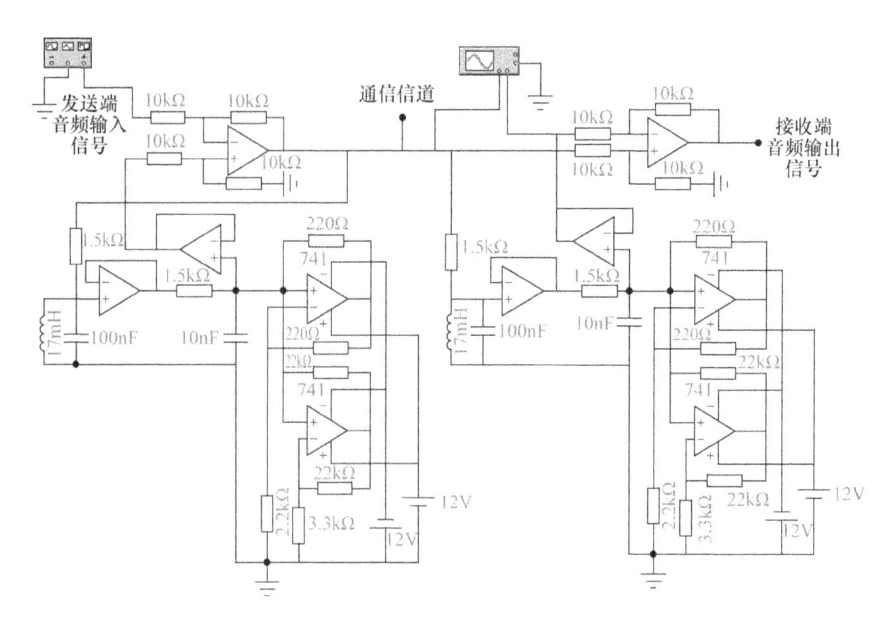

图 2.434　经典蔡氏电路混沌调制保密通信 EWB 软件仿真

为了理解经典蔡氏电路混沌调制保密通信电路原理，现做该电路的同步与不同步实验。在图 2.433 中，发送系统中的 C_2 是 100nF，而接收电路中的 C_2 是 101nF，形成百分之一的误差，这是本仿真实验的关键。任何一个元件都可以做这个实验，其中 C_2 是随便取的，一般说来，只要有一个元件有 1% 的误差就足够了。

不同步时，将示波器的两个输入探头分别接到发送端与接收端的 C_1 与 C_2 上，得到相图如图 2.435 与图 2.436 所示。

同步时，将示波器的两个输入探头分别接到发送端与接收端的 C_2 上，得到相图如图 2.437 所示，图 2.437 是信道信号，说明信道中公开的传送信号是混沌的，是保密通信，图 2.438 所示为发送端传送的调制信号与接收端输出的解调信号，说明系统实现了有用信号传送，保密通信方法是有效的。

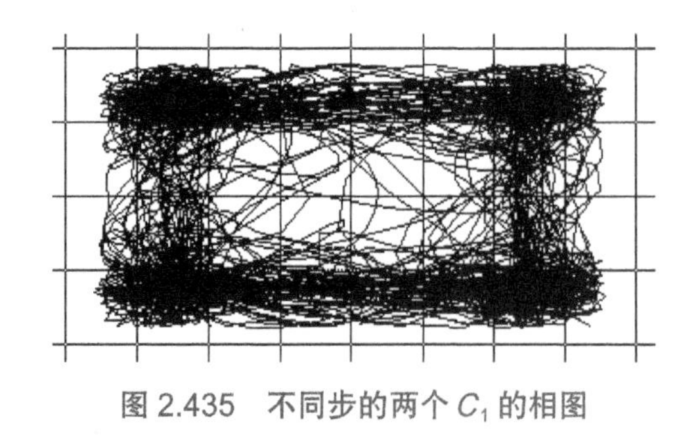

图 2.435　不同步的两个 C_1 的相图

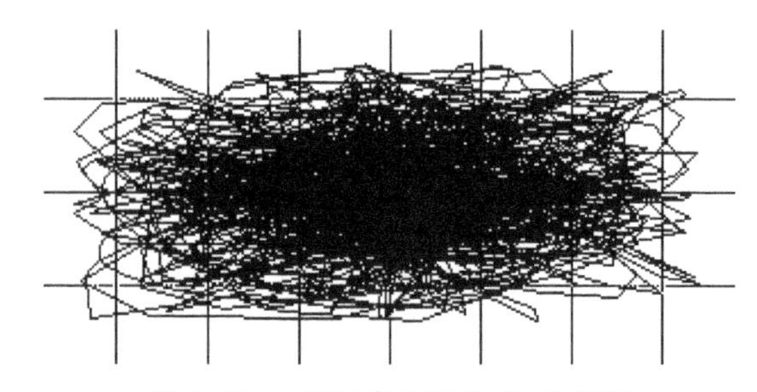

图 2.436　不同步的两个 C_2 的相图

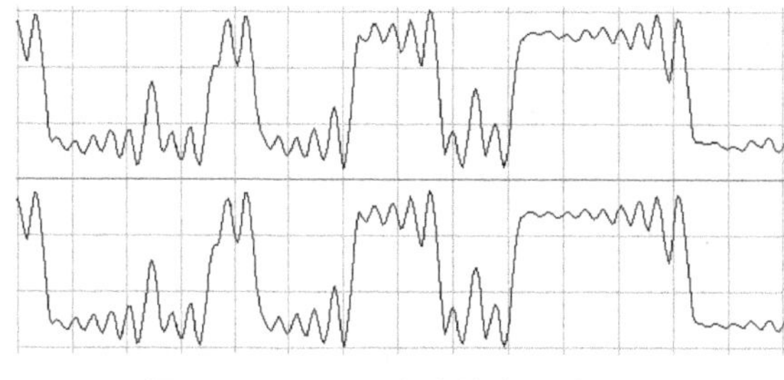

图 2.437　EWB 电路仿真实验结果

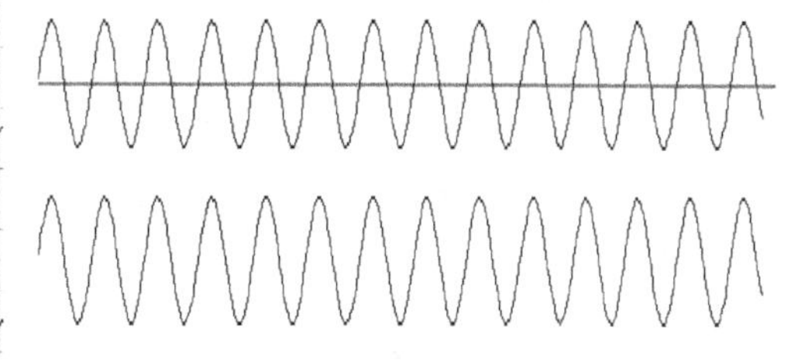

图 2.438　发送端调制信号与接收端解调信号

2.13.2　仿真电感蔡氏电路通信系统

由 2.2.5 节可知，带电感组成的蔡氏电路的离散性很大，所以用于混沌同步较难实现，主要原因是电感元件的离散性太大。并且，电感元件体积大，使用很不方便，可由仿真电感代替物理电感。仿真电感蔡氏电路通信系统 [33, 34] 原理图如图 2.439 所示，结构是上一电路的简单元件代换，叙述从略。

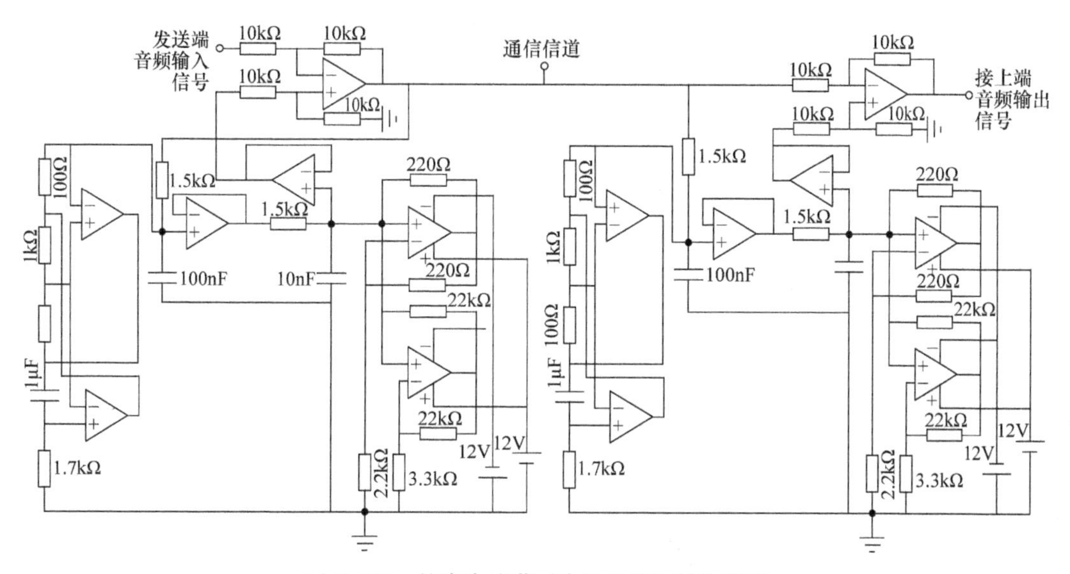

图 2.439　仿真电感蔡氏电路通信系统原理图

仿真电感蔡氏电路通信系统 EWB 软件仿真如图 2.440 所示。仿真参数中，信号发生器使用正弦波信号，频率为 1kHz，振幅为 100mV。

仿真电感蔡氏电路通信系统 EWB 软件仿真结果如图 2.441 和图 2.442 所示。图 2.441 是仿真示波器测量发送端与接收端电容器 C_2 两端的波形，可见两个波形是混沌的且是同步的。图 2.442 是仿真示波器测量发送端与接收端调制的发送正弦波波形与接收端解调出来的波形，可见两个波形是完全相同的，因此保密通信原理是正确的。

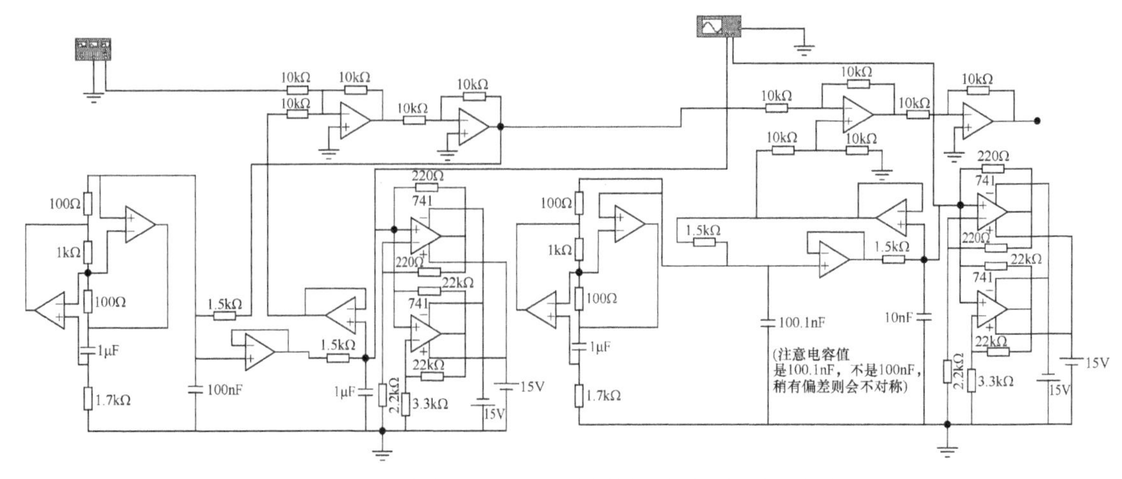

图 2.440 仿真电感蔡氏电路通信系统 EWB 软件仿真

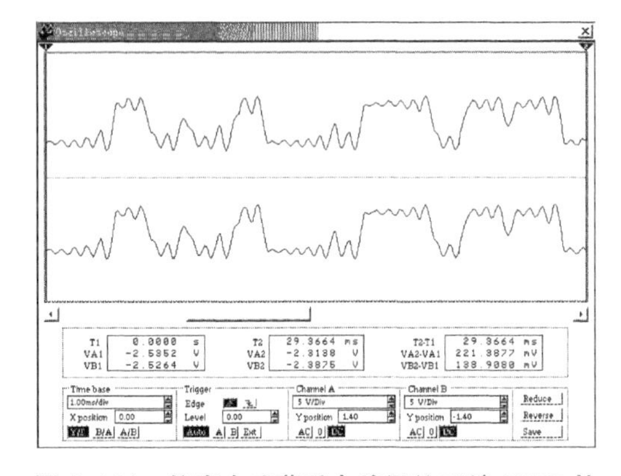

图 2.441 仿真电感蔡氏电路通信系统 EWB 软件仿真结果 1

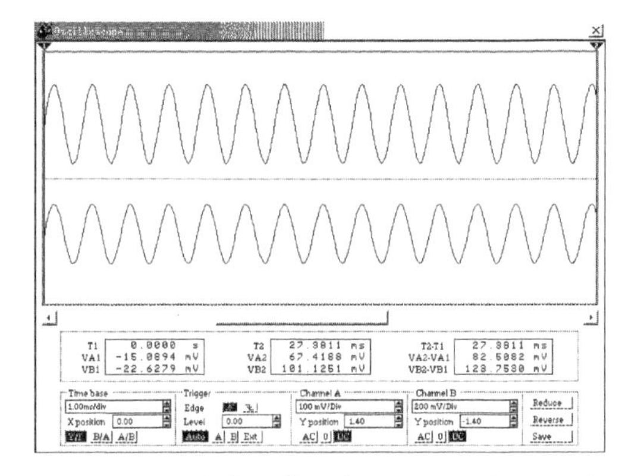

图 2.442 仿真电感蔡氏电路通信系统 EWB 软件仿真结果 2

2.13.3 12 运算放大器蔡氏电路 x 调制保密通信电路系统

前面混沌保密通信中的蔡氏电路是经典蔡氏电路，工程性较差，工程性好的蔡氏电路是由纯运算放大器构成的蔡氏电路[42, 43, 175]。现在欲设计由纯运算放大器蔡氏电路构成的混沌调制保密通信电路系统。方框图如图 2.443 所示。

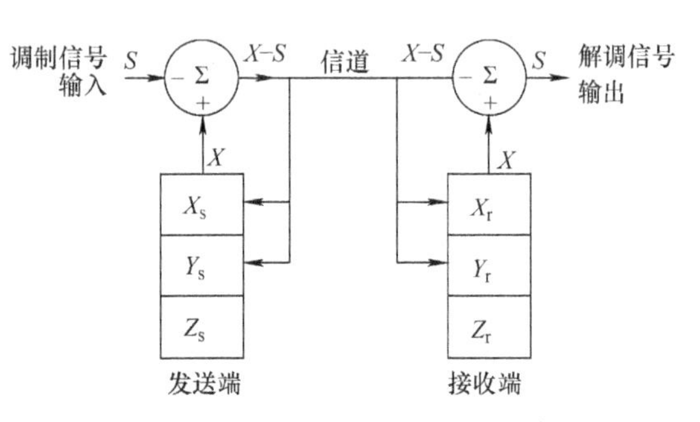

图 2.443 混沌调制保密通信电路系统方框图

图 2.443 中的电路方框图是本节混沌保密通信电路设计思想表述，发送端与接收端都以相同的蔡氏电路为基础，蔡氏电路有 x、y、z 三个变量，将 x 变量输出与 x、y 输入端的连接截断，插入用于调制的减法器 Σ，Σ 的同相输入端与 x 连接，Σ 的反相输入端与调制信号 S 连接，Σ 的输出是 $X-S$，$X-S$ 一路与 x、y 连接，实现混沌的正常运转并对发送端混沌调制，另一端送到公共信道。在接收端，将蔡氏电路 x 变量输出与 x、y 输入端的连接断开，插入用于解调的减法器 Σ，Σ 的同相输入端与 x

连接，Σ 的反相输入端与信道信号 $X-S$ 连接，x、y 的输入与信道信号连接从而与发送系统同步，Σ 的输出端为 $X-(X-S)=S$，实现了混沌保密通信的信号处理过程。

图 2.443 电路方框图是一个重要的电路方框图，是蔡氏电路实现混沌保密通信的关键与核心，是技术含量很高的思想方法的表述，属于模拟电子技术领域中的优秀成果之一。建议读者认真研读并掌握这一重要技术。本章节所有电路都使用这一技术。

按照图 2.443 电路设计出来的 12 运算放大器蔡氏电路 x 调制保密通信电路系统原理图如图 2.444 所示。

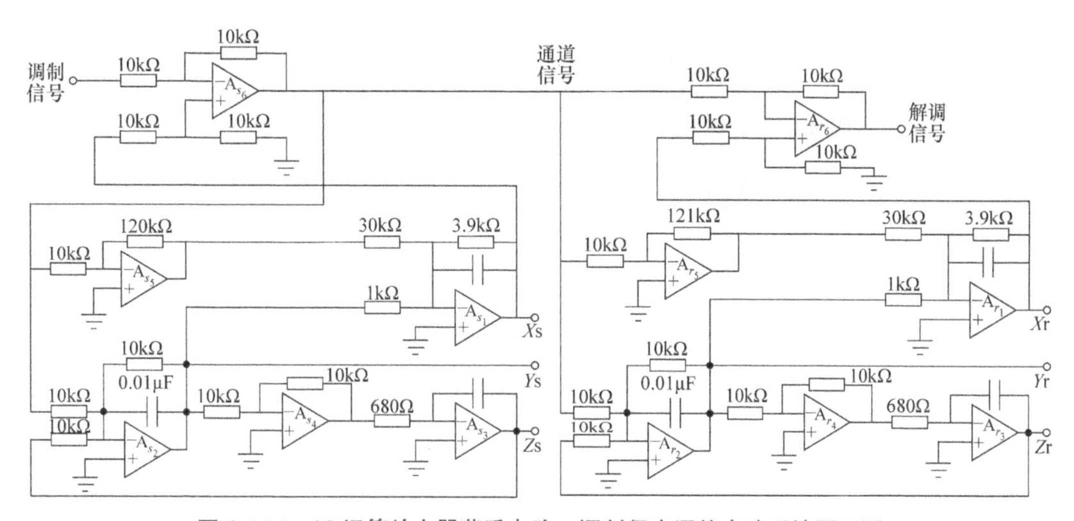

图 2.444　12 运算放大器蔡氏电路 x 调制保密通信电路系统原理图

12 运算放大器蔡氏电路 x 调制保密通信电路系统 EWB 软件仿真结果如图 2.445 所示。在发送系统输入端连接正弦波信号源作为调制信号，在接收系统输出端连接仿真示波器测量收到的解调信号。仿真示波器显示调制信号与解调信号的波形，用于比较两路信号。

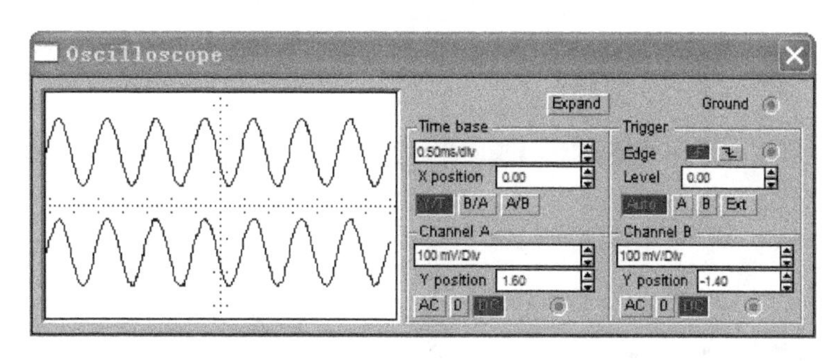

图 2.445　12 运算放大器蔡氏电路 x 调制保密通信电路系统 EWB 软件仿真结果

为了看清楚两个混沌电路的同步与不同步的关系，将收发系统混沌运放 A_5 设置为 120kΩ 与 121kΩ，EWB 虚拟示波器显示的不同步与同步的波形图与相图如图 2.446 所示，在图示的环境中，混沌信号的电压幅度约为 ±4V，调制信号为 100mV−1kHz。由图 2.446 可见，混沌同步与不同步的情况是完全不同的。

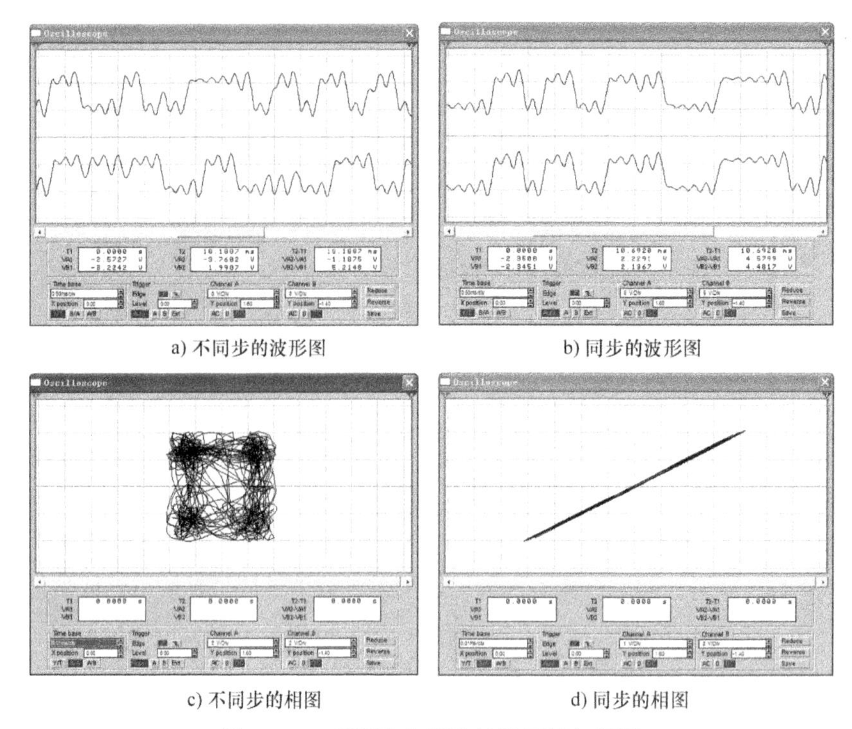

a) 不同步的波形图　　b) 同步的波形图

c) 不同步的相图　　d) 同步的相图

图 2.446　不同步与同步的波形图与相图

观测此时的调制信号与解调信号，如图 2.447 所示。图 2.447a 显示的是调制信号与解调信号的波形图；图 2.447b 显示的是调制信号与解调信号构成的相图，虽然同步但是失真明显，该图设计误差电阻为 120kΩ/121kΩ 且调制信号为 100mV 时的相图；图 2.447c 是将误差电阻去掉时的相图，虽无误差但是现实做不到；图 2.447d 是误差电阻为 120kΩ/121kΩ 且调制信号为 100mV 时的相图。由此可见，调制信号峰值电压是 1V 的效果非常理想，这正是常用拾音器的电压范围。

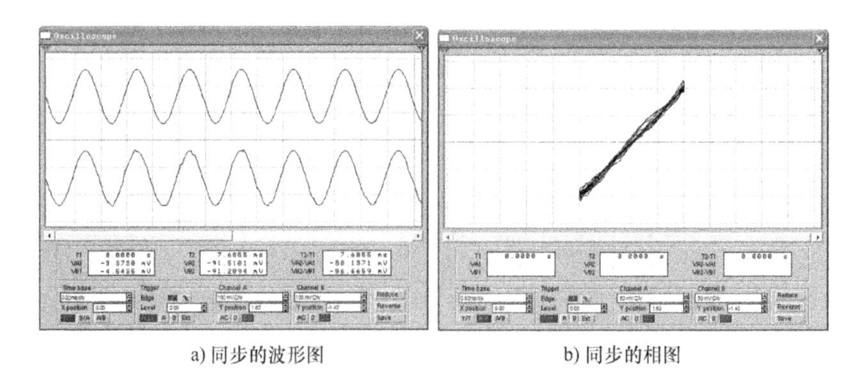

a) 同步的波形图　　b) 同步的相图

图 2.447　混沌保密通信电路系统的调制信号与解调信号

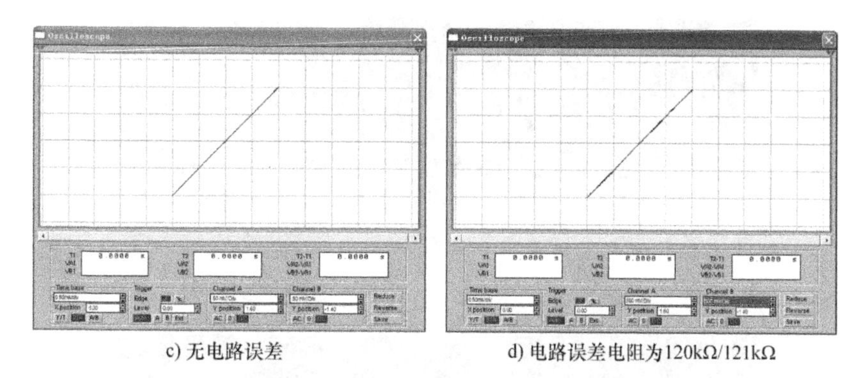

c) 无电路误差　　d) 电路误差电阻为120kΩ/121kΩ

图 2.447　混沌保密通信电路系统的调制信号与解调信号（续）

2.13.4　12 运算放大器蔡氏电路 x 调制保密通信物理电路实验

混沌保密通信电路系统是重要的物理系统，进行物理电路实验意义重大。因此，搭建 12 运算放大器蔡氏电路 x 调制保密通信物理电路，为了满足更广泛的实验现场需求，设置三组开关，使用跳线器结构，原理图如图 2.448 所示。1）K_1 三个接点中，2 与 3 连接时输入信号接地，输入信号为零用于调整静态电路，1 与 2 连接时调制信号接入，进行混沌保密实验。2）K_2 三个接点中，2 与 3 连接时发送系统又回到独立的蔡氏电路，1 与 2 连接时调制信号接入并进行混沌保密实验。3）K_3 三个接点中，2 与 3 连接时接收系统回到独立的蔡氏电路，1 与 2 连接时调制信号接入并进行混沌保密实验。4）K_2 的 2 与 3 连接且 K_3 的 2 与 3 连接时，系统做不同步混沌电路实验。5）K_2 的 1 与 2 连接且 K_3 的 1 与 2 连接时，系统做混沌同步实验与混沌保密通信实验。

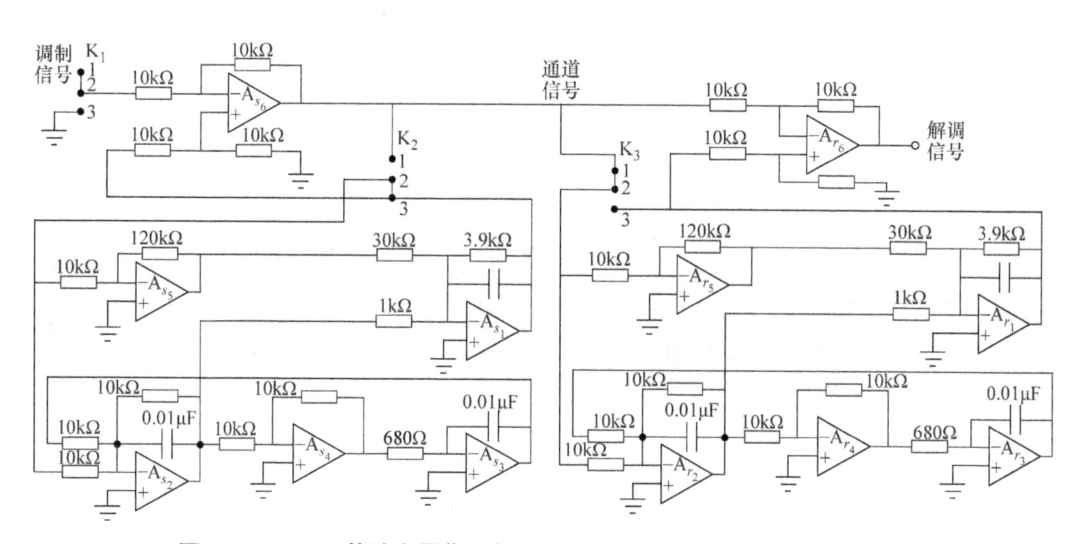

图 2.448　12 运算放大器蔡氏电路 x 调制保密通信物理电路实验原理图

物理实体电路实测结果中，不同步相图如图 2.449 所示，同步相图如图 2.450 所示。

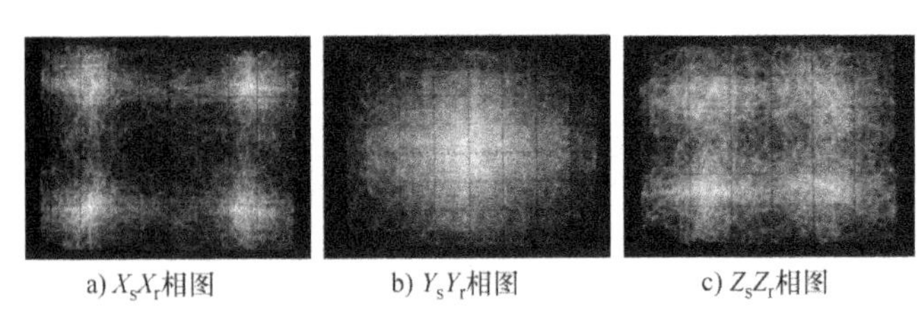

a) X_sX_r相图　　b) Y_sY_r相图　　c) Z_sZ_r相图

图 2.449　混沌保密通信中的发送系统与接收系统同步的相图

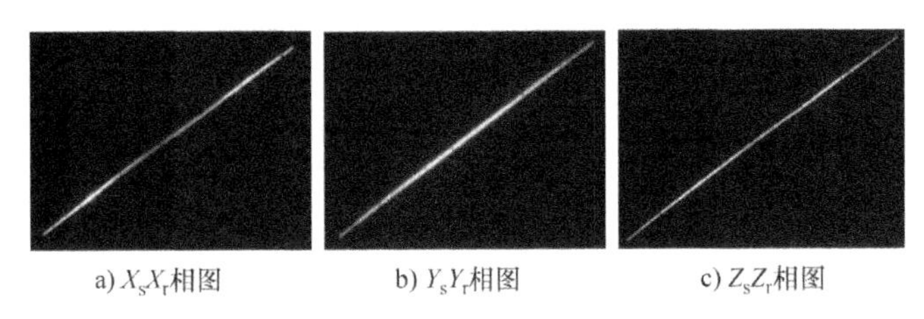

a) X_sX_r相图　　b) Y_sY_r相图　　c) Z_sZ_r相图

图 2.450　混沌保密通信中的发送系统与接收系统同步的相图

加入传输信号正弦波，如图 2.451 所示，上一行波形是输入（传输）信号，下一行波形是输出（接收）信号，分别是波形图与相图。图 2.452 所示为真实声音信号的调制与解调信号照片。

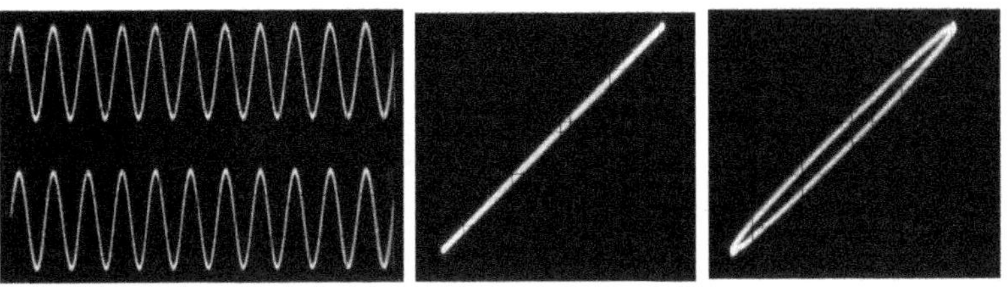

a) 发收信号波形　　b) 1kHz发收信号相图　c) 1kHz发收信号相图(放大后)

图 2.451　发送信号与接收信号的波形与相图

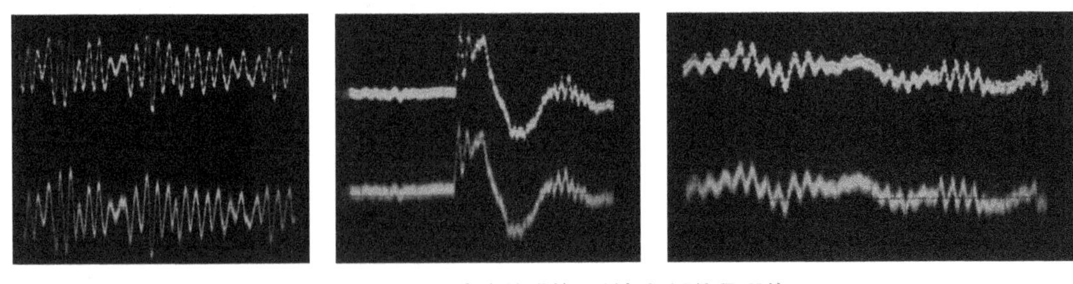

图 2.452　真实声音信号的调制与解调信号照片

由图 2.452 可见，该混沌保密通信电路是质量很高的电路，稳定性好、可靠性高，具有惊人的混沌保密通信效果，物理电路实验表明，在调制信号为 100mV 时，示波器上将收、发信号相减得到的信号（误差信号），使用 10μV 档测量不出来，说明噪声系数低于 10^{-4}，是所有混沌保密通信电路中最好的电路，值得推荐使用。

图 2.453 所示为混沌保密通信各种图形关系示意图，图 2.454 所示为混沌保密通信 PCB 实验板。

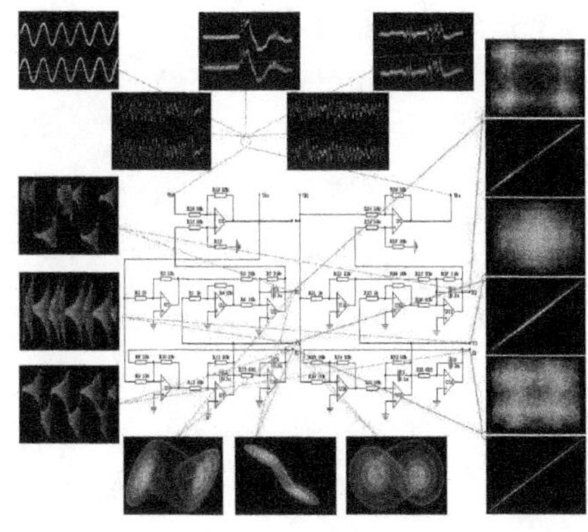

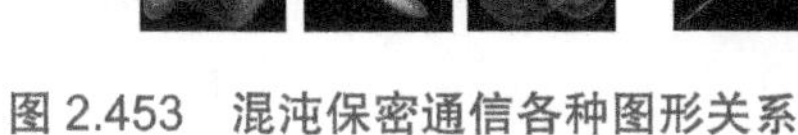

图 2.453　混沌保密通信各种图形关系

图 2.454　混沌保密通信 PCB 实验板

2.13.5　12 运算放大器蔡氏电路 y 调制保密通信电路系统

上节图 2.443 电路方框图中，混沌调制是在 Y_s 与 X_s 之间串接了 Σ 电路单元。现在考虑在 Y_s 与 X_s、Z_s 之间串接 Σ 电路单元来实现保密通信，这是另一种基于蔡氏电路的混沌保密通信电路系统，是 y 调制保密通信电路系统，其工作原理与上一节电路相同，不再赘述。理论与实验证明这一想法是行得通的，电路系统方框图如图 2.455 所示。

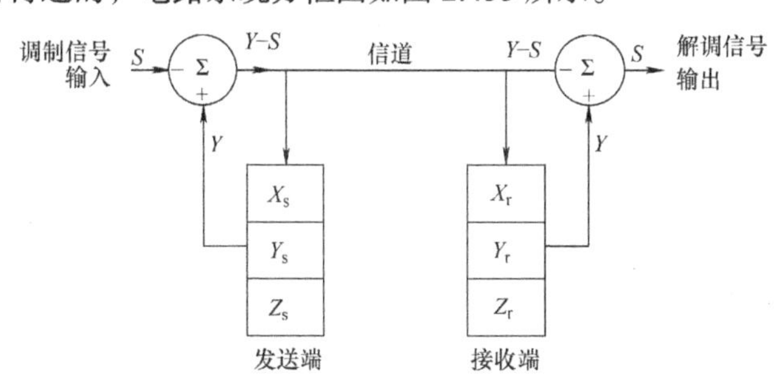

图 2.455　蔡氏电路混沌 y 调制保密通信电路系统方框图

设计具体电路，12 运算放大器蔡氏电路 y 调制保密通信电路系统原理图如图 2.456 所示。

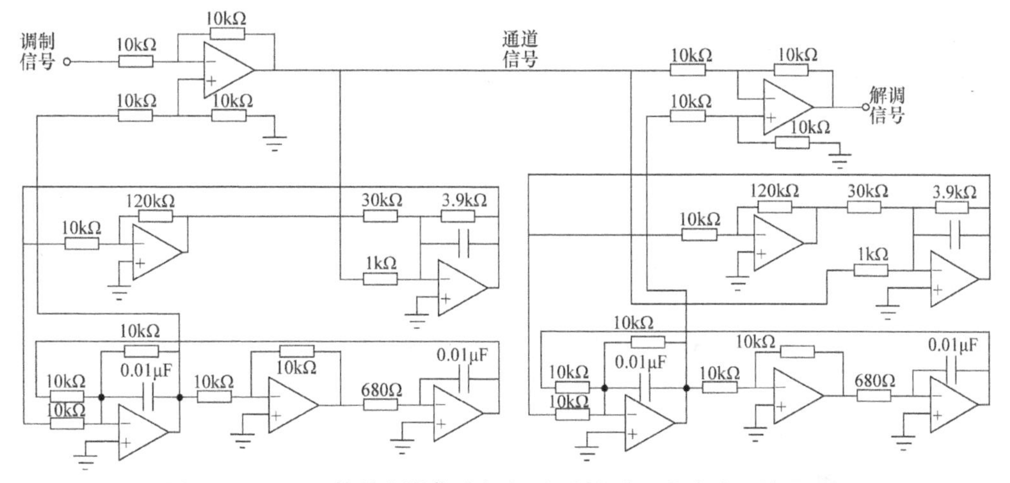

图 2.456　12 运算放大器蔡氏电路 y 调制保密通信电路系统原理图

12 运算放大器蔡氏电路 y 调制保密通信电路系统 EWB 软件仿真结果如图 2.457 所示。

由前两节知道，基于蔡氏电路的混沌保密通信电路系统的设计方案不止一种。上一节 x 调制保密通信电路中，Σ 电路调制单元是串接在 x 单元输出与非线性运放单元输入中间的，本节 y 调制保密通信电路的 Σ 电路调制单元是串接在 y 单元输出与后级反相器输入中间的。x 单元输出连接有三级，分别是 x 本身级、非线性级、y 级，则可以构成保密通信的有 1）x 本身级 -x 本身级；2）非线性级 - 非线性级；3）y 级 -y 级；4）x 本身级 - 非线性级；5）x 本身级 -y 级；6）非线性级 -y 级；7）x 本身级 - 非线性级 -y 级，共有七级。y 单元输出连接也有三级，所以也有七级。z 单元输出连接只有一级，所以只有一级，累计 15 种连接方式，能构成 15 种混沌保密通信电路。

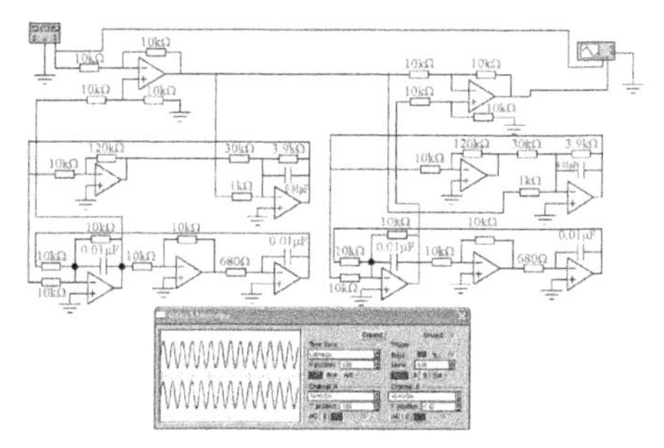

a) 发射端调制信号与接收端解调信号

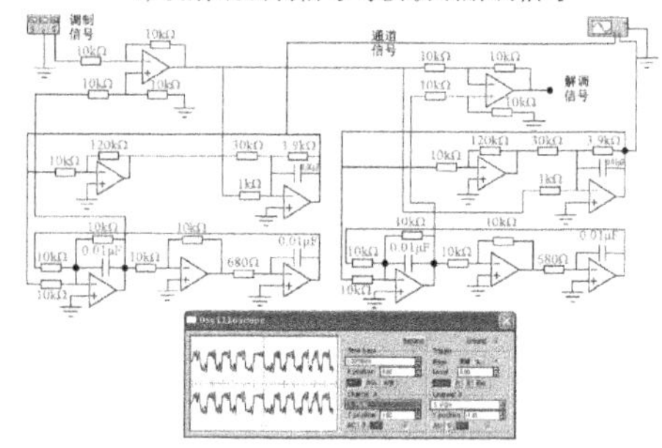

b) 发射端输出信号与接收端输出信号

图 2.457　12 运算放大器蔡氏电路 y 调制保密通信电路系统 EWB 软件仿真结果

2.13.6　洛伦兹方程电路混沌调制保密通信电路 x 调制

2.13.3 节的混沌调制保密通信电路方框图 2.443 是通用方框图。现在将通用方框图中的基本电路改为洛伦兹电路，混沌保密通信电路系统仍然有效，这就是洛伦兹方程电路混沌调制保密通信电路 x 调制[76-81]，原理图如图 2.458 所示。

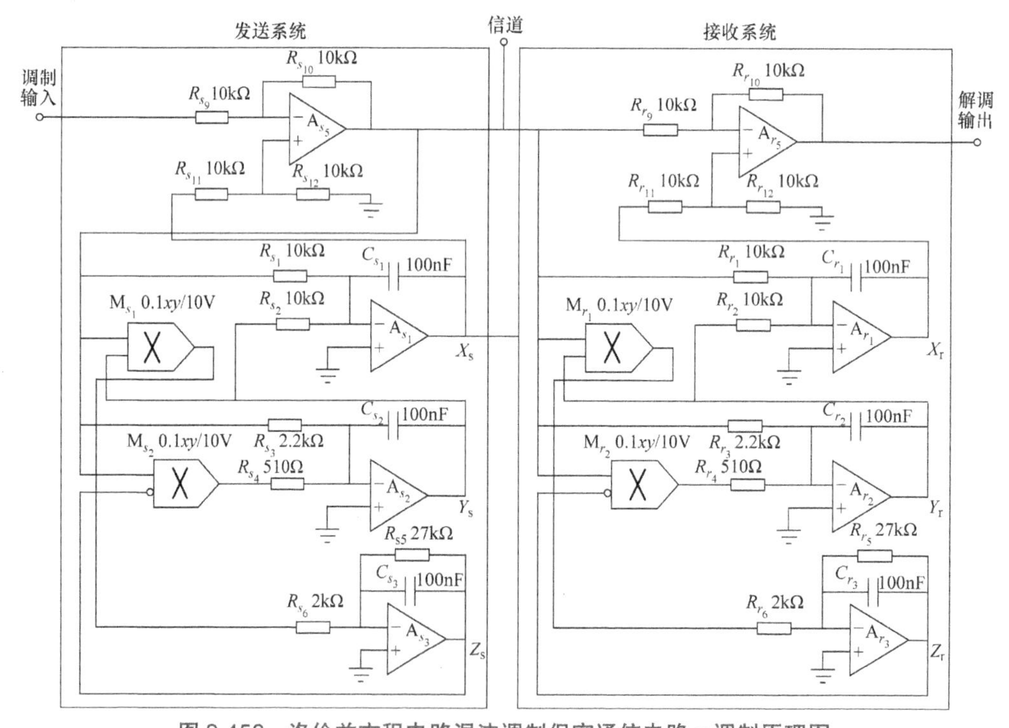

图 2.458　洛伦兹方程电路混沌调制保密通信电路 x 调制原理图

洛伦兹方程电路混沌调制保密通信电路 x 调制 EWB 软件仿真结果如图 2.459 所示。

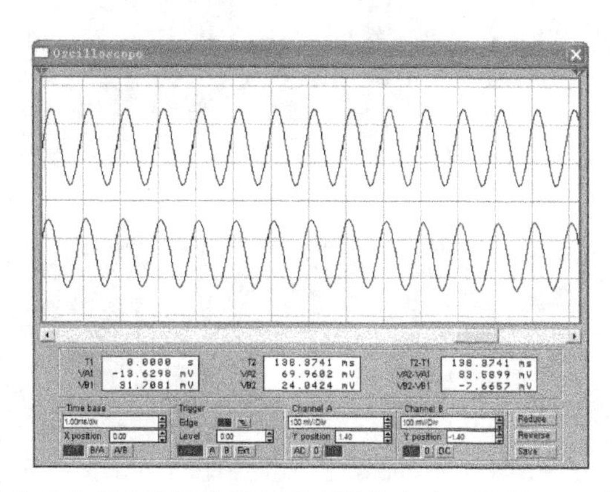

图 2.459　洛伦兹方程电路混沌调制保密通信电路 x 调制 EWB 软件仿真结果

将发送电路与接收电路的洛伦兹方程电路的参数设置成具有 1% 误差，如图 2.458 中，接收端 x 变量运算放大器输入端的一个 10kΩ 电阻设置成 10.1kΩ，两个系统仍然同步，混沌保密通信工作正常，混沌同步信号及调制与解调信号如图 2.460 所示。EWB 仿真混沌不同步时的相图如图 2.461 所示。

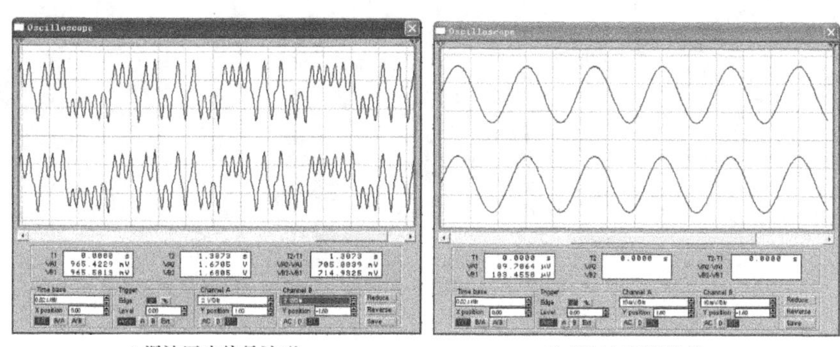

a) 混沌同步信号波形　　b) 调制与解调信号

图 2.460　发送电路与接收电路同步时的信号

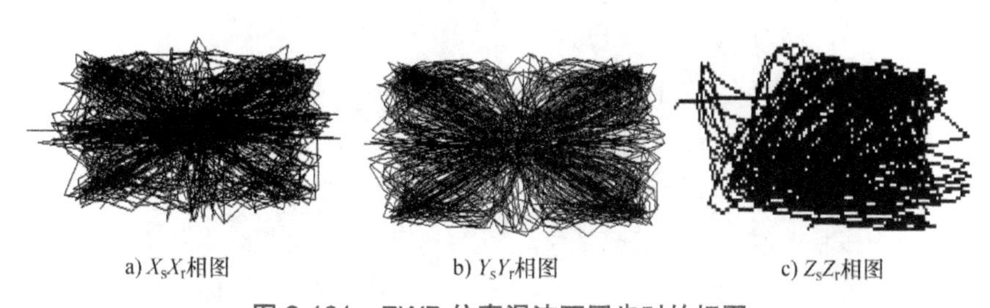

a) X_sX_r相图　　b) Y_sY_r相图　　c) Z_sZ_r相图

图 2.461　EWB 仿真混沌不同步时的相图

搭建物理电路进行实际物理电路实验，不同步与同步信号相图如图 2.462 所示。

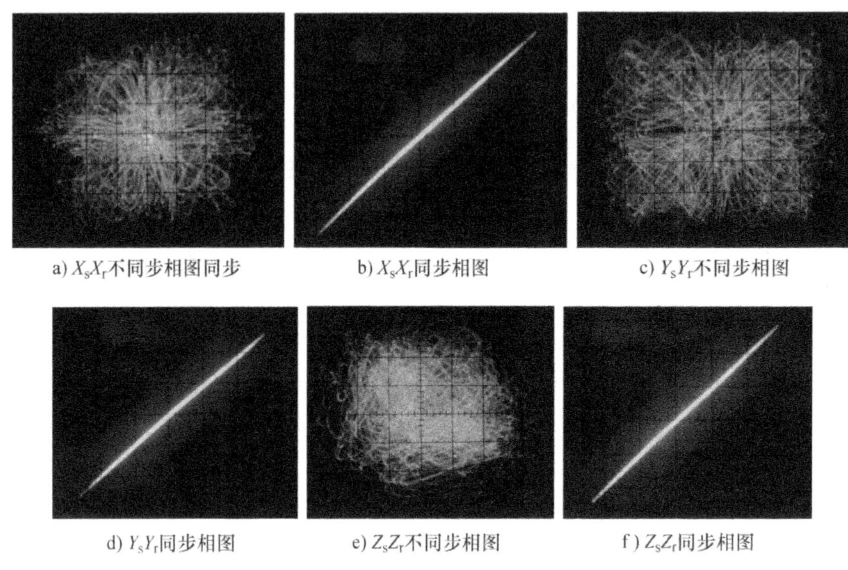

a) X_SX_r不同步相图同步　　b) X_SX_r同步相图　　c) Y_SY_r不同步相图

d) Y_SY_r同步相图　　e) Z_SZ_r不同步相图　　f) Z_SZ_r同步相图

图 2.462　物理电路实验测量到的不同步与同步信号相图

物理实验中，在发送端的信号输入端，拾音器上输入各种声音信号，测量三种调制信号与解调信号如图 2.463 所示，由图可见混沌保密通信电路的实际效果非常理想。

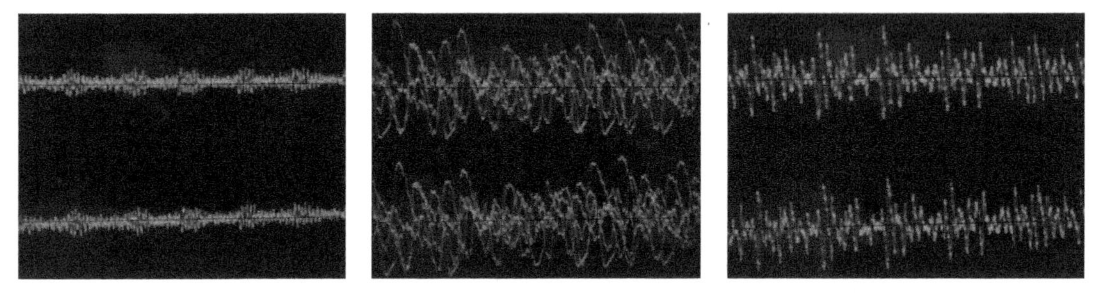

图 2.463　物理实验中测量到的三种调制信号与解调信号对比

物理电路 PCB 实验板如图 2.464 所示。

图 2.464　物理电路 PCB 实验板

2.13.7　四阶洛伦兹混沌调制保密通信电路

理论研究证明，高阶混沌电路构成的混沌保密通信电路的抗破译能力要高于低阶混沌电路构成的混沌保密通信电路。图 2.465 所示为四阶洛伦兹混沌调制保密通信电路原理图[81]，是 16+4 电路。

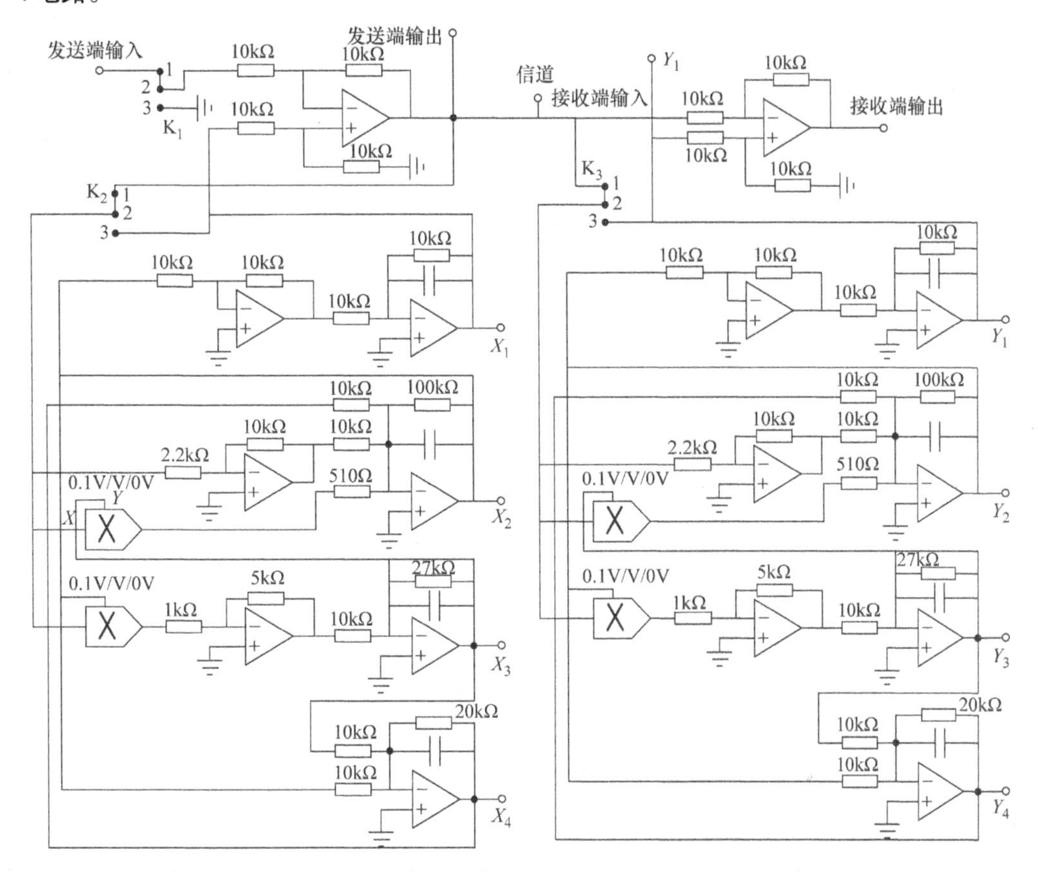

图 2.465　四阶洛伦兹混沌调制保密通信电路原理图

四阶洛伦兹混沌调制保密通信电路 EWB 软件仿真结果如图 2.466 所示。

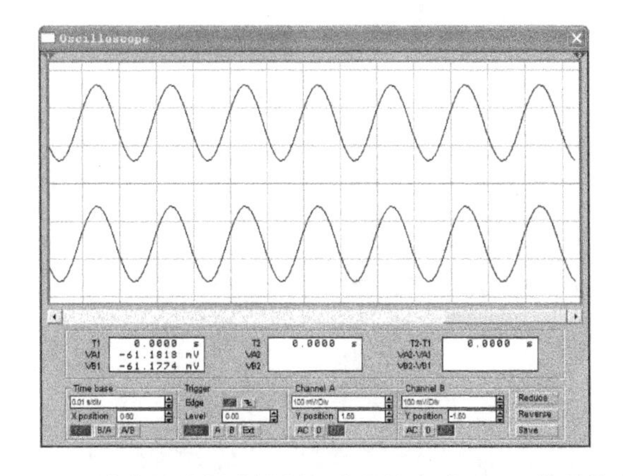

图 2.466　四阶洛伦兹混沌调制保密通信电路 EWB 软件仿真结果

其他问题与前面讨论的电路相同，由读者完成。详细资料见文献 [81]。

2.13.8　10 运算放大器滞回非线性混沌保密通信

2005 年李清都在文献 [112] 中阐述了滞回非线性混沌电路。2013 年吕恩胜将滞回非线性混沌电路应用于混沌调制保密通信中，实现了一种新的混沌保密通信电路 [117]，原理图如图 2.467 所示。该电路系统是 10 运算放大器滞回非线性混沌保密通信电路系统，是目前结构最简单的混沌保密通信电路系统，设计巧妙。

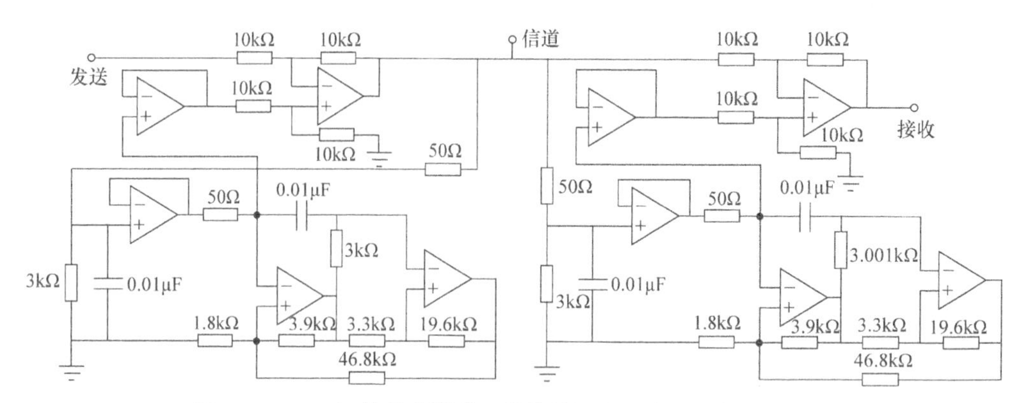

图 2.467　10 运算放大器滞回非线性混沌保密通信电路原理图

EWB 软件仿真如图 2.468 与图 2.469 所示，图 2.468 是收发两端混沌电路的混沌信号，其中发送端的混沌信号也就是信道信号，由图 2.468 可见，信道上的信号是混沌的，是混沌保密通信。图 2.469 是收发两端的电路调制与解调波形，由图 2.469 可见两个信号是相同的，说明实现了不失真信号通信。

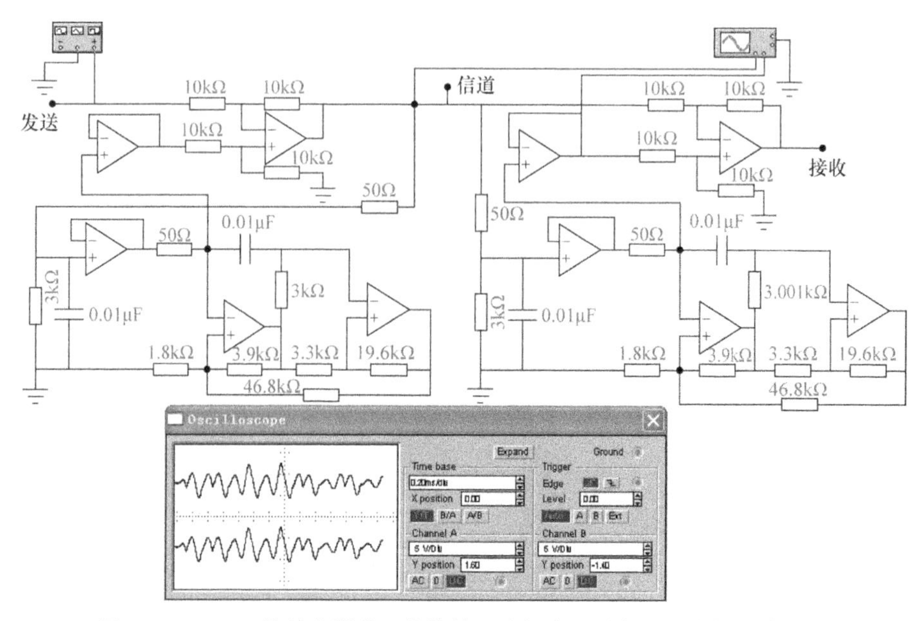

图 2.468　10 运算放大器滞回非线性混沌保密通信电路发送与接收波形

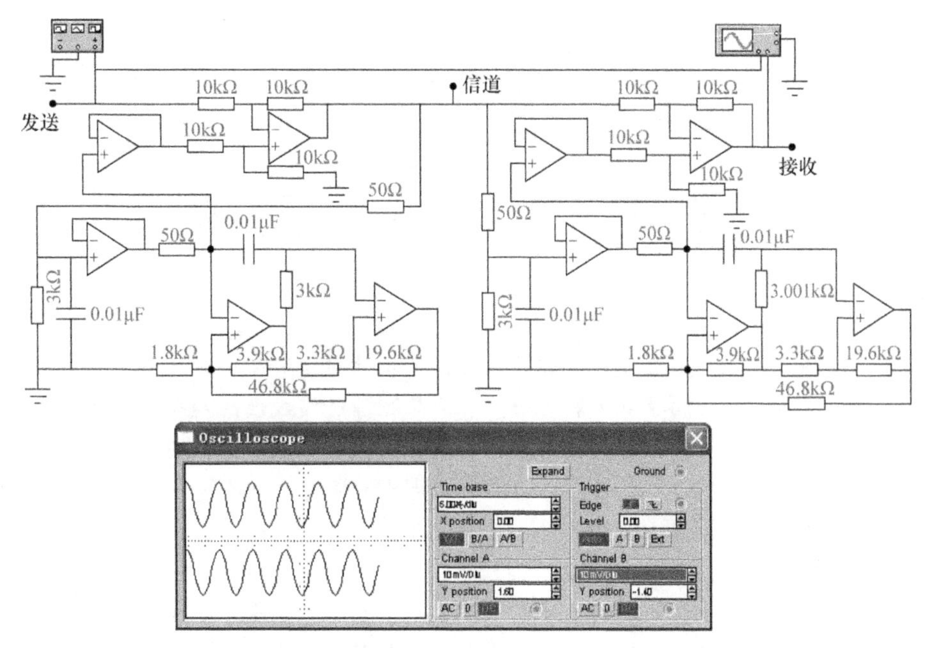

图 2.469 10 运算放大器滞回非线性混沌保密通信电路调制与解调波形

混沌保密通信电路系统研究是本课题组做得最好的研究，遗憾的是本课题组在混沌破译方面毫无建树，我们深感惭愧。混沌破译问题是值得投入研究的方向，目前国内外学者对此问题的研究都不够深入。希望读者抓住机遇，在混沌破译研究上取得突破。

第3章

静态非线性函数电路单元

要想成为真正的混沌电路设计精英，离不开对于静态非线性函数电路的设计，这是本领域的核心技能之一。本章简述静态非线性函数电路，包括非线性电路元件特性分析与测量、静态非线性函数电路设计、驱动信号测量非线性特性曲线方法、动态测量静态非线性特性曲线的方法等。

这些内容不是混沌科学与技术直接涉及的内容，但却是混沌科学与技术的基础性内容。动态混沌系统的构建方法目前还没有成熟的技术思想体系，但是静态非线性函数电路的设计已有成熟的技术思想体系，冷静观察蔡少棠教授的成长史，发现这就是历史规律。所以本书立此一章，以飨读者。本章简写，以省篇幅，内容却很重要。

3.1 二极管非线性伏安特性曲线测量与显示

人们可能想到的第一个非线性器件是二极管，事实正是这样。最早发现的电路混沌现象是1970年林森发现的二极管混沌电路[21]。在二极管混沌电路中，单二极管混沌相图呈现单涡旋。

二极管在混沌电路中的非线性特性可以分为两类，一类是利用了二极管的电压电流曲线的指数特性，一类是利用了开关特性。单二极管的指数伏安特性的公式是指数函数，双二极管的指数伏安特性的公式又有两种形式：双曲正弦非线性特性与反双曲正弦非线性特性。传递函数理论将输入变量与输出变量分为电压 - 电压、电压 - 电流、电流 - 电压、电流 - 电流传输型，二极管是电压 - 电流或电流 - 电压型。在实际应用中，需要与运算放大器组合使用构成三端器件，就要对二极管是二端器件还是三端器件进行分析。

首先从二极管非线性伏安特性曲线显示方法开始。所谓“二极管非线性伏安特性曲线”的概念有3点：1）从数值上来说，加在二极管两端的电压产生的电流的关系是指数关系；2）从方向上来说，其电压与电流的方向的定义与电阻的定义相同，称之为“方向关联”；3）以上所说都限定在“二端器件”的概念上，应用中还与“三端器件”有关。

二极管非线性伏安特性曲线形状显示的EWB仿真曲线如图3.1所示。仿真方法是将二极管与电阻串联，将串联电路两端加一个电压扫描信号，此时二极管两端的电压可以直接测量，这就是二极管的“电压”；对于与二极管串联的电阻，由于流过电阻上的电流与流过二极管上的电流相同，用电阻上的电压代表二极管电流，并用一级运算放大器将这个电压转换成运放输出电压便于示波器测量。将二极管电压与电阻电压这两个电压使用示波器的李萨如测量法测量，得到二极管的非线性伏安特性曲线直接显示。如图 3.1 所示，其中横坐标是电压，纵坐标是电流。

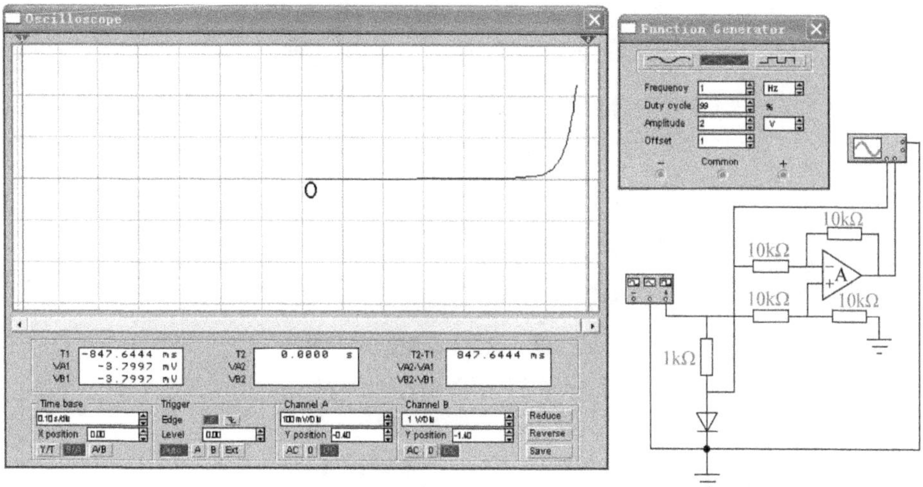

图 3.1　二极管非线性伏安特性曲线形状显示的 EWB 仿真曲线

二极管特性曲线形状的 EWB 仿真参数如图 3.2 所示。

图 3.2　二极管特性曲线形状的 EWB 仿真参数

混沌电路中二极管电压 - 电流转换特性直接应用方法有很多，但是只有一种方法最为常用，如图 3.3 所示。电路特征是：二极管阳极接输入信号，阴极接运算放大器反相输入端，运算放大器同相输入端接地，使得二极管阴极接虚拟地。注意图 3.3 中运算放大器反相接法，输出显示反相，反相这个问题对于电路设计没有任何影响。图 3.3 中横坐标是电压，纵坐标是电流。

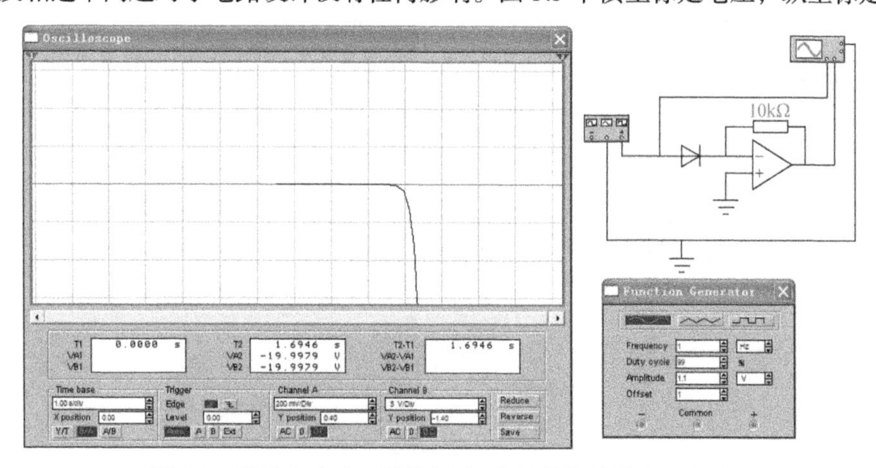

图 3.3　混沌电路中二极管电压 - 电流转换特性应用方法

若不考虑方向，则得到二极管伏安特性曲线；若将二极管连接到信号与运算放大器的反相输入端与输出端之间，运算放大器输出端输出对数曲线，如图 3.4 所示（图 3.4 由于运放反相的原因，实际输出的是对数曲线的相反的值）。

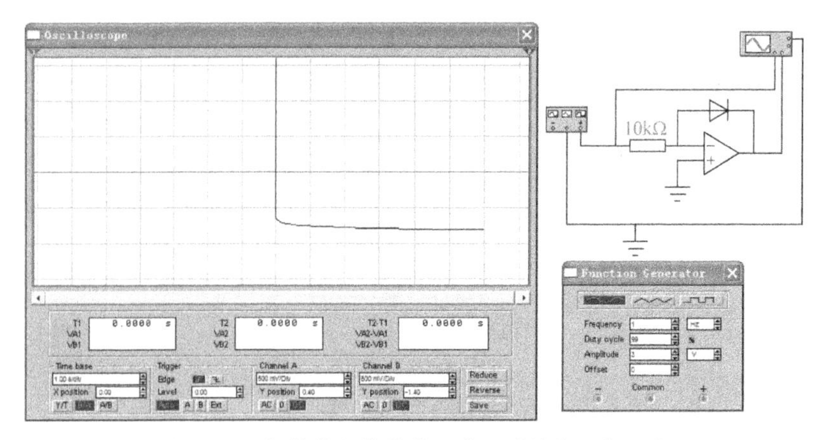

图 3.4　二极管信号传输关系满足对数关系的设计

3.2　双曲正弦与反双曲正弦

数学中有两个互为反函数的曲线：双曲正弦与反双曲正弦，表达式分别是

$$\sin h(x) = \frac{e^{x} - e^{-x}}{2} \tag{3.1}$$

$$\operatorname{arcsin} h(x) = \ln(x + \sqrt{x^2 + 1}) \tag{3.2}$$

这两个函数曲线形状与三次幂曲线有共同的弯曲特性，属于三次型曲线。

双曲正弦非线性函数 $f(x)$ 有时需要组合使用，例如，应用于蔡氏电路中具体的复合非线性双曲正弦非线性函数 $f(x)$ 为

$$f(x) = 0.6x - 0.04\sin h(x) \tag{3.3}$$

蔡少棠经典蔡氏电路方程中复合非线性函数表示为 $h(x)$，具体函数表达式是

$$h(x) = -2.574x + 3.861 f_0(x) \tag{3.4}$$

将 $\sin h(x)$ 与 $h(x)$ 的特性曲线放到图 3.5 中，对比可见，两条曲线的拓扑形态一致。将两种非线性函数电路在蔡氏电路中互相代替，都能产生形状非常接近的双涡旋混沌吸引子。由此可以看出两种蔡氏电路的差别的内在原因以及存在共同动态特性的原因。

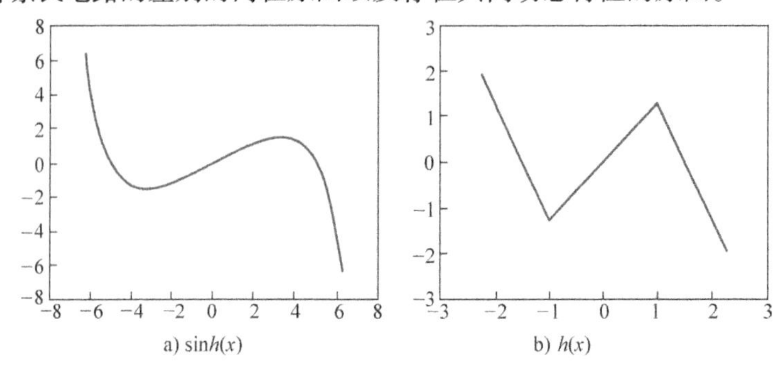

图 3.5　$\sin h(x)$ 与 $h(x)$ 的特性曲线比较

图 3.6 所示为物理实验电路（2.3.13 节、2.3.14 节、2.3.15 节电路）中得到的双曲正弦非线

性曲线，图 3.6a 是标准双曲正弦非线性曲线 sin$h$（x）曲线，图 3.6b 是蔡氏电路物理实验中的双曲正弦非线性曲线 0.6x−0.04sin$h$（x）曲线，对照图 3.6b 与图 3.5a 的相似性，就容易理解为什么都能输出相似的双涡旋吸引子了（图 3.6 中横坐标与纵坐标都是电压）。

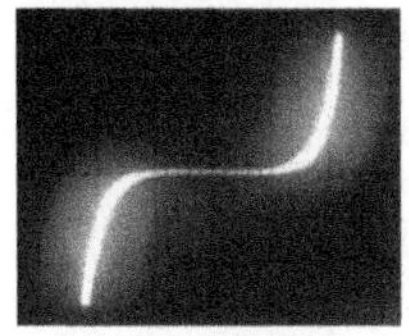

a) sin$h$(x)曲线

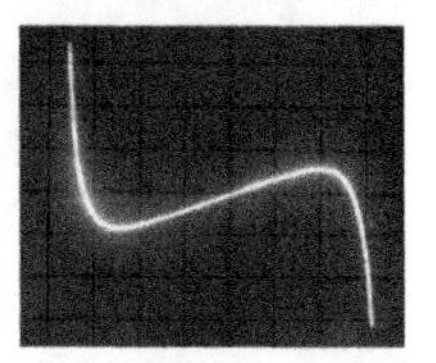

b) 0.6x−0.04sin$h$(x)曲线

图 3.6 物理电路实验输出双曲正弦非线性曲线

反双曲正弦非线性曲线，arcsin$h$（x）函数表达式是

$$\arcsin h(x)=\ln(x+\sqrt{x^2+1}) \tag{3.5}$$

同样地，为了将反双曲正弦非线性应用于蔡氏电路，构造复合函数 −3x+4arcsin$h$（x），与基本反双曲正弦非线性曲线放在一起，如图 3.7 所示。

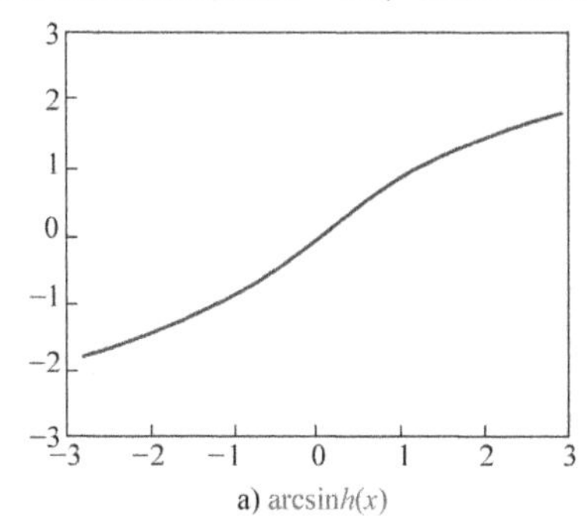

a) arcsin$h$(x)

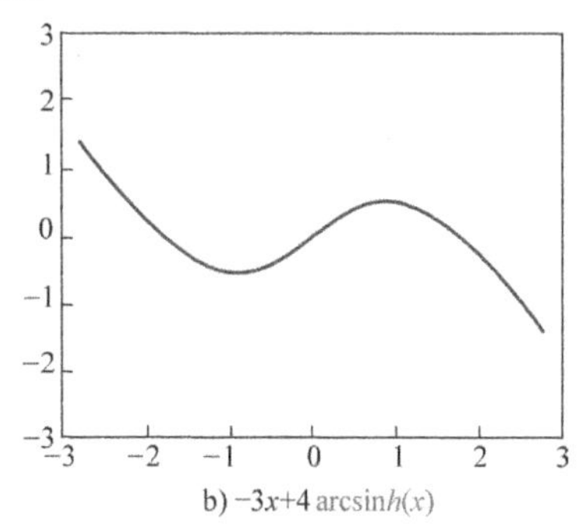

b) −3x+4 arcsin$h$(x)

图 3.7 arcsin$h$（x）与 −3x+4arcsin$h$（x）的特性曲线比较

物理实验表明，−3x+4arcsin$h$（x）代替蔡氏电路中的三折线非线性，也能够产生蔡氏电路双涡旋混沌吸引子，这就是 2.3.13 节、2.3.14 节、2.3.15 节中的电路。

双二极管特性曲线形状的 EWB 仿真曲线如图 3.8 所示。由图可见，曲线形状是双曲正弦形状。图中横坐标是二极管电压，纵坐标是运算放大器输出端的电压，与二极管电流成正比。

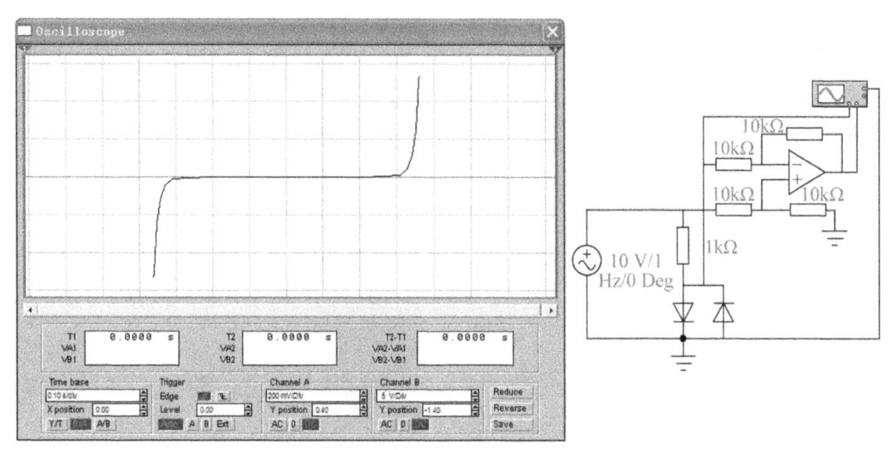

图 3.8 双二极管特性曲线形状的 EWB 仿真曲线

双二极管反相电压 - 电压传输电路传输曲线如图 3.9 所示。

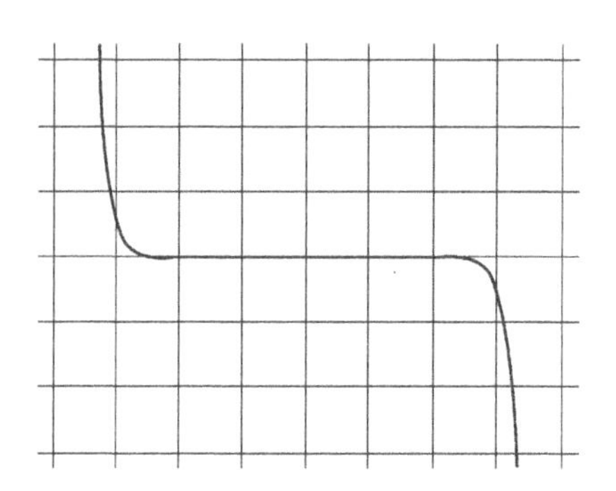

图 3.9　双二极管反相电压 - 电压传输电路传输曲线

反双曲正弦曲线电路测量仿真如图 3.10 所示。

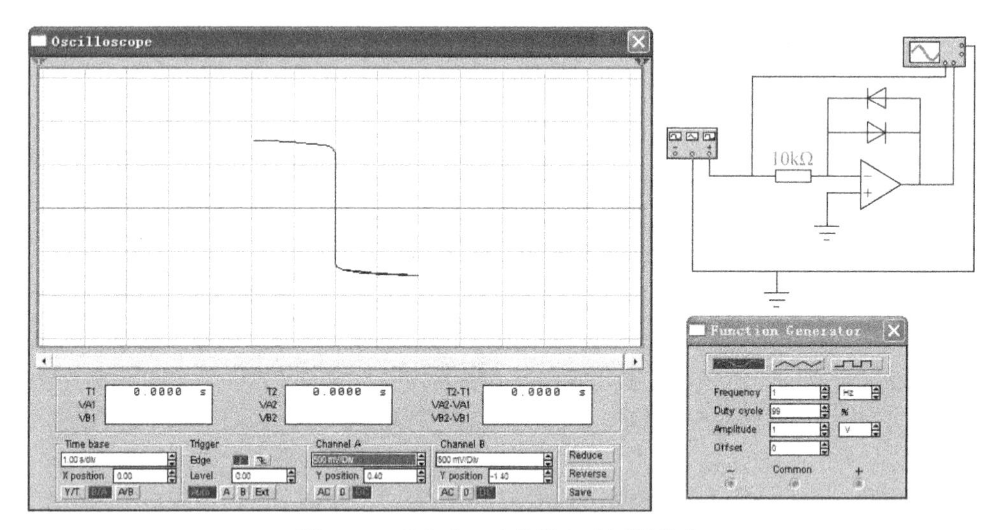

图 3.10　反双曲正弦曲线电路测量仿真

该电路是电压 - 电压传输关系，横坐标是电路输入端的外加电压源电压信号，纵坐标是电路输出端的输出电压信号。示波器工作模式是李萨如显示，横坐标与纵坐标都是电压，反双曲正弦二极管电路分析过程与双曲正弦二极管电路分析过程相同，不再赘述。

3.3　开关二极管特性曲线测量

正向传递函数的数学模型为

$$D(x)=\begin{cases}0 & x<0\\ x & x\geqslant 0\end{cases} \tag{3.6}$$

正向传递函数曲线如图 3.11 所示。

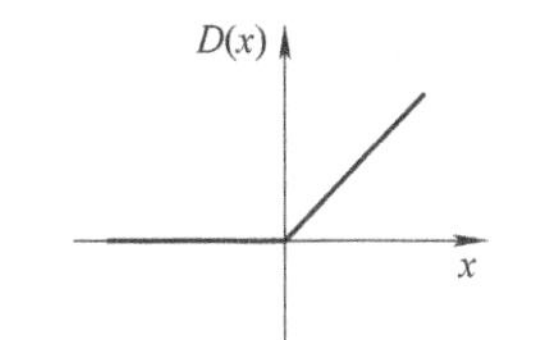

图 3.11　正向传递函数曲线

由图 3.11 可见，正向传递函数曲线是分布在第一象限内的并且通过坐标原点的直线段。同样也可以建立分布在第二象限、第三象限、第四象限内直线段的数学模型，这四种非线性曲线在数学模型中都属于二次型非线性，在混沌电路中都能够产生单涡旋混沌吸引子。

四种二极管正向传输非线性特性曲线显示如图 3.12 所示。四个电路都是这样的方式：电路输入端是外加电压信号，电路输出端是输出电压信号，示波器工作模式是双波形显示，横坐标是时间，纵坐标分别是输入端与输出端两个电压信号。

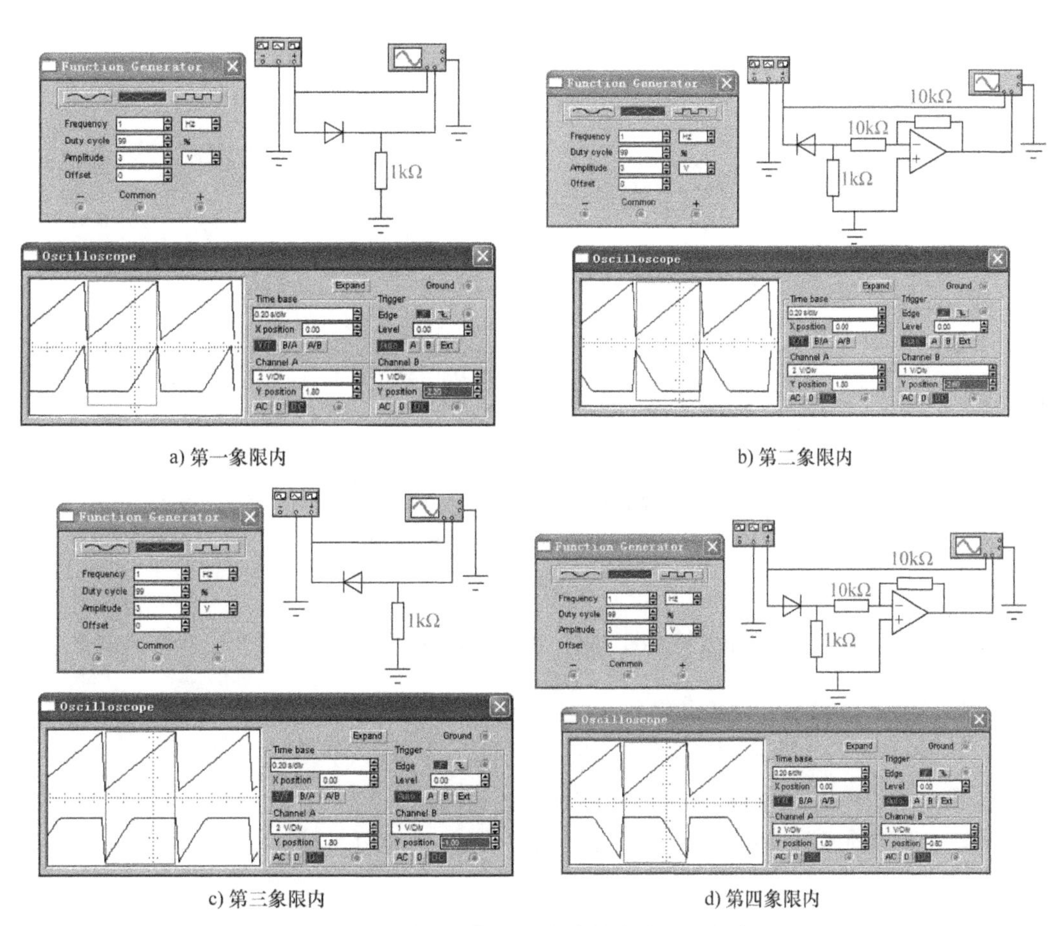

a) 第一象限内　　b) 第二象限内

c) 第三象限内　　d) 第四象限内

图 3.12　四种二极管正向传输非线性特性曲线显示

虽然这四个电路是带有演示性的电路，但是也能够用于实际设计中。

图 3.13 中所示的四个电路是实际混沌电路设计中使用的二极管开关特性曲线应用电路，图 3.14 所示为四种传递函数非线性特性曲线。原理不再赘述。

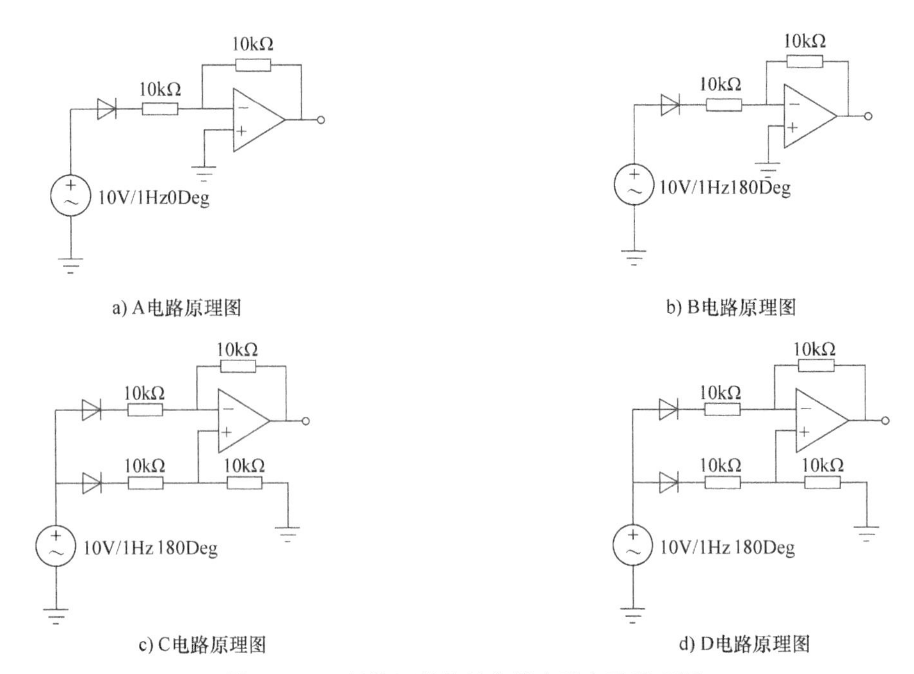

a) A电路原理图　b) B电路原理图　c) C电路原理图　d) D电路原理图

图 3.13　二极管开关特性曲线应用电路原理图

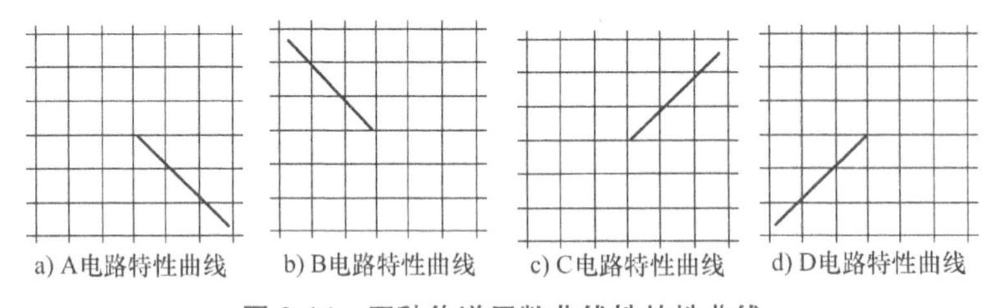

a) A电路特性曲线　b) B电路特性曲线　c) C电路特性曲线　d) D电路特性曲线

图 3.14　四种传递函数非线性特性曲线

图 3.14c 为正向传递函数非线性特性电路，图 3.14d 为反向传递函数非线性特性电路。

3.4　晶体管非线性伏安特性曲线显示

晶体管工作于开关状态时也能呈现规则的非线性曲线，例如图 3.15 所示的电路及其 EWB 仿真，并且也能够构成混沌电路。虽然应用不是很广泛，但是在特殊情况下也会用到。

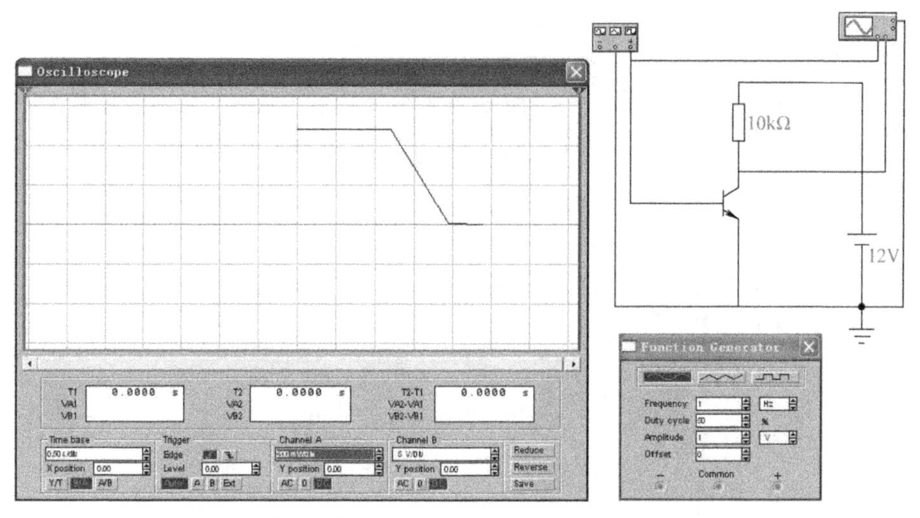

图 3.15　晶体管工作于开关状态时呈现的非线性曲线

3.5　静态绝对值非线性

静态绝对值非线性属于二次型非线性，电路原理图如图 3.16 所示。

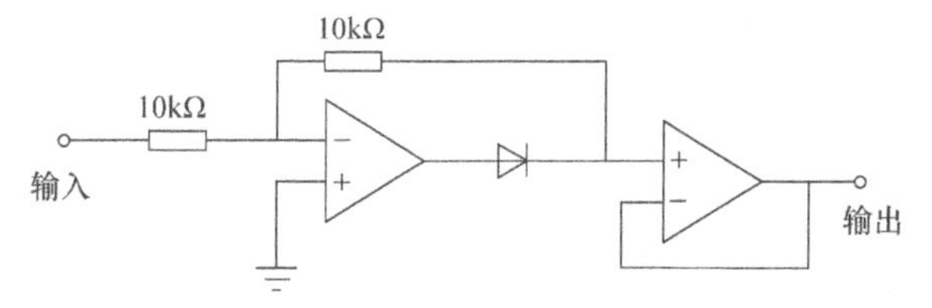

图 3.16　静态绝对值非线性函数电路原理图

EWB 软件仿真方法是：输入端输入锯齿波信号，锯齿波的电平分布正负对称。在一个锯齿波周期内，前半周期内是负值，绝对值由大到小，输出为正；后半周期内是正值，绝对值由小到大，输出还为正。整个周期内输出呈倒三角形，如图 3.17 所示，这正是绝对值非线性函数关系，示波器工作模式是双波形显示，横坐标是时间，纵坐标分别是输入端与输出端两个电压信号。

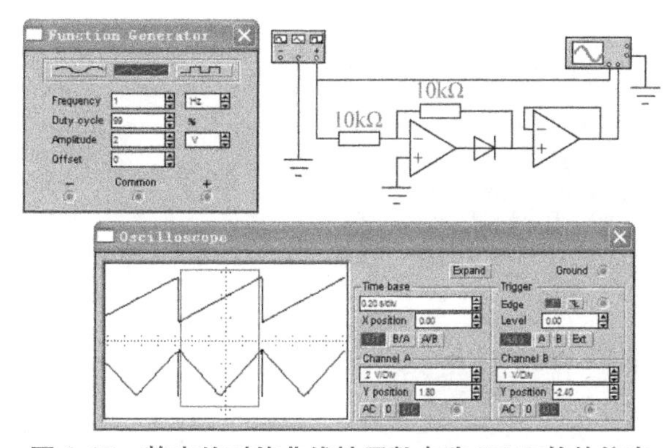

图 3.17　静态绝对值非线性函数电路 EWB 软件仿真

3.6 限幅三折线非线性函数电路

限幅三折线非线性函数电路是目前混沌电路系统设计中应用最广泛的非线性函数电路，主要原因是电路具有结构简单、调试方便、成本低等优点。限幅三折线非线性产生的混沌吸引子通常是双涡旋。电路原理图如图 3.18 所示。

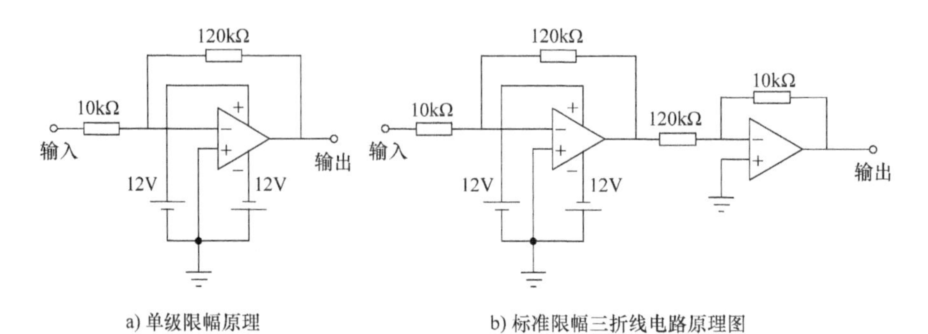

a) 单级限幅原理　　　b) 标准限幅三折线电路原理图

图 3.18　限幅三折线非线性函数电路原理图

图 3.18a 电路工作原理是基于正负双电源电压为 ±12V，运算放大器放大倍数为 −12 倍，因此运放在输入信号 ±1V 范围之内正常放大，±1V 范围之外限幅，正常放大的倍数为 −12 倍，符号负值表示反相放大。则图 3.18a 电路输出的电压函数是 $-12f(x)$。若令标准三折线公式是

$$f(x)=\frac{1}{2}(|x+1|-|x-1|) \tag{3.7}$$

那么，图 3.18b 能够满足关系，因为第二级运放是反相缩小 12 倍。图 3.19 所示为限幅三折线非线性函数电路 EWB 软件仿真。

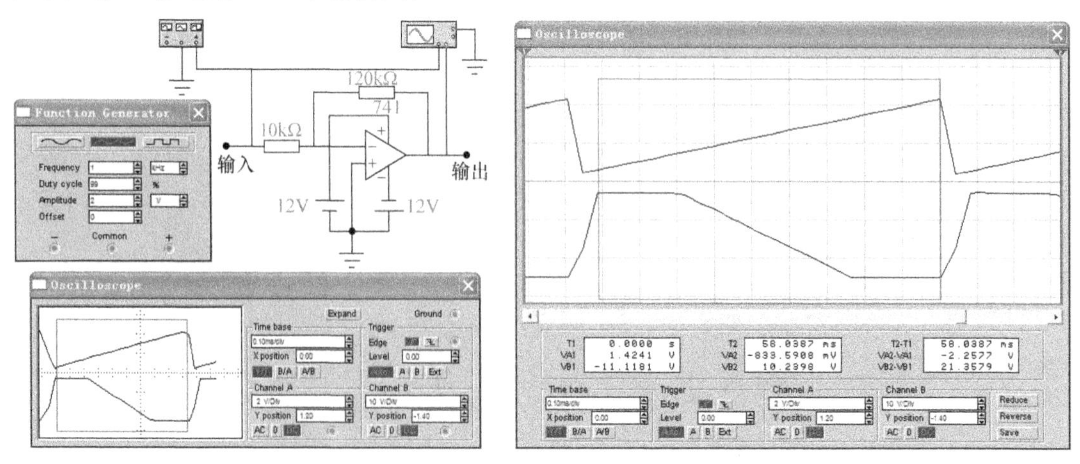

图 3.19　限幅三折线非线性函数电路 EWB 软件仿真

3.7 阶跃（符号）非线性函数电路

sgn（x）为符号函数，又称阶跃函数，表达式为

$$\operatorname{sgn}(x)=\begin{cases}1 & x>0\\ 0 & x=0\\ -1 & x<0\end{cases} \tag{3.8}$$

有了上一节三折线非线性电路的基础，阶跃非线性函数电路设计就很容易了。在三折线非线性电路的基础上，将运算放大器的反馈电阻开路，放大倍数无穷大，三折线非线性函数电路就转换成了阶跃（符号）非线性函数电路。如图 3.20a 所示。

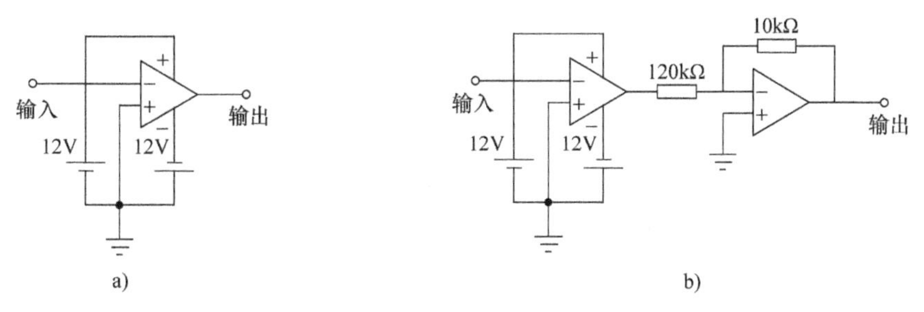

图 3.20　阶跃（符号）非线性函数电路原理图

图 3.20a 电路的输出输入关系式是 V_o=−12sgn(x)，输出标准阶跃非线性函数电路需要增加一级缩小 12 倍的反相放大器，原理图如图 3.20b 所示。

阶跃（符号）非线性函数电路仿真如图 3.21 所示，请读者认真看图，这里不再赘述。

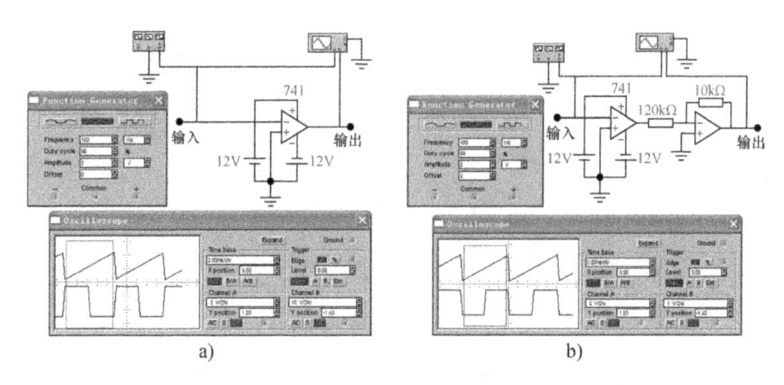

图 3.21　阶跃（符号）非线性函数电路仿真

3.8　五折线锯齿形非线性电路

若限幅非线性函数电路的运算放大器同相输入端接地，对应的输入电压在零电平附近变化，产生三折线非线性。对于这个电路做三个改变：1）将运算放大器同相输入端接某一非零电平，则对应的输入电压在非零电平附近输出改变极性，产生一个三折线非线性；2）将另外一个运算放大器的同相输入端连接另一个非零电平，则产生又一个三折线非线性；3）将这两个不同非线性相加可以产生五折线非线性。五折线锯齿形非线性电路原理图如图 3.22 所示，五折线锯齿形非线性电路特性曲线如图 3.23 所示。

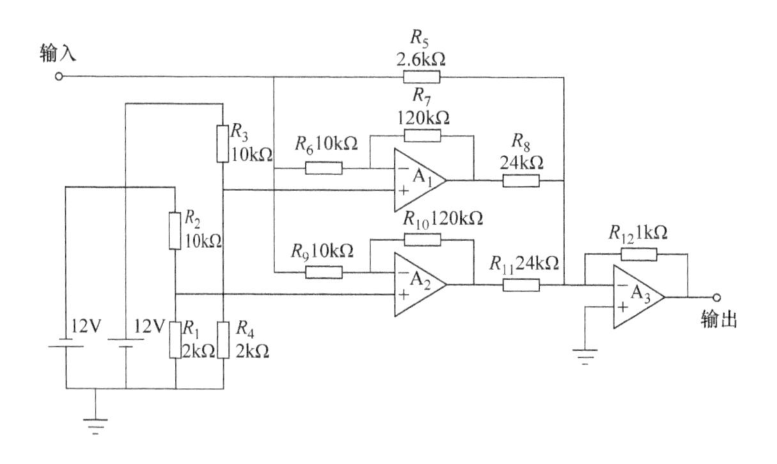

图 3.22 五折线锯齿形非线性电路原理图

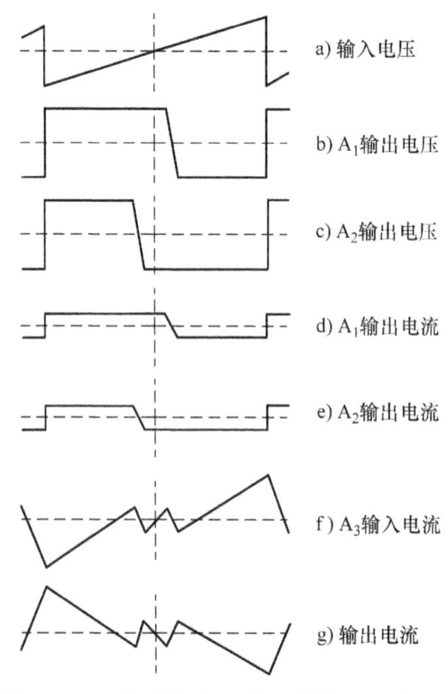

图 3.23 五折线锯齿形非线性电路特性曲线

五折线锯齿形非线性电路 EWB 软件仿真输出波形如图 3.24 所示，输出相图如图 3.25 所示。

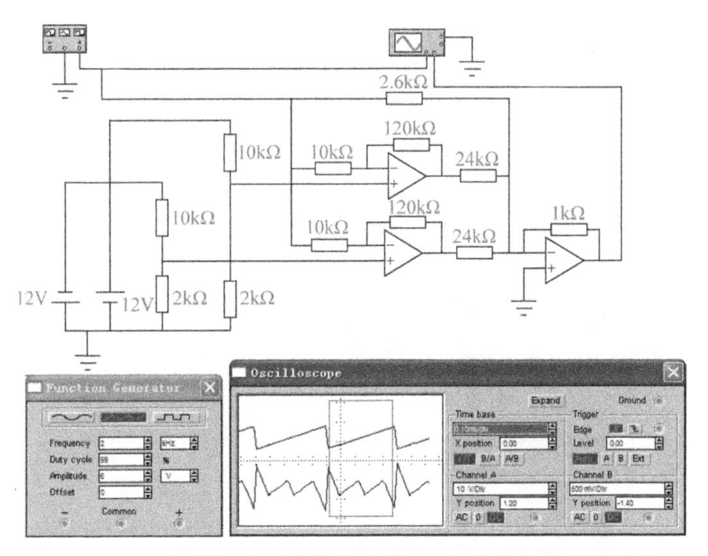

图 3.24　五折线锯齿形非线性电路 EWB 软件仿真输出波形

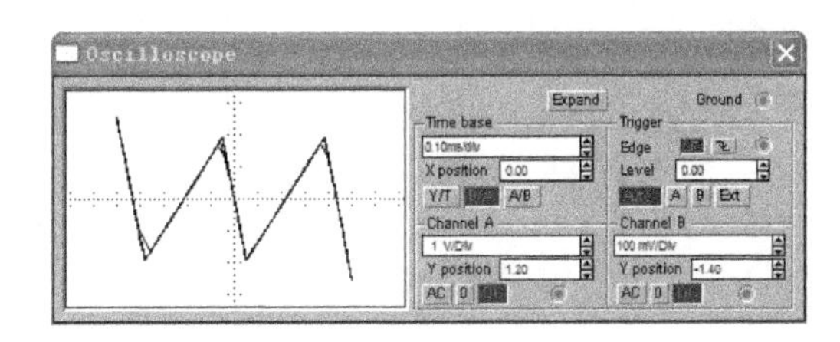

图 3.25　五折线锯齿形非线性电路 EWB 软件仿真输出相图

3.9　多折线非线性电路

如图 3.22 所述的两个三折线电路并联起来形成五折线电路，以此类推，三个电路用反相加法器相加应该得到七折线电路，如图 3.26 所示。

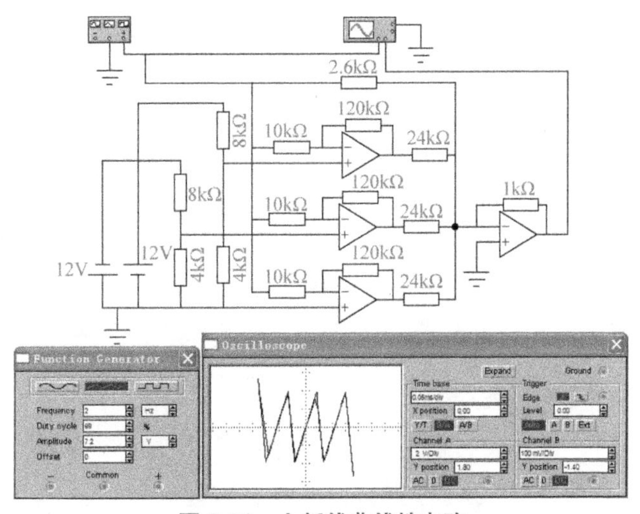

图 3.26　七折线非线性电路

继续增加限幅电路，四个电路用反相加法器相加应该得到九折线电路，如图 3.27 所示。

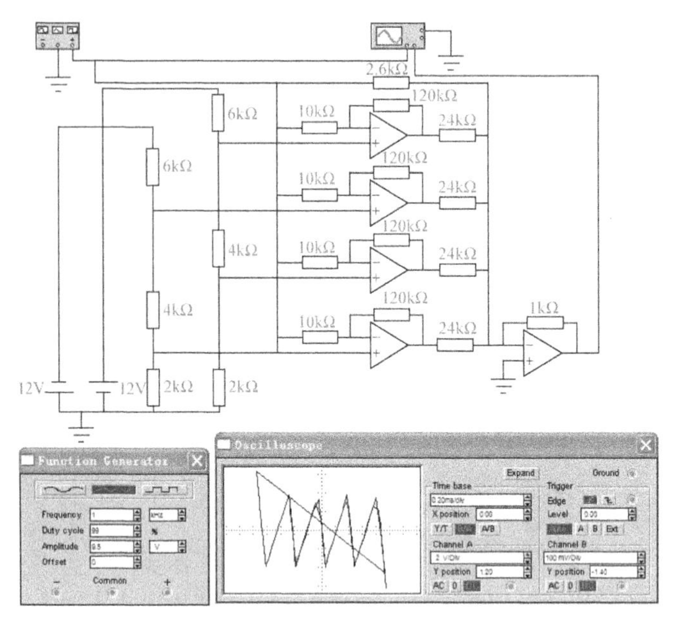

图 3.27　九折线非线性电路

再次增加限幅电路，五个电路用反相加法器相加应该得到十一折线非线性电路，如图 3.28 所示。

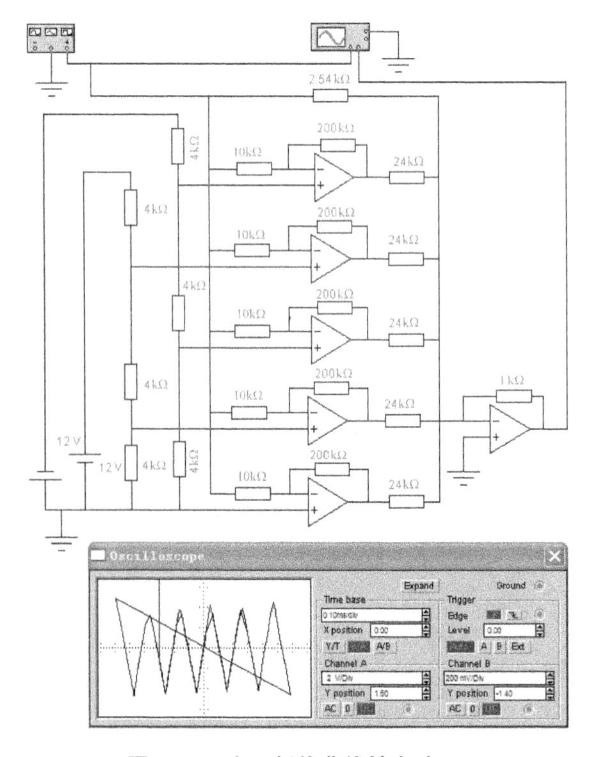

图 3.28　十一折线非线性电路

3.10　模拟乘法器二次幂电路动态测量

模拟乘法器二次幂非线性电路 EWB 软件仿真波形图如图 3.29 所示。

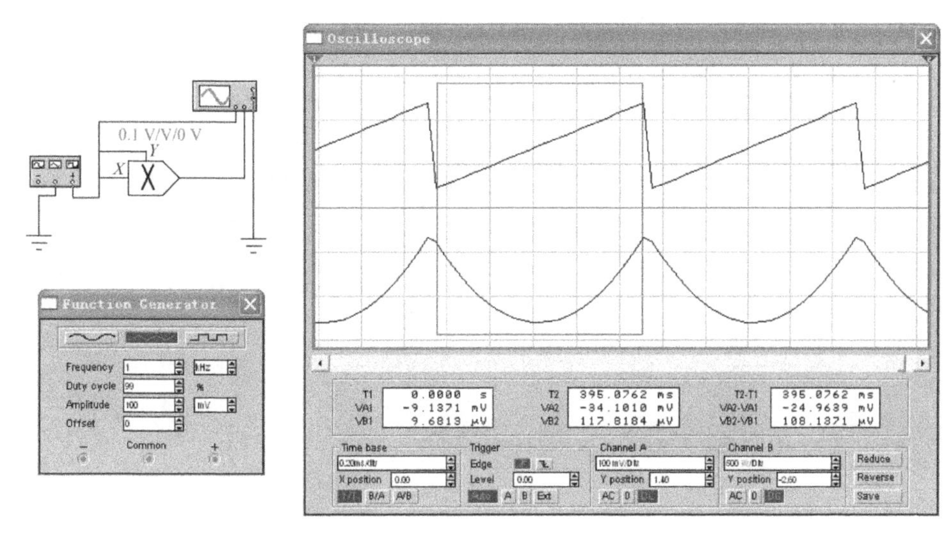

图 3.29　模拟乘法器二次幂非线性电路 EWB 软件仿真波形图

图 3.29 中的信号源调整成锯齿波，设置的偏置电压为 0，这样电压信号上下对称，如图 3.29 中的锯齿波的一个周期自下向上的一段自相乘后，电压曲线形状是抛物线形状。

注意，市场销售的多数模拟乘法器例如 AD 633 的相乘增益系数是 0.1 而不是 1，例如，输入电压分别是 7V 与 9V，则输出是 6.3V。AD 633 每个输入有两个端口，一正一负，可以实现极性选择，这有利于电路的优化设计，因为可以省去前面与后面的一级反相器。模拟乘法器 AD 633 的物理电路输出如图 3.30 所示。

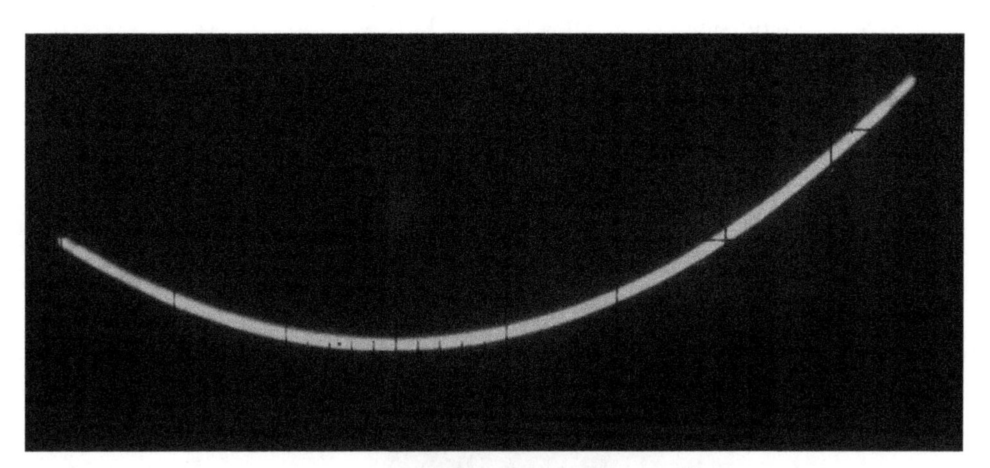

图 3.30　模拟乘法器 AD 633 的物理电路输出

图 3.29 是 EWB 模拟乘法器二次幂非线性电路仿真波形图，也可以是相图方式，如图 3.31 所示，图中平方关系更明显了。图 3.31 中的红框中的部分与图 3.29 中的红框中的部分相当。

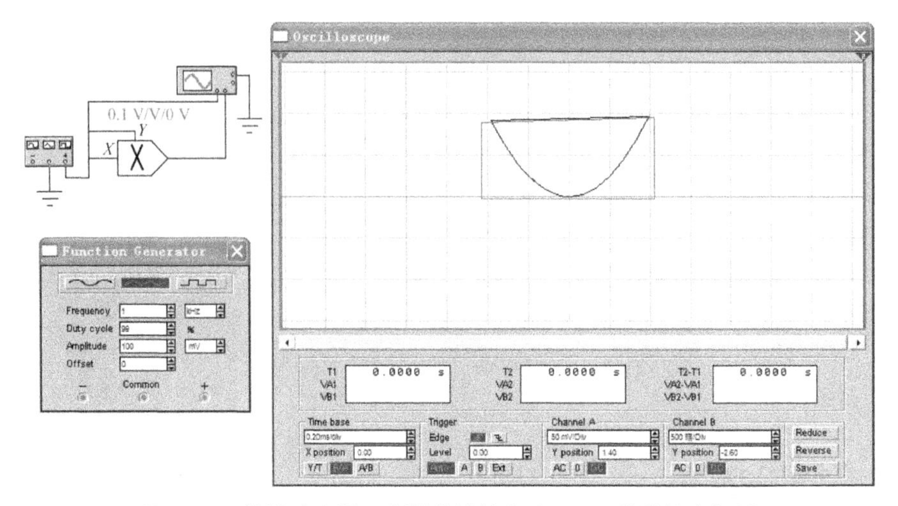

图 3.31　模拟乘法器二次幂非线性电路 EWB 软件仿真相图

3.11　三次幂电路及拓扑等效三次型非线性电路

限幅非线性电路曲线呈现三折线形状，是混沌电路中第一常用非线性。三次幂非线性电路在混沌电路中也有广泛的应用，并且同属于三次型非线性，具有曲线形状拓扑等效的性质。三次幂非线性电路与三折线非线性电路相比成本高了很多，这是该电路的缺点，但是该电路的数学分析简单，这个优点是三折线非线性电路所不具备的（三折线函数不光滑导致微分不连续，雅克比矩阵难写）。

标准三次幂公式是（3.9），对应的电路图如图 3.32 所示，其中 B 点是输出点，D 点是附加电路测试点，B 点对应公式（3.9）的 β=0.01，D 点对应的 β=1。

$$f(x_1)=\beta x_1^3 \tag{3.9}$$

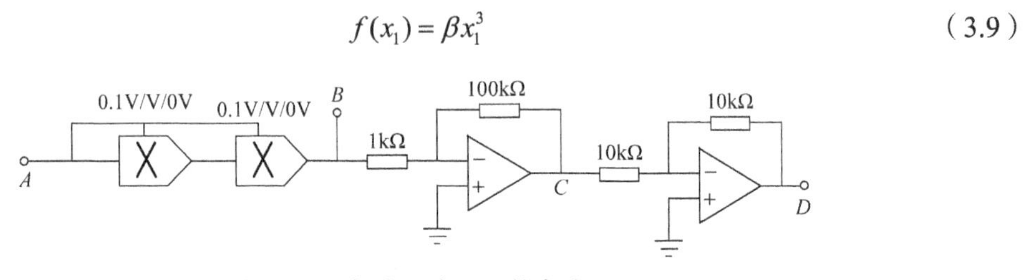

图 3.32　标准三次幂函数电路

标准三次幂函数物理实验电路测量结果如图 3.33 所示。

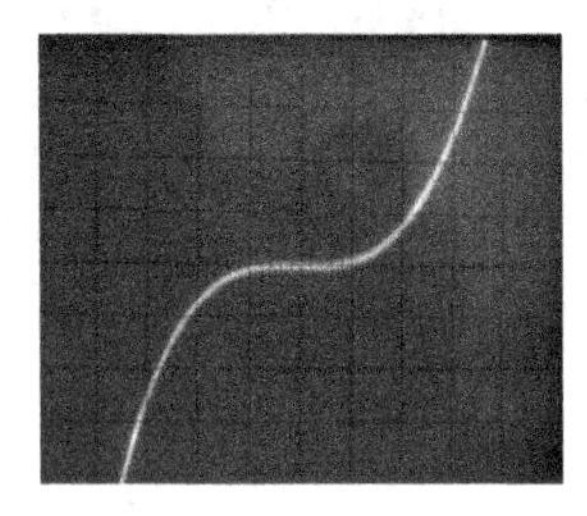

图 3.33　标准三次幂函数物理实验电路测量结果

3.12　Sigmoid 函数及其电路模拟

现在介绍 Sigmoid 函数及其电路模拟。生物神经系统是整个宇宙间结构最复杂、功能最优秀的系统，是现代人类最好的电子系统也无法相比较的系统，现代电子技术向生物神经系统学习，无疑是人类文明高度发展的标志。Sigmoid 函数[31]是现代非线性电子技术中的一个重要函数，用来模拟生物神经细胞的神经元，是模拟神经元非线性作用函数，真实的神经细胞的讨论已经超出了本章的叙述范畴，这里仅介绍已经理想化的 Sigmoid 函数,Sigmoid 函数已经归一化，公式为

$$\text{Sigmoid}(x)=\text{sgm}(x)=\frac{1}{1+\mathrm{e}^{-x}} \tag{3.10}$$

标准 Sigmoid 函数如图 3.34 所示。

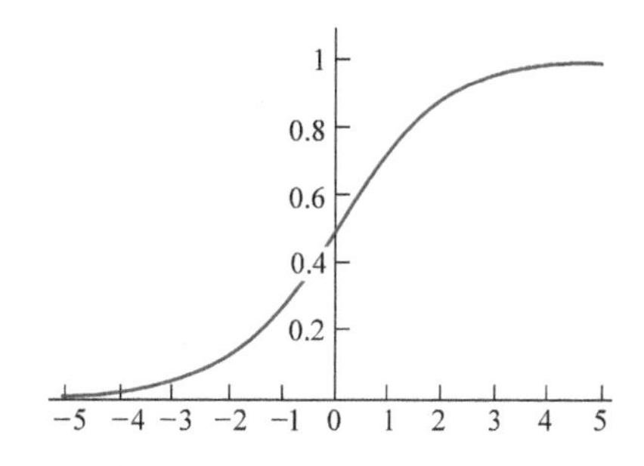

图 3.34　标准 Sigmoid 函数

一条复合 Sigmoid 函数的形状与标准限幅函数 $f(x)$ 的形状很相似，标准限幅函数 $f(x)$ 与 $\text{sgn}_1(x)$ 逼近公式分别是

$$f(x)=\frac{1}{2}(|x+1|-|x-1|) \tag{3.10A}$$

$$\text{sgn}_1(x)=2\text{sgn}(x)-1 \tag{3.11}$$

反函数是

$$\text{sgn}(x)=\frac{\text{sgn}_1(x)+1}{2} \tag{3.12}$$

如图 3.35 所示，蓝曲线是 Sigmoid（x）函数曲线，墨绿色曲线是复合 Sigmoid（x）函数 2 Sigmoid(x)−1 曲线，红色曲线是标准限幅三折线函数 0.5($|x+1|-|x-1|$) 曲线，由图 3.35 可见，复合函数 2 Sigmoid（x）−1 与限幅三折线函数 0.5（$|x+1|-|x-1|$）曲线逼近，可以在混沌电路系统中相互代替。

实际的非线性动态电路使用标准限幅电路$f(x)$能够实现与Sigmoid函数电路相同的动态特性输出，过分要求Sigmoid函数实现就是自找麻烦了。如果确实要求设计代替真实神经细胞的电路则是另外一回事，对于真实的神经网络，Sigmoid函数又显得太粗糙而不能完全代替。

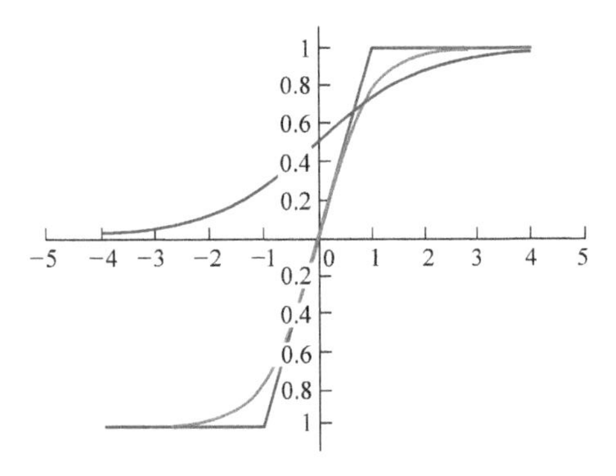

图 3.35　标准 Sigmoid 函数，复合 Sigmoid 函数逼近限幅函数

3.13　负电阻电路

现在考虑四种时不变两端口电子器件，这四种统一电子器件符号与电子器件电压电流特性曲线如图3.36和图3.37所示。图3.36是两端口电子器件符号，规定电压与电流方向：电压方向上正下负，电流方向自上而下。图3.37是电子器件电压电流关系曲线，横坐标是电压，纵坐标是电流。经过坐标原点分布在第一与第三象限的直线表示的是电阻（耗能元件）；分布在第一与第四象限且与横轴垂直的直线表示的是恒压电源，其中在第一象限表示充电（吸能），在第四象限表示放电（释能）；分布在第一与第三象限且与纵轴垂直的直线表示的是恒流电源，其中在第一象限表示充电（吸能），在第三象限表示放电（释能）；经过坐标原点分布在第二与第四象限的直线是负电阻（释能元件）。以上四条直线表示的电子元件是线性元件，若将直线改变成曲线就成了非线性电子元件。本节讨论的“蔡氏二极管”就是三折线非线性负电阻，是吐能的两端等效电子器件。

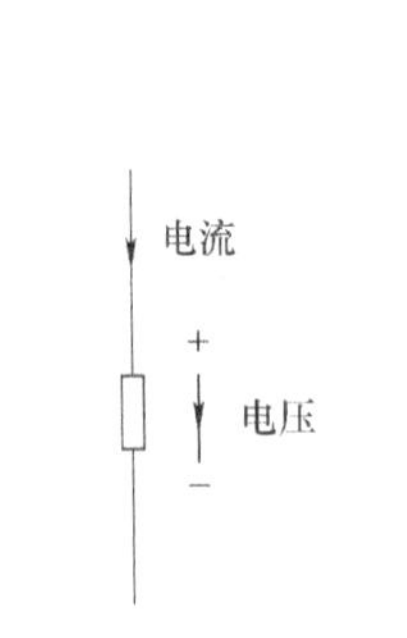

图 3.36　时不变两端口电子器件符号

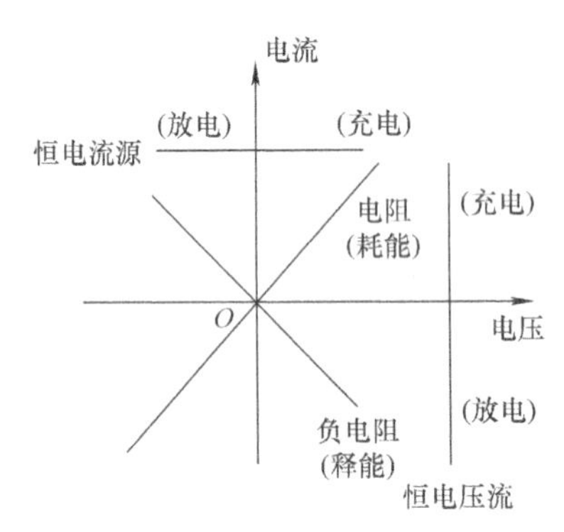

图 3.37　四种时不变两端口电子器件电压电流特性曲线

现在介绍线性负电阻概念，如图3.38所示为蔡氏二极管电路原理图。该电路不是三端器件而是“两端器件”，输入与输出都在一个端点A上。如果将该点的电压看作是输入，则流过该点的电流就是该点的输出，这是电压驱动电流响应，反之亦然，是电流驱动电压响应。负电阻电路是经典蔡氏电路中的非线性特性单元电路，称为蔡氏二极管。

可以通过理论分析、电路仿真、物理实验等多种方法观察负电阻电路。一种 EWB 软件仿真负电阻电路方法如图 3.39 所示。图 3.39 中，虚线框中是蔡氏二极管，A、C 是两个端口，r 是作为蔡氏二极管的电流测量电阻，与蔡氏二极管串联，D、A 与 A_2、A_3、A_4 连接组成电压 - 电流转换器的两个输入端，转换器输出端 E 输出电压是 r 上的电压降。D 与地 C 之间施加 1V 直流电源，用两个仿真电压表测量 A 端与 E 端的电压就能够测量出 A、C 之间的等效电阻。图中 D 的电压是 1V，A 点的电压却是 −1.83V；E 点的电压是 −0.83V，由此可以计算出 A、C 之间的等效电阻是 −2.2kΩ，与 R_3 电阻大小相等、符号相反。

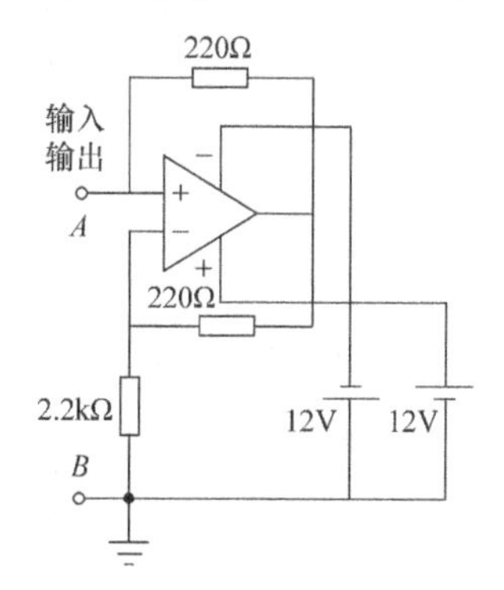

图 3.38 蔡氏二极管电路原理图

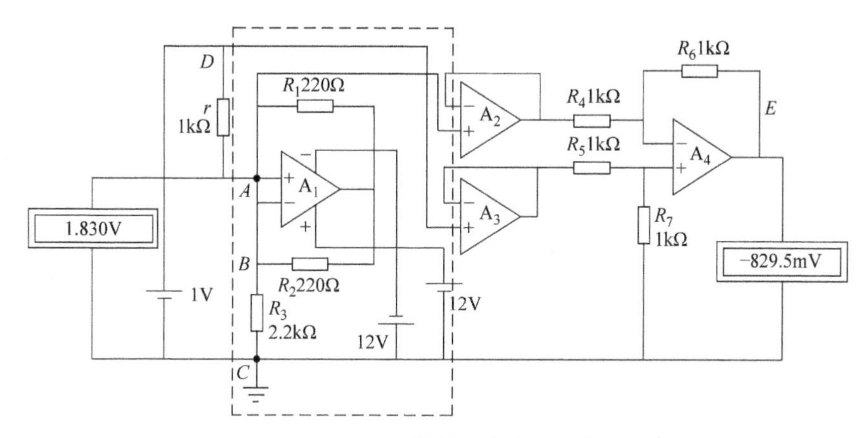

图 3.39 EWB 软件仿真负电阻电路

上述方法是静态测量方法，也可以使用动态测量方法，如图 3.40 所示，是将上面测量电路中的外加电池改为动态三角波，两个仿真电压表改为双踪示波器，得到的测量结果显示电路在动态变化中也是负电阻，与图 3.39 中的仿真结果一致。图 3.41 所示为仿真示波器的读数显示。负电阻应用见第二章第 2 节中的各种蔡氏电路。

还有一种方法测量负电阻电路电流，是有源短路线方法，见第 4 章第 4.7 节。

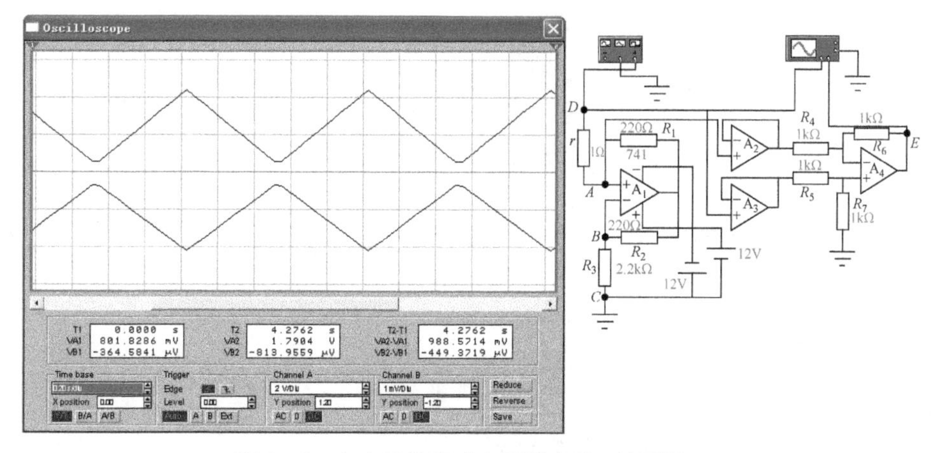

图 3.40 负电阻仿真动态测量电路 - 波形显示

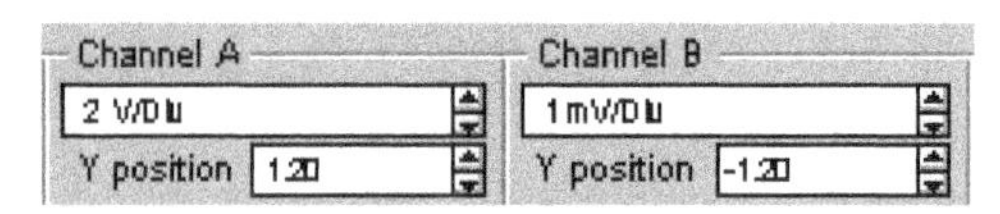

图 3.41　图 3.40 中的仿真示波器的读数显示

图 3.40 仿真示波器工作模式是显示波形，如果显示模式是李萨如方式，则结果如图 3.42 所示，是过坐标原点的分布在第二与第四象限中的直线，证明其是负电阻。图 3.43 所示为仿真示波器的读数显示，可以计算出负电阻的数值与 R_3 的绝对值相等、符号相反。

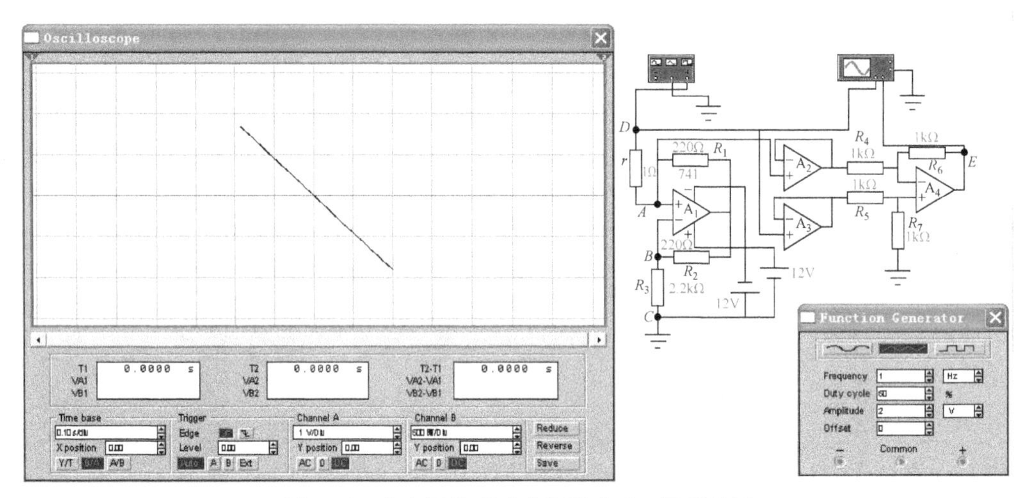

图 3.42　负电阻仿真动态测量电路 - 相图显示

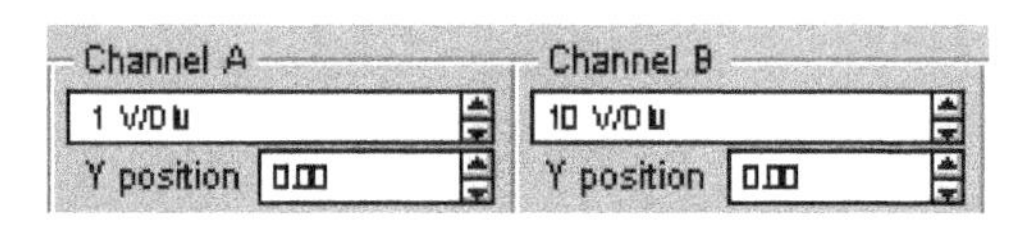

图 3.43　图 3.42 中的仿真示波器的读数显示

双负电阻并联电路原理图如图 3.44 所示，仍然是两端器件，叙述从简。

双负电阻并联电路 EWB 软件仿真波形图如图 3.45 所示。

与单负电阻电路分析相似，使用相图方法，如图 3.46 所示，可以精确地描述非线性负电阻的数学模型公式。由图 3.46 可见，特性曲线是三段非线性特性，只不过三段比较平直，但这正是蔡氏电路需要的特性。

还可以使用静态测量方法，如图 3.47 所示，不再赘述。

单负电阻并联双二极管电路还有另一种设计方法，即利用二极管钳位，原理图如图 3.48 所示，原理同前，叙述从略。

单负电阻并联双二极管电路仿真如图 3.49 所示。

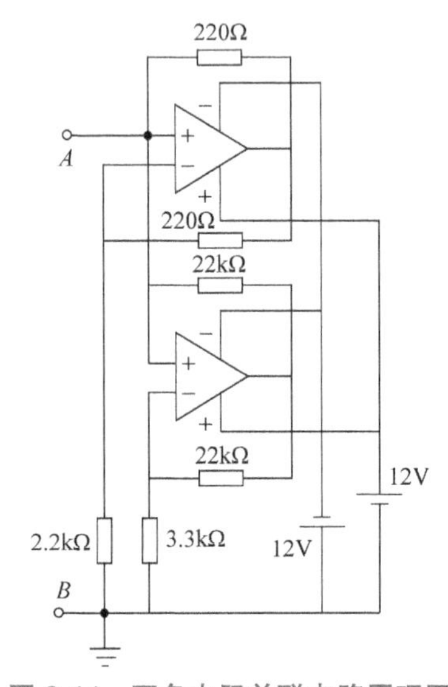

图 3.44　双负电阻并联电路原理图

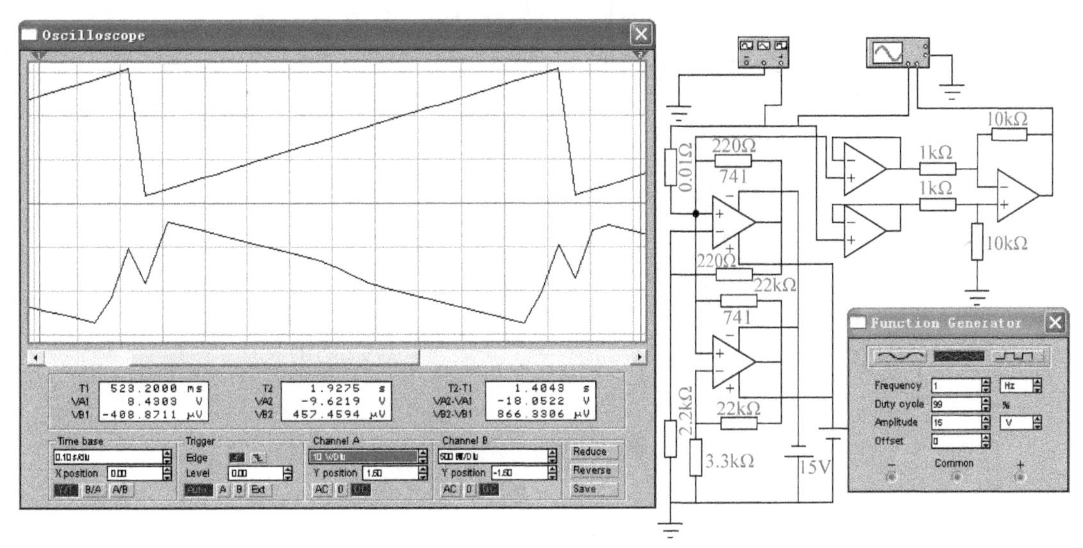

图 3.45　双负电阻并联电路 EWB 软件仿真波形图

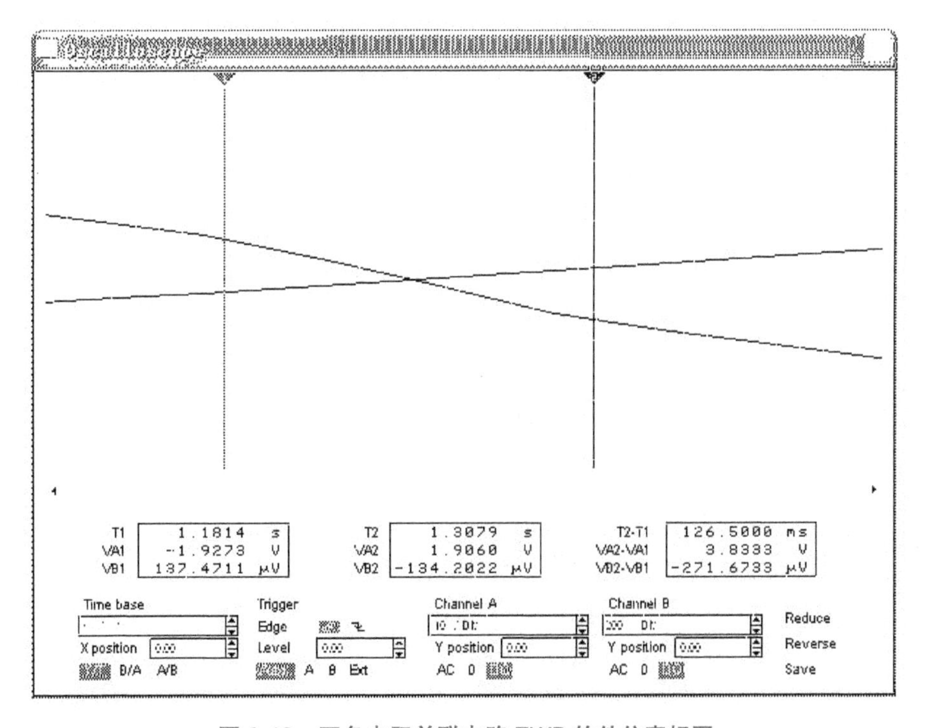

图 3.46　双负电阻并联电路 EWB 软件仿真相图

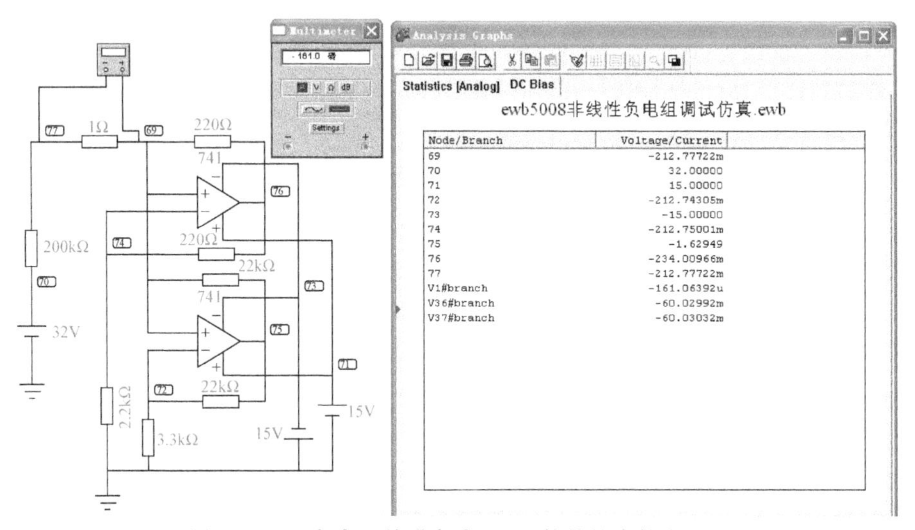

图 3.47　双负电阻并联电路 EWB 软件仿真数字显示

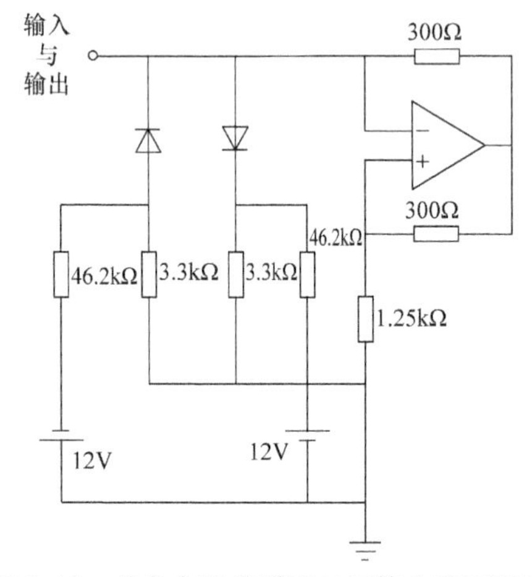

图 3.48　单负电阻并联双二极管电路原理图

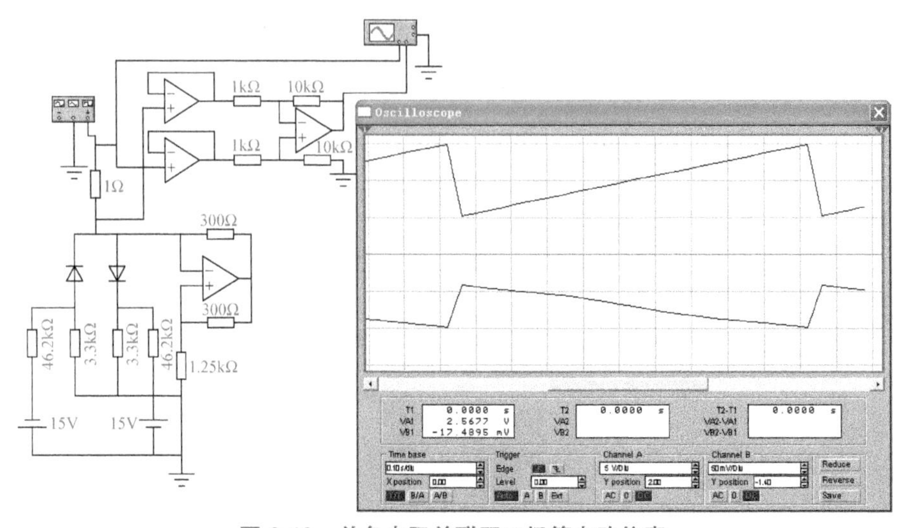

图 3.49　单负电阻并联双二极管电路仿真

现在介绍另一种产生非线性负电阻的方法，是将传统的非线性正电阻改为非线性负电阻的方法。从线性负电阻电路（见图 3.38 和图 3.39）分析可知，图 3.39 负电阻就是正电阻 R_3 的负值，若线性正电阻 R_3 改为非线性电阻，是否线性负电阻就成为非线性负电阻了呢？理论分析与实践证明这是可能的，如图 3.50 所示。图中 R_3、VD_1、VD_2 与两个电池代替图 3.39 电阻 R_3，由于 R_3、VD_1、VD_2 等效电阻是非线性电阻，整个电路功能是非线性负电阻。

图 3.50 中的两个电池使用不便，改由稳压电源供电，如图 3.51 所示，叙述从略。

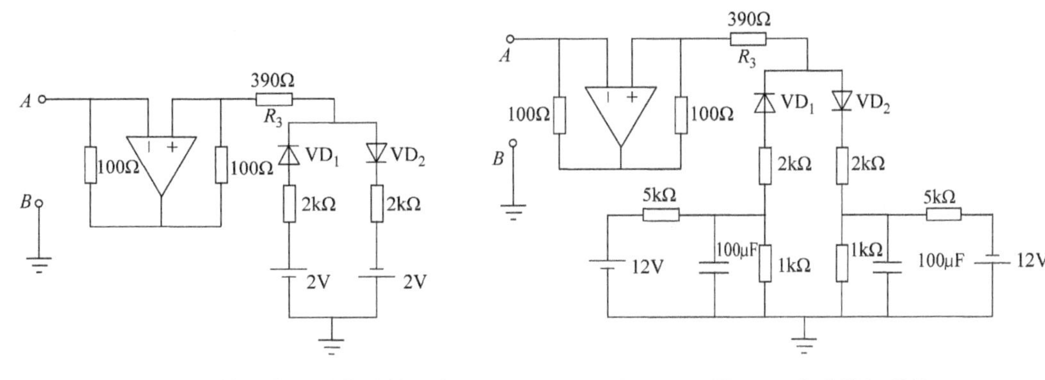

图 3.50　图 3.40 中的线性正电阻改非线性正电阻　　　图 3.51　图 3.50 电池的标准化

图 3.51 电路伏安特性测量的 EWB 软件仿真如图 3.52 所示，将非线性负电阻与电流取样电阻 r 串联，将 r 上的电压放大代替非线性负电阻电流，得到非线性负电阻伏安特性曲线如图 3.53 所示。图中仿真示波器工作在两路电压波形显示模式。

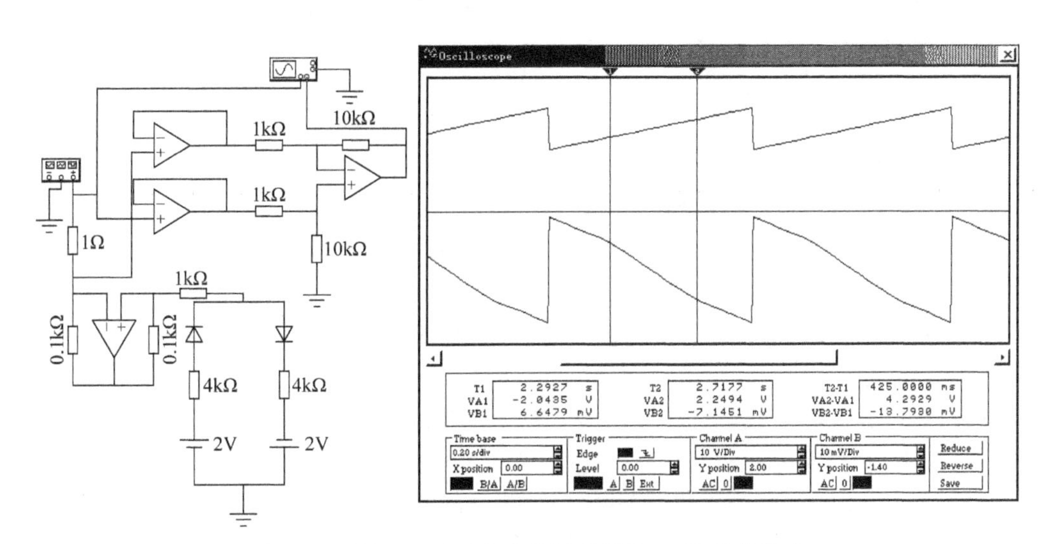

图 3.52　图 3.51 电路伏安特性测量的 EWB 软件仿真

下面做一个有趣的仿真实验：将上面所述的两种非线性负电阻放在同一个环境下测量它们的伏安特性关系，对照图 3.44 电路与图 3.51 电路，原本设计的是同一个数学公式的参数电路，两者应该功能全等。将同一信号连接到两个输入端，用双通道示波器测量两个电路的输出，两个信号理论上是重合的，见图 3.53，确实重合，说明以上设计完全成功。

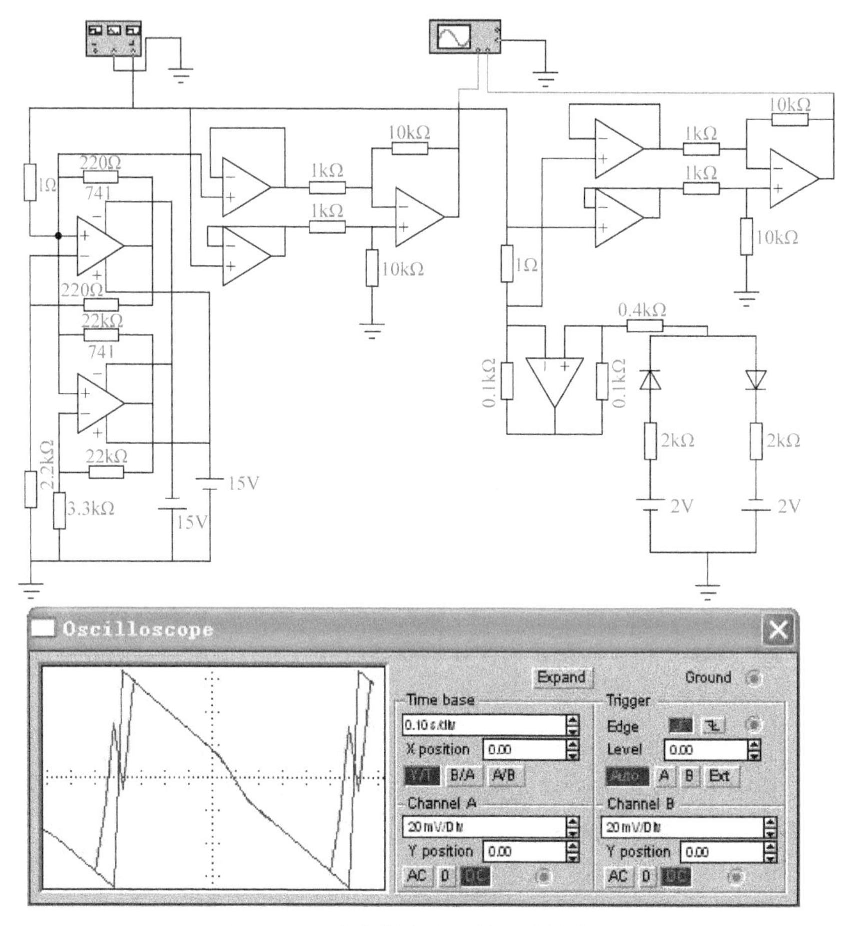

图 3.53　非线性负电阻伏安特性曲线

3.14　电压滞回非线性测量

电压滞回非线性电路[34]结构如图 3.54 与图 3.56 所示，电压滞回曲线如图 3.55 与图 3.57 所示。电压滞回电路似乎是静态时不变电路，但是它的非线性特性与电路状态演变的历史有关，也具有一定的时变电路性质，类似于物理电磁学中的磁滞回线。不能完全套用时不变电路的性质与时变电路的性质。

其电路原理是，如图 3.54 与图 3.55，R_1 接地，当输入电压 V 为负值且很低时，运算放大器输出与电源电压 $+V_{cc}$ 同高，$H(V)=+V_{cc}$；当输入电压 V 逐渐上升到 0 之前电路不会反转；当输入电压 V 上升到 0 并略高于 0 时，由于 R_1 与 R_2 的分压电路仍然不会反转；当输入电压 V 上升到超过 $+V_{t+}$ 时，输出电压翻转，下降到 $H(V)=-V_{ee}$。当输入由高到低变化时，输入电压 V 下降到 0 之前电路不会反转；当输入电压 V 逐渐下降到 0 并略低于 0 时，由于 R_1 与 R_2 的分压，电路仍然不会反转；当输入电压 V 逐渐下降到低于 $-V_{t-}$ 时，输出电压才翻转，上升到与电源电压 $+V_{cc}$ 同高，$H(V)=+V_{cc}$。

图 3.56 中的 R_1 不是接地而是接某一电压，电路仍然呈现滞回特性，如图 3.57 所示，详细推导略，请自行分析。

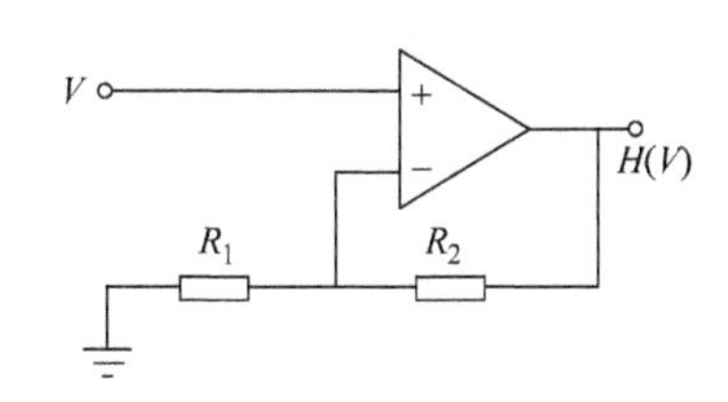

图 3.54　电压滞回非线性电路 1

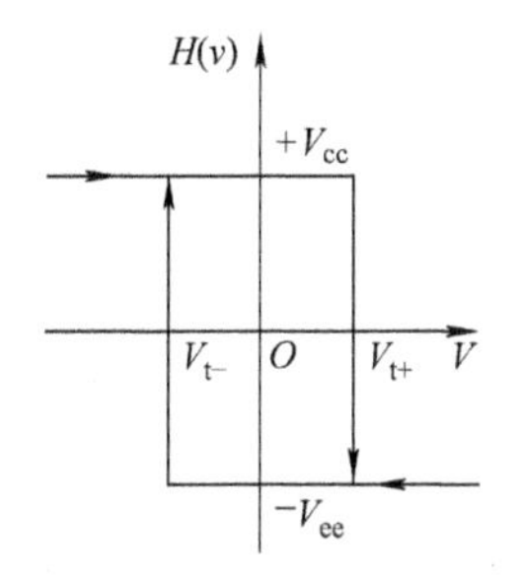

图 3.55　电压滞回曲线 1

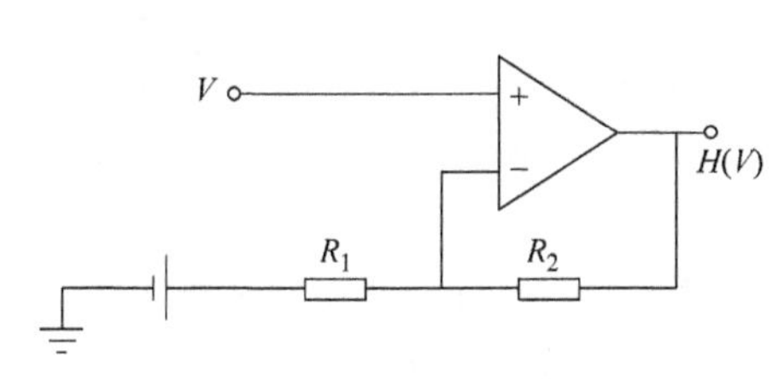

图 3.56　电压滞回非线性电路 2

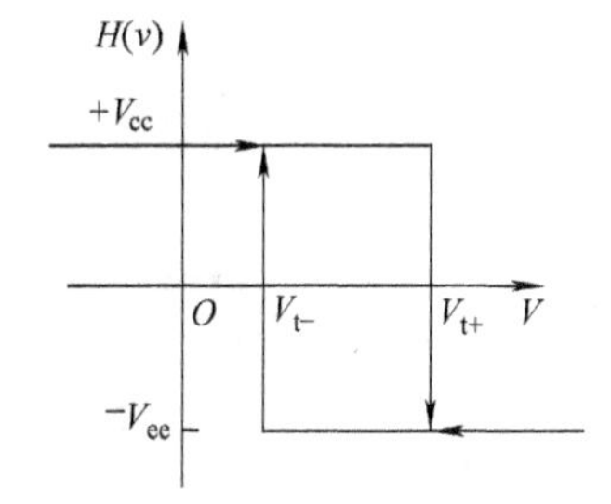

图 3.57　电压滞回曲线 2

第 4 章

动态线性单元电路

任何一个混沌动力学构成的结构都是一个完备系统，都有独立的理论、内容、动力学过程、关联知识、关联学科、美学与哲学等，具有深刻的内涵。原则上说，这些混沌动力学系统多数都能够由混沌电路实现，每个混沌动力学系统对应着一个混沌电路。

任何一个混沌电路都能够分解成多个独立的电子学电路单元，这些电路单元都是传统电子学课程的知识单元。目前已有的混沌电路系统从电子学电路的结构来看是比较复杂的，一个混沌动力学系统可能对应着多种差别很大的混沌电路，例如蔡氏电路，可以是经典蔡氏电路（蔡氏二极管）结构，也可以是纯运算放大器电路。本节仅介绍纯运算放大器电路。

4.1 动态线性积分器电路单元

4.1.1 积分器电路单元

纯运算放大器电路构成的混沌电路是积分器电路，积分器的阶数与混沌系统的阶数一一对应，有了混沌动力学系统就几乎可以直接设计出对应的混沌电路；反之，有了混沌电路就可以根据电路分析方法直接写出电路状态方程，几乎就是混沌动力学系统公式。

混沌电路中的各种电阻电路是静态电路，电容电路是动态电路。现代非线性电路状态方程中微分功能的实现不是由微分器实现，而是由积分器实现。积分器及其简单组合的单元电路有 3 个，如图 4.1 所示，其中，图 4.1a 是基本积分器单元，图 4.1b 是反相积分器，图 4.1c 是反相加法积分器，其中图 4.1c 是图 4.1b 一个特例。

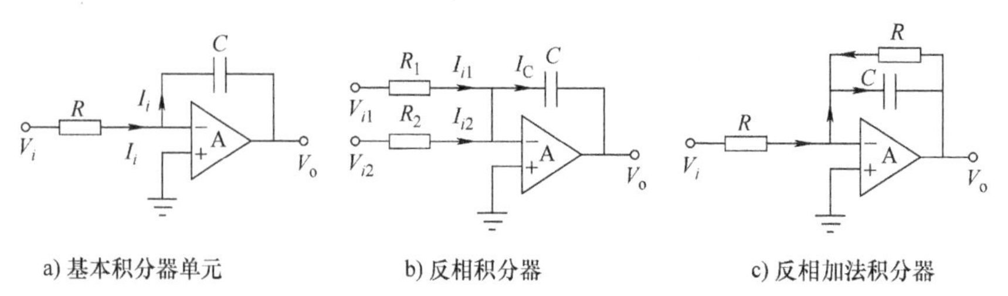

a) 基本积分器单元　　b) 反相积分器　　c) 反相加法积分器

图 4.1　积分器电路单元

4.1.2　基本积分器电路单元

对于单元电路图 4.1a 重画于图 4.2a 中，因为

$$I_i = -C\frac{\mathrm{d}V_c}{\mathrm{d}t} \tag{4.1}$$

因此，

$$\frac{V_i}{R} = -C\frac{\mathrm{d}V_c}{\mathrm{d}t} \tag{4.2}$$

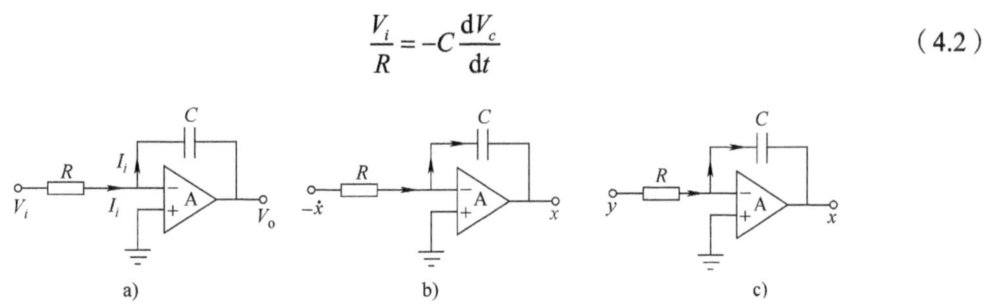

图 4.2　基本积分器电路单元

若将输出表示为 x，则输入为$-RC\dot{x}$，如图 4.2b 所示。对式（4.2）归一化，选择归一化电阻 $R_{归一}$与归一化电容 $C_{归一}$，有 $t_{归一}=R_{归一}C_{归一}$，如果图 4.2a 中的电阻与电容都就是 $R_{归一}$与 $C_{归一}$，则得：若输出为 x，输入即为$-\dot{x}$。

再将输入与输出分别用 y 与 x 表示，如图 4.2c 所示，有

$$\dot{x} = -y \tag{4.3}$$

这就是说，图 4.2c 实现了微分方程（4.3）。

上述由图 4.2c 实现微分方程（4.3）的条件是 R、C 是归一化的，若不是归一化的，令 $R/R_{归一}=\alpha$，根据 $C_{归一}$与 $t_{归一}$，式（4.2）成为

$$\frac{V_{\text{in}}}{\alpha R_{归一}} = -C_{归一}\frac{\mathrm{d}V_c}{\mathrm{d}t_{归一}} \tag{4.4}$$

因此，

$$\frac{V_i}{\alpha} = -\frac{\mathrm{d}V_c}{\mathrm{d}\tau} \tag{4.5}$$

对应于图 4.2c，有

$$\dot{x} = -\frac{1}{\alpha}y \tag{4.6}$$

例如，$R_{归一}=10\text{k}\Omega$，$C_{归一}=0.1\mu\text{F}$，$t_{归一}=R_{归一}C_{归一}=1\text{ms}$，对于图 4.2c 中，若 $R=5\text{k}\Omega$，$C=0.1\mu\text{F}$，则有$\dot{x}=-2y$。

4.1.3　反相加法积分器电路单元

对于单元电路图 4.1b，重画于图 4.3a 中，因为

$$i_{i1}+i_{i2}=-C\frac{\mathrm{d}V_{\text{out}}}{\mathrm{d}t} \tag{4.7}$$

$$\frac{V_{i1}}{R_1}+\frac{V_{i2}}{R_2}=-C\frac{\mathrm{d}V_{\text{out}}}{\mathrm{d}t} \tag{4.8}$$

类似前面讨论，将两个输入 V_{i1} 与 V_{i2} 写成 y 与 z，输出写成 x，则得到 $\dot{x}=-\frac{y}{R_1C}-\frac{z}{R_2C}$ 的电路状态方程，进一步，若令 $R_1=\alpha_1R_{归一}$，$R_2=\alpha_2R_{归一}$，$t_{归一}=R_{归一}C_{归一}=1\text{ms}$，则能得到 $\dot{x}=-\alpha_1y-\alpha_2z$，如图 4.3b 所示。

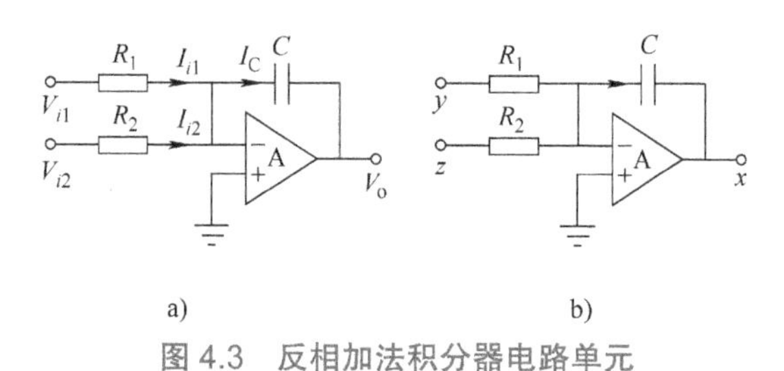

图 4.3 反相加法积分器电路单元

4.1.4 含自身输入的积分器电路单元

对于图 4.1c 重画于图 4.4a 中，与图 4.3b 比较可知，是 V_{i2} 代换成 V_o 得图 4.4b，则输入为 $-\frac{R}{R_1}V_{\text{in}}-\frac{R}{R_2}V_o$，如图 4.4b 所示，设 $R_1/R_{归一}=\alpha$，$R_2/R_{归一}=\beta$，则得

$$\dot{x}=-\frac{1}{\alpha}y-\frac{1}{\beta}x \tag{4.9}$$

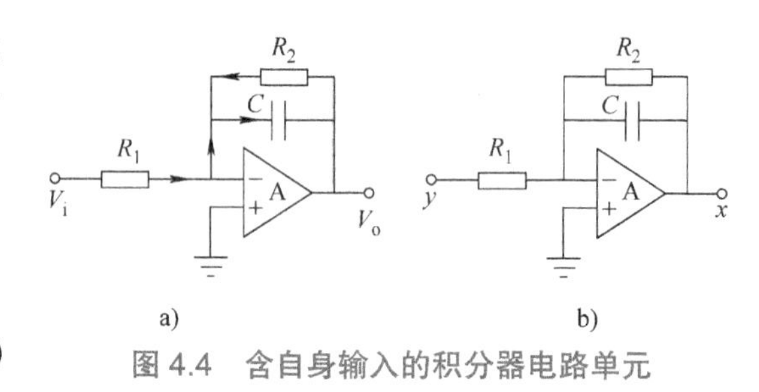

图 4.4 含自身输入的积分器电路单元

4.1.5 应用举例

作为非线性电路设计工程化，需要保持设计风格的一致性，这样的设计风格具有实际意义。以下积分器电路实例中，均假设 $R_{归一}=10\text{k}\Omega$，$C_{归一}=0.1\mu\text{F}$，$\tau=1\text{ms}$。

例 1 如图 4.5，已知 $R_{归一}=10\text{k}\Omega$，$C_{归一}=0.1\mu\text{F}$，$\tau=1\text{ms}$。

因为电路输入电压为 y，得输入电流为 $\frac{y}{R}$，此电流完全流入电容 C，使得输出 x 的电压为 $x=-\int_{-\infty}^{\tau}\frac{C}{R}\mathrm{d}t$，得到电路电压传递关系为 $x=-\int_{-\infty}^{\tau}\frac{y}{RC}\mathrm{d}t$。对于此积分公式两边分别微分，得到 $\dot{x}=-\frac{y}{RC}$。代入归一化参数，得电压传递关系为 $y=-\dot{x}$，也就得到归一化电路状态方程 $\dot{x}=-y$。

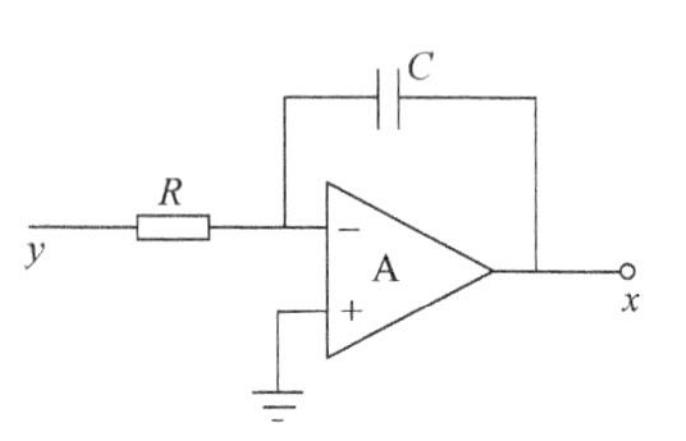

图 4.5 例 1 电路原理图

例 2 如图 4.6，已知 $R_{归一}=10\text{k}\Omega$，$C_{归一}=0.1\mu\text{F}$，$\tau=1\text{ms}$。

与例 1 的求解方法相同，得到例 2 最终电压传递关系为 $x=-\int_{-\infty}^{\tau}\left(\frac{y}{R_1C}+\frac{z}{R_2C}\right)\mathrm{d}t$。对于此积分公式微分，得到 $\dot{x}=-\frac{y}{R_1C}-\frac{z}{R_2C}$。代入归一化参数，得电压传递关系 $y+z=-\dot{x}$，即归一化电路状态方程 $\dot{x}=-y-z$。

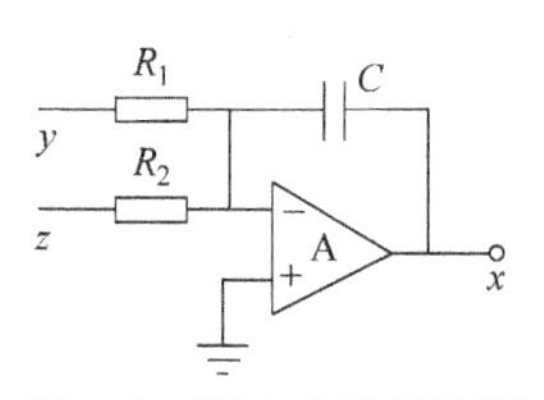

图 4.6 例 2 电路原理图

例 3　如图 4.7，已知 $R_{归一}$=10kΩ，$C_{归一}$=0.1μF，τ=1ms。

电压传递关系为$x=-\int_{-\infty}^{\tau}\left(\dfrac{y}{R_1C}+\dfrac{x}{R_2C}\right)\mathrm{d}t$。对于此积分公式微分，得到$\dot{x}=-\dfrac{y}{R_1C}-\dfrac{x}{R_2C}$。代入归一化参数，得电压传递关系为$y+x=-\dot{x}$，即归一化电路状态方程$\dot{x}=-x-y$。

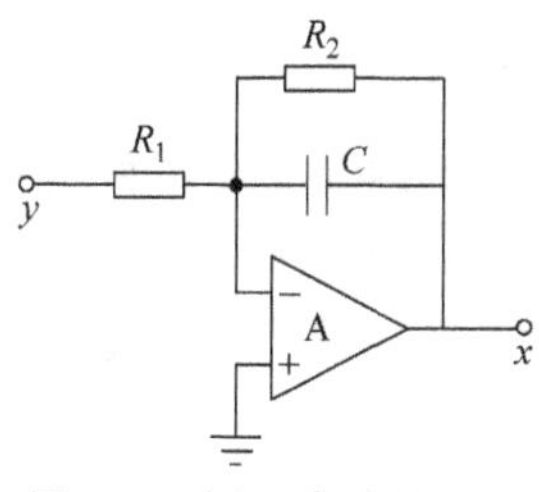

图 4.7　例 3 电路原理图

4.2　归一化线性积分器电路

4.2.1　归一化的来由

在混沌动力学系统中，为了统一研究自然界的各种系统模型，都使用不带量纲的数学方程形式，例如混沌电路系统的电路状态方程是使用电压变量与电流变量描述的微分方程，之后都要转换成非量纲的、没有物理单位的纯数学方程。进一步观察蔡氏电路方程，重写于下

$$\begin{cases}\dot{x}=\alpha[y-h(x)]\\ \dot{y}=x-y+z\\ \dot{z}=-\beta y\end{cases}\tag{4.10}$$

$$h(x)=m_{\mathrm{b}}x+\frac{1}{2}(m_{\mathrm{a}}-m_{\mathrm{b}})(|x+1|-|x-1|)\tag{4.11}$$

其中式（4.11）中出现唯一的数字“1”且变量 x 的系数是 1，式（4.10）中的第二个微分方程中三个变量 x、y、z 的系数都是 1，称蔡氏电路微分方程公式是归一化的微分方程式。这样的方程便于各学科之间的交流，再如洛伦兹方程是大气运动方程，写成归一化微分方程后，电子学专业工作者就可以设计成混沌电路进行观察、研究与应用（如保密通信），这是很有意义的。

正因为如此，混沌科学技术在哲学上是讨论活跃的内容。

4.2.2　归一化混沌动力学系统的变量值域

在自然界的基本函数族中，函数变量的值域很多是 1，或者在 1 的地方出现明显的转折，如三角函数、指数函数、对数函数等，这和纯数学量是以 1 为单位有关，因为这些函数都是以 1 为单位构造出来的。

但是在混沌动力学系统中并不是这样的，例如归一化的蔡氏电路，α=9、$\beta=14\dfrac{2}{7}$、$m_{\mathrm{a}}=-\dfrac{1}{7}$、$m_{\mathrm{b}}=\dfrac{2}{7}$，则 x、y、z 三个变量的归一化的值域分别是 ±2.3、±0.4、±3.2。再例如洛伦兹方程，x、y、z 三个变量的归一化的值域分别是 ±20、±20、5~45。

观察多个混沌动力学系统发现，混沌变量的值域分布范围很大，从量子系统数量级到天体系统数量级都有分布。这也说明数学系统、物理学系统、电子电路系统等不同领域在数量级上的差别很大。

4.2.3 归一化混沌动力学系统给混沌电路带来的问题

混沌动力学系统变量值域大小参差不齐，在电路应用中产生了新的问题。第一，输出变量大小不均匀；第二，值域过大则电压超过稳压电源的电压值，电路不能工作，值域过小则电压测量不方便，电路丧失应用价值。解决的方法就是下一节介绍的混沌电路参数标度化方法。

4.3 混沌电路设计标度化

混沌电路设计中经常会遇到这样的问题：数值仿真正常但是电路仿真失败，一个可能的原因是电压变量变化数值范围超过了电路稳压电源的供电电压范围（通常不超过 20V，一般不失真信号在 10V 以内），例如洛伦兹混沌电路问题。经典的洛伦兹方程是归一化微分方程。作为经验而论，将混沌电路中的电压变量控制在 ±5V 是一种策略，这就是混沌电路设计中的标度化问题。

例如洛伦兹方程

$$\begin{cases}\dot{x}=-10x+10y\\ \dot{y}=28x-y-xz\\ \dot{z}=xy-(8/3)z\end{cases}\tag{4.12}$$

做 VB 仿真，测量得到各个变量的电压数值范围是 x：±20，y：±32，z：0~50。标度目标是将三个变量的变化范围分别标度到 x：±5，y：±5，z：0~5，即三个变量 x、y、z 分别缩小 4、6、10 倍，得到公式

$$\begin{cases}\dot{x}=-10x+15y\\ \dot{y}=(56/3)x-y-(20/3)xz\\ \dot{z}=2.4xy-(8/3)z\end{cases}\tag{4.13}$$

由此看出，对应矩阵对角线上的元素不变。数值仿真结果、电路仿真结果与物理电路实验结果证明，这一标度变换的理论计算与实验结果完全一致，参见第 2 章。

4.4 混沌电路设计优化

下面进行混沌电路设计，以式（4.13）为电路状态方程，并用 EWB 电路软件仿真验证。作为混沌电路优化设计，之前先进行基础设计。

首先人为确定归一化电阻 $R_{归一}$=100kΩ 及归一化电容 $C_{归一}$=0.1μF。三个微分式子各自使用一级反相积分器加一级反相器构成，即 A_1 与 A_2 构成$\dot{x}$，A_3 与 A_4 构成$\dot{y}$，A_5 与 A_6 构成$\dot{z}$；A_1 的两个输入分别通过 R_2 与 R_1 连接 x 与 y，R_1 与 R_2 计算公式是

$$R_1=\frac{R_{归一}}{10}=\frac{100\text{k}\Omega}{10}=10\text{k}\Omega，R_2=\frac{R_{归一}}{15}=\frac{100\text{k}\Omega}{15}=6.8\text{k}\Omega\tag{4.14}$$

实现了微分公式$\dot{x}=-10x+15y$，其余类推；各个反相器的电阻都是 10kΩ；模拟乘法器使用 AD 633，输出电压是两个输入电压的伏特数乘积的 0.1 倍的伏特数。洛伦兹方程电路基础设计原理图如图 4.8 所示。

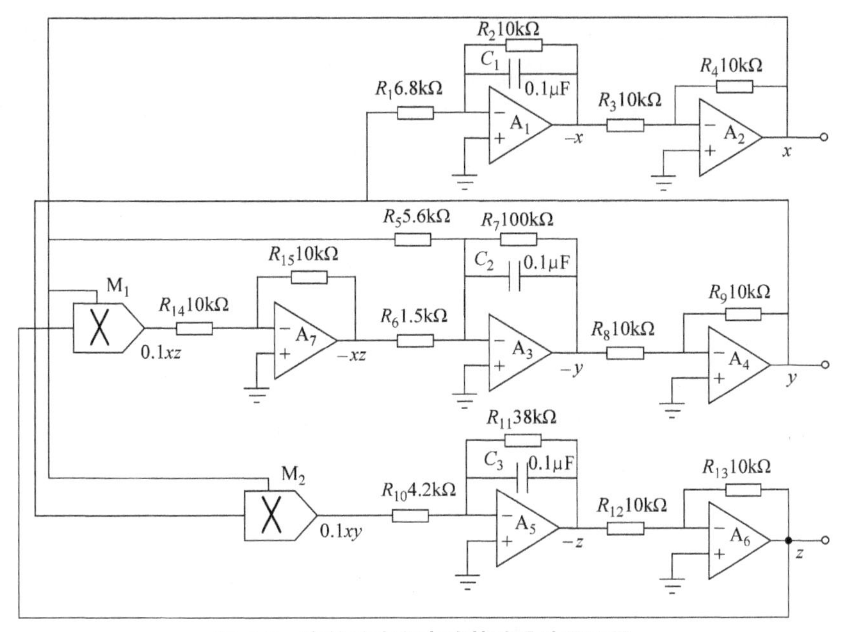

图 4.8　洛伦兹方程电路基础设计原理图

这个基础设计电路由 7 个运算放大器与 2 个模拟乘法器构成，称为 7+2 洛伦兹混沌电路，是初始设计电路。

洛伦兹方程电路基础设计 EWB 软件仿真结果如图 4.9 所示。图中的电阻 - 电池 - 地是起动电路，将混沌电路从零平衡点中拉出来，见后面 5.3 节的说明。模拟示波器的读数放大后如图 4.10 所示。

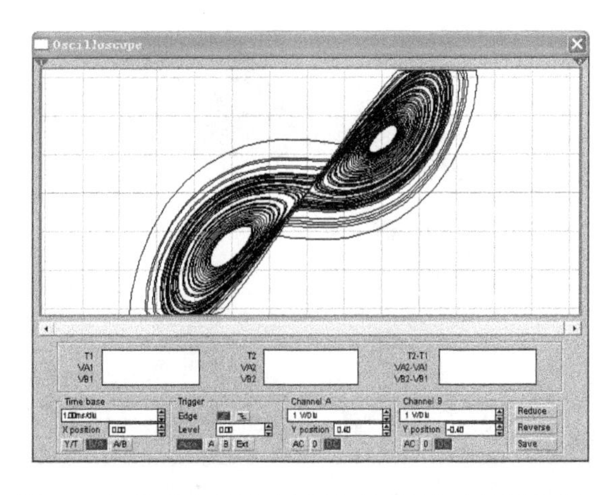

图 4.9　洛伦兹方程标准电路设计 EWB 软件仿真结果

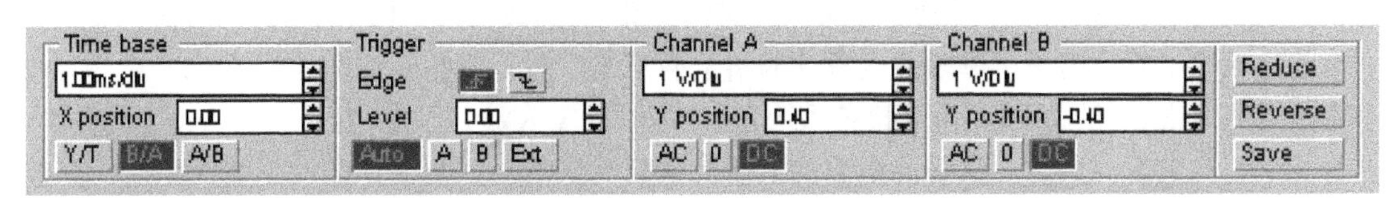

图 4.10　上图中的局部放大

图 4.8 所示的洛伦兹混沌电路设计简单，分析简捷明快，但是从电路设计的角度来看很不合理，需要优化设计，优化设计的电路结构简单、便于商品化，洛伦兹方程 6+2 电路标准设计原理图如图 4.11 所示。该电路由 6 个运算放大器与 2 个模拟乘法器构成。EWB 软件仿真结果如图 4.12 所示，由图可见，其输出与原始电路完全相同。

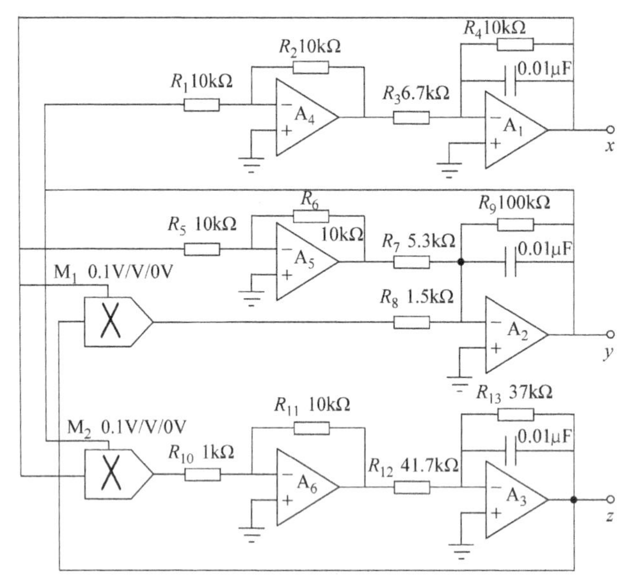

图 4.11　洛伦兹方程 6+2 电路标准设计原理图

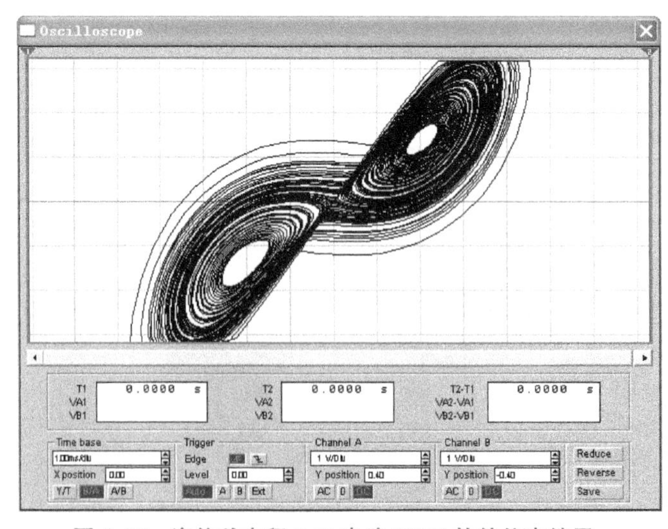

图 4.12　洛伦兹方程 6+2 电路 EWB 软件仿真结果

其实，图 4.11 所示的优化电路还可以“继续优化”。若将式（4.13）中的 y 用 $-y$ 代替，得到洛伦兹系统 Y 对称公式，以此公式设计的洛伦兹系统 Y 对称电路图如图 4.13 所示，称为 4+2 洛伦兹混沌电路。再进一步，由于模拟乘法器 AD 633 的输入端可以反相，反相器 A_4 可以省略，称为 3+2 洛伦兹混沌电路。这样的电路的 y 输出与标准洛伦兹方程描述的波形极性相反，但是这不影响混沌电路的任何性能，电路非常简化。由于这种设计超出了标准优化的极限，是技巧性的超标准设计，因此是高度技巧优化设计。

上述的电路称为“洛伦兹系统 Y 对称电路”。也可以将 z 变为 $-z$，构成“洛伦兹系统 Z 对称电路”，Z 对称电路的缺点是输出的 xz 相图显示的“蝴蝶”是向下飞行的，称为下飞蝴蝶洛伦兹混沌电路，标准洛伦兹混沌电路输出的 xz 相图是上飞蝴蝶洛伦兹混沌电路。

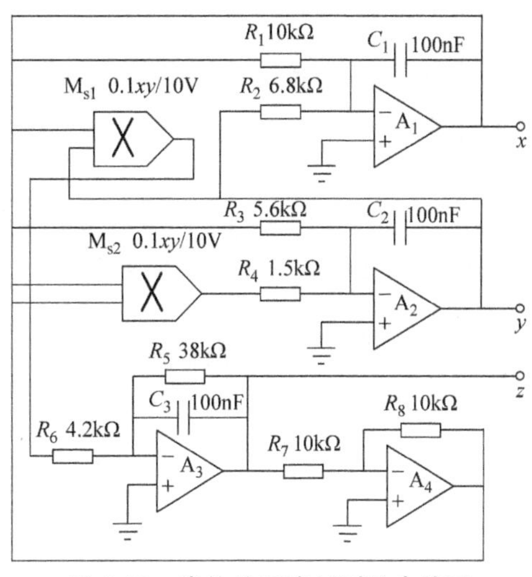

图 4.13　洛伦兹系统 Y 对称电路图

现在对前面四个小节进行总结。

混沌电路设计有五个步骤：第一步，对原始的归一化的微分方程数值仿真，找到电压变量动态范围，如果变化范围就在几个伏特范围则越过第二步直接进入第三步；第二步，电压标度化；第三步，使用电路仿真软件例如 EWB 软件初步设计混沌电路，能够输出波形图与相图，验证标度化电路设计思想；第四步，优化设计，必要时改变原始电路的变量符号从而修改原始方程；第五步，加工与美化电路设计图纸，达到发表水平（例如标注电路元件标号等）。

4.5　仿真电感单元

在电子电路专业特别是集成要求高的产品级电子电路设计中，电感元件尽量使用非电感元件代替，这就是仿真电感。混沌电路中仿真电感的一个典型应用是蔡氏电路，如第 2 章第 2.2.5 节所述。蔡氏电路中的实际电感器 L 不是理想电感而是等效串联一个小电阻，若考虑这个小电阻，则这种蔡氏电路就叫作蔡氏振荡器。非理想蔡氏振荡器的分析很麻烦，没有多大的理论价值，一般不予讨论。电感器 L 等效串联小电阻，这就引出几个问题，第一，若用实际电感器 L 组成蔡氏电路，必须考虑 L 小电阻的影响，仿真时要在 L 上串联一个小电阻；第二，若要使用无误差的理想化的 L，必须专门设计 L，可用运算放大器电路实现，这就是仿真电感或称为有源电感。仿真电感原理图如图 4.14 所示。

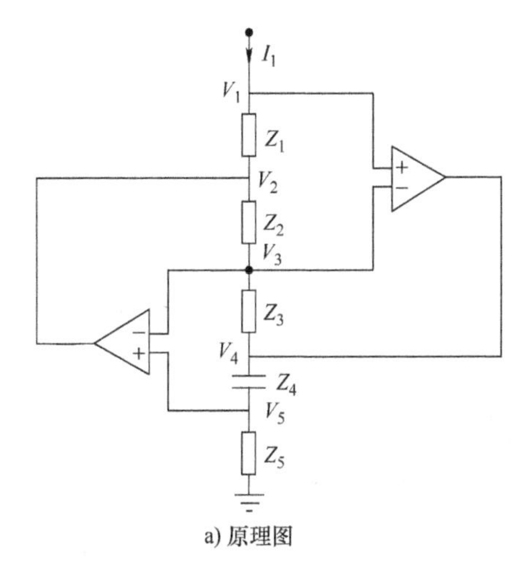

a) 原理图

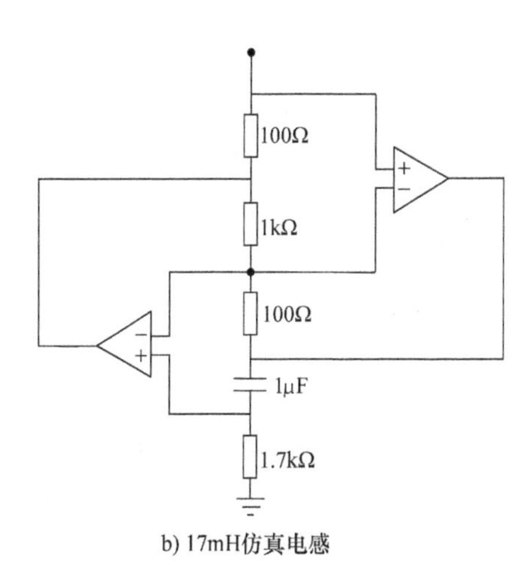

b) 17mH仿真电感

图 4.14　仿真电感原理图

当 Z_1、Z_3、Z_5 全为电阻，Z_2 与 Z_4 中的一个为电容时，电路呈现电感，将 R_4 换成 C_4，则有

$$Z = L = \frac{R_1R_3R_5}{R_2C_4} \tag{4.15}$$

有源电感值计算容易，测量也容易，用双踪示波器的两个探头分别接 V_1 与 V_5，可以分别看到有源电感的电压与电流，当置于李萨如位置时能够看有源电感的相图。有源电感物理特性仿真测量方法如图 4.15 所示。图 4.15 中有 6 个电子电容线性元件，下面 5 个线性元件与运放构成电感，上面 1 个电阻与之串联，构成 R、L 串联，图中输入正弦波，由图 4.15 可见，仿真电感上的电压波形超前，说明确实是电感。

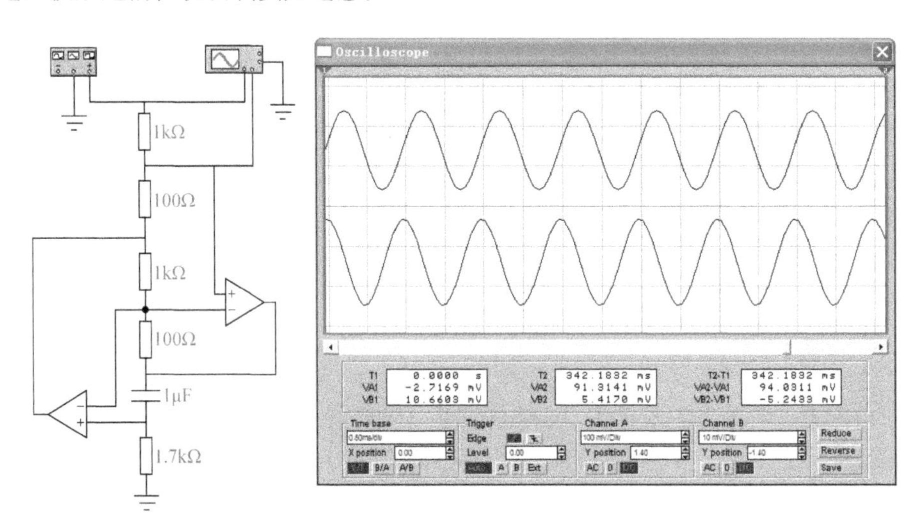

图 4.15　有源电感物理特性仿真测量

4.6　忆阻非线性

忆阻元件的原始思想产生于 1971 年蔡少棠教授的论文 [139-141]，示意图如图 4.16 所示。

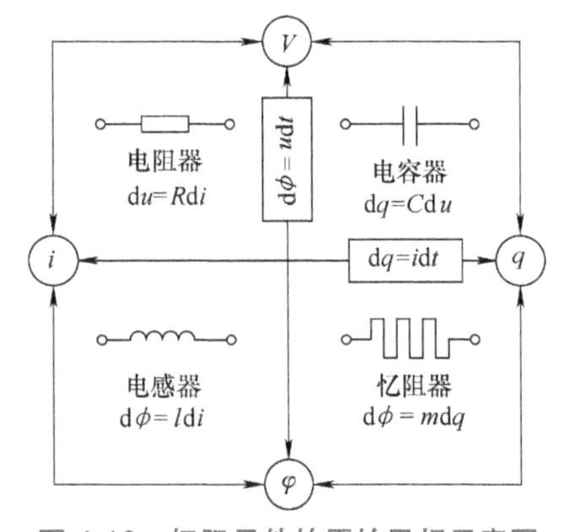

图 4.16　忆阻元件的原始思想示意图

人们都熟悉四个物理量——电压、电流、电荷、磁通，再外加一个默认的物理量——时间；人们还熟悉三个物理器件——电阻、电容、电感；从逻辑上看，物理器件中像是少了一样。这就是蔡少棠提出忆阻概念的出发点。

四种物理量（电流、电压、电荷、磁通）与熟知的三种无源电气元件（电阻器、电容器、电感器）的定义是：电流被定义为电荷量与时间的导数 $dq=idt$，电压被定义为磁通量与时间的导数 $d\phi=udt$，电阻器被定义为电压量和电流量之间的关系 $du=Rdi$，电容器被定义为电荷量与电压量之间的关系 $dq=Cdu$，电感器被定义为磁通量与电流量之间的关系 $d\phi=ldi$，因此应该有：忆阻器被定义为磁通量与电荷量之间的关系 $d\phi=mdq$ 或 $dq=wd\phi$。忆阻器可以分为积累电荷忆阻器与磁通量控制忆阻器两种。

对于电荷控制的忆阻器来说，由

$$\phi = f(q) \tag{4.16}$$

微分：

$$\frac{\mathrm{d}\phi}{\mathrm{d}t} = \frac{\mathrm{d}f(q)}{\mathrm{d}q}\frac{\mathrm{d}q}{\mathrm{d}t} \tag{4.17}$$

可得

$$v(t) = \frac{\mathrm{d}f(q)}{\mathrm{d}q}i(t) \tag{4.18}$$

对照欧姆定律

$$v(t) = m(q)i(t) \tag{4.19}$$

得到忆阻值

$$m(q) = \frac{\mathrm{d}f(q)}{\mathrm{d}q} \tag{4.20}$$

式中，$m(q)$ 为忆阻（memristor），其单位为欧姆（Ω）。若忆阻值为常数，则其与电阻便成了同一概念。

也可以通过电流和电压之间的线性关系得出。对于磁通量控制的忆阻器，

$$q = f(q) \tag{4.21}$$

由 $i=\mathrm{d}q/\mathrm{d}t$，

$$i(t) = w(\phi)v(t) \tag{4.22}$$

可得到

$$w(\phi) = \frac{\mathrm{d}f(\phi)}{\mathrm{d}\phi} \tag{4.23}$$

式中，$w(\phi)$ 为忆导（memductance）。在混沌电路中，忆导的用途更广泛一些，因为混沌电路中忆导设计比忆阻设计方便。

下面建立非线性忆导模型，非线性使用三次型模型，公式是

$$q(\phi) = a\phi + b\phi^3 \tag{4.24}$$

用$\dfrac{\mathrm{d}}{\mathrm{d}t}$作用于等号两端，

$$\frac{\mathrm{d}q(\phi)}{\mathrm{d}t} = \frac{\mathrm{d}}{\mathrm{d}t}(a\phi + b\phi^3) = \frac{\mathrm{d}}{\mathrm{d}\phi}(a\phi + b\phi^3)\frac{\mathrm{d}\phi}{\mathrm{d}t} = (a + 3b\phi^2)\frac{\mathrm{d}\phi}{\mathrm{d}t}$$

考虑到 $\mathrm{d}q=i\mathrm{d}t$ 与 $\mathrm{d}\phi=u\mathrm{d}t$ 及 $\varphi = \int u\mathrm{d}t$，得到

$$i = (a + 3b\phi^2)u \tag{4.25}$$

与

$$i = au + 3bu\left(\int u\mathrm{d}t\right)^2 \tag{4.26}$$

式（4.25）是这个忆导的伏安关系式，它的物理概念清楚，使我们看到 $(a+3b\phi^2)$ 的量纲是电导；式（4.26）看似无用，但是对于工程设计非常重要，由它可以直接设计出忆阻的具体电路，即使当式（4.24）表示的模型改变时，也能够根据这样的方法设计出相应的忆导与忆阻电路。

有了式（4.26）就可以直接设计出忆阻的具体电路。一种由运算放大器、模拟乘法器、电阻、电容组成的等效忆导电路如图 4.17[2] 所示。

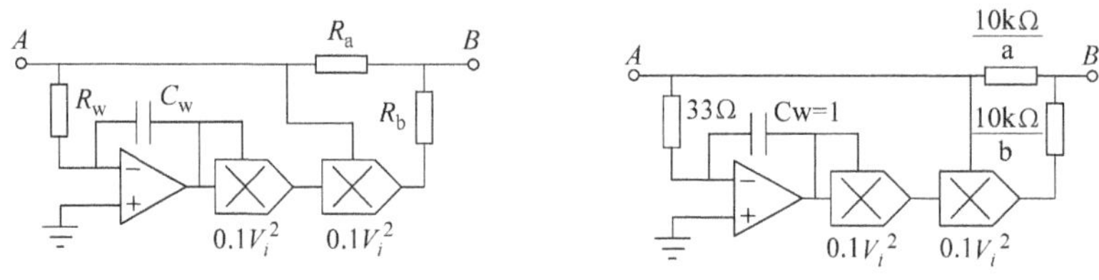

图 4.17　等效忆导电路

假定 B 端连接下一级运算放大器反相输入端，因此 B 点虚设接地，零电平；A 点是电压输入端，设为 u_A；模拟乘法器的相乘系数是 0.1，输入输出电压关系是 $u_o=0.1u_i^2$；假定归一化电阻是 10kΩ。运算放大器输出端电压是 $-\dfrac{300}{R_wC_w}\int u_A\mathrm{d}t$，归一化后是 $-300\int u_A\mathrm{d}t$，第一次模拟相乘后电压是 $30(\int u\mathrm{d}t)^2$，第二次模拟相乘后电压是 $3u_A(\int u_A\mathrm{d}t)^2$，流过 R_b 的电流是 $\dfrac{3u_A(\int u_A\mathrm{d}t)^2}{R_b}$，流过 B 的电流是 $i_B=\dfrac{u_A}{R_a}+\dfrac{3u_A(\int u_A\mathrm{d}t)^2}{R_b}$。现在进行电路参数设计，令 R_w=33.3Ω，$R_a=\dfrac{10\text{k}\Omega}{a}$，$R_b=\dfrac{10\text{k}\Omega}{b}$。流过 B 的总电流就是 $i_B=au_A+3bu_A(\int u_A\mathrm{d}t)^2$，实现了忆导的电路结构与电路参数设计要求。

思考题：

有人说，图 4.18 所示的两个电路的状态方程是一样的，你认为呢？如果不是，说明原因；如果是，写出电路状态方程，并简单说明。

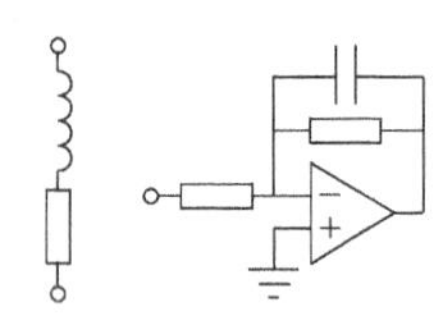

图 4.18　思考题附图

4.7　有源短路线

4.7.1　有源短路线概述

电流表能够测量通过导线中的直流与低频交流电流，但是不能够测量或显示复杂波形；示波器能够测量与显示复杂波形，但是只能够测量与显示电压波形，不能够测量与显示电流波形。如果要用示波器测量与显示复杂电流波形，需要使用有源短路线方法。在这之前工业工程中曾经有取样小电阻方法，缺陷是取样小电阻在混沌电路系统设计中有时候是不能够忽略的。

在电路理论的三端器件中，有四种传输器，分别是 1）电压 - 电压传输器，传输系数是电压放大倍数；2）电流 - 电流传输器，传输系数是电流放大倍数；3）电流 - 电压传输器，传输系数是电阻放大倍数；4）电压 - 电流传输器，传输系数是电导放大倍数。有源短路线实际上是电流放大器，本节叙述的有源短路线的电流放大倍数是 1。由于有源短路线电路中间一个电路节点的电压与输入电流成正比关系，利用这一特点测量混沌电路中原来难以测量的电流物理量。

有源短路线电路原理图如图 4.19 所示。使用时将该电路串联于被测电流支路上，对于被测电路毫无影响。其中的 A_2 输出端电压与输入电流成正比，以此来测量电路电流。

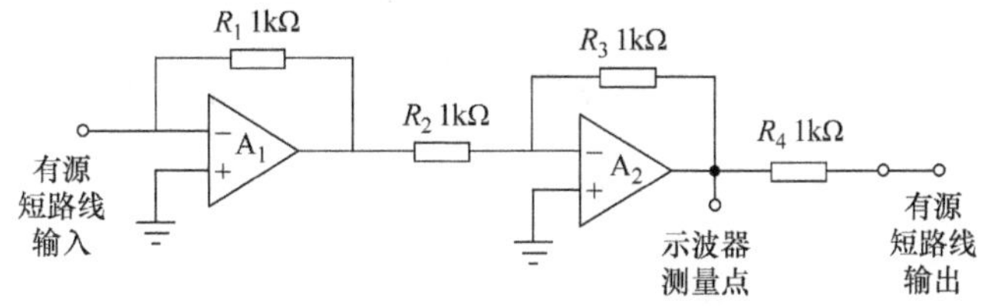

图 4.19　有源短路线电路原理图

需要说明：1）该电路有局限性，输入处的电压必须是零电平，否则测量结果错误。如果输入处的电压不是零，则必须将 A_1 的同相输入端与被测点断开处连接；2）正如电压放大器有限幅问题一样，电流放大器也有限幅问题，对于图 4.19 中的电路，四个电阻都是 1kΩ，由于电源不失真范围限定为 ±10V，所以最大不失真输入电流是 10V/1kΩ=10mA。

4.7.2　有源短路线测量蔡氏电路电感电流

为了测量蔡氏电路电感电流，画出蔡氏电路原理图如图 4.20 所示。有源短路线可以串接到 *A* 点，也可以串接到 *B* 点。

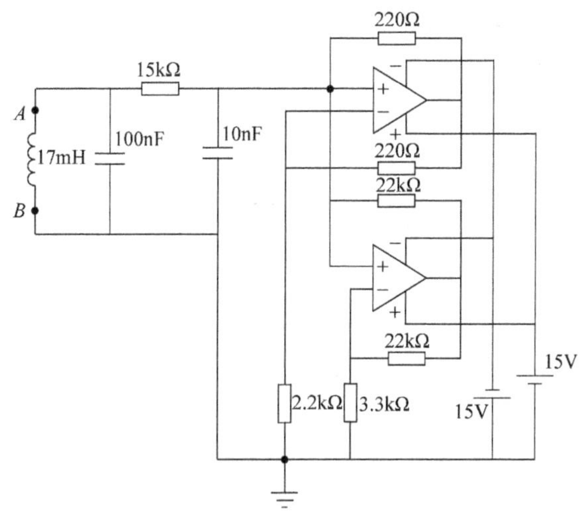

图 4.20　被测的蔡氏电路原理图

本案例中将有源短路线串接到 *B* 点，如图 4.21 所示。图中有电压节点“示波器测量点”，该节点电压与输入电流成正比，关系是 mV/mA，即对于 1mA 被测电流仿真示波器显示 1V 电压，实现示波器测量蔡氏电路电感器电流。

为保证理论与实验的正确性，此时先测量蔡氏电路混沌相图检测蔡氏电路是否被限幅从而造成“测量干扰”问题，如图 4.22 所示，可见此时蔡氏电路由于没有连接有源短路线而出现问题，说明有源短路线分析有效。

将示波器的两个信号测量探头分别与电感上的电压节点及有源短路线的电压节点连接，显示的是电感电压与电感电流的相图关系，如图 4.23 所示。如果示波器置于波形测量模式则得到电感电流波形。

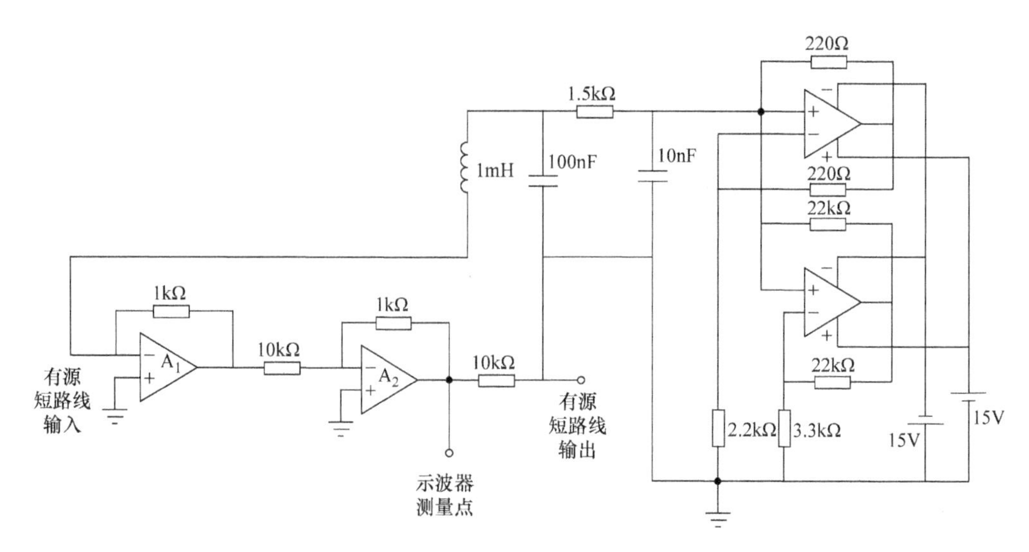

图 4.21 有源短路线串接蔡氏电路电感支路上

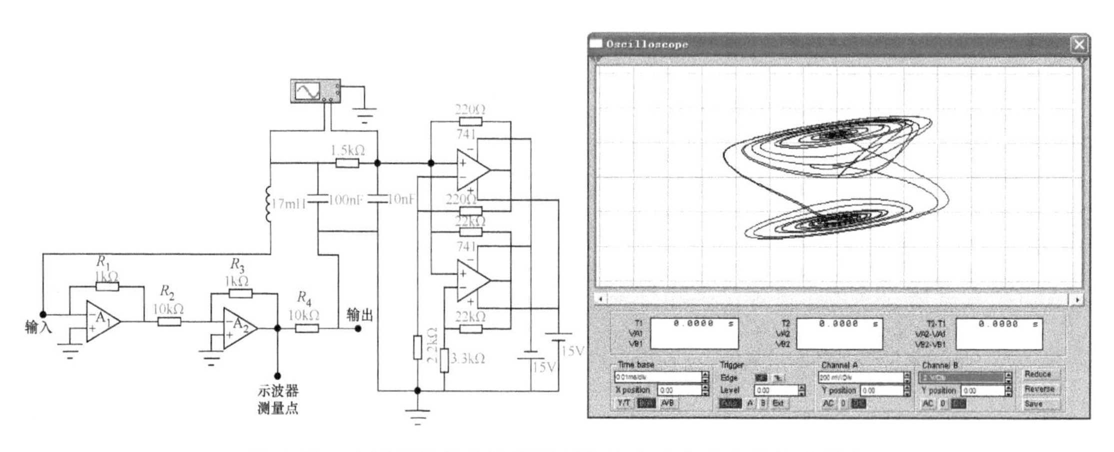

图 4.22 有源短路线串接到蔡氏电路电感支路上的蔡氏混沌

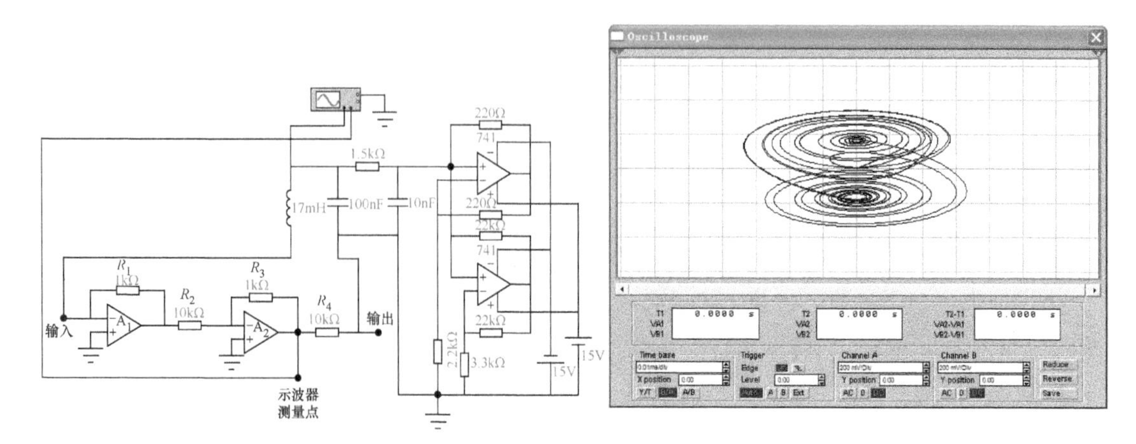

图 4.23 示波器测量蔡氏电路电感器的电压电流关系

将图 4.23 的模拟示波器显示数值放到图 4.24 中，可以精确地看出电感电流的信息。

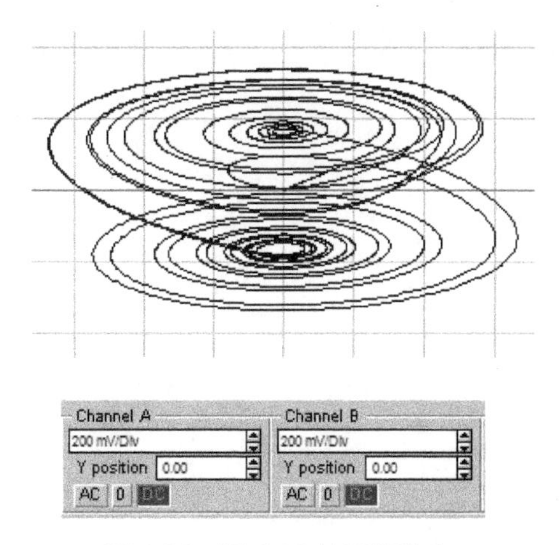

图 4.24　图 4.23 的局部放大

由图 4.24 可见，电感电压与电感电流的相图关系是双涡旋关系。由于图中曲线非常光滑、丰满，说明电感中的电压与电流是正交关系。

4.7.3　有源短路线测量忆阻电流

一个忆阻混沌电路原理图如图 4.25 所示。图中 *A* 点通过的支路是忆阻部分的输入，是电压输入。*B*、*C* 点通过的支路是忆阻部分的输出，是电流输出。

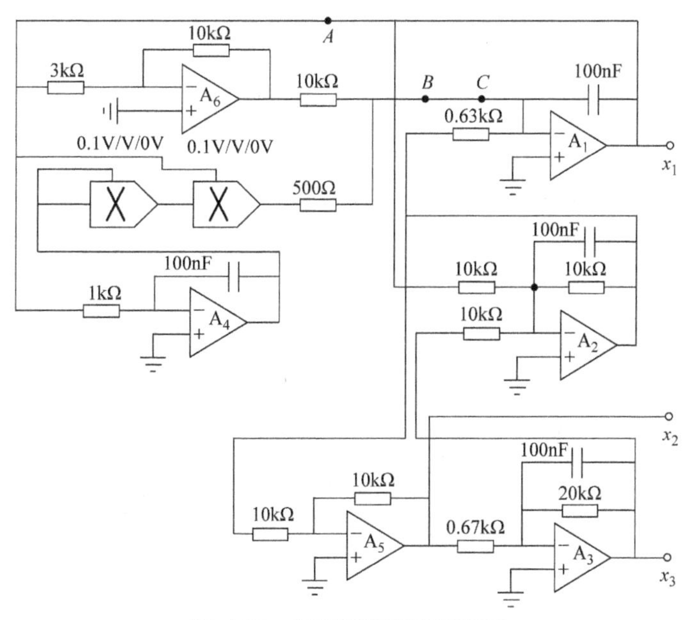

图 4.25　忆阻混沌电路原理图

A 点的电压可以直接测量，*B*、*C* 点之间的电流可以断开后串入有源短路线，通过测量有源短路线的电压从而测量忆阻电流，进而测量忆阻的伏安特性曲线。测量电路如图 4.26 所示。

忆阻混沌电路中忆阻伏安特性曲线 EWB 软件仿真测量方法如图 4.27 所示。

EWB 仿真示波器测量结果显示如图 4.28 所示。结合图 4.26 与图 4.28 进行分析。由图 4.26 可知有源短路线的电阻放大倍数（电阻传输系数）是 1kΩ，由图 4.28 可知仿真示波器测量的纵坐标是 1V/div（通道 B 测量结果），根据图中 ±2 格的测量读数得到忆阻的电流变化幅度是 ±2V/1 kΩ=±2mA。

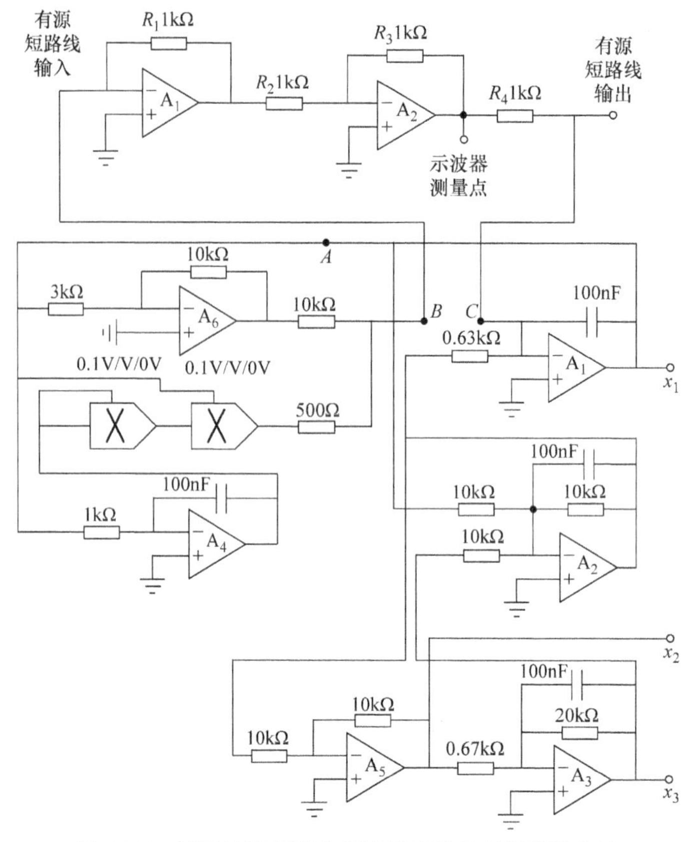

图 4.26　忆阻混沌电路中忆阻伏安特性曲线测量电路

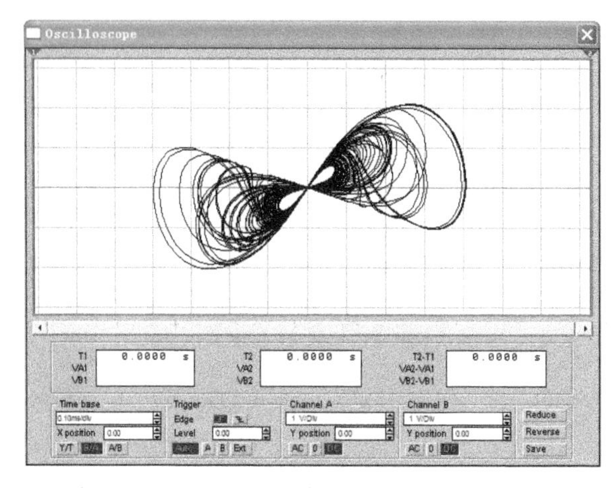

图 4.27　忆阻混沌电路中忆阻伏安特性曲线 EWB 软件仿真测量

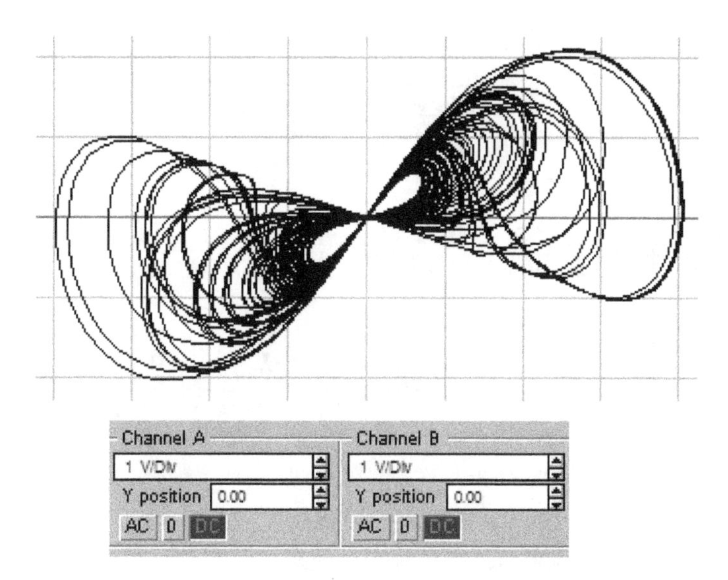

图 4.28　忆阻混沌电路中忆阻伏安特性曲线

第 5 章

混沌电路研究中的几个技巧

涉及混沌科学与技术的研究的领域很多，重点是数学领域、物理领域、电路领域。电路领域研究具有自己的特点：要求能够物理实现，重在设计技巧，突出设计灵活多变，可靠、降低成本、易调试、易修复，并且要求产品美观、易于商业化。这些都是混沌科学技术研究的基本要求。

本章以洛伦兹混沌电路设计为例进行阐述。

5.1 混沌电路仿真 VB 通用程序与几个 VB 仿真

《计算机文化基础》[142] 中总结出计算机的六个应用，第一个应用是科学计算，其中列举的第一个科学计算实例是混沌计算，这个观点是公正的。没有计算机就没有今天的混沌科学技术，本节讲解这个基本问题，使用 VB 编程环境及案例叙述方法。

从洛伦兹混沌开始，结合 2.6.2 节的内容。先给出最简单的 VB 仿真，仿真洛伦兹混沌系统显示 *x*-*y* 相图。程序如下，其中第一列是程序行号，第二列是程序，第三列是注释。

程序 5.1.1：

```
1     '50101 最简单的VB程序 洛伦兹混沌相图              注释，程序名
2     Private Sub Form_Load()
3       Show                                              显示命令
4       Scale(-25, 30)-(25, -30)                          设置显示范围
5       dt = 0.001                                        步长
6       X = 1: y = 1: z = 1
7       For i = 0 To 40 Step dt
8         dx = -10 * X + 10 * y                           三行混沌系统公式
9         dy = 28 * X - y - X * z
10        dz = X * y - 8 / 3 * z
11        X = X + dt * dx                                 欧拉公式
12        y = y + dt * dy
13        z = z + dt * dz
14        PSet(X, y)                                      输出xy相图
15      Next i
16    End Sub
```

程序只有 16 行，最简程序执行结果如图 5.1 所示。

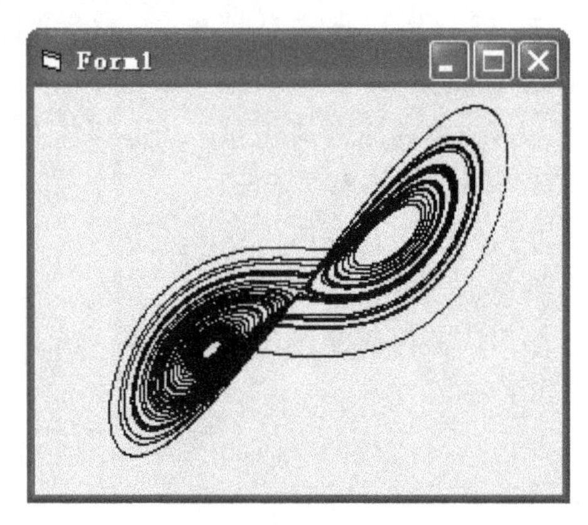

图 5.1　最简程序执行结果

以上程序虽然简单，但是质量不高，显示也过于简单。以下做两点改进，一是将程序中的混沌公式结构化，提高程序通用性；二是显示图形说明信息，程序如下：

程序 5.1.2：

```
1      '50102 VB 程序输出窗口美化，增加混沌公式                 程序名
2      Dim x, y, z, dx, dy, dz                                  定义变量，供子
3      Dim formulaName, formula1, formula2, formula3            程序调用
4      Dim show_scale
5
6      Private Sub Form_Load()
7        Show
8        Call formular
9        Scale (-show_scale, show_scale * 1.3)-(show_           调子程序，目的
10     scale, -show_scale)                                      是得到图形显示范
11       CurrentX = -show_scale: Print formulaName              围与公式显示
12       CurrentX = -show_scale: Print formula1
13       CurrentX = -show_scale: Print formula2
14       CurrentX = -show_scale: Print formula3
15       dt = 0.001
16       x = 1: y = 1: z = 1
17       For i = 0 To 40 Step dt                                调子程序，目的
18       Call formular                                          是得到混沌公式
19         x = x + dt * dx
20         y = y + dt * dy
21         z = z + dt * dz
22         PSet (x, y)
23       Next i
24     End Sub
25                                                              子程序部分
26     Sub formular()                                           将显示范围参数
27        show_scale = 30                                       放到此处很必要，
28        formulaName = " 50102 洛伦兹方程  经典第一套参数 归    不能放到主程序中
29     一化"                                                     这三个公式是从
30        formula1 = " dx = -10 * x + 10 * y "                  下面抄写到这里的
31        formula2 = " dy = 28 * x - y - x * z "
32        formula3 = " dz = x * y - 8 / 3 * z "
33        dx = -10 * x + 10 * y
34        dy = 28 * x - y - x * z
          dz = x * y - 8 / 3 * z
       End Sub
```

主要改进是将上面程序第 8 ~ 10 行的混沌公式改成子程序调用，如程序第 17 行所示。将混沌公式子程序写成第 25 ~ 34 行所示。公式是第 31 ~ 33 行，调试完成后将公式复制到第 28 ~ 30 行中的括号中，另加第 27 ~ 28 行。结构化混沌公式很重要，使得程序通用性提高了。VB 程序执行结果如图 5.2 所示。

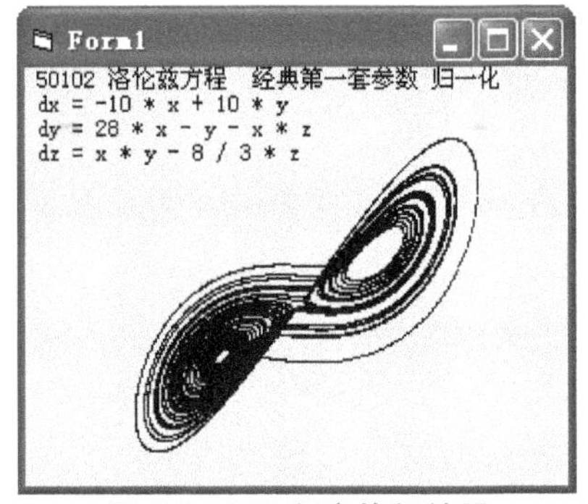

图 5.2　VB 程序执行结果

进一步改进程序：第一，继续改进混沌公式结构化，多个混沌公式并列待用；第二，能够控制输出相图背景颜色与前景颜色。程序如下：

程序 5.1.3：

```
       '50103 VB 程序输出窗口美化，增加混沌公式                     程序名

 7        Show
           Width = 4500: Height = 4000: BackColor =                在 7、9 行中
 8     &HFFFFFF                                                    加，固定显示
           Call Chaos_formula                                      尺寸与背景颜
21                                                                 色白色
             PSet (x, y), QBColor(12)                               QBColor
26                                                                 (12) 是红色
27        Sub formular()
28           'GoTo fm12
29                                                                  这个 GoTo 语
30           show_scale = 30                                       句选择多个混
31           formulaName = " 50103 洛伦兹方程  经典第一套参数 归    沌公式中的一
32     一化"                                                        个
33           formula1 = " dx = -10 * x + 10 * y"
34           formula2 = " dy = 28 * x - y - x * z"
35           formula3 = " dz = x * y - 8 / 3 * z"
36           dx = -10 * x + 10 * y
37           dy = 28 * x - y - x * z
38           dz = x * y - 8 / 3 * z
39           GoTo endsg
40
41        fm12:                                                     这个 GoTo 语
42           show_scale = 5                                        句结束公式访
43           formulaName = " 20201 五运算放大器蔡氏电路"            问
44           formula1 = " dx = -10x + 10y"
45           formula2 = " dy = -15xz + 28x - y"                      指示子程序入
46           formula3 = " dz = 1.65xy - (8/3)z"                    口地址
47           dx = 10 * (y - x)
48           dy = -15 * x * z + 28 * x - y
49           dz = 1.65 * x * y - (8 / 3) * z
50           GoTo endsg
51
52        fm13:
53           show_scale = 2
54           formulaName = " 20302 五运算放大器蔡氏电路 物理学报
55     数据"
56           formula1 = " dx = -2.37x + 1.57y + 3.7f(x)"
57           formula2 = " dy = 5.8x - y + 8z"
58           formula3 = " dz = -1.8z"
59           fx = (Abs(x + 0.7) - Abs(x - 0.7)) / 2
60           dx = -2.37 * x + 1.57 * y + 3.7 * fx
61           dy = 5.8 * x - y + 8 * z
62           dz = -1.8 * y

          endsg:
          End Sub
```

程序 5.1.3 中的混沌公式子程序成了混沌公式数据库，使用冒险的 goto 语句，灵活性提高了。使用方法是仅控制子程序中的第 26 条语句 goto 语句。程序执行结果如图 5.3 所示。

混沌电路科学研究中的技巧是混沌电路科研的基本功与生命力，需要前人的经验积累与个人的长期编程磨练。还有很多编程技巧，见附件。

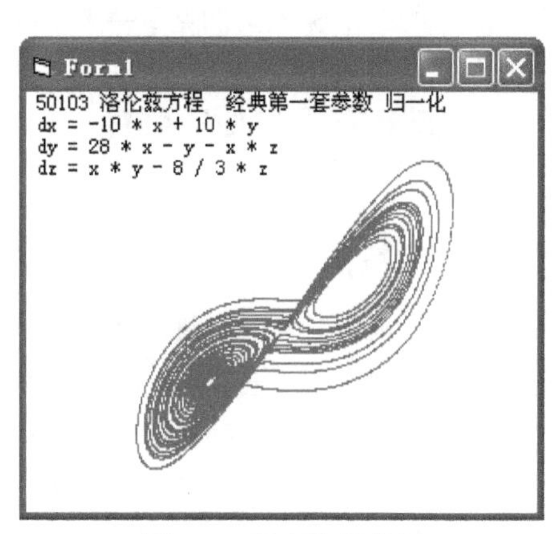

图 5.3　程序执行结果

附录 1 是实用性很强的 VB 程序，是作者借鉴了国内外混沌电路工程的优秀思想，并且经过近二十年的反复修改得到的程序。其核心内容有四阶龙格库塔计算方法、五阶混沌系统公式处理、混沌电路工程技术等，将这些程序放到同一个平台上，便于统一处理数据，具有实用性。

以上的算法都是欧拉方法，不能满足混沌科学研究需要，实际工程需要算法精度很高的程序，即四阶龙格库塔算法。将语句 "Call Chaos_formula" 改为语句 "Call Runger_Kutta"，增加子程序 "Sub Runger_Kutta"，如下：

程序 5.1.4：

```
'50104 VB 程序四阶龙格库塔计算方法                    程序名

Call Runger_Kutta                                    被该语句 Call
                                                     Chaos_formula
Sub Runger_Kutta()
  x0 = x: y0 = y: z0 = z                             四阶龙格库塔方法
  Call Chaos_formula                                 保存坐标原点
  dx1 = dx: dy1 = dy: dz1 = dz                       第 1 次求矢量
  x = x + dx1 * h / 2                                保存 k1
  y = y + dy1 * h / 2                                走半个步长，坐标移于（h/2,k1
  z = z + dz1 * h / 2                                方向）
  Call Chaos_formula
  dx2 = dx: dy2 = dy: dz2 = dz                       第 2 次求矢量
  x = x0 + dx2 * h / 2                               保存 k2
  y = y0 + dy2 * h / 2                               走半个步长，坐标移于（h/2,k2
  z = z0 + dz2 * h / 2                               方向）
  Call Chaos_formula
  dx3 = dx: dy3 = dy: dz3 = dz                       第 3 次求矢量
  x = x0 + dx3 * h                                   保存 k3
  y = y0 + dy3 * h                                   走半个步长，坐标移于（h,k3 方
  z = z0 + dz3 * h                                   向）
  Call Chaos_formula
  dx4 = dx: dy4 = dy: dz4 = dz                       第 4 次求矢量
  dx = (dx1 + dx2 * 2 + dx3 * 2 + dx4) / 6           保存 k4
  dy = (dy1 + dy2 * 2 + dy3 * 2 + dy4) / 6
  dz = (dz1 + dz2 * 2 + dz3 * 2 + dz4) / 6
End Sub
```

对于洛伦兹混沌系统的计算，本计算方法效果不明显，但是有多个程序证明，仅仅使用欧拉方法得不到正确结果，只有使用四阶龙格库塔方法才能计算正确，所以必须使用后者的方法。本节思想的一个深入案例见下一节。

5.2 如来方程与悟空程序

5.2.1 如来方程

对于混沌系统微分方程的数值算法产生的误差定量描述，目前鲜有报道。经过多年的实践使得我们看到，不同研究者的计算结果差别很大，孰对孰错难以判断。因此对于数值计算方法的评估成为重要问题。本节的目的是要证明这一观点，并且能够对于研究者编写的程序质量给出定量的评估结论。这一方法称为“如来方程与悟空程序”，涉及的知识是微分方程的数值算法。

先提出一个三阶非线性微分方程与初值问题，并给出该方程的解析解，如下面三个式子所示，式（5.1）是三阶非线性常系数微分方程，式（5.2）是初值，式（5.3）是解析解。该方程称为“如来方程”。

$$\begin{cases}\dot{x}=6x^2+12x-16y-22\\ \dot{y}=2x-\sqrt{6y+12}+2z^2-6\\ \dot{z}=5/\sqrt{5x+21}\end{cases}\tag{5.1}$$

$$t=0\text{时},\begin{cases}x=-1\\ y=-2\\ z=2\end{cases}\tag{5.2}$$

$$f(x,y,z,t)=\begin{cases}x=4t-1\\ y=6t^2-2\\ z=\sqrt{4+5t}\end{cases}\tag{5.3}$$

式（5.3）中的解析解表示的是混沌系统式（5.1）与初值式（5.2）的积分真值曲线，由 3 条曲线组成，分别是变量 x、y、z 曲线，以红、绿、蓝色表示，这三条曲线在电路测量中称为波形图，如图 5.4 所示。

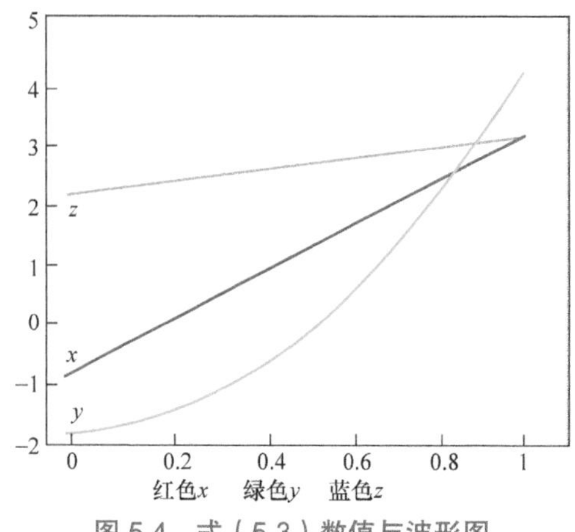

图 5.4　式（5.3）数值与波形图

5.2.2　悟空程序

式（5.1）与式（5.2）中的解 x 是直线 $x = 4t-1$，如图 5.4 中的红色直线与图 5.5 的洋红色直线所示。对于式（5.1）与式（5.2）编写程序寻找 x 曲线是混沌电路研究者绕不开的基本问题，必须编写程序，称为“悟空程序”，求得这一曲线的数学基础是计算机数值计算，使用这一直线可以衡量各个编程者计算出来的 x 曲线，被称为“如来手掌上的悟空表演”。

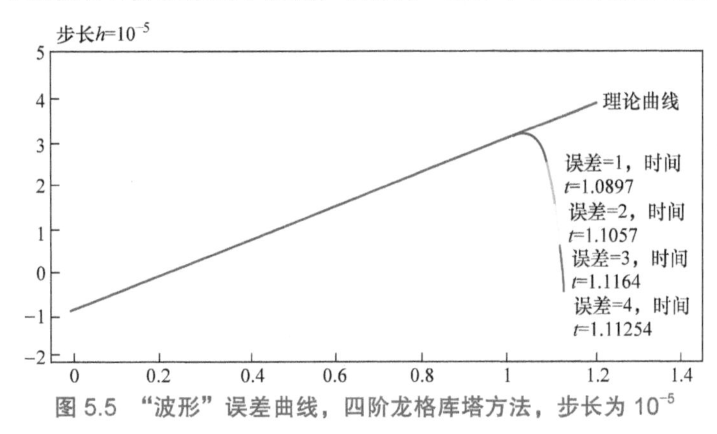

图 5.5　“波形”误差曲线，四阶龙格库塔方法，步长为 10^{-5}

图 5.5 显示的是使用四阶龙格库塔计算方法计算出来的曲线，步长为 10^{-5}，由图可知，在时间变量为 1 之内计算结果与理论一致，但是之后迅速偏离真值，误差指数增加，具体的时间自变量变化时变量 x 误差见图 5.5 中的标注。对于图 5.5 的程序参数，其运行时间大约为 2s，这个结果在一般工程计算中也是最好的结果了，但后面还要说明，这个结果也是令人惊讶的结果。

先画出一条直线 $x = 4t-1$，显示 t 范围为 0 ~ 1.2，再使用读者计算混沌系统的程序计算式（5.1）与式（5.2），将读者计算结果中的 x 结果也打印到图上并与直线 $x = 4t-1$ 进行比较，如图 5.5 所示。

图 5.5 的描述可以形象地看作是一场“如来”对付“悟空”的斗法过程。如来伸出手掌，盯紧悟空，悟空很狂妄但是也很厉害，一下跳入如来手心；从同一个初值（−1，−2，2）——如来手心的中心——出发开始，悟空与如来斗法；起步时就有一个误差（说明从略），天助如来；悟空沿着非线性微分方程的相轨线走，步长为 10^{-5}，使用龙格库塔算法，速度快如腾云驾雾，并且步伐不乱；如来不慌不忙，随时计算函数真值寻找时机；时间自变量走到 0.5 与 0.9 时，误差很小根本看不出来，是 0.0002 与 −0.0089，悟空开始滋生骄傲情绪，如来仍然稳坐钓鱼台；归一化时间走到 1 时（这个“1”与其他参数有关，可以调整），误差明显开始剧增，形势向如来一方倾斜，此时的误差数值是 −0.7318，因为是指数变化，悟空处于危险中却全然无知，如来准备收手了；走到 1.05 时，误差是 −4.2811，如来收手，悟空就擒，如来翻手，悟空被压五指山下，斗法结束；后果：悟空被如来一压就是五百年。

各位编程者：您的程序水平如何呢？敢做一次孙悟空吗，请用本方法试试吧。

5.2.3　执行结果及其分析

在数值计算理论中，工程计算中的主要问题是计算题方法与计算步长问题 [19,20]，最简单的计算方法是欧拉方法，最好的计算方法是四阶龙格库塔方法，这两种方法都用“悟空程序”的计算结果如图 5.6 所示。图中绿色部分是欧拉方法计算的结果。红色部分是四阶龙格库塔方法计算的结果，很明显四阶龙格库塔方法的计算精度远远高于欧拉方法的计算精度。对于步长的影响，由图 5.6 可见，步长越小计算精度越高，这与理论一致。但是步长越小计算时间越长，图 5.5 的四阶龙格库塔算法 10^{-5} 步长的计算机程序运行消耗时间为一秒多钟。

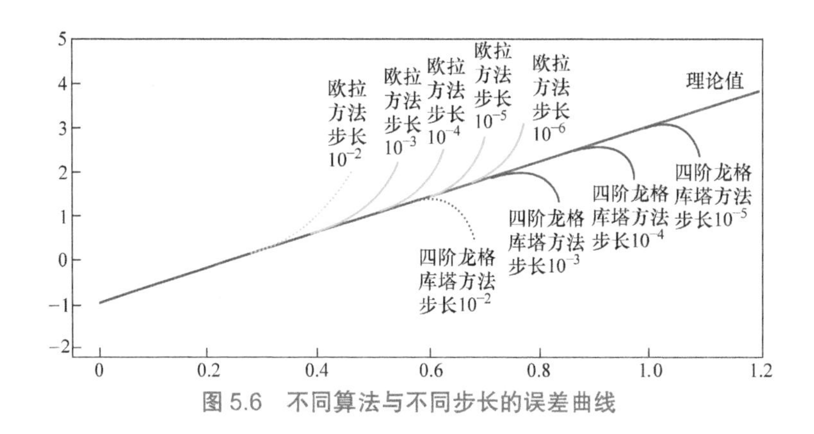

图 5.6　不同算法与不同步长的误差曲线

5.2.4　计算机的数值计算的晋阶说明

一般认为，混沌系统数值仿真运算中的步长越小越好，我们常说这个思想是错误的，是基于认为步长很小使得计算时间不允许，这是个严肃的问题，丑纪范与李建平等人的研究证明，步长过小不但在实际中行不通，而且在数学上也是错误的，这就是“非线性常微分方程的计算不确定性原理”[143,144]，这是计算机科学中的仅次于图灵、冯 . 诺依曼理论研究成果的重要成果，目前研究非线性常微分方程计算的多数数学者不知道这一成果，本案例给出了证明，如图 5.7 所示。图 5.7 中，当使用四阶龙格库塔方法使步长减小到 10^{-5} 时结果最好，但是当步长减小到 10^{-6} 时结果出人意外地变坏，这是个令人吃惊的结果，但是与丑纪范理论一致。运用欧拉方法使步长减小到 10^{-7} 时虽然结果变好了，但是程序运行时间将近 20s，已经没有任何实际意义了。结论是，对于普通微型计算机，使用四阶龙格库塔计算方法且步长选用 10^{-5} 时结果最好。

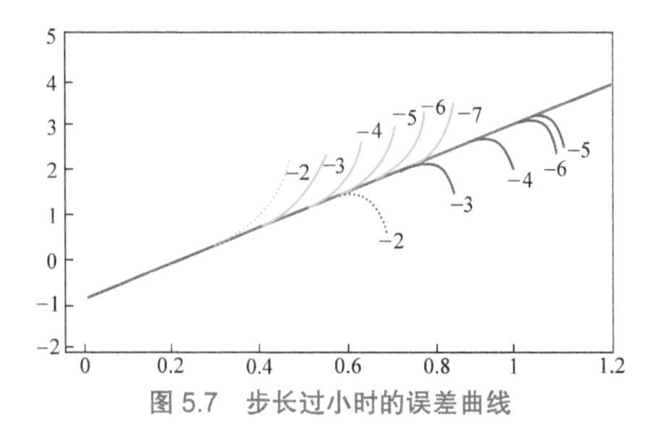

图 5.7　步长过小时的误差曲线

与洛伦兹相同，丑纪范也是大气科学家，是国际上第一个提出数字气象概念的科学家，文献 [143,144] 讲述的是丑纪范使用中国最好的多台超级计算机对于洛伦兹方程进行数值计算的效果，计算结果可信。本节内容是在普通微型计算机上取得的结果，也得到了与丑纪范研究相同的结论，证明本节介绍的方法与结果都是正确的。

5.3　EWB 仿真的两个小技巧

使用电路软件仿真混沌电路是电子电路前沿研究的工具之一。这样的软件有很多，本书使用的是 EWB 软件。应用表明，EWB 是卓有成效的软件，但是需要一个技巧便能够事半功倍。

EWB 仿真软件中，仿真电子元件没有初值设置功能，例如电容器，它的电压初值只能是零，这样一来，混沌电路系统元件的初值都是零，系统处于鞍结点平衡点，不能进入混沌，仿真失败。解决的方法是在某一个变量节点上连接一个附加电路，用一个电阻串联一个电压之后与这个节点连接，如图 5.8 所示。由图 5.8 可见，仿真电路进入混沌状态，仿真成功。

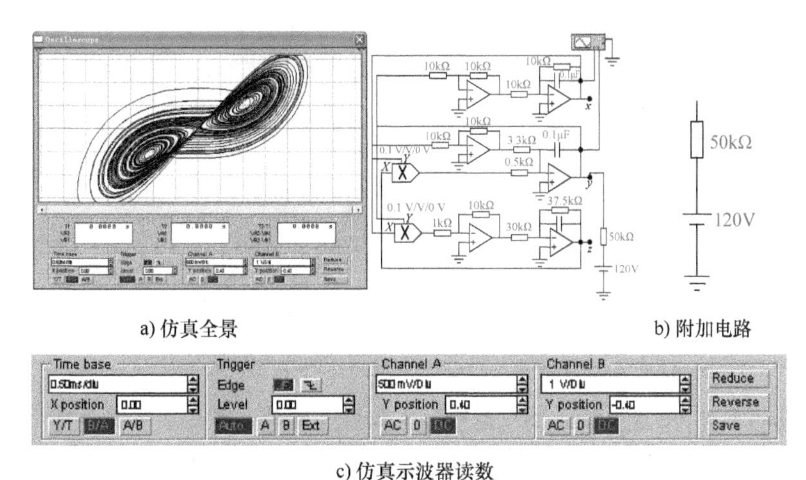

a) 仿真全景　　　　b) 附加电路

c) 仿真示波器读数

图 5.8　EWB 仿真混沌电路的附加电路参数显示

建筑图纸是投影视图，普通人看建筑图纸很不适应，要看“立体效果图”。数值仿真得到的混沌吸引子的视觉形象也是这样的情况，混沌吸引子就像建筑，计算机显示屏显示的结果或者示波器显示的相图都是二维视图，所以想象混沌吸引子相轨迹线的三维形象比较困难；EWB 仿真软件也是这样，示波器显示的图形也是这样。这个问题是可以解决的，在示波器方面，增加两个放大器能够实现这一目的，如图 5.9 所示，工作原理不再赘述。对应的显示 VB 程序语句是：“PSet (0.73 * x − 0.73 * y, 0.5 * x + 0.5 * y + z − 1)，QBColor (12)”。

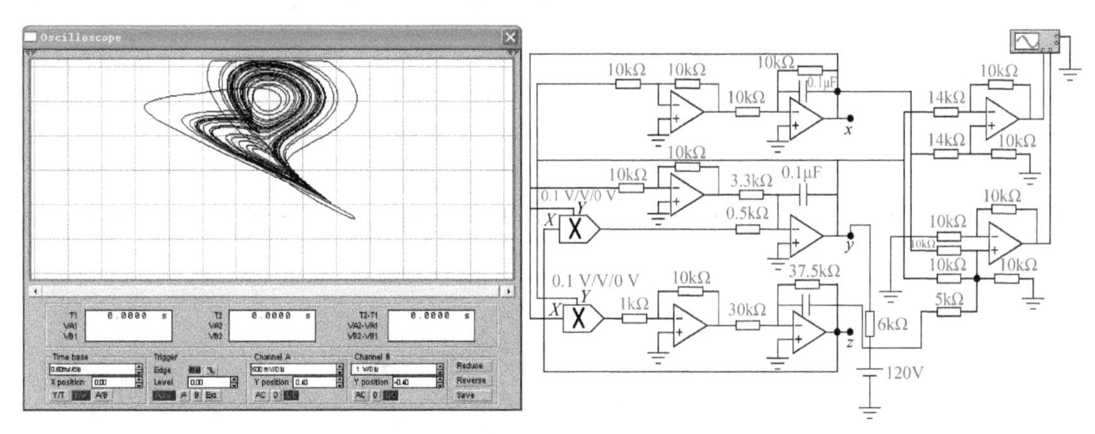

图 5.9　EWB 仿真混沌电路的附加电路

5.4 混沌相图立体眼睛方法的两个小技巧

混沌的相空间轨迹曲线是很奇妙、很复杂、很优美的曲线，但是这些科学曲线看起来很枯燥。使用一些技巧可以观察这些曲线，现举两例说明。

一例是混沌保密通信中发送端已调制信号与接收端未解调信号的立体显示。由于这两条曲线都是混沌的，眼睛无法看到两者的区别，如图 5.10 所示。

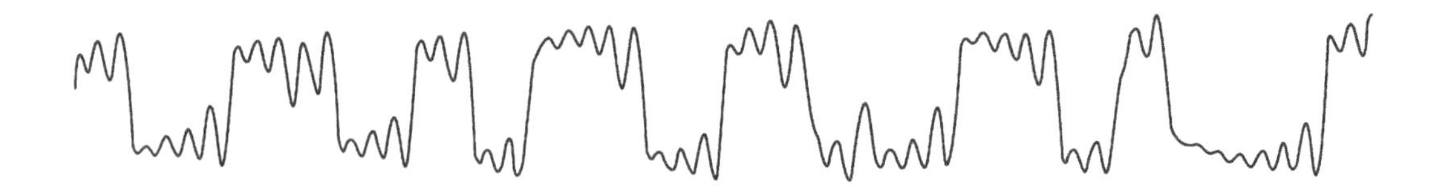

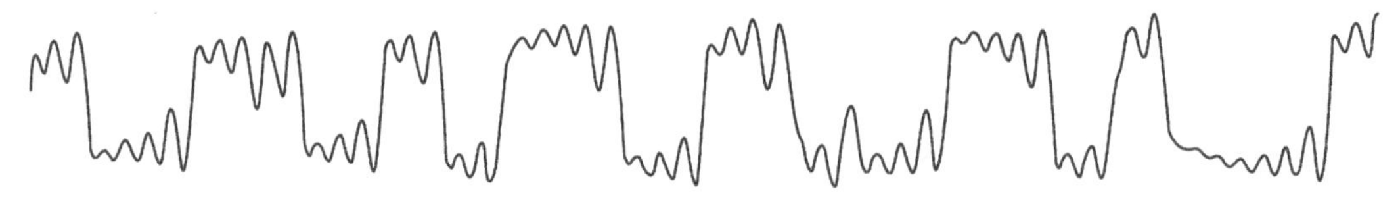

图 5.10 混沌遮掩保密通信电路的一个波形输出

将此图顺时针旋转 90 度，两条曲线呈竖直方向，左眼看右图，右眼看左图，这样一来看到的是一副“立体曲线”而不是平面曲线，曲线由二维变为三维，此时，这条曲线离眼睛的距离不再是相等的，而是一个正弦波，这个正弦波就是混沌保密通信隐藏的信息。这是混沌保密通信的一个亮点，是一幅值得欣赏、值得思考的曲线图。

使用二维构成三维图形供观察的方法是非线性科学中的一个有效方法，非线性科学涉及高维与分数维的抽象概念，对它的理解需要艺术。科学的思维方法可以借助于艺术的思维方法，而艺术的思维方法有助于科学概念的理解。对于本书中的所有二维曲线与二维相图，都要这样理解。

在示波器上看到的相图是二维图形，一般混沌相图是三维图形，有一个电路可以实现用二维示波器观察三维相图效果，如图 5.11 所示，左边是混沌电路的三个输出 x、y、z，旋动电位器，就可以看到示波器显示的三维相图了。

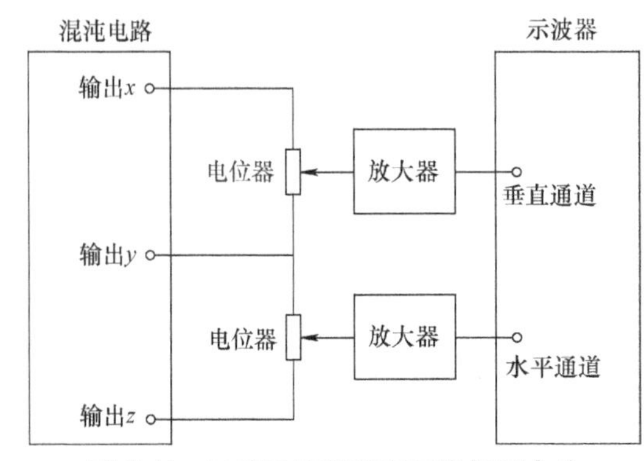

图 5.11 二维示波器观察三维相图方法

5.5　混沌电路跳线器式实验板的使用

本书提供了一百多个混沌电路，要想实现其中的多数混沌电路是很困难的，成本也很高。这里推荐一种成本很低的实验装置就可以实现上述目标。这个装置是一块实验电路板[129]，面积仅为168mm × 115mm（约手掌大小），称为“非线性（混沌）电路单元设计与开发平台”，由九个线性与非线性反相运算放大器、五个反相积分器、两个模拟乘法器、近四十个可变电阻、多个高精度电阻、电容、二极管、短路器、插线器、电源连接头、指示灯等组成，本书中的大部分电路与相应的电路照片都在这块实验电路板上完成并拍摄取得。插线式混沌电路 PCB 实验板如图 5.12 所示。

图 5.12　插线式混沌电路 PCB 实验板

例如若要产生限幅非线性（三折线非线性），可以由三级或五级反相积分器首尾相接产生方波，将方波连接到限幅放大器的输入端，就可以得到三折线非线性，供示波器测量与拍照。限幅非线性电路连接如图 5.13 所示，方波与限幅波的波形如图 5.14a 所示，方波与限幅波的相图如图 5.14b 所示，由图可见相图是三折线形状。

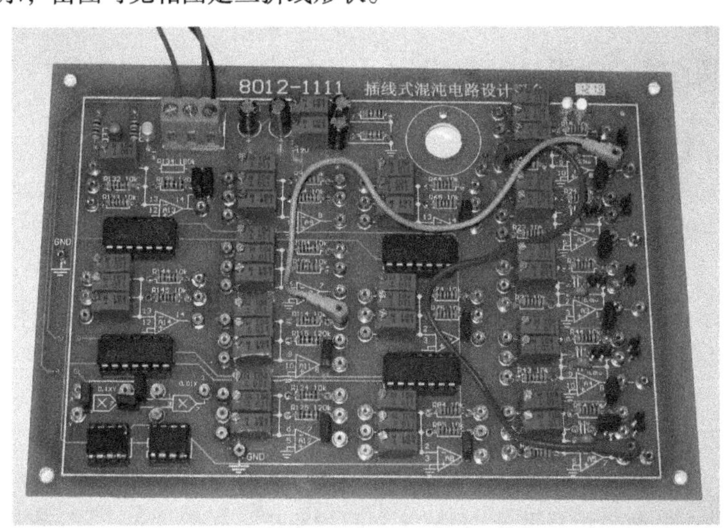

图 5.13　限幅非线性电路连接

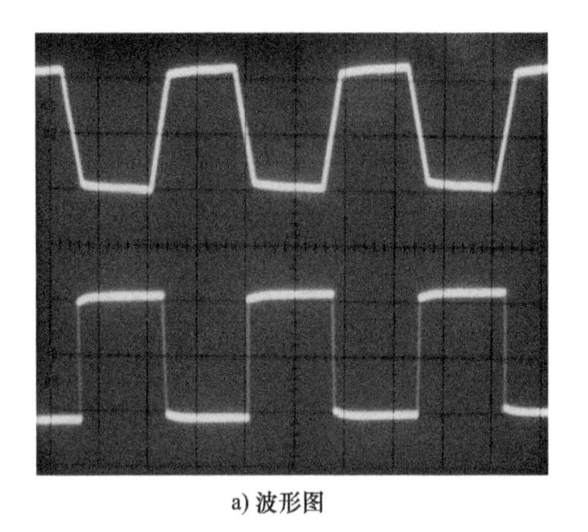

a) 波形图

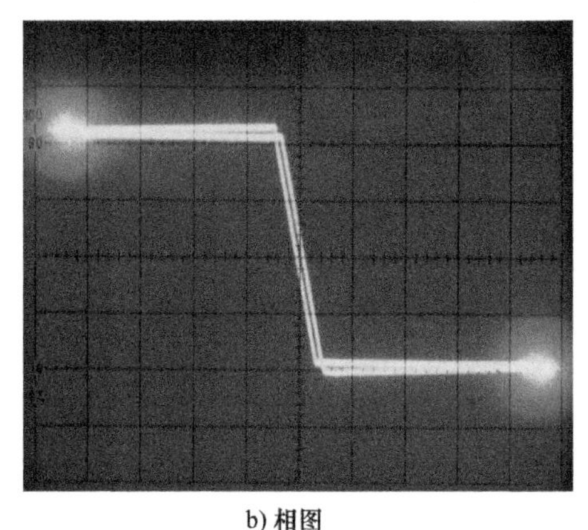

b) 相图

图 5.14　限幅非线性电路方波与限幅波的输出波形图与相图

将图 5.14 电路输出的方波信号连接到模拟乘法器的输入端，可以得到二次幂非线性与三次幂非线性，如图 5.15 所示。注意刻度，说明其数值与理论值非常相符。图 5.15 中，横坐标与纵坐标的刻度都是 1V/ 格。

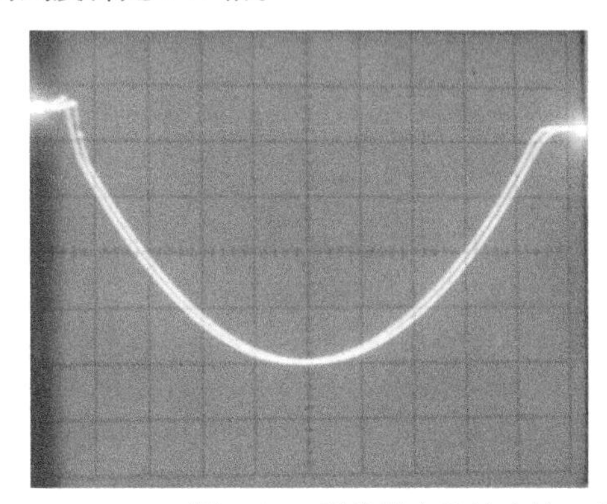

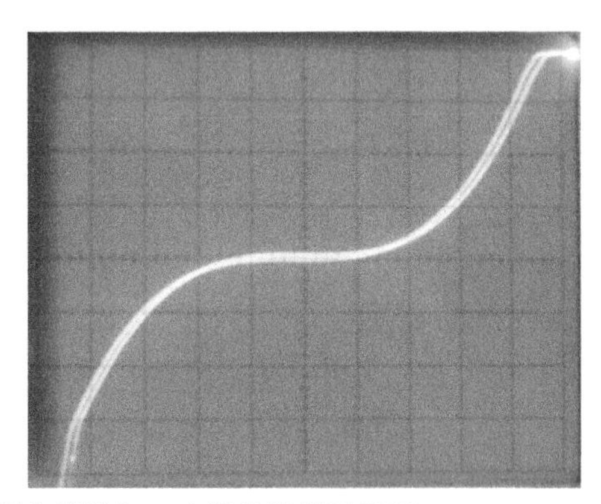

图 5.15　乘法器电路输出的二次幂非线性与三次幂非线性波形图

5.6　混沌相图红蓝 3D 眼镜的应用

前面 5.4 节的观察三维混沌吸引子方法尽管有一定的效果，但是毕竟是二维平面方法，不能够充分发挥人的两只眼睛配合大脑信息加工信息的本质。若要得到完整的三维混沌吸引子的大脑信息获取，使用红蓝两色 3D 眼镜能够达到这一效果，试用表明，红蓝 3D 眼镜的视觉效果是令人震撼的。

使用锥形投影方法，如图 5.16 所示，左方是混沌吸引子的描述，设混沌系统三维坐标原点是 O_1，相轨迹线的方程变量是 x、y、z，动点 P 的坐标就是 $P(x、y、z)$，并设 x 方向自左向右，y 方向自下向上，z 方向自 O_1 指向眼睛方向。显示器的中点位置是 Q_2，显示图像有两个，分别是左眼看到的红色图像与右眼看到的蓝色图像，对应混沌相图 P 点的两个点分别是 Q_L（x_L、y_L）与 Q_R（x_R、y_R）。左右眼睛所在的位置是 L 与 R，L 与 R 的中点是 Q_3。设 Q_1 与 Q_2 之间的距离是 m，Q_2 与 Q_3 之间的距离是 n，L 与 R 之间的距离是 $2d$。

由以上关系可以求得 Q_L（x_L、y_L）与 Q_R（x_R、y_R）的图形，即能够确定相关函数。

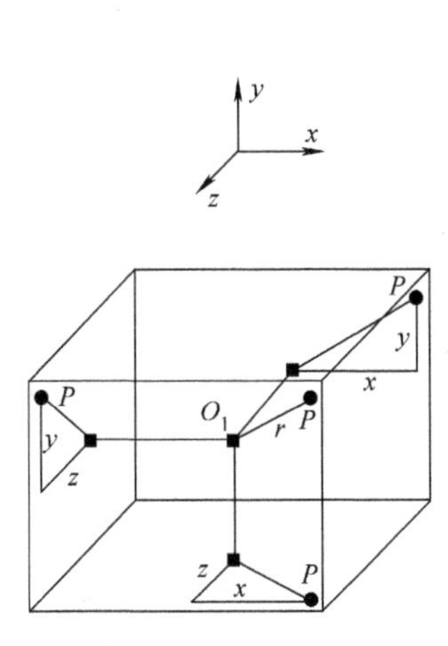

a) 混沌吸引子变量符号　　b)三维吸引子-显示屏-左右眼睛位置关系

图 5.16　相轨迹线 - 显示器投影 - 眼睛关系示意图

求 P 点在显示器的投影点 Q_L、Q_R 纵坐标原理如图 5.17 所示。

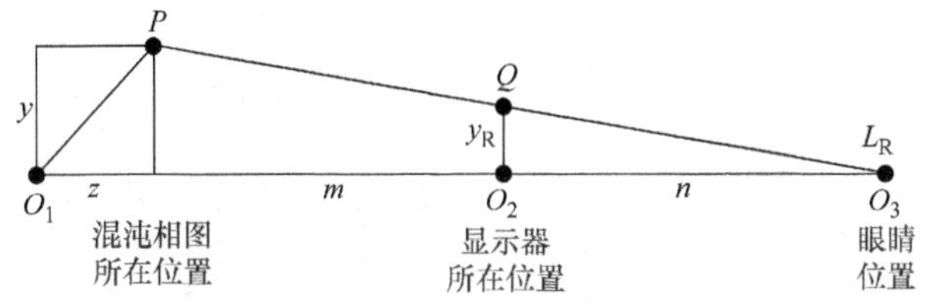

图 5.17　求 P 点在显示器的投影点纵坐标

$$\frac{y}{m+n-z}=\frac{y_R}{n} \tag{5.4}$$

得

$$y=\frac{y_R(m+n-z)}{n} \tag{5.5}$$

求 P 点在显示器的投影点两个横坐标原理如图 5.18 所示。

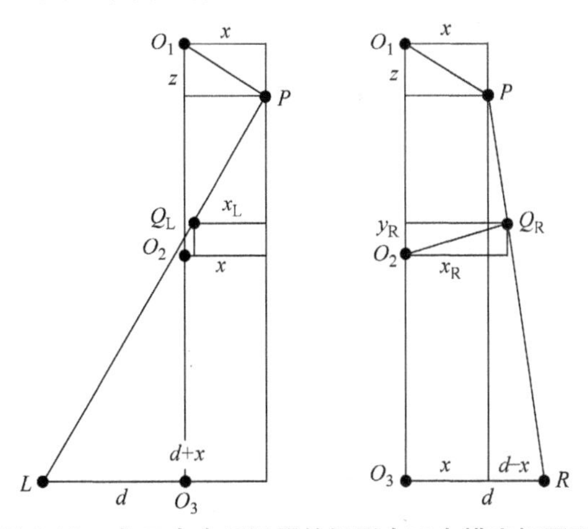

图 5.18　求 P 点在显示器的投影点两个横坐标原理

由

$$\frac{x_{\mathrm{R}}-x}{m-z}=\frac{d-x}{m+n-z} \tag{5.6}$$

得

$$x_{\mathrm{R}}=\frac{dm+nx-dz}{m+n-z} \tag{5.7}$$

将 d 换成 $-d$，得

$$x_{\mathrm{L}}=\frac{-dm+nx+dz}{m+n-z} \tag{5.8}$$

另

$$y_{\mathrm{R}}=y_{\mathrm{L}}=\frac{ny}{m+n-z} \tag{5.9}$$

编写 VB 程序，得到几个吸引子的 3D 图像如图 5.19 所示，使用红蓝 3D 眼镜看到身临其境的三维混沌吸引子，效果显著。

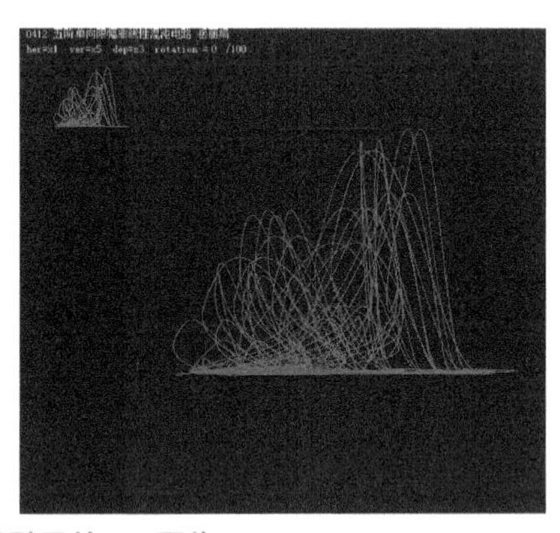

图 5.19　几个吸引子的 3D 图像

附　录

附录 A　混沌电路公式库相图显示结构化 VB 程序清单

选取这个附录的目的有两个，第一是程序本身，第二是程序提供的混沌系统公式库。程序是使用 VB 6.0 编写的。程序名是“50006 混沌相图 可旋转吸引子角度.frm”，读者可以直接复制使用，使用方法简单说明如下。由于该程序是在可视化 VB 环境下编写的，除了源程序代码之外，还含有可视化编程的窗口设计，两者分别在 VB 环境下，程序代码编辑窗口与可视化界面设计窗口完成。因此，读者若要直接运行这个程序必须在 VB 环境下，将扩展名 .frm 的该程序用“记事本”软件打开，将附录中的全部程序代码复制进去，存盘文件即可被 VB 软件执行。

该程序共有 2237 行，分成四个部分。

1）前面的 1181 行不是程序代码，在 VB 环境下的“编程窗口”中不显示，这是 VB 环境下“form 窗口”中的图形元素，包括主窗口 Form1、标签 Label1、Label3、Label4、Label5、Label6、Label7、Label8、Label9、Label10、Label11、Label12，是用 VB 6.0 软件生成的。

从第 1182 行开始的全部代码在 VB 环境下的“编程窗口”中显示。

2）从第 1182 行开始的 52 行代码是由符号“*”组成的两个矩形框框起来，前面都有注释号，因而不是可执行程序代码，是为了程序的可读性提供的说明性信息。

3）从方框结束后第 1234 行开始的 130 行程序代码，是核心程序。

4）从第 1364 行开始的 873 行程序代码，其实质内容不是数据处理程序而是数据库性质的混沌系统信息，都是本书中的混沌电路状态方程公式，读者可对照书中的内容阅读。

```
VERSION 5.00
Begin VB.Form Form1
   BackColor       =   &H00FFFFFF&
   ClientHeight    =   9705
   ClientLeft      =   135
   ClientTop       =   420
   ClientWidth     =   13860
   FillStyle       =   0  'Solid
```

```
      LinkTopic        =   "Form1"
      ScaleHeight      =   9705
      ScaleWidth       =   13860
      StartUpPosition  =   3  '窗口默认
      Begin VB.Label Label1
         BackColor       =   &H80000005&
         Caption         =   "Label1"
         ForeColor       =   &H80000017&
         Height          =   255
         Left            =   120
         TabIndex        =   10
         Top             =   0
         Width           =   7935
      End
      Begin VB.Label Label3
         BackColor       =   &H80000005&
         Caption         =   "山东外国语职业学院"
         ForeColor       =   &H80000017&
         Height          =   255
         Left            =   10080
         TabIndex        =   0
         Top             =   7680
         Width           =   1695
      End
      Begin VB.Label Label4
         BackColor       =   &H80000005&
         Caption         =   "Label4"
         ForeColor       =   &H80000008&
         Height          =   255
         Left            =   2280
         TabIndex        =   1
         Top             =   240
         Width           =   975
      End
      Begin VB.Label Label5
         BackColor       =   &H80000005&
         Caption         =   "Label5"
         ForeColor       =   &H80000007&
         Height          =   255
         Left            =   3240
         TabIndex        =   2
         Top             =   240
         Width           =   255
```

```
End
Begin VB.Label Label6
   BackColor       =   &H80000005&
   Caption         =   "Label6"
   ForeColor       =   &H80000007&
   Height          =   255
   Left            =   3480
   TabIndex        =   3
   Top             =   240
   Width           =   375
End
Begin VB.Label Label7
   BackColor       =   &H80000005&
   Caption         =   "her="
   ForeColor       =   &H80000017&
   Height          =   255
   Left            =   120
   TabIndex        =   4
   Top             =   240
   Width           =   375
End
Begin VB.Label Label8
   BackColor       =   &H80000005&
   Caption         =   "Label8"
   ForeColor       =   &H80000017&
   Height          =   255
   Left            =   480
   TabIndex        =   5
   Top             =   240
   Width           =   255
End
Begin VB.Label Label9
   BackColor       =   &H80000005&
   Caption         =   "ver="
   ForeColor       =   &H80000017&
   Height          =   255
   Left            =   840
   TabIndex        =   6
   Top             =   240
   Width           =   375
End
Begin VB.Label Label10
   BackColor       =   &H80000005&
```

```
            Caption         =   "Label10"
            ForeColor       =   &H80000008&
            Height          =   255
            Left            =   1200
            TabIndex        =   7
            Top             =   240
            Width           =   255
         End
         Begin VB.Label Label11
            BackColor       =   &H80000005&
            Caption         =   "dep="
            ForeColor       =   &H80000008&
            Height          =   255
            Left            =   1560
            TabIndex        =   8
            Top             =   240
            Width           =   375
         End
         Begin VB.Label Label12
            BackColor       =   &H80000004&
            Caption         =   "Label12"
            ForeColor       =   &H80000017&
            Height          =   255
            Left            =   1920
            TabIndex        =   9
            Top             =   240
            Width           =   255
         End
      End
      Attribute VB_Name = "Form1"
      Attribute VB_GlobalNameSpace = False
      Attribute VB_Creatable = False
      Attribute VB_PredeclaredId = True
      Attribute VB_Exposed = False


'************************************************************************
'*                                                                      *
'*        程序名称：混沌电路公式库相图显示结构化 VB 程序                    *
'*        程序环境：VB 6.0                                               *
'*        版 本 号：CCFDBP1.0                                            *
'*                                                                      *
'*                                                                      *
```

```
'*  完成时间：2018年1月16日                                                  *
'*************************************************************************

'*************************************************************************
'*                                                                        *
'*  程序简单说明书                                                        *
'*  1. 程序功能                                                           *
'*  配合本书内容编写本程序，提供结构化的VB程序，将60多个混沌系统公式以公式库  *
'*  的方式直接程序化，实现程序结构化。通过选择操作将任意一个混沌系统公式以相图方式显示。 *
'*  通过另一个选择将三维混沌吸引子按1% 周旋转用以从100个角度看到吸引子的     *
'*  相图形状。本软件处理的混沌吸引子的最高维度是五维，通过第三个选择任取其中以  *
'*  三维构成上述可看到的吸引子。                                           *
'*  2. 程序结构                                                           *
'*  2.1 变量定义区，以定义指令Dim编写；                                    *
'*  2.2 启动秩序，从Private Sub Form_Load ( ) 开始，至End Sub，主要执行三个选
    择。                        *
'*  2.2.1 第一个选择select1，选择混沌系统。                                *
'*  2.2.2 第二个选择select2选择多维相图中的三个维。                        *
'*  2.2.3 第三个选择rotat选择沿竖直轴线旋转的角度。                        *
'*  2.3 主程序Sub Phase_3D ( )。                                          *
'*  2.3.1 调用程序库Call formula取得显示窗口、混沌初值信息数据，显示窗口Scale，*
'*  循环进行主程序（处理的是五维吸引子x1-x2-x3-x4-x5），根据select2选择     *
'*  相图中显示的三个维，显示相图。                                         *
'*  2.3.2 四阶龙格库塔方法Sub dxdt ( )。                                   *
'*  2.4 混沌系统公式库Sub formula ( )。每个公式均包含。                     *
'*  2.4.1 程序名称数据串Label1.Caption，供显示用。                         *
'*  2.4.2 显示窗口Height、Width、BackColor。                               *
'*  2.4.3 窗口中定义尺寸范围Scale0。                                       *
'*  2.4.4 5个初值x1_init~x5_init。                                        *
'*  2.4.5吸引子计算与显示参数，步长为h，时间time_sum，丢弃时间time_pass。   *
'*  2.4.6 混沌系统公式dx1~dx5。                                            *
'*  3. 程序使用方法                                                       *
'*  3.1选择select1，确定欲显示的混沌公式，例如select1 = 20101是杜芬方程。所选 *
'*  程序编号有5位数，与书中的章节号一致，第1位是章号，第2、3位是单元号，     *
'*  第4、5位是混沌编号。                                                   *
'*  3.2 选择select2，确定相图中的三个维，例如select2 = 123选择相图xy,xz,yz， *
'*  select2 = 145选择相图xu,xv,uv，其中第一个维是横坐标，第二个维是纵坐标，   *
'*  第三个维是远近坐标。                                                   *
'*  3.3选择rotat，选择沿竖直轴线顺时针旋转（左手方向旋转）的角度，以1圆周/100为单
    位。                        *
'*      rotat = 0不旋转，rotat =100旋转一周，rotat =25旋转90度。           *
'*      3.4                    启动运行按钮，运行程序。                    *
'*                                                                        *
```

```
'***************************************************************************

Dim x1, x2, x3, x4, x5
Dim x1_init, x2_init, x3_init, x4_init, x5_init
Dim h, time_sum, time_pass, d0, tt, t, i, j, kkk
Dim x1_0, x2_0, x3_0, x4_0, x5_0
Dim R11, R21, R31, R41, R51
Dim R12, R22, R32, R42, R52
Dim R13, R23, R33, R43, R53
Dim R14, R24, R34, R44, R54
Dim R15, R25, R35, R45, R55
Dim dx1, dx2, dx3, dx4, dx5
Dim d1, d2, d3, d4, d5
Dim Scale0, Scale1, Line0, MR
Dim select1, select2, select3, select4, xl, yl, xr, yr, m, n, d
Dim fx2, f2add3, vo, fx1x3
Dim xlo, ylo, xro, yro, xlk, ylk, xrk, yrk
Dim tt2, f, fx1, gx1, jx1, kx1, sx1, zhx1, zhx1old
Dim x1r, x2r, x3r, ro, roo
Dim a, c, k
Dim rotat, xrotl, yrotl, xrotr, yrotr

Private Sub Form_Load()
  Show
  select1 = 20607              'select1选择混沌系统，如蔡氏电路、洛伦兹方程等
  select2 = 123                'select2选择五维中的哪三个维是相图xy,xz,yz
  rotat = 0                    'rotat 选择沿竖直轴线旋转的角度，以1圆周/100为单位
  Call Phase_3D_red_blue_diagram   '显示相轨迹线
End Sub

Sub Phase_3D_red_blue_diagram()
  Call formula                 '调用公式中的参数
  Scale (-Scale0 * 1.2, Scale0 * 1.2)-(Scale0 * 1.1, -Scale0 * 1.2)
  x1 = x1_init: x2 = x2_init: x3 = x3_init: x4 = x4_init: x5 = x5_init
  For j = 0 To (time_pass + time_sum) Step h
    Call dxdt                  '已经包含select1
    x1 = x1 + h * dx1          '产生混沌吸引子相轨迹线
    x2 = x2 + h * dx2
    x3 = x3 + h * dx3
    x4 = x4 + h * dx4
    x5 = x5 + h * dx5
    dher = Int(select2 / 100)       '五维编号中取出第一位数，作为横坐标
    dver = Int((select2 - dher * 100) / 10)     '五维编号中取出第二位数，作
```

```
为纵坐标
        ddep = Int(select2 - dher * 100 - dver * 10)' 五维编号中取出第三位数，作
视觉深度坐标
        If dher = 1 Then          ' 处理横坐标的维数值
          her = x1: Label8.Caption = "x1"       ' 维数值是 1，赋予标签值 "x1"
        End If
        If dher = 2 Then
          her = x2: Label8.Caption = "x2"
        End If
        If dher = 3 Then
          her = x3: Label8.Caption = "x3"
        End If
        If dher = 4 Then
          her = x4: Label8.Caption = "x4"
        End If
        If dher = 5 Then
          her = x5: Label8.Caption = "x5"
        End If
        If dver = 1 Then          ' 处理纵坐标的维数值
          ver = x1: Label10.Caption = "x1"
        End If
        If dver = 2 Then
          ver = x2: Label10.Caption = "x2"
        End If
        If dver = 3 Then
          ver = x3: Label10.Caption = "x3"
        End If
        If dver = 4 Then
          ver = x4: Label10.Caption = "x4"
        End If
        If dver = 5 Then
          ver = x5: Label10.Caption = "x5"
        End If
        If ddep = 1 Then          ' 处理纵坐标视觉深度坐标的维数值
          dep = x1: Label12.Caption = "x1"
        End If
        If ddep = 2 Then
          dep = x2: Label12.Caption = "x2"
        End If
        If ddep = 3 Then
          dep = x3: Label12.Caption = "x3"
        End If
        If ddep = 4 Then
          dep = x4: Label12.Caption = "x4"
```

```
        End If
        If ddep = 5 Then
          dep = x5: Label12.Caption = "x5"
        End If
        x1r = her * Cos(3.1416 * rotat / 50) + dep * Sin(3.1416 * rotat / 50)'
        x2r = ver
        x3r = her * Sin(3.1416 * rotat / 50) - dep * Cos(3.1416 * rotat / 50)'
         Label4.Caption = "rotation =": Label5.Caption = rotat: Label6.
Caption = "/100"
        If j >= time_pass Then
          PSet(x1r, x2r), RGB(0, 0, 255)                         '3D显示
        End If
      Next j
    aabb:
    End Sub

    Sub dxdt()                                                   '四阶龙格库塔
        x1_0 = x1: x2_0 = x2: x3_0 = x3: x4_0 = x4: x5_0 = x5
        Call formula
        R11 = dx1: R21 = dx2: R31 = dx3: R41 = dx4: R51 = dx5
        x1 = x1_0 + 0.5 * h * R11
        x2 = x2_0 + 0.5 * h * R21
        x3 = x3_0 + 0.5 * h * R31
        x4 = x4_0 + 0.5 * h * R41
        x5 = x5_0 + 0.5 * h * R51
        Call formula
        R12 = dx1: R22 = dx2: R32 = dx3: R42 = dx4: R52 = dx5
        x1 = x1_0 + 0.5 * h * R12
        x2 = x2_0 + 0.5 * h * R22
        x3 = x3_0 + 0.5 * h * R32
        x4 = x4_0 + 0.5 * h * R42
        x5 = x5_0 + 0.5 * h * R52
        Call formula
        R13 = dx1: R23 = dx2: R33 = dx3: R43 = dx4: R53 = dx5
        x1 = x1_0 + h * R13
        x2 = x2_0 + h * R23
        x3 = x3_0 + h * R33
        x4 = x4_0 + h * R43
        x5 = x5_0 + h * R53
        Call formula
        R14 = dx1: R24 = dx2: R34 = dx3: R44 = dx4: R54 = dx5
        dx1 = (R11 + 2 * R12 + 2 * R13 + R14) / 6
        dx2 = (R21 + 2 * R22 + 2 * R23 + R24) / 6
```

```
    dx3 = (R31 + 2 * R32 + 2 * R33 + R34) / 6
    dx4 = (R41 + 2 * R42 + 2 * R43 + R44) / 6
    dx5 = (R51 + 2 * R52 + 2 * R53 + R54) / 6
End Sub

Sub formula()                          '混沌系统公式,,由goto语句实现

  If select1 = 20101 Then GoTo formula20101       '20101 杜芬方程电路
  If select1 = 20102 Then GoTo formula20102       '20102 范德波尔方程电路

  If select1 = 20201 Then GoTo formula20201       '20201 双运放三折线负阻非线
                                                   性蔡氏电路

  If select1 = 20301 Then GoTo formula20301       '20301CNN 中的 Sigmoid 函数
                                                   曲线
  If select1 = 20302 Then GoTo formula20302       '20302 三阶三折线蔡氏电路
  If select1 = 20303 Then GoTo formula20303       '20303 四阶限幅蔡氏电路
  If select1 = 20304 Then GoTo formula20304       '20304 五阶限幅蔡氏电路
  If select1 = 20305 Then GoTo formula20305       '20305 三阶限幅默比乌斯带混
                                                   沌电路
  If select1 = 20306 Then GoTo formula20306       '20306 四阶限幅默比乌斯带混
                                                   沌电路
  If select1 = 20307 Then GoTo formula20307       '20307 三阶限幅双螺圈混沌电路
  If select1 = 20308 Then GoTo formula20308       '20308 四阶限幅双螺圈混沌电路
  If select1 = 20309 Then GoTo formula20309       '20309 三阶三次幂非线性混沌
                                                   电路
  If select1 = 20310 Then GoTo formula20310       '20310 三阶阶跃(符号)
  If select1 = 20311 Then GoTo formula20311       '20311 三阶双曲正弦仿蔡氏电路
  If select1 = 20312 Then GoTo formula20312       '20312 四阶双曲正弦仿蔡氏电路
  If select1 = 20313 Then GoTo formula20313       '20313 五阶双曲正弦仿蔡氏电路
  If select1 = 20314 Then GoTo formula20314       '20314 三阶反双曲正弦仿蔡氏
                                                   电路
  If select1 = 20315 Then GoTo formula20315       '20315 四阶反双曲正弦仿蔡氏
                                                   电路
  If select1 = 20316 Then GoTo formula20316       '20316 五阶反双曲正弦仿蔡氏
                                                   电路
  If select1 = 20317 Then GoTo formula20317       '20317  四阶细胞神经网络电路
  If select1 = 20318 Then GoTo formula20318       '20318  五阶细胞神经网络电路
  If select1 = 20319 Then GoTo formula20319       '20319  三阶拓扑等效七合一蔡
                                                   氏电路
  If select1 = 20320 Then GoTo formula20320       '20320  三、四、五阶组合限幅
                                                   非线性蔡氏电路
```

```
If select1 = 20401 Then GoTo formula20401          '20401 四阶加和限幅非线性混沌电路
If select1 = 20402 Then GoTo formula20402          '20402 三阶加法限幅非线性混沌电路
If select1 = 20403 Then GoTo formula20403          '20403 一种三阶限幅非线性混沌的最简基因电路
If select1 = 20404 Then GoTo formula20404          '20404 四阶限幅非线性混沌进化基因电路
If select1 = 20405 Then GoTo formula20405          '20405 基于八运放的五阶限幅非线性混沌再进化电路
If select1 = 20406 Then GoTo formula20406          '20406 基于九运放的五阶限幅非线性混沌再进化电路
If select1 = 20412 Then GoTo formula20412          '20412 五阶单向限幅非线性混沌电路

If select1 = 20501 Then GoTo formula20501          '20501 二次幂非线性三阶Jerk电路
If select1 = 20502 Then GoTo formula20502          '20502 二次幂第三阶反馈的三阶Jerk电路组合
If select1 = 20503 Then GoTo formula20503          '20503 绝对值非线性函数三阶级联混沌电路
If select1 = 20504 Then GoTo formula20504          '20504 正向传递非线性函数三阶级联混沌电路
If select1 = 20505 Then GoTo formula20505          '20505 反向非线性函数三阶级联混沌电路
If select1 = 20507 Then GoTo formula20507          '20507 限幅非线性三阶Jerk双涡圈电路
If select1 = 20508 Then GoTo formula20508          '20508 三次幂非线性三阶Jerk电路
If select1 = 20509 Then GoTo formula20509          '20509 阶跃（符号）非线性三阶双涡圈电路
If select1 = 20511 Then GoTo formula20511          '20511 变形限幅非线性四阶变形Jerk双涡圈电路
If select1 = 20512 Then GoTo formula20512          '20512 变形限幅非线性五阶Jerk双涡圈电路
If select1 = 20514 Then GoTo formula20514          '20514 三阶单二极管y反馈Jerk电路
If select1 = 20515 Then GoTo formula20515          '20515 三阶y反馈双曲正弦Jerk电路
If select1 = 20517 Then GoTo formula20517          '20517 三阶y反馈限幅Jerk电路
If select1 = 20518 Then GoTo formula20518          '20518 四阶双曲正弦y反馈Jerk电路
If select1 = 20519 Then GoTo formula20519          '20519 五阶双曲正弦y反馈Jerk电路
```

```
If select1 = 20601 Then GoTo formula20601        '20601 洛斯勒混沌电路
If select1 = 20602 Then GoTo formula20602        '20602 洛伦兹方程电路
If select1 = 20603 Then GoTo formula20603        '20603 y对称洛伦兹方程电路
If select1 = 20604 Then GoTo formula20604        '20604 陈关荣方程电路
If select1 = 20605 Then GoTo formula20605        '20605 吕金虎方程电路
If select1 = 20606 Then GoTo formula20606        '20606 洛伦兹方程电路的z对称电路
If select1 = 20607 Then GoTo formula20607        '20607 一种下飞蝴蝶混沌电路
If select1 = 20608 Then GoTo formula20608        '20608 四阶洛斯勒方程
If select1 = 20609 Then GoTo formula20609        '20609 yux增阶洛伦兹四阶混沌电路
If select1 = 20610 Then GoTo formula20610        '20610 yux增阶改变参数洛伦兹四阶混沌电路
If select1 = 20611 Then GoTo formula20611        '20611 (y+z)ux洛伦兹四阶混沌电路
If select1 = 20612 Then GoTo formula20612        '20612 zuy增阶洛伦兹四阶混沌电路
If select1 = 20613 Then GoTo formula20613        '20613 ywy增阶洛伦兹四阶超混沌电路
If select1 = 20614 Then GoTo formula20614        '20614 xwy增阶洛伦兹四阶超混沌电路
If select1 = 20615 Then GoTo formula20615        '20615 xwx增阶洛伦兹四阶超混沌电路
If select1 = 20616 Then GoTo formula20616        '20616 xu(xyz)增阶洛伦兹四阶超混沌电路
If select1 = 20617 Then GoTo formula20617        '20617 t加三类洛伦兹四阶超混沌电路
If select1 = 20618 Then GoTo formula20618        '20618 二次幂四阶类洛伦兹混沌电路
If select1 = 20619 Then GoTo formula20619        '20619 二次幂五阶类洛伦兹混沌电路
If select1 = 20620 Then GoTo formula20620        '20620 一种五阶类洛伦兹混沌电路
If select1 = 20622 Then GoTo formula20622        '20622 四阶四翼混沌电路

If select1 = 20701 Then GoTo formula20701        '20701 基于蔡氏电路的忆阻四阶混沌电路
If select1 = 20703 Then GoTo formula20703        '20703 二极管桥与串联RL滤波器一阶广义忆阻模拟
If select1 = 20709 Then GoTo formula20709        '20709 胡诗沂四阶类洛伦兹超混沌

If select1 = 20804 Then GoTo formula20804        '20804 滞回函数非线性蔡氏电路
```

```
  If select1 = 21003 Then GoTo formula21003      '21003 化学振荡
  GoTo subend

formula20101:                                     ' 杜芬方程电路
  Label1.Caption = "20101 杜芬方程 "
  Scale0 = 3
  Height = 4000: Width = 4000: BackColor = &HFFFFFF
  x1_init = 0.2: x2_init = 0.1: x3_init = 0.1
  h = 0.001: time_sum = 60: time_pass = 10
  x3 = 3 * Sin(j)                                 ' j, j*10, j/10
  dx1 = x2
  dx2 = -(x1 * x1 * x1 + 0.1 * x2 - x1) + 2.09 * Cos(0.5 * j)
  GoTo subend

formula20102:
  Label1.Caption = "20102 范德波尔方程 "
  Height = 4000: Width = 4000: BackColor = &HFFFFFF
  Scale0 = 6                                      '20102 受迫范德波尔方程电路
  h = 0.0002: time_sum = 10.5: time_pass = 10
  dx1 = -10 * x2
  dx2 = 10 * x1 + 10 * x2 * (1 - x1 * x1 / 3) - x3
  x3 = 6 * Cos(3.6 * j)
  GoTo subend

formula20201:                                     ' 双运放三折线负阻非线性蔡氏电路
  Label1.Caption = "20201 双运放三折线负阻非线性蔡氏电路 "
  Height = 4000: Width = 4000: BackColor = &HFFFFFF
  Scale0 = 3
  x1_init = 0.2: x2_init = 0.1: x3_init = 0.1
  h = 0.001: time_sum = 100: time_pass = 10
  'fx1 = 0.5 * (Abs(x1 + 0.7) - Abs(x1 - 0.7))' 真正的物理公式
  fx1 = 0.5 * (Abs(x1 + 1) - Abs(x1 - 1))       ' 仅仅提供 3D 显示的公式
  dx1 = 1.565 * x2 - 2.574 * x1 + 3.861 * fx1
  dx2 = 5.75 * x1 - x2 + 8 * x3
  dx3 = -1.768 * x2
  GoTo subend

formula20301:                                     '20301 CNN 中的 Sigmoid 函数
                                                  曲线
  Label1.Caption = "20301 CNN 中的 Sigmoid 函数曲线 "
  Height = 4000: Width = 4000: BackColor = &HFFFFFF
  Scale0 = 10
  x1_init = 0.14: x2_init = 0.1: x3_init = 0.1
```

```
  h = 0.001: time_sum = 60: time_pass = 10
  sx1 = 3 * (2 / (1 + Exp(-x1)) - 1)
  dx1 = 1.6 * x2 - 2.6 * x1 + 3.9 * sx1
  dx2 = 5.8 * x1 - x2 + 8 * x3
  dx3 = -1.8 * x2
  GoTo subend

formula20302:                                  '20302 三阶三折线蔡氏电路
  Label1.Caption = "20302 三阶三折线蔡氏电路"
  Height = 4000: Width = 4000: BackColor = &HFFFFFF
  Scale0 = 3
  x1_init = 0.14: x2_init = 0.1: x3_init = 0.1
  h = 0.001: time_sum = 60: time_pass = 10
  fx1 = 0.5 * (Abs(x1 + 1) - Abs(x1 - 1))    '限幅非线性函数
  dx1 = 1.565 * x2 - 2.574 * x1 + 3.861 * fx1
  dx2 = 5.75 * x1 - x2 + 8 * x3
  dx3 = -1.768 * x2
  GoTo subend

formula20303:                                  '四阶限幅蔡氏电路
  Label1.Caption = "20303 四阶限幅蔡氏电路"
  Height = 4000: Width = 4000: BackColor = &HFFFFFF
  Scale0 = 3
  x1_init = 0.25: x2_init = 0.1: x3_init = 0.1: x4_init = 0.1: x5_init =
0.1
  h = 0.001: time_sum = 100: time_pass = 10
  fx1 = 0.5 * (Abs(x1 + 1) - Abs(x1 - 1))
  dx1 = 1.57 * x2 - 2.5 * x1 + 3.7 * fx1
  dx2 = 5.9 * x1 - 1.2 * x2 + 7.7 * x3 + 0.25 * x5
  dx3 = -1.8 * x2 - 0.4 * x4 - 0.025 * x5
  dx4 = -0.26 * x3
  GoTo subend

formula20304:                                  '五阶限幅蔡氏电路
  Label1.Caption = "20304 五阶限幅蔡氏电路"
  Height = 4000: Width = 4000: BackColor = &HFFFFFF
  Scale0 = 3.2
  x1_init = 0.21: x2_init = -0.1: x3_init = 0.1: x4_init = 0.1: x5_init = 0.1
  h = 0.001: time_sum = 100: time_pass = 10
  fx1 = 0.5 * (Abs(x1 + 1) - Abs(x1 - 1))
  dx1 = 1.57 * x2 - 2.4 * x1 + 3.7 * fx1
  dx2 = 5.9 * x1 - 1.2 * x2 + 7.7 * x3 + 0.25 * x5
  dx3 = -1.8 * x2 - 0.4 * x4 - 0.025 * x5
  dx4 = -0.26 * x3
```

```
  dx5 = 1.2 * x2 - 0.4 * x5
  GoTo subend

formula20305:                                   '20305 三阶限幅默比乌斯带混沌电路
  Label1.Caption = "20305 三阶限幅默比乌斯带混沌电路"
  Height = 4000: Width = 4000: BackColor = &HFFFFFF
  Scale0 = 5
  x1_init = 0.12: x2_init = -0.11: x3_init = 0.1
  h = 0.003: time_sum = 180: time_pass = 10
  formula1 = " dx1 = -3.84x3 - 1.92x4"
  formula2 = " dx2 = 2x2 + 3.84x3"
  formula3 = " dx3 = 2.86x1 - 3.125x2"
  'fx1 = 0.5 * (Abs(x1 + 1) - Abs(x1 - 1))  '何振亚原始数据
  'dx1 = -3.6 * fx1 + 1.2 * x1 + 8.41 * x2
  'dx2 = -x2 + x1 + x3
  fx1 = 0.5 * (Abs(x1 + 1) - Abs(x1 - 1))
  dx1 = -3.6 * fx1 + 1.2 * x1 + 1.7 * x2
  dx2 = 5 * x1 - x2 + 5 * x3
  dx3 = -2.4 * x2
  ,s32=-12.65~-13.45    扭乌斯混沌,              'x3new1=-X3+s32*X2+s33*X3
  ,s32=13.48~-13.48     周期 8,
  ,s32=13.49~-13.50     周期 4,
  ,s32=-13.55~-13.65    周期 2,
  ,s32>-13.98~-14       周期 1,
  ,s32=-26              周期不动点
  GoTo subend

formula20306:                                   '20306 四阶限幅默比乌斯带混沌电路
  Label1.Caption = "20306 四阶限幅默比乌斯带混沌电路"
  Height = 4000: Width = 4000: BackColor = &HFFFFFF
  Scale0 = 5
  x1_init = 0.2: x2_init = 0.1: x3_init = 0.1: x4_init = 0.1: x5_init = 0.1
  h = 0.003: time_sum = 180: time_pass = 10
  fx1 = 0.5 * (Abs(x1 + 1) - Abs(x1 - 1))
  dx1 = -3.6 * fx1 + 1.2 * x1 + 1.68 * x2
  dx2 = 5 * x1 - x2 + 5 * x3 - 0.1 * x4
  dx3 = -2.4 * x2
  dx4 = -x3 - x4
  GoTo subend

formula20307:                                   '20307 三阶限幅双螺圈混沌电路
  Label1.Caption = "20307 三阶限幅双螺圈混沌电路"
  Height = 4000: Width = 4000: BackColor = &HFFFFFF
  Scale0 = 3
```

```
  x1_init = 0.2: x2_init = -0.1: x3_init = 0.1
  h = 0.001: time_sum = 100: time_pass = 10
  fx1 = 0.5 * (Abs(x1 + 1) - Abs(x1 - 1))
  dx1 = 0.56 * x1 - 0.86 * fx1 - 2.5 * x2
  dx2 = 10 * x1 - x2 - 10 * x3
  dx3 = -2 * x2
  GoTo subend

formula20308:                                 '四阶限幅双螺圈混沌电路
  Label1.Caption = "20308 四阶限幅双螺圈混沌电路"
  Height = 4000: Width = 4000: BackColor = &HFFFFFF
  Scale0 = 5
  x1_init = 0.18: x2_init = 0.2: x3_init = -0.228: x4_init = 0.1
  h = 0.002: time_sum = 100: time_pass = 10
  fx1 = 0.5 * (Abs(x1 + 1) - Abs(x1 - 1))
  dx1 = 0.56 * x1 - 0.86 * fx1 - 2.5 * x2
  dx2 = 10 * x1 - x2 - 10 * x3
  dx3 = -2 * x2 - 0.1 * x4
  dx4 = -x3 - x4
  GoTo subend

formula20309:                                 '三阶三次幂非线性混沌电路
  Label1.Caption = "20309 三阶三次幂非线性混沌电路"
  Height = 4000: Width = 4000: BackColor = &HFFFFFF
  Scale0 = 3.6
  x1_init = 0.21: x2_init = 0.1: x3_init = 0.1
  h = 0.002: time_sum = 200: time_pass = 10
  dx1 = 1.57 * x2 + 1.8 * x1 - 0.74 * x1 * x1 * x1
  dx2 = 8.2 * x1 - x2 + 9.1 * x3
  dx3 = -2.33 * x2                            '以下是同一公式，勿删
  'fx1 = 0.5 * (Abs(x1 + 0.7) - Abs(x1 - 0.7)) : gx1 = x1 - fx1   '限幅
  'hx1 = -0.13 * x1 + 0.2 * x1 * x1 * x1             '三次幂
  'jx1 = 0.7 * x1 - 0.3 * Sgn(x1)                    '符号
  'dx1 = 1.57 * x2 + 1.33 * x1 - 3.7 * gx1           '限幅  √
  'dx1 = 1.57 * x2 + 1.33 * x1 - 3.7 * hx1           '三次幂√
  'dx1 = 1.57 * x2 + 1.33 * x1 - 3.7 * jx1           '符号  √
  'dx2 = 5.75 * x1 - x2 + 8 * x3
  'dx3 = -1.768 * x2
  GoTo subend

formula20310:                                 '三阶阶跃（符号）非线性混沌电路
  Label1.Caption = "20310 三阶阶跃（符号）非线性混沌电路"
  Height = 4000: Width = 4000: BackColor = &HFFFFFF
  Scale0 = 2.5
```

```
  x1_init = 0.1: x2_init = -0.1: x3_init = 0.1
  h = 0.0021: time_sum = 80: time_pass = 10
  dx1 = 1.57 * x2 - 1.27 * x1 + 1.1 * Sgn(x1)
  dx2 = 5.75 * x1 - x2 + 8 * x3
  dx3 = -1.77 * x2
  GoTo subend

formula20311:                                    '三阶双曲正弦仿蔡氏电路
  Label1.Caption = "20311 三阶双曲正弦仿蔡氏电路"
  Height = 4000: Width = 4000: BackColor = &HFFFFFF
  Scale0 = 8
  x1_init = 0.21: x2_init = 0.1: x3_init = 0.1
  h = 0.002: time_sum = 100: time_pass = 10
  fx1 = 0.5 * (Exp(x1) - Exp(-x1))
  dx1 = 0.6 * x1 + 1.96 * x2 - 0.04 * fx1
  dx2 = 8.2 * x1 - x2 + 9.1 * x3
  dx3 = -2.33 * x2
  GoTo subend

formula20312:                                    '四阶双曲正弦仿蔡氏电路
  Label1.Caption = "20312 四阶双曲正弦仿蔡氏电路"
  Height = 4000: Width = 4000: BackColor = &HFFFFFF
  Scale0 = 35
  x1_init = 0.38: x2_init = -0.1: x3_init = -0.1: x4_init = 0.1
  h = 0.004: time_sum = 100: time_pass = 10
  fx1 = 0.5 * (Exp(x1) - Exp(-x1))
  dx1 = 0.6 * x1 + 1.96 * x2 - 0.25 * x4 - 0.00000004 * fx1
  dx2 = 8.2 * x1 - x2 + 9.1 * x3
  dx3 = -2.33 * x2
  dx4 = -0.25 * x3
  GoTo subend

formula20313:                                    '五阶双曲正弦仿蔡氏电路
  Label1.Caption = "20313 五阶双曲正弦仿蔡氏电路"
  Height = 4000: Width = 4000: BackColor = &HFFFFFF
  Scale0 = 35
  x1_init = 0.3: x2_init = -0.2: x3_init = -0.1: x4_init = 0.1
  h = 0.002: time_sum = 100: time_pass = 10
  fx1 = 0.5 * (Exp(x1) - Exp(-x1))
  fx1 = 0.5 * (Exp(x1) - Exp(-x1))
  dx1 = 0.6 * x1 + 1.96 * x2 - 0.25 * x4 - 0.00000004 * fx1
  dx2 = 8.2 * x1 - x2 + 9.1 * x3 + 0.3 * x5
  dx3 = -2.33 * x2
```

```
  dx4 = -0.25 * x3 + 0.05 * x5
  dx5 = 0.6 * x1 - 4 * x3 - x5

  GoTo subend

formula20314:                          '三阶反双曲正弦仿蔡氏电路
  Label1.Caption = "20314 三阶反双曲正弦仿蔡氏电路"
  Height = 4000: Width = 4000: BackColor = &HFFFFFF
  Scale0 = 3
  x1_init = 0.21: x2_init = 0.1: x3_init = 0.1
  h = 0.002: time_sum = 80: time_pass = 10
  fx1 = -3 * x1 + 4 * Log(x1 + Sqr(x1 * x1 + 1))
  dx1 = 1.96 * x2 + fx1
  dx2 = 8.2 * x1 - x2 + 9.1 * x3
  dx3 = -2.33 * x2
  GoTo subend

formula20315:                          '四阶反双曲正弦仿蔡氏电路
  Label1.Caption = "20315 四阶反双曲正弦仿蔡氏电路"
  Height = 4000: Width = 4000: BackColor = &HFFFFFF
  Scale0 = 4.2
  x1_init = 0.21: x2_init = 0.1: x3_init = 0.1
  h = 0.002: time_sum = 100: time_pass = 10
  arsinhx1 = Log(x1 + Sqr(x1 * x1 + 1))
  dx1 = 1.96 * x2 - 3 * x1 + 4 * arsinhx1 + 0.12 * x4
  dx2 = 8.2 * x1 - x2 + 9.1 * x3 - 0.3 * x4 + 0.03 * x5
  dx3 = -2.33 * x2
  dx4 = -2.33 * x3 - 1.5 * x4
  GoTo subend

formula20316:                          '五阶反双曲正弦仿蔡氏电路
  Label1.Caption = "20316 五阶反双曲正弦仿蔡氏电路"
  Height = 4000: Width = 4000: BackColor = &HFFFFFF
  Scale0 = 4
  x1_init = 0.21: x2_init = 0.1: x3_init = 0.1
  h = 0.002: time_sum = 100: time_pass = 10
  arsinhx1 = Log(x1 + Sqr(x1 * x1 + 1))
  dx1 = 1.96 * x2 - 3 * x1 + 4 * arsinhx1 + 0.12 * x4
  dx2 = 8.2 * x1 - x2 + 9.1 * x3 - 0.3 * x4 + 0.03 * x5
  dx3 = -2.33 * x2
  dx4 = -2.33 * x3 - 1.5 * x4
  dx5 = -0.45 * x4 - 0.5 * x5
  GoTo subend
```

```
formula20317:                                    '20317 四阶细胞神经网络电路
  Label1.Caption = "20317 四阶细胞神经网络电路"
  Height = 4000: Width = 4000: BackColor = &HFFFFFF
  Scale0 = 3
  x1_init = 0.2: x2_init = 0.1: x3_init = -0.1: x4_init = 0.1
  h = 0.001: time_sum = 50: time_pass = 10
  dx1 = -4 * x3 - 2 * x4
  dx2 = 2 * x2 + 4 * x3
  dx3 = (14 / 4 * x1 - 14 / 4 * x2)
  dx4 = 50 * x1 - 100 * x4 + 50 * (Abs(2 * x4 + 1) - Abs(2 * x4 - 1))
  GoTo subend

formula20318:                                    '203189 五阶细胞神经网络电路
  Label1.Caption = "20318 五阶细胞神经网络电路"
  Height = 4000: Width = 4000: BackColor = &HFFFFFF
  Scale0 = 7
  x1_init = 2: x2_init = 2: x3_init = 0.1: x4_init = 0.1: x5_init = 0.1
  h = 0.001: time_sum = 50: time_pass = 10
  dx1 = -4 * x3 - 2 * x4
  dx2 = 2 * x2 + 4 * x3
  dx3 = 3.5 * x1 - 3.5 * x2
  dx4 = 40 * x1 - 79 * x4 - 5.6 * x5 + 84 * (Abs(2 * x4 + 1) - Abs(2 *
x4 - 1))
  dx5 = 3.6 * x3 - 2 * x5
  GoTo subend

formula20319:
  Label1.Caption = "20319三阶拓扑等效七合一蔡氏电路"
  Height = 4000: Width = 4000: BackColor = &HFFFFFF
  Scale0 = 3.2
  x1_init = 0.2: x2_init = 0.1: x3_init = -0.1: x4_init = 0.1: x5_init =
0.1
  h = 0.001: time_sum = 80: time_pass = 10
  dx1 = -x3 - x4
  dx2 = 2 * x2 + x3
  dx3 = 11 * x1 - 12 * x2
  dx4 = 92 * x1 - 95 * x4 - x5 + 101 * (Abs(x4 + 1) - Abs(x4 - 1))
  dx5 = 15 * x3 - 2 * x5
  'dx1 = -3.84 * x3 - 1.92 * x4
  'dx2 = 2 * x2 + 3.84 * x3
  'dx3 = 2.86 * x1 - 3.125 * x2
  'dx4 = 40 * x1 - 79 * x4 - 5.56 * x5 + 84 * (Abs(x4 + 1) - Abs(x4 - 1))
  'dx5 = 3.6 * x3 - 2 * x5
```

```
  GoTo subend

formula20320:                                 '三、四、五阶组合限幅非线性蔡氏电路
  Label1.Caption = "20320 三、四、五阶组合限幅非线性蔡氏电路"
  Height = 4000: Width = 4000: BackColor = &HFFFFFF
  Scale0 = 3
  x1_init = 0.21: x2_init = 0.1: x3_init = 0.1
  h = 0.002: time_sum = 100: time_pass = 10
      fx1 = 0.5 * (Abs(x1 + 0.7) - Abs(x1 - 0.7))
  gx1 = x1 - fx1                                              ' 限幅
  hx1 = -0.13 * x1 + 0.2 * x1 * x1 * x1                       ' 三次幂
  jx1 = 0.7 * x1 - 0.3 * Sgn(x1)                              ' 符号

  dx1 = 1.57 * x2 + 1.33 * x1 - 3.7 * hx1
  dx2 = 5.75 * x1 - x2 + 8 * x3
  dx3 = -1.768 * x2
  GoTo subend

formula20401:                                 ' 四阶加和限幅非线性混沌电路
  Label1.Caption = "20401 四阶加和限幅非线性混沌电路"
  Height = 4000: Width = 4000: BackColor = &HFFFFFF
  Scale0 = 6
  x1_init = 0.0131: x2_init = -0.01: x3_init = -0.01: x4_init = 0.01
  h = 0.002: time_sum = 100: time_pass = 10
  fx1x3 = 0.5 * (Abs(x1 + x3 + 1) - Abs(x1 + x3 - 1)) ,: vo = -fx1x3,
  dx1 = -x2 + 0.1 * x1 - 0.2 * fx1x3
  dx2 = -0.01 * x2 + x1 - 2 * fx1x3
  dx3 = -0.1 * x3 - x4 + 0.2 * fx1x3
  dx4 = x3 - 0.1 * x4 - 2 * fx1x3
  GoTo subend

formula20402:                                 ' 三阶和法限幅非线性混沌电路
  Label1.Caption = "20402 三阶和法限幅非线性混沌电路"
  Height = 4000: Width = 4000: BackColor = &HFFFFFF
  Label3.Caption = "山东外国语职业学院"
  Scale0 = 4
  x1_init = 0.57: x2_init = -0.5: x3_init = 0.35
  h = 0.002: time_sum = 100: time_pass = 10
  vo = -3 * (Abs(x1 + x3 / 3 + 0.25) - Abs(x1 + x3 / 3 - 0.25))
  dx1 = 0.06 * x1 - x2 + 0.08 * vo
  dx2 = x1 - 0.016 * x2 + vo
  dx3 = -0.1 * x3 - 3 * x4 - 0.24 * vo
  GoTo subend
```

```
formula20403:                    '一种三阶限幅非线性混沌的最简基因电路
    Label1.Caption = "20403 一种三阶限幅非线性混沌的最简基因电路"
    Height = 8500: Width = 9000
    Scale0 = 5
    m = -2: n = 40: d = 3
    xlk = 1: ylk = 1: xrk = 1: yrk = 1
    x1_init = 0.32: x2_init = 0.1: x3_init = 0.1: x4_init = 0.1: x5_init =
0.1
    roo = Scale0
    h = 0.001: time_sum = 200: time_pass = 10
    gx1 = x1 - 0.5 * (Abs(x1 + 2) - Abs(x1 - 2))
    dx1 = -x2 + x3
    dx2 = 4 * gx1 - 0.85 * x2 - 0.2 * x4
    dx3 = -x1 + 0.6 * x3 - 0.02 * x5
    ,dx4 = 0.5 * x3
    ,dx5 = -0.2 * x4 - 0.1 * x5
    GoTo subend

formula20404:                    '四阶限幅非线性混沌进化基因电路
    Label1.Caption = "20404 四阶限幅非线性混沌进化基因电路"
    Height = 8500: Width = 9000
    Scale0 = 5
    m = -2: n = 40: d = 3
    xlk = 1: ylk = 1: xrk = 1: yrk = 1
    x1_init = 0.32: x2_init = 0.1: x3_init = 0.1: x4_init = 0.1: x5_init =
0.1
    roo = Scale0
    h = 0.001: time_sum = 200: time_pass = 10
    gx1 = x1 - 0.5 * (Abs(x1 + 2) - Abs(x1 - 2))
    dx1 = -x2 + x3
    dx2 = 4 * gx1 - 0.85 * x2 - 0.2 * x4
    dx3 = -x1 + 0.6 * x3 - 0.02 * x5
    dx4 = 0.5 * x3
    ,dx5 = -0.2 * x4 - 0.1 * x5
    GoTo subend

formula20405:                    '基于八运放的五阶限幅非线性混沌再进化电路
    Label1.Caption = "20405 基于八运放的五阶限幅非线性混沌再进化电路"
    Height = 4000: Width = 4000: BackColor = &HFFFFFF
    Scale0 = 6
    x1_init = 0.32: x2_init = 0.1: x3_init = 0.1: x4_init = 0.1: x5_init =
0.1
```

```
  h = 0.001: time_sum = 100: time_pass = 10
  gx1 = x1 - 0.5 * (Abs(x1 + 2) - Abs(x1 - 2))
  dx1 = -x2 + x3
  dx2 = 4 * gx1 - 0.85 * x2 - 0.2 * x4
  dx3 = -x1 + 0.6 * x3 - 0.02 * x5
  dx4 = 0.5 * x3
  dx5 = -0.2 * x4 - 0.1 * x5
  GoTo subend

formula20406:                    '基于九运放的五阶限幅非线性混沌再进化电路
  Label1.Caption = "20406 基于九运放的五阶限幅非线性混沌再进化电路"
  Height = 4000: Width = 4000: BackColor = &HFFFFFF
  Scale0 = 6
  x1_init = 0.32: x2_init = 0.1: x3_init = -0.1: x4_init = 0.1: x5_init = 0.1
  h = 0.001: time_sum = 100: time_pass = 10
  gx1 = x1 - 0.5 * (Abs(x1 + 2) - Abs(x1 - 2))
  dx1 = -x2 + x3 - 0.1 * x5
  dx2 = 4 * gx1 - x2 - 0.2 * x4
  dx3 = -x1 + 0.6 * x3
  dx4 = 0.5 * x2
  dx5 = -x4 - 0.7 * x5
  GoTo subend

formula20412:                    '20412 五阶单向限幅非线性混沌电路
  Label1.Caption = "20412 五阶单向限幅非线性混沌电路"
  Height = 4000: Width = 4000: BackColor = &HFFFFFF
  Scale0 = 2
  x1_init = 0.5: x2_init = 0.1: x3_init = -0.1: x4_init = 0.1: x5_init =
0.1
  h = 0.002: time_sum = 200: time_pass = 25
  x5 = x5 + Scale0 / 2
  ex4 = 0: If x4 > 0.7 Then ex4 = 8 * (x4 - 0.7)
  dx1 = -x2 + 0.33 * x1
  dx2 = x1 - x3
  dx3 = x2 - x4
  dx4 = x3 - x5
  dx5 = ex4 - x5
  x5 = x5 - Scale0 / 2
  GoTo subend

formula20501:
  Label1.Caption = "20501 二次幂非线性三阶 Jerk 电路"
  Height = 4000: Width = 4000: BackColor = &HFFFFFF
```

```
    Scale0 = 1
    x1_init = 0.1: x2_init = 0.1: x3_init = 0.1
    h = 0.002: time_sum = 100: time_pass = 10
    dx1 = x2
    dx2 = x3
    dx3 = -0.5 * x3 - x2 - x1 - x1 * x1
    GoTo subend

  formula20502:                                   '二次幂第三阶反馈的三阶
                                                  Jerk电路组合
    Label1.Caption = "20502 二次幂第三阶反馈的三阶Jerk电路组合"
    Height = 8500: Width = 12000
    Scale0 = 5
    m = -2: n = 40: d = 3                         '
    xlk = 1: ylk = 1: xrk = 1: yrk = 1
    x1_init = 0.1: x2_init = 0.1: x3_init = 0.1
    h = 0.001: time_sum = 80: time_pass = 10
    roo = Scale0
    dx1 = x2
    dx2 = x3
    'dx3 = -0.5 * x3 - x2 - (x1 + 0.25 * x1 * x1)   '第一种非线性电路
    dx3 = -0.5 * x3 - x2 - (x1 - 0.25 * x1 * x1)    '第二种非线性电路
    'dx3 = -0.5 * x3 - x2 - (1 - 0.25 * x1 * x1)    '第三种非线性电路
    'dx3 = -0.5 * x3 - x2 - (-1 + 0.25 * x1 * x1)   '第四种非线性电路
    GoTo subend

  formula20503:                  '绝对值非线性函数三阶级联混沌电路
    Label1.Caption = "20503 绝对值非线性函数三阶级联混沌电路"
    Height = 8500: Width = 12000
    Scale0 = 5
    m = -2: n = 40: d = 3
    xlk = 1: ylk = 1: xrk = 1: yrk = 1
    x1_init = 0.1: x2_init = 0.1: x3_init = 0.1
    h = 0.001: time_sum = 100: time_pass = 10
    roo = Scale0
    dx1 = -x2
    dx2 = -x3
    'dx3 = -0.6 * x3 + x2 + Abs(x1) - 1                        '周期
     dx3 = -0.58 * x3 + x2 + Abs(x1) - 2                              '成功
Scale0 = 3
    'dx3 = 2 * x2 + Abs(x1) - 1                                '暂态混沌
    ,dx3 = -0.1 * x3 + x2 + 0.5 * Abs(x1) - 0.5               '半成功
    GoTo subend
```

```
formula20504:                              '正向传递非线性函数三阶级联混沌电路
  Label1.Caption = "20504 正向传递非线性函数三阶级联混沌电路"
  Height = 4000: Width = 4000: BackColor = &HFFFFFF
  Scale0 = 5
  x1_init = 0.1: x2_init = 0.1: x3_init = -0.1
  h = 0.005: time_sum = 160: time_pass = 10
  If x1 < 0 Then fx1 = 0 Else fx1 = x1
  dx1 = 0.5 * x2
  dx2 = 0.4 * x3
  dx3 = -0.3 * x3 - 0.75 * x2 - 5 * fx1 + 0.5     ' -b * z - c * y - dx +
1
  GoTo subend

formula20505:                              '反向非线性函数三阶级联混沌电路
  Label1.Caption = "20505 反向非线性函数三阶级联混沌电路"
  Height = 4000: Width = 4000: BackColor = &HFFFFFF
  Scale0 = 6
  x1_init = 0.3: x2_init = 0.2: x3_init = -0.1
  h = 0.005: time_sum = 160: time_pass = 10
  If x1 > 0 Then fx1 = 0 Else fx1 = x1
  dx1 = 0.5 * x2
  dx2 = 0.4 * x3
  dx3 = -0.3 * x3 - 0.75 * x2 - 5 * fx1 - 0.5     ' -b * z - c * y - dx +
1
  GoTo subend

formula20507:                              '限幅非线性三阶 Jerk 双涡圈电路
  Label1.Caption = "20507 限幅非线性三阶 Jerk 双涡圈电路"
  Height = 4000: Width = 4000: BackColor = &HFFFFFF
  Scale0 = 11
  x1_init = -0.11: x2_init = 0.1: x3_init = -0.1
  h = 0.002: time_sum = 100: time_pass = 10
  B = 8: c = 0.5
  fx1 = 0.5 * (Abs(x1 + 0.5) - Abs(x1 - 0.5))
  dx1 = x2
  dx2 = x3
  dx3 = -0.8 * x3 - x2 - x1 + 9 * fx1
  GoTo subend

formula20508:                              '三次幂非线性三阶 Jerk 电路
  Label1.Caption = "20508 三次幂非线性三阶 Jerk 电路"
  Height = 4000: Width = 4000: BackColor = &HFFFFFF
```

```
    Scale0 = 1.6
    x1_init = 0.2: x2_init = 0.1: x3_init = 0.1
    h = 0.002: time_sum = 100: time_pass = 10
    dx1 = x2
    dx2 = x3
    dx3 = -0.7 * x3 - x2 + x1 - x1 * x1 * x1
    GoTo subend

  formula20509:                    '阶跃（符号）非线性三阶双涡圈电路
    Label1.Caption = "20509 阶跃（符号）非线性三阶双涡圈电路"
    Height = 4000: Width = 4000: BackColor = &HFFFFFF
    Scale0 = 2.4
    x1_init = 0: x2_init = 1: x3_init = 0
    h = 0.002: time_sum = 200: time_pass = 10
    dx1 = x2
    dx2 = x3
    dx3 = -0.5 * x3 - x2 - x1 + Sgn(x1)
    GoTo subend

  formula20511:                    '变形限幅非线性四阶变形 Jerk 双涡圈电路
    Label1.Caption = "20511 变形限幅非线性四阶变形 Jerk 双涡圈电路"
    Height = 8500: Width = 12000
    Scale0 = 1.4
    m = -1: n = 40: d = 3
    xlk = 1: ylk = 1: xrk = 1: yrk = 1
    x1_init = 0.1: x2_init = 0.1: x3_init = 0.1: x4_init = 0.11: x5_init =
0.1
    h = 0.002: time_sum = 220: time_pass = 10
    roo = Scale0
    fx3 = (Abs(x3 + 1) - Abs(x3 - 1)) / 2
    dx1 = -0.48 * x1 + x2 - 3 * x3 + 3.3 * fx3
    dx2 = -x1 - 0.56 * x4
    dx3 = -x2
    dx4 = -0.25 * x3
    GoTo subend

  formula20512:
    Label1.Caption = "20512 变形限幅非线性五阶 Jerk 双涡圈电路"
    Height = 4000: Width = 4000: BackColor = &HFFFFFF
    Scale0 = 1.2
    x1_init = 0.1: x2_init = 0.1: x3_init = 0.1: x4_init = 0.11: x5_init =
0.1
    h = 0.005: time_sum = 220: time_pass = 10
```

```
    fx3 = (Abs(x3 + 1) - Abs(x3 - 1)) / 2
    dx1 = -0.48 * x1 + x2 - 3 * x3 + 3.3 * fx3
    dx2 = -x1 - 0.14 * x4
    dx3 = -x2
    dx4 = -x1 + 0.5 * x5 / 1.435
    dx5 = -0.3 * 1.435 * x4 - 0.17 * x5
    GoTo subend

  formula20514:                              '三阶单二极管y反馈Jerk电路
    Label1.Caption = "20514 三阶单二极管y反馈Jerk电路"
    Height = 4000: Width = 4000: BackColor = &HFFFFFF
    Scale0 = 2.8
    x1_init = 0.1: x2_init = 0.1: x3_init = 0.1: x4_init = 0.11: x5_init =
0.1
    h = 0.001: time_sum = 100: time_pass = 10
    fx3 = 0.000000001 * (Exp(x2 / 0.026) - 1)
    dx1 = x2
    dx2 = x3
    dx3 = -x1 - 0.5 * x3 - fx3
    GoTo subend

  formula20515:
    Label1.Caption = "20515 三阶y反馈双曲正弦Jerk电路"
    Height = 4000: Width = 4000: BackColor = &HFFFFFF
    Scale0 = 8
    x1_init = 0.3: x2_init = 0.1: x3_init = 0.1: x4_init = 0.1: x5_init =
0.1
    h = 0.001: time_sum = 100: time_pass = 10
    alfa = 1: beta = 2
    fx2 = (Exp(x2 / 0.26) - Exp(-x2 / 0.26)) / 1000000000
    dx1 = x2
    dx2 = 1.4 * x3
    dx3 = -x3 - 1.43 * x1 - 0.71 * fx2
    GoTo subend

  formula20517:                              '限幅 没有调试，EWB电路仿真通过
    Label1.Caption = "20517 三阶y反馈限幅Jerk电路"
    Height = 8500: Width = 9000
    Scale0 = 0.8
    m = -2: n = 50: d = 3
    xlk = 1: ylk = 1: xrk = 1: yrk = 1
    x1_init = 0.3: x2_init = 0.1: x3_init = 0.1: x4_init = 0.1: x5_init =
0.1
```

```
    h = 0.001: time_sum = 80: time_pass = 10
    roo = Scale0
    alfa = 1: beta = 3.3            'alfa=1:beta=2, 范围各 1, 相图好
    gy = 100 * x2 - 50 * (Abs(x2 + 0.52) - Abs(x2 - 0.52))
    dx1 = x2
    dx2 = x3
    dx3 = -alfa * x3 - beta * x1 - gy
    GoTo subend

  formula20518:                     '四阶双曲正弦y反馈 Jerk 电路
    Label1.Caption = "20518 四阶双曲正弦y反馈 Jerk 电路"
    Height = 8500: Width = 12000
    Scale0 = 2
    m = -2: n = 40: d = 3
    xlk = 1: ylk = 1: xrk = 1: yrk = 1
    x1_init = 0.32: x2_init = 0.1: x3_init = 0.1: x4_init = 0.1: x5_init =
0.1
    h = 0.001: time_sum = 100: time_pass = 10
    roo = Scale0
    fx2 = (Exp(x2 / 0.026) - Exp(-x2 / 0.026)) / 1000000000
    dx1 = -x1 - 3.3 * x3 + x4 + fx2
    dx2 = -x1
    dx3 = -x2
    dx4 = -x3
    GoTo subend

  formula20519:                     '五阶双曲正弦y反馈 Jerk 电路
    Label1.Caption = "20519 五阶双曲正弦y反馈 Jerk 电路"
    Height = 8500: Width = 12000
    Scale0 = 2
    m = -2: n = 40: d = 3
    xlk = 1: ylk = 1: xrk = 1: yrk = 1
    x1_init = 0.32: x2_init = 0.1: x3_init = 0.1: x4_init = 0.1: x5_init =
0.1
    h = 0.0005: time_sum = 80: time_pass = 10
    roo = Scale0
    fx2 = (Exp(x2 / 0.026) - Exp(-x2 / 0.026)) / 1000000000
    dx1 = -x1 - 3.3 * x3 + x4 - 0.45 * x5 + 5 * fx2
    dx2 = -x1
    dx3 = -x2
    dx4 = -x3
    dx5 = -x4
    GoTo subend
```

```
formula20601:                               '洛斯勒混沌电路
  Label1.Caption = "20601 洛斯勒混沌电路"
  Height = 4000: Width = 4000: BackColor = &HFFFFFF
  Scale0 = 4
  x1_init = 0.25: x2_init = -0.1: x3_init = 0.1
  h = 0.002: time_sum = 150: time_pass = 20
  x3 = x3 / 2 + 1.4
  dx1 = -x2 - 2.5 * x3
  dx2 = x1 + 0.2 * x2
  dx3 = 0.02 + 4 * x1 * x3 - 5.7 * x3
  x3 = (x3 - 1.4) * 2
  GoTo subend

formula20602:
  Label1.Caption = "20602 洛伦兹方程电路"
  Height = 4000: Width = 4000: BackColor = &HFFFFFF
  Scale0 = 5
  x1_init = 0.2: x2_init = 0.1: x3_init = 0.1: x4_init = 0.1: x5_init =
0.1
  h = 0.001: time_sum = 30: time_pass = 10
  dx1 = -10 * x1 + 14 * x2
  dx2 = 20 * x1 - x2 - 6.5 * x1 * x3
  dx3 = 2 * x1 * x2 - 2.7 * x3
  GoTo subend

formula20603:
  Label1.Caption = "20603 y对称洛伦兹方程电路"
  Height = 4000: Width = 4000: BackColor = &HFFFFFF
  Scale0 = 5
  x1_init = 0.2: x2_init = 0.1: x3_init = 0.1: x4_init = 0.1: x5_init =
0.1
  h = 0.001: time_sum = 40: time_pass = 10
  dx1 = -10 * x1 - 14 * x2
  dx2 = -20 * x1 - x2 + 6.5 * x1 * x3
  dx3 = -2 * x1 * x2 - 2.7 * x3
  GoTo subend

formula20604:
  Label1.Caption = "20604 陈关荣方程电路"
  Height = 4000: Width = 4000: BackColor = &HFFFFFF
  Scale0 = 10
  x1_init = 0.2: x2_init = 0.1: x3_init = 0.1: x4_init = 0.1: x5_init =
```

```
0.1
        h = 0.001: time_sum = 40: time_pass = 10
        dx1 = -10 * x1 + 10 * x2
        dx2 = -2 * x1 + 8 * x2 - 1.43 * x1 * x3
        dx3 = 0.57 * x1 * x2 - 0.86 * x3
        GoTo subend

    formula20605:
        Label1.Caption = "20605 吕金虎方程电路"
        Height = 4000: Width = 4000: BackColor = &HFFFFFF
        Scale0 = 2.4
        x1_init = 0.2: x2_init = 0.1: x3_init = 0.1: x4_init = 0.1: x5_init =
0.1
        h = 0.001: time_sum = 40: time_pass = 10
        dx1 = -10 * x1 + 10 * x2
        dx2 = 5.6 * x2 - 1.4 * x1 * x3
        dx3 = 5.6 * x1 * x2 - 0.83 * x3
        GoTo subend

    formula20606:                          '洛伦兹方程电路的z对称电路
        Label1.Caption = "20606洛伦兹方程电路的z对称电路"
        Height = 8500: Width = 9000: BackColor = &HFFFFFF
        Scale0 = 8
        m = -Scale0 / 2: n = Scale0 * 4: d = Scale0 / 2
        xlk = 1: ylk = 1: xrk = 1: yrk = 1
        x1_init = 0.2: x2_init = 0.1: x3_init = 0.1: x4_init = 0.1: x5_init =
0.1
        h = 0.001: time_sum = 30: time_pass = 10
        roo = Scale0
        'dx1 = -10 * x1 + 14 * x2
        'dx2 = 20 * x1 - x2 - 6.5 * x1 * x3
        'dx3 = 2 * x1 * x2 - 2.7 * x3
        dx1 = -10 * x1 + 14 * x2
        dx2 = 20 * x1 - x2 + 6.5 * x1 * x3
        dx3 = -2 * x1 * x2 - 2.7 * x3
        GoTo subend

    formula20607:                          '一种下飞蝴蝶混沌电路
        Label1.Caption = "20607一种下飞蝴蝶混沌电路"
        Height = 8500: Width = 9000: BackColor = &HFFFFFF
        Scale0 = 14
        m = -Scale0 / 2: n = Scale0 * 4: d = Scale0 / 2
        xlk = 1: ylk = 1: xrk = 1: yrk = 1
```

```
  x1_init = 0.2: x2_init = 0.1: x3_init = 0.1: x4_init = 0.1: x5_init =
0.1
  h = 0.001: time_sum = 50: time_pass = 10
  roo = Scale0
  'dx1 = -5 * x1 + 5 * x2              '归一化
  'dx2 = x1 * x3 - x2
  'dx3 = 16 - x1 * x2 - x3
  dx1 = -5 * x1 + 5 * x2
  dx2 = x1 * x3 - x2
  dx3 = 16 - x1 * x2 - x3
  GoTo subend

formula20608:                          '四阶洛斯勒混沌
  Label1.Caption = "20608 四阶洛斯勒混沌"
  Height = 4000: Width = 4000: BackColor = &HFFFFFF
  Scale0 = 4
  x1_init = 0.1: x2_init = -0.1: x3_init = 0.1
  h = 0.002: time_sum = 100: time_pass = 20
  dx1 = -x2 - 2.5 * x3
  dx2 = x1 + 0.2 * x2 - 0.1 * x4
  dx3 = 0.08 - 5.7 * x3 + 3 * x1 * x3
  dx4 = -1.25 * x3 - 0.5 * x1
  GoTo subend

formula20609:                          'yux增阶洛伦兹四阶混沌电路
  Label1.Caption = "20609 yux增阶洛伦兹四阶混沌电路"
  Height = 4000: Width = 4000: BackColor = &HFFFFFF
  Scale0 = 3.5
  x1_init = 0.2: x2_init = 0.1: x3_init = 0.1: x4_init = 0.1
  h = 0.0005: time_sum = 30: time_pass = 10
  x3 = (x3 + 5)
  dx1 = -10 * x1 - 10 * x2 - x4
  dx2 = -45 * x1 + 9.8 * x1 * x3
  dx3 = -2 * x3 - 10 * x1 * x2
  dx4 = -10 * x2 - 5 * x4
  x3 = x3 - 5
  GoTo subend

formula20610:                          'yux增阶改变参数洛伦兹四阶混沌电路
  Label1.Caption = "20610 yux增阶改变参数洛伦兹四阶混沌电路"
  Height = 4000: Width = 4000: BackColor = &HFFFFFF
  Scale0 = 7.6
  x1_init = 0.11: x2_init = 0.1: x3_init = 0.1: x4_init = 0.1
```

```
  h = 0.001: time_sum = 80: time_pass = 10
  dx1 = -1.2 * x1 - 0.15 * x2 - 2.2 * x4
  dx2 = -10 * x1 + 3.3 * x1 * x3
  dx3 = -0.37 * x3 - 0.5 * x1 * x2
  dx4 = -1.67 * x2 - 0.5 * x4
  GoTo subend

formula20611:                                  '(y+z)ux洛伦兹四阶混沌电路
  Label1.Caption = "20611 (y+z)ux洛伦兹四阶混沌电路"
  Height = 4000: Width = 4000: BackColor = &HFFFFFF
  Scale0 = 3
  x1_init = 0.2: x2_init = 0.1: x3_init = 0.1: x4_init = 0.1
  h = 0.002: time_sum = 100: time_pass = 10
  x3 = (x3 + 5)
  x3 = x3 - 5
  dx1 = -x1 - x2 - 0.1 * x4                    '标度化
  dx2 = -5 * x1 + 4.2 * x1 * x3
  dx3 = -0.37 * x3 - 0.5 * x1 * x2
  dx4 = -x2 - x3 - 0.5 * x4
  GoTo subend

formula20612:                                  'zuy增阶洛伦兹四阶混沌电路
  Label1.Caption = "20612 zuy增阶洛伦兹四阶混沌电路"
  Height = 4000: Width = 4000: BackColor = &HFFFFFF
  Scale0 = 5
  x1_init = 0.1: x2_init = 0.11: x3_init = 0.1: x4_init = 0.1
  h = 0.002: time_sum = 100: time_pass = 10
  dx1 = -x1 - x2
  dx2 = -4.5 * x1 + 1.96 * x1 * x3 - 0.1 * x4
  dx3 = -0.37 * x3 - 0.5 * x1 * x2
  dx4 = -x3 - 0.5 * x4
  GoTo subend

formula20613:                                  '
  Label1.Caption = "20613 ywy增阶洛伦兹四阶超混沌电路"
  Height = 4000: Width = 4000: BackColor = &HFFFFFF
  Scale0 = 5
  x1_init = 0.2: x2_init = 0.1: x3_init = 0.1: x4_init = 0.1: x5_init =
0.1
  h = 0.0005: time_sum = 20: time_pass = 10
  dx1 = 36 * (x2 - x1)                         '标度化
  dx2 = -10 * x1 * x3 + 20 * x2 + 0.8 * x4
  dx3 = 2.5 * x1 * x2 - 3 * x3
```

```
    dx4 = -x2
    GoTo subend

  formula20614:                          'xwy 增阶洛伦兹四阶超混沌电路
    Label1.Caption = "20614 xwy 增阶洛伦兹四阶超混沌电路"
    Height = 4000: Width = 4000: BackColor = &HFFFFFF
    Scale0 = 6
    x1_init = 0.2: x2_init = 0.1: x3_init = 0.1: x4_init = 0.1: x5_init =
0.1
    h = 0.0005: time_sum = 16: time_pass = 10
    dx1 = 36 * x2 - 36 * x1                               ' 标度化
    dx2 = -8 * x1 * x3 + 20 * x2 + 4 * x4
    dx3 = 2 * x1 * x2 - 3 * x3
    dx4 = -5 * x1
    GoTo subend

  formula20615:                          'xwx 增阶洛伦兹四阶超混沌电路
    Label1.Caption = "20615 xwx 增阶洛伦兹四阶超混沌电路"
    Height = 4000: Width = 4000: BackColor = &HFFFFFF
    Scale0 = 6
    x1_init = 0.2: x2_init = 0.1: x3_init = 0.1: x4_init = 0.1: x5_init =
0.1
    h = 0.0005: time_sum = 20: time_pass = 10
    dx1 = -36 * x1 + 45 * x2 - 0.5 * x4
    dx2 = -6.2 * x1 * x3 + 20 * x2
    dx3 = 2.5 * x1 * x2 - 3 * x3
    dx4 = -2 * x1
    GoTo subend

  formula20616:
    Label1.Caption = "20616 xu(xyz)增阶洛伦兹四阶超混沌电路"
    Height = 4000: Width = 4000: BackColor = &HFFFFFF
    Scale0 = 8
    x1_init = 0.14: x2_init = 0.1: x3_init = 0.1: x4_init = 0.1
    h = 0.0005: time_sum = 20: time_pass = 10
    dx1 = 35 * (x2 - x1) + x4                            ' 归一化
    dx2 = 35 * x1 - x1 * x3 + 0.2 * x4
    dx3 = x1 * x2 - 3 * x3 + 0.3 * x4
    dx4 = -5 * x1
    dx1 = -35 * x1 + 36 * x2 + 0.2 * x4                  ' 标度化
    dx2 = 35 * x1 - 10 * x1 * x3 + 0.12 * x4
    dx3 = 2.5 * x1 * x2 - 3 * x3 + 0.1 * x4
    dx4 = -1.7 * x1
```

```
    GoTo subend

  formula20617:
    Label1.Caption = "20617 七加三类洛伦兹四阶超混沌电路"
    Height = 4000: Width = 4000: BackColor = &HFFFFFF
    Scale0 = 60
    x1_init = 0.2: x2_init = 0.1: x3_init = -0.1: x4_init = 0.1
    h = 0.0005: time_sum = 30: time_pass = 10
    dx1 = -5 * x1 + 5 * x2
    dx2 = -x1 * x3 - x4
    dx3 = -90 + x1 * x2 + x1 * x1
    dx4 = 5 * x2
    GoTo subend

  formula20618:
    Label1.Caption = "20618 二次幂四阶类洛伦兹超混沌电路"
    Height = 4000: Width = 4000: BackColor = &HFFFFFF
    Scale0 = 4
    x1_init = 0.2: x2_init = 0.1: x3_init = 0.1: x4_init = 0.1: x5_init =
0.1
    h = 0.0005: time_sum = 30: time_pass = 10
    dx1 = -10 * x1 + 17 * x2 + 0.1 * x4
    dx2 = 17 * x1 - x2 - 9 * x1 * x3
    dx3 = -2.7 * x3 + 2.4 * x1 * x1
    dx4 = 3.6 * x2 * x3 - 2 * x4
    GoTo subend

  formula20619:
    Label1.Caption = "20619 二次幂五阶类洛伦兹超混沌电路"
    Height = 4000: Width = 4000: BackColor = &HFFFFFF
    Scale0 = 4
    x1_init = 0.12: x2_init = 0.1: x3_init = -0.1: x4_init = 0.1: x5_init =
0.1
    h = 0.0005: time_sum = 30: time_pass = 10
    dx1 = -10 * x1 + 17 * x2 + 0.5 * x4 + 3 * x5
    dx2 = 17 * x1 - x2 - 11 * x1 * x3
    dx3 = -2.7 * x3 + 2 * x1 * x1
    dx4 = 6 * x2 * x3 - 2 * x4
    dx5 = 1.5 * x1 * x2 + 4.5 * x2 * x3
    GoTo subend

  formula20620:
    Label1.Caption = "20620 一种五阶类洛伦兹超混沌电路"
```

```
    Height = 4000: Width = 4000: BackColor = &HFFFFFF
    Scale0 = 7
    x1_init = 0.2: x2_init = 0.1: x3_init = 0.1: x4_init = 0.1: x5_init =
0.1
    h = 0.001: time_sum = 50: time_pass = 10
    x3 = (x3 + 10) / 3
    dx1 = -10 * x1 + 8 * x2 + 6.4 * x4 - 1.6 * x5
    dx2 = 35 * x1 - x2 - 10 * x1 * x3
    dx3 = -8 / 3 * x3 + 2.5 * x1 * x2
    dx4 = -x2 * x3 - x4
    dx5 = 3 * x1
    x3 = x3 * 3 - 10
    GoTo subend

  formula20622:
    Label1.Caption = "20622 四阶四翼混沌电路"
    Height = 4000: Width = 4000: BackColor = &HFFFFFF
    Scale0 = 5
    x1_init = 0.2: x2_init = 0.1: x3_init = 0.1: x4_init = 0.1: x5_init =
0.1
    h = 0.0005: time_sum = 50: time_pass = 10
    dx1 = 3 * x1 - 8 * x2 * x3
    dx2 = -8 * x2 + 8 * x1 * x3 - 0.5 * x4
    dx3 = 8 * x1 * x2 - 5 * x3
    dx4 = 10 * x2 - 0.5 * x4
    GoTo subend

  formula20701:
    Label1.Caption = "20701 基于蔡氏电路的忆阻四阶混沌电路"
    Height = 4000: Width = 4000: BackColor = &HFFFFFF
    Scale0 = 3.5
    x1_init = 0.2: x2_init = 0.1: x3_init = 0.1: x4_init = 0.1: x5_init =
0.1
    h = 0.001: time_sum = 50: time_pass = 10
    MR = 0.005 * x4 + 0.8 * x1 * x4 * x4
    dx1 = 4 * x1 + 2 * x2 - 10 * MR
    dx2 = 8 * x1 - x2 + 6 * x3
    dx3 = -2.5 * x2 - 0.5 * x3
    dx4 = 2 * x1
    GoTo subend

  formula20703:
    Label1.Caption = "20703 二极管桥与串联RL滤波器一阶广义忆阻模拟"
```

```
  Height = 4000: Width = 4000: BackColor = &HFFFFFF
  Scale0 = 2.4
  x1_init = 0: x2_init = 0: x3_init = 0.0001: x4_init = 0: x5_init = 0
  h = 0.001: time_sum = 70: time_pass = 10
  dx1 = 10.8 * x1 + 9 * x2 - 2.7 * x5 * x5 * x1
  dx2 = -30 * x1 + 7.5 * x3 - 30 * x2
  dx3 = -4 * x2 + 4 * x4
  dx4 = -3.75 * x3
  dx5 = 2 * x1
  GoTo subend

formula20709:
  Label1.Caption = "20709 忆阻"
  Height = 4000: Width = 4000: BackColor = &HFFFFFF
  Scale0 = 2
  x1_init = 1.2: x2_init = 0.1: x3_init = 0.1: x4_init = 0.1
  h = 0.001: time_sum = 100: time_pass = 10
  x3 = (x3 + 2.2) / 2.2
  dx1 = -10 * x1 - 10 * x2 - 5 * x2 * x3
  dx2 = -6 * x1 + 6 * x1 * x3 + x2 * (0.1 + 0.6 * x4 * x4)
  dx3 = -x3 - 6 * x1 * x2
  dx4 = x2
  x3 = x3 * 2.2 - 2.2
  GoTo subend

formula20804:                           '滞回函数非线性蔡氏电路
  Label1.Caption = "20804 滞回函数非线性蔡氏电路"
  Height = 4000: Width = 4000: BackColor = &HFFFFFF
  Scale0 = 8
  x1_init = 0.14: x2_init = 0.1: x3_init = 0.1
  h = 0.001: time_sum = 100: time_pass = 10
  fx1 = 0.5 * (Abs(x1 + 3) - Abs(x1 - 3))
  dx1 = 1.565 * x2 - 2.574 * x1 + 3.861 * fx1
  dx2 = 5.75 * x1 - x2 + 8 * x3
  dx3 = -1.768 * x2
  If x1 < 3 Then zhx1 = -1
  If x1 > 3 Then zhx1 = 1
  GoTo subend

formula21003:                                                   '化学振荡
  Label1.Caption = "21003 化学振荡"
  Height = 4000: Width = 4000: BackColor = &HFFFFFF
  Scale0 = 5.5
```

```
  m = -4: n = 30: d = 3
  x1_init = 1.2: x2_init = 0.1: x3_init = 0.1: x4_init = 0.1
  h = 0.0005: time_sum = 30: time_pass = 10
  dx1 = x1 * (30 - 5 * x1 - 20 * x2 - 5.6 * x3) + 0.001
  dx2 = x2 * (20 * x1 - 10) + 0.001
  dx3 = x3 * (10 / 0.606 - 20 * x1 - 2.78 * x3) + 0.001
  GoTo subend

subend:
End Sub
```

附录 B 彩色版图

彩图 1 蔡氏电路相图与混沌演变图

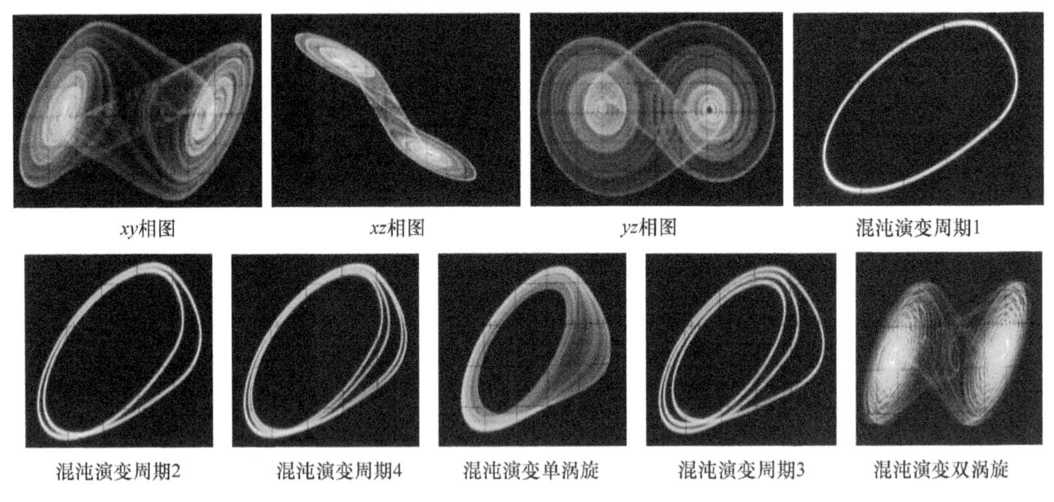

彩图 2 四阶—五阶蔡氏超混沌电路

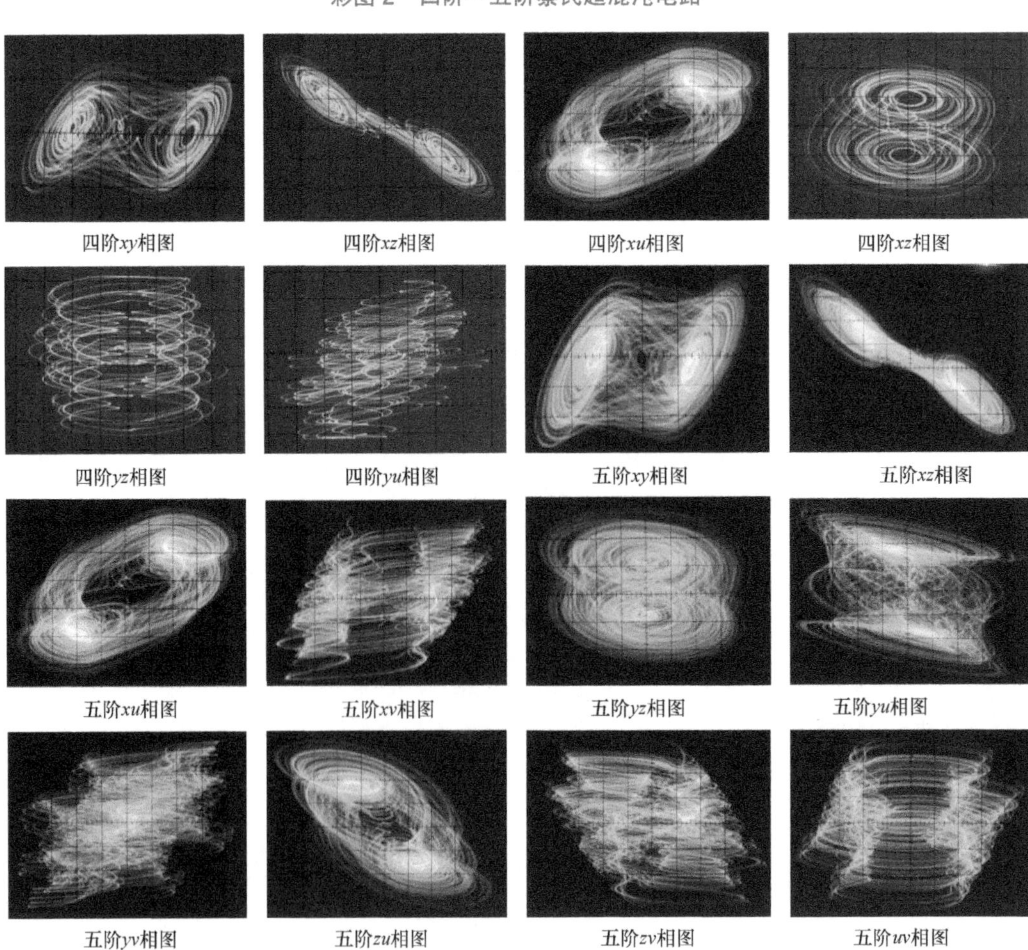

彩图 3 洛伦兹方程族混沌电路

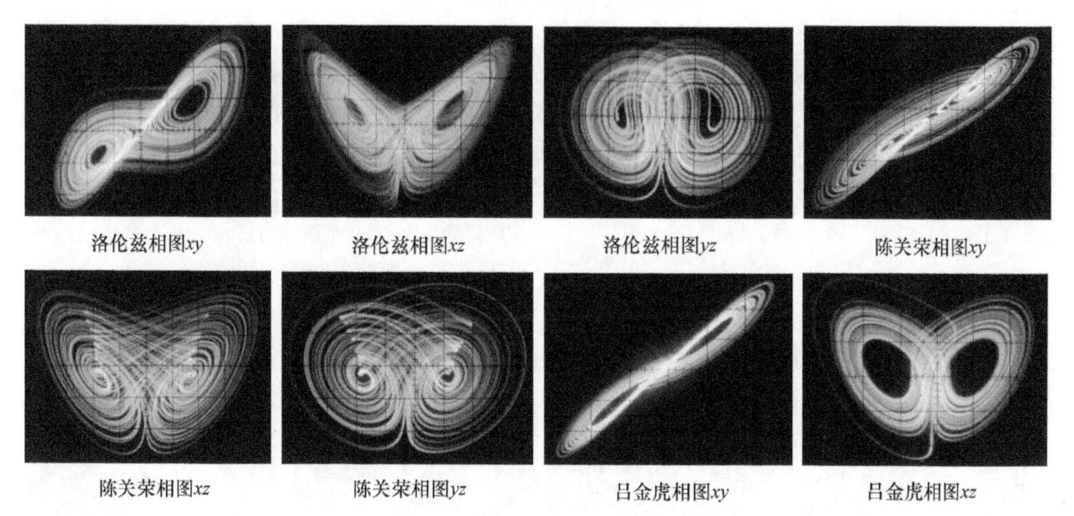

洛伦兹相图*xy* 洛伦兹相图*xz* 洛伦兹相图*yz* 陈关荣相图*xy*

陈关荣相图*xz* 陈关荣相图*yz* 吕金虎相图*xy* 吕金虎相图*xz*

彩图 4 加和限幅混沌电路

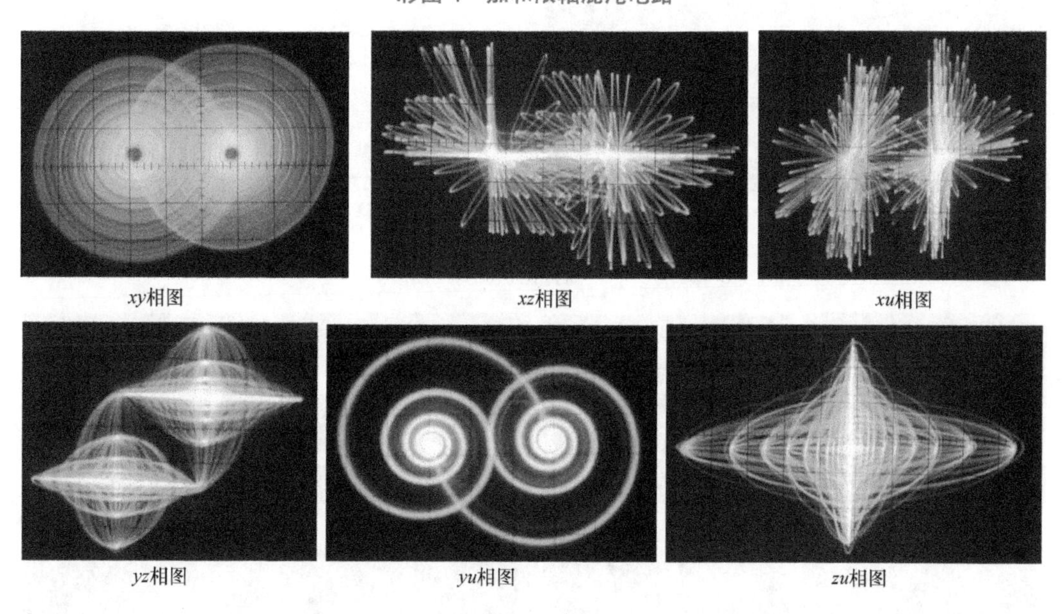

*xy*相图 *xz*相图 *xu*相图

*yz*相图 *yu*相图 *zu*相图

彩图 5 混沌调制保密通信电路

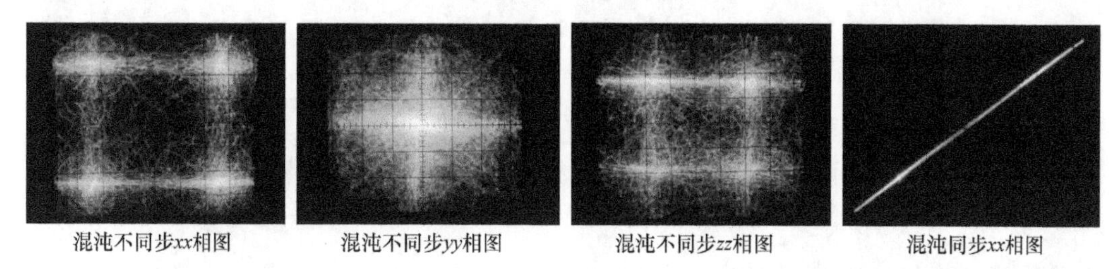

混沌不同步*xx*相图 混沌不同步*yy*相图 混沌不同步*zz*相图 混沌同步*xx*相图

彩图 5　混沌调制保密通信电路（续）

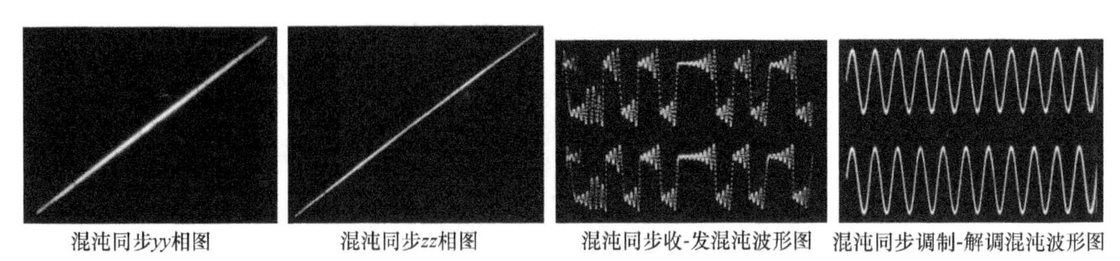

混沌同步yy相图　混沌同步zz相图　混沌同步收-发混沌波形图　混沌同步调制-解调混沌波形图

彩图 6　一种四阶细胞神经网络

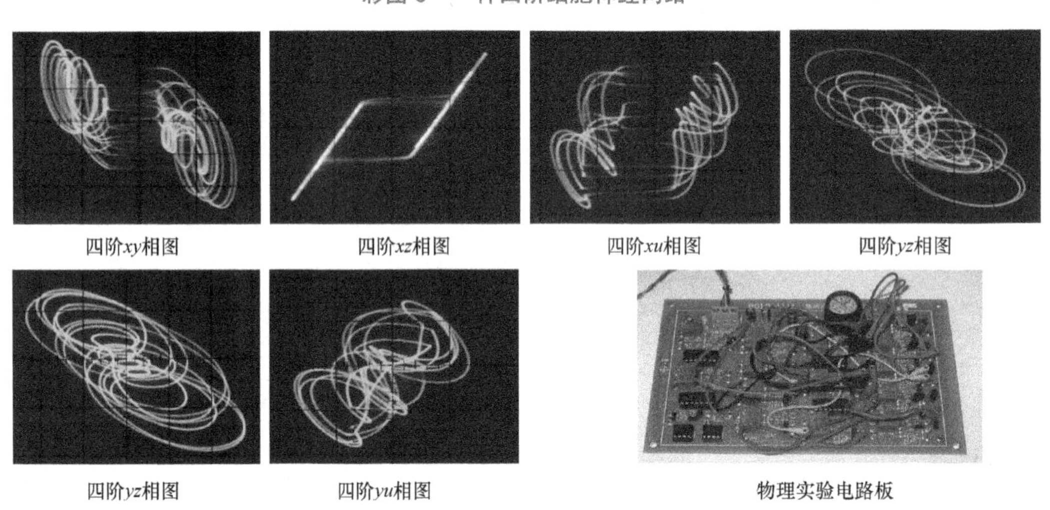

四阶xy相图　四阶xz相图　四阶xu相图　四阶yz相图

四阶yz相图　四阶yu相图　物理实验电路板

彩图 7　一种九运放五阶超混沌

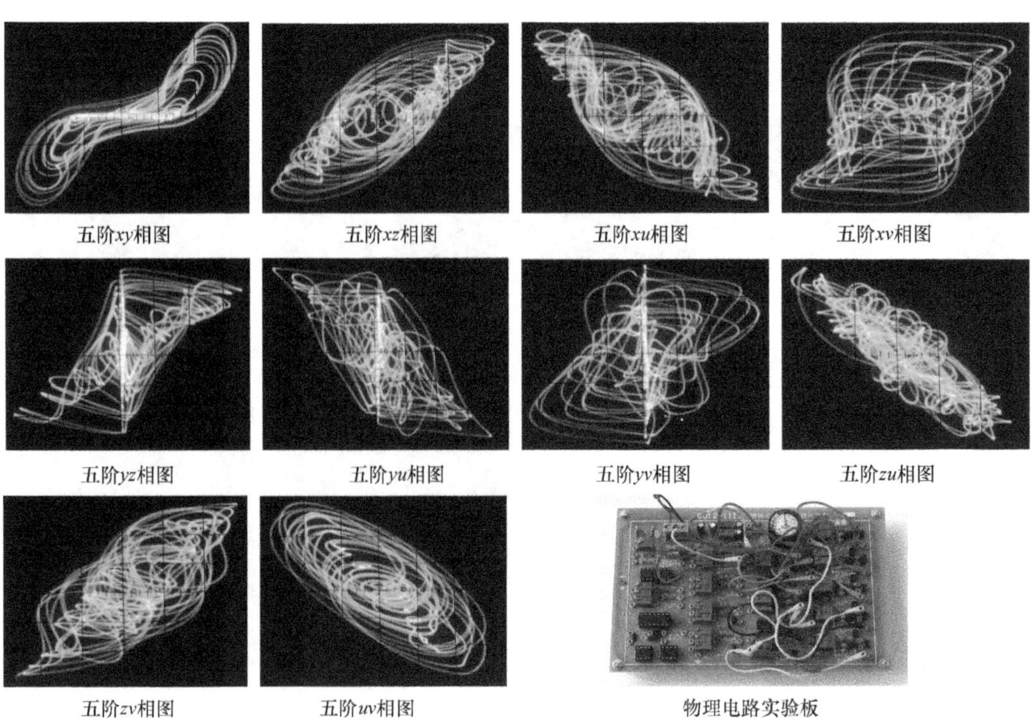

五阶xy相图　五阶xz相图　五阶xu相图　五阶xv相图

五阶yz相图　五阶yu相图　五阶yv相图　五阶zu相图

五阶zv相图　五阶uv相图　物理电路实验板

彩图 8 四阶四翼混沌电路

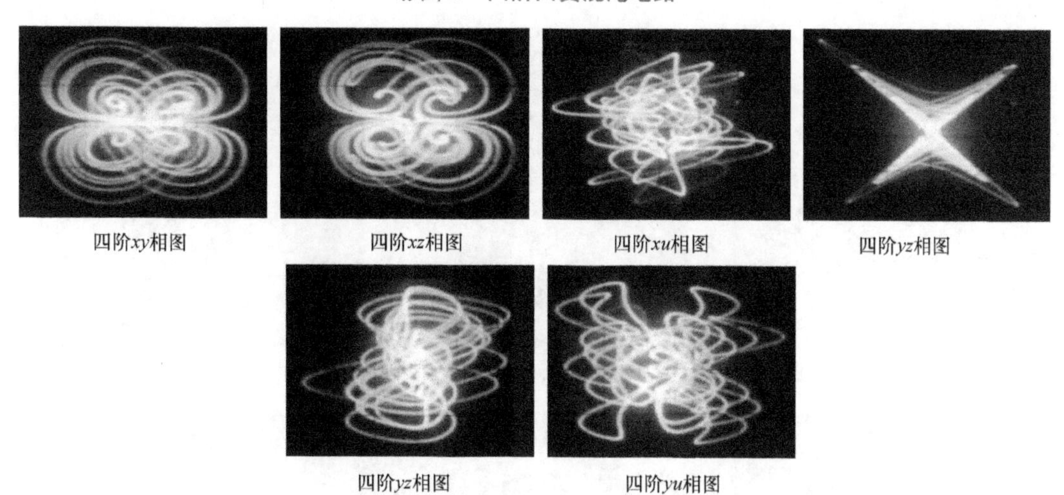

四阶xy相图 四阶xz相图 四阶xu相图 四阶yz相图

四阶yz相图 四阶yu相图

彩图 9 三阶双曲正弦 y 反馈 Jerk 电路

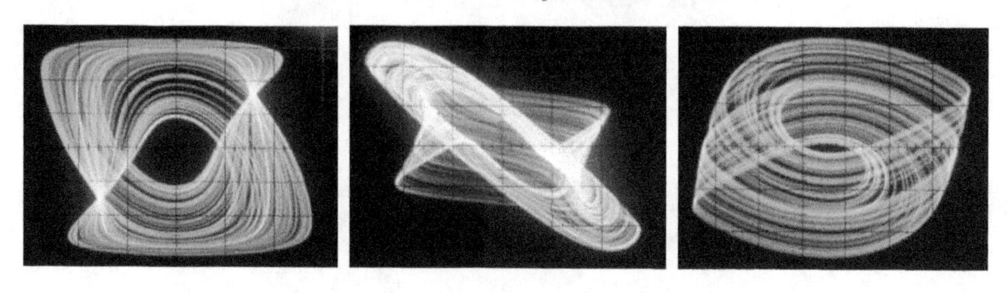

彩图 10 五阶双曲正弦 y 反馈 Jerk 电路

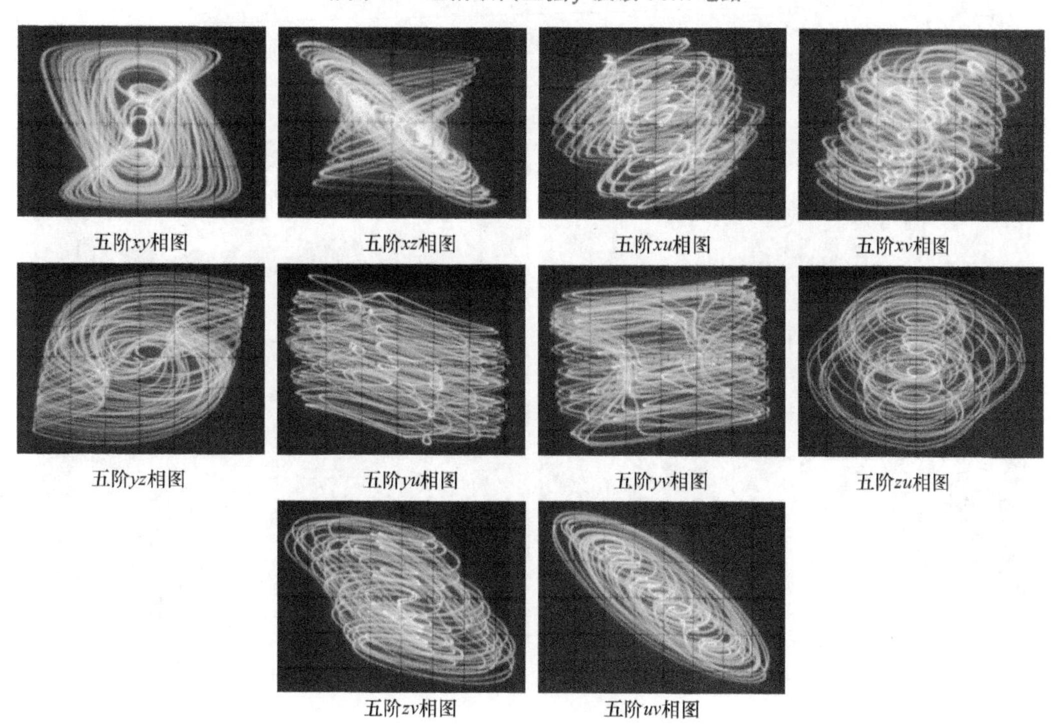

五阶xy相图 五阶xz相图 五阶xu相图 五阶xv相图

五阶yz相图 五阶yu相图 五阶yv相图 五阶zu相图

五阶zv相图 五阶uv相图

彩图 11　杜芬方程积分曲线装饰与庞加莱截面

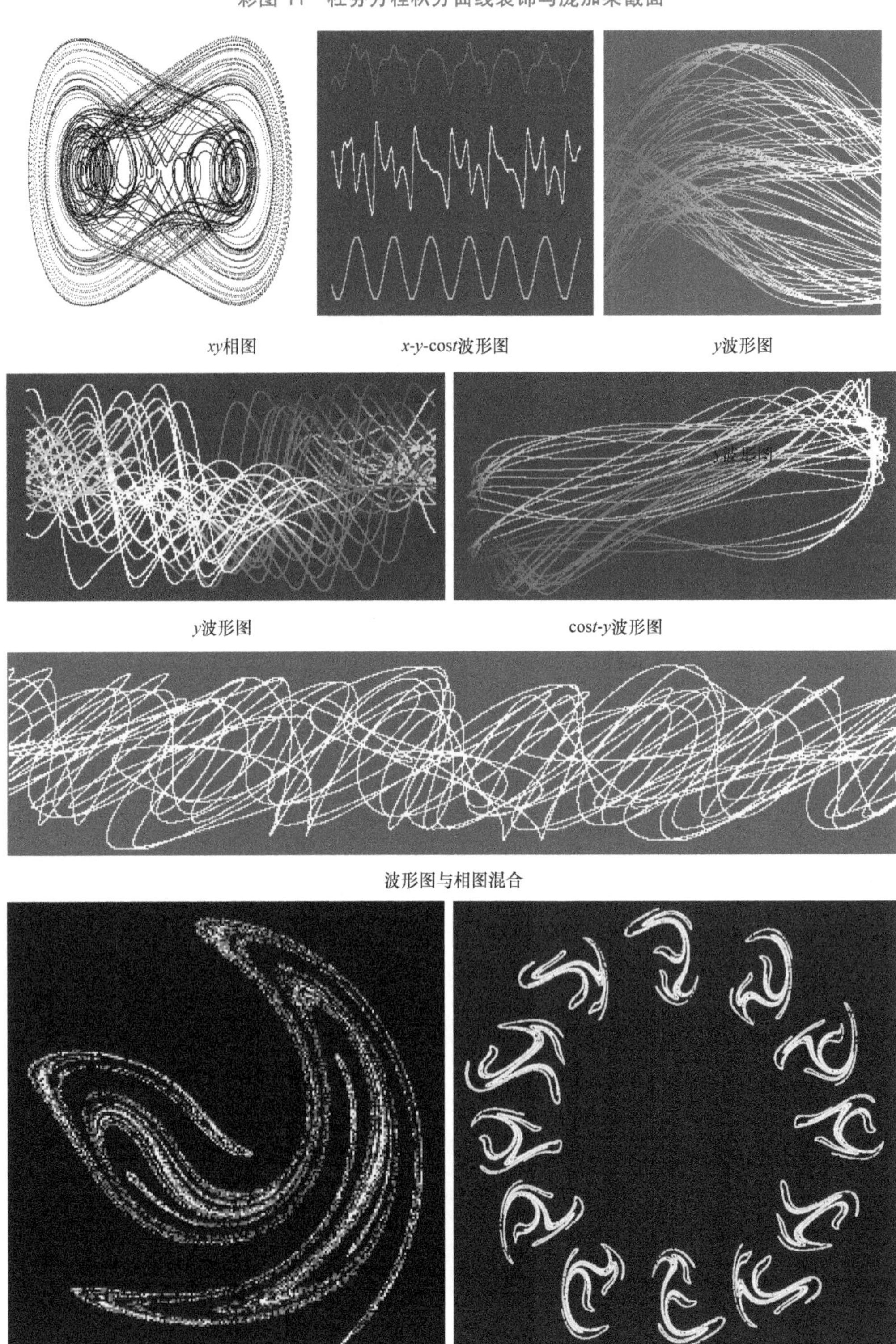

*xy*相图　　*x*-*y*-cos*t*波形图　　*y*波形图

*y*波形图　　cos*t*-*y*波形图

波形图与相图混合

庞加莱截面图　　庞加莱截面图总图

彩图 12　混沌 3D 吸引子红蓝眼镜观看

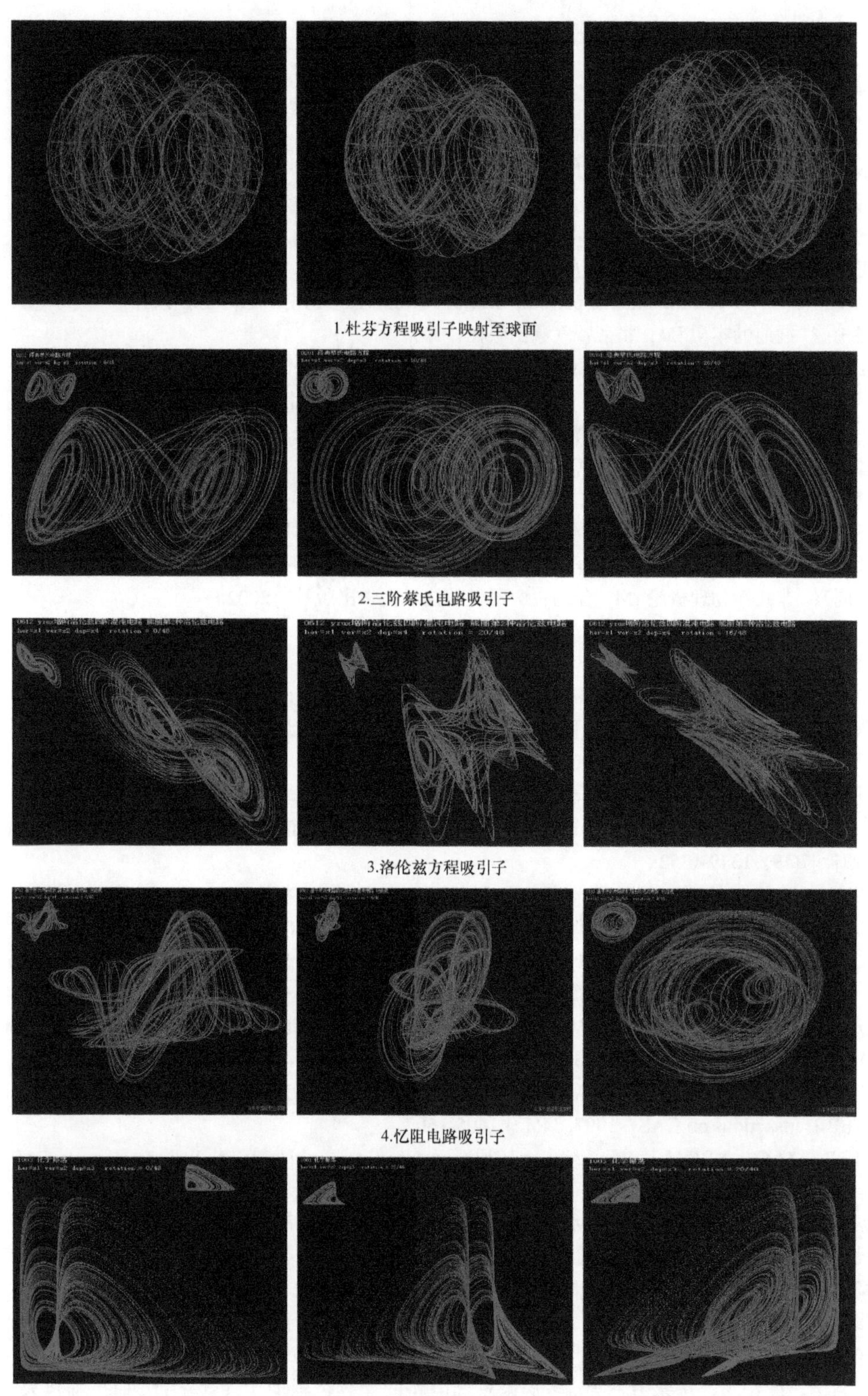

1.杜芬方程吸引子映射至球面

2.三阶蔡氏电路吸引子

3.洛伦兹方程吸引子

4.忆阻电路吸引子

参考文献

[1] 人民教育出版社课程教材研究所物理课程教材研究开发中心 . 普通高中课程标准实验教科书 物理 1 [M]. 3 版 . 人民教育出版社，2010.

[2] 郝柏林 . 从抛物线谈起 – 混沌动力学引论 [M]. 上海：上海科技教育出版社，2000.

[3] 刘秉正，彭建华 . 非线性动力学 [M]. 北京：高等教育出版社，2004.

[4] 王东生，曹磊 . 混沌、分形及其应用 [M]. 合肥：中国科学技术大学出版社，1995.

[5] LORENZ E N. Deterministic nonperiodic flow[J].J Atoms Sci. 1963，20：130-141.

[6] 洛伦兹 . 混沌的本质 [M]. 北京：气象出版社，1997.

[7] James Gleick. 混沌学传奇 [M]. 卢侃，孙建华，译 . 上海：上海翻译出版公司，1991.

[8] 伊恩・斯图尔特 . 上帝掷骰子吗 - 混沌之数学 [M]. 潘涛，译 . 上海：上海远东出版社，1995.

[9] 王兴元 . 复杂非线性系统中的混沌 [M]. 北京：电子工业出版社，2003.

[10] 邱关源 . 现代电路理论 [M]. 北京：高等教育出版社，2001.

[11] 高金峰 . 非线性电路与混沌 [M]. 北京：科学出版社 .2005.

[12] 王树禾 . 微分方程模型与混沌 [M]. 合肥：中国科学技术大学出版社，1999.

[13] 吴敏金 . 分形信息导论 [M]. 上海：上海科技文献出版社，1993.

[14] 陆同兴 . 非线性物理概论 [M]. 合肥：中国科学技术大学出版社，2002.

[15] 席德勋 . 非线性物理学 [M]. 南京：南京大学出版社，2000.

[16] 黄润生 . 混沌及其应用 [M]. 武汉：武汉大学出版社，2000.

[17] LI T Y，YORK J A. Period three implies chaos[J]. Amer Math Monthly，1975，82：985-992.

[18] 张新国，马义德，李守亮 . 非线性电路 - 基础分析与设计 [M]. 北京：高等教育出版社，2011.

[19] 马东生 . 数值计算方法 [M]. 北京：机械工业出版社，2001.

[20] 马正飞，殷翔 . 数学计算方法与软件的工程应用 [M]. 北京：化学工业出版社，2002.

[21] LINSAY P S. Period doubling and chaotic behavior in a driven anharmonic oscillator [J]. Phys. Rev. Lett. 1981, 47(19): 1349-1352.

[22] CHUA L O, et al. The Double Scroll Family[J]. IEEE CAS-33，1986.

[23] CHUA L O, et al.Canomical Realizeation of Chua's Family Circuit[J]. IEEE CAS-37（7），1990.

[24] KENNEDY M P. Three steps to chaos-Part Ⅱ：A chua's circuit primer[J]. IEEE Transactions on Circuit and systems- Ⅰ，1993, 40(10): 657-674.

[25] QIU S S, FILANOVSKY I. On Verification of limit cyele stability in autonomous nonlinear systems[J]. IEEE Transactions on CAS，1998,35(8); 1062-1064.

[26] QIU S S, FILANOVSKY I. On Verification of stability of periodic oscillations in nonlinear systems[J]. IEEE Transactions on CAS，1997, 34(12):1605-1607.

[27] ZHONG G Q, AYROM F. Priodicity and chaos in Chau's circuit[J]. IEEE Transactions. on CAS，1985, 32(5): 501-503.

[28] 蔡少棠 . 非线性网络理论引论 [M]. 虞厥邦，译 . 北京：人民教育出版社，1981.

[29] 吴景棠 . 非线性电路原理 [M]. 北京：国防工业出版社，1990.

[30] 杨志民，马义德，张新国 . 现代电路理论与设计 [M]. 北京：清华大学出版社，2009.

[31] 张新国，崔红霞，于瑞萍，等 . 蔡氏电路静态非线性子电路的直接设计方法 [J]. 曲阜师范大学学报，2010，36（4）: 91-95.

[32] 张新国，严纪丛，许崇芳，等 . 多涡漩蔡氏电路的计算机辅助设计优化 [J]. 曲阜师范大学学报，2011，37（3）: 50-54.

[30] 杨志民，马义德，张新国 . 现代电路理论与设计 [M]. 北京：清华大学出版社，2009.

[31] 张新国，崔红霞，于瑞萍，等 . 蔡氏电路静态非线性子电路的直接设计方法 [J]. 曲阜师范大学学报，2010，36（4）：91-95.

[32] 张新国，严纪丛，许崇芳，等 . 多涡漩蔡氏电路的计算机辅助设计优化 [J]. 曲阜师范大学学报，2011，37（3）：50-54.

[33] 朱喜霞，杜桂芳，马义德 . 一种混沌调制保密通信电路的仿真 [J]. 电讯技术，2010（7）: 138-142.

[34] 朱喜霞 . 一种混沌调制保密通信电路仿真研究 [D]. 兰州：兰州大学，2009.

[35] 张新国，陈昱莅，朱雪丰 . 蔡氏电路电感器电流示波器显示电路：200710018482.3[P].

[36] 许崇芳，严纪丛，王金双，等 . 蔡氏电路电感器电流测量电路设计 [J]. 科技传播，2010（29）：86-88.

[37] 佛朗西斯・克里克 . 惊人的假说 _ 灵魂的科学探索 [M]. 汪云九，译 . 长沙：湖南科学技术出版社，2001.

[38] Leon O Chua，Lin Yang. Cellular Neural Networks[J]. IEEE Transactions on Circuits and Systems，1988, 35（10）.

[39] MARK B J.A Multi-resorution Algorithithm for Cytological Image Segmentation[C]. procssdings of The 1994 Second Australian and New Zealand Conference on Intelligent Information Systems. Australian，1994 : 322-326.

[40] MICHELI-TZANAKOU，SHEIKH H，ZHU B.Neural Networks and Blood Call Identification[J]. J of Med Seytem，1997，21（4）：201-210.

[41] ALBERTO DIASPRO.Characterizing Biostructures and Cellular Events in 2D/3D（Using Wide-firld and Confoal Optical Sectioning Microscopy）[J]. IEEE Engineering in Medisine and Biology，EMB-M，1996，2（1）：92-100.

[42] 张新国，孙洪涛，赵金兰，等 . 蔡氏电路的功能全同电路与拓扑等效电路及其设计方法 [J]. 物理学报，2014，63（20）：95-102.

[43] 张新国，许崇芳，王金双，等 . 无电感蔡氏电路设计方法与应用 [J]. 山东大学学报，2010，40（6）：134-138.

[44] 张新国，张剑锋，史书军 . 一种无电感蔡氏电路：200810129216.2 [P]. 2008-06-20.

[45] 张新国，李静，史书军，等 . 一种左倾双涡漩相图混沌电路：200810182030.3[P].2008-11-25.

[46] 杜琳，许崇芳，张新国，等 . 四阶双涡漩型细胞神经网络超混沌电路：CN201410624603.9[P]. 2014-11-07.

[47] 邵书义，闵富红，吴薛红，等 . 基于现场可编程逻辑门阵列的新型混沌系统实现 [J]. 物理学报 2014，63（6）：73-81.

[48] 杜琳，张新国，张兴芹，等 . 一种五阶蔡氏超混沌电路：CN103021239A[P]. 2013-4-3.

[49] 张新国，张兴芹，杜琳，等 . 三阶默比乌斯带型细胞神经网络混沌电路：CN201420663416.7[P]. 2015-02-18.

[50] 杜琳，李娅，张新国，等 . 四阶买比乌斯带型细胞神经网络混沌电路：CN201420664000.7[P]. 2015-02-18.

[51] 张新国，张兴芹，杜琳，等 . 三阶双涡漩型细胞神经网络超混沌电路：CN201410625101.8[P]. 2015-02-25.

[52] 杜琳，许崇芳，张新国，等 . 四阶双涡漩型细胞神经网络超混沌电路：CN201420663186.4[P]. 2015-

02-18.
[53] 何振亚，张毅峰，卢洪涛 . 细胞神经网络动态特性及其在保密通信中的应用 [J]. 通信学报，1999，20（3）.
[54] 张新国，杜琳，何集体，等 . 一种四阶神经网络超混沌电路：CN201220114505.7[P]. 2012-11-07.
[55] 杜琳，张新国，于瑞萍，等 . 一种新的四阶神经网络超混沌电路：CN201220672621.0[P].2013-06-12.
[56] 董虎胜 . 基于 CNN 超混沌系统与扩展 ZigZag 的图像加密算法 [J]. 计算机应用与软件，2013，5（30）.
[57] 周平 . 一个混沌电路及其实验结果 [J]. 物理学报，2005，54（11），5048-5052.
[58] 张新国，杜琳，许照慧，等 . 一种八运放五阶超混沌电路：CN201220676752.6.2013-06-05.
[59] 岳丽娟，杨承辉，陈菊芳，等 . 同步超混沌系统的电路模拟实验 [J]. 物理实验，1999，19(4).
[60] 张新国，李娅，杜琳，等 . 一种输出优美相图的五阶超混沌电路：CN201410624543.0[P]. 2015-02-18.
[61] 张媛，厉树忠，杨志民，等 . 一个典型混沌电路的实验与分析 [J]. 西北师范大学学报，2006.
[62] 尹元昭 . 变形蔡氏电路：CN97112067.6[P].1997-05-16.
[63] 郑惠萍 . 一种分岔混沌实验演示仪：CN200620024303[P].
[64] 张晓辉，沈柯 . 放大器混沌 [J]. 长春光学精密机械学院学报，1999，22（1）.
[65] 张新国，李守亮 . 一种级联反相积分器混沌电路：200810233851.5.[P].2009-06-03.
[66] SPROTT J C.A new class of chaotic circuit[J]. Physics Letters A, 2000，266：19-23.
[67] SPROTT J C.Simple chaotic systems and circuits[J]. American Journal of Physics，2000，68：758-763.
[68] 张洁 . 混沌电路的实验及同步研究 [D]. 兰州：西北师范大学，2009.
[69] 张洁，辛守庭，张新国，等 . 异结构混沌系统之间的非线性反馈同步 [J]. 西北师范大学学报，2008，44（6）.
[70] CHLOVERAKIS K E，SPROTT J C. Chaostic Hyperjerk System[J].Chaos，Solitons and Fractals，2006，28：739-746.
[71] 张新国，李坤，田荣林，等 . 一种四阶限幅型 Jerk 超混沌电路：CN201410789227.9[P]. 2015-03-25.
[72] 张新国，刘冀钊，杜琳，等 . 一种五阶限幅型 Jerk 超混沌电路：CN201410782581.9[P]. 2015-04-01.
[73] 刘明华 . 一类新型混沌电路的设计与硬件实现 [D]. 广州：广东工业大学，2007.
[74] SPROTT J C. A New Chaotic Jerk Circuit[J]. IEEE CAS—II：EXPRESS BRIEFS，2011，58(4).
[75] 刘冀钊，马义德，李守亮，等 . 一种可产生双涡卷混沌吸引子的 Jerk 电路：CN103532696A. CN203492033U.
[76] 张新国，丁建军 . 洛伦兹方程电路：200810145285.2[P].
[77] 熊丽，张新国，等 . 三阶类洛伦兹 4+2 型混沌电路：CN201620184585.1[P].2016-09-21.
[78] 杨志民，熊丽，张新国，等 . 基于 Lorenz 系统的混沌调制保密通信的电路实现 [J]. 西北师范大学学报，2010（02）：44-47+53.
[79] XIONG L，LU Y J，ZHANG Y F，等 . Gupta P Design and Hardware Implementation of a New Chaotic Secure Communication Technique[J]. PLOS ONE，2016（11）.
[80] 熊丽，张新国，刘振来，等 . 类洛伦兹 10+4 型混沌保密通信电路：CN205596128U.
[81] XIONG L，LIU Z L，ZHANG X G. Dynamical Analysis，Synchronization，Circuit Design，and Secure Communication of a Novel Hyperchaotic System [J]. Complexity Volume 2017，Article ID 4962739，23.
[82] 江小帆 . Chen's 吸引子—个新的混沌吸引子 [J]. 控制理论与应用，1999，16（5）.

[83] 陈关荣．吕金虎．Lorenz 系统族的动力学分析、控制与同步 [M]. 北京：科学出版社，2003.
[84] 温孝东．洛伦兹方程实验仪：CN1512463A.
[85] 徐东亮．混沌系统及其在保密通信中的应用研究 [D]. 兰州：兰州大学，2008.
[86] 朱雪丰，徐冬亮，舒秀发，等．BUCK 转换器中的分岔与混沌研究 [J]. 系统仿真学报，2007.
[87] 徐东亮．混沌系统及其在保密通信中的应用研究 [D]. 兰州：兰州大学，2008.
[88] 徐宁．一个新的 R_sslor 超混沌系统及其电路实现．
[89] XIONG L，LIU Z L，ZHANG X G. Analysis，circuit implementation and applications of a novel chaotic system [J]. Circuit World. 2017，43(3)：118-130.
[90] 熊丽．一类混沌电路非线性特性及其应用研究 [D]. 西安：西安理工大学，2019.
[91] 闵富红，彭光娅，叶彪明，等．无感蔡氏电路混沌同步控制实验 [J]. 实验技术与管理．2017,34（2）．
[92] 包伯成，刘中，许建平．一类超混沌系统电路实现及其动力学分析 [J]. 四川大学学报,2010,42（2）．
[93] 李春来，禹思敏．一个新的超混沌系统及其自适应追踪控制 [J]. 物理学报，2012, 61（4）．
[94] 徐家宝，吴凤娇，黄心笛．一个新超混沌系统的动力学分析及其电路实现 [J]. 微型机及应用，2014.
[95] 章秀君，吴志强，方正．超混沌系统的构造方法研究 [J]. 计算机工程与应用，2014，50(2).
[96] 魏亚东，周爱军．新五维超混沌系统反同步研究 [J]. 舰船电子工程，2012,32(11).
[97] 陈昌川．一种多翼超混沌系统及其 FPGA 实现 [J]. 微电子学，2011.
[98] 罗小华，李元彬，罗明伟．一种新的四维二次超混沌系统及其电路实现 [J]. 微电子学，2009.
[99] 彭再平，王春华，林愿．一种新型的四维多翼超混沌吸引子及其在图像加密中的研究 [J]. 物理学报，2014，61(4).
[100] 杜琳，刘冀钊，秦朋，等．四阶六加三式八翼超混沌电路：CN201410783056.9[P].2015-03-25.
[101] 马义德，刘冀钊，刘映杰，等．一种三阶四加三式四翼超混沌电路：CN204667744U[P].2015-09-23.
[102] 包伯成，刘中，许建平．忆阻混沌振荡器的动力学分析 [J]. 物理学报，2010，59(6).
[103] 包涵，包伯成，林毅．忆阻自激振荡系统的隐藏吸引子及其动力学特性 [J]. 物理学报，2016.
[104] 包伯成，邹相，胡文．有源忆阻器伏安关系与有源忆阻电路频率特性研究 [J]. 电子学报，2013.
[105] 包伯成，王其红，许建平．基于忆阻元件的五阶混沌电路研究 [J]. 电路与系统学报，2011.
[106] 武花干，包伯成，徐权．基于二极管桥与串联 RL 滤波器的一阶广义忆阻模拟器 [J]. 电子学报，2015，43(10).
[107] 俞清，包伯成，胡丰伟．基于一阶广义忆阻器的文氏桥混沌振荡器研究 [J]. 物理学报，2014.
[108] 俞清，包伯成，徐权，等．基于有源广义忆阻无感混沌电路研究 [J]. 物理学报，2015，64（17）．
[109] 徐权，林毅，包伯成．四阶忆阻考毕兹混沌振荡器研究 [J]. 常州大学学报，2016.
[110] 徐权，张琴玲，史国栋．文氏桥振荡器的簇发现象分析及实验验证 [J]. 电气电子教学学报，2016.
[111] 胡诗沂．一种四维超混沌忆阻系统研究及其电路实现 [D]. 重庆：重庆邮电大学，2013.
[112] 李清都，杨晓松．二维混沌信号产生器的设计 [J]. 电子学报，2005，33(7).
[113] 杨晓松，李清都．混沌系统与混沌电路 [M]. 北京：科学出版社，2007.
[114] 吕恩胜，王瑞娟，邵丹，等．一种二维四涡卷混沌电路：CN201720515225.X[P].2017-12-15.
[115] 吕恩胜，邵丹，王磊，等．一种用滞回函数实现的蔡氏电路：CN201620474349.3[P].2017-03-29.
[116] 吕恩胜，黄双成．基于 Wien 桥的混沌保密通信系统设计 [J]. 电子器件 2013，36(3).
[117] 吕恩胜，姚勇，赵玉奇，等．二维混沌电路及其二维混沌保密通信系统：CN201120117450.0[P].2011-09-21.

[118] 鸡兔同笼问题 [OL]. http：//baike.sogou.com/v2587708.htm.

[119] 汪克义，吴朝晖，张先燚，等.弹跳运动中混沌现象的电子模拟 [J]. 大学物理，1998，17(8).

[120] 汪克义，吴朝晖，张先燚，等.反弹球动力学行为的计算机模拟 [J]. 安徽师范大学学报，1997，20(3).

[121] 朱雪丰.BUCK 功率转换器复杂行为及其分析 [D]. 兰州：兰州大学，2008.

[122] LI X F，KONSTANTIONS E.C，XU D L. Nonlinear Dynamics and Circuit Realization of a New Chaotic Flow：A Variant of Lorenz，Chen and Lü[J]. Nonlinear Analysis Series B：Real World Applications，2009，10(04)：2357-2368.

[123] TSE C K. Complex Behavior of Switching PowerConverters[M]. Boca Raton：CRC Press，2003.

[124] MIDDLEBROOK R D，CUK S.a general unified approach tomodeling switching-converter power stages[C]. IEEE Power Electron.Spec.Conf.Rec.，1976：18-34.

[125] TSE C K，DI BERNARDO M. Complex behavior in switching power converters[J]. Proceedings of IEEE，2002，90：768-781.

[126] HAMILL D C，JEFFERIES D J. Subharmonics and chaos in a controlled switched-mode power converter [J]. IEEE Transactions. Circuits and Systems-Ⅰ. 1988，35：1059-1061.

[127] TSE C K. Flip Bifurcation and chaos in a three-state boost switching regulator [J]. IEEE Transactions. Circuits and Systems-Ⅰ. 1994，42：16-23.

[128] TSE C K.Chaos from a current-programmed Cuk converter[J]. International Journal of Circuit Theory and Applications. 1995，23：217-225.

[129] 马西奎，李明，戴栋，等.电力电子电路与系统中的复杂行为研究综述 [J]. 电工技术学报，2006，21（12）：2-11.

[130] 张波，曲颖.Buck DC-DC 变换器分叉和混沌的精确离散模型及实验研究 [J]. 中国电机工程学报，2003，23：99-103.

[131] 马西奎，刘伟增，张洁.快时标意义下 BoostPFC 变换器中的分叉和混沌现象分析 [J]. 中国电机工程学报，2005，25：61-67.

[132] 禹思敏.用三角波序列产生三维多涡卷混沌吸引子的电路实验 [J]. 物理学报，2005，54(4)：1500-1529.

[133] 吕金虎，禹思敏.一种涡卷混沌信号发生器及其使用方法：CN200510086603.9[P]. 2005-10-13.

[134] 李亚，禹思敏，戴青云，等.一种新的蔡氏电路设计方法与硬件实现 [J]. 物理学报，2006，55(8)：3938-3944.

[135] 刘扬正，费树岷.Genesio_Tesi 和 Coullet 混沌系统之间的非线性反馈同步 [J]. 物理学报，2005.

[136] 刘扬正，林长圣，费树岷.Coullet 系统异结构线性反馈混沌同步 [J]. 系统工程与电子技术，2006，28（4）：591-598.

[137] 张新国，史书军，张剑锋.一种混沌遮掩保密通信电路：CN200810129217.7[P].2009-07-22.

[138] 李卫华.混沌电路的初步探讨 [D]. 兰州：兰州大学，2000.

[139] CHUA L O. Memrister-the missing circuit element[J].IEEE Transactions Circuit Theory. 1971，18（5）：507-519.

[140] CHUA L O，KANG S M. Memristive devices and systems[J]. Proc the IEEE，1976，64（2）：209-223.

[141] STRUKOV D B，SNIDER G S，STEWART D R，et al. The missing memristor found[J]. Nature，2008，453：80-83.

[142] 山东省教育厅.计算机文化基础 [M]. 10 版.青岛：中国石油大学出版社，2014.

后记

本书策划时间很久，计划多次改变，原来只是准备编写一本普通的混沌电路汇编资料的通俗图书，但是由于作者的性格原因，写出了专著的风格；开始计划是薄书，没想到写作失控，又写成了厚书，但是作者没有后悔，原因有二：一是作者认为既然要写书，就要写出对读者负责任的书；其二，作者在编写本书过程中又有一些新的混沌电路研究成果，认为应该写进来，这就是本书写成现貌的原因。

本书的创新性罗列于下面的 12 条，这 12 条内容是作者精心耕耘的硕果，是作者呕心沥血的杰作，希望对于读者具有实际意义。

1）混沌系统公式表述的标度化方法不是本书提出来的，本书对此方法有所改进，对于标度化与归一化方法的综合运用有特色，叙述更清楚。

2）混沌系统电路设计优化方法是本书最重要的特色，本方法涉及的某些方面在国内先进，另一些方面在国际先进，主要标志性成果是本课题组在这一领域被授权多项发明专利。

3）一种混沌调制保密通信方法的指标，众所周知，混沌保密通信有三种方法：混沌遮掩、混沌调制、混沌开关，本书阐述的方法是一种特殊的混沌调制保密通信方法，其特点是精度高、噪声小，本课题组在这一领域拥有多项授权发明专利，在国际上有一定领先性；读者若要掌握这一方法要求具备实验室条件。

4）混沌电路实验箱工程设计，获得全国性优秀成果奖，设计出三种型号的混沌电路实验箱产品：供教学实验用的常规型验证性混沌电路实验箱、供教学演示用的分板式混沌电路实验箱、供科研用的插线式混沌电路实验箱，读者若要掌握这一方法要求具备实验室条件。

5）示波器三维相图显示方法，一般示波器只能看二维李萨如图形，使用本书中阐述的方法可以粗略地看三维吸引子形状，但是效果不理想，并且要求读者具备实验室条件，见 5.3、5.4、5.6 节。

6）混沌保密通信波形图双眼读图方法，不需要任何条件，本书提供的图片可直接使用并产生三维效果，但需要读者眼睛要好，见 5.4 节。

7）混沌电路 VB 仿真程序中的混沌公式库结构化是本课题组的科研成果之一。该 VB 程序的混沌公式几乎是直接输入就能运行，不需要读者编程，使用方便。由于程序较长，本书提供简本，正式程序见附录 A。

8）一个关于三阶非线性微分方程数值解法评估的方程（如来方程与悟空程序），是对数值算法设计的一个优秀教学案例，但比一般的教学效果要好，见 5.2 节。

9）红蓝眼镜用于三维混沌吸引子观察，是本课题组的一个信息工程成果，提供 100 多个混沌数学模型的三维混沌吸引子，仅仅有一台计算机就可以观看，具有震撼的视觉效果，条件是读者需要有一副红蓝 3D 眼镜。由于程序较长，见 5.6 节与附录 B 中的彩色版图。

10）EWB 电路仿真中的起动电路是本课题组屡试不爽的一种方法，立下了汗马功劳。本书中的绝大多数案例都使用这个方法，建议读者养成使用的习惯，必将受益匪浅，见 5.3 节。

11）一个教训：EWB 仿真单涡旋混沌吸引子经常失败，遇到这种情况要及时判断停用 EWB 仿真以少走弯路。

12）混沌同步系统电路设计的非经典思想。这是一个本课题组刚刚开始思考的问题，涉及对于自动控制中一个核心问题的理解。

为了理论联系实践，使读者更加全面、深刻地，或者有所选取、有所侧重地掌握本书知识，我们提供如下有关信息：

1）教材，张新国，马义德，李守亮于2011年在高等教育出版社出版的《非线性电路-基础分析与设计》网上有售。

2）实验讲义，未出版，联系作者单位购买，建立实验室的单位购买实验箱作为附件配发。

3）EWB仿真文件，放在《混沌电路工程EWB仿真》文件夹内，包含约300个文件夹、100多个混沌电路、3000个文件。

4）《混沌电路工程》VB仿真文件夹，100多个仿真电路、普通相图、三维投影相图、双眼看图。

5）《20170704红蓝3D混沌动力学观察程序》，100多个混沌电路数学模型的运行程序，提供混沌吸引子三维相图的三维红蓝显示，需要读者准备红蓝眼镜观看。

6）《混沌物理电路实验示波器显示》照片。

7）混沌电路实验箱——验证性实验箱。

8）混沌电路设计实验版——研究型适用。

作　者

2020年12月